高超声速飞行器鲁棒自适应飞行控制

王玉惠　都延丽　傅　健　编著

国防工業出版社
·北京·

内容简介

本书详细阐述了高超声速飞行器的发展历程及趋势、数学模型的研究与分析、高超声速飞行器的纵向飞行控制、姿态协调控制、姿态鲁棒控制、轨迹跟踪控制，以及单输入单输出姿态系统和多输入、多输出姿态系统的非仿射飞行控制，包括模型分析、飞行控制系统设计、稳定性分析和仿真的具体解算过程和方法。本书重点突出单向辅助面滑模、神经网络自适应控制、模糊滑模非仿射控制方法解决高超声速飞行器的飞行控制问题的具体过程。

本书可以作为高超声速飞行器飞行控制及其相关领域研究生的教科书和参考书，也可供高等学校教师、广大科技工作者参考。

图书在版编目(CIP)数据

高超声速飞行器鲁棒自适应飞行控制/王玉惠，都延丽，傅健编著. —北京：国防工业出版社，2023. 5

ISBN 978-7-118-12776-8

Ⅰ. ①高… Ⅱ. ①王…②都…③傅… Ⅲ. ①高超音速飞行器—鲁棒控制—自适应控制 Ⅳ. V47

中国国家版本馆 CIP 数据核字(2023)第 064715 号

※

国防工业出版社出版发行

(北京市海淀区紫竹院南路 23 号 邮政编码 100048)

莱州市丰源印刷有限公司印刷

新华书店经售

*

开本 787×1092 1/16 **印张** 17½ **字数** 403 千字

2023 年 5 月第 1 版 1 次印刷 **印数** 1—2000 册 **定价** 88.00 元

国防书店：(010)88540777 书店传真：(010)88540776

发行业务：(010)88540717 发行传真：(010)88540762

前　言

当前世界上各军事大国在高超声速飞行器领域的研究和发展展开了剧烈的竞争，其目的是为了在该领域占据领先地位。高超声速飞行器研究和发展的关键问题之一是飞行控制问题。因为高超声速飞行器的飞行运动特性具有大包络、多飞行状态、多任务模式的特点，并且特殊的飞行环境会使其飞行运动特性具有严重的非线性、激烈的快时变、强动态不确定和强耦合的运动特征，所以高超声速飞行器的飞行控制系统设计是一项新颖而又富有挑战性的研究课题。针对高超声速飞行器这个特点，我们进行了多年的学习和研究，将学习和研究的成果写成此书，希望能够为我国发展高超声速飞行器的工作贡献微薄之力。

本书首先对高超声速飞行器运动特性进行分析研究，以美国 NASA-Langley 研究中心提供的高超声速飞行器 Winged-Cone 模型和数据为基础，研究分析了其运动特性，并在此基础上进行鲁棒自适应飞行控制的研究。

在鲁棒自适应飞行控制的研究领域，本书重点论述：第一，提出了适用于非线性系统鲁棒自适应控制的单向辅助面滑模控制（无抖振滑模控制）的理论和方法。该方法从理论上说明了无抖振滑模控制的原理，并论证了无抖振滑模控制的可行性，同时用仿真验证了它对高超声速飞行器飞行运动控制的有效性。第二，提出了利用神经网络自适应预测控制方法协调控制飞行器的飞行姿态与重心运动，有效地实现了两者的协调运动控制。第三，提出了利用滑模和模糊自适应相结合的控制方法，开展非线性非仿射飞行器运动的飞行控制研究，达到了无需使用飞行器精确运动模型就能够有效控制飞行运动的目的。

本书不仅包含我们多年研究生教学的经验与体会，也反映我们有关的科学研究成果。在撰写过程中，我们参阅了国内外同类著作和相关文献，并引用了他们的成果和论述，在此表示感谢。

本书成稿后，承请长江学者、南京航空航天大学副校长姜斌教授，南京航空航天大学长空学者、国家自然基金杰出青年基金获得者陈谋教授，南京航空航天大学自动化学院姜长生教授仔细地审阅了全部书稿，并提出了宝贵的修改意见，给予我们很大的帮助，在此表示衷心的感谢。

本书的出版得到了国家自然科学基金（项目号：61773204、61603191）的资助，在此深表谢意。

由于水平有限，书中存在错误和不当之处，欢迎读者批评指正。

作者

2021 年 5 月

目　　录

第1章　高超声速飞行器的发展历程及趋势

1.1　高超声速飞行器的发展历程

1.1.1　高超声速飞行器概况

高超声速飞行器(hypersonic flight vehicle,HFV)是飞行速度超过5倍声速(马赫数大于5)的飞行器,是一种可多次往返太空与地球之间的多用途先进飞行器,区别于航天飞机、飞船、火箭、卫星等传统的航天器。

在高超声速飞行时,飞行器周围流场呈现出薄激波层、黏性干扰、熵层、高温效应和低密度效应等高超声速气体动力学所特有的特征。20世纪五六十年代以来,继远程弹道导弹的实验成功之后,人类实现了载人飞船的成功发射与返回。1967年美国X-15A-2有人驾驶试验飞机的飞行速度超越马赫数为6(最大速度可以达到马赫数为6.72),正式标志着人类迈入了高超声速的时代。

由于目前结构材料技术的飞速发展,因此高超声速飞行器具备承受马赫数为5~25的飞行速度的可能。目前,高超声速飞行器的发展大多以无人驾驶为主,但若考虑有人驾驶,则由于飞行员身体的最大过载的限制,将不得不降低飞行器的速度来实现飞行员对飞行器的灵活操控,因此为了发挥高速、机动的优势,并运用远程通信和远程控制技术,现阶段的发展主要以无人飞行器为主。

鉴于高超声速飞行器具有速度快、突防成功率高的特点,从概念提出之初就赋予其重要的军事价值。美国强调21世纪采用"陆、海、空、天一体化"的全方位、立体化的作战新模式,如图1-1所示。飞行空域多在亚轨道(20~100km)的高超声速飞行器已成为新的空天作战制高点的"战争利器",是目前各国争夺"制空权"和"制天权"优势的重要保证。

高超声速飞行器可在2h内飞抵全球任何地区,执行实时侦察、远程快速部署和精确打击任务。高超声速飞行器的出现,标志着武器装备发展到了一个全新的阶段。在战略思想、系统结构、部署方式以及作战模式等方面都将迎来全面革新。其战略优势主要表现在以下两个方面。

1. 飞行空域优势

目前研制的高超声速飞行器的飞行高度大多在20km以上,如美国的X-37B空天飞机最高在轨高度可达420km(300km以上为轨道飞行)。通常情况下,民航飞机的飞行高度多在15km以内,而先进战斗机的飞行高度大多在20km以下(也有例外,如米格-25曾强悍地达到37.65km)。由于高超声速飞行器可由超燃冲压发动机/火箭发动机提供更强大的动力,飞行空域范围更大(20~450km或更高),因此在这样的特殊飞行高度下,其具备了"下可攻击战斗机、上可捕杀卫星、静可监视敌国"的独特空域优势。

图 1-1 “陆、海、空、天一体化”作战概念图

2. 飞行速度优势

马赫数为 5~25 的飞行速度和高空域,使高超声速飞行器可轻松躲过现有大部分雷达系统的监测和防空导弹的攻击,即便目前最先进的雷达系统具备发现高超声速武器的能力,防御系统也无法及时实施拦截等应对措施。高超声速飞行器可遵从远程作战指令,迅速地在有绝对地理优势的高空中进行有针对性的高速侦察和突防、拦截弹道导弹,或作为武器发射平台实施远距离突袭,直接打击敌方要害,实现两小时内快速攻击全球任一目标,掌握战争主动权。

最近一段时期,美国的军事战略进行了调整,在 2018 年《美国国防战略》报告明确宣示美国的军事战略从反恐调整为应对大国竞争,重点提出了“重返大国竞争”的军事战略。2018 年美国国防部不断抛出大额订单,加快研制以激光武器、超高声速武器为代表的先进武器。2018 年 4 月洛克希德 · 马丁公司获得了一份价值 9. 28 亿美元的高超声速常规打击武器合同。2018 年 5 月根据美国公布的《2019 财年国防授权法》立法草案,明确要求美国国防部大力开展高超声速武器的研发,这是美国第一次在国家立法的高度规定发展高超声速武器。该法案要求美国国防部在 2019 年 1 月提交一款可在 2022 年服役的高超声速武器的发展计划,甚至还明确要求这款武器能够在美国军队的多种平台上发射,形成三位一体的高超声速打击能力。其中,以美国空军主持的“空射快速响应武器”和“高超声速常规打击武器”两个型号项目最引人关注。前者是一种空射型高超声速助推滑翔导弹,后者是采用复合制导方式的空射型高超声速导弹。不仅如此,美国空军还在参议院拨款委员会国防分委会“关于空军 2019 财年的资金需求和预算理”的听证会上提出,其正在寻求与陆军、海军在高超声速武器方面的“灵活共性”,以达到追求最佳技术的同时,节约成本的目的。美国政府和军队的这一系列针对高超声速武器的措施已引起世界其他军事大国的强烈关注。

高超声速飞行器获得世界各国政府和军队的青睐,主要原因:一是其作战性能大幅优于其他执行类似任务的武器。凭借其无与伦比的速度和高度优势,高超声速飞行器能单枪匹马越过敌方防线,无须夺取制空权也可摧毁地面目标,仅须少量装备就足够维持全球打击能力。二是其所用资金具有较高的性价比,以超燃冲压发动机为主要动力的高超声速飞行器,其燃料消耗远低于火箭,且结构较传统喷气发动机更简单,一旦技术成熟,更适合批量制造。另外,以美国为例,其在全球多个国家设有大量的军事基地,这需要花费大量的经费,在比较低迷的经济形势下,是一个很大的包袱。美国希望既能逐渐减少一些用处较小的海外军事基地,又能继续保持其在未来战争中的领先地位,并能保证其全球战略能够顺利实施,所以积极发展以高超声速飞行器技术为依托的高超声速武器成为其重要的战略需求。

将高超声速飞行器将作为军队战略威慑的中坚力量,具有以下重大的战略意义。

1) 有利于快速全球打击战略的实施

高超声速飞行器,由于自身所具有的速度快、打击范围广、突防能力强等优点,因此能够迅速打击全球任意地点的任何目标,这使战场的空间得到极大的扩展。在未来的战略中,由于作战范围全球化的趋势越来越明显,所以远程精确打击是军队战略的重要组成部分。在未来战争中,全球任何地点都有可能成为军队要打击的目标,这些地点很可能没有可使用的前沿基地或者前沿基地的使用受到很大的限制,而高超声速武器不易被敌方发现,可生存性强,能够有效快速地执行任务。因此,高超声速武器可以实施反介入作战和对时敏目标的瞬时打击,是重视以本土快速投放兵力为依托的快速全球打击战略的重要支撑。

2) 有利于空间资源的争夺

高超声速飞行器极大地扩展了战争的空间,集低层空间作战与高层太空作战于一体,是当今融合空天力量进行空天一体化作战、保证空天环境安全的关键武器。美国认为,未来军事航天的一项重要任务就是要夺取空间优势,所以组建临近空间部队是美军未来的发展趋势。2018 年 6 月美国宣布将建立"太空军",成为继陆军、海军、海军陆战队、海岸警备队、空军之后,美国的第六支独立武装力量。高超声速飞行器就是执行这一计划的重要支柱,其中空天飞机是高超声速飞行器在临近空间领域(20~100km)的一种典型的应用。目前,临近空间已成为世界各大国竞相争夺的空域,其重要性逐渐增强,主要是因为临近空间有重要的军事价值,占据这一重要制高点,可以实施陆、海、空、天一体化协同作战,能大幅提高军队的整体作战能力,使己方武器装备可以在太空武器装备保护之下,免遭敌方攻击,并且对于提高军队的指挥、控制和反应能力有重要的帮助。

3) 挑战现有的防御体系

未来的战争将不会有战场的概念,而是全球化的空间战争,因此进攻要以固若金汤的防御体系为根本保障。高超声速飞行器所具有的作战特点,会使作战节奏空前加快,敌方可能在没有反应过来的情况下就遭遇毁灭性打击,这对现有的防御系统是巨大的挑战。

现有的防御系统主要面临以下挑战。

(1) 探测能力不足。①目标距离太远。由于现有防御系统对高超声速飞行器的小目标远程探测能力不足,因此只有在目标接近时才能发现。对地面雷达来说,受视距限制,对 20km 高度的目标最远探测距离为 600km,对 100km 高度的目标最远探测距离为 1300km;对天基雷达来说,探测临近空间高速目标受轨道高度和功率孔径积的限制,800km 低轨道天基雷达威力至少应该达到 3000km。这些要求极大地限制现有的雷达防御系统的远程探测能力。②目标速度太快。雷达系统对高超声速目标探测信号的分析处理还未完成,目标就已消失,无法确定探测有效,从而导致对高超声速武器的探测能力不足。③对高超声速飞行器没有足够的预警时间。由于对处于纵深位置的重点保护目标最多也只有 20min 的预警时间,因此对于临近空间高速飞行目标,理论上防御系统的探测预警能力须达到 800~1000 km,才能赢得必要的防御作战反应时间。

(2) 无法跟踪预测。防空导弹系统是现有拦截导弹、飞行器等主要方式,在识别到目标之后,要想发射导弹对目标进行拦截,就必须能对目标进行跟踪并取得目标的即时信息。目前没有能准确预测高超声速飞行器的运动模型和有效的跟踪方法,而且高超声速飞行器可以从海基、陆基、天基等不同平台发射,更加无法预测。因此,若要实现连续跟踪预测,则须要满足的要求:①高超声速目标不同于常规空气动力目标,对其探测的连续性非常重要,因此必须保证探测设备能够在 20~100km 进行高度覆盖,且仰角覆盖至少达到 70°;②实现一定时间间隔内对观测范围内的目标进行数据更新,态势更新率越高,对空天态势的反应越及时。针对高超声速目标,数据率至少需要 1 秒,跟踪滤波算法处理的加速度容限须在 15g 左右;③由于高超声速目标具有高速、高机动的特点,因此这就要求预警探测系统必须能够对目标持续进行探测跟踪;又由于跨空域引起的多型装备之间的交接必须通过波束交接等方式进行,以免丢失目标,因此不能够类似反导预警系统通过预测弹道而进行预报交接。

(3) 现有防御武器拦截能力不足。现有防空武器防御高度普遍不足,无法防御临近空间的高超声速飞行器。由于高超声速导弹飞行器在末端的速度也极快,因此拦截武器无法有效反应。高超声速武器难以拦截的主要原因,除了速度快,使拦截的导弹都难以追上之外,还由于它所具有的机动变轨能力难以准确预测其轨迹,若要准确拦截,则要求防空导弹具有更大的机动过载,这对任何防空系统都是终极挑战。

综上所述,高超声速飞行器作为一种具有极高战略意义和应用价值的先进飞行器,将在未来的军事、政治、经济斗争中发挥重要作用,它的研究和发展也将对航空航天领域相关学科产生重大影响。因此,高超声速飞行器是各军事大国竞相发展的利剑,以保证其在未来空天军事对抗中不束以待毙。

1.1.2 高超声速飞行器分类

高超声速飞行器按照功能的不同,主要分为三类:高超声速导弹、高超声速飞机和空天飞机。

1. 高超声速导弹

高超声速导弹是用于远程精确打击的主要力量,具有速度快、精度高、不易被探测等特点,具有远程快速打击能力、强大的突防能力、强大的打击能力和强大的适应能力等优势,具有巨大的军事潜能和广阔的军事应用前景。高超声速导弹的推进装置一般采用超燃冲压发动机,装有氢燃料或碳氢燃料,能以极快的速度对地球上任意地点的任意目标实施有效打击。高超声速导弹是各军事大国发展的重点,美国、俄罗斯等都取得了很大的进展,如美国的 X-51A 高超声速导弹、俄罗斯的“匕首”“锆石”高超声速导弹等。

2. 高超声速飞机

高超声速飞机因为自身的速度优势,可以实现在很多恶劣环境下的军事任务。其主要包括:高超声速侦察机、高超声速轰炸机和高超声速无人机。高超声速飞机可以执行侦察敌方阵地、搜集电子情报和精确打击等任务,如美国的 SR-72 高超声速无人侦察机。

3. 空天飞机

空天飞机是一种集航空和航天技术于一体，既能用于民用运输，又能进行军事活动的飞行器。它能在大气层中飞行，也可以进入空间轨道飞行。其突出特点：一是可以像普通飞机一样起飞；二是经过不断加速，使飞行速度达到马赫数为15~25，完成航天任务后返回大气层；三是在普通机场水平降落。这是目前的宇宙飞船和航天飞机都不具备的能力，而且使用成本大幅降低。因此，空天飞机对实现空天一体化作战的战略非常重要，能最大程度地满足保卫国家安全和打击敌人的需要。典型的空天飞机有美国的X-37B空天战斗机，但目前该空天战斗机仍未符合空天飞机的预期要求，所以研制符合要求的空天飞机仍有很长的路要走。

目前，世界主要国家加大高超声速技术发展投入力度，试图抢占高超声速飞行器实战化先机。从总体上看，高超声速打击武器（高超声速导弹）的研制和列装竞争越来越激烈，美国、俄罗斯等加快高超声速武器化进程，或将在未来5年左右形成装备；高超声速飞机和空天飞机依托典型项目积极开展方案论证和技术储备；加紧高超声速试验设施能力建设，并稳步推进基础科研、技术验证步伐。

另外，高超声速飞行器按采用的动力装置不同，可分为吸气式高超声速飞行器和火箭推进式高超声速飞行器两类；按飞行方式不同，可以分为单动力或复合动力“冲跃”方式、助推火箭辅助启动飞行方式以及复合动力方式；按气动布局不同，可以分为锥形体、升力体、翼面融合体以及乘波体等。

1.1.3 高超声速飞行器发展现状

高超声速飞行器从20世纪60年代开始，经过近60年的发展，取得了一系列突出的成果，下面从发展早期、发展中期和在研项目介绍高超声速飞行器的发展现状。

1. 发展早期

高超声速飞行器技术的基础是超燃冲压发动机技术，因此高超声速飞行器的早期发展主要是超燃冲压发动机的发展。使用氢燃料/碳氢燃料的超燃冲压发动机，在马赫数比较高的情况下性能突出，并且有潜力获得近轨道速度。这使得超燃冲压发动机一出现就引起了研究人员的极大兴趣，被考虑应用到高超声速巡航任务和单级入轨空天飞机。

20世纪50年代空气动力学家费里（Ferri）提出超燃冲压发动机的概念之后，美国便开始了超燃冲压发动机的研究。1964—1975年，美国国家航空航天局（National Aeronautics and Space Administration，NASA）开展了高超声速研究发动机（HRE）计划。该计划主要是为了研制X-15火箭式高超声速飞行器，其总体目标是在有人驾驶X-15A-2飞机（图1-2）上试验一个可再生冷却的、实际飞行尺度的超燃冲压发动机。1967年10月3日，X-15A-2飞机飞行试验达到了马赫数为6.72。虽然气动热导致X-15A-2飞机发动机的试验架融化了，整个X-15计划也于1968年终止，但是HRE计划对高超声速飞行器的研制迈出了关键一步。在此之后，美国通用电气公司、联合技术公司、马夸特公司、约翰·霍普金斯大学APL实验室以及NASA兰利研究中心等都研制出典型的氢燃料超燃冲压发动机，进一步推进了超燃冲压发动机的技术。20世纪70年代后期至80年代中期，美国由于对洲际导弹（以火箭发动机为动力）的研究占用了大量的经费和资源，使得对高超声速飞行器研究的投入减少，所以在这段时间内超燃冲压发动机的研究没有大的进步,这种情况直到 20 世纪 80 年代美国国家空天飞机(National Aero-Space Plane, NASP)计划的实施才得以改变。

图 1-2 X-15A-2 飞机

从 20 世纪 50 年代开始,苏联就一直在进行超燃冲压发动机的研究。1962 年,第一科学研究院建成了第一座大型自由射流试验设备(BMG)。1964 年,在 BMG 上对一个模型发动机进行了模拟马赫数为 6 的试验。1969 年,苏联中央空气流体动力研究院开始建造自由射流设备(T-131B)、直联实验台(T-131V)和小型风洞(SVV-1)配套实验系统。20 世纪 80 年代后,苏联又进行了一系列自由射流实验,试验发动机包括:双模态发动机(57M)、煤油燃料模型发动机(67M)、双模态煤油燃料发动机(PM6)、单模块发动机(TsAGI-MTU)等。

在早期的超燃冲压发动机研究中,除美国、苏联两个超级大国外,法国也于 20 世纪 60 年代建立了高超声速风洞,并开展了马赫数为 6~7 的燃烧试验等,其他国家在这一时间段未开展关于高超声速飞行器的相关研究。

2. 发展中期

1) 美国的发展

(1) NASP 计划。1986 年,根据美国国防部先进研究计划局(Defense Advanced Research Projects Agency, DARPA)倡导的单级入轨(Single Stage to Orbit, SSTO)研究,美国实施了国家空天飞机(NASP)计划。NASP 计划是国家级多学科项目,由美国国防部(United States Department of Defense, DOD)与 NASA 共同组织。NASP 计划的设想是研制一种单级入轨的航天运载器,能够革命地改变航天运输的现状,既能够像普通飞机那样重复使用、从机场起飞和降落,又要比火箭动力运载器大幅度降低发射成本。NASP 计划最关键的技术是研制能在马赫数为 4~15 的速度范围内工作的氢燃料超燃冲压发动机。X-30 空天飞机(图 1-3)是 NASP 计划的重要组成部分,是研究高超声速飞行器的气动布局、热防护系统、新材料、整体设计、超燃冲压发动机基本参数等的平台。但 X-30 空天飞机的研制只停留在缩比模型阶段(由美国密西西比州立大学 Raspet 飞行研究所制造),并在 1993 年取消该样机研制,因而没有建造任何全尺寸实体样机。1995 年,NASP 计划由于经费问题被取消。

NASP 计划被取消后,美国空军于 1995 年推出了高超声速技术(HyTech)计划,欲验证采用碳氢燃料的超燃冲压发动机。NASA 于 1997 年开展了 Hyper-X 计划,即高超声速飞行验证计划,用于发展超燃冲压发动机。DARPA 先后与空军和海军合作,提出了快速

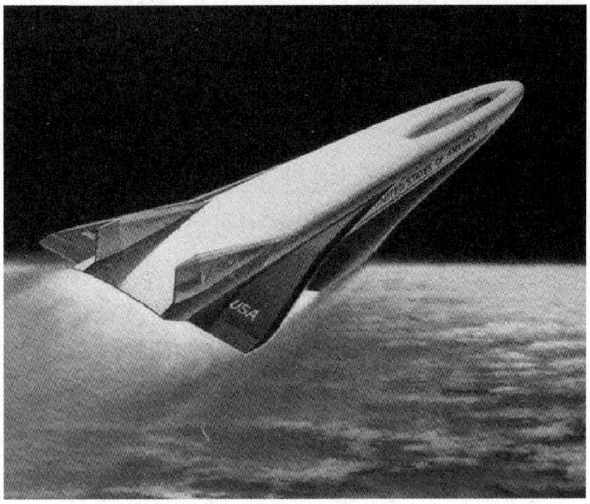

图 1-3　X-30 概念图

响应导弹演示(Advanced Rapid Reaction Missile Demonstrator,ARRMD)计划和高超声速飞行(HyFly)计划。为了响应美国的“快速全球打击计划”,DARPA 与美国空军在 2003 年联合制定了猎鹰(FALCON)计划。2005 年,美国空军和 DARPA 联合提出了 X-51A 计划,继续发展“全球快速响应能力”的平台。

(2) HyTech 计划。HyTech 计划在 1995 年推出,其目标是发展和试验在马赫数为 4~8 的条件下,碳氢燃料超燃冲压发动机推进系统的运行能力、性能以及结构的可行性。该计划进行了大量的发动机地面试验工作,试验了不同马赫数条件下发动机的性能及可靠性,得到了大量有效的试验数据,为今后在 Hyper-X、X-37、ARRMD、X-51A 计划中超燃冲压发动机的研究打下了良好的基础。

(3) Hyper-X 计划。NASA 于 1997 年启动 Hyper-X 计划,其目的是对可重复使用飞行器与超燃冲压发动机一体化设计技术进行研究和验证。该计划主要由 NASA 的兰利研究中心和德莱顿(Dryden)研究中心联合进行实施。

X-43A 属于高超声速飞机(图 1-4),采用升力体布局,是美国 Hyper-X 研究计划的核心,在此之后还有 X-43B、X-43C 和 X-43D 等飞行器。X-43A 飞行器所用的是氢氧燃料,计划通过飞行试验来验证超燃冲压发动机的实际性能,使用的是可以对超燃冲压发动机的性能进行验证的飞行器的最小尺寸。

X-43A 飞行器于 2004 年成功试飞,打破了由 X-15 飞行器保持的马赫数为 6.72 的速度记录,创造了马赫数为 9.8 的新纪录。第一次飞行试验在 2001 年 6 月进行,使用 B-52 轰炸机投放 X-43A 飞行器,在发射约 13s 后,因为助推器的尾翼发生了故障,飞行器失去了控制没有进入预定轨道,导致试验失败。第二次飞行试验于 2004 年 3 月在德莱顿飞行研究中心进行,在约 12000m 高空中,X-43A 飞行器与加速器分离后独自运行了 10s,完成了空气动力学机动状态的测试,发动机性能接近预期状态,最高速度马赫数为 6.83,标志着第二次飞行试验获得成功。2004 年 11 月进行了第三次试验,X-43A 飞行器与加速器分离后飞行了约 1s,飞行速度马赫数为 9.8,标志着第三次试验也获得成功。第三次试验与第一次试验相比较,第三次试验 X-43A 飞行器飞行速度更高,产生的温度符合要求,采用了更厚的热防护层,发动机和机身也采用了全新的控制系统。第三次试验是非常重要的,因为如此高的速度条件下是无法进行地面试验的。在该飞行试验中,X-43A 飞行器装有大约 500 个测量仪器,需要在飞行过程中对这些独立的仪器进行监控和记录,这些数据在飞行过程中通过发射机传送到地面和飞行接收机,为将来的研究起至关重要的作用。X-43A 飞行器的三次飞行试验,共花费了约 2.3 亿美元。美国空军计划继续增加研制资源和经费,使其能够执行包括情报、监视和通信在内的较为复杂的任务。

X-43B 飞行器是概念验证机,其动力系统使用火箭或涡轮基组合循环发动机,是一个可完全重复使用的高超声速技术试验的飞行器。其可进行多次飞行试验,并可以逐渐延长飞行时间。X-43C 计划采用 HyTech 计划研制的发动机进行飞行试验,原计划进行 3 次飞行试验,每次试验三个超燃冲压发动机的模块,但由于经费问题,被 NASA 取消。X-43D 验证飞行器的目标是验证采用氢燃料的超燃冲压发动机的性能,预期使飞行器的速度达到马赫数 15。

Hyper-X 计划的重点是飞行试验验证,X-43A 飞行器的三次试验是对美国在超燃冲压发动机技术领域多年研究成果的验证,把停留于理论研究的技术应用到实际飞行之中,所获得的经验对高超声速技术的发展有很好的借鉴作用。该计划还为 HyTech 计划中的发动机提供了试验平台,使各计划有很强的关联性,符合美国国家航空航天倡议(NAI)的要求。与很多项目不同的是,在 Hyper-X 计划中政府和承包商团队的合作非常协调,这对项目的最终成功起了很大的作用。

图 1-4　X-43A

(4) X-37 飞行器计划。1998 年 NASA 的马歇尔研究中心提出了 Future-X 计划,发展为后来的 X-37 飞行器计划,也是 X-33 飞行器(图 1-5)计划的延续。1999 年 7 月 7 日 NASA 正式和波音公司签署了一项为期 4 年的协议开发 X-37 验证机,NASA 发展 X-37 飞行器的目的是验证下一代航天飞机的技术,为协议中的轨道航天飞机(OSP)提供技术与验证。在此之后,美国空军也加入进来,提供了由波音公司建造的 X-40 飞行器(X-37 飞行器的 85%缩比模型)作为 X-37 飞行器的测试平台。X-37 飞行器计划的目标是验证轨道飞行试验和先进再入技术,通过新技术的运用降低航天成本,即现在称为空天战机的 X-37B 验证机(图 1-6),也仅是轨道试验飞行器(OTV),距离实战还有很长的距离,也与预想的空天飞机存在不少的差距。

2004 年,X-37 飞行器由 NASA 转交给 DARPA 进行开发,成为机密项目。2006 年 11 月 17 日,美国空军宣布将以原有的 X-37A 飞行器为基础发展出 X-37B 验证机。X-37B 验证机由火箭发射进入太空,是第一架既能在地球卫星轨道上飞行,又能进入大气层的航空器,结束任务后还能自动返回地面,被认为是未来太空战斗机的雏形。其最高速度能达到声速的 25 倍以上,常规军用雷达技术无法捕捉。迄今为止,X-37B 验证机共进行了五个架次的飞行,第一架 X-37B 验证机(OTV-1)2010 年 4 月 23 日从美国佛罗里达州卡纳维拉尔角空军基地发射升空,同年 12 月降落加州范登堡;2011 年 3 月 5 日,第二架 X-37B 验证机(OTV-2)升空,发射工位仍然位于卡角,在轨运行时间 469 天,2012 年 6 月返回,降落地点为加州范登堡;第三架 X-37B 验证机(OTV-3)在 2012 年 12 月升空,于 2014 年 10 月 17 日完成连续飞行超过 674 天。2015 年 5 月 20 日,美国空军在卡纳维拉尔角空军站成功发射了第四架次 X-37B 验证机(OTV-4),任务代号 AFSPC-5,在轨飞行 718 天后于 2017 年 5 月 7 日成功降落在弗罗里达州的肯尼迪航天中心(以前 X-37B 验证机均降落在加利福尼亚的范登堡空军基地)。2017 年 9 月,美国空军宣布,X-37B 验证机由 SpaceX 猎鹰 9 号火箭发射升空执行第五次在轨飞行任务。由于 X-37B 验证机执行的任务属于绝密级,因此轨道参数外界很难知晓。X-37B 验证机的活动范围极大,可从 200km 的近地轨道至接近 1000km 的轨道上,这也是 X-37B 验证机任务的关键所在:在任何时间有能力进入任意一条轨道,执行各种轨道监视、拦截等任务。

图 1-5　X-33 飞行器

(5) ARRMD 计划和 HyFly 计划。1998 年,DARPA 提出了 ARRMD 计划,其目的是进行远程高超声速巡航导弹的飞行试验,以检验其性能。该计划要求导弹采用模块化、多功能的战斗部,有足够精确的探测和识别目标的能力、在最短时间内对目标信息进行传递处理的能力,既能打击表面的突发威胁,又能摧毁地下的坚固目标。在该计划推出之后,提出了双燃烧室冲压发动机技术(DCR)和双模态冲压发动机技术的方案。虽然 ARRMD 计划最终没有开展飞行试验,但是在其第一阶段提出的两个方案都得到延续,其中 DCR 方案在 HyFly 计划中得以继续实施,乘波构型方案也应用到 X-51A 飞行器计划中。

2002 年,美国海军研究办公室和 DARPA 共同出资发起了 HyFly 计划,是 ARRMD 计

图 1-6 X-37B

划的延续,重新启用了 DCR 技术,并进行了风洞实验,达到了预期目标。在此之后,HyFly 计划分别在 2005 年 1 月、2005 年 8 月、2007 年 9 月、2008 年 1 月和 2010 年 7 月进行的五次飞行实验均以失败告终,因此表明 DCR 技术从实验室到工程应用还有很长的一段路要走。

(6) FALCON 计划。2003 年,美国空军和 DARPA 启动了 FALCON(猎鹰)计划,以发展和演示高超声速飞行技术和开发新的低成本太空发射系统为双重目标,是美国实施的快速全球打击计划的一部分。

高超声速技术飞行器(hypersonic technology vehicle,HTV)是 FALCON 计划的重要组成部分,主要有 HTV-1、HTV-2 和 HTV-3(后来发展为 HTV-3X 验证机)(图 1-7)三种验证机,用来演示和验证所需的关键技术。

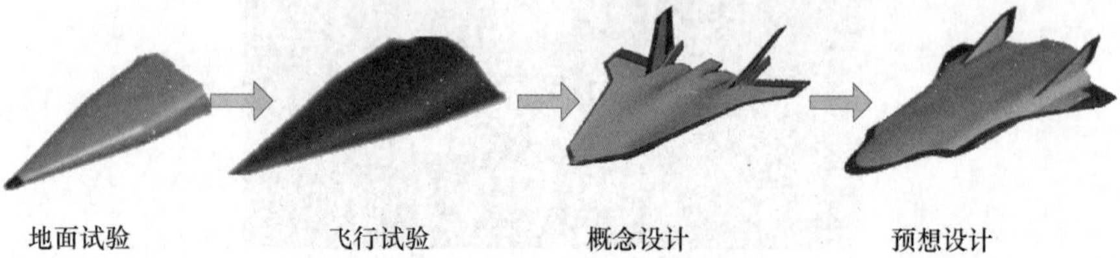

图 1-7 HTV 系列飞行器

HTV-1 是由洛克希德·马丁公司开发制造的,是无动力、可机动、一次性使用的高超声速验证飞行器。它需要克服的是材料上和机身制造上的困难。在美国的阿诺德工程研制中心的风洞中,HTV-1 进行了多次地面试验,积累了很多重要数据。但由于无法解决 HTV-1 在制造过程中因空气膨胀所导致的外形变化的问题,因此 HTV-1 被 DARPA 放弃。

HTV-2(图 1-8)是比 HTV-1 性能更高的高超声速验证飞行器,具有更先进的气动外形和防护系统,搭载了全新的导航、制导、控制系统。HTV-2 始于 2003 年,由美国军队和 DARPA 牵头研制,采用 Typ Minotaur Ⅳ火箭发动机技术作为助推器。HTV-2 可携带

5 吨的物资，最高飞行速度达马赫数为 5。HTV-2 的主要任务是为不同的飞行环境提供一个稳定的试验平台。在其进行实际飞行试验之前，在 NASA 兰利研究中心和阿诺德工程研制中心等进行了大量的地面试验，试验状态从马赫数为 6~16，所有部件都达到了预期目标，所得到的试验数据对未来的研究非常重要。2010 年 4 月，HTV-2 进行了第一次飞行试验，飞行器在美国范登堡空军基地由 Minotaur Ⅳ Lite 运载火箭发射，HTV-2 在与火箭分离进入临近空间区域后，仅飞行了 139 秒就与地面指挥中心中断了联系。该试验之后认为是姿态控制系统的异常导致了本次事故，无需对硬件进行大幅改变。2011 年 8 月，HTV-2 进行了第二次飞行试验，"牛头怪Ⅳ型"火箭搭载 HTV-2 飞机在美国加州范登堡空军基地成功发射升空，但在太空边缘与火箭分离后，HTV-2 在独自飞行并返回地球时失去联系。这次试验最终失败，此后 HTV-2 没有再进行飞行试验。2014 年 HTV-2 项目申请的国防预算仅为 200 万美元，主要是对之前所获实验数据进行分析和技术总结，这也预示着 HTV-2 项目的结束。

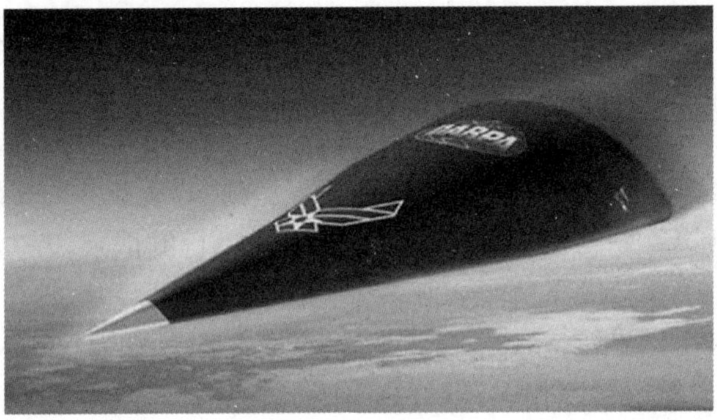

图 1-8　HTV-2

HTV-3 的目标是验证可重复使用的防热材料，但是在 FALCON 计划第二阶段执行过程中，DARPA 选择发展可重复使用高超声速试验平台所需的推进技术，即组合循环发动机技术项目(FaCET)，该项目目标是发展可重复使用碳氢燃料涡轮基组合循环推进系统(TBCC)(图 1-9)，飞行器可以从普通跑道起飞，把速度提升至马赫数为 6。该推进系统与高速涡轮发动机验证项目(HiSTED)合作，将 HTV-3 发展为飞行试验平台，命名为 HTV-3X。HTV-3X 是一体化程度很高的飞行试验平台，可演示多项高超声速飞行器的关键技术。自 2007 年开始，(尽管在 2008 年被取消)该项目涉及的 TBCC 发动机技术仍继续发展，在马赫数为 3 的速度以下点火的冲压发动机技术上有一定突破。

(7) X-51A 飞行器计划。

X-51A 飞行器，是美国空军研究实验室(AFRL)与国防高级研究计划局(DARPA)于 2004 年联合主持研制的超燃冲压发动机高超声速验证机，代号：乘波者(Scramjet Engine Demonstrator-Waverider，SED-WR)。该计划实际启动于 2005 年。X-51A 飞行器是美国 NASP 计划和 X-43 飞行器的一个延续，在 NASP 计划终止后，美国空军投资 HyTech 计划以延续其对高超声速技术的研究，HyTech 后来衍变为 HySet 项目。X-51A 飞行器计划的主要目的是通过飞行试验，来测试超燃冲压发动机的性能，并且验证吸热型碳氢燃料的可行性。但是该计划不仅是发动机验证试验，还是对机身与发动机一体化设计和在高速飞

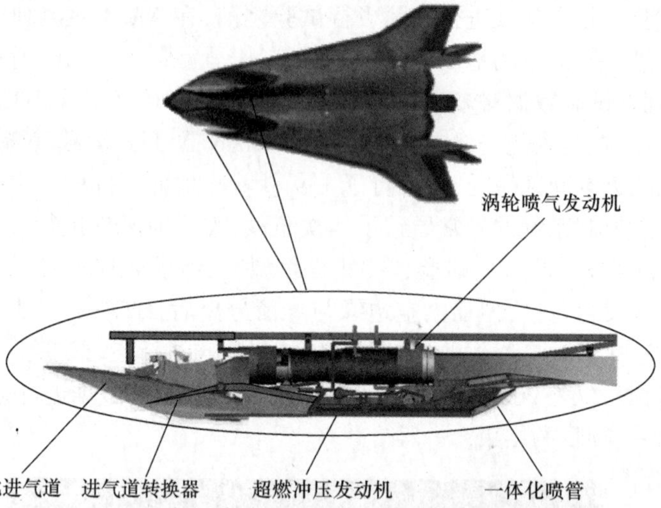

图 1-9　HTV-3 的涡轮基组合循环推进系统

行条件下飞行器的推进系统的稳定性进行验证。2013 年 5 月,X-51A 飞行器“乘波者”在经历了前三次挫败后,刷新了持续吸气式高超声速飞行的记录,产生了正向加速度并加速至马赫数为 5 以上,并持续飞行了 300 多秒,验证了以超燃冲压发动机驱动高超声速飞行器的可行性,代表了世界航空技术的最前沿,具有划时代的意义。X-51A 飞行器计划前三次试验均失败的原因各不相同,但是在第四次试验前都得到了圆满的解决,这表明美国的高超声速技术及关键的超燃冲压发动机技术在经过了几十年的发展后,已经达到了很高的水准。X-51A 飞行器的基本结构和性能参数见表 1-1 所列。

表 1-1　X-51A 飞行器的基本结构和性能参数表

机身长度	空重	最大飞行速度	飞行距离(最大射程)	飞行高度
7.62m	1814kg	大于 6200km/h (或 $Ma=5.1$)	740km	21.3 km

X-51A 飞行器属于高超声速导弹的范畴,是由巡航飞行器、连接器、超燃冲压发动机和火箭助推器组成(其外形如图 1-10 所示)。机身是由波音公司制造的,其安装了普惠公司制造的发动机。该飞行器采用 ARRMD 计划中的截断型乘波型机身。乘波构型设计具有较高的升阻比,可显著提高巡航级的气动性能。该发动机流动通道包括马赫数为 7 的自启动进气道和机身一体化喷管。该助推器是经过改造的洛克希德·马丁公司的战术导弹。该连接器可使超燃冲压发动机在助推阶段就可以启动,通过气动加热在发动机点火前预热燃料。X-51A 飞行器的基本结构采用的材料是传统的金属材料,并用轻质的 TPS 泡沫材料和 TPS 防热瓦材料覆盖。该飞行器的头部采用的是钨合金,并覆盖二氧化硅热防护材料。

DARPA 曾将 X-51 飞行器视为 Blackswift 的踏脚石,但 Blackswift 计划的 HTV-3 于 2008 年 10 月被取消。2013 年 5 月,美国空军计划将 X-51 飞行器技术应用于高速打击

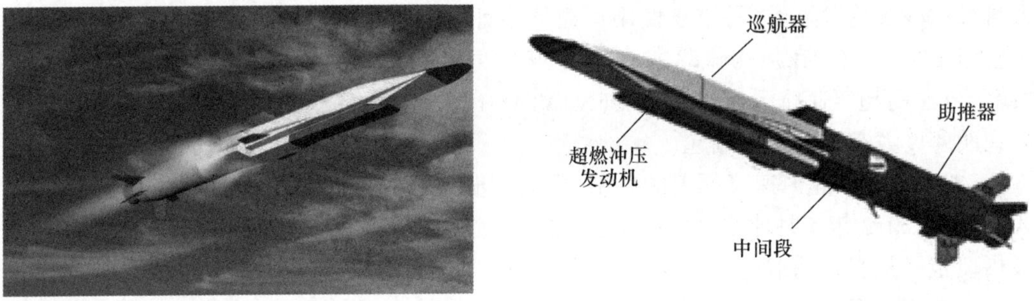

图 1-10　X-51A 飞行器

武器(high speed strike weapon,HSSW),这是一种与 X-51 飞行器相似的导弹。预计 HSSW 的射程为 930~1110km,以马赫数为 5~6 的速度飞行,并计划安装在 F-35 或 B-2 轰炸机的内部舱中。

2）俄罗斯高超声速飞行器的发展

苏联解体后,俄罗斯先后进行了“冷”“彩虹 D-2”“鹰”“鹰-31”和“锤子”等多项高超声速项目的研发,其中:“冷”计划的 Kholod 飞行器共进行了五次飞行实验,实现了发动机从亚声速到超声速燃烧的转变,曾一度领先美国;“鹰”计划中比较有代表性的飞行器有 IGLA/GLL-VK 和 GLL-31,其中 GLL-31 是俄罗斯第一个乘波构型超燃冲压飞行器,用的是氢燃料,于 2004 年首飞;启动于 2012 年的“锤子”(Hammer)高超声速飞行器项目,未来将用于发射卫星。

3）欧洲高超声速飞行器的发展

欧洲宇航局以及德国、英国、法国等国均启动了相应的高超声速开发计划,其中以法国的成果最突出。法国于 1992 年启动了 PREPHA 计划,6 年后研制出了马赫数为 6 的超燃冲压发动机;1997 年和 1999 年分别启动了 JAPHAR 计划和 PROMETHEE 计划开展吸气式组合发动机和导弹的研制;2003 年启动了高超声速技术示范机 LEA,原定 2013—2015 年在俄罗斯试飞。除法国外,其他欧洲国家较先进的高超声速飞行计划还有德国的 SHEFEX 计划、英国的 SKYLON 无人太空飞机等。

4）澳大利亚高超声速飞行器的发展

2002 年由澳大利亚、美国、英国、德国、韩国、日本等合作进行的 HySHOT 项目首次成功实现了人类历史上超声速发动机 5 秒内加速到马赫数为 7.6 的骄人成绩;2004 年启动的美国、澳大利亚合作的 HyCause 项目的超声速发动机 3 秒内加速甚至马赫数达到 10。

5）亚洲高超声速飞行器的发展

(1) 日本:1986 年就启动了轨道飞机项目并开始研制空气涡轮冲压发动机 ATREX,于 1994 年和 1996 年分别进行了成功的飞行试验,实现了马赫数为 10 的飞行速度;在此之后发展了 ATREX-500 并准备安装在新一代的 HOPE-X(已于 2001 年停止),2003 年取得了超燃冲压发动机马赫数为 8 的有效推力;建造了大型高超声速风洞,提高了研制的实验条件模拟水平;研制了 NEXST-1 和 NEXST-2 超声速试验机;参加了由澳大利亚牵头的 HYSHOT 项目。

(2) 印度:近些年,印度的航空航天技术发展迅速,2014 年 4 月 8 日建成可模拟马赫数为 6~10 的高超声速风洞;2016 年 5 月 24 日,印度空间研究组织(IRSO)在萨迪什·达万航天中心成功发射了“可重复使用运载器验证机(RLV-TD)”,进行了“高超声速飞行试验(HEX)”。在 HEX-1 试验中,验证机从发射到降落海面共 770 秒;RLV-TD 是印度“跨大气层高超声速航天运输飞行器(AVATAR)”的缩比验证机,RLV-TD 飞行试验的成功说明印度太空军事强势崛起。

(3) 中国:高超声速飞行器的研制,我国起步较晚,但近些年一直在积极开展相关技术的研究,2012 年 5 月建成了“JF12 复现高超声速飞行条件激波风洞”,为高超声速技术发展奠定了坚实的基础。

3. 在研项目

目前在研的高超声速项目主要是高超声速武器项目,主要包括美国的战术助推滑翔(tactical boost glide,TBG)项目、高超声速吸气式武器概念(hypersonic air-breathing weapon concept,HAWC)项目、先进高超声速武器(adranced hypersonic weapon,AHW)项目,俄罗斯的“锆石”高超声速导弹和 YU-71 高超声速助推滑翔导弹等。目前高超声速飞行器的发展主要是从高超声速导弹、高超声速飞机和空天飞机三个领域分别展开,美国和俄罗斯在研的项目主要是发展高超声速导弹(武器),并积极推进高超声速飞机和空天飞机的技术储备。

1) 高超声速导弹

(1) 美国高超声速导弹的发展。

在美国常规快速全球打击(conventional prompt global strike,CPGS)体系需求框架下,近年来美国将战术级射程的高速打击武器(high speed strike weapon,HSSW)(射程 1000km 左右)和战略级射程的先进高超声速武器(AHW)(射程超过 6000km)作为发展重点,并加大经费投入。

① HSSW 项目。在战术射程的高超声速打击武器方面,HSSW 的两个子项目,即高超声速吸气式武器(HAWC)项目和战术助推滑翔武器(TBG)项目均已完成初始设计评审,顺利进展到第二阶段(图 1-11)。

图 1-11　HAWC 和 TBG 打击效果图

TBG 项目于 2014 年启动,由 DARPA 和美国空军联合实施,旨在集成验证战术级空射高超声速助推滑翔导弹的关键技术，主要包括大包线气动力/热设计技术、高裕度低成本热结构/材料设计与制造技术、鲁棒自适应制导导航与控制技术、先进热/力/大气等飞行测试技术和高速导引头技术。TBG 项目可视为 HTV-2 项目的后继项目，其目标是在 HTV-2 的基础上将高升阻比气动外壳和热防护按比例缩小，把速度和射程等关键指标降低，使其成为空射或舰射的战术级武器。TBG 项目主要是开展作战概念、导弹概念、演示验证等顶层研究和总体方案论证。2014—2015 年，授予洛克希德·马丁公司、雷神公司和波音公司各一份 500 万美元的 TBG 项目合同；2015 年—2016 年，分别授予洛马公司和雷神公司价值 2000 万美元和 2400 万美元的 TBG 项目合同；2016 年 9 月，金额 1.47 亿美元的 TBG 项目第三阶段合同由 DARPA 授予给洛马公司，其合同内容是研制 TBG 原型弹，并要求 2018 年首飞。

HAWC 项目于 2013 年正式确立，目前由 DARPA 和美国空军研究实验室（AFRL）共同实施。HAWC 项目已经在 2016 年第一季度完成初始设计评审，并开始飞行演示验证器的设计，2016 年 9 月—10 月，DARPA 分别授予洛克希德·马丁公司和雷神公司 1.71 亿美元和 1.75 亿美元的 HAWC 项目第二阶段合同，表明美国高超声速打击武器演示验证项目正在按计划稳步推进。

2017 年，美国空军高层首次将发展高超声速武器装备比喻成一项“曼哈顿工程”，并公开表示将制订首个面向实战化的高超声速武器装备型谱，预示着美国将集中资源加快装备发展进程，抢占高超声速武器实战化先机。2017 年 5 月公开的美国 2018 财年预算中，高超声速打击武器预研项目共申请 4.34 亿美元，较上一财年批复额（3.41 亿美元）大幅提升。美国空军在 2018 财年预算中首次编列了高超声速样机项目，并发布了首个高超声速打击武器型号——空射型高超声速常规打击武器（hypersonic conventional strike weapon，HCSW）项目的招标预告指出，将在 2018 年初授出 HCSW 的工程研制合同，标志着美国军队高超声速导弹比原规划将提前 5 年左右进入工程研制阶段。此外，HSSW 演示验证项目按照既定计划持续推进。

② AHW 项目。

2011 年 11 月 17 日，美国陆军航天与导弹防御司令部和美国陆军战略司令部进行了“先进高超声速武器（AHW）”的首次飞行试验，试飞的是高超声速滑翔体（hypersonic glider lifting body，HGB），在飞行 3900km 后击中目标，其外形如图 1-12 所示。AHW 项目转由美国海军牵头后，于 2016 年美国海军与美国国家 CPGS 团队合作完成了海基 AHW 首个试飞器 FE-1 的初始设计评审，并开始对 FE-1 进行组装以及系统级试验与评估。2017 年 10 月 30 日，FE-1 飞行器进行了飞行试验，发射点位于夏威夷考艾岛太平洋导弹试验场，导弹落点为马绍尔群岛夸贾林环礁里根试验场，全程飞行约 3700km，飞行时间不足 30 分钟。在关键技术攻关方面，美国国家 CPGS 团队正在持续加紧开展助推器、载荷投送飞行器、非核战斗部、热防护系统、制导系统以及任务规划等关键分系统的技术成熟和风险降低。

在成功完成海基 AHW 的第一次飞行试验后，AHW 项目计划在 2019 财年进行第二次飞行试验（FE-2 飞行器）。2018 年，美国公开披露了 ARRW、OpFires 等全新的高超声速导弹演示验证项目，高超声速相关预算与 2017 年相比较增加超过 40%，并通过制定新的高超声速路线图、成立新的高超声速联合办公室等方法进行相关项目优化管理。

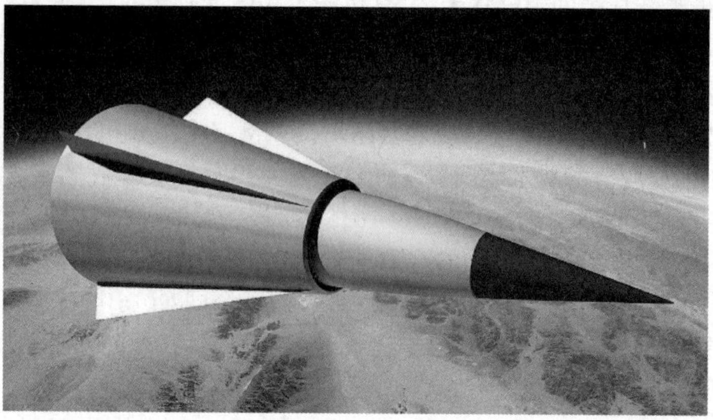

图 1-12　高超声速滑翔体(HGB)概念图

美国为了尽快实现高超声速武器化,选取偏向助推-滑翔的技术路线,以 TBG 与 AHW 前期成果为基础,同时开展了 AHW、作战火力项目(OpFires)、HCSW、空射快速反应武器(air-launched rapid reaction weapons,ARRW)等飞行演示验证项目的研究,全面研发海、陆、空基助推-滑翔高超声速导弹,并不断通过合同条款、快速采办等方法缩短开发周期,以在 2020 年前后形成早期作战能力。2018 年 4 月,洛克希德·马丁公司获得了一份价值 9.28 亿美元的高超声速常规打击武器合同。2018 年 5 月根据美国公布的《2019 财年国防授权法》立法草案,明确要求美国国防部大力开展高超声速武器的研发,这是美国第一次在国家立法的高度规定发展高超声速武器。该法案要求美国国防部在 2019 年 1 月提交一款可在 2022 年服役的高超声速武器的发展计划,甚至还明确要求这款武器能够在美国海、陆、空三军多种平台上发射,形成三位一体的高超声速打击能力,其中以美国空军主持的"空射快速响应武器"和"高超声速常规打击武器"两个项目最引人关注。空射快速响应武器是一种空射型高超声速助推滑翔导弹,高超声速常规打击武器则是采用复合制导方式的空射型高超声速导弹。此外,美国空军还在参议院拨款委员会国防分委会关于空军 2019 财年的资金需求和预算理由听证会上提出,寻求与美国陆军、海军在高超声速武器领域的"灵活共性",以达到追求最佳技术同时节约成本的目的。

(2) 俄罗斯高超声速导弹的发展。

俄罗斯采取"吸气式巡航+助推滑翔"两种技术方案并举、核常兼备的发展思路,着力构建高超声速打击体系。2015 年公布的 GLL-AP-02 高超声速超燃冲压发动机验证机是"俄罗斯版的 X-51"。它是俄罗斯继 GLL-VK 和 GLL-31 项目之后火箭助推式高超声速试验飞行器的最新项目。2016 年,俄罗斯持续推进战术射程的"锆石"吸气式高超声速巡航导弹(射程:400~600km)和战略射程的助推滑翔武器-4202 项目(含 YU-71、YU-74 等飞行器,射程超过 5500km,可配装核战斗部)发展,并成功完成多次飞行试验。

在战术射程的高超声速打击武器方面,2016 年 3 月 18 日俄罗斯完成了高超声速巡航导弹"锆石"的测试及陆基试射工作,未来还将发展潜射型和空射型。2017 年 4 月俄罗斯披露高超声速巡航导弹"锆石"又成功完成了一次飞行试验。"锆石"高超声速导弹于 2020 年 10 月 6 日定型,后续还将发展潜射型和空射型高超声速导弹。2018 年 3 月,俄军的“匕首”高超声速导弹发射系统已顺利通过所有测试,导弹准确命中目标,验证了该发射系统的良好性能。2018 年 6 月,俄罗斯宣布“匕首”导弹正式服役。

在战略射程的高超声速打击武器方面,2011 年 12 月 27 日俄罗斯 4202 项目的 Yu-71 高超声速滑翔器作为 SS-19 导弹飞行试验的一部分在拜科努尔靶场进行了第一次试验。2016 年 4 月和 10 月,俄罗斯成功完成了两次高超声速助推滑翔飞行器 YU-71 的试射(马赫数可达 15 以上)。俄罗斯 RS-28“萨尔马特”导弹可以安装 Yu-71 高超声速滑翔器作为弹头,未来在远程战略轰炸机上也可以装备 Yu-71 高超声速滑翔器。Yu-71 高超声速滑翔器计划于 2020—2025 年服役。此外,2016 年 6 月俄罗斯披露了 4202 项目的另一高超声速飞行器 YU-74。YU-74 高超声速飞行器的飞行马赫数可达 10,一枚 RS-28 萨尔玛特战略导弹可携带 24 枚 YU-74 高超声速飞行器。2017 年,俄罗斯国防部副部长表示高超声速武器是即将发布的《2018—2027 国家武器装备计划》的重点发展装备之一,并宣称俄罗斯计划在 2020—2022 年装备空射型高超声速导弹,当前正在加紧开展研制试验。此外,同步发展“先锋”助推-滑翔导弹,其速度马赫数高达 20。其很好地实现了多技术路线的并行,同时抢占了助推-滑翔导弹的先机。按照 2018 年 10 月俄罗斯的公开报道,“先锋”导弹将于数月内实现入役,成为最早投入实用的助推-滑翔导弹。该导弹已经批量生产,可配装核动力巡洋舰及核动力导弹巡洋舰。

(3) 澳大利亚高超声速导弹的发展。

2006 年美国、澳大利亚开始合作 HiFiRe 项目,该项目可为 X-51A 高超声速飞行器提供实验数据和技术支撑。2016 年 5 月 18 日在澳大利亚进行了成功的飞行实验,最大高度 278km,最大速度马赫数为 7.5。2017 年 7 月,澳大利亚国防部发布的一份文件透露,美国、澳大利亚近期在南澳伍默拉试验场成功完成了一次 HiFiRe 项目的高超声速飞行试验。该项目完成的系列飞行试验取得了重大成果,包括设计集成、高超声速飞行器试飞前测试和复杂航电及控制系统的设计等。

(4) 日本高超声速导弹的发展。

2017 年 11 月,日本防卫省防卫装备厅技术战略部在 2018 财年防务预算申请文件中提交了“高速助推滑翔导弹关键技术研究”的项目预算申请。该项目计划在 2018 财年预算中申请 100 亿日元(约 9000 万美元),用于在 2018—2024 年开展高速助推滑翔导弹若干关键技术的开发及验证,为后续型号研制做好技术储备。该研究内容涉及滑翔飞行器机体设计、气动力与直接力复合的滑翔飞行控制、高性能火箭发动机助推器等关键技术,计划完成原型样机的设计、制造和相关功能及性能验证试验。尽管该项目定位为技术研究与验证,但其实质是发展进攻性武器技术,显现出日本军事力量扩张战略意图。该项目的获批,推动了日本在高速打击武器领域迈出重大的一步。

(5) 印度高超声速导弹的发展。

为打造南亚军事强国,印度联合俄罗斯继续推动高超声速巡航导弹布拉莫斯-2 项目的发展。布拉莫斯-2 项目作为俄罗斯“锆石”高超声速导弹的出口型,其设计射程约为 300km,飞行马赫数可达 6。据布拉莫斯航宇公司 2016 年 6 月透露,该导弹将在 2022 年启动工程研制,预计 2024 年完成样弹研制。此外,为加强高超声速导弹关键技术储备,印度国防研究与发展局联合以色列飞机工业公司、英国克兰菲尔德大学等推进以碳氢燃料超燃冲压发动机为动力的高超声速技术验证器项目。

2）高超声速飞机

（1）美国高超声速飞机的发展。

美国空军高层在2017年7月表示高超声速飞机的发展路线将采取“先爬—再走—最后才跑”的渐进式发展方式。这与2016年“高速作战系统支撑技术”调研公告指出的“先机载发射、再水平起降”发展思路相吻合，并透露洛克希德·马丁公司正在研制的基于火箭基组合循环发动机（rocket-based combined cycle，RBCC）的SR-72高超声速无人侦察机将成为高超声速飞机发展的第一步。SR-72高超声速无人侦察机，如图1-13所示。它的设计基于被取消的“猎鹰”计划中的HTV-3X的概念研究。在2013—2017年开展大量地面试验验证后，洛克希德·马丁公司在2017年6月表示已经具备研制SR-72高超声速飞机验证机的技术条件，并于2018年开始研制有人驾驶的飞行验证机。该验证机将由一台全尺寸支板引射火箭发动机（RBCC的一种典型结构）提供动力。2013年首次披露SR-72高超声速无人侦察机时推断使用的是涡轮基组合循环发动机（turbine-based combined cycle，TBCC）很可能是远期的水平起降方案。该验证机大小与F-22战斗机相当，计划21世纪20年代早期开展首飞，21世纪20年代后期开展更大尺寸验证机首飞。此外，美国同步探索基于涡轮基组合循环发动机的水平起降型高超声速飞机方案，并加紧核心技术攻关。美国DARPA持续推进“先进全速域发动机”（advanced full range engine，AFRE）项目发展，在2017年9月分别授予轨道ATK公司和洛克达因公司合同。AFRE项目于2016年启动，旨在研究TBCC推进系统工程化的可行性，并在2018财年完成大尺寸进气道、全尺寸燃烧室的制造和初始测试，全尺寸尾喷管的制造及其与现货涡轮发动机的初步集成等。

图1-13　SR-72高超声速无人侦察机

（2）俄罗斯高超声速飞机的发展。

2016年俄罗斯联合飞机公司首次披露六代机时表示，第六代战斗机将配备高功率微波武器和无线电光子雷达，并已完成概念方案设计。2017年8月俄罗斯官员透露，军机承造商正在为高超声速第六代战斗机积极储备科学技术。负责第六代战斗机雷达研制的俄罗斯无线电电子技术集团在2017年8月披露，其已研制出机载射频光子相控阵雷达发射机和接收机的试验样机，接下来将着手全尺寸模型的研制，确定雷达具体的物理尺寸、工作频段以及输出功率等。

3）空天飞机

面对低成本快速空间进入的能力需求，美国 DARPA 在 2017 年陆续授予相关项目合同，推动相关项目发展。在基于可重复使用火箭的空间进入方案，美国 DARPA 相继发布第二、三阶段招标通告后，于 2017 年 5 月发表声明，授予波音公司“试验性太空飞机”（XS-1）项目研制试飞合同。XS-1 项目顺利完成第一阶段，并按计划第二阶段在 2019 年前完成技术验证机的设计、试制和测试，为飞行试验做好准备。美国 DARPA 在 2018 财年为 XS-1 项目申请预算 6000 万美元，比上一财年该项目的批复金额增长 50%，为项目稳步推进提供经费保障。在水平起降式空天飞行器方面，美国 DARPA 继披露两型基于“佩刀”（sabre）发动机的两级入轨空天飞行器概念方案后，又对“佩刀”发动机的核心部件——预冷却器技术开展验证。2017 年 9 月，美国 DARPA 授予英国反应发动机公司在美国设立的子公司一份合同，要求在美国开展“佩刀”发动机预冷却器样机的高温气流试验，以考核并确认预冷却器在马赫数为 5 的高温高速气流条件下的性能。2017 年 12 月，英国反应发动机公司宣布已经启动预冷却样机高温气流考核试验设施的建设工作。

1.1.4 高超声速飞行器的技术发展

由于高超声速飞行器的研制以最前沿的科学技术为基础，因此也被誉为航空史上的一次重要技术革命，它的成功研制将极大地推动科学技术的进步，影响深远。其涉及的重要技术包括以下几方面。

1. 推进技术

以超燃冲压发动机技术为核心的组合推进技术，主要包括涡轮/亚燃超燃双模态冲压发动机技术和火箭/亚燃超燃双燃烧室发动机技术等。飞行器在不同的速度下，要应用不同的推进技术。在马赫数超过 5 的情况下，应用超燃冲压发动机来完成工作；在马赫数低于 5 时，则需要其他类型的动力系统来进行起飞和加速工作。超燃冲压发动机可从飞行中获取氧气，从而不携带氧化剂，大大节省了飞行重量，相同质量条件下可产生 4 倍火箭的推力。超燃冲压发动机可采用碳氢（$Ma<8$）和液氢（$6<Ma<25$）作为燃料，液氢燃料既能满足冷却需要，又能满足燃烧要求，但其具有成本高、易爆炸和不易运输等问题，还无法大规模使用。为了改善燃料性能，各国都在积极研发新的燃料和添加剂。

超燃冲压发动机是一种吸气式喷气发动机，由进气道、燃烧室（核心部件）和尾喷管组成，不需要涡轮等零件。一般来说，超燃冲压发动机可分为双模态超燃冲压发动机和双燃烧室超燃冲压发动机。超燃冲压发动机的工作原理是利用超声速流不产生冲击波或形成弱激波，使燃烧室内的气流保持超声速燃烧，从而取得推力。

美国针对超燃冲压发动机已经做出了多项研究计划。20 世纪 50 年代，美国对超燃冲压发动机做了很多基础性的研究，在 60 年代到 70 年代中期，超燃冲压发动机的发展出现一个高峰期，如美国空军计划研究的固定尺寸的氢燃料冲压发动机。随着 NASP 计划的实施，又继续对氢燃料超燃冲压发动机进行研究。进入 21 世纪后，美国针对超燃冲压发动机的各种飞行演示计划不断出现，包括 Hyper-X、HyTech、HyFly、X-51A 等计划。20 世纪 60 年代，NASA 开展的 HRE 计划就对双模态超燃冲压发动机进行了研究，Hyper-X 计划对使用氢燃料的双模态超燃冲压发动机进行了验证。美国海军一直没有停止对双燃烧室超燃冲压发动机的发展计划，并在 HyFly 计划中多次进行试验。

长期以来,俄罗斯国防部一直为高超声速推进系统研究项目提供经费支持。在超燃冲压发动机研制方面,俄罗斯一直走在世界前列。20 世纪 80 年代,苏联开展了“冷”高超声速技术发展计划,主要研究试验用矩形和轴对称双模态超燃冲压发动机。1991—1998 年,俄罗斯共进行了 5 次超燃冲压发动机的验证性飞行试验,飞行马赫数最高为 6.5,发动机使用的是氢燃料。在这些飞行试验中,各关键技术均取得了重大突破,如完成了亚声速燃烧模态到超声速燃烧模态的转换,奠定了俄罗斯高超声速技术的领先地位。为更好研究发动机性能,制造相配套的高超声速飞行器,俄罗斯制定了“依格纳”飞行器研究计划。在该计划中,研发出名为“鹰”的有翼高超声速试验飞行器,该飞行器于 2001 年进行了首飞试验并取得了成功。随后,俄罗斯又开展了“鹰-31”高超声速飞行器计划,该飞行器采用 2 台双模态超燃冲压发动机作为推进系统。该计划开展了大量的地面试验,突破了很多关键技术,如在给定的马赫数、雷诺数和总温范围内,燃烧室超声速燃烧的稳定性、空气-燃料混合物稳定点火和燃烧技术以及在超燃冲压发动机导管几何尺寸的条件下的高效率燃烧技术等试验均取得了成功。近年来俄罗斯正在进行有关超燃冲压发动机推进系统的保密计划,该计划中的推进系统可用在洲际弹道导弹上进行导弹防御。

除美国、俄罗斯以外,澳大利亚、法国、英国、德国、印度、日本等都在积极开展超燃冲压发动机的相关技术研究,也在很多关键技术上取得了突破。

超燃冲压发动机技术关系到高超声速飞行器能飞“多快、多高、多远、多久”,是设计高超声速飞行器的首要关键技术。

2. 气动结构技术

在气动结构技术方面,需要构造机体、推进、气动一体化和高升阻比的气动布局。最为典型的布局形式主要包括:升力体、乘波体和翼身融合体等。气动力特性是确定其气动外形、飞行轨道和性能的先决条件。因此,在确定高超声速飞行器的外形设计之前,要进行大量的空气动力的数值模拟计算和地面风洞试验。利用该数值模拟,可以代替部分地面试验所进行的工作。基础理论研究、数值模拟和地面试验,这三者在确定最终的设计的过程中缺一不可。美国 Hyper-X 计划中的 X-43A 试验飞行器在研制过程中就通过数值计算和地面试验的方法建立了气动数据库,为后面的设计和飞行试验打好了基础。美国经过多年的研究,最终选择了乘波体外形。乘波体(waverider)是外形为流线型,前缘均具有附体激波的高超声速飞行器。乘波体的外形设计,对和超燃冲压发动机一起做机身一体化设计很有帮助。这一外形是目前具有最小阻力、最大升阻比的气动外形。X-51A 计划的飞行验证机使用的就是乘波体结构。

高超声速飞行器气动外形设计的一个关键技术是,既能提供高效气动产生的高效推进,又能配合飞行器所要求的较高的容积率、结构的有效性以及热防护性的一体化。高超声速飞行器的总体性能受燃烧时流场均匀性的影响,均匀的质量流量、压力和温度对有效的燃烧很重要。所以,设计要求前体有较高的预压缩率和在进气道入口处提供均匀的流场。该飞行器的后体作为燃气继续膨胀的扩张面,产生作用于飞行器的推力,以及垂直于飞行器轴线的法向力。飞行器的后体在设计时,要避免后体燃气对水平尾翼的影响,也要尽可能减少质量的增加。

在高超声速气动计算方面,需要解决的难题包括:高超声速非定常气动力、气动弹性力学、气动热以及它们与飞行力学的综合计算和分析,同时必须关注转捩、层流流动分离和气动误差带等带来的气动扰动问题。除此之外,还必须发展相关的先进理论分析与数值模拟技术,进一步提升地面风洞试验的技术水平。

3. 材料技术

在材料技术方面,需研制长寿命、耐高温、抗腐蚀、高强度、低密度的轻质新型材料。当高超声速飞行器以较高马赫数飞行时,会有高动压并出现剧烈的气动加热现象,而且速度越快,这种现象就会越严重。因此,研制高超声速飞行器的热防护材料和加工技术就具有非常重要的意义。面对如此恶劣的环境,主要有三种技术途径来解决这种问题,分别是被动防热、半被动防热和主动冷却。被动防热方法用于承受中等程度的热流密度且相对较短的加热时间。半被动防热方法用于高热流密度且加热时间较长,方式有热管和烧蚀等。主动冷却方法用于更高的热流密度且加热时间持续很长,方式有对流换热冷却、薄膜冷却和蒸发冷却等。因为不同的飞行器有不同的用途和使用方式,所以不同的防热方法用于不同的飞行器。

针对上面这些要求,目前研制的和可能采用的新材料主要有轻金属材料、金属基复合材料、聚合物基复合材料、陶瓷基复合材料、碳—碳复合材料等。当飞行速度马赫数为8时,飞行器的头锥部位温度可达1800℃,其他部位的温度也在600℃以上,并且暴露在强辐射的太空环境下,因此研制防止变形、辐射和热防护方面材料的任务相当重要。另外,为保证超燃冲压发动机的正常工作,还可利用燃料循环系统等热冷却技术,为其外壳降温。因此,在材料方面,除研制新型材料、提高制造工艺外,还应综合应用减少热应力、热传送和热冷却等多项热防护措施,保障飞行器安全。此外,作为热防护的反问题,从防御方来讲,也可利用高超声速飞行器的气动热带来的红热状态,研制相应的高超声速预警防御技术。

4. 导航制导与控制技术

由于强耦合、强非线性、快时变、不确定的高超声速飞行动力学模型,复杂的高超声速气动特性,因此在复杂恶劣的飞行环境下实现远程精确导航和制导,保证飞行器在全包线飞行过程中的强鲁棒、强稳定和高精度控制,是一项重大的挑战。所以,在导航制导方面,应开展远程组合导航新技术研究;在控制方面,应着力提高动力学模型的建模精度,发展快速强鲁棒自主飞行控制新技术研究。

由于高超声速飞行器对飞行的速度、精度等要求很高,所以对控制技术带来了极大的挑战。其主要需要解决控制系统的实时性、控制模式的问题参数和模型的不确定性等问题,此外还有很多因素都对高超声速飞行器的控制问题造成了影响。为了保证飞行器的控制系统能够满足复杂的飞行条件,所以需要在控制系统的设计过程中引入先进的控制方法。目前常用的设计方法包括以下几种。

(1) 增益预置控制方法。它是一种开环自适应控制,通过监测过程的运行条件来改变控制器的参数,在补偿参数变化或对象已知非线性方面,是很有用的方法。增益预置的控制方法已经在X-43A的飞行试验中使用。

(2) 非线性控制方法。与增益预置控制方法相比,非线性控制方法不必考虑如何对控制器的“增益进行插值”,能避免对严重非线性系统所产生的偏差。

(3) 鲁棒自适应控制方法。由于鲁棒控制设计方法难以满足高超声速飞行器不断变化的设计要求,传统的自适应控制方法在实际应用中存在问题,从而导致保守性成为了目前高超声速控制器要解决的首要问题。

5. 地面试验技术

高超声速飞行器涉及很多前沿技术,要想解决相关技术难点,最终应用到实际生产中,仅依靠基础研究是不够的,还需要把理论计算、地面试验和飞行演示试验结合起来,综合分析各种数据,才能取得理想的效果。其中地面试验是承上启下的试验环节,不经过地面试验的验证,就无法进行风险大、费用高的飞行试验。高超声速飞行器在进行飞行演示验证之前,需要进行多次的地面试验,因此必须大力发展地面试验设施,才能早日使高超声速飞行器的研究进入到工程制备阶段。关键的地面试验设施的建设对高超声速技术的研究非常重要,如X-51A和HTV-2等飞行试验的失败,就与地面试验能力的不足有很大关系。

高超声速地面试验可以对以下问题进行研究:验证空气动力学中理论计算的结果,为飞行器设计提供气动力数据,验证高温材料的性能,模拟典型飞行环境进行飞行试验等。地面试验方法包括高超声速风洞试验和火箭撬试验等,其中以高超声速风洞试验为主要方法。高超声速风洞通常是指在马赫数大于5的条件下进行试验的地面试验设备。高超声速风洞主要包括常规高超声速风洞、激波管和激波风洞、炮风洞、热射风洞、逆流风洞等类型。

美国有16处地面试验关键设施,包括波音公司多声速风洞、洛克希德·马丁公司高速风洞以及AFRL激光加固材料评估实验室。发展高超声速地面试验设施,第一要有确定的任务需求,第二要加强对关键技术的研发,此外还须解决材料的耐热度和试验成本过高等问题。

除了上述五大方面重要技术外,为保证高超声速飞行器的研制成功,在高超声速试验验证技术、飞行验证技术、发射技术、分离技术和遥测技术等方面还必须实现突破性的进展。这一系列的技术革新必然会促进航空航天领域全方位的进步,并带动整个社会科技的发展。

1.2 高超声速飞行器的发展趋势

NASA和美国国防部,在2001年联合提出了国家航空航天倡议(National Aerospace Initiative,NAI)。NAI进一步明确了美国高超声速飞行器的发展战略,为高超声速飞行器的发展制定了新的路线,主要分为三个阶段,如图1-14所示。

1. 近期目标

重点发展高超声速导弹,解决并验证推进系统、空气动力学、防热结构与材料及制导控制等方面的核心技术。一次性使用的推进系统速度达到马赫数为4~6,飞行距离达到1850km以上,有效载荷质量比率达到15%;可重复使用的推进系统达到马赫数为6~7。

2. 中期目标

重点发展能快速到达全球任何地点的高超声速飞机,进行关键技术攻关,提升高超声速飞行器技术的成熟度及可靠性。一次性使用的推进系统速度达到马赫数为6~8,飞行距离达到3700km以上,有效载荷质量比率达到50%;可重复使用的推进系统,飞行距离达到8000km以上,在2h内生存能力提高3倍。

3. 远期目标

重点发展可重复使用的能全球降落、全天候起飞的空天飞机。一次性使用的推进系统飞行速度超过马赫数为 12;可重复使用的推进系统 2 小时内可到达全球任何地方生存能力提高 6 倍。

该技术开发途径首先根据用于一次性使用的推进系统还是可重复使用的推进系统对技术进行了分类。一次使用的推进系统分为马赫数小于 4 和马赫数为 4~12 两个领域,要实现的目标分别为高超声速巡航导弹和中远程武器的打击与拦截。可重复使用的推进系统分为马赫数为 0~7 和马赫数为 0~15 两个领域。当马赫数为 0~7 时,主要是指最终实现远程打击的目标;当马赫数为 0~15 时,主要用于快速反应和空间进入。由于理论研究和实际应用之间是有很大差距的,所以技术验证需要大量的实验。

NAI 是一项有计划的综合性科技开发与验证倡议。在 NAI 之前,美国高超声速飞行器的发展缺乏统一的思路,对同一需求会有不同的解读,导致整个发展进程没有完整清晰的规划。在 NAI 之后,美国高超声速飞行器的发展就在此倡议下进行,统一了发展思路,在美国数十年该领域研究成果的基础之上,很多技术逐渐应用到实际作战中,对高超声速技术的发展起了巨大的作用。

虽然 NAI 给出的高超声速飞行器发展路线是针对美国现在和将来的需要,但其他军事大国在高超声速飞行器方面的进展,也基本按照这个路线在逐步推进各项计划的发展。因此,图 1-14 所示的高超声速飞行器发展的路线图具有广泛的借鉴意义。

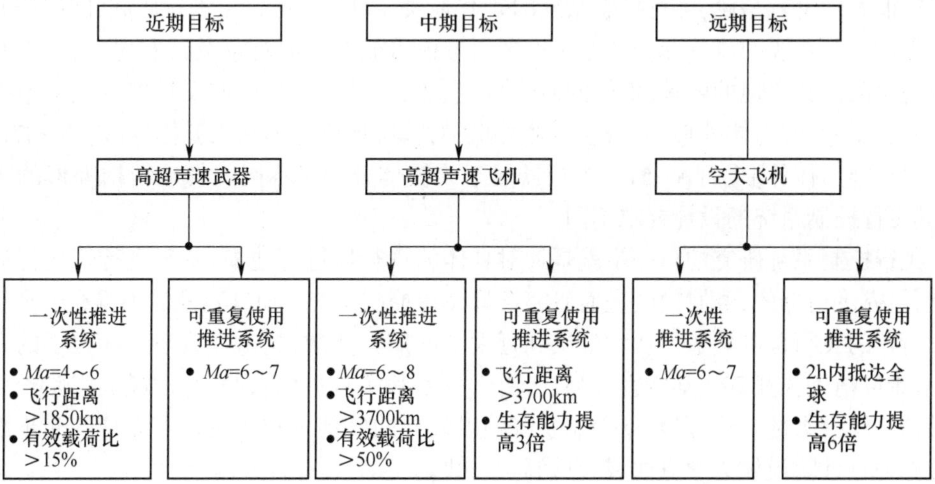

图 1-14　美国高超声速飞行器发展路线图

1.3　高超声速飞行器的飞行控制技术

飞行控制是高超声速飞行器的运行中枢,是其安全飞行、完成任务使命的保证,飞行控制技术也是研制高超声速飞行器的关键技术之一。由于高超声速飞行器超高的飞行速度和特殊的飞行环境,其飞行控制面临传统飞行器未曾遇到过的复杂的新问题。离地面

20~100km 空间的大气密度、温度、压力、辐射、风场具有与传统航空航天环境完全不同的复杂环境特性,大气的稀薄特性使普通飞机无法获得足够的气动升力而难以抵达;大气阻力的耗散作用使飞行器作无动力轨道飞行的速度迅速衰减,进而导致陨落。因此,能够长时间高超声速飞行的飞行器种类非常有限,其对飞行控制的要求尤为苛刻。高超声速飞行器具有比传统飞行器更为复杂的强耦合、强非线性、强时变的动力学特征,并且飞行动力系统对飞行姿态,特别是攻角、侧滑角有非常严格的条件要求,可供飞行器的区域受到严格限制。飞行的跨空域、大包线、全速域、刚体/热弹性、多输入/多输出、变量长短周期、多种操纵面、传感器的不确定性等因素,都使高超声速飞行器建模与控制系统的研究与设计面临前所未有的困难与挑战。

1.3.1 飞行控制面临的主要问题

高超声速飞行器飞行控制面临的主要问题包括:建模问题、非线性问题、耦合问题、不确定性问题等,具体如下。

1. 建模问题

飞行控制系统是飞行器飞行性能的重要保证,而飞行控制系统的设计通常只能适应设计者所控制的飞行器,就目前能够实现的技术而言,还没有一种飞行控制系统能适应于各种飞行器,或适应于所有的飞行状态。任何一种飞行控制系统必须针对一定的飞行气动结构外形进行设计,如导弹和飞机的飞行控制系统虽然都是飞行器的飞行控制系统,但是差别很大。也就是说,飞行控制系统的研究必须针对具体的对象进行研究,即使研究一般的飞行控制系统的设计理论和方法也必须考虑可能针对的对象及其实现,完全不考虑针对的对象及其实现的要求,那样的研究没有意义。目前高超声速飞行器的气动结构形状主要有 4 种:升力体外形、翼身融合体外形、对称旋成体外形和乘波体外形。X-37B 飞行器属于升力体外形,而 X-51A 飞行器属于乘波体外形。不同的气动结构外形的飞行器,其飞行控制系统的设计要求不同。

飞行控制系统研究的第一步就是针对具体的飞行器进行建模,基于飞行器飞行运动模型,研究飞行器的运动特性,进而研究设计飞行控制系统。而其建模的困难在于高超声速飞行器的飞行范围覆盖了从大气层到近太空的广大空域,超出经典空气动力学的有效范围,难以精确描述其气动特性。另外,由于技术和实验条件限制,地面风洞实验难以准确模拟高马赫数的飞行环境,使控制系统赖以设计的气动参数在飞行器设计的初步阶段通常是通过计算流体力学方法或者风洞吹风数据获得,具有较大偏差,而且由于在运动模型中的气动力和力矩系数通常是多元复杂非线性函数,因此在面向控制系统设计时,总要经过必要的简化处理。所以,获得的飞行器模型是近似、粗略的,必然存在未建模特性,在飞行控制系统研究中必须给以考虑,而且所建立的模型是否合理应有相应的检验标准。

2. 非线性问题

高超声速飞行器模型表现出很强的非线性特点,主要体现在三个方面:一是飞行运动方程的复杂非线性。高超声速飞行器模型通常是 6 个自由度 12 个状态非线性微分方程,如高度的微分是航迹倾斜角和速度的非线性函数,而速度的微分是阻力、侧力、推力矢量、迎角和侧滑角等的非线性函数,阻力、侧力是动压和气动系数等的函数,气动系数是马赫数、迎角、侧滑角、角速率和气动舵面偏转角等的非线性函数。上面仅指飞行器的高度和速度,当12个飞行状态同时考虑时,最终获得的飞行器模型特别复杂,会超出以往低速飞行器积累的经验和知识。二是快时变引起的非线性。在高超声速飞行时,飞行器的模型参数在飞行中变化非常显著,如飞行器质量的变化,由于飞行器燃料变化引起质量的变化,质量的变化会引起质心和转动惯量的变化,表现为质心位置和转动惯量是质量的非线性函数。除了质量变化引起的非线性外,还包括跨空域飞行引起的气动参数和发动机推力的变化,如非定常气动力的非线性和推力随马赫数、导杆角变化的非线性等。三是飞行环境的非线性。对于从中高层近空间高度执行巡航或再入飞行任务的高超声速飞行器来说,建立运动方程时不宜把大地当作是平面和不旋转的(以往的飞行器模型多是针对平面大地),在飞行器运动方程的推导中还需考虑地球自转角速率的影响。另外,受飞行器高度的影响,大气的温度、密度以及声速都不宜视为定常值,而应表示为高度等的非线性函数。

这些强非线性特点将对飞行控制系统的设计造成很大影响。首先,由于模型具有强非线性,使得在不同工作点上的线性化模型差异很大,导致难以找到有代表性的线性化模型,主要是因为线性模型不能准确描述高超声速飞行器的飞行特性,并且线性化控制方法的控制效果及鲁棒性能不佳。其次,该模型的强非线性增加了飞行控制系统的设计难度,经典的非线性控制,如反馈线性化、反步等应用于高超声速飞行器,需要对模型非线性项进行多次求导或递推,会导致项数的膨胀,大大增加计算负担,实现起来有困难。

3. 耦合问题

高超声速飞行器由于推力矢量设计、自身的弹性结构、高速飞行的特点,使得其耦合特性非常突出,主要体现在三个方面,具体如下:

一是推力矢量与气动舵面耦合。由于飞行器进行高超声速飞行时,需要发动机推力、气动力和气动力矩的共同作用,并且为了提高对飞行器的操控能力,高超声速飞行器多采用推力矢量设计,这种设计使得推力矢量偏转角与气动舵面之间存在强烈的耦合。由于推力矢量偏转角与气动舵面通常为控制输入,这种影响在控制上表现为输入之间和输入与输出之间的耦合。另外,由于高超声速飞行器的飞行状态变量通常与推力矢量偏转角与气动舵面呈非线性关系,这使传统的解耦方案不再可行。

二是刚体/弹性耦合。目前高超声速飞行器广泛采用轻质、低密度、高强度、耐高温、抗腐蚀的结构材料,气动布局的设计方式为完全或部分乘波体布局、细长体布局或升力体布局。由于结构材料选择的特殊性和气动布局的独特性,因此高超声速飞行器的气动弹性问题变得复杂多样,刚体/弹性耦合更加严重。高超声速飞行器刚体/弹性耦合的研究,应从以下几方面着手:首先,寻找合适的高超声速非定常气动力的计算方法,从而准确获得便于气动弹性分析的非定常气动力,并基于此进行气动弹性稳定性和响应问题的研究;其次,应研究振动特性和弹性结构变形对飞行器稳定性、可操纵性和机动性的影响以及气动推进/气动弹性耦合问题;最后,针对高超声速飞行器复杂的非线性特性,研究其弹性振动的主动抑制问题。

三是通道之间耦合。飞行器通道之间的耦合主要是指飞行器俯仰通道、偏航通道及滚转通道三通道运动模态之间的耦合。高超声速飞行器的三个姿态通道之间存在强耦合,改变其中一个变量的值便会对其他变量产生影响,而保证飞行器姿态稳定是飞行安全的基础,姿态通道之间的耦合威胁飞行安全。若要获得较好的飞行品质,就要避免姿态耦合对于飞行的不利影响,而其前提条件是对姿态三个通道之间的耦合情况有足够的了解和研究。

除了上述三种主要耦合,高超声速飞行器还存在的耦合:姿态与重心运动之间的耦合,姿态运动与发动机推力矢量之间的耦合,还有各飞行运动力和力矩系数之间强烈的耦合。各操纵舵面的运动和操纵控制力、力矩之间也存在强烈的耦合特性。这些强烈的耦合特性会导致控制系统分析设计的困难和控制指令选择的困难,任何小的失误就可能导致大的灾难。

4. 不确定问题

高超声速的飞行器的不确定特性主要集中在四个方面:一是未建模动态引起的不确定。飞行器模型中的未建模动态主要存在于气动力和动力系统。由于高超声速飞行器气动力和动力系统的复杂性,难以用精确的解析形式描述,因此通常用不确定的形式进行处理,如气动热、推力矢量舵面等对气动参数的影响。二是弹性形变引起的不确定。飞行器由于自身的弹性结构及高超声速飞行的特点,飞行过程中势必会引起机身的弹性形变。弹性形变对刚体的运动存在一定的影响,在刚体的飞行控制中,可以将其作为不确定的形式进行处理。若针对弹性体,则不能视弹性形变的影响为不确定形式,须要重新建模。三是飞行试验数据引起的不确定。由于高超声速风洞的局限性,无法实现长时间模拟,以及其他技术难题未解决使得真实的高超声速飞行试验很少,导致空气动力学实验数据不完整,使利用风洞数据建立的空气动力学数据库存在一定程度的不确定性。此外,即便风洞试验数据比较完整,其也与真实的高超声速飞行环境或多或少地存在偏差,这种偏差也是不确定。四是随机干扰引起的不确定诸多随机干扰因素。燃料的激荡性、大动压、湍流和转捩,以及外界的阵风干扰,进一步加重了模型和参数的不确定性以及随机干扰等控制上的问题,对高超声速飞行器的飞行状态有着重大影响。另外,在低层、中层近空间存在由于太阳照射和地球运转的能量交换而形成的重力波和行星波,这两种波作用于飞行器使得气动中心的位置前后、左右、上下激烈波动,从而引起飞行器上的力距和耦合力距变化,使得飞行姿态出现严重的相互耦合和不稳定。这种干扰不仅幅度大,而且随着地球的纬度和季节变化,变化的频率也发生变化。除此之外,更精确地分析飞行控制还应考虑因高超声速飞行而相对地球产生的离心力,以及附加科氏力。也就是说,研究高超声速飞行器的飞行运动应当在地球坐标系中进行,而不能只考虑直角坐标系。

不确定的存在要求控制系统必须具有较强的鲁棒性,这是实际应用时必须考虑的问题。为了验证控制系统的鲁棒性,除了要进行标称状况下的仿真外,还要对模型存在不确定的情况进行仿真,以保证控制系统在存在不确定的情况下依然有效。

1.3.2 飞行控制方法

近年来,国内外学者针对高超声速飞行器的面临控制的问题开展了很多研究和分析,给出了具体控制系统设计方案,并取得了不少成果。

控制技术是高超声速飞行器发展的关键技术之一。其理论与技术相互促进,协同发展。过去设计人员采用经典频率方法或者根轨迹方法设计飞行器控制系统虽然简单实用,但是设计过程中控制参数的选择过于依赖设计人员的自身经验。随着飞行器控制技术的要求以及飞行器系统本身变得越来越复杂,传统的控制方法在设计控制系统时的缺陷越来越明显。特别是现代飞行器的强非线性、强耦合特性,使得经典控制线性化处理方法无法满足现实的要求。因此,这些为高超声速飞行器的飞行控制技术带来了极大的挑战。关于高超声速飞行器控制问题的研究,国外开展得较早,大致分成以下四类。

1. 现代线性控制方法

由于飞行器是一种复杂的非线性系统,因此经典的线性控制方法难以完成其飞行控制任务。飞行器状态是时刻变化的,用工作点线性化方法得到的近似线性系统仅能表示飞行器在特定状态下的模型,而无法作为全部飞行状态下的模型来加以控制。线性控制方法具有结构简单、易于实现等优点,因此国内外学者积极探索了将线性控制方法应用到飞行控制系统设计中,应用最为广泛的方法,有四种分别是特征结构配置(eigenstructure assignment,EA)、最优线性二次型(linear quadratic regulator,LQR)、增益预置(gain scheduled,GS)、线性参变(linear parameter varying,LPV)。

特征结构配置方法具有经典极点配置方法的优点,即通过特征值与特征向量的选取来确定系统的性能,设计的时候可以有效调节系统性能,使其满足所需性能指标。特征结构配置方法存在一些缺点,其中最为突出的就是其应对不确定性以及干扰的能力差,设计的系统鲁棒性不强。针对这种缺点,可以将鲁棒特征结构配置方法用于飞行控制系统设计,通过结合 μ 分析,将特征结构配置转化为约束条件下的全局参数优化,从而使约束条件保证系统性能,而基于 μ 分析的全局参数优化则增强了系统的鲁棒性。

最优线性二次型方法是在飞行控制中使用较多且最为成熟的线性方法,不仅在理论上经过了大量的研究和仿真验证,而且从 20 世纪 70 年代以来在实际工程中的也得到了大量应用。最优线性二次型方法可以在兼顾多个性能指标的同时求解出控制律的最优解,并且其代价函数表达形式精确、规范,便于求解。然而,LQR 方法也有加权矩阵选择过程计算工作量大并且复杂,应对建模误差和外界干扰时鲁棒性不足等缺点。结合鲁棒方法与 LQR 方法设计的飞行控制律兼顾了系统性能和在不确定条件下的抗干扰能力。另外,通过对加权矩阵进行简化并降维,很大程度上简化了加权矩阵的求解过程,减少了计算工作量,提高了算法效率。

在非线性系统控制器设计中,增益预置线性控制方法也能起到很好的效能。GS 方法不需要知道全局的系统模型,对局部平衡点进行线性化之后即可利用 GS 方法进行控制器设计。在被控非线性系统进行平衡点线性化之后,该系统可以运用线性系统分析及设计方法进行设计,而线性系统的分析设计方法已经发展得比较完备和成熟,因此 GS 方法让该非线性系统有很多可供选择的控制策略。但是当被控非线性系统的状态发生较大的波动时,平衡点会偏离原来线性化的点,此时根据 GS 方法设计出来的控制律并不能保证整个闭环系统的性能。GS 方法在预置量求取的过程中没有一个普适的方法,所以增加了设计过程中的困难。根据这些不足,研究人员对 GS 方法进行了改进。例如,基于参数李雅普诺夫方法设计非线性连续静态增益预置控制器,可有效解决系统在输入饱和与输入干扰不确定性作用下的全局镇定问题。另外,针对离散系统,将反馈增益从原来连续的变化改进为只在离散点发生变化,这种分段线性化思想使预置量的求取过程更为简单、高效。

线性参变技术将完整的飞行包线分为若干段,先设计工作点控制器,然后将这一局部控制器参数进行时变调整获得整个飞行包线的全局控制器,这种变增益调度方法可以保证全局稳定。LPV 方法结合鲁棒控制方法设计飞行控制器,能够在保证系统性能的同时还具有较强的鲁棒性。目前,不少该领域的研究成果采用 LPV 方法与 H∞ 方法相结合设计飞行控制器,并取得了良好的控制效果。

这类研究的不足在于线性模型难以全面描述飞行器特性,且线性系统控制方法只能针对某个飞行状态,其研究结果不具有通用性。

2. 非线性控制方法

线性控制方法虽然具有结构简单、便于实现等优点,但是其在控制具有强烈非线性和不确定性的飞行器的时候效果不好。其主要原因有两点:一是线性控制方法高度依赖于被控对象的线性模型,在将非线性系统进行线性化的过程中就已经产生了比较大的误差,控制精度较差;二是线性控制方法鲁棒性较差,往往要结合鲁棒方法与线性控制方法才能应对飞行器的不确定性以及干扰。为了设计出具有高精度和强鲁棒性的飞行控制系统,非线性控制方法成为唯一的选择。非线性控制方法是飞行控制系统设计中应用最为广泛的方法,主要包括动态逆方法、反馈线性化方法、回馈递推方法、滑模变结构控制方法等。

动态逆方法是基于被控对象精确的非线性数学模型,先通过设计非线性控制器将系统模型中的非线性抵消,原系统转化为一个线性系统,然后运用线性系统设计方法来完成设计,使闭环系统达到预期的性能指标。动态逆方法在飞行控制系统设计方面有独特的优势:一是该方法具有普遍性,适用于各种飞行器的飞控系统设计;二是动态逆方法消除了系统的非线性因素,将变量间的非线性耦合关系简化为线性解耦关系;三是该控制器中的非线性抵消使其对系统参数的改变不敏感,不会随着系统参数变化而改变;四是理论设计较为简单直观,工程实现方便可行。这些优点使得动态逆方法在飞行控制律设计中广受青睐。然而,动态逆方法对建模精度要求很高,严重依赖于精确的被控对象模型,若存在一定程度的建模误差,非线性抵消则无法实现,相应的设计出的控制器也不能达到要求的性能指标。除此之外,外界干扰、系统参数摄动等一系列不确定性都会在很大程度上影响控制系统性能。因此,动态逆方法使用过程中常结合其他方法来提升控制性能。例如,将动态逆方法与自适应方法结合,先利用自适应方法调整神经网络权值来逼近系统中的不确定性,然后在动态逆控制器设计中进行在线补偿,使系统在应对不确定性时表现出更强的鲁棒性;基于 RBF 神经网络的干扰观测器来逼近动态逆误差,弥补动态逆方法无法实现模型高精度的先天不足;在研究不确定性建模问题的基础上,结合 H∞ 方法与 μ 方法设计基于 μ-H∞ 鲁棒动态逆控制器来提高系统的鲁棒性。

反馈线性化方法是一种通过坐标变换实现线性化的方法,其可以先将非线性模型转化为线性模型从而屏蔽原模型中的非线性耦合部分,再用其他线性方法来设计控制器。反馈线性化可以分为状态反馈线性化和输入输出反馈线性化。其不同之处是,状态反馈线性化是将状态量与输入量的非线性关系进行坐标转换成为线性关系,而输入输出反馈线性化是将输出量与输入量的非线性关系进行坐标转换成为线性关系。反馈线性化方法是一种精确的非线性控制方法,优于其他线性化方法。反馈线性化方法对模型精度要求较高,鲁棒性较差,结合不确定方法可以提高其控制性能,在飞行控制应用中会出现奇异摄动降阶条件、多操纵面协调以及外环的多模式控制等问题。

回馈递推方法是把一个高阶非线性系统分解成几个低阶子系统,子系统的个数不高于系统阶数。首先设计离原非线性系统输入最远的一个子系统的李雅普诺夫(Lyapunov)

函数,得到该子系统的控制律;然后依次分别对每个子系统设计李雅普诺夫函数以及求解其控制律,直到把所有的子系统都求解完成;最后求解出原非线性系统的控制输入量的表达式,完成控制律设计。回馈递推方法在处理非线性系统,尤其是级联非线性系统的时候具有很多优点,在非线性系统设计中得到了大量的应用。然而,回馈递推方法对模型的依赖性也比较强,需要建立精确的模型才能达到控制性能,控制律的复杂程度会随着系统阶数的增加而快速增高,所设计的控制算法计算工作量大,实时性很难保证,这对将其应用到实时性要求高的飞行控制系统中是一大挑战。在飞行控制律设计过程中常结合其他方法来使回馈递推方法有更好的控制性能,常用的结合方法有自适应函数逼近、神经网络自适应与鲁棒自适应方法,以保证飞行器系统的稳定性以及控制的精确性和快速性。

滑模变结构控制方法是变结构控制方法的一种,其基本思想是先设计不连续的控制器,使系统从任意一点出发都能按照一定的方式进行切换,在有限时间内到达滑模面,然后按照预先设计的滑动模态运动,最终趋于稳定。滑模控制过程可以分为趋近过程和滑动过程。趋近过程是从任意一点到滑模面的过程,滑动过程是系统状态进入滑模面到最终稳定到原点的过程。滑模控制对于干扰和不确定具有强鲁棒性,并且可以通过改变趋近律和滑模面来改变系统性能,因此在飞行控制中得到了的广泛应用。滑模的许多优点都是以不连续切换为前提条件的,在理论上滑模面的切换是平滑不存在抖振。但是其一旦应用到工程实践中,由于控制器的时滞、切换装置的惯性等原因,切换过程不能平滑进行,而会在不同状态之间来回切换,该系统状态出现抖振,抖振会给实际系统带来很大的损害。因此,消除抖振成为滑模变结构控制方法应用需要解决的问题。通过在滑模变结构控制中利用边界层方法来降低控制信号的抖振,或者引入低通滤波器,结合滤波器与滑模变结构控制方法来保证平滑的控制信号并使误差指数收敛。此外,模糊优化方法、趋近律方法都可以用来消除或者削弱抖动。

3. 不确定控制方法

飞行控制系统设计面临的困难不仅有严重非线性,还有不确定性。飞行器模型的气动参数都是通过实验的方法得到的,因此存在建模误差;飞行器的工作环境复杂多变,有很多的未知外界干扰,因此存在未知误差;在实际飞行器系统中,飞行状态等基本信息都是通过传感器得到的,因此存在测量误差;作动器在执行指令时存在作动误差。设计控制律的时候,这些不确定性如果不考虑的话,则很难达到预期设计指标,因此为解决这一问题的不确定控制方法也应运而生。不确定控制方法主要有鲁棒控制和自适应控制。

鲁棒控制方法是使在不确定作用下的系统保持原有性能的控制方法。鲁棒控制是解决不确定问题的重要方法,不同于其他方法的是鲁棒控制方法在被控对象模型中不仅考虑到了标称系统,还考虑到了摄动。其在控制律设计过程中,先将摄动可能带给系统的最坏影响分析出来,再加以补偿。因此,即使在摄动最大的情况下,该系统也能保持其性能。经过几十年的发展,鲁棒控制方法已经形成完备的理论体系,产生了许多行之有效的分析方法和控制方法,主要有 $H\infty$ 控制、μ 综合、Youla 参数化等。

自适应控制方法是一种能够自动调整控制系统参数,以应对外界条件变化以及被控对象产生的不确定的控制方法,能够在不确定条件下使系统满足原有的性能指标。自适应控制方法在飞行控制领域应用较为广泛,如应用模型逆控制结合神经网络补偿设计自适应控制器,基于神经网络自适应逆控制律补偿控制系统误差或者采用直接自适应方法设计鲁棒飞行控制律以提高系统的鲁棒性。

不确定控制方法的不足是飞行器的不确定的界难以准确估计,所针对的高超声速飞行器的模型均基于刚体的假设建立,没有考虑高超声速飞行器飞行独有的强耦合、气动热、气动非仿射特性等对系统性能的影响,所得结果偏重于控制理论与方法的讨论,在解决问题的针对性方面仍显不足。

4. 气动弹性控制

新一代高超声速飞行器具有飞行速度快、高度高、机动性好等特点,若用于军事任务,则要求它能在极端的环境条件下飞行,能够迅速打击数千或上万公里以外的各类军事目标。这就要求其在飞行包线内不出现任何具有危害性的不稳定现象,以保证飞行器安全飞行,而弹性体在均匀气流激励下,易受到惯性力、弹性力和空气动力相互耦合的作用,当气流速度达到颤振临界速度时,很容易产生气动弹性失稳的颤振现象。

为了抑制或延缓飞行器颤振发生,现有的研究途径大致可分为颤振被动控制和颤振主动控制。颤振被动控制主要是研究颤振的非线性特性,提供设计参数建议,采取局部刚度加强和质量平衡等措施,尽量消除颤振现象,避免可能产生的颤振危害。这种被动控制方法虽然比较传统,但它具有安全可靠的优点,在现代飞机设计中仍然使用。然而,颤振被动控制方法实质上已经改变了操纵面的结构特性,这对于解决飞机大型部件(如机身、机翼、尾翼等)的颤振问题,会增加其控制成本,会导致增加飞机重量,这是它的缺点。

由于颤振被动控制技术存在缺点并且为了克服这些缺点,尤其是希望飞机在大于颤振临界速度时也能安全飞行,20 世纪 70 年代初出现了颤振主动控制技术。从 2005 年开始,在美国空军项目的资助下,新一轮高超声速飞行器建模与颤振控制的研究在美国开展。其不再认为高超声速飞行器是刚体,而是以极强的气动加热环境和复杂的气动弹性等本质特点为主,更全面的结合其复杂耦合性。自此,关于高超声速飞行器颤振的主动控制研究成果也慢慢出现:通过非线性增益系数的适当选择,将原先危害性极大的亚临界 Hopf 分叉转变为危害性相对较小的超临界 Hopf 分叉,从而增强了飞行稳定性。此外,还有极限环颤振、混沌、发散和多周期运动等复杂颤振类型的研究成果。

综上所述,高超声速飞行器气动弹性的相关研究已经开展,并取得了一些成果,但相较于亚声速、超声速飞行器,高超声速飞行器具有复杂的结构,特别是存在各种形式的非线性特性。因此,还需要针对更复杂的具有非线性耦合特性的高超声速气动弹性问题进一步深入研究,为将来高超声速飞行器的主动控制技术真正进入实际应用阶段奠定坚实的基础。

参 考 文 献

[1] FIDAN B, MIRMIRANI M, IOANNOU P. Flight dynamics and control of air-breathing hypersonic vehicles: review and new directions[C]// The 12th AIAA International Space Planes and Hypersonic Systems and Technologies Conference. New York:AIAA,2003:2003-7081.

[2] BERTIN JOHN J, CUMMINGS R M. Fifty years of hypersonics: where we've been, where we're going[J]. Progress in Aerospace Sciences, 2003, 39(6-7): 511-536.

[3] BOLENDER M A. An overview on dynamics and controls modelling of hypersonic vehicles[C]//The 2009

American Control Conference. New York:IEEE,2009: 2507-2512.
[4] DUAN H B, LI P. Progress in control approaches for hypersonic vehicle[J]. Science China Technological Sciences, 2012, 55(10): 2965-2970.
[5] XU B, SHI Z K. An overview on flight dynamics and control approaches for hypersonic vehicles[J]. 中国科学:信息科学(英文版), 2015, 58(7): 1-19.
[6] 朱云骥, 史忠科. 高超声速飞行器飞行特性和控制的若干问题[J]. 飞行力学, 2005, 23(3): 5-8.
[7] 吴宏鑫, 孟斌. 高超声速飞行器控制研究综述[J]. 力学进展, 2009, 39(6): 756-765.
[8] 崔尔杰. 近空间飞行器研究发展现状及关键技术问题[J]. 力学进展, 2009, 39(3): 658-673.
[9] 黄琳, 段志生, 杨剑影. 近空间高超声速飞行器对控制科学的挑战[J]. 控制理论与应用, 2011, 28(10): 1496-1505.
[10] 李益翔. 美国高超声速飞行器发展历程研究[D]. 哈尔滨:哈尔滨工业大学, 2016.
[11] 姜长生. 关于近空间飞行器飞行控制系统研究设计的几个问题[J]. 电光与控制, 2015, 22(7): 1-13.
[12] 党爱国, 郭彦朋, 王坤. 国外高超声速武器发展综述[J]. 飞航导弹, 2013(2):12-19.
[13] 胡冬冬, 刘晓明, 张绍芳,等. 2016 年国外高超声速飞行器技术发展综述[J]. 战术导弹技术, 2017(1):28-33.
[14] 张灿, 胡冬冬, 叶蕾,等. 2017 年国外高超声速飞行器技术发展综述[J]. 战术导弹技术, 2018(1):47-50.
[15] 刘都群, 安琳, 武坤琳. 2017 年俄罗斯精确打击武器发展回顾[J]. 飞航导弹, 2018(5):8-10.
[16] 袁春飞, 仇小杰. 超燃冲压发动机研究现状及控制系统关键技术[J]. 航空发动机, 2016, 42(4): 1-7.
[17] 张斌, 许凯, 徐博婷,等. 俄罗斯高超音速武器展露锋芒[J]. 军事文摘, 2018(8):37-40.
[18] 马丽, 杨建军, 张维刚. 高超声速飞行器发展综述[J]. 飞航导弹, 2012(6): 22-27.
[19] 闫明松, 汤一峰. 高超声速作战平台概述[J]. 航空电子技术, 2016, 47(1):11-16.
[20] 张绍芳, 叶蕾. 国外高超声速飞行器及技术发展综述[J]. 中国航天, 2016(12):16-20.
[21] 孙长银, 穆朝絮, 余瑶. 近空间高超声速飞行器控制的几个科学问题研究[J]. 自动化学报, 2013, 39(11):1901-1913.
[22] 梁晓庚, 田宏亮. 临近空间高超声速飞行器发展现状及其防御问题分析[J]. 航空兵器, 2016(4):3-10.
[23] 王庆洋, 丛堃林, 刘丽丽,等. 临近空间高超声速飞行器气动力及气动热研究现状[J]. 气体物理, 2017, 2(4):46-55.
[24] 汪连栋, 曾勇虎, 高磊,等. 临近空间高超声速目标雷达探测技术现状与趋势[J]. 信号处理, 2014, 30(1):72-85.
[25] 胡冬冬, 孙艺, 李文杰. 美国超燃冲压发动机领域发展态势近况分析[J]. 飞航导弹, 2017(8):1-6,64.
[26] 王鹏飞, 王洁, 时建明,等. 吸气式高超声速飞行器控制研究综述[J]. 航空兵器, 2015(3):3-7,12.
[27] 王勇, 张艳, 白辰,等. 吸气式高超声速飞行器制导与控制方法综述[J]. 兵器装备工程学报, 2017, 38(4):72-76.
[28] 刘桐林. 未来超声速飞航导弹技术发展思考[J]. 飞航导弹, 2003, 33(3): 15-23.
[29] 陈绍宇,邓怀贵. 高超声速飞行器机构综述[J]. 飞机设计参考资料,2005(3):7-15.
[30] 张靖男, 孙未蒙, 郑志强. 高超声速武器控制技术发展探讨[J]. 航空兵器, 2006(4): 11-13.
[31] 甄武斌. 基于耦合分析方法的高超声速飞行器协调一体化控制[D]. 南京:南京航空航天大

学,2017.

[32] 王璐. 高超声速飞行器机翼颤振稳定性分析及其主动控制研究[D]. 南京:南京航空航天大学,2013.

[33] HELLER M, SACHS G, GUNNARSSON K, et al. Flight dynamics and robust control of a hypersonic test vehicle with ramjet propulsion [C]//The 8th AIAA International Space Planes and Hypersonic Systems and Technologies Conference New York:AIAA,1998: 1521.

[34] VOLAND R T, HUEBNER L D, MCCLINTON C R. X-43A hypersonic vehicle technology development [J]. Acta Astronautica, 2006, 59(1): 181-191.

[35] 方洋旺, 柴栋, 毛东辉, 等. 吸气式高超声速飞行器制导与控制研究现状及发展趋势[J]. 航空学报, 2014, 35(7): 1776-1786.

[36] SOEST W R V, CHU Q P, MULDER J A. Combined feedback linearization and constrained model predictive control for entry flight [J]. Journal of Guidance Control and Dynamics, 2006, 29(2): 427-434.

第 2 章　非线性控制基础

2.1　非线性系统

对于现实的控制对象来说，线性是相对的，非线性是绝对的。表征对象动态行为的非线性微分方程组，称为非线性系统模型。与线性系统相比较，非线性系统的分析要复杂得多，可控性和可观性都难以判断。为了后面非线性控制系统设计奠定基础，下面给出非线性系统的一些基本概念和特性描述。

2.1.1　基本概念

在控制领域中，通常将非线性动态系统描述为以下一阶常微分方程：

$$\dot{\boldsymbol{x}} = \boldsymbol{f}(t,\boldsymbol{x},\boldsymbol{u}) \tag{2.1}$$

式中：$\boldsymbol{x} = [x_1, x_2, \cdots, x_n]^{\mathrm{T}} \in \mathbb{R}^n$ 为系统状态向量；$\dot{x}$ 为状态向量 $\boldsymbol{x}$ 关于时间 t 的微分；$\boldsymbol{u} = [u_1, u_2, \cdots, u_p]^{\mathrm{T}} \in \mathbb{R}^p$ 为系统的输入向量；$\boldsymbol{f}(t,\boldsymbol{x},\boldsymbol{u}) = [f_1(t,\boldsymbol{x},\boldsymbol{u}), f_2(t,\boldsymbol{x},\boldsymbol{u}), \cdots, f_n(t,\boldsymbol{x},\boldsymbol{u})]^{\mathrm{T}} \in \mathbb{R}^n$ 为光滑的非线性函数向量。对动态系统来说，它的状态变量属于内部变量，不一定是完全可测量的，但通过状态变量 $\boldsymbol{x}$ 和输入变量 $\boldsymbol{u}$ 的共同作用可以改变一个动态系统的行为特征，即式（2.1）的内涵，也是控制的基本思想。

在系统状态向量 $\boldsymbol{x}$ 和输入向量 $\boldsymbol{u}$ 的作用下，该系统的输出可以表示为

$$\boldsymbol{y} = \boldsymbol{h}(t,\boldsymbol{x},\boldsymbol{u}) \tag{2.2}$$

式中：$\boldsymbol{y} = [y_1, y_2, \cdots, y_q]^{\mathrm{T}} \in \mathbb{R}^q$ 为系统输出向量，$\boldsymbol{h}(t,\boldsymbol{x},\boldsymbol{u}) = [h_1(t,\boldsymbol{x},\boldsymbol{u}), h_2(t,\boldsymbol{x},\boldsymbol{u}), \cdots, h_n(t,\boldsymbol{x},\boldsymbol{u}]^{\mathrm{T}} \in \mathbb{R}^q$ 为光滑的非线性函数向量。对动态系统来说，它的输出变量通常是可测量的，一个系统的外部动态行为通常由输出变量 $\boldsymbol{y}$ 来表现，输出变量 $\boldsymbol{y}$ 的表现是系统状态向量 $\boldsymbol{x}$ 和输入向量 $\boldsymbol{u}$ 共同作用的结果。

定义 2.1（非线性系统）：式（2.1）和式（2.2）共同称为非线性动态的状态空间模型，简称为非线性系统模型，其中式（2.1）为非线性系统的状态方程，式（2.2）为系统的输出方程。

定义 2.2（仿射非线性系统和非仿射非线性系统）：当系统的状态方程与状态向量 $\boldsymbol{x}$ 呈非线性关系，与输入向量 $\boldsymbol{u}$ 呈线性关系，其具体表达为

$$\dot{\boldsymbol{x}} = \boldsymbol{f}(t,\boldsymbol{x}) + \boldsymbol{g}(t,\boldsymbol{x})\boldsymbol{u} \tag{2.3}$$

式中：若 $\boldsymbol{g}(t,\boldsymbol{x}) \in \mathbb{R}^{n\times p}$ 为光滑的非线性函数矩阵，则式（2.3）为仿射非线性系统。反之，当系统的状态方程不仅与状态向量 $\boldsymbol{x}$ 呈非线性关系，还与输入向量 $\boldsymbol{u}$ 呈非线性关系，如式（2.1），则由式（2.1）代表的系统为非仿射非线性系统。

在实际工程中，非仿射非线性系统的控制难度远大于仿射非线性系统，在控制精度要

求不高的时候可将非仿射非线性系统简化为仿射非线性系统,但当需要高精度控制时,则必须寻求非仿射非线性控制方法来解决问题。

定义 2.3(非受迫非线性系统):当系统的状态方程不显含输入 $\boldsymbol{u}$,其具体表达为

$$\dot{\boldsymbol{x}}=\boldsymbol{f}(t,\boldsymbol{x}) \tag{2.4}$$

式(2.4)为非受迫状态方程,由式(2.4)代表的系统为非受迫非线性系统。

需要注意:非受迫系统不代表系统的输入向量 $\boldsymbol{u}$ 一定等于零,当输入向量 $\boldsymbol{u}$ 是时间 t 的函数 ($\boldsymbol{u}=\gamma(t)$)、输入向量 $\boldsymbol{u}$ 是状态 $\boldsymbol{x}$ 的函数 ($\boldsymbol{u}=\gamma(\boldsymbol{x})$) 或者输入向量 $\boldsymbol{u}$ 是时间 t 和状态 $\boldsymbol{x}$ 的函数 ($\boldsymbol{u}=\gamma(t,\boldsymbol{x})$) 时,将 $\boldsymbol{u}=\gamma$ 代入式(2.1)可得到非受迫状态方程式(2.4)。

定义 2.4(自治系统):当系统的状态方程的具体表达为

$$\dot{\boldsymbol{x}}=\boldsymbol{f}(\boldsymbol{x}) \tag{2.5}$$

式(2.5)为自治系统状态方程,由式(2.5)代表的系统为自治(或时不变)非线性系统。反之,可以称为非自治(或时变)系统。

对于时间原点的变化来说,自治系统的行为是不变的,因为将时间变量从 t 改变为 $T=t-a$ 不会改变状态方程式(2.5)右边的表达。

定义 2.5 (平衡点):针对系统状态方程式(2.5),方程:

$$\boldsymbol{f}(\boldsymbol{x})=0 \tag{2.6}$$

的实根称为系统(2.5)的平衡点。

平衡点可以是孤立的,即平衡点附近无其他平衡点,也可以是连续的。

不同于式(2.1)~式(2.2),当系统模型描述为

$$\begin{cases}\dot{\boldsymbol{x}}=\boldsymbol{A}(t)\boldsymbol{x}+\boldsymbol{B}(t)\boldsymbol{u}\\ \boldsymbol{y}=\boldsymbol{C}(t)\boldsymbol{x}+\boldsymbol{D}(t)\boldsymbol{u}\end{cases} \tag{2.7}$$

系统(2.7)为线性时变系统。当参数阵 $\boldsymbol{A}(t)$,$\boldsymbol{B}(t)$,$\boldsymbol{C}(t)$,$\boldsymbol{D}(t)$ 为定常阵时,则该系统为线性定常系统,并且该系统的输入输出关系可以采用传递函数矩阵描述:

$$\boldsymbol{y}(s)/\boldsymbol{u}(s)=\boldsymbol{G}(s)=\boldsymbol{C}(s\boldsymbol{I}-\boldsymbol{A})\boldsymbol{B}+\boldsymbol{D} \tag{2.8}$$

2.1.2 基本特性

线性系统满足叠加原理,具有平衡点易解、可控可观性易判断、稳定性分析及控制器设计简单等特性优势,通常采用线性代数进行分析和求解。但由于工程实际中,系统不确定、干扰、噪声、延时等不可避免,因此线性系统是对实际系统的一种理想化描述。实际中,几乎所有的物理系统都是非线性的。与线性系统相比较,非线性系统式(2.1)、式(2.2)更逼近实际的真实系统,它主要具有以下特点。

(1) 非线性系统可以有唯一的、有限多个、无穷多个或者不存在平衡点。

(2) 非线性系统的可控性和可观性不易证明或验证。

(3) 非线性系统的稳定性难以分析和证明。

(4) 非线性系统的局部特性通常不能代表全局特性,如稳定性。

(5) 非线性系统的时域特性依赖于初始条件。

(6) 非线性系统无法进行频域分析。

(7) 控制律的构造缺少统一的、系统化的方法。

(8) 非线性系统的分析大多基于微分数学分析和李雅普诺夫分析。

针对非线性系统式(2.3),对于在 $(t_0, \boldsymbol{x}_0)$ 某个领域内所有的 $(t, \boldsymbol{x})$ 和 $(t, \boldsymbol{y})$ 都满足利普希茨(Lipschitz)条件 $\|\boldsymbol{f}(t,\boldsymbol{x}) - \boldsymbol{f}(t,\boldsymbol{y})\| \leqslant L\|\boldsymbol{x} - \boldsymbol{y}\|$ 的微分方程式(2.3)存在唯一解的充分条件。利普希茨条件是比连续性更强的光滑性条件,符合利普希茨条件的系统是一致的、连续的。

定理 2.1(局部存在性和唯一性):函数 $\boldsymbol{f}(t,\boldsymbol{x})$ 关于 t 分段连续,且 $\forall \boldsymbol{x},\boldsymbol{y} \in B = \{\boldsymbol{x} \in \mathbb{R}^n \mid \|\boldsymbol{x} - \boldsymbol{x}_0\| \leqslant r\}$, $\forall t \in [t_0, t_1]$, 函数 $\boldsymbol{f}(t,\boldsymbol{x})$ 满足利普希茨条件:

$$\|\boldsymbol{f}(t,\boldsymbol{x}) - \boldsymbol{f}(t,\boldsymbol{y})\| \leqslant L\|\boldsymbol{x} - \boldsymbol{y}\| \tag{2.9}$$

那么,存在 $\delta > 0$ 使状态微分方程 $\dot{\boldsymbol{x}} = \boldsymbol{f}(t,\boldsymbol{x})$ (初始条件为 $\boldsymbol{x}(t_0) = \boldsymbol{x}_0$) 在 $[t_0, t_0 + \delta]$ 上有唯一解。

定理 2.1 的关键在于是否满足利普希茨条件式(2.8)。满足式(2.9)的函数关于 $\boldsymbol{x}$ 是局部利普希茨的,且 $L > 0$ 称为利普希茨常数。

定理 2.2(全局存在性和唯一性):函数 $\boldsymbol{f}(t,\boldsymbol{x})$ 关于 t 分段连续,且 $\forall \boldsymbol{x},\boldsymbol{y} \in \mathbb{R}^n$, $\forall t \in [t_0, t_1]$,函数 $\boldsymbol{f}(t,\boldsymbol{x})$ 满足利普希茨条件:

$$\|\boldsymbol{f}(t,\boldsymbol{x}) - \boldsymbol{f}(t,\boldsymbol{y}\| \leqslant L\|\boldsymbol{x} - \boldsymbol{y}\| \tag{2.10}$$

那么,状态微分方程 $\dot{\boldsymbol{x}} = \boldsymbol{f}(t,\boldsymbol{x})$ (初始条件为 $\boldsymbol{x}(t_0) = \boldsymbol{x}_0$) 在 $[t_0, t_1]$ 上有唯一解。

通过对比分析定理 2.1 和定理 2.2 可以发现,一方面,局部利普希茨基本上符合平滑性的要求,其中连续可微分说明,除了不连续的非线性外,大部分物理系统都是局部利普希茨。另一方面,全局利普希茨却限制更多,许多物理系统模型都无法满足,但模型却是光滑的,这些模型虽然不满足全局利普希茨性质,但是具有唯一的全局解,这表明定理 2.2 的保守性。

2.2 非线性系统的稳定性

系统的稳定性是控制理论和控制工程的关键。非线性动态系统会出现不同类型的稳定性问题,本节主要分析非线性系统的平衡点的稳定性。平衡点的稳定性由俄罗斯数学家李雅普诺夫提出,奠定了李雅普诺夫稳定性理论的基础。该理论分别给出了平衡点稳定、平衡点不稳定以及平衡点渐近稳定的充分条件。在李雅普诺夫稳定性理论的基础上,本节还将给出 LaSalle 稳定性的基本原理。

2.2.1 自治系统的李雅普诺夫稳定性理论

考虑以下自治系统:

$$\dot{\boldsymbol{x}} = \boldsymbol{f}(\boldsymbol{x}) \tag{2.11}$$

式中:$\boldsymbol{f} \in \mathbb{R}^n$ 满足局部利普希茨条件。令 $\boldsymbol{x}_e$ 是自治系统式(2.11)的平衡点,则有 $\boldsymbol{f}(\boldsymbol{x}_e) = 0$ 。由于本节主要研究平衡点的稳定性,为了方便起见,这里以自治系统式(2.11)的平衡点为原点进行分析,即 $\boldsymbol{x}_e = 0$。当系统存在非零平衡点时,可以通过变量替换使其平衡点平移到原点。假设 $\boldsymbol{x}_e \neq 0$,进行变量替换 $\boldsymbol{y} = \boldsymbol{x} - \boldsymbol{x}_e$,则有

$$\dot{\boldsymbol{y}} = \dot{\boldsymbol{x}} = \boldsymbol{f}(\boldsymbol{x}) = \boldsymbol{f}(\boldsymbol{y} + \boldsymbol{x}_e) \triangleq \boldsymbol{g}(\boldsymbol{y}) \tag{2.12}$$

式中：$\boldsymbol{g}(0)=0$，即对于新变量 $\boldsymbol{y}$，系统的平衡点是原点。因此，在后面将以系统的平衡点是原点开展稳定性分析。

定义 2.6（平衡点的稳定性）系统式（2.11）的平衡点 $\boldsymbol{x}_e=0$ 是

（1）稳定的。如果 $\forall\varepsilon>0$，有 $\delta=\delta(\varepsilon)>0$，使得

$$\|\boldsymbol{x}(0)\|<\delta\Rightarrow\|\boldsymbol{x}(t)\|<\varepsilon,\ \forall t\geqslant 0 \tag{2.13}$$

成立。

（2）渐近稳定的。如果平衡点是稳定的，且 δ 满足

$$\|\boldsymbol{x}(0)\|<\delta\Rightarrow\lim_{t\to\infty}\boldsymbol{x}(t)=0 \tag{2.14}$$

（3）不稳定的。如果平衡点不是稳定的。对 $\forall\varepsilon>0,\delta>0$，无论其取值多么小，在 $s(\delta)$ 内总有一条从 $\boldsymbol{x}(0)$ 出发的轨迹超出 $s(\delta)$。

通过分析定义 2.6 可知，平衡点渐近稳定说明该系统的状态 $\boldsymbol{x}$ 的动态以初始条件 $\boldsymbol{x}(0)$ 作为开始，当 $t\to\infty$ 时，状态 $\boldsymbol{x}$ 趋于原点；而平衡点稳定则说明该系统的状态 $\boldsymbol{x}$ 从 $\boldsymbol{x}(0)$ 开始，最终并未趋于原点，而是在领域 ε 内，属于有界稳定。因此，平衡点渐近稳定的条件明显强于平衡点稳定的条件。另外，需要注意：平衡点渐近稳定和平衡点稳定都有一个共同条件，就是初始条件 $\boldsymbol{x}(0)$ 不是任意选择的，要求其在领域 δ 内，当对初始条件 $\boldsymbol{x}(0)$ 无限制时，平衡点通常是大范围渐近稳定的或大范围稳定的。但对于实际系统来说，“大范围”这个条件很强，因为任何一个实际系统的 $\boldsymbol{x}(0)$ 都不可能随意取值，都要满足在一定的界范围内。关于平衡点不稳定，是指该系统状态 $\boldsymbol{x}$ 从 $\boldsymbol{x}(0)$ 出发，最终该系统状态 $\boldsymbol{x}$ 既不有界也不趋于原点，即 $\boldsymbol{x}$ 是发散的。关于平衡点稳定，如图 2-1 所示。

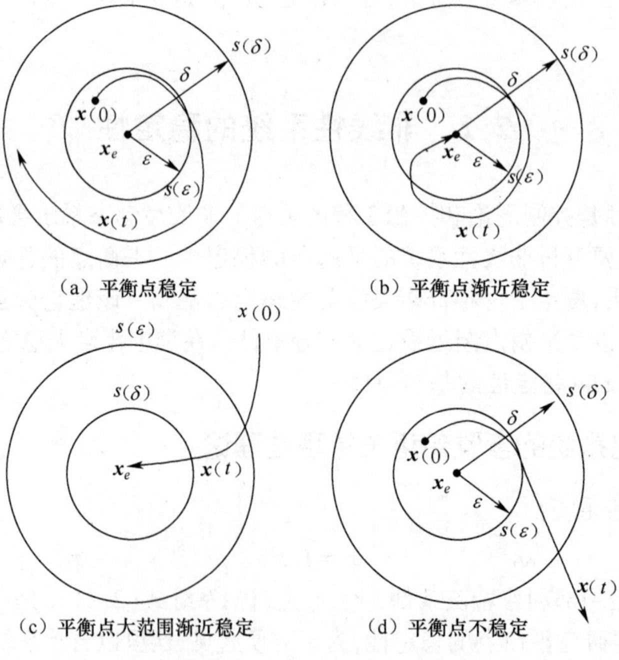

图 2-1　平衡点稳定示意图

定义 2.6 虽然给出了平衡点稳定性的定义，但在实际应用时，这个定义并不便于判断

某个系统平衡点的稳定性,因为需要知道 $\boldsymbol{x}(t)$ 的动态过程才能判断平衡点的稳定性。对于线性系统,在初始条件 $\boldsymbol{x}(0)$ 下通过系统状态微分方程和状态转移矩阵可以得到 $\boldsymbol{x}(t)$ 的解析解;而对于非线性系统,已知初始条件 $\boldsymbol{x}(0)$,通过状态微分方程 $\dot{\boldsymbol{x}} = \boldsymbol{f}(\boldsymbol{x})$ 很难获得其解析解。

稳定性的判断方法对于研究系统的稳定性和控制至关重要。以单摆为例,单摆的摆动从某个初始条件出发,在阻力的影响下最终会停止摆动,即回到平衡点,在这个过程中单摆的总能量(包括势能和动能)是逐渐衰减的。这个例子表明,系统的稳定性和系统的能量是密切相关的。不过针对一个物理系统,较难找到表达其精确能量的函数,而且针对抽象数学系统、经济系统或生物系统,能量的概念不一定适用。1892 年,俄罗斯数学家李雅普诺夫提出采用一种抽象的能量函数 $V(x)$ 来代替实际系统的能量,从而进行平衡点的稳定性判断。利用李雅普诺夫的分析方法,可在不知道系统实际能量的情形下,证明系统的稳定性,不过前提是可以找到满足符合要求的函数 $V(\boldsymbol{x})$。$V(\boldsymbol{x}) \in \mathbb{R}$ 是连续可微的,且其定义域包含原点。

$V(\boldsymbol{x})$ 沿着系统式(2.11)状态轨迹的导数记为 $\dot{V}(\boldsymbol{x})$:

$$\begin{aligned} \dot{V}(\boldsymbol{x}) &= \sum_{i=1}^{n} \frac{\partial V}{\partial x_i}\dot{x}_i = \sum_{i=1}^{n} \frac{\partial V}{\partial x_i} f_i(\boldsymbol{x}) \\ &= \left[\frac{\partial V}{\partial x_1}, \frac{\partial V}{\partial x_2}, \cdots, \frac{\partial V}{\partial x_n}\right] \begin{bmatrix} f_i(\boldsymbol{x}) \\ f_i(\boldsymbol{x}) \\ f_i(\boldsymbol{x}) \\ f_i(\boldsymbol{x}) \end{bmatrix} = \frac{\partial V}{\partial \boldsymbol{x}} \boldsymbol{f}(\boldsymbol{x}) \end{aligned} \tag{2.15}$$

由式(2.15)可以看出,计算 $\dot{V}(\boldsymbol{x})$ 需要用到系统的状态微分方程,因此对于不同的系统, $\dot{V}(\boldsymbol{x})$ 的计算结果也不同。下面将给出李雅普诺夫稳定性的重要定理。

定理 2.3(稳定与渐近稳定):令 $\boldsymbol{x}_e = 0$ 为系统式(2.11)的平衡点, $\boldsymbol{x} \in \mathbb{R}^n$ 且其包含原点,函数 $V(\boldsymbol{x}) \in \mathbb{R}$ 且连续可微,使得函数 $V(\boldsymbol{x})$ 对所有非零状态 $(\boldsymbol{x} \neq 0)$ 都有 $V(\boldsymbol{x}) > 0$,且 $V(0) = 0$,那么

(1) 若函数 $V(\boldsymbol{x})$ 的导数 $\dot{V}(\boldsymbol{x}) \leqslant 0$,则平衡点 $\boldsymbol{x}_e = 0$ 是稳定的;

(2) 若对于所有非零状态都有函数 $V(\boldsymbol{x})$ 的导数 $\dot{V}(\boldsymbol{x}) < 0$,则平衡点 $\boldsymbol{x}_e = 0$ 是渐近稳定的。

满足上面(1)或(2)的函数 $V(\boldsymbol{x})$ 被称为李雅普诺夫函数。对于满足对所有非零状态 $(\boldsymbol{x} \neq 0)$ 有 $V(\boldsymbol{x}) > 0$,则 $V(\boldsymbol{x})$ 是正定的;若对于所有非零状态 $(\boldsymbol{x} \neq 0)$,有 $V(\boldsymbol{x}) \geqslant 0$,则 $V(\boldsymbol{x})$ 是正半定。以此分析,可得 $V(\boldsymbol{x})$ 还存在负定的或者负半定的。若以上四种情况都不满足,则 $V(\boldsymbol{x})$ 不定的。

李雅普诺夫函数 $V(\boldsymbol{x})$ 的选取没有统一的原则。为保证其正定,通常选取一类二次型函数:

$$V(\boldsymbol{x}) = \boldsymbol{x}^{\mathrm{T}}\boldsymbol{P}\boldsymbol{x} = \sum_{i=1}^{n}\sum_{j=1}^{n} p_{ij}x_i x_j \tag{2.16}$$

式中: $\boldsymbol{P}$ 是一个对称正定实矩阵。由二次型函数的性质可知,矩阵 $\boldsymbol{P}$ 的正定性保证了

$V(\boldsymbol{x})$ 的正定。

若已知系统的平衡点 $\boldsymbol{x}_e = 0$ 是渐近稳定的,则通常还需要确定距离原点(平衡点)多远才能保证系统的状态轨迹在 $t \to \infty$ 时都能收敛到原点。这也引出了吸引域的定义:令 $\Phi(t,\boldsymbol{x})$ 是系统微分方程在初始状态 $\boldsymbol{x}(0)$ 下的解,那么 $\forall t \geqslant 0$,所有使得 $\lim\limits_{t\to\infty}\Phi(t,\boldsymbol{x}) = 0$ 的状态 $\boldsymbol{x}$ 的点集的集合,称为吸引域(又称为渐近稳定域或吸引盆)。通过分析很难甚至不可能找到准确的吸引域,但可以通过李雅普诺夫函数找到包含在吸引域中的区域。考虑存在一个李雅普诺夫函数,它在区域 D 内满足渐近稳定的条件,如果集合 $\Omega_c = \{\boldsymbol{x} \in \mathbb{R}^n \mid V(\boldsymbol{x}) \leqslant c\}$ 是有界的且包含于区域 D 中,那么每个从 Ω_c 出发的轨迹仍在 Ω_c 内,且当 $t \to \infty$ 时轨迹趋于原点。需要说明的是,Ω_c 只是吸引域的一个估计,而且这个估计是比较保守的,因为它总是比实际的吸引域小。还有一种情况,对于所有的 $c > 0$ 集合 Ω_c 总是有界的附加条件:当 $\|\boldsymbol{x}\| \to \infty$ 时 $V(\boldsymbol{x}) \to \infty$,满足该条件的李雅普诺夫函数是径向无界的。在此基础上,给出以下定理。

定理 2.4(大范围渐近稳定,又称为 Barbashin-Krasovskii 定理):令 $\boldsymbol{x}_e = 0$ 为系统(2.11)的平衡点,$\boldsymbol{x} \in \mathbb{R}^n$ 且其包含原点,函数 $V(\boldsymbol{x}) \in \mathbb{R}$ 且连续可微,使得函数 $V(\boldsymbol{x})$ 对所有非零状态 $(\boldsymbol{x} \neq 0)$ 都有 $V(\boldsymbol{x}) > 0$,且 $V(0) = 0$,那么

(1) 若 $\|\boldsymbol{x}\| \to \infty$ 时函数 $V(\boldsymbol{x}) \to \infty$;

(2) 若对于所有非零状态都有函数 $V(\boldsymbol{x})$ 的导数 $\dot{V}(\boldsymbol{x}) < 0$, 则平衡点 $x_e = 0$ 是大范围渐近稳定的。

定理 2.5(不稳定):令 $x_e = 0$ 为系统式(2.11)的平衡点,$x \in \mathbb{R}^n$ 且其包含原点,函数 $V(\boldsymbol{x}) \in \mathbb{R}$ 且连续可微,使得 $V(0) = 0$,且对于 $\|\boldsymbol{x}_0\|$ 任意小的 $\boldsymbol{x}_0$ 都有 $V(\boldsymbol{x}_0) > 0$,那么当 $V(\boldsymbol{x}) > 0$ 且 $\dot{V}(\boldsymbol{x}) > 0$ 时,则平衡点 $\boldsymbol{x}_e = 0$ 是不稳定的。

2.2.2 LaSalle 稳定性理论

根据定理 2.3 可知,在关于原点的一个域中,若存在李雅普诺夫函数的导数 $\dot{V}(\boldsymbol{x}) \leqslant 0$,当且仅当 $\boldsymbol{x} = 0$ 时等号成立,则平衡点 $\boldsymbol{x}_e = 0$ 是渐近稳定的。这引出了 LaSalle 不变性原理,为介绍 LaSalle 不变性原理,下面给出一些必要的定义。

定义 2.7(不变集):系统式(2.11)的解是 $\boldsymbol{x}(t)$,若有

$$\boldsymbol{x}(0) \in M \Rightarrow \boldsymbol{x}(t) \in M,\ \forall t \in \mathbb{R} \tag{2.17}$$

则集合 M 称为系统的一个不变集。

定义 2.1 描述的含义:若某一时刻系统的状态属于集合 M,且其以后的状态仍然属于该集合,则集合 M 称为系统的一个不变集。例如:系统的任一平衡点是一个不变集,一个平衡点的吸引域也是一个不变集,一个平凡不变集是整个状态空间。对于一个自治系统,状态空间的任何一条轨线都是一个不变集。由于极限环是一种特殊的系统轨线(相平面的闭曲线),因此它们也是不变集。

定义 2.8(正不变集):系统式(2.11)的解是 $\boldsymbol{x}(t)$,若有

$$\boldsymbol{x}(0) \in M \Rightarrow \boldsymbol{x}(t) \in M,\ \forall t \geqslant 0 \tag{2.18}$$

则集合 M 称为系统的一个正不变集。

定理 2.6(LaSalle 不变性定理):令紧集 $\Omega \subset D$ 是系统式(2.10)的正不变集,且

$x(t) \in D$，函数 $V(x)$ 是 $D \to \mathbb{R}$ 的映射且连续可微，在集合 Ω 中有 $\dot{V}(x) \leqslant 0$，E 是 Ω 中使得 $\dot{V}(x)=0$ 的所有点的集合，M 是 E 中最大的不变集，那么当 $t \to \infty$ 时，每一条从 Ω 出发的状态轨迹都趋近于集合 M。

与李雅普诺夫定理不同，定理 2.6 不要求函数 $V(x)$ 是正定的，因此 LaSalle 不变性定理也认为是李雅普诺夫定理的推广。不变性定理不仅使 $\dot{V}(x)$ 在负半定的情况下得到渐近稳定的结论，也可以用李雅普诺夫函数描述性态收敛的方法从平衡点 $(x_e=0)$ 推广到更一般(集合 M) 的情况，如收敛到极限环。

2.2.3 非自治系统的李雅普诺夫稳定性理论

非自治系统：

$$\dot{x} = f(t,x) \tag{2.19}$$

式中：$f \in \mathbb{R}^n$ 分段连续且满足局部利普希茨条件。

非自治系统的稳定性与自治系统的稳定性理论基本相同。其不同之处是自治系统的解仅取决于 $t-t_0$，自治系统的稳定性的表述里没有“一致”一词；而非自治系统的解可能取决于 t_0 和 t，因此非自治系统的稳定性与 t_0 密切相关，且关于其稳定性的描述都需加上“一致”一词。

定义 2.9 (平衡点的稳定性)：系统式(2.19)的平衡点 $x_e=0$：

(1) 当稳定时，如果 $\forall \varepsilon > 0$，则有 $\delta=\delta(\varepsilon,t_0) > 0$，使得

$$\|x(t_0)\| < \delta \Rightarrow \|x(t)\| < \varepsilon, \forall t \geqslant t_0 \geqslant 0 \tag{2.20}$$

成立。

(2) 当一致稳定时，如果 $\forall \varepsilon > 0$，则有 $\delta=\delta(\varepsilon) > 0$，与 t_0 无关，使得式(2.20)成立。

(3) 当渐近稳定时，如果平衡点是稳定的，且存在常数 $c=c(t_0)$，则对于所有的 $\|x(t_0)\| < c$，使得当 $t \to \infty$ 时 $x(t) \to 0$。

(4) 当一致渐近稳定时，如果平衡点是稳定的，且存在常数 c(与 t_0 无关)，使得当 $t \to \infty$ 时 $x(t) \to 0$。

(5) 当不稳定时，如果平衡点不是稳定的，对 $\forall_\varepsilon > 0, \delta > 0$，当 $t > 0$ 时，有 $\|x(t)\| > s(\delta)$。

在定义 2.9 的基础上，下面给出指数稳定性的定义。

定义 2.10 (指数稳定)：系统式(2.19)的平衡点 $x_e=0$ 是指数稳定的，如果存在正常数 c,k 和 λ，则对于任意初始条件 $x(t_0)$，使得

$$\|x(t)\| \leqslant k\|x(t_0)\| e^{-\lambda(t-t_0)}, \forall \|x(t_0)\| < c \tag{2.21}$$

成立。

在自治系统的李雅普诺夫定理判定稳定性的基础上，进一步推广，下面给出非自治系统的李雅普诺夫定理。

定理 2.7：令 $x_e=0$ 为系统(2.19)的平衡点，$x \in D \subset \mathbb{R}^n$ 且 D 包含原点，函数 $V(x) > 0$ 是 $D \to \mathbb{R}$ 的映射且连续可微，$\forall t \geqslant 0$ 和 $x \in D$，使得

若

$$W_1(x) \leqslant V(t,x) \leqslant W_2(x) \tag{2.22}$$

$$\frac{\partial V}{\partial t}+\frac{\partial V}{\partial \boldsymbol{x}}f(t,\boldsymbol{x})\leqslant 0 \tag{2.23}$$

成立,式中:$W_1(\boldsymbol{x})$,$W_2(\boldsymbol{x})$ 是定义域 D 上的连续正定函数,那么 $\boldsymbol{x}_e=0$ 是一致稳定的。若

$$\frac{\partial V}{\partial t}+\frac{\partial V}{\partial \boldsymbol{x}}f(t,\boldsymbol{x})\leqslant -W_3(\boldsymbol{x}) \tag{2.24}$$

成立,式中:$W_3(\boldsymbol{x})$ 是定义域 D 上的连续正定函数,那么 $\boldsymbol{x}_e=0$ 是一致渐近稳定的。

2.2.4 有界和一致有界

基于李雅普诺夫定理可以分析系统状态方程解的有界性。

定义 2.11 (一致有界(UB)与一致最终有界(UUB)):系统式(2.19)的解:

(1) 当一致有界(UB)时,如果存在常数 c(与 t_0 无关),$\forall a\in(0,c)$,则有 $\beta=\beta(a)>0$(与 t_0 无关),使得

$$\|\boldsymbol{x}(t_0)\|\leqslant a\Rightarrow\|\boldsymbol{x}(t)\|\leqslant\beta,\forall t\geqslant t_0 \tag{2.25}$$

成立。

(2) 当全局一致有界时,如果对于任意大的 a 都有式(2.25)成立。

(3) 当一致最终有界(UUB,最终界值为正常数 b)时,如果存在正常数 b 和 c(与 t_0 无关),$\forall a\in(0,c)$,则有 $T=T(a,b)\geqslant 0$(与 t_0 无关),使得

$$\|\boldsymbol{x}(t_0)\|\leqslant a\Rightarrow\|\boldsymbol{x}(t)\|\leqslant b,\forall t\geqslant t_0+T \tag{2.26}$$

成立。

(4) 当全局一致最终有界时,如果对于任意大的 a 都有式(2.26)成立。

由定义 2.11 可知,系统的有界性是由 t_0 时刻初始状态的有界性得出 t 时刻状态的有界性,而并未涉及系统的平衡点。

2.3 非线性控制技术

非线性系统的控制方法包括线性控制方法和非线性控制方法两大类。采用线性控制方法控制非线性系统,通常是对非线性程度不高和控制精度要求低的非线性系统才有效。随着飞行器、机器人等复杂非线性系统的高精度控制要求的增加,非线性控制方法成为解决这类系统控制问题的有效工具。常见的非线性控制方法包括增益预置控制、反馈线性化控制、滑模控制、神经网络控制、模糊控制、自适应控制、鲁棒控制等。下面介绍反馈线性化控制、滑模控制、神经网络控制、模糊控制的基本控制思路和原理。

2.3.1 反馈线性化控制

非线性系统:

$$\dot{\boldsymbol{x}}=\boldsymbol{f}(\boldsymbol{x})+\boldsymbol{G}(\boldsymbol{x})\boldsymbol{u} \tag{2.27}$$

若存在一个状态反馈控制律:

$$\boldsymbol{u}=\boldsymbol{\alpha}(\boldsymbol{x})+\boldsymbol{\beta}(\boldsymbol{x})\boldsymbol{v} \tag{2.28}$$

和一个转换变量 $\boldsymbol{z}=\boldsymbol{T}(\boldsymbol{x})$ 将非线性系统式(2.27)转换为线性系统,那么该方法称为反馈

线性化。其通常包括：输入–状态线性化和输入–输出线性化。

1. 输入–状态反馈线性化

定义 2.12（输入–状态线性化）：针对非线性系统式（2.27），其中 $\boldsymbol{f}(\cdot):D\to\mathbb{R}^n$，$\boldsymbol{G}(\cdot):D\to\mathbb{R}^{n\times p}$ 是充分光滑的非线性映射，D 是状态 $\boldsymbol{x}$ 的定义域，控制律为式（2.28）。如果存在一个微分同胚映射 $\boldsymbol{T}:D\to\mathbb{R}^n$，使得 $D_z=T(D)$ 包含原点，并且通过状态变换 $\boldsymbol{z}=\boldsymbol{T}(\boldsymbol{x})$ 使得非线性系统式（2.27）转变为以下线性系统形式：

$$\dot{\boldsymbol{z}}=\boldsymbol{A}\boldsymbol{z}+\boldsymbol{B}\boldsymbol{v}\tag{2.29}$$

式中：$(\boldsymbol{A},\boldsymbol{B})$ 是可控的，$\boldsymbol{v}=\boldsymbol{\gamma}(\boldsymbol{x})[\boldsymbol{u}-\boldsymbol{\alpha}(\boldsymbol{x})]$，$\boldsymbol{\gamma}(\boldsymbol{x})=\beta^{-1}(\boldsymbol{x})$ 是非奇异的（$\forall\boldsymbol{x}\in\boldsymbol{D}$），则系统式（2.27）是可输入–状态反馈线性化。

由定义 2.12 可知，当非线性系统式（2.27）经反馈线性化为线性系统式（2.29），再采用成熟的线性控制方法设计新的控制输入 $\boldsymbol{v}$。

2. 输入–输出反馈线性化

SISO 系统：

$$\dot{\boldsymbol{x}}=\boldsymbol{f}(\boldsymbol{x})+\boldsymbol{g}(\boldsymbol{x})u\tag{2.30}$$

$$y=h(\boldsymbol{x})\tag{2.31}$$

式中：$\boldsymbol{f}(\cdot)$，$\boldsymbol{g}(\cdot)$，$h(\cdot)$ 都是充分光滑的；映射 $\boldsymbol{f}(\cdot)$，$\boldsymbol{g}(\cdot)$ 是在定义域 D 上的向量场。

为研究输入–输出反馈线性化，下面给出相对度的定义。

定义 2.13（相对度）：$\forall\boldsymbol{x}\in\boldsymbol{D}_0$（$D_0\subset D$，$D$ 为状态 $\boldsymbol{x}\in\mathbb{R}^n$ 为定义域），若有

$$L_gL_f^{i-1}h(\boldsymbol{x})=0(i=1,2,\cdots,\rho-1);L_gL_f^{\rho-1}h(\boldsymbol{x})\neq 0\tag{2.32}$$

则非线性系统式（2.30）–式（2.31）的相对度为 ρ，$1\leqslant\rho\leqslant n$。

基于定义 2.13，非线性系统式（2.30）–式（2.31）的相对度为 ρ 时，输出 y 与输入 u 的关系可表示为

$$y^{(\rho)}=L_f^{\rho}h(x)+L_gL_f^{\rho-1}h(x)u\tag{2.33}$$

由于输入–状态反馈线性化的经验，因此设计状态反馈控制律：

$$u=\frac{1}{L_gL_f^{\rho-1}h(x)}[-L_f^{\rho}h(x)+v]\tag{2.34}$$

将式（2.34）代入式（2.33），那么非线性系统（2.33）就转换成一个 ρ 阶线性子系统：

$$y^{(\rho)}=v\tag{2.35}$$

通过合理设计 v 即可实现对系统式（2.35）的控制。当 $\rho=n$ 时，输入–输出反馈线性化与输入–状态反馈线性化等价。当 $\rho<n$ 时，由于系统的状态维数为 n，对系统式（2.35）的控制只能实现 ρ 个状态的控制，而剩下的 $n-\rho$ 个状态的稳定性也必须考虑，因此需要引入零动态的分析（将在下面展开），才能保证对非线性系统式（2.30）–式（2.31）的有效控制。

基于微分几何知识，存在微分同胚映射 $\boldsymbol{z}=\boldsymbol{T}(\boldsymbol{x})$，使得具有相对度 ρ 的非线性系统式（2.30）–式（2.31）变换为输入–输出线性化规范形式：

$$\dot{\eta}=\phi(\eta,\zeta)\tag{2.36}$$

$$\dot{\zeta}=A_0\zeta+B_0\beta^{-1}(\eta,\zeta)[u-\alpha(\eta,\zeta)]\tag{2.37}$$

$$y=C_0\zeta\tag{2.38}$$

式中：$z=[\boldsymbol{\eta}^{\mathrm{T}},\zeta^{\mathrm{T}}]$，$\boldsymbol{\eta}\in\mathbb{R}^{n-\rho}$，$\zeta\in\mathbb{R}^{\rho}$，$(A_0,B_0,C_0)$ 线性化规范参数矩阵：

$$\boldsymbol{A}_0=\begin{bmatrix}0&1&0&\cdots&0\\0&0&1&\cdots&0\\\vdots&\vdots&\vdots&\ddots&\vdots\\0&&&&1\\0&0&&\cdots&0\end{bmatrix},\boldsymbol{B}_0=\begin{bmatrix}0\\0\\\vdots\\0\\1\end{bmatrix},\boldsymbol{C}_0=[1\quad 0\quad\cdots\quad 0\quad 0] \tag{2.39}$$

对于微分同胚映射 $z=\boldsymbol{T}(\boldsymbol{x})$，有 $\boldsymbol{T}(0)=0$，且有以下特点：

$$\frac{\partial T_i}{\partial\boldsymbol{x}}\boldsymbol{g}(\boldsymbol{x})=0,i=1,2,\cdots,n-r$$

$$\begin{aligned}T_{n-\rho+1}&=h(\boldsymbol{x})\\T_{n-\rho+2}&=L_fh(\boldsymbol{x})\\&\vdots\\T_n&=L_f^{\rho-1}h(\boldsymbol{x})\end{aligned} \tag{2.40}$$

式(2.36)~式(2.38)描述的变换系统是输入-输出线性化的范式，它将系统动态分为外部 ζ -动态和内部 $\boldsymbol{\eta}$ -动态两部分，其中：外部 ζ -动态可通过设计状态反馈控制为

$$u=\alpha(\boldsymbol{\eta},\zeta)+\beta(\boldsymbol{\eta},\zeta)v \tag{2.41}$$

进行线性化。内部 $\boldsymbol{\eta}$ -动态由式(2.36)描述，当 $\zeta=0$ 时，则描述变为

$$\dot{\boldsymbol{\eta}}=\phi(\boldsymbol{\eta},0) \tag{2.42}$$

式(2.36)为系统的零动态。当系统的零动态在平衡点是渐进稳定时，其为最小相位系统；反之，其为非最小相位系统。为了保证整个系统的稳定性，通常都要求系统是最小相位系统，若不是，则需要进一步研究分析。

2.3.2 滑模控制

1. 传统滑模控制理论

滑模控制系统作为特殊的变结构控制(variable structure control，VSC)系统，可以上溯至20世纪苏联 Emelyanov 等学者所提出变结构控制思想。这种控制思想的主要内容：在系统中通过对许多单个控制器进行组合，并遵循某一特定规则进行切换，最终获得任意单个控制器所不能达到的系统性能。因此，该控制思想能够很好地缓和系统动态与静态性能指标之间的冲突，具有广阔的应用前景。

变结构控制系统可以分为具有滑动模态和不具有滑动模态的变结构系统。目前变结构控制的研究工作主要是针对滑动模态的变结构系统进行的。一般而言，将这类控制系统称为滑模变结构控制系统，其基本思想：从状态空间中任一初始状态出发，利用滑模控制器，迫使系统状态在有限时间内到达切换面(或称为滑模面)，并在切换面上产生滑动运动，从而最终到达原点。因此，对于滑模变结构控制系统而言，整个状态运动可以分为两个过程：状态轨迹从系统的初始状态趋于滑模面的过程，又称为趋近过程；系统状态在滑模面上产生滑动运动并最终稳定到原点的过程，又称为滑动模态。相应地，滑模变结构控制器也可以被分为两个部分：使系统状态运动轨迹从初始状态趋于滑模面的趋近控制，记作 u_r；使系统状态运动轨迹在滑模面上做滑动运动的等效控制，记作 u_{eq}。其中，滑模

面是指预先设定的“稳定”超平面或者空间流形,该“稳定”的具体是指滑模面包含原点,且滑模面上除原点以外的任意点均具有向原点收敛的特性。因此,如果能确保系统状态一直在滑模面上运动,则该系统是稳定的,且该系统状态在滑模面上的滑动模态可以视为该系统状态在状态空间原点某一吸引域中运动的过程。

滑动模态是滑模变结构控制中相当重要的一个环节,若系统状态处于滑动模态,则此时整个系统运动对于满足匹配条件的各类干扰和不确定不敏感,即具有不变性。由于产生滑动模态的滑模面是预先设定的,因此可以通过设计滑模面改变系统的滑动模态,从而获得满意的运动效果。尽管滑模变结构控制具有上面的优点,但直到20世纪70年代,有关滑模变结构控制的早期研究成果才被相关研究领域的研究人员所了解。此后,该控制方法得到了快速的发展,涌现了大批研究成果。我国在这方面起步较晚,20世纪90年代国内才出现系统介绍滑模控制的著作,其中最早对于滑模变结构理论进行全面介绍的是高为炳教授编写的《变结构控制理论基础》。此后,滑模变结构控制方法在我国得到了迅速的传播和发展,涌现了大量滑模控制领域的著作。

总体上滑模变结构控制理论可分为三个发展阶段:第一阶段主要以研究SISO线性系统为主;第二阶段从20世纪60年代左右,随着对于滑模面、不变性等概念不断深入研究,滑模变结构控制的对象转向了MIMO系统和非线性系统;第三阶段为20世纪80年代以后,随着工业技术的迅速发展,滑模变结构控制理论与应用研究也进入了新的阶段,研究的对象涉及时滞、离散等复杂系统,高阶滑模、变边界层滑模、终端滑模以及全局滑模等先进滑模控制算法被应用于生产实践中。

2. 滑模控制中的抖振问题

虽然传统滑模具有构造简便、鲁棒性强和不变性的优点,但是这些优点是建立在控制器中出现不连续切换的基础上。随着滑模控制方法的进一步发展,传统滑模存在的一些问题也显示出来。从理论上讲,当控制器的切换频率为无限大且没有时滞时,无论不连续的变结构系统,还是连续化后的系统,都不存在抖振。然而这一假设在实际工程中难以实现,如果控制器中存在时滞,则其切换函数将呈现非理想的开关特性,很容易引起高频的抖振,进而激发系统中未建模部分动力学的强迫振动。从工程上讲,这种高频抖振对于大部分实际系统是有害的。例如,在刀具切削时,高频抖振会引起切削面的不光滑,造成次品;在机电系统中,高频抖振会导致系统元件的磨损,增大能耗。因此,国内外学者提出了许多消除或削弱抖振现象的先进滑模控制方法,以满足实际工程领域的要求。这些方法可以分为以下几个种类。

第一类方法是通过消除控制输入中不连续函数来达到去抖振的目的。这类方法中最简便易行的是边界层方法:将控制系统中的符号函数替换为饱和函数,即在边界层内部使用连续的控制信号,而在边界层外部采用正常的滑模控制,从而削弱系统中的抖振。但是,边界层滑模仅能够确保系统轨迹收敛到以滑模面为中心的边界层内,会失去不变性。高阶滑模控制算法虽然能够在保证不变性的前提下,实现控制器的连续输入,但是其需要获得一定阶次的微分信息,在实际工程应用中微分器有可能放大系统状态中的扰动,从而降低控制器的性能。Levant A. 提出的超螺旋算法是一种比较完美的高阶滑模控制算法,即在设计二阶滑模控制器的过程中,无需使用滑模面的一阶微分信息,只需使用其符号,就可以设计能够保证系统状态有限时间收敛的无抖振滑模控制器。然而,该方法要求系统满足一定的条件,需要的信息较多,保守性较大,并且计算过程繁琐。相较于高阶滑模采用大增益来抑制系统干扰,动态滑模控制方法更倾向与各种干扰观测器配合,从而使控制器设计更加精准和灵活,但该控制器导数的出现也增加了动态滑模与其他方法结合的难度。Terminal 滑模中采用 Terminal 吸引子在保证控制输入连续的前提下,增强滑模面附近的趋近速率,并且使状态能在有限时间内收敛到滑模面上,但其存在奇异性的问题。

第二类方法是通过降低控制器切换频率的方法削弱系统中的抖振。例如:双滑模变结构控制方法,通过两个滑模面的交替使用,使系统状态在两个滑模面上来回运动,从而降低控制器切换的频率。滑动扇形区方法也是一种有效降低切换频率的方法,利用滑动扇形区域,将状态空间分为扇形区域内部和外部两个部分,以此降低控制器切换的频率。该方法需要找出在零输入条件下稳定的扇形域,但是在实际工程中相对比较困难。通过设计前后两种滤波器从而消除离散滑模控制的抖振,其中:前滤波器的作用是平滑控制信号、使切换频率降低并且减小边界层厚度,而后滤波器的作用是消除输出中噪声。在实际运用时,可对切换函数采用低通滤波器,得到平滑的切换信号,有效地降低抖振。

第三类方法是不改变切换频率,而是通过减小切换函数的增益降低系统的抖振。我国高为炳教授提出了几种趋近律的设计,在尽量保证控制精度的前提下,优化不连续函数的增益以减小抖振。目前经常使用的趋近律包括指数趋近律、等速趋近律、幂次趋近律以及快速终端趋近律等。除此以外,模糊控制算法、遗传算法、神经网络、粒子群算法和自适应算法等也用来管理控制器的增益,以降低抖振现象对于系统的影响。

此外,还有一些消除抖振的其他方法,如滑动区域法、干扰观测器发、滤波方法等。然而,现阶段的消除或削弱抖振的方法或多或少都存在一些缺点,因此削除或削弱滑模控制的抖振问题,仍然是滑模控制重要的研究工作。

3. 滑模面的设计分类

在滑模变结构控制理论中,滑模面的设计形式起重要的作用。从本质上讲,滑模控制的稳定过程可以分为两个部分:一是在滑模面之外不断趋近滑模面的过程,称为趋近过程;二是在滑模面上稳定收敛到原点或者某一小区间的过程,称为滑动模态。由于滑模面设计的好坏直接关系到滑模模态的动态性能,因此滑模面设计具有相当大的灵活度。所以,滑模面的设计研究也是滑模控制理论研究中的一个热点,并衍生出很多新颖的控制方法。

本节按照滑模面的设计形式,将其分为连续滑动模态、非连续滑动模态以及封闭式滑动模态。前两个滑动模态比较容易理解,而封闭式滑动模态和前两个滑动模态有显著的区别:用集合方面的语言描述,连续滑动模态、非连续滑动模态是系统状态在无界开集上的滑动,而封闭式滑动模态则是系统状态在有界闭集上的滑动;用数学公式语言描述,连续滑动模态、非连续滑动模态可以通过等式进行描述,而封闭滑动模态本质上需要通过不等式进行描述。

例如:对于二阶倒立摆非线性控制系统而言,连续和非连续滑模面表现为二维状态空间中的一条连续或者不连续的直线或曲线;而封闭式滑模面表现为一块可以设计其形状的有界区域块。连续或者不连续可以用来描述直线或曲线,但是用直线或曲线描述区域块不是很恰当。对各类滑模面设计的形式,具体如下:

1) 连续滑模模态

(1) 线性滑模。

① 线性函数。此种滑模面通常将滑模面设计为误差和误差导数的线性函数(也就是俗称的 PD 滑模面)。线性滑模面可以满足线性系统的控制性能要求,其稳定性分析也较为简单。但是其在实际工程中应用范围不是很广,其原因之一是误差的导数或者说微分信号比较难使用。在实际测量中误差信号通常含有测量误差、外干扰信号等引起的白色或者有色噪声信号,对含有这种噪声的信号进行微分,无疑会放大噪声信号,从而对控制系统产生不利影响。所以在实际使用过程中,微分信号的使用都十分谨慎,即使使用也会加入滤波或者其他降噪环节。此外,当控制对象具有复杂非线性时,线性滑模面往往不能得到较好的控制性能甚至无法使系统稳定,这也限制了该类型滑模面的使用。

② 积分滑模面。积分滑模面的设计本质上与 PD 滑模面类似,其不同之处是采用误差积分信号取代误差导数信号构成增广系统的状态。在此增广系统中设计的滑模面称为积分滑模面(也称为 PI 滑模面)。该类型的滑模面在实际工程中应用比较广泛,除了实际测量的噪声信号对其影响与 PD 滑模面相比较小的原因以外,引入误差积分信号可以有效地消除系统稳态误差也是一个重要的优势。由于这种积分型滑模面本质上仍然是线性滑模面,因此其稳定性分析方法和线性滑模面相同。

(2) 非线性滑模。

① 特殊二次型函数。该种滑模面主要特点是可以书写为 $s_i(x) = x_i cx$ 的形式,其中:x_i 是 x 的任一元素。由于其设计为特殊二次型的函数形式,参数设计和稳定性分析都较为困难,因此目前对其的研究已经很少。

② 终端滑模面。通过将终端吸引子引入滑模面的设计,终端滑模面可以设计为一种具有有限时间收敛性质的特殊滑模面。该类滑模面与传统滑模面相比具有更好的收敛性能,且稳定性分析较为简单,使用李雅普诺夫方法即可进行分析。此外,其控制律设计简单,目前已经广泛应用在机器人、电机等复杂非线性系统的研究和工程设计中,因而逐渐形成了滑模控制的一个新的分支。然而,目前尚无通用的有限时间终端滑模设计准则,因此其还需要进一步研究。

③ 高阶滑模面。为了消除滑模控制中的抖振现象,同时又保留滑模的鲁棒性能,所以提出了高阶滑模面的设计思想。采用该种滑模面设计的控制量中不再直接包含符号函数,取而代之的是一种含有符号函数的积分函数。如此一来,就能保证控制系统的连续性,在抑制抖振的同时又保证了良好的鲁棒性能。目前边界层滑模、高阶滑模等方法构成了滑模去抖振研究领域的主流设计思想,在滑模控制领域发挥着重要的作用。常用的高阶滑模面有螺旋滑模面、超螺旋滑模面、光滑二阶滑模面等。但是采用高阶滑模面设计控制器时,通常需要滑模变量的高阶导数信息,这为其设计应用带来了一定的困难。

④ 全局滑模面。全局滑模控制方法是一种具有全程滑动模态的滑模控制方法。通常滑模控制系统中的系统状态运动过程可以分为两个部分:一是系统状态朝向滑模面不断趋近的运动过程(趋近过程);二是系统状态在滑模面上滑动的运动过程(滑动模态)。全局滑模中只有滑动模态过程,而没有趋近过程,因此理论上系统在全响应过程都具有鲁棒性。然而,该方法是将特殊的全局滑模因子引入滑模面的设计过程,根据系统状态初始值反算全局滑模因子,从而保证系统状态的初始值落在滑模面上。这种方法的稳定性证

明比较复杂，并对滑模面以及全局滑模因子的设计要求较高，所以其应用有一定的困难。

2）非连续滑动模态

（1）分段函数。分段函数滑模面是一种将滑动模态分为多个不连续部分的设计方法。滑动模态运动可分为加速度、恒速段、减速段，分别对每一个阶段设计滑模面。理论上该滑模面具有更加迅速的暂态响应，但由于其滑动模态的不连续性，稳定性分析会变得很困难，同时对于滑动模态不同阶段切换时的奇异问题也需要进一步研究。

（2）双滑模面。双滑模变结构控制方法是通过两个滑模面的交替使用，使系统状态在两个滑模面上来回运动，以降低控制器的切换频率，从而达到抖振抑制的目的。严格意义上讲，双滑模是一种特殊的滑模面使用策略，而非某一种特定的滑模面。目前对这类滑模面的研究较少，并且该滑模面的滑动模态也不连续，因此对其的稳定性分析也有一定的困难。

（3）滑动扇形区。滑动扇形区滑模变结构控制理论也是一种通过降低控制器切换频率，从而降低系统抖振的设计方法。该方法利用滑动扇形区域，将状态空间分为扇形区域内部和外部两个部分，从而降低控制器的切换频率。然而，该方法需要找出零输入条件下稳定的扇形域，在实际工程中的应用难度相对较高。

3）封闭式滑动模态（图 2-3）

滑模正不变集函数，具体如下：

在图 2-2 中滑模动态区域是正不变集，该滑动模态区域可以表示为标准正不变集形式，即

$$Q = \{\hat{\boldsymbol{x}} \mid \boldsymbol{F}\hat{\boldsymbol{x}} \leqslant \overline{\mathbf{1}}\} \tag{2.43}$$

图 2-2 所示的是传统滑模的滑模模态区域，该滑动模态区域为

$$\boldsymbol{S}(\boldsymbol{x}) = 0 \tag{2.44}$$

通过比较可知，传统滑模中的滑动模态如图 2-2 所示，在状态空间中是一条直线或者说流形，这种滑动模态是不存在最大值和最小值，即它是无界的开集。滑模正不变集所对应的滑动模态可以表示为由不等式组成的封闭集合，即系统状态从滑动模态上任何一个点开始滑动时，存在最大值和最小值，即它是有界的闭集。这个闭集可以比较容易地通过李雅普诺夫函数理论证明其为正不变集。这样能够使单向滑模控制理论具有状态约束的能力，有利于滑模控制理论在实际工程中的应用。该设计思路的另一个优点：其对抖振现象的抑制作用。由于单向滑模中控制器由单向辅助面而非切换面设计而成，因此可以有效降低控制器的切换频率，从而降低滑模控制中的抖振现象。

除此以外，滑模正不变集滑动模态内部存在着几何结构的滑动模态是目前滑模控制理论中比较罕见的。如同将分子中拆分出原子、中子和电子一样，将滑动模态的内部结构进行分划，有利于控制理论中对滑动模态的分析和认识。由于单向辅助面可以为不稳定面，结合滑模正不变集的这种结构性质，因此可以衍生出很多不同类型的异型滑模正不变集，如将切换面换成非线性函数而单向辅助面为线性函数，单向辅助面换成不稳定非线性函数而切换面为线性函数，单向辅助面和切换面都换成非线性函数。在近几年的仿真和分析研究中发现，这一系列滑动模态具有一些非常有趣的性质，并且滑模正不变集能够近乎完全继承现有滑模理论性质，因此值得对此类滑动模态进行深入研究。

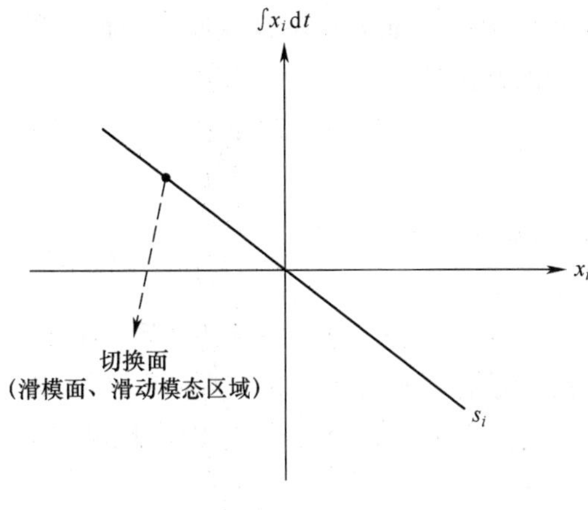

图 2-2　开放式滑动模态

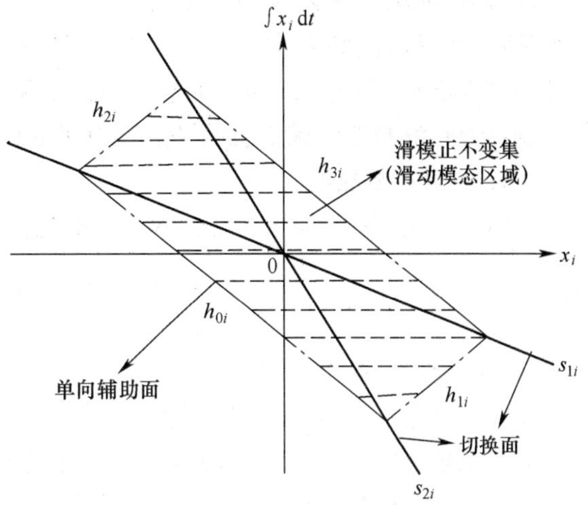

图 2-3　封闭式滑模模态

上面的滑模面存在着很多不足的地方，其中最大的问题就是其设计较为繁琐，给实际应用和分析理解带来很大的麻烦，因此需要在后续研究中对此进行优化。

2.3.3 非线性广义预测控制

非线性预测控制（nonlinear predictive control，NPC）是预测控制方法的一个重要研究领域，也是非线性控制方法的一个组成部分。NPC 是一种基于模型的控制算法，它与线性系统的预测控制类似，也是以预测模型、滚动优化和反馈校正为主要特征。此算法基于某个预测模型，通过优化性能指标来设计控制律，并确定所需控制量的时间序列，力求在未来预测时间内输出变量和期望输出量之间的误差最小，依次类推，下一个采样时刻来临时再重复计算优化控制律。NPC 只注重模型的功能而不重视模型的形式，状态方程、传递函数等均可作为预测模型。依据不同的预测模型，相应需要设计不同的 NPC 策略，包括：①基于实验模型的非线性预测控制算法，如基于 Volterra 模型的非线性系统分析、综合和设计方法；②基于智能模型的非线性模型预测控制，如模糊模型和神经网络模型能够较好地描述非线性输入输出关系；③基于线性化模型的非线性预测控制方法，如 Garcia 提出先将被控对象的非线性机理模型在每个采样时刻线性化，然后基于线性模型设计滚动优化控制律，从而形成一种 NPC 方法；④反馈 Min-Max 预测控制方法。随着 NPC 技术不断发展，NPC 由最初的模型算法控制逐步发展到具备自校正机制，以及能够在线修正模型参数的广义预测控制（generalized predictive control，GPC）、广义预测极点配置控制，并进一步通过在线选择加权，避免 NPC 的在线求逆，显著增强自适应控制系统跟踪特性和鲁棒性。

上述算法都是以离散时间系统为基础，Demircioglu 和 Gawthrop 等人推导了连续时间广义预测控制（Continuous-time GPC，CGPC）算法，并将其推广到多变量情形，他们还从状态空间的角度对 CGPC 算法进行了研究，并将算法推广到非线性系统。另外，针对满足一定条件的非线性系统，有学者提出了一种易于判断稳定性的多变量连续系统非线性广义预测控制算法（Nonlinear GPC，NGPC）。该方法建立在四个概念的基础上：由泰勒级数展开的预测、滚动时域控制、控制约束(在滚动时域内)和优化理论。为了避免优化过程中出现数值计算,因此推导出了非线性控制律的解析解[45],最终得到了封闭形式的最优广义预测控制律,并对一快时变对象进行了控制设计和验证。此方法不仅克服了一般预测控制需要在线校正的缺点,而且易于判断闭环系统的稳定性。

1. NGPC 的推导

NGPC 方法基于以下非线性 MIMO 系统:

$$\begin{cases}\dot{\boldsymbol{x}}=\boldsymbol{f}(\boldsymbol{x},t)+\boldsymbol{g}(\boldsymbol{x},t)\boldsymbol{u}(\boldsymbol{x},t)\\ \boldsymbol{y}=\boldsymbol{h}(x)\end{cases} \tag{2.45}$$

式中:$\boldsymbol{x}\in\boldsymbol{U}\subset\mathbb{R}^n$ 为状态向量,$\boldsymbol{U}$ 是 $\mathbb{R}^n$ 的一个开子集;$\boldsymbol{f}\in\mathbb{R}^n$、$\boldsymbol{g}\in\mathbb{R}^{n\times m}$ 为系统矩阵,定义在 $\boldsymbol{U}$ 上;$\boldsymbol{u}\in\boldsymbol{J}\subset\mathbb{R}^m$ 为系统的控制输入,$\boldsymbol{J}$ 为允许控制集;$\boldsymbol{y}\in\mathbb{R}^m$ 为输出向量,输出向量函数 $\boldsymbol{h}(\boldsymbol{x})\in\boldsymbol{Y}$,$\boldsymbol{Y}$ 为 m 维实值函数组成的线性空间。其控制目的:设计控制律 $\boldsymbol{u}$ 以使输出 $\boldsymbol{y}$ 能够稳定跟踪指令参考输出 $\boldsymbol{y}_r$。

后面的推导会用到 Lie 导数(李导数)运算为

$$L_f\boldsymbol{h}=\frac{\partial\boldsymbol{h}}{\partial\boldsymbol{x}}\cdot\boldsymbol{f},L_f^i\boldsymbol{h}\,\frac{\partial(L_f^{i-1}\boldsymbol{h})}{\partial\boldsymbol{x}}\cdot\boldsymbol{f}\text{ 且 }L_gL_f^i\boldsymbol{h}=\frac{\partial(L_f^i\boldsymbol{h})}{\partial\boldsymbol{x}}\cdot\boldsymbol{g},i=1,2\cdots \tag{2.46}$$

定义 2.13 已经给出了 SISO 系统的相对阶(或相对度)的定义,本小节将给出多输入多输出(MIMO)非线性系统相对阶的定义。

定义 2.14:若以下两个条件满足,则称系统式(2.45)在 $\boldsymbol{x}^0$ 处具有输入相对阶 $\{\rho_1,\cdots,\rho_m\}$,其中:$\boldsymbol{x}^0\in\boldsymbol{U}$,$\boldsymbol{U}$ 为系统状态变量的论域:

(1) 对于 $\boldsymbol{x}^0$ 邻域中的所有 $\boldsymbol{x}$ 都有 $L_{g_j}L_f^kh_i(\boldsymbol{x})=0,1\leqslant i,j\leqslant m,0\leqslant k<\rho_i-1$;

(2) $m\times m$ 矩阵:

$$\boldsymbol{A}(\boldsymbol{x})=\begin{bmatrix}L_{g_1}L_f^{\rho_1-1}h_1(\boldsymbol{x}) & L_{g_2}L_f^{\rho_1-1}h_1(\boldsymbol{x}) & \cdots & L_{g_m}L_f^{\rho_1-1}h_1(\boldsymbol{x})\\ L_{g_1}L_f^{\rho_2-1}h_2(\boldsymbol{x}) & L_{g_2}L_f^{\rho_2-1}h_2(\boldsymbol{x}) & \cdots & L_{g_m}L_f^{\rho_2-1}h_2(\boldsymbol{x})\\ \vdots & \vdots & \ddots & \vdots\\ L_{g_1}L_f^{\rho_m-1}h_m(\boldsymbol{x}) & L_{g_2}L_f^{\rho_m-1}h_m(\boldsymbol{x}) & \cdots & L_{g_m}L_f^{\rho_m-1}h_m(\boldsymbol{x})\end{bmatrix} \tag{2.47}$$

在 $\boldsymbol{x}=\boldsymbol{x}^0$ 处非奇异。其中:$\boldsymbol{g}_j\in\mathbb{R}^n$ 是 $\boldsymbol{g}(\boldsymbol{x})$ 的第 j 列向量,$h_i(\boldsymbol{x})$ 为 $\boldsymbol{h}(\boldsymbol{x})$ 的第 i 个元素,$1\leqslant i,j\leqslant m$。

为了便于设计控制器,需要对非线性系统式(2.45)提出以下合理假设。

假设 2.1:系统所有状态可观测,且输出信号与参考信号关于时间连续可微。

假设 2.2:系统零动态稳定。

假设 2.3:系统的向量相对阶为 $\{\rho_1,\rho_2,\cdots,\rho_m\}$,且 $\rho_1=\rho_2=\cdots=\rho_m=\bar{\rho}$。

在满足假设 2.1~假设 2.3 的条件下,考虑系统在滚动预测时间段 T 的性能指标:

$$J=\frac{1}{2}\int_0^{\mathrm{T}}\boldsymbol{e}^{\mathrm{T}}(t+\tau)\boldsymbol{e}(t+\tau)\mathrm{d}\tau \tag{2.48}$$

式中:$\boldsymbol{e}(t+\tau)=\hat{\boldsymbol{y}}(t+\tau)-\boldsymbol{y}_r(t+\tau)$ 为预测误差;$\hat{\boldsymbol{y}}(t+\tau)$ 和 $\boldsymbol{y}_r(t+\tau)$ 分别为系统的预测输出和参考输出。

定义 2.15:若假设连续预测控制系统的未来控制信号 $\hat{\boldsymbol{u}}(t+\tau)$ 在 $\tau\in[0,T]$ 内满足

$$\frac{d^{\bar{r}}\hat{\boldsymbol{u}}(t+\tau)}{d\tau} \neq 0, \frac{d^{l}\hat{\boldsymbol{u}}(t+\tau)}{d\tau} = 0, l > \bar{r} \tag{2.49}$$

式中:若 l 和 $\bar{r}$ 为非负整数,则 $\bar{r}$ 为预测控制系统的控制阶。

控制阶 $\bar{r}$ 决定了在滚动时域内最优预测控制 $\hat{\boldsymbol{u}}(t+\tau)$ 的允许控制集 $\boldsymbol{J}$,因而对控制阶的选取,即对控制 $\hat{\boldsymbol{u}}(t+\tau)$ 施加相应的约束。例如,若取 $\bar{r}=0$,那么就将在滚动时域内被优化的控制输入 $\hat{\boldsymbol{u}}(t+\tau)$ 视为常值。需要说明的是,这种控制约束仅施加于滚动时域预测控制量 $\hat{\boldsymbol{u}}$ 上,而不是针对实际的控制信号 $\boldsymbol{u}$。

现假定系统的相对阶为 $\bar{\rho}$,并取系统的控制阶为 $\bar{r}$,将系统未来的输出 $\boldsymbol{y}(t+\tau)$ 在 t 时刻做泰勒展开,且省略皮亚诺余项,可得

$$\begin{cases} \boldsymbol{y}^{[1]}(t) = L_f\boldsymbol{h}(\boldsymbol{x}) \\ \quad\vdots \\ \boldsymbol{y}^{[\bar{\rho}-1]}(t) = L_f^{\bar{\rho}-1}\boldsymbol{h}(\boldsymbol{x}) \\ \boldsymbol{y}^{[\bar{\rho}]}(t) = L_f^{\bar{\rho}}\boldsymbol{h}(\boldsymbol{x}) + L_gL_f^{\bar{\rho}-1}\boldsymbol{h}(\boldsymbol{x})\boldsymbol{u} \\ \boldsymbol{y}^{[\bar{\rho}+1]}(t) = L_f^{\bar{\rho}+1}\boldsymbol{h}(\boldsymbol{x}) + \boldsymbol{p}_{11}(\boldsymbol{u},\boldsymbol{x}) + L_gL_f^{\bar{\rho}}\boldsymbol{h}(\boldsymbol{x})\dot{\boldsymbol{u}} \\ \quad\vdots \\ \boldsymbol{y}^{[\bar{\rho}+\bar{r}]}(t) = L_f^{\bar{\rho}+\bar{r}}\boldsymbol{h}(\boldsymbol{x}) + \boldsymbol{p}_{\bar{r}1}(\boldsymbol{u},\boldsymbol{x}) + \boldsymbol{p}_{\bar{r}2}(\dot{\boldsymbol{u}},\boldsymbol{u},\boldsymbol{x}) + \cdots + \\ \boldsymbol{p}_{\bar{r}\bar{r}}(\boldsymbol{u}^{[\bar{r}-1]},\boldsymbol{u}^{[\bar{r}-2]},\cdots,\boldsymbol{u},\boldsymbol{x}) + L_gL_f^{\bar{\rho}-1}\boldsymbol{h}(\boldsymbol{x})\boldsymbol{u}^{[\bar{r}]} \end{cases} \tag{2.50}$$

经化简,可得输出预测值 $\hat{\boldsymbol{y}}(t+\tau)$,即

$$\hat{\boldsymbol{y}}(t+\tau) = \boldsymbol{\Gamma}(\tau)\bar{\boldsymbol{Y}}(t) \tag{2.51}$$

其中

$$\bar{\boldsymbol{Y}}(t) = \begin{bmatrix} \boldsymbol{y}^{[0]}(t) \\ \vdots \\ \boldsymbol{y}^{[\bar{\rho}]}(t) \\ \vdots \\ \boldsymbol{y}^{[\bar{\rho}+\bar{r}]}(t) \end{bmatrix} = \begin{bmatrix} \boldsymbol{h}(\boldsymbol{x}) \\ \vdots \\ L_f^{\bar{\rho}}\boldsymbol{h}(\boldsymbol{x}) \\ \vdots \\ L_f^{\bar{\rho}+\bar{r}}\boldsymbol{h}(\boldsymbol{x}) \end{bmatrix} + \begin{bmatrix} \boldsymbol{0}_{m\times 1} \\ \vdots \\ \boldsymbol{0}_{m\times 1} \\ \boldsymbol{H}(\boldsymbol{u}) \end{bmatrix} \tag{2.52}$$

$$\boldsymbol{\Gamma}(\tau) = \begin{bmatrix} \boldsymbol{I}_m & \bar{\boldsymbol{\tau}} & \cdots & \dfrac{\bar{\boldsymbol{\tau}}^{\bar{\rho}+\bar{r}}}{(\bar{\rho}+\bar{r})!} \in \mathbb{R}^{m\times m(\bar{\rho}+\bar{r}+1)} \end{bmatrix} \tag{2.53}$$

式中:$\boldsymbol{I}_m \in \mathbb{R}^{m\times m}$ 为单位阵,$\bar{\boldsymbol{\tau}} = \mathrm{diag}\{\tau,\cdots,\tau\} \in \mathbb{R}^{m\times m}$,$\boldsymbol{H}(\boldsymbol{u}) \in \mathbb{R}^{m(\bar{r}+1)}$ 为关于 $\boldsymbol{u}$,

$\dot{\boldsymbol{u}},\cdots,\boldsymbol{u}^{[\bar{r}-1]}$ 的复杂非线性函数向量,具体为

$$\boldsymbol{H}(\boldsymbol{u})=\begin{bmatrix} L_g L_F^{\bar{\rho}-1}\boldsymbol{h}(\boldsymbol{x})\boldsymbol{u} \\ \boldsymbol{p}_{11}(\boldsymbol{u},\boldsymbol{x})+L_g L_f^{\bar{\rho}}\boldsymbol{h}(\boldsymbol{x})\dot{\boldsymbol{u}} \\ \vdots \\ \boldsymbol{p}_{\bar{r}1}(\boldsymbol{u},\boldsymbol{x})+\boldsymbol{p}_{\bar{r}2}(\dot{\boldsymbol{u}},\boldsymbol{u},\boldsymbol{x})+\cdots+\boldsymbol{p}_{\bar{r}\bar{r}}(\boldsymbol{u}^{[\bar{r}-1]},\boldsymbol{u}^{[\bar{r}-2]}\cdots,\boldsymbol{u},\boldsymbol{x})+L_g L_f^{\bar{\rho}-1}\boldsymbol{h}(\boldsymbol{x})\boldsymbol{u}^{[\bar{r}]} \end{bmatrix} \tag{2.54}$$

同样地,可由泰勒级数得到参考输出的估计值:

$$\boldsymbol{y}_r(t+\tau)\approx\boldsymbol{\Gamma}(t)\bar{\boldsymbol{Y}}_r(t) \tag{2.55}$$

其中

$$\bar{\boldsymbol{Y}}_r(t)=[\boldsymbol{y}_r^{[0]}(t)^{\mathrm{T}} \quad \boldsymbol{y}_r^{[1]}(t)^{\mathrm{T}} \quad \cdots \quad \boldsymbol{y}_r^{[\bar{\rho}+\bar{r}]}(t)^{\mathrm{T}}]^{\mathrm{T}} \tag{2.56}$$

令 $\bar{\boldsymbol{\Gamma}}(T)=\int_0^{\mathrm{T}}\boldsymbol{\Gamma}^{\mathrm{T}}(\tau)\boldsymbol{\Gamma}(\tau)\mathrm{d}\tau\in\mathbb{R}^{m(\bar{\rho}+\bar{r}+1)\times m(\bar{\rho}+\bar{r}+1)}$,由式(2.54)可知,该矩阵的各个分块元素为

$$\bar{\boldsymbol{\Gamma}}(T)_{(i,j)}=\frac{\bar{\boldsymbol{T}}^{i+j-1}}{(i-1)!\ (j-1)!\ (i+j-1)},i,j=1,2,\cdots,\bar{\rho}+\bar{r}+1 \tag{2.57}$$

式中:$\bar{\boldsymbol{T}}=\mathrm{diag}\{T,\cdots,T\}\in\mathbb{R}^{m\times m},i,j=1,2,\cdots\bar{\rho}+\bar{r}+1$。

根据式(2.49)~式(2.55),性能指标式(2.48)可重写为

$$\begin{aligned}\boldsymbol{J}&=\frac{1}{2}(\bar{\boldsymbol{Y}}(t)-\bar{\boldsymbol{Y}}_r(t))^{\mathrm{T}}\int_0^{\mathrm{T}}\boldsymbol{\Gamma}^{\mathrm{T}}(\tau)\boldsymbol{\Gamma}(\tau)\mathrm{d}\tau(\bar{\boldsymbol{Y}}(t)-\bar{\boldsymbol{Y}}_r(t))\\&=\frac{1}{2}(\bar{\boldsymbol{Y}}(t)-\bar{\boldsymbol{Y}}_r(t))^{\mathrm{T}}\bar{\boldsymbol{\Gamma}}(t)(\bar{\boldsymbol{Y}}(t)-\bar{\boldsymbol{Y}}_r(t))\end{aligned} \tag{2.58}$$

使式(2.56)的指标函数达到极小的必要条件为

$$\left.\frac{\partial\boldsymbol{J}}{\partial\boldsymbol{u}}\right|_{\boldsymbol{u}=\boldsymbol{u}_p}=0 \tag{2.59}$$

为求解这一优化问题,先做以下处理:

首先,由式(2.52)和式(2.56)可得

$$\bar{\boldsymbol{Y}}(t)-\bar{\boldsymbol{Y}}_r(t)=\boldsymbol{M}_{\bar{\rho}\bar{r}}+\begin{bmatrix}\boldsymbol{0}_{m\bar{\rho}\times 1}\\ \boldsymbol{H}(\boldsymbol{u})\end{bmatrix} \tag{2.60}$$

其中

$$\boldsymbol{M}_{\bar{\rho}\bar{r}}=\begin{bmatrix}\boldsymbol{h}(\boldsymbol{x})-\boldsymbol{y}_r(t)\\ L_f\boldsymbol{h}(\boldsymbol{x})-\dot{\boldsymbol{y}}_r(t)\\ \vdots\\ L_f^{\bar{\rho}-1}\boldsymbol{h}(\boldsymbol{x})-\boldsymbol{y}_r^{[\bar{\rho}-1]}(t)\\ L_f^{\bar{\rho}}\boldsymbol{h}(\boldsymbol{x})-\boldsymbol{y}_r^{[\bar{\rho}]}(t)\\ \vdots\\ L_f^{\bar{\rho}+\bar{r}}\boldsymbol{h}(\boldsymbol{x})-\boldsymbol{y}_r^{[\bar{\rho}+\bar{r}]}(t)\end{bmatrix}\in\mathbb{R}^{m(\bar{\rho}+\bar{r}+1))} \tag{2.61}$$

其次，为了与式(2.60)的结构对应，将 $\bar{\boldsymbol{\Gamma}}(T_{np})$ 进行分块，有

$$\bar{\boldsymbol{\Gamma}}(T)=\begin{bmatrix}\bar{\boldsymbol{\Gamma}}_{\bar{\rho}\bar{\rho}} & \bar{\boldsymbol{\Gamma}}_{\bar{\rho}\bar{r}}\\ \bar{\boldsymbol{\Gamma}}_{\bar{\rho}\bar{r}}^{\mathrm{T}} & \bar{\boldsymbol{\Gamma}}_{\bar{r}\bar{r}}\end{bmatrix} \tag{2.62}$$

式中：$\bar{\boldsymbol{\Gamma}}_{\bar{\rho}\bar{\rho}}\in\mathbb{R}^{m\bar{\rho}\times m\bar{\rho}}$，$\bar{\boldsymbol{\Gamma}}_{\bar{\rho}\bar{r}}\in\mathbb{R}^{m\bar{\rho}\times m(\bar{r}+1)}$，$\bar{\boldsymbol{\Gamma}}_{\bar{r}\bar{r}}\in\mathbb{R}^{m(\bar{r}+1)\times m(\bar{r}+1)}$。

根据式(2.60)和式(2.62)，将式(2.58)对 $\boldsymbol{u}$ 求偏导，则式(2.59)可写为

$$\left(\frac{\partial\boldsymbol{H}(\boldsymbol{u})}{\partial\boldsymbol{u}}\right)^{\mathrm{T}}[\bar{\boldsymbol{\Gamma}}_{\bar{\rho}\bar{r}}^{\mathrm{T}}\ \ \bar{\boldsymbol{\Gamma}}_{\bar{r}\bar{r}}]\boldsymbol{M}_{\bar{\rho}\bar{r}}+\left(\frac{\partial\boldsymbol{H}(\boldsymbol{u})}{\partial\boldsymbol{u}}\right)^{\mathrm{T}}\bar{\boldsymbol{\Gamma}}_{\bar{r}\bar{r}}\boldsymbol{H}(\boldsymbol{u})=0 \tag{2.63}$$

由式(2.54)对 $\boldsymbol{u}$ 求偏导，可得

$$\frac{\partial\boldsymbol{H}(\boldsymbol{u})}{\partial\boldsymbol{u}}=\begin{bmatrix}\boldsymbol{G}(\boldsymbol{x}) & \boldsymbol{0}_{m\times m} & \boldsymbol{0}_{m\times m} & \cdots & \boldsymbol{0}_{m\times m}\\ \times_{m\times m} & \boldsymbol{G}(\boldsymbol{x}) & \boldsymbol{0}_{m\times m} & \cdots & \boldsymbol{0}_{m\times m}\\ \vdots & \vdots & \vdots & \ddots & \vdots\\ \times_{m\times m} & \times_{m\times m} & \cdots & \times_{m\times m} & \boldsymbol{G}(\boldsymbol{x})\end{bmatrix} \tag{2.64}$$

其中

$$\boldsymbol{G}(\boldsymbol{x})=L_{\boldsymbol{g}}L_f^{\bar{\rho}-1}\boldsymbol{h}(\boldsymbol{x})=\begin{bmatrix}L_{\boldsymbol{g}_1}L_f^{\bar{\rho}-1}h_1(\boldsymbol{x}) & L_{\boldsymbol{g}_2}L_f^{\bar{\rho}-1}h_1(\boldsymbol{x}) & \cdots & L_{\boldsymbol{g}_m}L_f^{\bar{\rho}-1}h_1(\boldsymbol{x})\\ L_{\boldsymbol{g}_1}L_f^{\bar{\rho}-1}h_2(\boldsymbol{x}) & L_{\boldsymbol{g}_2}L_f^{\bar{\rho}-1}h_2(\boldsymbol{x}) & \cdots & L_{\boldsymbol{g}_m}L_f^{\bar{\rho}-1}h_2(\boldsymbol{x})\\ \vdots & \vdots & \ddots & \vdots\\ L_{\boldsymbol{g}_1}L_f^{\bar{\rho}-1}h_m(\boldsymbol{x}) & L_{\boldsymbol{g}_2}L_f^{\bar{\rho}-1}h_m(\boldsymbol{x}) & \cdots & L_{\boldsymbol{g}_m}L_f^{\bar{\rho}-1}h_m(\boldsymbol{x})\end{bmatrix}\in\mathbb{R}^{m\times m} \tag{2.65}$$

在式(2.64)中 $\times_{m\times m}$ 为非零矩阵，由于与后面推导关系不大，故详细表达式在此略去。由相对阶存在的定义 2.14 和假设 2.3 可知，矩阵 $\boldsymbol{G}(\boldsymbol{x})$ 非奇异，因此式(2.64)也可逆，则式(2.63)有

$$[\bar{\boldsymbol{\Gamma}}_{\bar{\rho}\bar{r}}^{\mathrm{T}}\ \ \bar{\boldsymbol{\Gamma}}_{\bar{r}\bar{r}}]\boldsymbol{M}_{\bar{\rho}\bar{r}}+\bar{\boldsymbol{\Gamma}}_{\bar{r}\bar{r}}\boldsymbol{H}(\boldsymbol{u})=\boldsymbol{0} \tag{2.66}$$

由式(2.57)可知，$\bar{\boldsymbol{\Gamma}}_{\bar{r}\bar{r}}$ 为正定阵，因此有

$$\boldsymbol{H}(\boldsymbol{u})=-[\bar{\boldsymbol{\Gamma}}_{\bar{r}\bar{r}}^{-1}\bar{\boldsymbol{\Gamma}}_{\bar{\rho}\bar{r}}^{\mathrm{T}}\ \ \boldsymbol{I}_{m(\bar{r}+1)\times m(\bar{r}+1)}]\boldsymbol{M}_{\bar{\rho}\bar{r}} \tag{2.67}$$

考虑式(2.54)和式(2.65)，提取方程组(2.67)的前 m 个方程为

$$\boldsymbol{G}(\boldsymbol{x})\boldsymbol{u}+\boldsymbol{K}\boldsymbol{M}_{\rho}+L_f^{\bar{\rho}}\boldsymbol{h}(\boldsymbol{x})-\boldsymbol{y}_r^{[\bar{\rho}]}(t)=\boldsymbol{0} \tag{2.68}$$

由此可得系统式(2.45)的非线性广义预测控制律为

$$\boldsymbol{u}=\boldsymbol{u}_p=-\boldsymbol{G}(\boldsymbol{x})^{-1}(\boldsymbol{K}\boldsymbol{M}_{\bar{\rho}}+L_f^{\bar{\rho}}\boldsymbol{h}(\boldsymbol{x})-\boldsymbol{y}_r^{[\bar{\rho}]}(t)) \tag{2.69}$$

其中：$\boldsymbol{K}\in\mathbb{R}^{m\times m\bar{\rho}}$ 为矩阵 $\bar{\boldsymbol{\Gamma}}_{\bar{r}\bar{r}}^{-1}\bar{\boldsymbol{\Gamma}}_{\bar{\rho}\bar{r}}^{\mathrm{T}}$ 的前 m 行组成的新矩阵，且

$$M_{\bar{\rho}} = \begin{bmatrix} h(x) - y_r(t) \\ L_f^1 h(x) - y_r^{[1]}(t) \\ \vdots \\ L_f^{\bar{\rho}-1} h(x) - y_r^{[\bar{\rho}-1]}(t) \end{bmatrix} \in \mathbb{R}^{m\bar{\rho}} \tag{2.70}$$

取自矩阵 $M_{\bar{\rho}r}$ 的前 $m\bar{\rho}$ 项。

2. 稳定性分析

下面讨论控制阶的选取对闭环系统稳定性的影响。系统输出的第 $\bar{\rho}$ 阶导数,有

$$y^{[\bar{\rho}]}(t) = L_f^{\bar{\rho}} h(x) + L_{g_1} L_f^{\bar{\rho}-1} h(x) u \tag{2.71}$$

将非线性广义预测控制律式(2.69)代入式(2.71),可得误差信号的 $\bar{\rho}$ 阶导数为

$$e^{[\bar{\rho}]}(t) = y^{[\bar{\rho}]}(t) - y_r^{[\bar{\rho}]}(t) = -KM_{\bar{\rho}} \tag{2.72}$$

记

$$K = [K_0 \quad K_1 \quad \cdots \quad K_{\bar{\rho}-1}] \tag{2.73}$$

式中:$K_i \in \mathbb{R}^{m\times m}, i = 0,1,\cdots,\bar{\rho} - 1$。将式(2.70)和式(2.73)代入式(2.72),可得

$$e^{[\bar{\rho}]}(t) + K_{\bar{\rho}-1} e^{[\bar{\rho}-1]}(t) + \cdots + K_0 e(t) = 0 \tag{2.74}$$

由于 K 是矩阵 $\bar{\Gamma}_{\bar{r}\bar{r}}^{-1} \bar{\Gamma}_{\bar{\rho}\bar{r}}^{\mathrm{T}}$ 的前 m 行组成的新矩阵,因此它的选取与系统的相对阶 $\bar{\rho}$ 以及所选取的控制阶 $\bar{r}$ 和预测时域 T 有关。根据式(2.57)和式(2.62),有

$$K_i = k_i T^{-\bar{\rho}+i} \frac{\bar{\rho}!}{i!} \quad i = 0,1,\cdots,\bar{\rho} - 1 \tag{2.75}$$

式中:$k_i \in \mathbb{R}^{m\times m}, i = 0,1,\cdots,\bar{\rho} - 1$ 是矩阵 $\tau_1^{-1}\tau_2$ 的前 m 项,有

$$\tau_1 = \left\{ \frac{1}{i + j + 2\bar{\rho} - 1} I_{m\times m} \right\}_{i,j=1,2,\cdots,\bar{r}+1}, \tau_2 = \left\{ \frac{1}{i + j + \bar{\rho} - 1} I_{m\times m} \right\}_{i=1,2,\cdots,\bar{r}+1, j=1,2,\cdots,\bar{\rho}} \tag{2.76}$$

由式(2.74)可知,闭环系统的特征多项式矩阵方程为

$$I_{m\times m} s^{\bar{\rho}} + K_{\bar{\rho}-1} s^{\bar{\rho}-1} + \cdots + K_0 = 0 \tag{2.77}$$

式中:s 为拉普拉斯算子。将式(2.75)代入式(2.77),可得

$$\frac{\bar{T}^{\bar{\rho}}}{\bar{\rho}!} s^{\bar{\rho}} + k_{\bar{\rho}-1} \frac{\bar{T}^{\bar{\rho}-1}}{(\bar{\rho} - 1)!} s^{\bar{\rho}-1} + \cdots + k_0 = 0 \tag{2.78}$$

由式(2.78)可以看出,预测时域 T 的选择并不影响特征方程根的变化,针对不同的相对阶和控制阶,通过对式(2.78)的计算可以得到不同的闭环特征根,从而判定整个闭环系统的稳定性。表 2-1 给出了闭环系统稳定性与系统相对阶和所选取的控制阶之间的关系。

表 2-1　线性广义预测控制的稳定性

$\bar{r}$	$\bar{\rho}$									
	1	2	3	4	5	6	7	8	9	10
0	s	s	s	s	u	u	u	u	u	u
1	s	s	s	s	s	u	u	u	u	u
2	s	s	s	s	s	s	s	u	u	u
3	s	s	s	s	s	s	s	s	u	u
4	s	s	s	s	s	s	s	s	s	u
5	s	s	s	s	s	s	s	s	s	s
6	s	s	s	s	s	s	s	s	s	s
7	s	s	s	s	s	s	s	s	s	s

注:“s”表示系统稳定(stable),“u”表示系统不稳定(unstable)。

将上述稳定性分析过程进行总结,可得到以下定理。

定理 2.8:针对非线性系统式(2.45),在非线性广义预测控制律式(2.69)的作用下,整个闭环系统的稳定性取决于系统的相对阶 $\bar{\rho}$ 和所选取的控制阶 $\bar{r}$,具体关系如表 2-1 所列。

定理 2.8 的证明过程为上述分析过程。

注 2.1:由表 2.1 可以看出,当系统的相对阶小于等于 4 时,不管控制阶如何选取,采用非线性广义预测控制方法的闭环系统总是稳定的。而当系统的相对阶更高时,控制效果的延迟较为明显,增加了控制难度,则需设定较高的控制阶来解决这一问题。同样可以看出,只要选取的控制阶保证系统的相对阶和控制阶的差值小于 4,闭环系统也是稳定的。

由于实际系统中往往存在各种干扰和不确定因素,只靠式(2.69)的标称控制律 $\boldsymbol{u}_p$ 是很难满足控制需求的,系统极有可能出现振荡或者不稳定的情况,因此需要加入干扰补偿控制律 $\boldsymbol{u}_d$ 来克服这一不足之处。考虑以下 MIMO 非线性被控制对象状态方程:

$$\begin{cases} \dot{\boldsymbol{x}}(t) = \boldsymbol{f}(\boldsymbol{x}) + \boldsymbol{g}(\boldsymbol{x})\boldsymbol{u} + \boldsymbol{\Delta}(\boldsymbol{x},t) \\ \boldsymbol{y}(t) = \boldsymbol{h}(\boldsymbol{x}) \end{cases} \tag{2.79}$$

式中:$\boldsymbol{x}$、$\boldsymbol{u}$、$\boldsymbol{y}$、$\boldsymbol{f}(\boldsymbol{x})$、$\boldsymbol{g}(\boldsymbol{x})$ 和 $\boldsymbol{h}(\boldsymbol{x})$ 的定义同式(2.45)。$\boldsymbol{\Delta}(\boldsymbol{x},t) = \Delta\boldsymbol{f}(\boldsymbol{x}) + \Delta\boldsymbol{g}(\boldsymbol{x})\boldsymbol{u} + \boldsymbol{d}(t)$ 是系统中未知的复合干扰,包括模型的不确定部分 $\Delta\boldsymbol{f}(\boldsymbol{x}) + \Delta\boldsymbol{g}(\boldsymbol{x})\boldsymbol{u}$ 和外界干扰 $\boldsymbol{d}(t)$ 。

将 $f + \Delta$ 看成一项,根据 NGPC 的推导和式(2.67)可得,并考虑复合干扰 $\boldsymbol{\Delta}$ 的非线性广义预测控制律如下:

$$\boldsymbol{u}^*(t) = -\boldsymbol{G}(\boldsymbol{x})^{-1}(\boldsymbol{K}\boldsymbol{M}_{\bar{\rho}} + L_f^{\bar{\rho}}\boldsymbol{h}(\boldsymbol{x}) - \boldsymbol{y}_r^{[\bar{\rho}]}(t) + L_{\Delta}L^{\bar{\rho}-1}\boldsymbol{h}(\boldsymbol{x})) \tag{2.80}$$

因此, $\boldsymbol{\Delta}$ 的补偿控制律为

$$\boldsymbol{u}_d = -\boldsymbol{G}(\boldsymbol{x})^{-1}L_{\Delta}L^{\bar{\rho}-1}\boldsymbol{h}(\boldsymbol{x}) = -\boldsymbol{G}(\boldsymbol{x})^{-1}\frac{\partial L^{\bar{\rho}-1}\boldsymbol{h}(\boldsymbol{x})}{\partial \boldsymbol{x}}\boldsymbol{\Delta} \tag{2.81}$$

由于 $\boldsymbol{\Delta}$ 未知,故需要用其估计值 $\hat{\boldsymbol{\Delta}}$ 替换掉式(2.81)中的 $\boldsymbol{\Delta}$ 。

2.3.4 非线性干扰观测器

对于具有复杂非线性动态的被控制对象,如果考虑对象的未建模动态、参数不确定以及外部干扰,则可以采用基本的非线性控制方法结合非线性干扰观测器(nonlinear disturbance observer, NDO)的方法来设计此非线性不确定对象的控制器。

干扰观测器的概念最早由 Ohnishi 提出,目前已成功应用在很多实际系统的设计中。此处的"干扰"不限于来自外界的扰动,而是指广义的未建模动态、未知的非线性、外界干扰以及它们的复合等不确定因素。当干扰可以测量,则前馈控制策略可以减弱或消除干扰的影响。但是在很多情况下,外部干扰或不确定因素不能够直接测量或测量起来代价很大。解决此问题的直接的想法是先利用可测的变量来估计干扰或干扰产生的影响,然后根据干扰的估计值来设计补偿控制律,从而抵消干扰产生的不良影响。用来估计标称系统为非线性动态的干扰观测器称为非线性干扰观测器 NDO。Chen[49-50]设计了一种基于李雅普诺夫理论的 NDO 并将其成功应用在了双连杆机械臂、导弹、超机动飞机等被控对象上。该方法的思路:将非线性不确定控制问题分解为两个子问题。第一个子问题针对没有扰动的标称非线性系统,其目标是稳定非线性被控对象并达到要求的控制性能指标,可采用一般非线性控制方法来实现;第二个子问题是干扰的抑制,先通过设计一个 NDO 来估计非线性被控对象受到的外部干扰和不确定因素,然后设计补偿控制律。此方法物理意义清晰明确,设计过程规范独立。NDO 不仅能够与反馈线性化、滑模控制、backstepping 等非线性控制方法结合以解决非线性不确定控制问题,而且可以与智能方法相结合产生智能干扰观测器,如模糊干扰观测器与神经网络干扰观测器,以进一步提高干扰的估计精度。因此,式(2.81)中的 $\hat{\boldsymbol{\Delta}}$ 可以由 NDO 来实现。其具体原理如图 2-4 所示。

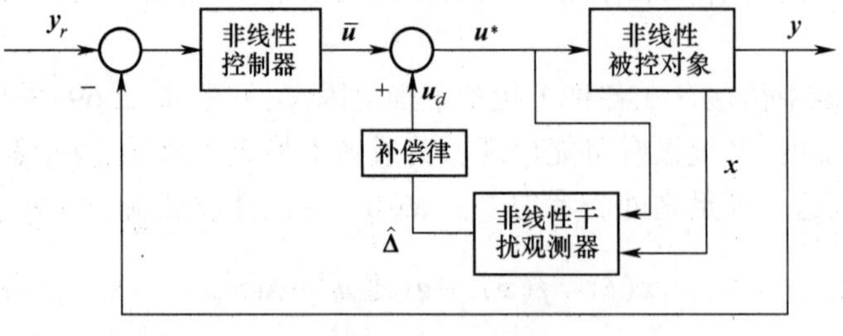

$\bar{\boldsymbol{u}}$ —不考虑复合干扰影响的标称系统非线性控制律;

$\boldsymbol{u}_d$ —根据 NDO 输出 $\hat{\boldsymbol{\Delta}}$ 得到的补偿控制律; $\boldsymbol{u}^*$ —总的控制律。

图 2-4 基于 NDO 的非线性控制结构

在图 2-4 中采用 NGPC 方法, $\bar{\boldsymbol{u}}$、$\boldsymbol{u}_d$、$\boldsymbol{u}^*$ 的表达式分别为式(2.69)、式(2.81)和式(2.80)。

考虑式(2.79)的 MIMO 非线性被控制对象状态方程,根据设计过程,NDO 的表达式如下:

$$\begin{cases}\hat{\boldsymbol{\Delta}} = \boldsymbol{z} + \boldsymbol{\phi}(\boldsymbol{x}) \\ \dot{\boldsymbol{z}} = -\boldsymbol{l}(\boldsymbol{x})[\boldsymbol{z} + \boldsymbol{\phi}(\boldsymbol{x})] - \boldsymbol{l}(\boldsymbol{x})[\boldsymbol{f}(\boldsymbol{x}) + \boldsymbol{g}(\boldsymbol{x})\boldsymbol{u}]\end{cases} \tag{2.82}$$

式中：$\hat{\boldsymbol{\Delta}} \in \mathbb{R}^n$ 是 $\boldsymbol{\Delta}(\boldsymbol{x},t)$ 的估计；$z \in \mathbb{R}^n$ 为 NDO 的内部状态；$\boldsymbol{\phi}(\boldsymbol{x}) \in \mathbb{R}^n$ 为待设计的非线性函数向量，通常取 $\boldsymbol{\phi}(\boldsymbol{x}) = [\phi_1(x_1), \phi_2(x_2), \cdots, \phi_n(x_n)]$；$\boldsymbol{l}(\boldsymbol{x}) \in \mathbb{R}^{n\times n}$ 表示 NDO 的增益矩阵并且满足

$$\boldsymbol{l}(\boldsymbol{x}) = \frac{\partial \boldsymbol{\phi}(\boldsymbol{x})}{\partial \boldsymbol{x}} \tag{2.83}$$

若定义 NDO 的观测误差为

$$\mathbf{e}_{\Delta} = \boldsymbol{\Delta} - \hat{\boldsymbol{\Delta}} \tag{2.84}$$

并假设 $\dot{\boldsymbol{\Delta}} \approx 0$ 成立，即对于 NDO 动态来说，未知复合干扰变化较慢，则 NDO 的误差动态特性为

$$\dot{\mathbf{e}}_{\Delta} = \dot{\boldsymbol{\Delta}} - \dot{\hat{\boldsymbol{\Delta}}} \approx -\dot{\hat{\boldsymbol{\Delta}}} \tag{2.85}$$

将式(2.79)、式(2.82)和式(2.83)代入式(2.85)，可得

$$\begin{aligned}
\dot{\mathbf{e}}_{\Delta} &= -\dot{\hat{\boldsymbol{\Delta}}} = -\dot{z} - \frac{\partial \boldsymbol{\phi}(\boldsymbol{x})}{\partial \boldsymbol{x}}\dot{x} = -\dot{z} - \boldsymbol{l}(\boldsymbol{x})\dot{\boldsymbol{x}} \\
&= \boldsymbol{l}(\boldsymbol{x})[z + \boldsymbol{\phi}(\boldsymbol{x})] + \boldsymbol{l}(\boldsymbol{x})[\boldsymbol{f}(\boldsymbol{x}) + \boldsymbol{g}(\boldsymbol{x})\boldsymbol{u}] - \boldsymbol{l}(\boldsymbol{x})[\boldsymbol{f}(\boldsymbol{x}) + \boldsymbol{g}(\boldsymbol{x})\boldsymbol{u} + \boldsymbol{\Delta}(\boldsymbol{x},t)] \\
&= -\boldsymbol{l}(\boldsymbol{x})\mathbf{e}_{\Delta}
\end{aligned} \tag{2.86}$$

即

$$\dot{\mathbf{e}}_{\Delta} + \boldsymbol{l}(\boldsymbol{x})\mathbf{e}_{\Delta} = 0 \tag{2.87}$$

若选择 $\boldsymbol{\phi}(\boldsymbol{x})$ 使得 $\boldsymbol{l}(\boldsymbol{x})$ 正定，则 $\mathbf{e}_{\Delta}$ 对于任意 $\boldsymbol{x} \in \mathbb{R}^n$ 全局指数稳定，$\hat{\boldsymbol{\Delta}}$ 可以按指数形式逼近 $\boldsymbol{\Delta}$。

若 $\dot{\boldsymbol{\Delta}} \approx 0$ 不成立，但 $\dot{\boldsymbol{\Delta}}$ 有界，即 $\|\dot{\boldsymbol{\Delta}}\| \leqslant \xi$，$\xi$ 是一个有限的正数，则可以证明 NDO 的复合干扰估计误差 $\mathbf{e}_{\Delta}$ 最终有界。

2.3.5 模糊控制

模糊控制(fuzzy control)是以模糊集合理论为基础的一种新兴的控制方法，它是模糊系统理论和模糊技术与自动控制技术相结合的产物。自从模糊理论诞生以来，产生了许多研究与应用成果，同时该方法也逐步成为人们思考问题的重要方法论。模糊控制实质上是一种非线性控制，属于智能控制的范畴。近 20 多年来，模糊控制无论从理论上还是技术上都有了长足的进步，成为非线性控制领域中一个重要的分支。

在实际应用中，往往是将模糊控制或模糊推理的思想，与其他相对成熟的控制理论或方法结合起来，发挥各自的长处，从而获得理想的控制效果。结合目前该领域的研究热点，从模糊 PID 控制、T-S 模糊建模、模糊鲁棒控制以及模糊自适应控制方面进行介绍。

1. 模糊 PID 控制

模糊 PID 属于模糊复合控制，模糊复合控制还包括模糊-线性复合控制、史密斯-模糊控制器、三维模糊控制器、多变量模糊控制等。以模糊-PID 为例，下面分析模糊控制的优势。

采用 T-S 模型的模糊规则一般为

$$\text{Rule } i\text{: If } e \text{ is } M_{i1}, ie \text{ is } M_{i2}, de \text{ is } M_{i3},$$

$$\text{Then } u^i = b_0^i + b_1^i e + b_2^i \int e + b_3^i \dot{e} \tag{2.88}$$

取特殊情况 $b_0^i = 0$。采用重心法解模糊，可得

$$u = \sum_{i=1}^{r} h_i u^i = \sum_{i=1}^{r} \left[h_i (b_1^i \mathrm{e} + b_2^i \int \mathrm{e} + b_3^i \dot{\mathrm{e}}) \right] = \left(\sum_{i=1}^{r} h_i b_1^i \right) \mathrm{e} + \left(\sum_{i=1}^{r} h_i b_2^i \right) \int \mathrm{e} + \left(\sum_{i=1}^{r} h_i b_3^i \right) \dot{\mathrm{e}} \tag{2.89}$$

与常见的 PID 控制形式相比较，可得模糊 PID 控制器对应于 PID 控制器的 3 个参数为

$$K_{Fp} = \sum_{i=1}^{r} h_i b_1^i , K_{Fi} = \sum_{i=1}^{r} h_i b_2^i , K_{Fd} = \sum_{i=1}^{r} h_i b_3^i \tag{2.90}$$

可简记为

$$u = K_{Fp} \mathrm{e} + K_{Fi} \int \mathrm{e} + K_{Fd} \dot{\mathrm{e}} \tag{2.91}$$

由此可以看出，模糊 PID 控制器可看作是一种变参数的 PID 控制器。由于隶属度函数一般是非线性的，式(2.90)、式(2.91)中：K_{Fp}、K_{Fi}、K_{Fd} 均为非线性映射，因此模糊 PID 控制器是一种非线性控制器。采用模糊 PID 控制器的系统闭环结构如图 2-5 所示。

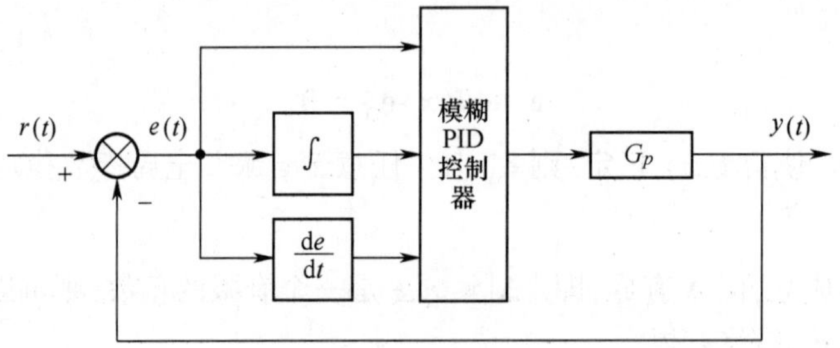

图 2-5　模糊 PID 控制系统原理

2. T-S 模糊建模

根据推理方法的不同，模糊推理通常可分为 Mamdani 推理和 Sugeno 推理。基于 Sugeno 推理的 T-S 模糊系统在数学分析方面，明显优于 Mamdani 推理。目前各种类型的 Mamdani 和 T-S 模糊系统都被证明是万能函数逼近器，它们能以任意高的逼近精度一直逼近定义在闭定义域 D 上的任意连续函数。这为模糊控制系统的分析和设计奠定了一个坚实的理论基础。

T-S 模糊系统建模的基本思想是运用一系列的模糊规则，局部线性子系统及相应的模糊权值，逼近复杂的、未建模的非线性系统，所建立的模糊系统可基于李雅普诺夫方法分析其稳定性，进而得到满足设计指标的模糊控制器。目前广泛适用于呈现明显非线性、参数不确定性及干扰未知等非线性系统的实际控制问题。

T-S 模糊系统一般定义为

$$\begin{aligned} &\text{Rule } i\text{: If } z_1\ M_{i1} \text{ and } z_2 \text{ is } M_{i2} \text{ and } z_n \text{ is } M_{in} \\ &\text{Then } y_{\mathrm{TS}_i} = f_{\mathrm{TS}_i}(z_1, z_2, \cdots, z_n), i = 1, 2, \cdots, r \end{aligned} \tag{2.92}$$

式中：$z_j (j = 1, 2, \cdots, n)$ 为前件输入变量；M_{ij} 为模糊子集；r 为模糊规则总数；$f_{\mathrm{TSi}}(\cdot)$ 为线

性或非线性函数。如果$f_{TSi}(\cdot)$采用非线性函数,则高次多项式函数或更复杂的非线性函数,选择它的函数结构和参数是极为困难的。从数学上分析这类T-S模糊系统将带来许多不便,因此在大量的理论研究和实际应用中,都采用线性函数,称为线性T-S模糊系统。

线性T-S模糊系统又分为简化线性T-S模糊系统和典型T-S模糊系统。但是由于简化线性T-S模糊系统的限制条件较多,在实际应用中仍有一定的局限性。因此,下面重点讨论典型T-S模糊系统的通用逼近性。

典型T-S模糊系统一般定义为

$$\begin{aligned}&\text{Rule } i:\\&\text{If } z_1 \text{ is } M_{i1} \text{ and } z_2 \text{ is } M_{i2} \text{ and} \cdots \text{and } z_n \text{ is } M_{in}\\&\text{Then } f_{TSi} = p_{i0} + \sum\nolimits_{j=1}^{n} p_{ij}z_j, i = 1,2,\cdots,r\end{aligned} \tag{2.93}$$

对典型的T-S模糊系统,不失一般性,对每一个输入变量$z_j(j=1,2,\cdots,n)$定义n_j个模糊子集,从而规则总数$r=\prod_{j=1}^{n}n_j$。式(2.93)所给出的第i条模糊规则的激活度为$\mu_i(z)=\prod_{j=1}^{n}\mu_{M_{ij}}(z_j)$,则典型T-S模糊系统的输出为

$$f_{TS}(z)=\frac{\sum_{i=1}^{r}\left[\mu_i(z)\left(\sum_{j=0}^{n}p_{ij}z_j\right)\right]}{\sum_{i=1}^{r}\mu_i(z)} \tag{2.94}$$

式中:$z=(z_1,z_2,\cdots,z_n)^{\mathrm{T}}$,并且令$z_0=1$。典型的T-S模糊系统构成如图2-6所示。

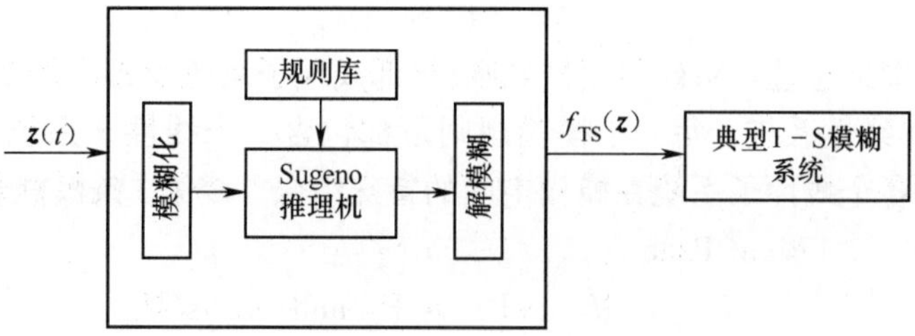

图2-6 典型的T-S模糊系统构成

定理2.9:典型T-S模糊系统能够以任意精度一致逼近紧致集$U\subset\mathbb{R}^n$上的任意连续实函数$f(z)$,即$\forall\varepsilon>0$,存在典型T-S模糊系统,得

$$\|f_{TS}(z)-f(z)\|_\infty<\varepsilon \tag{2.95}$$

式中:$z=(z_1,z_2,\cdots,z_n)^{\mathrm{T}}$。

定理2.10:如果典型T-S模糊系统的每一个输入变量都定义n_0个均匀分布且交叠的模糊子集,则对任意给定连续实函数$f(z)$和逼近误差$\varepsilon>0$,存在典型T-S模糊系统,使得当

$$n_0>\sqrt{\frac{1}{2(\varepsilon-\varepsilon_1)}\cdot\sum_{j=1}^{n}\sum_{k=1}^{n}\left\|\frac{\partial^2P_q}{\partial z_j\partial z_k}\right\|_\infty}-1 \tag{2.96}$$

时,有$\|f_{TS}(z)-f(z)\|_\infty<\varepsilon$,其中:$0<\varepsilon_1<\varepsilon$,且$\|f(z)-P_q(z)\|_\infty<\varepsilon_1$。

一般来讲,T-S模糊系统的函数逼近性能要好于Mamdani模糊系统。为便于理解,可

将 T-S 模糊系统看成用许多块有不同倾斜方向的超平面拟合的一个光滑曲面,因此其函数逼近性能要优于仅用水平超平面进行拟合的 Mamdani 模糊系统。由于 $P_q(z)$ 的各二阶偏微分均是有限的数,因此当 ε 充分小时,T-S 模糊系统一致逼近时需要的模糊子集数 $n_0 \propto 1/\sqrt{(\varepsilon - \varepsilon_1)}$。而对于 Mamdani 模糊系统,其模糊子集数 $n_0 \propto 1/(\varepsilon - \varepsilon_1)$,因此与 Mamdani 模糊系统相比较,对于同样给定的定义在紧致集上的连续实函数和一致逼近精度 ε , T-S 模糊系统每个输入变量所需的模糊子集数要少得多,从模糊系统的实现上来看,意味着更小的系统规模和更快的正向推理速度和学习速度。

以上所给出的逼近性理论较抽象,为便于理解,所以称这类理论为模糊万能逼近存在性理论,概括如下:

模糊万能逼近存在性理论:一般 n 维模糊系统 $F_{ts}(\boldsymbol{x})$ ($\boldsymbol{x}$ 是 n 维输入变量, $\boldsymbol{x} \in \boldsymbol{\Theta}$) ,总能以任意高的逼近精度一致逼近定义在闭定义域 D 上的任意连续函数 $f(\boldsymbol{x})$,即给定一个在定义域 D 上的任意连续函数 $f(\boldsymbol{x})$ 和任意的逼近精度 ε ,总存在一个模糊系统 $F_{ts}(\boldsymbol{x})$,则

$$\max_{x \in \Theta} \| F_{ts}(\boldsymbol{x}) - f(\boldsymbol{x}) \| \leqslant \varepsilon \tag{2.97}$$

这里给出了 T-S 模糊系统可以逼近非线性系统的基本理论,下面将讨论针对非线性系统如何建立 T-S 模糊模型的一般方法。

考虑以下非线性系统为

$$\dot{\boldsymbol{x}} = \boldsymbol{F}(\boldsymbol{x},\boldsymbol{u}) = \boldsymbol{f}(\boldsymbol{x}) + \boldsymbol{g}(\boldsymbol{x})\boldsymbol{u} \tag{2.98}$$

式中: $\boldsymbol{x} \in \mathbb{R}^n$ 为状态变量; $\boldsymbol{u} \in \mathbb{R}^p$ 是输入变量; $\boldsymbol{F}(\cdot),\boldsymbol{f}(\cdot),\boldsymbol{g}(\cdot)$ 是光滑的非线性函数。

T-S 模糊模型是通过一系列的模糊规则,局部线性子系统及相应的模糊权值,逼近复杂的、未建模的非线性系统。每一个模糊规则下都包含一个线性子系统,因此 T-S 模糊模型也可看作是各个线性子系统在模糊空间的特殊组合。令第 i 条模糊规则描述为

Plant Rule i:

If z_1 is M_{i1} and z_2 is M_{i2} and$\cdots z_n$ is M_{in} (2.99)

Then $\dot{\boldsymbol{x}} = \boldsymbol{A}_i\boldsymbol{x} + \boldsymbol{B}_i\boldsymbol{u}, i = 1,2,\cdots,r$

式中:z 为前件模糊变量; $\boldsymbol{x} \in \mathbb{R}^n$ 为状态向量; $\boldsymbol{u} \in \mathbb{R}^p$ 为控制向量;r 为模糊规则数; $\boldsymbol{A}_i$, $\boldsymbol{B}_i$ 为第 i 个子系统适当维数的常数矩阵。

定义模糊权值:

$$h_i(z) \triangleq \frac{\prod_{j=1}^{n} M_{ij}(z_j)}{\sum_{i=1}^{r}\prod_{j=1}^{n} M_{ij}(z_j)}, i = 1,\cdots,r \tag{2.100}$$

式中: $M_{ij}(z_j)$ 为 z_j 在第 i 条模糊规则下对应的隶属度,且有 $0 \leqslant h_i(z) \leqslant 1$, $\sum_{i=1}^{r} h_i(z) = 1$。

若采用重心法解模糊,则基于模糊规则式(2.99)的 T-S 模糊动态系统为

$$\dot{\boldsymbol{x}} = \sum_{i=1}^{r} h_i(z)[\boldsymbol{A}_i\boldsymbol{x} + \boldsymbol{B}_i\boldsymbol{u}] \tag{2.101}$$

由此可以看出,一个非线性系统在一定的模糊规则下,可以看成是多个局部线性模型的模糊逼近。通常情况下,模糊规则由专家经验确定。一旦确定了模糊规则,基于非线性

系统在工作点的线性化原理,可得各模糊规则对应的工作点下的线性子系统的参数矩阵 $(\boldsymbol{A}_i, \boldsymbol{B}_i)$ 。

3. T-S 模糊鲁棒控制

若系统状态可测,且模糊系统式(2.101)局部能控,即 $(\boldsymbol{A}_i, \boldsymbol{B}_i)_{i=1,2,\cdots,r}$ 为可控对。针对系统式(2.101),根据并行分配补偿(PDC)设计模糊控制器,控制规则如下:

$$\text{Controller Rule } i\text{: If } z_1 \text{ is } M_{i1} \text{ and} \cdots z_n \text{ is } M_{in},$$
$$\text{Then } \boldsymbol{u} = \boldsymbol{K}_i \boldsymbol{x}, i = 1,2,\cdots,r \tag{2.102}$$

则整个系统的控制器为

$$\boldsymbol{u} = \sum_{i=1}^{r} h_i(z) \boldsymbol{K}_i \boldsymbol{x} \tag{2.103}$$

由式(2.103)可以看出,整个系统的控制实质上是非线性的状态反馈,即根据局部的状态反馈通过模糊加权进行设计。

整个闭环系统表达式如下:

$$\dot{\boldsymbol{x}} = \sum_{i=1}^{r} \sum_{j=1}^{r} h_i(z) h_j(z) (\boldsymbol{A}_i + \boldsymbol{B}_i \boldsymbol{K}_j) \boldsymbol{x} \tag{2.104}$$

为保证整个闭环系统式(2.104)的全局渐进稳定性,给出以下定理。

定理 2.11:对于 $i,j = 1,2,\cdots,r$,针对式(2.101)所描述的模糊系统,若存在矩阵 $\boldsymbol{K}_j$,则一个公共的对称正定阵 $\boldsymbol{P}$ 满足

$$(\boldsymbol{A}_i + \boldsymbol{B}_i \boldsymbol{K}_j)^{\mathrm{T}} \boldsymbol{P} + \boldsymbol{P}(\boldsymbol{A}_i + \boldsymbol{B}_i \boldsymbol{K}_j) < 0, \forall i,j = 1,2,\cdots,r \tag{2.105}$$

则系统式(2.104)在其平衡状态是全局渐进稳定的,式(2.103)为闭环系统的镇定控制器。

需要说明的是,这里只是给出了模糊逼近后闭环模糊系统的稳定性,而不是原非线性系统的稳定性。但是在精度要求不是很高的情况下,通常认为模糊系统式(2.101)在一定程度上可代表原非线性系统式(2.98)。所以,所设计的模糊控制器式(2.102)若能镇定模糊系统式(2.101),则控制器式(2.103)同样可以镇定原非线性系统式(2.98)。事实上,很多实际情况都证明了这种情况。但不可否认的是,当模糊逼近系统与原非线性系统偏差较大时,基于模糊逼近系统设计的模糊控制器必然会使针对原非线性系统的控制性能下降甚至失效,此时应考虑自适应控制方案或者采用适当的方法进行控制补偿。

由于式(2.105)成立只是闭环系统式(2.104)渐进稳定的充分条件,因此当找不到公共正定对称阵 $\boldsymbol{P}$,并不能说明系统是不稳定的。若设计者选择的模糊规则数过大,则求解公共正定对称阵 $\boldsymbol{P}$ 的难度也会加大。所以在建立 T-S 模糊模型时,应合理划分模糊空间,尽量减少模糊规则数,增加 $\boldsymbol{P}$ 的可解性。

定理 2.11 给出的条件,需要计算 r^2 个不等式来寻找矩阵 $\boldsymbol{P}$ 。所以式(2.104)还可以写为

$$\dot{\boldsymbol{x}} = \sum_{i=1}^{r} \sum_{j=1}^{r} h_i(z) h_j(z) \boldsymbol{G}_{ii} \boldsymbol{x} + 2 \sum_{j=1}^{r} \sum_{i=1}^{j-1} h_i(z) h_j(z) \frac{\boldsymbol{G}_{ij} + \boldsymbol{G}_{ji}}{2} \boldsymbol{x} \tag{2.106}$$

式中: $\boldsymbol{G}_{ij} = \boldsymbol{A}_i + \boldsymbol{B}_i \boldsymbol{K}_j$ 。

为减少不等式计算的个数,给出以下推论。

推论 2.1:对于 $i,j = 1,2,\cdots,r$,针对式(2.101)所描述的模糊系统,若矩阵 $\boldsymbol{K}_j$,则一个

公共的对称正定阵 $\boldsymbol{P}$ 满足

$$\boldsymbol{G}_{ii}^{\mathrm{T}}\boldsymbol{P} + \boldsymbol{P}\boldsymbol{G}_{ii} < 0, \forall i = 1,2,\cdots,r \tag{2.107}$$

$$(\boldsymbol{G}_{ij} + \boldsymbol{G}_{ji})^{\mathrm{T}}\boldsymbol{P} + \boldsymbol{P}(\boldsymbol{G}_{ij} + \boldsymbol{G}_{ji}) < 0, \forall i < j(i,j = 1,2,\cdots,r) \tag{2.108}$$

则系统式(2.104)在其平衡状态是全局渐进稳定的,式(2.103)为闭环系统的镇定控制器。

前面虽然给出了 T-S 模糊镇定控制器的设计,但系统式(2.98)未考虑不确定和外界干扰的影响,考虑外部干扰并定义系统输出,式(2.98)可重写为

$$\begin{cases}\dot{\boldsymbol{x}}(t) = \boldsymbol{f}(\boldsymbol{x}) + \boldsymbol{g}(\boldsymbol{x})\boldsymbol{u} + \boldsymbol{\Delta}(\boldsymbol{x}) + \boldsymbol{g}_{\pi}(\boldsymbol{x})\boldsymbol{\omega} \\ \boldsymbol{y}(t) = \boldsymbol{C}\boldsymbol{x}\end{cases} \tag{2.109}$$

式中:$\boldsymbol{x} \in \mathbb{R}^{n}, \boldsymbol{u} \in \mathbb{R}^{p}, \boldsymbol{y} \in \mathbb{R}^{q}, \boldsymbol{\Delta}(\boldsymbol{x}) \in \mathbb{R}^{n}, \boldsymbol{\omega} \in \mathbb{R}^{p}$ 分别为系统的状态、输入、输出、不确定及外部干扰;$\boldsymbol{f}(\boldsymbol{x}) \in \mathbb{R}^{n}, \boldsymbol{g}(\boldsymbol{x}) \in \mathbb{R}^{n\times p}, \boldsymbol{g}_{\pi}(\boldsymbol{x}) \in \mathbb{R}^{n\times p}$ 为连续光滑函数;矩阵 $\boldsymbol{C} \in \mathbb{R}^{q\times n}$ 为常数矩阵。基于 T-S 模糊理论,式(2.109)存在外界干扰及不确定的动态系统,可由以下模糊规则描述:

Plant Rule i:

If z_1 is M_{i1} and$\cdots z_n$ is M_{in}

Then $\dot{\boldsymbol{x}} = (\boldsymbol{A}_i + \Delta\boldsymbol{A}_i)\boldsymbol{x} + (\boldsymbol{B}_i + \Delta\boldsymbol{B}_i)\boldsymbol{u} + \boldsymbol{Y}_i\boldsymbol{\omega}, i = 1,2,\cdots,r$ (2.110)

式中:$\boldsymbol{Y}_i$ 为具有适当维数的常数矩阵,不确定参数矩阵 $[\Delta\boldsymbol{A}_i \quad \Delta\boldsymbol{B}_i] \triangleq \boldsymbol{U}_i\boldsymbol{F}_i(t)[\boldsymbol{E}_{1i} \quad \boldsymbol{E}_{2i}]$;$\boldsymbol{U}_i, \boldsymbol{E}_{1i}$ 和 $\boldsymbol{E}_{2i}$ 是反映不确定性结构的常数矩阵;$\boldsymbol{F}_i(t)$ 是时变的不确定矩阵,且满足 $\boldsymbol{F}_i^{\mathrm{T}}(t)\boldsymbol{F}_i(t) \leqslant \boldsymbol{I}$。其余变量定义同式(2.109)。

假设系统状态可测,且各线性子系统可控,则针对系统式(2.109),设计并行分配补偿(PDC)模糊控制器,控制规则如下:

Controller Rule j:

If z_1 is M_{j1} and$\cdots z_n$ is M_{jn},

Then $\boldsymbol{u} = \boldsymbol{K}_j\boldsymbol{x}, j = 1,2,\cdots,r$ (2.111)

则整个系统的模糊状态反馈控制器为

$$\boldsymbol{u} = \sum_{j=1}^{r} h_j(\boldsymbol{z})\boldsymbol{K}_j\boldsymbol{x} \tag{2.112}$$

整个闭环系统表达式如下:

$$\begin{cases}\dot{\boldsymbol{x}} = \sum_{i=1}^{r}\sum_{j=1}^{r} h_i h_j\{[\boldsymbol{A}_i + \boldsymbol{B}_i\boldsymbol{K}_j + \boldsymbol{U}_i\boldsymbol{F}_i(\boldsymbol{E}_{1i} + \boldsymbol{E}_{2i}\boldsymbol{K}_j)]\boldsymbol{x} + \boldsymbol{Y}_i\boldsymbol{\omega}\} \\ \boldsymbol{y} = \boldsymbol{C}\boldsymbol{x}\end{cases} \tag{2.113}$$

针对系统式(2.113),H_∞ 控制研究的目标:设计控制律 $\boldsymbol{u}(t)$,使闭环系统满足 H_∞ 特性且闭环系统渐进稳定,即对任意的有界未知干扰都有 $\sup\limits_{\|\boldsymbol{\omega}\|_2\neq 0} \|\boldsymbol{y}\|_2 / \|\boldsymbol{\omega}\|_2 \leqslant \rho$,其中:$\rho > 0$ 为设定的干扰抑制水平。

假设 2.4:干扰 $\boldsymbol{\omega}(t)$ 有界,且在其连续区域内满足 $\boldsymbol{\omega}(t)^{\mathrm{T}}\boldsymbol{\omega}(t) \leqslant \boldsymbol{x}^{\mathrm{T}}(t)\boldsymbol{C}^{\mathrm{T}}\boldsymbol{C}\boldsymbol{x}(t)$。

考虑 T-S 模糊和 H_∞ 控制,给出以下定理。

定理 2.12:对于 $i,j = 1,2,\cdots,r$,针对模糊闭环系统式(2.113)和给定的常数 $\rho > 0$,如果对所有满足 $\boldsymbol{F}_i^{\mathrm{T}}(t)\boldsymbol{F}_i(t) \leqslant \boldsymbol{I}$ 的 $\boldsymbol{F}_i(t)$,存在对称正定实矩阵 $\boldsymbol{P}$、实矩阵 $\boldsymbol{K}_j$、标量

$\tau > 0$，使下式成立：

$$\begin{bmatrix} \bar{A}_{ij}^{\mathrm{T}}P + P\bar{A}_{ij} + C^{\mathrm{T}}C & PY_i \\ Y_i^{\mathrm{T}}P & -\rho^2 I \end{bmatrix} \leqslant 0 \tag{2.114}$$

则 $u(t) = \sum_{j=1}^{r} h_j(z) K_j x(t)$ 为闭环系统渐进稳定且系统的 H_∞ 性能指标为 ρ 。

由于定理 2.12 中的不等式并非 LMI，难以求解，因此为得到式(2.114)的 LMI 表达，使问题基于 Matlab 可解，给出以下引理和定理。

引理 2.1：给定适当维数的实矩阵 G、U 和 E，其中 G 是对称的，则对所有满足 $F^{\mathrm{T}}F \leqslant I$ 的实矩阵 F，$G + UFE + E^{\mathrm{T}}F^{\mathrm{T}}U^{\mathrm{T}} < 0$ 成立，且当存在常数 $\varepsilon > 0$ 时，使得 $G + \varepsilon UU^{\mathrm{T}} + \varepsilon^{-1}E^{\mathrm{T}}E < 0$。

定理 2.13：对于 $i,j = 1,2,\cdots,r$，针对模糊闭环系统式(2.113)和给定的常数 $\rho > 0$，如果对所有满足 $F_i^{\mathrm{T}}(t)F_i(t) \leqslant I$ 的 $F_i(t)$，存在对称正定实矩阵 V、实矩阵 W_j、标量 $\varepsilon > 0$，使得以下不等式成立：

$$\boldsymbol{\psi}_{ii} \leqslant 0 \ (i = 1,\cdots,r);\ \boldsymbol{\psi}_{ij} + \boldsymbol{\psi}_{ji} \leqslant 0 \ (i < j \leqslant r) \tag{2.115}$$

其中

$$\begin{cases} \boldsymbol{\psi}_{ij} = \begin{bmatrix} S_1 & VC^{\mathrm{T}} & VE_{1i}^{\mathrm{T}} + W_j^{\mathrm{T}}E_{2i}^{\mathrm{T}} \\ CV & -\varepsilon I & 0 \\ E_{1i}V + E_{2i}W_j & 0 & -I \end{bmatrix} \\ S_1 = A_iV + VA_i^{\mathrm{T}} + B_iW_j + W_j^{\mathrm{T}}B_i^{\mathrm{T}} + \varepsilon\rho^{-2}Y_iY_i^{\mathrm{T}} + U_iU_i^{\mathrm{T}} \end{cases} \tag{2.116}$$

则 $u(t) = \sum_{j=1}^{r} h_j(z) W_j V^{-1} x(t)$ 为闭环系统渐进稳定且系统的 H_∞ 性能指标为 ρ 。

这里只给出了 T-S 模糊与 H_∞ 控制的结合来实现包含系统不确定和外界干扰的非线性系统的模糊鲁棒控制，但不限于此，也可根据这里提供的研究思路将 T-S 模糊和其他鲁棒控制方法相结合，得出更多的模糊鲁棒控制方案。

4. 模糊自适应控制

针对复杂的非线性动态，若外部环境复杂，则参数变化剧烈。虽然基本模糊控制方法可以取得很好的控制效果，但由于未对模糊逼近对象进行在线调整，因此当实际运行中参数剧烈变化时，其控制效果也会明显下降。

模糊自适应控制可以根据被控过程的特性和系统参数的变化，自动生成或调整模糊控制器的规则和参数，达到控制目的。这类模糊控制器在实现人的控制策略基础上，进一步将人的学习和适应能力引入控制器，使模糊控制具有更高的智能性，同时较大地增强了对环境变化的适应能力。模糊自适应控制可分为间接自适应模糊控制和直接自适应模糊控制两种。图 2-7 和图 2-8 分别给出了直接自适应、间接自适应模糊控制系统的设计框图。

这两种控制方案均可以实现对被控对象的有效控制，两种方案的控制效果并无好坏之分，只有是否适合具体情况的差别。由于模糊间接自适应控制的解释性更强，便于理解，故应用较多。下面以模糊间接控制为主要介绍内容。

间接自适应模糊控制的设计思路：首先采用模糊系统逼近被控对象的未建模动态，并设计自适应律调节模糊辨识参数，然后基于李雅普诺夫稳定性理论得出自适应控制器，使系统所有信号一致最终有界，实现系统输出 $y(t)$ 渐进跟踪期望输出 $y_r(t)$ 。

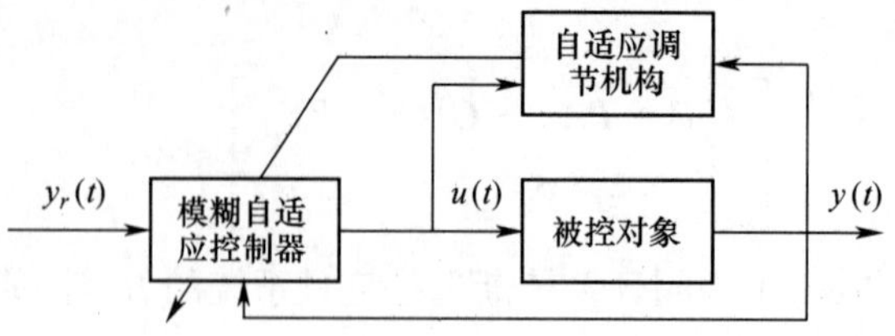

图 2-7　直接自适应模糊控制结构图

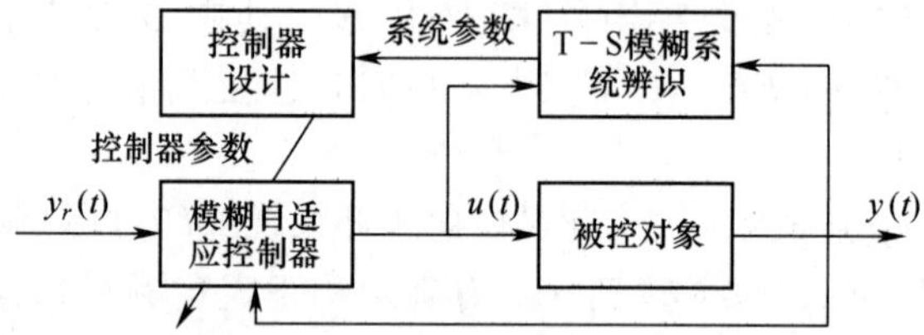

图 2-8　间接自适应模糊控制结构图

考虑以下形式的 SISO 非线性系统：

$$\dot{\boldsymbol{x}}(t)=\boldsymbol{f}(\boldsymbol{x})+\boldsymbol{g}(\boldsymbol{x})u(t) \tag{2.117}$$

$$y(t)=h(\boldsymbol{x}) \tag{2.118}$$

其中：$\boldsymbol{x}(t)=[x_1,\cdots,x_n]^{\mathrm{T}}$，$u(t)\in\mathbb{R}$ 和 $y(t)\in\mathbb{R}$ 分别是系统的状态向量、输入和输出变量，函数 $\boldsymbol{f}(\boldsymbol{x})$、$\boldsymbol{g}(\boldsymbol{x})$ 和 $h(\boldsymbol{x})$ 连续可微光滑，控制目的是设计控制器 $u(t)$，使系统输出 $y(t)$ 渐进跟踪期望输出 $y_r(t)$。

假设系统具有强相对度 d，即 $L_g h(\boldsymbol{x})=L_g L_f h(\boldsymbol{x})=,\cdots,=L_g L_f^{d-2}h(\boldsymbol{x})=0$，且 $L_g L_f^{d-1}h(\boldsymbol{x})$ 对于所有的 $\boldsymbol{x}$ 非零有界，那么

$$\begin{cases}\dot{\xi}_1=\xi_2=L_f h(\boldsymbol{x})\\ \qquad\vdots\\ \dot{\xi}_{d-1}=\xi_d=L_f^{d-1}h(\boldsymbol{x})\\ \dot{\xi}_d=L_f^d h(\boldsymbol{x})+L_g L_f^{d-1}h(\boldsymbol{x})u\end{cases} \tag{2.119}$$

式中：$\xi_1=y$，y 的 d 阶导数还可写为

$$y^{(d)}=(\alpha_k(t)+\alpha(\boldsymbol{x}))+(\beta_k(t)+\beta(\boldsymbol{x}))u \tag{2.120}$$

当采用 T-S 模糊系统逼近系统未建模动态 $\alpha(\boldsymbol{x})$ 和 $\beta(\boldsymbol{x})$ 时，$\alpha(\boldsymbol{x})$ 和 $\beta(\boldsymbol{x})$ 的估计函数可表示为

$$\hat{\alpha}(\boldsymbol{x})=\boldsymbol{\theta}_\alpha^{\mathrm{T}}\boldsymbol{\varphi}_\alpha(\boldsymbol{x}) \tag{2.121}$$

$$\hat{\beta}(\boldsymbol{x})=\boldsymbol{\theta}_\beta^{\mathrm{T}}\boldsymbol{\varphi}_\beta(\boldsymbol{x}) \tag{2.122}$$

式中：$\boldsymbol{\theta}_\alpha$ 和 $\boldsymbol{\theta}_\beta$ 是参数向量；$\boldsymbol{\varphi}_\alpha(\boldsymbol{x})$ 和 $\boldsymbol{\varphi}_\beta(\boldsymbol{x})$ 是模糊基函数，通过设计自适应律调节 $\boldsymbol{\theta}_\alpha$ 和 $\boldsymbol{\theta}_\beta$，使 $\hat{\alpha}(\boldsymbol{x})$ 和 $\hat{\beta}(\boldsymbol{x})$ 不断逼近 $\alpha(\boldsymbol{x})$ 和 $\beta(\boldsymbol{x})$。定义：

$$\alpha(\boldsymbol{x})=\boldsymbol{\theta}_\alpha^{*\mathrm{T}}\boldsymbol{\varphi}_\alpha(\boldsymbol{x})+w_\alpha(\boldsymbol{x}) \tag{2.123}$$

$$\beta(\boldsymbol{x})=\boldsymbol{\theta}_\beta^{*\mathrm{T}}\boldsymbol{\varphi}_\beta(\boldsymbol{x})+w_\beta(\boldsymbol{x}) \tag{2.124}$$

理想逼近参数 $\boldsymbol{\theta}_\alpha^*$,$\boldsymbol{\theta}_\beta^*$ 有界,即满足 $\|\boldsymbol{\theta}_\alpha^*\| \leqslant M_\alpha$, $\|\boldsymbol{\theta}_\beta^*\| \leqslant M_\beta$,$w_\alpha(\boldsymbol{x})$ 和 $w_\beta(\boldsymbol{x})$ 为模糊系统逼近误差,并有 $W_\alpha(\boldsymbol{x}) \geqslant |w_\alpha(\boldsymbol{x})|$,$W_\beta(\boldsymbol{x}) \geqslant |w_\beta(\boldsymbol{x})|$ 。参数逼近误差定义为

$$\widetilde{\boldsymbol{\theta}}_\alpha(t) = \boldsymbol{\theta}_\alpha(t) - \boldsymbol{\theta}_\alpha^* \tag{2.125}$$

$$\widetilde{\boldsymbol{\theta}}_\beta(t) = \boldsymbol{\theta}_\beta(t) - \boldsymbol{\theta}_\beta^* \tag{2.126}$$

跟踪误差定义为

$$e(t) = y_r(t) - y(t) \tag{2.127}$$

考虑以下自适应控制律:

$$u = u_{ce} + u_{si} \tag{2.128}$$

式中:u_{ce} 为确定性等价控制项;u_{si} 为滑模控制项。

确定性等价控制定义为

$$u_{ce} = \frac{1}{\beta_k(t) + \hat{\beta}(\boldsymbol{x})}\{-[\alpha_k(t) + \hat{\alpha}(\boldsymbol{x})] + v(t)\} \tag{2.129}$$

式中:$v(t)=y_r^{(d)} + \gamma \boldsymbol{e}_s + \bar{e}_s$,$\gamma > 0$ 为设计参数,且假设$\beta_k(t) + \hat{\beta}(\boldsymbol{x})$ 非零。$\boldsymbol{e}_s$ 为跟踪误差 e 的度量,即

$$\boldsymbol{e}_s = \boldsymbol{K}^{\mathrm{T}}[e,\dot{e},\cdots,e^{(d-1)}]^{\mathrm{T}} \tag{2.130}$$

式中:$\boldsymbol{K}=[k_0,k_1,\cdots,k_{d-2},1]^{\mathrm{T}}$,$\boldsymbol{K}$ 的取值应使 $L(s)=s^{d-1} + k_{d-2}s^{d-2} + \cdots + k_1 s + k_0$ 的根均在左半平面,且 $\bar{e}_s = \dot{e}_s(t) - e^{(d)}(t)$ 。控制目标是当 $t \to \infty$ 时,$\boldsymbol{e}_s \to 0$,通过分析可知,此时 $e(t) \to 0$,即 $y(t) \to y_r(t)$ 。

定义滑模控制 u_{si} 为

$$u_{si} = \frac{(W_\alpha(\boldsymbol{x}) + W_\beta(\boldsymbol{x})|u_{ce}|)}{\beta_0}\operatorname{sgn}(\boldsymbol{e}_s) \tag{2.131}$$

其中

$$\operatorname{sgn}(\boldsymbol{e}_s) = \begin{cases} 1, \boldsymbol{e}_s > 0 \\ -1, \boldsymbol{e}_s < 0 \end{cases} \tag{2.132}$$

间接模糊自适应控制方案,如图 2-9 所示。

考虑梯度法自适应律:

$$\dot{\boldsymbol{\theta}}_\alpha = -\eta_\alpha \boldsymbol{\varphi}_\alpha(\boldsymbol{x})\boldsymbol{e}_s \tag{2.133}$$

$$\dot{\boldsymbol{\theta}}_\beta = -\eta_\beta \boldsymbol{\varphi}_\beta(\boldsymbol{x})\boldsymbol{e}_s u_{ce} \tag{2.134}$$

式中:$\eta_\alpha,\eta_\beta > 0$ 为设计参数。

定理 2.14:对系统式(2.117)、式(2.118),若采用控制器式(2.128),以及参数自适应律式(2.133)和式(2.134),则有以下结论成立:输入信号 u, u_{ce}, u_{si} 是有界的,参数 $\theta_\alpha(t)$ 和 $\theta_\beta(t)$ 是有界的,跟踪误差 e 将收敛到原点的小区域内。

本章从非线性系统的分析、稳定性分析和非线性控制技术三个方面介绍了非线性控制的基础知识。由于非线性系统控制理论的巨大复杂性,因此这里介绍的知识只是其中的一部分。根据本书的重点内容,本章涉及的该理论和知识主要是高超声速飞行器的控

制技术的重要理论基础及其密切相关的知识。

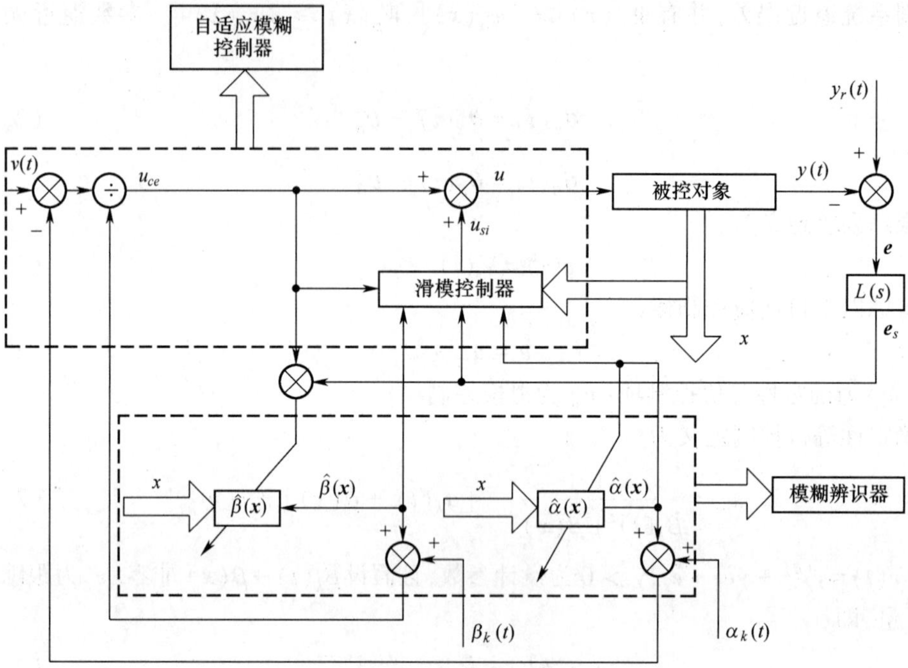

图 2-9　间接模糊自适应控制参数化结构图

参 考 文 献

[1] KHALIL H K. Nonlinear systems[M]. 3rd Edition. Upper Saddle River: Prentice Hall, 2002.

[2] EMELYANOV S V, TARAN V A. On a class of variable structure control systems[C] //Proc. of USSR Academy of Sciences, Energy and Automation. Moscow: [s. n.], 1962, 3.

[3] EMELYANOV S V, UTKIN V I, TARAN V A, et al. Theory of variable structure systems[M]. Moscow: Nauka, 1970.

[4] UTKIN V I. Sliding modes and their application in variable structure systems[J/OL]. Nauka, 1978 [2021-11-12]. http://www.researchgate.net/Publication/243771741_Sliding_modes_and_Their_Application_in_variable_structure_system.

[5] 李鹏. 传统和高阶滑模控制研究及其应用[D]. 长沙:国防科学技术大学, 2011.

[6] DRAŽENOVIĆ B. The invariance conditions in variable structure systems[J]. Automatica, 1969, 5(3): 287-295.

[7] LUK'YANOV A G, UTKIN V I. Methods of reducing equations of dynamic systems to regular form[J]. Automation Remote Control, 1981, 42(4):413-420.

[8] 高为炳. 变结构控制理论基础[M]. 北京: 中国科学技术出版社, 1990.

[9] 姚琼荟,黄继起,吴汉松. 变结构控制系统[M]. 重庆:重庆大学出版社, 1997.

[10] 胡跃明. 变结构控制理论与应用[M]. 北京: 科学出版社, 2003.

[11] 刘金琨. 滑模变结构控制 Matlab 仿真[M]. 3 版. 北京: 清华大学出版社, 2015.

[12] 傅春,谢剑英. 模糊滑模控制研究综述[J]. 信息与控制, 2001, 30(5):434-440.

[13] 张晓宇,苏宏业. 滑模变结构控制理论进展综述[J]. 化工自动化及仪表, 2006, 33(2):1-8.
[14] 刘金琨,孙富春. 滑模变结构控制理论及其算法研究与进展[J]. 控制理论与应用, 2007, 24(3): 407-419.
[15] 范金锁,张合新,王桂明,等. 一种高阶滑模控制算法的改进及应用[J]. 控制与决策, 2011, 26(9): 1436-1440.
[16] 曾克俭,李光. 时变边界层滑模控制在多连杆机械手的应用[J]. 机械与电子, 2007(2): 3-5.
[17] 张袅娜. 终端滑模控制理论及应用[M]. 北京:科学出版社, 2011.
[18] SLOTINE J J, SASTRY S S. Tracking control of non-linear systems using sliding surfaces, with application to robot manipulators[J]. International Journal of Control, 1983, 38(2): 465-492.
[19] SLOTINE J J E. Sliding controller design for non-linear systems[J]. International Journal of Control, 1984, 40(2): 421-434.
[20] LEVANT A. Homogeneity approach to high-order sliding mode design[J]. Automatica, 2005, 41(5): 823-830.
[21] LEVANT A. Universal single-input-single-output (SISO) sliding-mode controllers with finite-time convergence [J]. IEEE, 2001, 46(9): 1447-1450.
[22] PARRA-VEGA V, HIRZINGER G. Chattering-free sliding mode control for a class of nonlinear mechanical systems[J]. International Journal of Robust and Nonlinear Control: IFAC-Affiliated Journal, 2001, 11(12): 1161-1178.
[23] MAN Z H, PAPLINSKI A P, WU H R. A robust MIMO terminal sliding mode control scheme for rigid robotic manipulators[J]. IEEE, 1994, 39(12): 2464-2469.
[24] 胡云安,陈晔,张效义. 双滑模变结构控制系统设计及应用[J]. 弹箭与制导学报, 2003, (S3): 249-251,255.
[25] SHYU K K, TSAI Y W, YUNG C F. A modified variable structure controller[J]. Automatica, 1992, 28(6): 1209-1213.
[26] SU W C, DRAKUNOV S V, OZGUNER U, et al. Sliding mode with chattering reduction in sampled data systems[C]//Proceedings of 32nd IEEE Conference on Decision and Control. New York: IEEE, 1993: 2452-2457.
[27] KACHROO P, TOMIZUKA M. Chattering reduction and error convergence in the sliding-mode control of a class of nonlinear systems[J]. IEEE, 1996, 41(7): 1063-1068.
[28] TAO C W, TAUR J S, CHAN M L. Adaptive fuzzy terminal sliding mode controller for linear systems with mismatched time-varying uncertainties[J]. IEEE, 2004, 34(1): 255-262.
[29] ZHANG C F, WANG Y N, HE J. GA-NN-integrated sliding-mode control system and its application in the printing press[J]. Control Theory and Applications, 2003, 20(2): 217-222.
[30] WAI R J. Total sliding-mode controller for PM synchronous servo motor drive using recurrent fuzzy neural network[J]. IEEE, 2001, 48(5):926-944.
[31] 赵俊,陈建军. 基于 LS_SVM 的不确定系统神经滑模控制方法研究[J]. 控制与决策, 2009,24(10): 1559-1564.
[32] WANG T, XIE W F, ZHANG Y M. Adaptive sliding mode fault tolerant control of civil aircraft with separated uncertainties [C]//48th AIAA Aerospace Sciences Meeting Including the New Horizons Forum and Aerospace Exposition. New York: AIAA, 2010: 1-9.
[33] 孙长银,穆朝絮,张瑞民. 高超声速飞行器终端滑模控制技术[M]. 北京:科学出版社, 2014.
[34] HONG M Z, PALANISWAMI M. Decentralised three-segment nonlinear sliding mode control for robotic manipulators[C]//IEEE International Workshop on Emerging Technologies and Factory Automation. New

York:IEEE,1992: 607-612.
[35] DOYLE F J, OGUNNAIKE B A, PEARSON R K. Nonlinear model-based control using second-order Volterra models [J]. Automatica, 1995, 31(5): 697-714.
[36] GARCIA C E. Quadratic dynamic matrix control of nonlinear processes: An application to a batch reaction process [C]//AIChE Annual Meeting. SanFrancisco:[s.n.], 1984, 301-307.
[37] KOTHARE M V, BALAKRISHNAN V, MORARI M. Robust constrained model predictive control using linear matrix inequalities[J]. Automatica, 1996, 32(10): 1361-1379.
[38] CLARKE D W, MOHTADI C, TUFFS P S. Generalized predictive control-Part Ⅰ: The basic algorithm [J]. Automatica, 1987, 23(2): 137-148.
[39] CLARKE D W, MOHTADI C, TUFFS P S. Generalized predictive control-Part Ⅱ: Extensions and interpretations[J]. Automatica, 1987, 23(2): 149-160.
[40] 顾兴源, 毛志忠. 一种基于广义预测的极点配置自适应控制算法[J]. 控制与决策, 1992, 7(3): 221-224.
[41] 张日东, 王树青. 基于神经网络的非线性系统多步预测控制[J]. 控制与决策, 2005, 20(3): 332-336.
[42] GAWTHROP P J, DEMIRCIOĞLU H. Continuous-time generalized predictive control(CGPC)[J]. Automatica, 1991, 27(1): 55-74.
[43] DEMIRCIOĞLU H, GAWTHROP P J. Multivariable continuous-time generalized predictive control (MCGPC)[J]. Automatica, 1992, 28(4): 697-713.
[44] GAWTHROP P J, DEMIRCIOGLU H, SILLER-ALCALA I I. Multivariable continuous-time generalised predictive control: A state-space approach to linear and nonlinear systems[J]. IEE Proceedings-Control Theory and Applications, 1998, 145(3): 241-250.
[45] CHEN W H, BALLANCE D J, GAWTHROP P J. Optimal control of nonlinear systems: a predictive control approach[J]. Automatica, 2003, 39(4): 633-641.
[46] Isidori A. 非线性控制系统[M]. 3 版. 王奔,庄圣贤,译. 北京: 电子工业出版社, 2005.
[47] 程路. 近空间飞行器鲁棒自适应协调控制研究 [D]. 南京:南京航空航天大学, 2011.
[48] OHNISHI K. New development of servo technology in mechatronics [J]. IEEJ Transactions on Industry Applications, 1987(107): 83-86.
[49] CHEN W H, YANG J, GUO L, et al. Disturbance-observer-based control and related methods-An overview[J]. IEEE Transactions on Industrial Electronics, 2015, 63(2): 1083-1095.
[50] CHEN W H. Disturbance observer based control for nonlinear systems[J]. IEEE/ASME Transactions on Mechatronics, 2004, 9(4): 706-710.
[51] 陈谋, 杨青运, 周砚龙, 等. 近空间飞行器鲁棒受限飞行控制技术 [M]. 北京:国防工业出版社,2017.
[52] 王玉惠. 空天飞行器基于模糊理论的鲁棒自适应控制研究[D]. 南京:南京航空航天大学, 2008.
[53] TAKAGI T, SUGENO M. Fuzzy identification of systems and its applications to modeling and control [J]. IEEE Transaction on Systems, Man and Cybernetics, 1985, 15(1):116-132.
[54] WANG L X. Universal approximation by hierarchical fuzzy systems [J]. Fuzzy Sets and Systems, 1998, 93(2):223-230.
[55] 俞立. 鲁棒控制:线性矩阵不等式处理方法[M]. 北京:清华大学出版社, 2002.
[56] BOYD S, GHAOUI L E, FERON E, et al. Linear matrix inequalities in systems and control theory [M]. Philadelphia, PA: SIAM, 1994.
[57] PASSINO K M. Biomimicry for optimization, control and automation [M]. London: Springer-Verlag,2005.

第 3 章　高超声速飞行器数学模型及分析

3.1　高超声速飞行器数学模型

高超声速飞行器在高超声速飞行阶段的动态特性明显区别于其在亚声速和超声速的动态特性,因此现有相关的资料和数据无法满足对高超声速控制研究的需要。在高超声速飞行阶段,气动导数不仅与迎角和马赫数相关,而且与操纵舵面舵偏转角也呈复杂的非线性关系。同时,飞行器在进行高超声速飞行时,由于推进剂的大量快速消耗,因此其质心位置、转动惯量大小等也会随之变化明显。所以,传统针对一般飞行器研究的理论体系不再适用于高超声速飞行器的研究,须要建立能反映其强非线性、强耦合特性的数学模型。

3.1.1　基本气动布局与结构

由于高超声速飞行器的战略重要性,国内外各相关研究机构都对其相关的研究数据和资料高度保密,所以几乎获取不到任何针对具体模型的气动参数。20 世纪 90 年代,美国航空航天局的兰利研究中心公布了一组针对一类轴对称的锥形高超声速飞行器模型的风洞实验拟合数据。在此之后的关于高超声速飞行器的研究中,飞行器模型的建立大多数都是基于这组数据。近些年来,不断有研究成果对该模型参数进行合理的修改更正,使该模型参数的参考价值更为可靠。因此,本书主要以此作为研究对象来开展相关工作,高超声速飞行器的气动外形如图 3-1 所示,其俯视图和侧视图如图 3-2 所示。

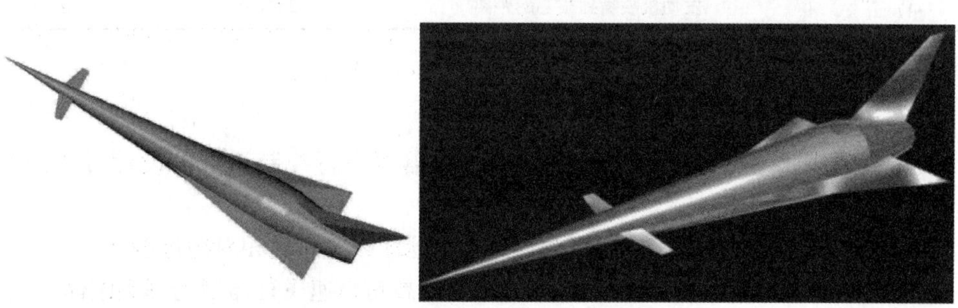

图 3-1　高超声速飞行器的气动外形

从高超声速飞行器的俯视图可以看出,高超声速飞行器的机翼呈三角形,位于其后端的是可独立工作的左右升降副翼,而位于机体前端的是可收缩的水平鸭翼。从高超声速飞行器的侧视图可以看出,该高超声速飞行器模型采用的是单垂直尾翼。假设高超声速飞行器的在高超声速阶段($2.0<Ma<6.0$)动力系统主要来源于可进行推力矢量控制的超

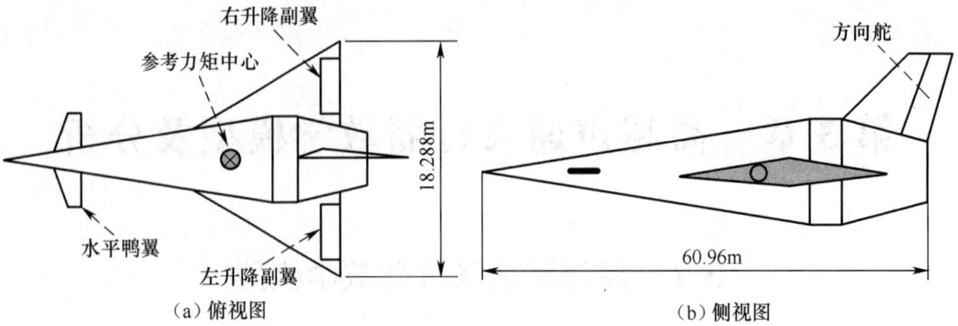

（a）俯视图　　（b）侧视图

图 3-2　高超声速飞行器的俯视图及侧视图

燃冲压发动机，那么通过偏转气动舵面、控制推力大小和设置推力矢量偏置角均可实现对高超声速飞行器的操纵。不失一般性，因此规定各个舵面的限幅范围如下：

$$-30^\circ \leqslant \delta_e,\delta_a,\delta_r \leqslant 30^\circ \tag{3.1}$$

$$-15^\circ \leqslant \delta_y,\delta_z \leqslant -15^\circ \tag{3.2}$$

式中：δ_e,δ_a 为升降副翼舵偏转角；δ_r 为方向舵偏转角；δ_y,δ_z 为发动机推力矢量分别在横向和法向的偏置角。δ_e,δ_a,δ_r,δ_y,δ_z 的最大带宽均为 30rad/s。

飞行器几何外形参数如表 3-1 所列。本书出现的各类符号的定义及单位请详见附录里的注释表。

表 3-1　高超声速飞行器几何外形参数表

符号	定　义	数值	单位
S	参考面积	334.730	m^2
c	平均气动弦长	24.384	m
b	翼展	18.288	m
X_T	发动机喷嘴到质心的距离	23.165	m

3.1.2　基本假设与坐标系定义

关于高超声速飞行器以及可重复使用飞行器等飞行控制系统的设计过程，有以下假设。

（1）假设大气是干洁的均匀混合物，并且在地球参考系内相对地球静止。

（2）不计机身、机翼和尾翼的弹性自由度，将高超声速飞行器视为理想刚体。

（3）质心位置只沿着机体轴纵轴变动，并且质心位置、转动惯量都为与质量相关的函数。

（4）不考虑操纵面的转动惯量和推力矢量发动机安装角。

（5）由于飞行器关于 $x-y$ 平面对称，因此惯性积 I_{xy} 和 I_{yz} 为零，同理可得惯性积 I_{xz} 也为零。

另外，为了便于对高超声速飞行器飞行过程所涉及的物理量进行描述，在上面假设基础上定义以下坐标系。

(1) 地面坐标系 $S_g - O_g x_g y_g z_g$：

① 该坐标原点 O_g 固定在地面某一水平面上；

② x_g 轴在当地水平面内指向正北；

③ z_g 轴为垂直地面指向地心；

④ y_g 轴在水平面上并垂直于 x_g 轴，$O_g x_g y_g z_g$ 形成右手直角坐标。

(2) 本体坐标系 $S_b - Ox_b y_b z_b$：

① 该坐标系的原点 O 在高超声速飞行器质心，坐标系与飞行器固连；

② x_b 轴在高超声速飞行器对称平面内并平行于飞行器的设计轴线指向机头；

③ z_b 轴在高超声速飞行器对称平面内，与 x_b 轴垂直并指向机身下方；

④ y_b 轴垂直于飞行器对称平面指向机身右方，$Ox_b y_b z_b$ 形成右手直角坐标系。

(3) 气流坐标系 $S_a - Ox_a y_a z_a$：

① 该坐标系的原点 O 在高超声速飞行器质心，坐标系与飞行器固连；

② x_a 轴与飞行速度 $\boldsymbol{V}$ 重合一致；

③ z_a 轴在高超声速飞行器对称平面内，与 x_a 轴垂直并指向机身下方；

④ y_b 轴垂直于 $Ox_a z_a$ 平面并指向机身右方，$Ox_a y_a z_a$ 形成右手直角坐标系。

(4) 航迹坐标系 $S_k - Ox_k y_k z_k$：

① 该坐标系的原点 O 在高超声速飞行器质心，坐标系与飞行器固连；

② x_k 轴与飞行速度 $\boldsymbol{V}$ 重合一致；

③ z_k 轴位于包含飞行速度在内的铅垂面内，与 x_k 轴垂直并指向下方；

④ y_k 轴垂直于 $Ox_k z_k$ 平面，$Ox_k y_k z_k$ 形成右手直角坐标系。

(5) 地心赤道惯性坐标系 $S_i - Ex_i y_i z_i$：

① 该坐标系的原点 E 在地球中心，坐标系与地球固连；

② x_i 轴位于赤道面内，指向春分点方向(地球赤道面与黄道面交线上的无穷远点)；

③ z_i 轴垂直于赤道面指向北极；

④ y_i 轴位于赤道面内，垂直于 $Ex_i z_i$ 平面，$Ex_i y_i z_i$ 形成右手直角坐标系。

(6) 地心赤道旋转坐标系 $S_e - Ex_e y_e z_e$：

① 该坐标系的原点 E 在地球中心，坐标系与地球固连；

② x_e 轴位于赤道面内，指向零经度方向；

③ z_e 轴垂直于赤道面指向北极；

④ y_e 轴垂直于 $Ex_e z_e$ 平面，$Ex_e y_e z_e$ 形成右手直角坐标系。

(7) 当地铅垂坐标系 $S_u - Ox_u y_u z_u$：

① 该坐标系的原点 O 在高超声速飞行器质心，坐标系与飞行器固连；

② x_u 轴在当地铅垂面内指向北方；

③ z_u 轴位于铅垂面内指向地球中心；

④ y_u 轴垂直于 $Ox_u z_u$ 平面，$Ox_u y_u z_u$ 形成右手直角坐标系，即“北-东-下”规则。

3.1.3 状态变量定义

若以地面坐标系 S_g 作为惯性系，则可以定义飞行器的位置矢量在 S_g 坐标系上的三个坐标值为 x、y 和 z；定义飞行速度矢量 $\boldsymbol{V}$ 在水平面上的投影与 x_g 轴的夹角为航迹方位角χ（$\boldsymbol{V}$在x_g轴右侧为正），速度矢量$\boldsymbol{V}$与水平面的夹角定义为航迹倾斜角γ（$\boldsymbol{V}$在水平面上方为正）；定义速度矢量$\boldsymbol{V}$在飞行器对称面上的投影与x_b轴的夹角定义为迎角α（投影线在x_b轴下方为正），速度矢量$\boldsymbol{V}$与飞行器对称平面之间的夹角为β（$\boldsymbol{V}$在对称面右方为正），飞行器对称面与当地铅垂面之间的夹角定义为航迹滚转角μ，或z_k轴与z_a轴的夹角，飞行器右滚转为正；定义飞行器本体坐标系相对于惯性系的转动角速度矢量$\boldsymbol{\omega}$在本体坐标系S_b三个轴上的坐标分别定义为滚转角速率p、俯仰角速率q和偏航角速率r；定义本体坐标系S_b与地面坐标系S_g的关系定义为三个欧拉角，即滚转角ϕ、俯仰角θ和偏航角ψ。

若以地心赤道惯性系为推导运动方程的惯性系，则可以定义飞行器与地球球心的距离为R，飞行器与地球球心连线在地面上的交点对应的经度为τ（东经为正），纬度为δ（北纬为正），航迹滚转角μ在高超声速再入飞行时常定义为倾侧角σ，三个欧拉角为本体系S_b与当地铅垂坐标系S_u的关系。事实上，地面坐标系S_g平移到飞行器质心，即当地铅垂坐标系S_u。

定义的坐标系与角度状态量的关系，如图3-3所示。

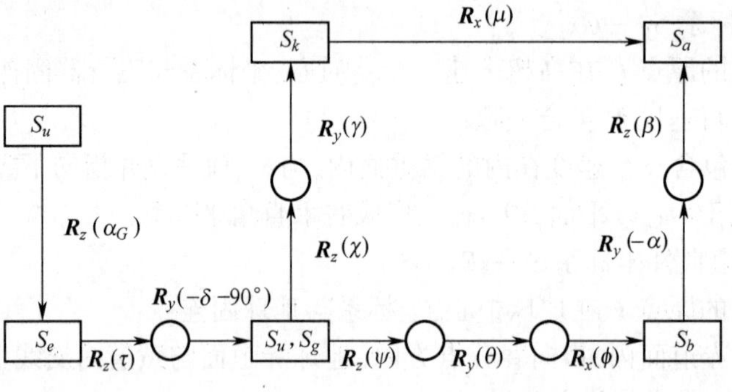

图3-3　各坐标系之间的关系

在图3-3中α_G是轴x_i与x_e之间的角，称为Greenwich赤经；$\boldsymbol{R}_i(\cdot)$，$i=x,y,z$表示绕着i轴方向的基元旋转矩阵，两个坐标系之间的变换矩阵可以根据其之间的旋转矩阵按照箭头方向依次点乘得到。例如，铅垂坐标系S_u相对于地心旋转坐标系S_e的变换矩阵$\boldsymbol{L}_{ue}$的计算公式为

$$\boldsymbol{L}_{ue}=\boldsymbol{R}_y(-\delta-90°)\cdot\boldsymbol{R}_z(\tau)=\begin{bmatrix}-\sin\delta\cos\tau & -\sin\delta\sin\tau & \cos\delta\\ -\sin\tau & \cos\tau & 0\\ -\cos\delta\cos\tau & -\cos\delta\sin\tau & -\sin\delta\end{bmatrix}\tag{3.3}$$

两个坐标系之间的相对角速度，可以通过轴的转动角速度进行矢量相加求得。例如，铅垂坐标系S_u相对于地心旋转坐标系S_e的旋转角速度$\boldsymbol{\omega}_{ue}$，即由S_e系转到S_u系的角速度矢量，计算时参考图3-3的由Z_e轴的转动角速度（模值为$\dot{\tau}$）和y_u轴的角速度（模值为$-\dot{\delta}$）进行矢量相加得到，即

$$\boldsymbol{\omega}_{ue}=\dot{\tau}\boldsymbol{k}_e-\dot{\delta}\boldsymbol{j}_u\tag{3.4}$$

式中：i,j,k分别表示对应坐标系中x,y,z三个坐标轴的单位矢量。

3.1.4 平面大地情况下的运动方程

高超声速飞行器在低层近空间飞行时,可以将地面坐标系 S_g 视为惯性坐标系。本小节主要针对平面大地情况下的飞行器的质心运动进行建模。飞行器的质心运动学的方程如下:

$$\dot{x} = V\cos\gamma\cos\chi \tag{3.5}$$

$$\dot{y} = V\cos\gamma\sin\chi \tag{3.6}$$

$$\dot{z} = -V\sin\gamma = -\dot{H} \tag{3.7}$$

式中:x,y,z 代表飞行器质心在地球固定坐标系下的空间位置坐标,x 的方向指向北方,y 的方向指向东方,z 的方向指向地心,并且 z 的方向与飞行器的高度 H 的方向正好相反。本书采用航迹方位角 χ 、航迹倾斜角 γ 和航迹滚转角 μ 对飞行器进行位置描述。另外,x,y,z 也可以通过欧拉角 ϕ、θ 和 ψ 进行空间定位。

空速 V 、航迹方位角 χ 、航迹倾斜角 γ 用来描述飞行器的质心运动,其具体方程如下:

$$\dot{V} = \frac{1}{M}(-D + Y\sin\beta - Mg\sin\gamma) + \frac{1}{M}(T_x\cos\beta\cos\alpha + T_y\sin\beta + T_z\cos\beta\sin\alpha) \tag{3.8}$$

$$\begin{aligned}\dot{\chi} = \frac{1}{MV\cos\gamma}(&L\sin\mu + Y\cos\mu\cos\beta + T_x\sin\mu\sin\alpha - T_x\cos\mu\sin\beta\cos\alpha + \\ &T_y\cos\mu\cos\beta - T_z\sin\mu\cos\alpha - T_z\cos\mu\sin\beta\sin\alpha)\end{aligned} \tag{3.9}$$

$$\begin{aligned}\dot{\gamma} = \frac{1}{MV}[&L\cos\mu - Y\sin\mu\cos\beta - Mg\cos\gamma + T_x(\sin\mu\sin\beta\cos\alpha + \cos\mu\sin\alpha) + \\ &T_z(\sin\mu\sin\beta\sin\alpha - \cos\mu\cos\alpha) - T_y\sin\mu\cos\beta]\end{aligned} \tag{3.10}$$

式中:D 为阻力;L 为升力;Y 为气动力在 S_b 系下 y_b 轴上的投影;T_x,T_y 和 T_z 是发动机推力 T 在 S_b 系中的分量。

迎角 α 、侧滑角 β 和航迹滚转角 μ 用来描述飞行器的姿态角(又称为气流姿态角),通过改变姿态角可以实现对阻力 D、升力 L、侧力 Y 的大小和方向的控制,这些力的变化也反过来影响姿态的变化。姿态角的动态方程如下:

$$\dot{\alpha} = q - \tan\beta(p\cos\alpha + r\sin\alpha) + \frac{1}{MV\cos\beta}(-L + Mg\cos\gamma\cos\mu - T_x\sin\alpha + T_z\cos\alpha) \tag{3.11}$$

$$\dot{\beta} = -r\cos\alpha + p\sin\alpha + \frac{1}{MV}(Y\cos\beta + Mg\cos\gamma\sin\mu - T_x\sin\beta\cos\alpha + T_y\cos\beta - T_z\sin\beta\sin\alpha) \tag{3.12}$$

$$\begin{aligned}\dot{\mu} = {}&\sec\beta(p\cos\alpha + r\sin\alpha) + \frac{1}{MV}[L\tan\gamma\sin\mu + L\tan\beta - Mg\cos\gamma\cos\mu\tan\beta + (Y + T_y) \\ &\tan\gamma\cos\mu\cos\beta + (T_x\sin\alpha - T_z\cos\alpha)(\tan\gamma\sin\mu + \tan\beta) - (T_x\cos\alpha + T_z\sin\alpha)\tan\gamma\cos\mu\sin\beta]\end{aligned} \tag{3.13}$$

滚转角速率 p、俯仰角速率 q 和偏航角速率 r 用来描述飞行器的姿态角速率运动,其动态方程如下:

$$\dot{p}=\frac{I_{xz}(I_{xx}-I_{yy}+I_{zz})pq+[I_{zz}(I_{yy}-I_{zz})-I_{xz}^2]qr}{I_{xx}I_{zz}-I_{xz}^2}+\frac{I_{zz}l+I_{xz}(n+n_T)}{I_{xx}I_{zz}-I_{xz}^2} \tag{3.14}$$

$$\dot{q}=\frac{(I_{zz}-I_{xx})pr+I_{xz}(r^2-p^2)}{I_{yy}}+\frac{1}{I_{yy}}(m+m_T) \tag{3.15}$$

$$\dot{r}=\frac{[I_{xx}(I_{xx}-I_{yy})+I_{xz}^2]pq-I_{xz}(I_{xx}-I_{yy}+I_{zz})qr}{I_{xx}I_{zz}-I_{xz}^2}+\frac{I_{xz}l+I_{xx}(n+n_T)}{I_{xx}I_{zz}-I_{xz}^2} \tag{3.16}$$

由于本书考虑的飞行器关于 $x-y$ 平面对称，因此惯性积 I_{xy} 和 I_{yz} 为零，同理可得惯性积 I_{xz} 也为零。所以，角速率的方程式(3.14)～式(3.16)可改写为

$$\dot{p}=\frac{(I_{yy}-I_{zz})qr}{I_{xx}}+\frac{1}{I_{xx}}(l+l_T) \tag{3.17}$$

$$\dot{q}=\frac{(I_{zz}-I_{xx})pr}{I_{yy}}+\frac{1}{I_{yy}}(m+m_T) \tag{3.18}$$

$$\dot{r}=\frac{(I_{xx}-I_{yy})pq}{I_{zz}}+\frac{1}{I_{zz}}(n+n_T) \tag{3.19}$$

式中：l、m 和 n 是飞行器受到的总气动力矩在本体系三个轴上的投影，分别为滚转力矩、俯仰力矩和偏航力矩；$l_T=0$，m_T 和 n_T 则是发动机推力矢量力矩在本体系上 y 轴和 z 轴上的投影。

3.1.5 球面大地情况下的运动方程

对于从中高层近空间高度执行巡航或再入飞行任务的高超声速飞行器来说，建立运动方程时不宜再把大地当作是平面和不旋转的。本小节假设地球为圆球形状，并考虑地球自转角速率，推导和建立高超声速飞行器的十二状态方程。

1. 质心运动学方程推导

飞行器位置变化与速度之间的联系是通过质心运动学方程来体现的，其基本方程为

$$\frac{\mathrm{d}\boldsymbol{R}}{\mathrm{d}t}=\boldsymbol{V} \tag{3.20}$$

式中：$\boldsymbol{R}$ 表示飞行器质心位置矢量，起点为地球球心，终点指向飞行器质心；$\boldsymbol{V}$ 表示飞行器速度矢量。式(3.20)的求导是相对于地球旋转坐标系 S_e 的求导。$\boldsymbol{V}$ 在航迹系 S_k 下可以表示为 $(\boldsymbol{V})_k=[V\ \ 0\ \ 0]^{\mathrm{T}}$，在铅垂系 S_u 下表示为

$$(\boldsymbol{V})_u=\boldsymbol{L}_{uk}[V\ \ 0\ \ 0]^{\mathrm{T}}=\begin{bmatrix}V\cos\gamma\cos\chi\\ V\cos\gamma\sin\chi\\ -V\sin\gamma\end{bmatrix} \tag{3.21}$$

位置矢量 $\boldsymbol{R}$ 在铅垂系 S_u 下可表示为

$$(\boldsymbol{R})_u=-R\boldsymbol{k}_u \tag{3.22}$$

对式(3.22)进行求导，并利用布桑公式可得

$$\left(\frac{\mathrm{d}\boldsymbol{R}}{\mathrm{d}t}\right)_u=-\dot{R}\boldsymbol{k}_u-R\frac{\mathrm{d}\boldsymbol{k}_u}{\mathrm{d}t}=-\dot{R}\boldsymbol{k}_u-R\cdot\boldsymbol{\omega}_{ue}\times\boldsymbol{k}_u \tag{3.23}$$

式中：$\boldsymbol{\omega}_{ue}$ 是 S_e 系转到 S_u 系的角速度矢量，将式(3.4)在 S_u 坐标系条件下表达为

$$(\boldsymbol{\omega}_{ue})_u = \boldsymbol{L}_{ue}\begin{bmatrix}0\\0\\\dot{\tau}\end{bmatrix} - \begin{bmatrix}0\\\dot{\delta}\\0\end{bmatrix} = \begin{bmatrix}\dot{\tau}\cos\delta\\-\dot{\delta}\\-\dot{\tau}\sin\delta\end{bmatrix} \tag{3.24}$$

则式(3.23)中的$\boldsymbol{\omega}_{ue}\times\boldsymbol{k}_u$变为

$$\boldsymbol{\omega}_{ue}\times\boldsymbol{k}_u = \begin{vmatrix}\boldsymbol{i}_u & \boldsymbol{j}_u & \boldsymbol{k}_u\\ \dot{\tau}\cos\delta & -\dot{\delta} & -\dot{\tau}\sin\delta\\ 0 & 0 & 1\end{vmatrix} = \begin{bmatrix}-\dot{\delta}\\-\dot{\tau}\cos\delta\\0\end{bmatrix} \tag{3.25}$$

将式(3.25)代入式(3.23),并与式(3.21)联立可得

$$\left(\frac{\mathrm{d}\boldsymbol{R}}{\mathrm{d}t}\right)_u = \begin{bmatrix}R\dot{\delta}\\R\dot{\tau}\cos\delta\\-\dot{R}\end{bmatrix} = \begin{bmatrix}V\cos\gamma\cos\chi\\V\cos\gamma\sin\chi\\-V\sin\gamma\end{bmatrix} \tag{3.26}$$

因此,可得质心运动学方程为

$$\begin{cases}\dot{R} = V\sin\gamma\\ \dot{\tau} = \dfrac{V\cos\gamma\sin\chi}{R\cos\delta}\\ \dot{\delta} = \dfrac{V\cos\gamma\cos\chi}{R}\end{cases} \tag{3.27}$$

2. 质心动力学方程推导

根据牛顿第二定律(惯性系下成立),飞行器的基本质心动力学方程为

$$M\boldsymbol{a}_i = \boldsymbol{F} \tag{3.28}$$

式中:M表示飞行器的质量;$\boldsymbol{a}_i$表示飞行器绝对加速度;$\boldsymbol{F}$表示飞行器所受到的合外力。

在圆球形大地假设条件下,飞行器绝对加速度由相对加速度、牵连加速度和哥氏加速度组成。通常关注的是飞行器相对于地球的运动,即相对于地心旋转坐标系S_e的运动,因此飞行器相对于S_e系的动力学方程为

$$M\left(\frac{\mathrm{d}\boldsymbol{V}}{\mathrm{d}t} + 2\boldsymbol{\omega}_E\times\boldsymbol{V} + \boldsymbol{\omega}_E\times(\boldsymbol{\omega}_E\times\boldsymbol{R})\right) = M\boldsymbol{g} + \boldsymbol{F}_A + \boldsymbol{T} \tag{3.29}$$

整理可得

$$\frac{\mathrm{d}\boldsymbol{V}}{\mathrm{d}t} = \boldsymbol{g} + \frac{\boldsymbol{F}_A + \boldsymbol{T}}{M} - 2\boldsymbol{\omega}_E\times\boldsymbol{V} - \boldsymbol{\omega}_E\times(\boldsymbol{\omega}_E\times\boldsymbol{R}) \tag{3.30}$$

式中:$\boldsymbol{g}$为重力加速度矢量;$\boldsymbol{T} = [T_x, T_y, T_z]^{\mathrm{T}}$为飞行器的推力矢量,在$S_b$坐标系下进行描述;$\boldsymbol{F}_A = [-D, Y_a, -L]^{\mathrm{T}}$表示飞行器所受的气动力,在$S_a$坐标系下进行描述,其中:$Y_a$为气动力在在$S_a$系下$y_a$轴上的分量;$\boldsymbol{\omega}_E$为地球自旋角速度矢量,其大小$\omega_E$约为$7.292\times10^{-5}$弧度/秒。

将式(3.30)在S_k坐标系下表达,可得

$$\frac{\delta(\boldsymbol{V})_k}{\delta t} + (\boldsymbol{\omega}_{ke})_k\times(\boldsymbol{V})_k = (\boldsymbol{g})_k + \frac{(\boldsymbol{T})_k + (\boldsymbol{F}_A)_k}{m} - 2(\boldsymbol{\omega}_E)_k\times(\boldsymbol{V})_k$$

$$-(\boldsymbol{\omega}_E)_k \times ((\boldsymbol{\omega}_E)_k \times (\boldsymbol{R})_k) \tag{3.31}$$

式中：$(\boldsymbol{x})_k$ 表示矢量 $\boldsymbol{x}$ 投影到 S_k 坐标系下的矢量形式，等式左边第一项为速度矢量相对于 S_k 的相对加速度；$\boldsymbol{\omega}_{ke}$ 为 S_k 相对于 S_e 的旋转角速度矢量。参考图 3-3 和式(3.4)，$\boldsymbol{\omega}_{ke}$ 可表示为

$$\boldsymbol{\omega}_{ke} = \boldsymbol{\omega}_{ue} + \boldsymbol{\omega}_{ku} = \dot{\tau}\boldsymbol{k}_e - \dot{\delta}\boldsymbol{j}_u + \dot{\chi}\boldsymbol{k}_u + \dot{\gamma}\boldsymbol{j}_k \tag{3.32}$$

因此

$$(\boldsymbol{\omega}_{ke})_k = \boldsymbol{L}_{ku}\left\{\boldsymbol{L}_{ue}\begin{bmatrix}0\\0\\\dot{\tau}\end{bmatrix} + \begin{bmatrix}0\\-\dot{\delta}\\\dot{\chi}\end{bmatrix}\right\} + \begin{bmatrix}0\\\dot{\gamma}\\0\end{bmatrix} \tag{3.33}$$

将转换矩阵和式(3.27)代入式(3.33)，同理将式(3.31)中的其他向量都表示在 S_k 系下，整理后可以得到质心动力学方程如下：

$$\begin{cases}\dot{V} = (-D + T_x\cos\beta\cos\alpha + T_y\sin\beta + T_z\cos\beta\sin\alpha)/M - g\sin\gamma \\ \quad + \omega_E^2 R\cos\delta(\sin\gamma\cos\delta - \cos\gamma\sin\delta\cos\chi) \\ \dot{\chi} = [(Y_a - T_x\sin\beta\cos\alpha + T_y\cos\beta - T_z\sin\beta\sin\alpha)\cos\mu \\ \quad + (L + T_x\sin\alpha - T_z\cos\alpha)\sin\mu]/(MV\cos\gamma) + V\cos\gamma\sin\chi\tan\delta/R \\ \quad + 2\omega_E(\sin\delta - \cos\delta\tan\gamma\cos\chi) + \omega_E^2 R\sin\delta\cos\delta\sin\chi/(V\cos\gamma) \\ \dot{\gamma} = [(-Y_a + T_x\sin\beta\cos\alpha - T_y\cos\beta + T_z\sin\beta\sin\alpha)\sin\mu \\ \quad + (L + T_x\sin\alpha - T_z\cos\alpha)\cos\mu]/(MV) \\ \quad + \left(\dfrac{V}{R} - \dfrac{g}{V}\right)\cos\gamma + 2\omega_E\cos\delta\sin\chi + \omega_E^2 R\cos\delta(\sin\delta\sin\gamma\cos\chi + \cos\delta\cos\gamma)/V\end{cases} \tag{3.34}$$

式中：Y_a 若转化为在 S_b 系下 y_b 轴的投影 Y 的表达，则式(3.34)第一个方程增加 $Y\sin\beta$，第二和第三个方程中的 Y_a 变为 $Y\cos\beta$。

3. 气流姿态角状态方程推导

飞行器的角速度矢量 $\boldsymbol{\omega}$ 为本体坐标系相对于地心惯性系的转动角速率，即

$$\boldsymbol{\omega} = \boldsymbol{\omega}_{bu} + \boldsymbol{\omega}_{ue} + \boldsymbol{\omega}_E \tag{3.35}$$

式中：$\boldsymbol{\omega}_E$ 为地球旋转坐标系相对与惯性系的转动角速度，即地球自转角速度矢量。本体系相对于铅垂坐标系的旋转角速度 $\boldsymbol{\omega}_{bu}$ 为

$$\boldsymbol{\omega}_{bu} = \boldsymbol{\omega} - \boldsymbol{\omega}_{ue} - \boldsymbol{\omega}_E \tag{3.36}$$

将式(3.36)右边的角速度矢量都在气流坐标系下表达，有

$$(\boldsymbol{\omega}_{ue})_a = \boldsymbol{L}_{ak}\boldsymbol{L}_{ku}\left\{\boldsymbol{L}_{ue}\begin{bmatrix}0\\0\\\dot{\tau}\end{bmatrix} + \begin{bmatrix}0\\-\dot{\delta}\\0\end{bmatrix}\right\} \tag{3.37}$$

$$(\boldsymbol{\omega})_a = \boldsymbol{L}_{ab}\begin{bmatrix}p\\q\\r\end{bmatrix},\ (\boldsymbol{\omega}_E)_a = \boldsymbol{L}_{ak}\boldsymbol{L}_{ku}\boldsymbol{L}_{ue}\begin{bmatrix}0\\0\\\omega_E\end{bmatrix} \tag{3.38}$$

于是

$$(\boldsymbol{\omega}_{bu})_a = \boldsymbol{L}_{ab}\begin{bmatrix} p \\ q \\ r \end{bmatrix} - \boldsymbol{L}_{ak}\boldsymbol{L}_{ku}\left\{\boldsymbol{L}_{ue}\left\{\begin{bmatrix} 0 \\ 0 \\ \dot{\tau} \end{bmatrix} + \begin{bmatrix} 0 \\ 0 \\ \omega_E \end{bmatrix}\right\} + \begin{bmatrix} 0 \\ -\dot{\delta} \\ 0 \end{bmatrix}\right\} \tag{3.39}$$

本体系相对于铅垂坐标系的旋转角速度 $\boldsymbol{\omega}_{bu}$ 还可以表示为

$$\boldsymbol{\omega}_{bu} = \boldsymbol{\omega}_{ba} + \boldsymbol{\omega}_{ak} + \boldsymbol{\omega}_{ku} \tag{3.40}$$

将式(3.40)的右边都用气流坐标系表达,可得

$$(\boldsymbol{\omega}_{ba})_a = \boldsymbol{L}_{ab}\left\{\begin{bmatrix} 0 \\ \dot{\alpha} \\ 0 \end{bmatrix} + \boldsymbol{L}_{ba}\begin{bmatrix} 0 \\ 0 \\ -\dot{\beta} \end{bmatrix}\right\} = \boldsymbol{L}_{ab}\begin{bmatrix} 0 \\ \dot{\alpha} \\ 0 \end{bmatrix} + \begin{bmatrix} 0 \\ 0 \\ -\dot{\beta} \end{bmatrix} = \begin{bmatrix} \dot{\alpha}\sin\beta \\ \dot{\alpha}\cos\beta \\ -\dot{\beta} \end{bmatrix} \tag{3.41}$$

$$(\boldsymbol{\omega}_{ak})_a = \begin{bmatrix} \dot{\mu} \\ 0 \\ 0 \end{bmatrix}, (\boldsymbol{\omega}_{ku})_a = \boldsymbol{L}_{ak}\left\{\begin{bmatrix} 0 \\ \dot{\gamma} \\ 0 \end{bmatrix} + \boldsymbol{L}_{ku}\begin{bmatrix} 0 \\ 0 \\ \dot{\chi} \end{bmatrix}\right\} = \begin{bmatrix} -\dot{\chi}\sin\gamma \\ \dot{\chi}\sin\mu\cos\gamma + \dot{\gamma}\cos\mu \\ \dot{\chi}\cos\mu\cos\gamma - \dot{\gamma}\sin\mu \end{bmatrix} \tag{3.42}$$

联立式(3.39)~式(3.42)可得气流姿态角的状态方程为

$$\begin{cases} \dot{\alpha} = q - p\cos\alpha\tan\beta - r\sin\alpha\tan\beta - \sin\mu/\cos\beta \\ \quad [\dot{\chi}\cos\gamma - \dot{\delta}\sin\chi\sin\gamma + (\dot{\tau} + \omega_E)(\cos\delta\cos\chi\sin\gamma - \sin\delta\cos\gamma)] - \\ \quad \cos\mu/\cos\beta \cdot [\dot{\gamma} - \dot{\delta}\cos\chi - (\dot{\tau} + \omega_E)\cos\delta\sin\chi] \\ \dot{\beta} = p\sin\alpha - r\cos\alpha - \sin\mu[\dot{\gamma} - \dot{\delta}\cos\chi - (\dot{\tau} + \omega_E)\cos\delta\sin\chi] + \cos\mu \\ \quad [\dot{\chi}\cos\gamma - \dot{\delta}\sin\chi\sin\gamma + (\dot{\tau} + \omega_E)(\cos\delta\cos\chi\sin\gamma - \sin\delta\cos\gamma)] \\ \dot{\mu} = p\cos\alpha\cos\beta + q\sin\beta + r\sin\alpha\cos\beta - \dot{\alpha}\sin\beta + \dot{\chi}\sin\gamma + \\ \quad \dot{\delta}\sin\chi\cos\gamma - (\dot{\tau} + \omega_E)(\cos\delta\cos\chi\cos\gamma + \sin\delta\sin\gamma) \end{cases} \tag{3.43}$$

4. 角速率状态方程推导

由动量矩定理可知,飞行器所受的合外力矩等于其动量矩的导数,即

$$\mathrm{d}\boldsymbol{H}/\mathrm{d}t = \sum \boldsymbol{M} \tag{3.44}$$

式中:$\boldsymbol{H} = \boldsymbol{I} \cdot \boldsymbol{\omega}$ 是飞行器的动量矩,$\boldsymbol{I}$ 为惯性张量,$\boldsymbol{\omega} = (p,q,r)^{\mathrm{T}}$ 是飞行器本体系相对于地球惯性系的转动角速度矢量,p,q,r 是角速度矢量在本体系上的三个投影;$\boldsymbol{M}$ 表示飞行器所受的合外力矩矢量。式(3.44)在惯性系下成立,选择相对坐标系为本体坐标系,将 $\boldsymbol{H} = \boldsymbol{I} \cdot \boldsymbol{\omega}$ 代入式(3.44),等式两边都在本体系下表达,有

$$\frac{\delta((\boldsymbol{I})_b \cdot (\boldsymbol{\omega})_b)}{\delta t} + (\boldsymbol{\omega})_b \times (\boldsymbol{I})_b(\boldsymbol{\omega})_b = \sum (\boldsymbol{M})_b \tag{3.45}$$

式中:$\delta(\cdot)/\delta t$ 是在本体系下的求导;$(\boldsymbol{I})_b = \begin{bmatrix} I_{xx} & -I_{xy} & -I_{xz} \\ -I_{xy} & I_{yy} & I_{yz} \\ -I_{xz} & -I_{yz} & -I_{zz} \end{bmatrix}$ 为飞行器相对于本体

系的惯性张量,设其为常数阵,则有

$$(\dot{\boldsymbol{\omega}})_b = (\boldsymbol{I})_b^{-1}[\overline{\boldsymbol{M}} - (\boldsymbol{\omega})_b \times (\boldsymbol{I})_b(\boldsymbol{\omega})_b] \tag{3.46}$$

式中:等式左边为 $(\dot{p},\dot{q},\dot{r})^{\mathrm{T}}$,等式右边的 $\overline{\boldsymbol{M}} = (M_x, M_y, M_z)^{\mathrm{T}}$ 是合外力矩在本体系下的表达;假设飞行器 $I_{xy} = I_{yz} = I_{xz} = 0$,则式(3.46)可以简化为

$$\begin{pmatrix}\dot{p}\\ \dot{q}\\ \dot{r}\end{pmatrix} = \begin{bmatrix}I_{xx} & 0 & 0\\ 0 & I_{yy} & 0\\ 0 & 0 & -I_{zz}\end{bmatrix}^{-1}\left[\begin{pmatrix}M_x\\ M_y\\ M_z\end{pmatrix} - \begin{pmatrix}p\\ q\\ r\end{pmatrix} \times \begin{bmatrix}I_{xx} & 0 & 0\\ 0 & I_{yy} & 0\\ 0 & 0 & -I_{zz}\end{bmatrix}\begin{pmatrix}p\\ q\\ r\end{pmatrix}\right] \tag{3.47}$$

则有

$$\begin{cases}\dot{p} = (I_y - I_z)\cdot q\cdot r/I_x + M_x/I_x\\ \dot{q} = (I_z - I_x)\cdot p\cdot r/I_y + M_y/I_y\\ \dot{r} = (I_x - I_y)\cdot p\cdot q/I_z + M_z/I_z\end{cases} \tag{3.48}$$

将总的气动力矩和推力力矩均在本体系下表示,有

$$M_x = l + l_T,\quad M_y = m + m_T,\quad M_z = n + n_T \tag{3.49}$$

将式(3.49)代入式(3.48)中,则有与式(3.17)~式(3.19)相同的表达。

3.1.6 气动参数模型

因水平鸭翼在高超声速飞行器高超阶段收入机体,不参与舵面控制,所以实际参与控制的气动舵面为左右升降副翼舵和方向舵。那么无需考虑水平鸭翼的影响,则方程组式(3.8)~式(3.13)、式(3.17)~式(3.19)中关于气动力和气动力矩的计算表达式如下:

$$D = \hat{q}SC_D \tag{3.50}$$

$$Y = \hat{q}SC_Y \tag{3.51}$$

$$L = \hat{q}SC_L \tag{3.52}$$

$$l = \hat{q}bSC_l \tag{3.53}$$

$$m = m_{mrc} - X_{cg}Z \tag{3.54}$$

$$n = n_{mrc} + X_{cg}Y \tag{3.55}$$

其中:动压 $\hat{q} = \frac{1}{2}\rho V^2$,与飞行器飞行的高度和速度有关。且有

$$m_{mrc} = \hat{q}cSC_m,\ n_{mrc} = \hat{q}bSC_n,\ Z = -D\sin\alpha - L\cos\alpha \tag{3.56}$$

$$C_L = C_{L,\alpha}(\alpha, M_A) + C_{L,\delta_e}(\alpha, M_A, \delta_e) + C_{L,\delta_a}(\alpha, M_A, \delta_a) \tag{3.57}$$

$$C_D = C_{D,\alpha}(\alpha, M_A) + C_{D,\delta_e}(\alpha, M_A, \delta_e) + C_{D,\delta_a}(\alpha, M_A, \delta_a) + C_{D,\delta_r}(\alpha, M_A, \delta_r) \tag{3.58}$$

$$C_Y = C_{Y,\beta}(\alpha, M_A)\beta + C_{Y,\delta_e}(\alpha, M_A, \delta_e) + C_{Y,\delta_a}(\alpha, M_A, \delta_a) + C_{Y,\delta_r}(\alpha, M_A, \delta_r) \tag{3.59}$$

$$\begin{aligned}C_l = &C_{l,\beta}(\alpha, M_A)\beta + C_{l,\delta_e}(\alpha, M_A, \delta_e) + C_{l,\delta_a}(\alpha, M_A, \delta_a)\\ &+ C_{l,\delta_r}(\alpha, M_A, \delta_r) + C_{l,p}\frac{pb}{2V} + C_{l,r}\frac{rb}{2V}\end{aligned} \tag{3.60}$$

$$C_m = C_{m,\alpha}(\alpha, M_A) + C_{m,\delta_e}(\alpha, M_A, \delta_e) + C_{m,\delta_a}(\alpha, M_A, \delta_a)$$

$$+C_{m,\delta_r}(\alpha,M_A,\delta_r)+C_{m,q}\frac{qc}{2V} \tag{3.61}$$

$$C_n=C_{n,\beta}(\alpha,M_A)\beta+C_{n,\delta_e}(\alpha,M_A,\delta_e)+C_{n,\delta_a}(\alpha,M_A,\delta_a)+C_{n,\delta_r}(\alpha,M_A,\delta_r)$$
$$+C_{n,p}\frac{pb}{2V}+C_{n,r}\frac{rb}{2V} \tag{3.62}$$

注 3.1：飞行器模型的动态方程式(3.8)~式(3.13)、式(3.17)~式(3.19)中的角度、舵面偏转角和角速率的单位分别为 rad、rad 和 rad/s，而在本小节气动参数的表达式(3.57)~式(3.62)中，为了与 AIAA 报告(2004)中的 CFD 数据保持一致，除侧滑角 β 和姿态角速率 p、q、r 外，其他角度、舵面偏转角的单位均为度。

注 3.2：事实上，推力矢量偏置角 δ_y，δ_z 也会对气动参数产生影响，但由于缺乏有效的数据，因此暂时忽略不计。

需要注意的是，与以往文献不同，式(3.57)~式(3.62)中所有的气动参数不仅与迎角和马赫数有关，也与气动舵面的偏转角呈非线性关系(表 3-2)。若将气动舵面偏转角视作系统的控制输入，那么建立的高超声速飞行器模型是非仿射非线性的，会导致控制器的设计更具挑战性。

注 3.3：表 3-2 给出的气动参数的解析表达式是 AIAA 报告(2004)根据 CFD 数据给出的表达式的原样，未做任何删减，以保证飞行器的飞行特性更接近真实情况，也使后面所得的各项结论更具可信度。

表 3-2　高超声速阶段的气动参数表

阻力系数	
C_D	$C_{D,\alpha}=8.717\cdot10^{-2}-3.307\cdot10^{-2}M_A+3.179\cdot10^{-3}\alpha-1.25\cdot10^{-4}(\alpha\cdot M_A)+5.036\cdot10^{-3}M_A^2-0.1\cdot10^{-3}\alpha^2+1.405\cdot10^{-7}(\alpha\cdot M_A)^2-3.658\cdot10^{-4}M_A^3+3.175\cdot10^{-4}\alpha^3+1.274\cdot10^{-5}M_A^4-2.985\cdot10^{-5}\alpha^4-1.705\cdot10^{-7}M_A^5+9.766\cdot10^{-7}\alpha^5$ $C_{D,\delta_a}=4.02\cdot10^{-4}+2.34\cdot10^{-5}\alpha-1.02\cdot10^{-4}M_A-3.46\cdot10^{-5}\delta_a-5.38\cdot10^{-7}\alpha\cdot M_A\cdot\delta_a+3.08\cdot10^{-6}\alpha^2+2.61\cdot10^{-6}M_A^2+6.84\cdot10^{-6}\delta_a^2+5.28\cdot10^{-12}(\alpha\cdot M_A\cdot\delta_a)^2$ $C_{D,\delta_e}=4.02\cdot10^{-4}+2.34\cdot10^{-5}\alpha-1.02\cdot10^{-4}M_A-3.46\cdot10^{-5}\delta_e-5.38\cdot10^{-7}(\alpha\cdot M_A\cdot\delta_e)+3.08\cdot10^{-6}\alpha^2+2.61\cdot10^{-6}M_A^2+6.84\cdot10^{-6}\delta_e^2+5.28\cdot10^{-12}(\alpha\cdot M_A\cdot\delta_e)^2$ $C_{D,\delta_r}=7.50\cdot10^{-4}-2.29\cdot10^{-5}\alpha-9.69\cdot10^{-5}M_A-1.83\cdot10^{-6}\delta_r+9.13\cdot10^{-9}(\alpha\cdot M_A\cdot\delta_r)+8.76\cdot10^{-7}\alpha^2+2.70\cdot10^{-6}M_A^2+1.97\cdot10^{-6}\delta_r^2-1.77\cdot10^{-11}(\alpha\cdot M_A\cdot\delta_r)^2$
升力系数	
C_L	$C_{L,\alpha}=-8.19\cdot10^{-2}+4.70\cdot10^{-2}M_A+1.86\cdot10^{-2}\alpha-4.73\cdot10^{-4}(\alpha\cdot M_A)-9.19\cdot10^{-3}M_A^2-1.52\cdot10^{-4}\alpha^2+5.99\cdot10^{-7}(\alpha\cdot M_A)^2+7.74\cdot10^{-4}M_A^3+4.08\cdot10^{-6}\alpha^3-2.93\cdot10^{-5}M_A^4-3.91\cdot10^{-7}\alpha^4+4.12\cdot10^{-7}M_A^5+1.30\cdot10^{-8}\alpha^5$ $C_{L,\delta_a}=-1.45\cdot10^{-5}+1.01\cdot10^{-4}\alpha+7.1\cdot10^{-6}M_A-4.14\cdot10^{-4}\delta_e-3.51\cdot10^{-6}(\alpha\cdot\delta_a)+4.7\cdot10^{-6}(\alpha\cdot M_A)+8.72\cdot10^{-6}(M_A\cdot\delta_a)-1.7\cdot10^{-7}(\alpha\cdot M_A\cdot\delta_a)$ $C_{L,\delta_e}=-1.45\cdot10^{-5}+1.01\cdot10^{-4}\alpha+7.10\cdot10^{-6}M_A-4.14\cdot10^{-4}\delta_e-3.51\cdot10^{-6}(\alpha\cdot\delta_e)+4.70\cdot10^{-6}(\alpha\cdot M_A)+8.72\cdot10^{-6}(M_A\cdot\delta_e)-1.7\cdot10^{-7}(\alpha\cdot M_A\cdot\delta_e)$

（续）

侧力系数	
C_Y	$C_{Y,\beta} = 1.76 + 4.58 \cdot 10^{-1}M_A - 3.26 \cdot 10^{-3}\alpha + 3.80 \cdot 10^{-5}(\alpha \cdot M_A) - 6.36 \cdot 10^{-2}M_A^2 + 2.36 \cdot 10^{-3}\alpha^2 + 3.45 \cdot 10^{-7}(\alpha \cdot M_A)^2 + 4.44 \cdot 10^{-3}M_A^3 - 6.03 \cdot 10^{-4}\alpha^3 - 1.51 \cdot 10^{-4}M_A^4 + 4.52 \cdot 10^{-5}\alpha^4 + 1.98 \cdot 10^{-6}M_A^5 - 1.09 \cdot 10^{-6}\alpha^5$ $C_{Y,\delta_a} = -1.02 \cdot 10^{-6} - 1.12 \cdot 10^{-7}\alpha + 4.48 \cdot 10^{-7}M_A + 2.27 \cdot 10^{-7}\delta_a + 4.11 \cdot 10^{-9}(\alpha \cdot M_A \cdot \delta_a) + 2.82 \cdot 10^{-9}\alpha^2 - 2.36 \cdot 10^{-8}M_A^2 - 5.04 \cdot 10^{-8}\delta_a^2 + 4.50 \cdot 10^{-14}(\alpha \cdot M_A \cdot \delta_a)^2$ $C_{Y,\delta_e} = -(-1.02 \cdot 10^{-6} - 1.12 \cdot 10^{-7}\alpha + 4.48 \cdot 10^{-7}M_A + 2.27 \cdot 10^{-7}\delta_e + 4.11 \cdot 10^{-9}(\alpha \cdot M_A \cdot \delta_e) + 2.82 \cdot 10^{-9}\alpha^2 - 2.36 \cdot 10^{-8}M_A^2 - 5.04 \cdot 10^{-8}\delta_e^2 + 4.50 \cdot 10^{-14}(\alpha \cdot M_A \cdot \delta_e)^2)$ $C_{Y,\delta_r} = -1.43 \cdot 10^{-18} + 4.86 \cdot 10^{-20}\alpha + 1.86 \cdot 10^{-19}M_A + 3.84 \cdot 10^{-4}\delta_r - 1.17 \cdot 10^{-5}(\alpha \cdot \delta_r) - 1.07 \cdot 10^{-5}(M_A \cdot \delta_r) + 2.60 \cdot 10^{-7}(\alpha \cdot M_A \cdot \delta_r)$
滚转力矩系数	
C_l	$C_{l,\beta} = -1.402 \cdot 10^{-1} + 3.326 \cdot 10^{-2}M_A - 7.590 \cdot 10^{-4}\alpha + 8.596 \cdot 10^{-6}(\alpha \cdot M_A) - 3.794 \cdot 10^{-3}M_A^2 + 2.354 \cdot 10^{-6}\alpha^2 - 1.044 \cdot 10^{-8}(\alpha \cdot M_A)^2 + 2.219 \cdot 10^{-4}M_A^3 - 8.964 \cdot 10^{-18}\alpha^3 - 6.462 \cdot 10^{-6}M_A^4 + 3.803 \cdot 10^{-19}\alpha^4 + 7.419 \cdot 10^{-8}M_A^5 - 3.353 \cdot 10^{-21}\alpha^5$ $C_{l,\delta_a} = 3.57 \cdot 10^{-4} - 9.569 \cdot 10^{-5}\alpha - 3.598 \cdot 10^{-5}M_A + 1.17 \cdot 10^{-4}\delta_a + 2.794 \cdot 10^{-8}(\alpha \cdot M_A \cdot \delta_a) + 4.950 \cdot 10^{-6}\alpha^2 + 1.411 \cdot 10^{-6}M_A^2 - 1.16 \cdot 10^{-6}\delta_a^2 - 4.641 \cdot 10^{-11}(\alpha \cdot M_A \cdot \delta_a)^2$ $C_{l,\delta_e} = -(3.57 \cdot 10^{-4} - 9.569 \cdot 10^{-5}\alpha - 3.598 \cdot 10^{-5}M_A + 1.17 \cdot 10^{-4}\delta_e + 2.794 \cdot 10^{-8}(\alpha \cdot M_A \cdot \delta_e) + 4.95 \cdot 10^{-6}\alpha^2 + 1.411 \cdot 10^{-6}M_A^2 - 1.16 \cdot 10^{-6}\delta_e^2 - 4.641 \cdot 10^{-11}(\alpha \cdot M_A \cdot \delta_e)^2)$ $C_{l,\delta_r} = -5.01 \cdot 10^{-19} + 6.272 \cdot 10^{-20}\alpha + 2.342 \cdot 10^{-20}M_A + 1.144 \cdot 10^{-4}\delta_r - 2.684 \cdot 10^{-6}(\alpha \cdot \delta_r) - 3.42 \cdot 10^{-21}(\alpha \cdot M_A) - 3.55 \cdot 10^{-6}(M_A \cdot \delta_r) + 5.555 \cdot 10^{-8}(\alpha \cdot M_A \cdot \delta_r)$ $C_{l,p} = -2.99 \cdot 10^{-1} + 7.47 \cdot 10^{-2}M_A + 1.38 \cdot 10^{-3}\alpha - 8.78 \cdot 10^{-5}(\alpha \cdot M_A) - 9.13 \cdot 10^{-3}M_A^2 - 2.04 \cdot 10^{-4}\alpha^2 - 1.52 \cdot 10^{-7}(\alpha \cdot M_A)^2 + 5.73 \cdot 10^{-4}M_A^3 - 3.86 \cdot 10^{-5}\alpha^3 - 1.79 \cdot 10^{-5}M_A^4 + 4.21 \cdot 10^{-6}\alpha^4 + 2.20 \cdot 10^{-7}M_A^5 - 1.15 \cdot 10^{-7}\alpha^5$ $C_{l,r} = 3.82 \cdot 10^{-1} - 1.06 \cdot 10^{-1}M_A + 1.94 \cdot 10^{-3}\alpha - 8.15 \cdot 10^{-5}(\alpha \cdot M_A) + 1.45 \cdot 10^{-2}M_A^2 - 9.76 \cdot 10^{-6}\alpha^2 + 4.49 \cdot 10^{-8}(\alpha \cdot M_A)^2 + 1.02 \cdot 10^{-3}M_A^3 - 2.70 \cdot 10^{-7}\alpha^3 + 3.56 \cdot 10^{-5}M_A^4 + 3.19 \cdot 10^{-8}\alpha^4 - 4.81 \cdot 10^{-7}M_A^5 - 1.06 \cdot 10^{-9}\alpha^5$
俯仰力矩系数	
C_m	$C_{m,\alpha} = -2.192 \cdot 10^{-2} + 7.739 \cdot 10^{-3}M_A - 2.26 \cdot 10^{-3}\alpha + 1.808 \cdot 10^{-4}(\alpha \cdot M_A) - 8.849 \cdot 10^{-4}M_A^2 + 2.616 \cdot 10^{-4}\alpha^2 - 2.880 \cdot 10^{-7}(\alpha \cdot M_A)^2 + 4.617 \cdot 10^{-5}M_A^3 - 7.887 \cdot 10^{-5}\alpha^3 - 1.143 \cdot 10^{-6}M_A^4 + 8.288 \cdot 10^{-6}\alpha^4 + 1.082 \cdot 10^{-8}M_A^5 - 2.789 \cdot 10^{-7}\alpha^5$ $C_{m,\delta_a} = -5.67 \cdot 10^{-5} - 6.59 \cdot 10^{-5}\alpha - 1.51 \cdot 10^{-6}M_A + 2.89 \cdot 10^{-4}\delta_a + 4.48 \cdot 10^{-6}(\alpha \cdot \delta_a) - 4.46 \cdot 10^{-6}(\alpha \cdot M_A) - 5.87 \cdot 10^{-6}(M_A \cdot \delta_a) + 9.72 \cdot 10^{-8}(\alpha \cdot M_A \cdot \delta_a)$ $C_{m,\delta_e} = -5.67 \cdot 10^{-5} - 6.59 \cdot 10^{-5}\alpha - 1.51 \cdot 10^{-6}M_A + 2.89 \cdot 10^{-4}\delta_e + 4.48 \cdot 10^{-6}(\alpha \cdot \delta_e) - 4.46 \cdot 10^{-6}(\alpha \cdot M_A) - 5.87 \cdot 10^{-6}(M_A \cdot \delta_e) + 9.72 \cdot 10^{-8}(\alpha \cdot M_A \cdot \delta_e)$ $C_{m,\delta_r} = -2.79 \cdot 10^{-5}\alpha - 5.89 \cdot 10^{-8}\alpha^2 + 1.58 \cdot 10^{-3}M_A^2 + 6.42 \cdot 10^{-8}\alpha^3 - 6.69 \cdot 10^{-4}M_A^3 - 2.10 \cdot 10^{-8}\alpha^4 + 1.05 \cdot 10^{-4}M_A^4 + 1.43 \cdot 10^{-7}\delta_r^4 + 3.14 \cdot 10^{-9}\alpha^5 - 7.74 \cdot 10^{-6}M_A^5 - 4.77 \cdot 10^{-22}\delta_r^5 - 2.18 \cdot 10^{-10}\alpha^6 + 2.70 \cdot 10^{-7}M_A^6 - 3.38 \cdot 10^{-10}\delta_r^6 + 5.74 \cdot 10^{-12}\alpha^7 - 3.58 \cdot 10^{-9}M_A^7 + 2.63 \cdot 10^{-24}\delta_r^7$ $C_{m,q} = -1.36 + 3.86 \cdot 10^{-1}M_A + 7.85 \cdot 10^{-4}\alpha + 1.40 \cdot 10^{-4}(\alpha \cdot M_A) - 5.42 \cdot 10^{-2}M_A^2 + 2.36 \cdot 10^{-3}\alpha^2 - 1.95 \cdot 10^{-6}(\alpha \cdot M_A)^2 + 3.80 \cdot 10^{-3}M_A^3 - 1.48 \cdot 10^{-3}\alpha^3 - 1.30 \cdot 10^{-4}M_A^4 + 1.69 \cdot 10^{-4}\alpha^4 + 1.71 \cdot 10^{-6}M_A^5 - 5.93 \cdot 10^{-6}\alpha^5$

（续）

	偏航力矩系数
	$C_{n,\beta} = 3.68 \cdot 10^{-1} + 6.03 \cdot 10^{-16}\alpha - 9.79 \cdot 10^{-2}M_A - 3.84 \cdot 10^{-16}\alpha^2 + 1.24 \cdot 10^{-2}M_A^2 + 8.58 \cdot 10^{-17} \cdot \alpha^3 - 8.05 \cdot 10^{-4}M_A^3 - 7.75 \cdot 10^{-18}\alpha^4 + 2.57 \cdot 10^{-5}M_A^4 + 2.42 \cdot 10^{-19}\alpha^5 - 3.20 \cdot 10^{-7}M_A^5$
	$C_{n,\delta_a} = 2.10 \cdot 10^{-4} + 1.83 \cdot 10^{-5}\alpha - 3.56 \cdot 10^{-5}M_A - 1.30 \cdot 10^{-5}\delta_a - 8.93 \cdot 10^{-8}(\alpha \cdot M_A \cdot \delta_a) - 6.39 \cdot 10^{-7}\alpha^2 + 8.16 \cdot 10^{-7}M_A^2 + 1.97 \cdot 10^{-6}\delta_a^2 + 1.41 \cdot 10^{-11}(\alpha \cdot M_A \cdot \delta_a)^2$
	$C_{n,\delta_e} = -(2.10 \cdot 10^{-4} + 1.83 \cdot 10^{-5}\alpha - 3.56 \cdot 10^{-5}M_A - 1.30 \cdot 10^{-5}\delta_e - 8.93 \cdot 10^{-8}(\alpha \cdot M_A \cdot \delta_e) - 6.39 \cdot 10^{-7}\alpha^2 + 8.16 \cdot 10^{-7}M_A^2 + 1.97 \cdot 10^{-6}\delta_e^2 + 1.41 \cdot 10^{-11}(\alpha \cdot M_A \cdot \delta_e)^2)$
	$C_{n,\delta_r} = 2.85 \cdot 10^{-18} - 3.59 \cdot 10^{-19}\alpha - 1.26 \cdot 10^{-19}M_A - 5.28 \cdot 10^{-4}\delta_r + 1.39 \cdot 10^{-5}(\alpha \cdot \delta_r) + 1.57 \cdot 10^{-20}(\alpha \cdot M_A) + 1.65 \cdot 10^{-5}(M_A \cdot \delta_r) - 3.13 \cdot 10^{-7}(\alpha \cdot M_A \cdot \delta_r)$
	$C_{n,p} = 3.68 \cdot 10^{-1} - 9.79 \cdot 10^{-2}M_A + 9.55 \cdot 10^{-16}\alpha - 2.79 \cdot 10^{-17}(\alpha \cdot M_A) + 1.24 \cdot 10^{-2}M_A^2 - 4.26 \cdot 10^{-16}\alpha^2 + 7.00 \cdot 10^{-20}(\alpha \cdot M_A)^2 - 8.05 \cdot 10^{-4}M_A^3 + 9.40 \cdot 10^{-17}\alpha^3 + 2.57 \cdot 10^{-5}M_A^4 + 8.90 \cdot 10^{-18}\alpha^4 - 3.20 \cdot 10^{-7}M_A^5 + 2.99 \cdot 10^{-19}\alpha^5$
	$C_{n,r} = -2.41 + 5.96 \cdot 10^{-1}M_A - 2.74 \cdot 10^{-3}\alpha + 2.09 \cdot 10^{-4}(\alpha \cdot M_A) - 7.57 \cdot 10^{-2}M_A^2 + 1.15 \cdot 10^{-3}\alpha^2 - 6.53 \cdot 10^{-8}(\alpha \cdot M_A)^2 + 4.90 \cdot 10^{-3}M_A^3 - 3.87 \cdot 10^{-4}\alpha^3 - 1.57 \cdot 10^{-4}M_A^4 + 3.60 \cdot 10^{-5}\alpha^4 + 1.96 \cdot 10^{-6}M_A^5 - 0.18 \cdot 10^{-6}\alpha^5$

基于表 3-2 的各气动参数的解析表达式，当 $\delta_a = \delta_e = \delta_r = 10°$，$\beta = 5.73°$，$p = q = r = 114°/s$ 时，$C_D, C_L, C_Y, C_l, C_m, C_n$ 与攻角 α 和马赫数的三维关系如图 3-4 所示，其中：$\alpha \in [-2°, 10°]$，$M_A \in [5, 10]$。

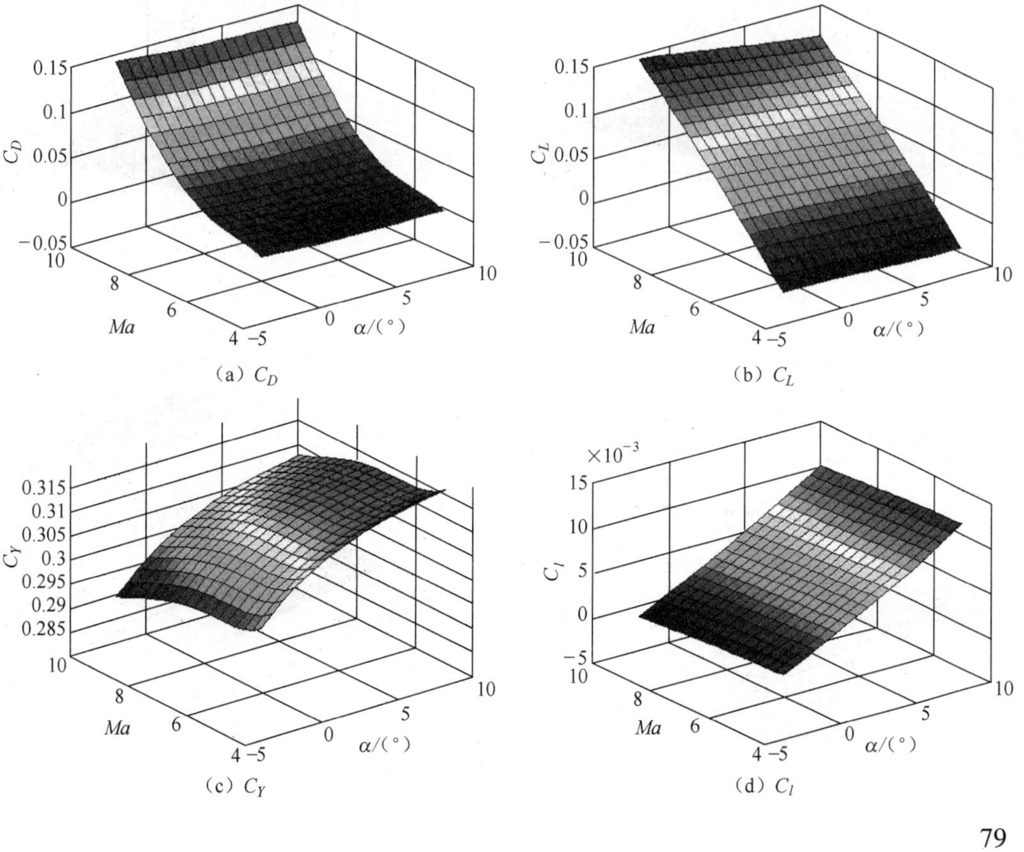

(a) C_D　(b) C_L

(c) C_Y　(d) C_l

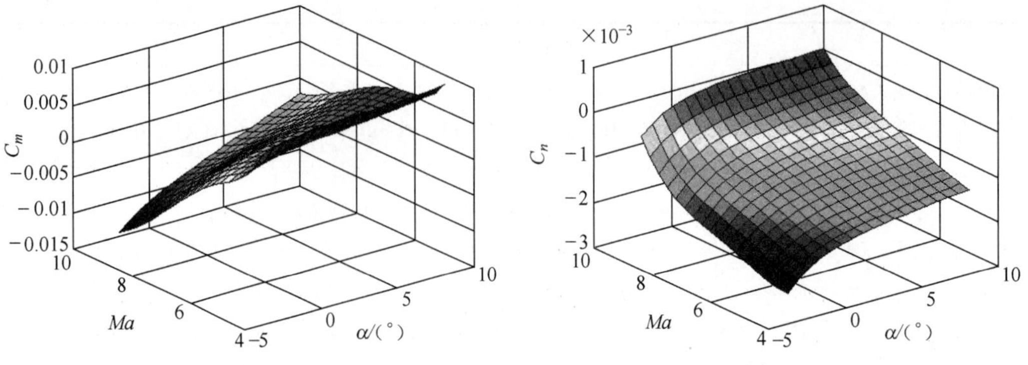

（e）C_m　　（f）C_n

图 3-4　气动参数与攻角和马赫数的三维关系图(β = 5.73°)

由图 3-4 可以看出,气动参数 C_D,C_L,C_Y,C_l,C_m,C_n 在给定的飞行条件下与攻角和马赫数均呈现出复杂的非线性关系。

为了更好地进行对比,下面再给出一组仿真图,其中:令 β = 0° ,其余仿真条件不变,各气动参数的仿真如图 3-5 所示。

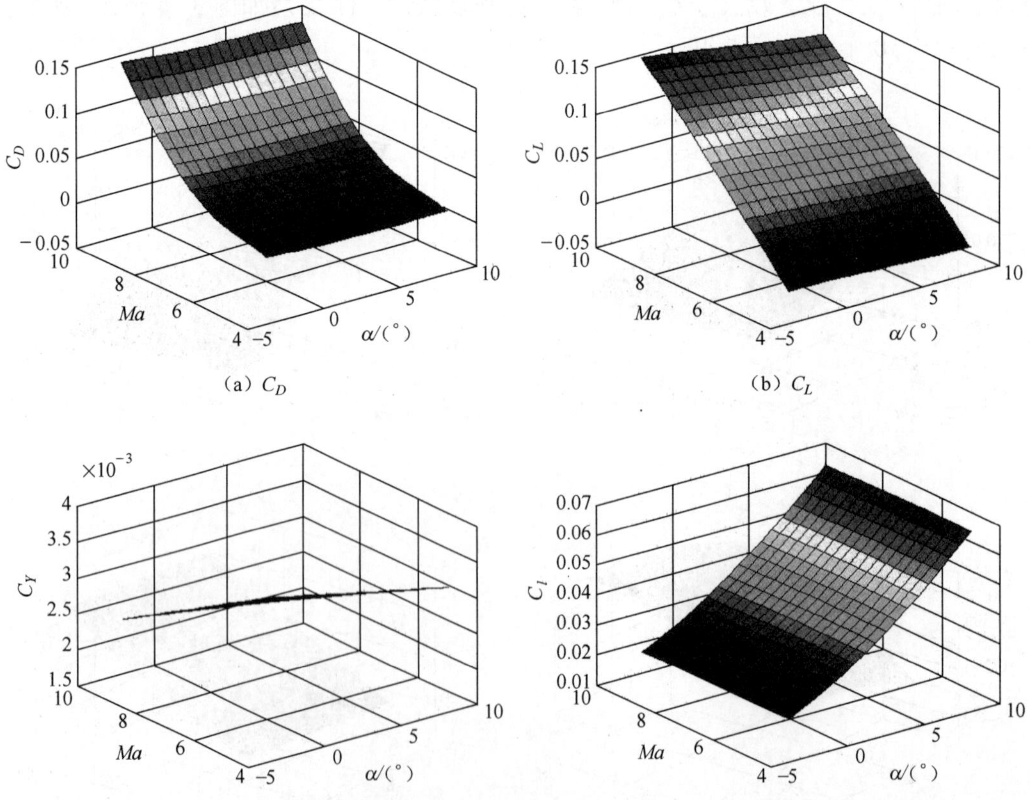

（a）C_D　　（b）C_L

（c）C_Y　　（d）C_l

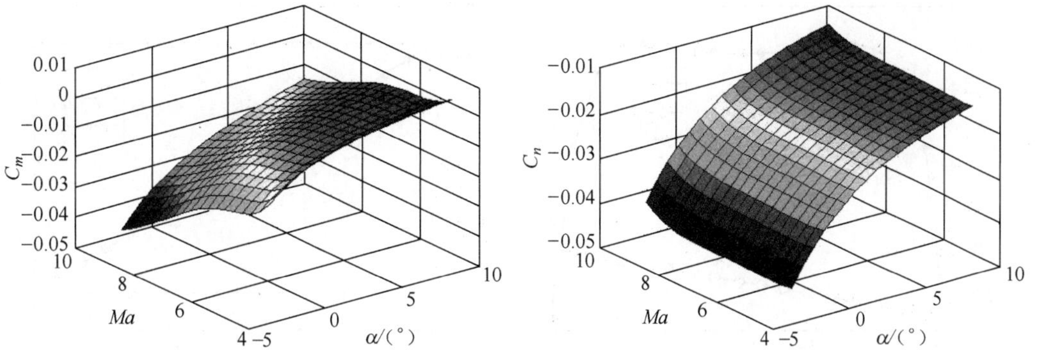

（e）C_m　　（f）C_n

图 3-5　气动参数与攻角和马赫数的三维关系图（$\beta = 0°$）

对比图 3-4 和图 3-5 可以看出，除气动参数 C_Y 外，其余气动参数虽然存在一些变化，但并不明显，这说明该飞行器在 $\beta = 0°$ 时，C_Y为一个很小的常数，即侧滑角为 0 时，侧力 Y 对飞行器的影响很小，这符合飞行特性，也验证了气动参数的合理性。

虽然图 3-4 和图 3-5 只给出了 $C_D, C_L, C_Y, C_l, C_m, C_n$ 与攻角 α 和马赫数的关系变化，但由表 3-2 可知，各气动参数还与气动舵面 $\delta_a, \delta_e, \delta_r$ 存在复杂的函数关系。下面分析 $\delta_a, \delta_e, \delta_r \in [-30°, 30°]$ 变化时，各气动参数的变化。

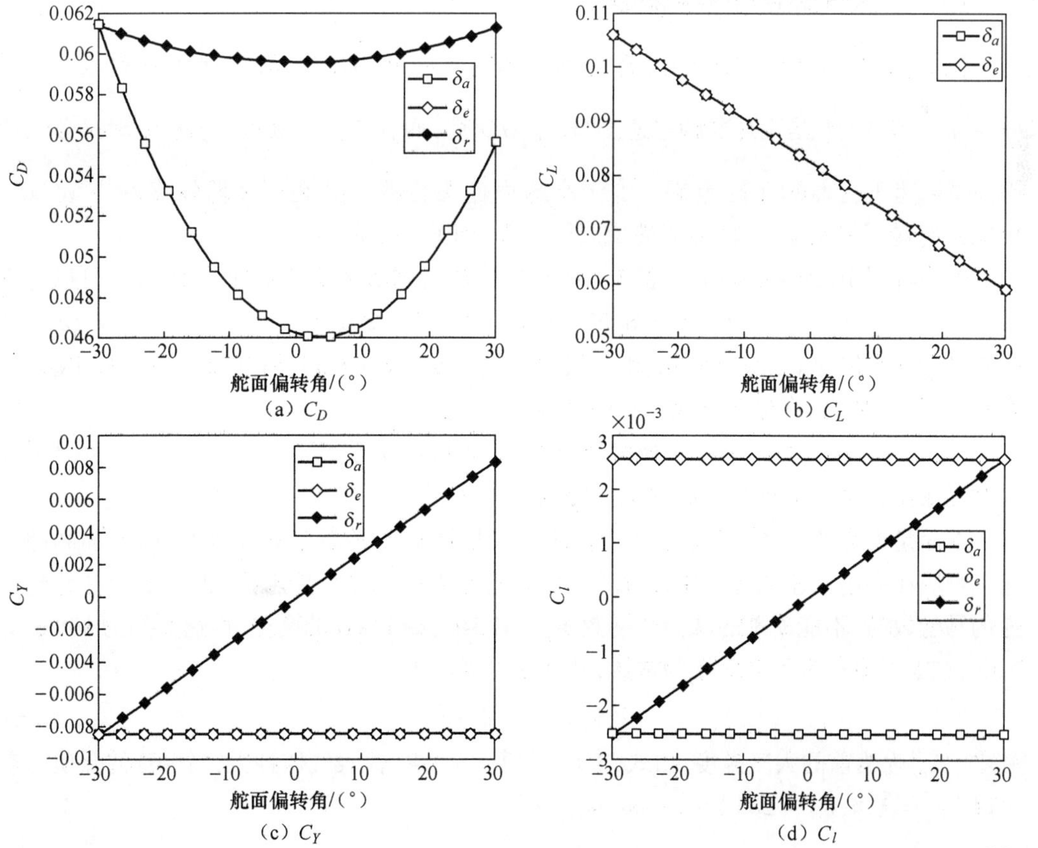

（a）C_D　　（b）C_L

（c）C_Y　　（d）C_l

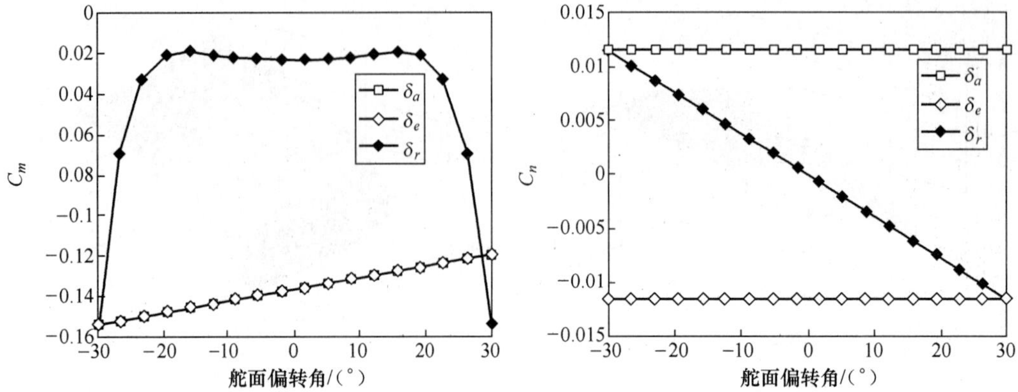

(e) C_m　　　　(f) C_n

图 3-6　气动参数与舵面偏转角之间的关系

由图 3-6 可以看出，C_L, C_Y, C_l, C_n 与舵面偏转角近似呈线性关系，但是 C_D, C_m 呈现明显的非线性关系。当 $\delta_a, \delta_e, \delta_r$ 为控制输入，并且与舵面偏转角呈线性关系时，飞行控制属于仿射非线性控制；而与舵面偏转角呈非线性关系时，飞行控制属于非仿射非线性控制。当控制要求不高或者控制器鲁棒性较强时，可忽略气动参数的非仿射部分或者视其为模型不确定。

3.1.7　大气环境模型和声速

在式(3.50)~式(3.55)中计算气动力和气动力矩的过程，都需要用到动压。动压 $\hat{q}=\dfrac{1}{2}\rho V^2$，其中：$V$ 是飞行器的空速，比较容易获得，而 ρ 是空气密度，它的计算就必须考虑高超声速飞行器的飞行范围。由于高超声速飞行器在高超声速阶段多在空域 20 ~ 100km，跨越了平流层、中间层和热成层的下部，如图 3-7 所示。

在平流层中(20~53km)，气温 T_{em} 随着高度 H 的增加在逐步上升，具体关系可描述为

$$T_{\text{em}} = 216.65 + 0.001 \times (H - 20000) \tag{3.63}$$

式中：T_{em} 的单位为 K，216.65 是 20km 处的大气温度。式(3.63)说明高度每上升 1km，温度上升 1℃。那么，在这个空域，空气密度 ρ 可表述为

$$\rho = 0.088035 \times (T_{\text{em}}/216.65)^{-35.1632} \tag{3.64}$$

其中：20km 处的大气密度为 0.088035kg/m³。

下面是声速的计算。声音在 1 个标准大气压和 15℃ 的条件下约为 340m/s，而高超声速飞行器在高超声速飞行条件下的环境很明显是不符合这个要求的，因此在计算高超声速的马赫数时，不能简单的认为马赫数 $M_a = V/340$，如 10km 的高空，声速大约为 300m/s。因此，在本书中声速不再简化为常数，其计算可表示为

$$V_s = \sqrt{\gamma_a R_a T_{\text{em}}} \tag{3.65}$$

其中：T_{em} 为当前的大气温度，由式(3.63)计算，γ_a、R_a 代表气体种类，当声音的介质为空气时，$\gamma_a = 1.4, R_a = 286.85\text{N} \cdot \text{m}/(\text{kg} \cdot \text{K})$。

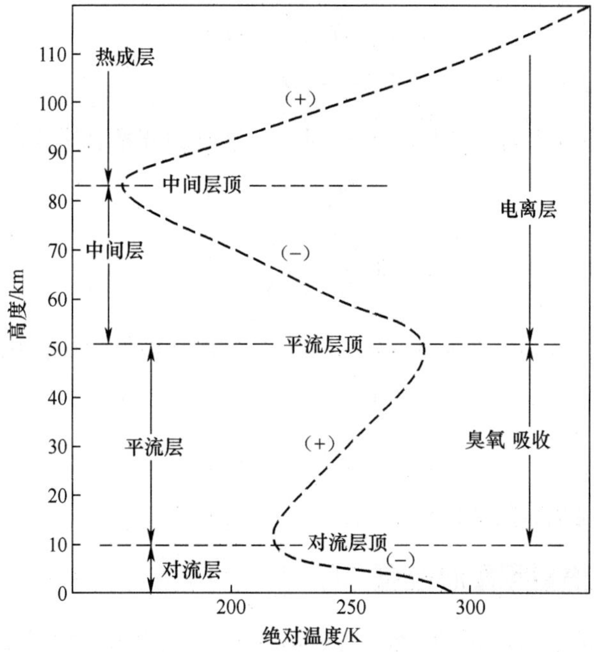

图 3-7　大气层构成

3.1.8　推力模型

为了保证高超声速飞行器的全包线飞行，其推进系统采用组合推进模式：涡轮喷气发动机、超燃冲压发动机和火箭发动机。其中：涡轮喷气发动机主要用于执行 $Ma < 2.0$ 的飞行任务，超燃冲压发动机主要用于执行 $2.0 < Ma < 6.0$ 的飞行任务，火箭发动机可执行 $6.0 < Ma < 24.0$ 的飞行任务。根据 NASA 报告，发动机推力的解析表达式为

涡轮发动机（$0 < Ma < 2.0$）：

$$T = PLA \cdot (1.33 \times 10^6 - 4.45 \times H + 5.92 \times 10^{-4} H^2 - 2.88 \times 10^{-9} H^3 + 1.67 \times 10^4 M_A^3) \tag{3.66}$$

超燃冲压发动机（$2.0 < Ma < 6.0$）：

$$\begin{aligned} T = PLA \cdot (&3.35 \times 10^3 M_A^7 - 6.68 \times 10^4 M_A^6 + 5.16 \times 10^5 M_A^5 - 1.94 \times 10^6 M_A^4 \\ &+ 3.59 \times 10^6 M_A^3 - 3.10 \times 10^6 M_A^2 + 1.75 \times 10^6 M_A + 1.75 \times 10^{-7}) \end{aligned} \tag{3.67}$$

火箭发动机（$6.0 < Ma < 24.0$）：

$$\begin{cases} T = -2.42 \times 10^5 + 2.95 \cdot H + 1.44 \times 10^6 \cdot PLA + 1.66 \cdot H \cdot PLA, & H < 17.37\text{km} \\ T = -7.30 \times 10^4 + 1.44 \times 10^5 \cdot PLA + 9.75 \times 10^4 \cdot PLA, & H \geqslant 17.37\text{km} \end{cases} \tag{3.68}$$

式中：PLA 为导杆角，其值为 0~100%。

发动机的推力 T 在机体坐标系的分量 T_x，T_y 和 T_z 分别为

$$
\begin{cases}
T_x = T\cos\delta_z\cos\delta_y \\
T_y = T\cos\delta_z\sin\delta_y \\
T_z = T\sin\delta_z
\end{cases}
\tag{3.69}
$$

由于 δ_y 和 δ_z 是小角度,在$-15°\sim15°$,因此其推力的分量表达式还可以简化为

$$
\begin{cases}
T_x = T \\
T_y = T\delta_y \\
T_z = T\delta_z
\end{cases}
\tag{3.70}
$$

另外,在式(3.17)~式(3.19)中的 m_T 和 n_T 分别为由推力矢量引起的俯仰和偏航力矩,且有

$$
m_T = T_z X_T, n_T = -T_y X_T \tag{3.71}
$$

式中:X_T 为发动机喷嘴到质心的距离。

3.1.9 质量、惯量和重心位置

高超声速飞行器载有大量的燃料,在高超声速飞行过程中,由于发动机燃料或推进剂的快速消耗,因此飞行器的质量随时间发生明显的变化,其质心位置也随之时时改变。因为高超声速飞行器的质心位置和转动惯量与飞行器的质量有关,所以为获得它们的时变表达式,首先须要得到飞行器质量关于时间的表达式。由于飞行器质量的变化规律与燃料消耗量有关,而燃料的消耗提供了发动机推力,因此飞行器瞬时重量 W 、燃料消耗量 W_f 和发动机推力 T 三者之间必然可以建立相互的数学关系。燃料消耗量 W_f 与发动机比冲 I_{sp} 和发动机推力 T 的关系为

$$
W_f = \frac{T}{I_{sp}} \tag{3.72}
$$

其中:AIAA 报告(2006)给出了 I_{sp} 与燃料当量比 Φ 在不同马赫数条件下的变化曲线。

飞行器的重量 W 可表示为

$$
W = W_0 - \int_0^{t_T} W_f \mathrm{d}t \tag{3.73}
$$

式中:W_0 飞行器的初始重量;t_T 为发动机作动时间。

将式(3.73)换算为质量的关系,则

$$
M = M_0 - \frac{1}{g}\int_0^{t_T} W_f \mathrm{d}t \tag{3.74}
$$

式中:M 为飞行器的瞬时质量;M_0 为飞行器的初始质量。

高超声速飞行器的转动惯量 I_{xx},I_{yy},I_{zz} 以及 X_{cg} 都是重量 W(或质量 M)的函数,且通过 NASA 报告(1990)提供的相关数据曲线可以看出,由于重量 W 的变化,I_{xx},I_{yy},I_{zz} 以及 X_{cg} 都发生了明显的变化,因此若进行飞行器的精细化控制,则需要根据 NASA 报告(1990)提供的数据给出 I_{xx},I_{yy},I_{zz} 以及 X_{cg} 与重量 W 的解析表达式,然后进行分析。本书

暂不考虑飞行器重量发生的变化,即将重量 W 、质量 M 、转动惯量 I_{xx}, I_{yy}, I_{zz} 以及重心位置 X_{cg} 全部设置为定常值(表 3-3),这是因为若要考虑飞行器重量的变化,那么在 3.1.4 小节、3.1.5 小节建立的飞行器模型方程也必须重新推导。

表 3-3　M、I_{xx}, I_{yy}, I_{zz} 以及 X_{cg} 参数表

符号	定义	数值	单位
M	飞行器质量	136077	kg
I_{xx}	机体轴 x 方向的转动惯量	1.36×10^{6}	$kg \cdot m^2$
I_{yy}	机体轴 y 方向的转动惯量	1.50×10^{7}	$kg \cdot m^2$
I_{zz}	机体轴 z 方向的转动惯量	1.36×10^{7}	$kg \cdot m^2$
X_{cg}	力矩参考中心到重心的纵向距离	2.90	m
g	重力加速度	9.8	$kg \cdot m^2$

综上所述,高超声速飞行器的六自由度数学模型的建立,已经全部完成。从整个模型的建立过程中不难看出,高超声速飞行器是一个极其复杂的非线性系统,并且具有快时变、强非线性、强耦合的特点。本章后面的内容将针对所建立的高超声速飞行器模型,以仿真曲线的形式给出相关的特性分析,进一步验证其快时变、强非线性、强耦合的特点。

3.2 高超声速飞行器飞行特性分析

控制器的设计必须建立在对被控对象有比较清晰了解的基础之上,对于高超声速飞行器来说,要重点考查其零输入响应和耦合特性和非线性特性。

3.2.1 开环特性分析

令高超声速飞行条件下的初始状态:$x = y = 1000\text{m}, H = 30.0\text{km}, V = M_a = 6, M = 136077\text{kg}, \chi = \gamma = 0, \alpha = 1.5°, \beta = 1°, \mu = 1°, p = r = 0°/\text{s}, q = 5°/\text{s}$,发动机推力 $T = 0\text{kN}$,各操纵舵面偏转为 $\delta_e = \delta_a = \delta_r = \delta_y = \delta_z = 0°$, 仿真曲线如图 3-8 所示。

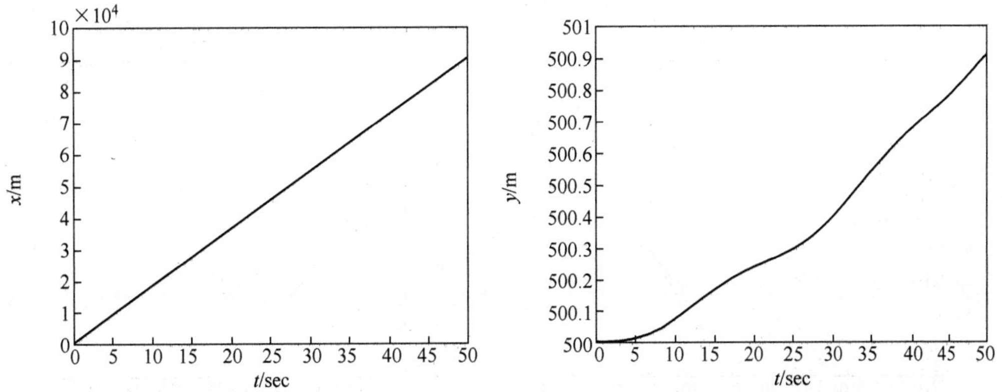

(a) 质心在地面坐标系中的纵向水平位移　　(b) 质心在地面坐标系中的横向水平位移

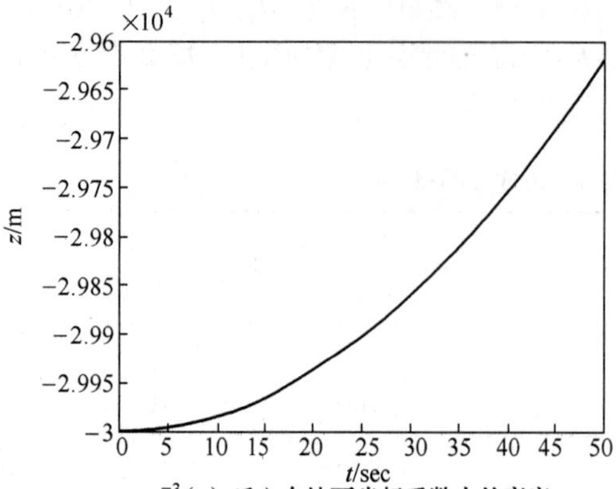

（c）质心在地面坐标系数中的高度

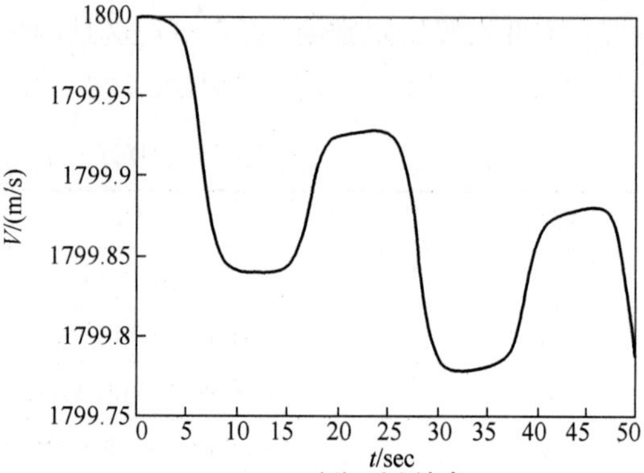

（d）质心速度

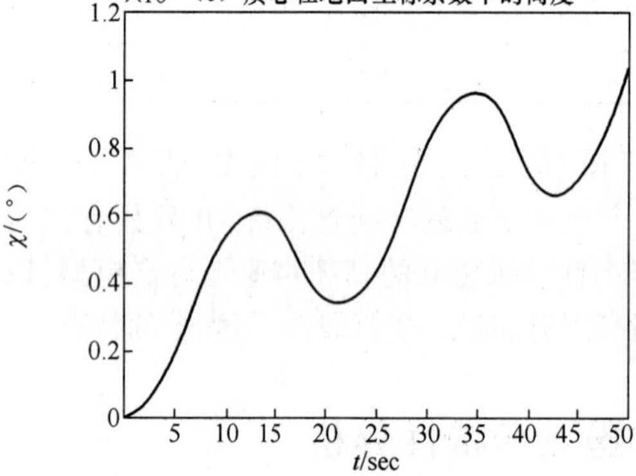

（e）航迹方位角

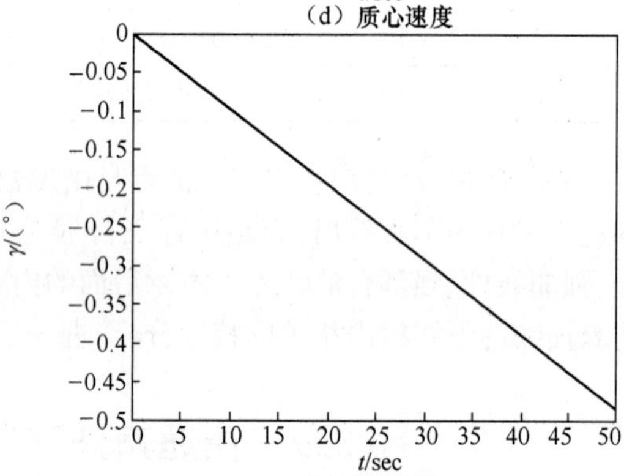

（f）航迹倾角

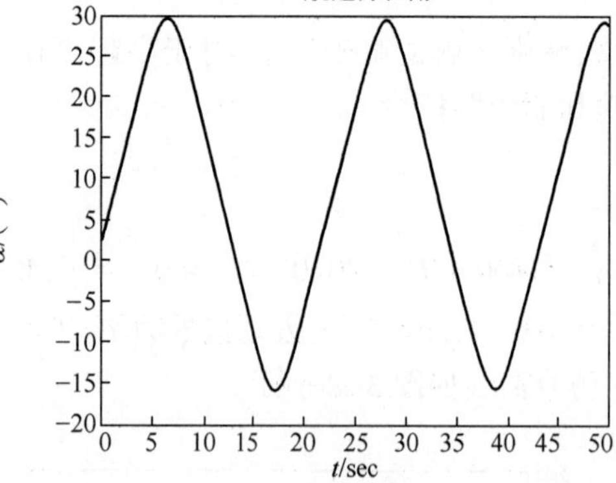

（g）迎角

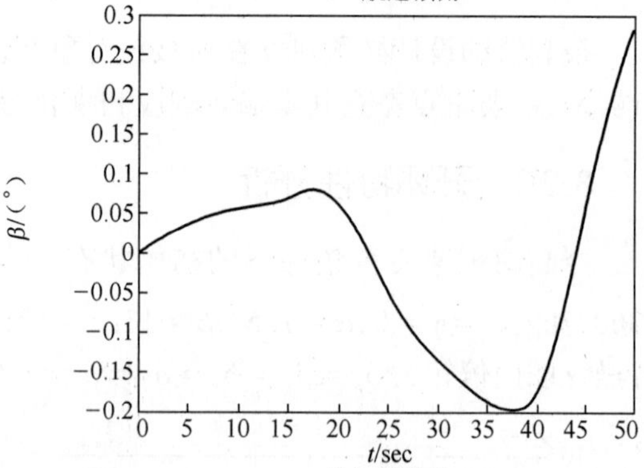

（h）侧滑角

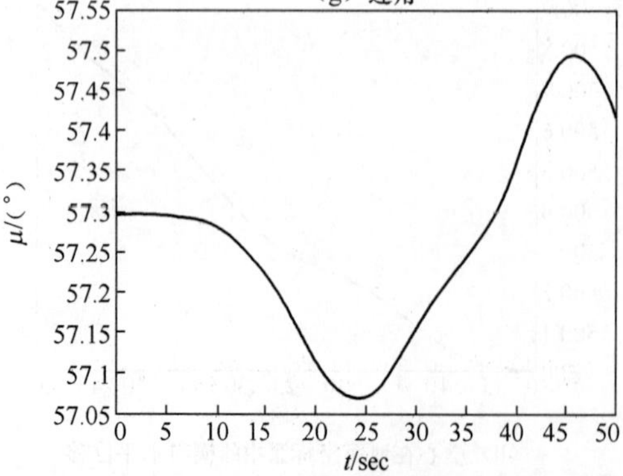

（i）航迹滚转角

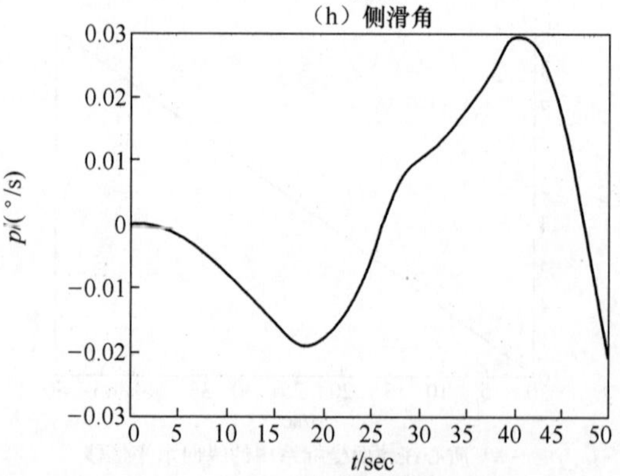

（j）滚转角速率

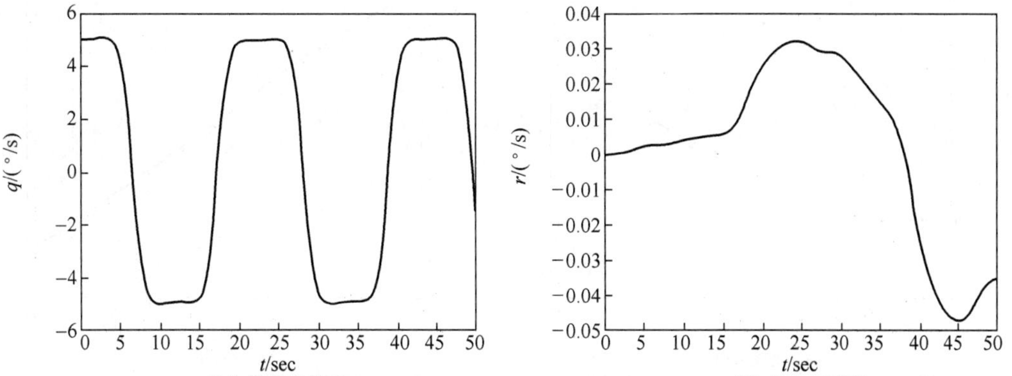

(k) 俯仰角速率　　(l) 偏转角速率

图 3-8　高超声速飞行器高超声速条件下的零输入响应

在球面大地假设情况下，考察高超声速飞行器零输入响应。令初始状态：$H = 50.0\text{km}(R = 6371\text{km} + 50\text{km})$，$\tau = 119°$，$\delta = 32°$，$V = 3000\text{m/s}$，$M = 136820\text{kg}$，$\chi = \gamma = 0$，$\alpha = 1.5°$，$\beta = 2°$，$\mu = 2°$，$p = q = r = 0$，发动机推力 $T = 0\text{kN}$，各操纵舵面偏转为 $\delta_e = \delta_a = \delta_r = \delta_y = \delta_z = 0°$，仿真曲线如图 3-9 所示。

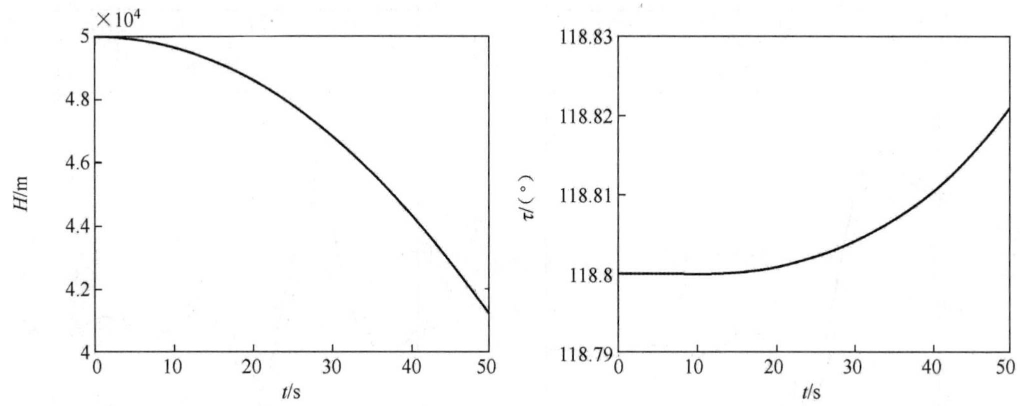

(a) 质心高度　　(b) 质心经度

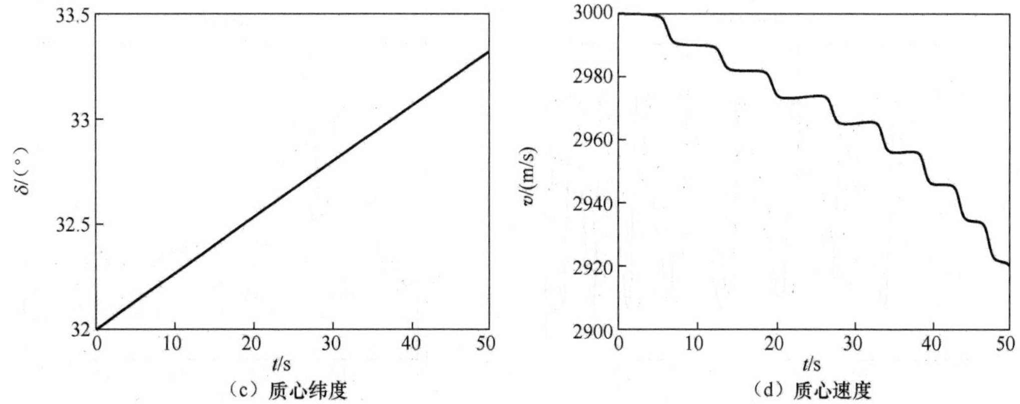

(c) 质心纬度　　(d) 质心速度

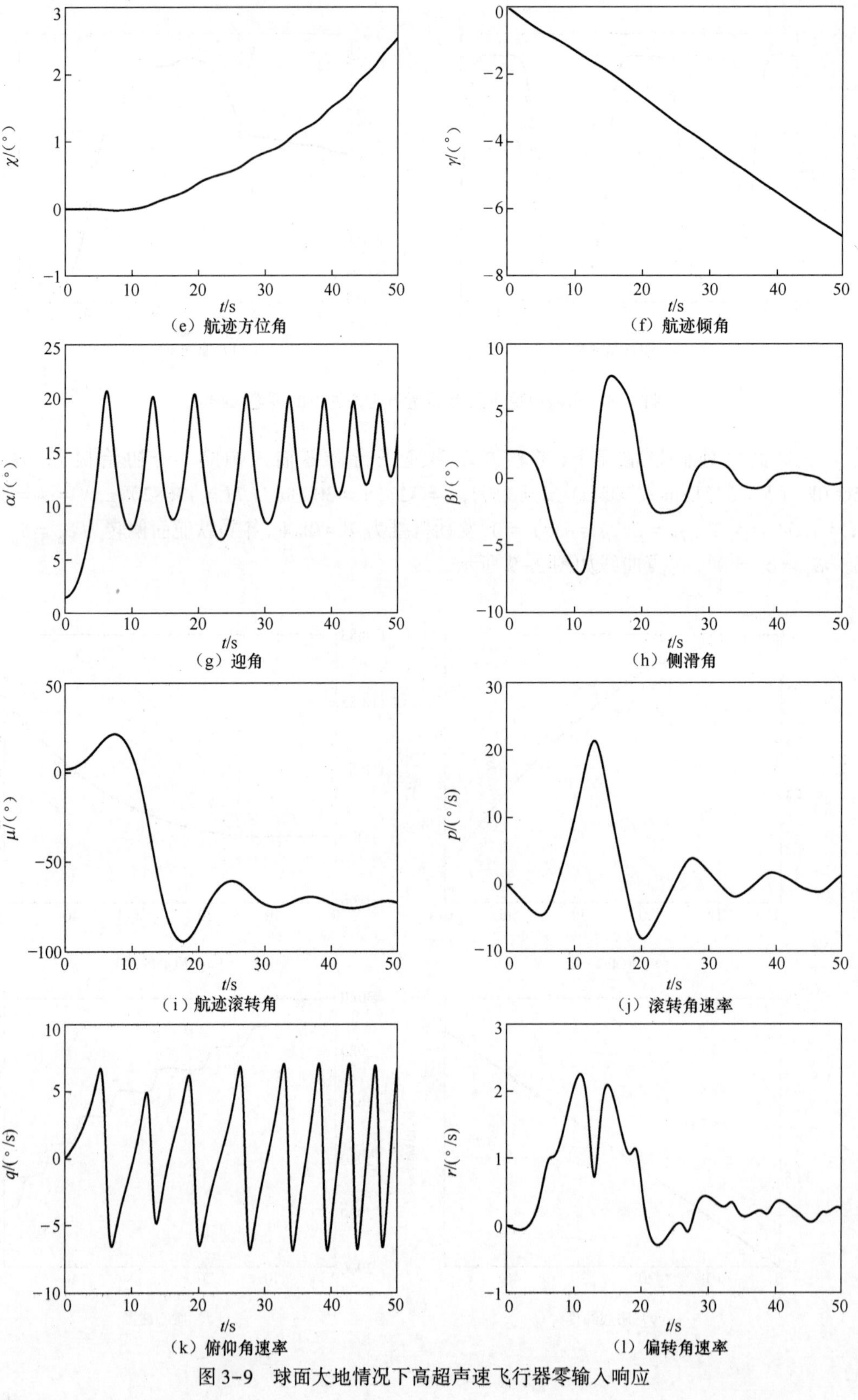

（e）航迹方位角　（f）航迹倾角

（g）迎角　（h）侧滑角

（i）航迹滚转角　（j）滚转角速率

（k）俯仰角速率　（l）偏转角速率

图 3-9　球面大地情况下高超声速飞行器零输入响应

由图 3-8 和图 3-9 可以看出,开环系统在零输入下的响应情况表明,在无控制作用时,高超声速飞行器的姿态角以及姿态角速率变化明显并且自身无法趋于稳定值,飞行状态十分恶劣。因此,若要针对高超声速飞行器进行飞行控制,控制器的设计则必须考虑其快时变的特性。

3.2.2 耦合特性分析

高超声速飞行器存在强烈的非线性耦合,基于上面所建立的平面大地时的飞行器模型,本小节对其变量之间的耦合进行特性分析。耦合特性分析主要从以下两个方面进行,一是姿态与轨迹之间的耦合;二是姿态三个通道之间的耦合。

1. 姿态与轨迹之间的耦合特性分析

在不考虑推力矢量的情况下,高超声速飞行器的轨迹改变是通过姿态的变化来实现,而在飞行过程中又要保证姿态的稳定,飞行轨迹的变化又会促使姿态离开旧的平衡点,飞行轨迹调整完成后姿态会进入一个新的平衡点。因此,高超声速飞行器的姿态和轨迹相互影响、相互耦合。下面分别研究迎角、侧滑角、滚转角与轨迹的耦合特性。系统状态初值设置:$x_0 = 1000\text{m}$、$y_0 = 1000\text{m}$、$z_0 = -30000\text{m}$、$V_0 = 1800\text{m/s}$、$\chi_0 = 0°$、$\gamma_0 = 0°$、$p_0 = q_0 = r_0 = 0°/\text{s}$,操纵舵面设置:$\delta_e = \delta_a = \delta_r = \delta_y = \delta_z = 0°$ 。

1) 迎角与轨迹的耦合特性

先设置侧滑角与滚转角的初值为 $\beta_0 = \mu_0 = 2°$,然后保持系统其他变量的值不变,将迎角 α 的初值分别设置为 $-3°$、$1°$、$8°$,研究迎角 α 的变化对轨迹变量 x、y、z 的影响,得到迎角与轨迹的耦合特性曲线,如图 3-10 所示。

由图 3-10 可以看出,迎角 α 与 x 和 y 的耦合比 α 与 H 的耦合弱,其中对 x 的影响几乎没有,对 y 有微弱的影响,迎角为正且数值较大时对 y 的影响最小,而负的迎角作用后会引起一定的位置偏差,此时迎角 α 与 y 的耦合较强。迎角 α 与 H 的耦合最强,在 α 都为正的时候,不同大小引起的位置偏差达到 10^2m 级别,而当 α 符号不同时,位置偏差达到了 10^3m。从图 3-10(a)、(b)、(c)可以得到两个结论:一是 α 与 H 的耦合远远强于 α 与 x 和 y;二是 α 与轨迹的耦合对于符号特别敏感,不同符号时的耦合影响比相同符号时强 10 倍。

2) 侧滑角与轨迹耦合特性

设置迎角与滚转角的初值为 $\alpha_0 = 2°$、$\mu_0 = 0°$,同理,系统其他变量的值保持不变,将侧滑角 β 的初值分别设置为 $-3°$、$1°$、$8°$,研究侧滑角 β 的变化对轨迹变量 x、y、H 的影响,得到侧滑角与轨迹的耦合特性曲线如图 3-11 所示。

由图 3-11 可以看出,β 与 x 和 H 的耦合非常微弱可以忽略不计。β 与 y 的耦合最强且其对符号敏感,β 每改变 4° 在 10s 之后引起的 y 方向位置偏差就能达到 10^2m 量级,且耦合对于 β 的绝对值大小比较敏感,当 β 绝对值较大对于 y 的影响明显强于 β 绝对值较小时,前者位置偏差达到了 10^2m 量级,而后者的影响带来的位置偏差只有其十分之一。

3) 滚转角与轨迹耦合特性

设置迎角与侧滑角的初值为 $\alpha_0 = 2°$、$\beta_0 = 0°$,将滚转角 μ 的初值分别设置为$-3°$、$1°$、$8°$,其他变量的值保持不变,研究滚转角 μ 的变化对轨迹变量 x、y、H 的影响,得到滚转角与轨迹的耦合特性曲线如图 3-12 所示。

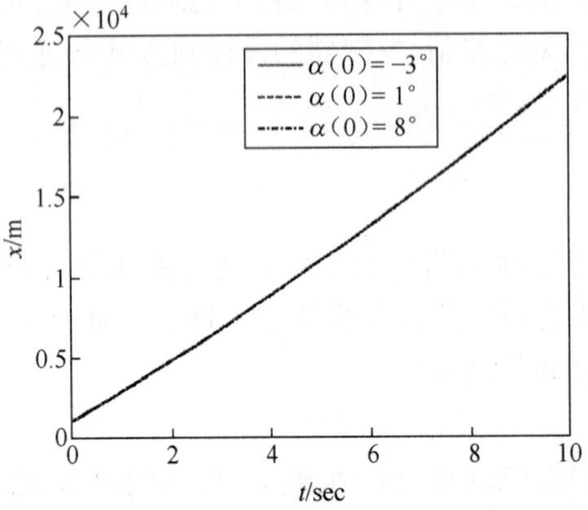

（a）α与x的耦合特性曲线

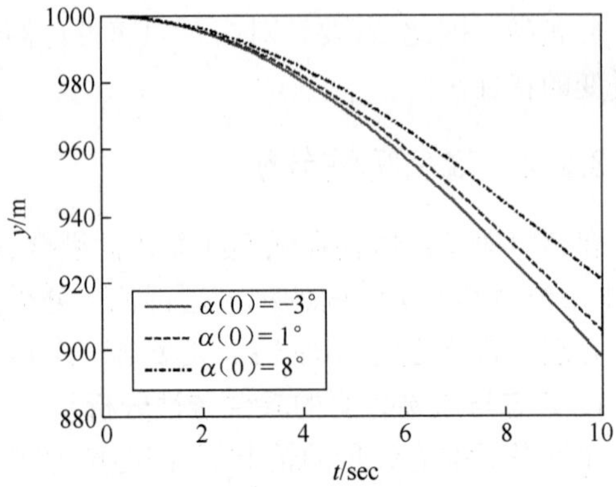

（b）α与y的耦合特性曲线

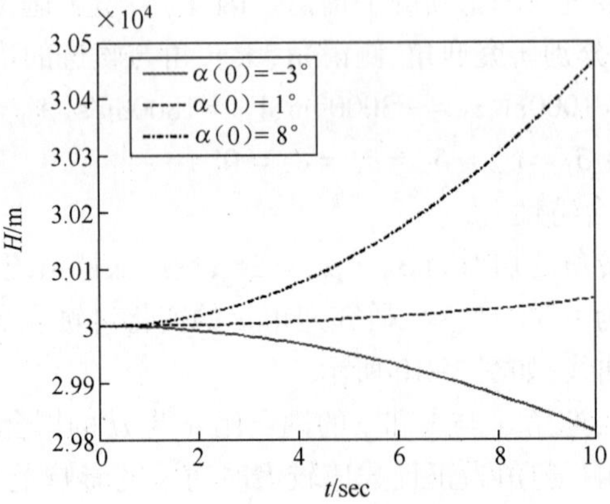

（c）α与H的耦合特性曲线

图 3-10　迎角与轨迹耦合特性曲线

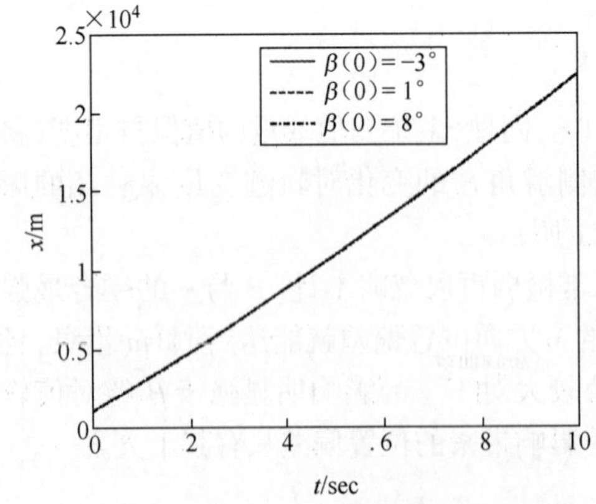

（a）β与x的耦合特性曲线

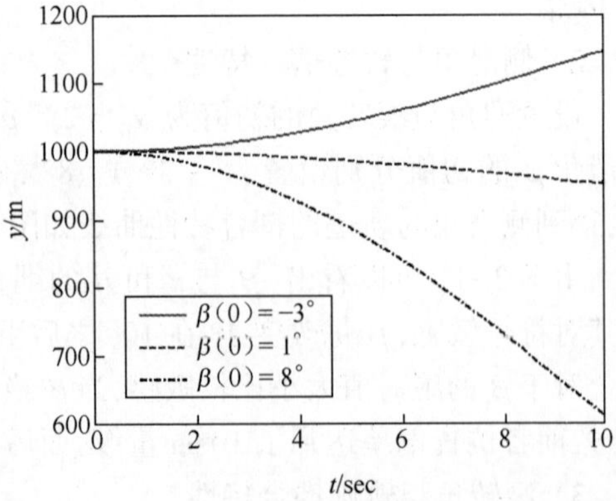

（b）β与y的耦合特性曲线

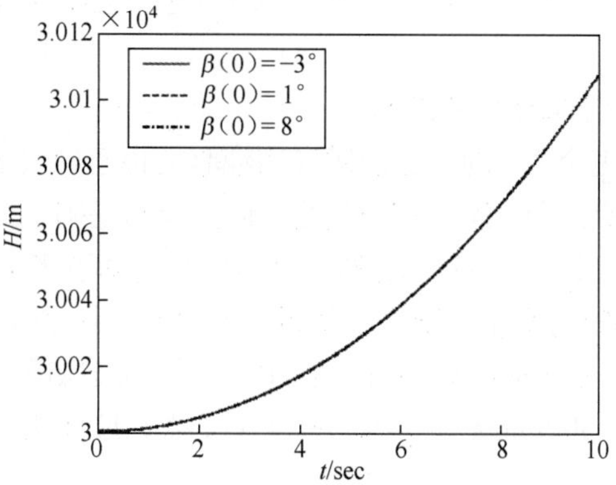

(c) β与H的耦合特性曲线

图 3-11　侧滑角与轨迹耦合特性曲线

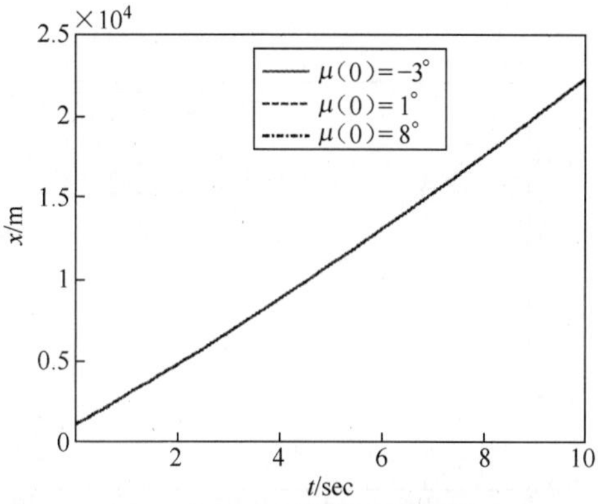

(a) μ与x的耦合特性曲线

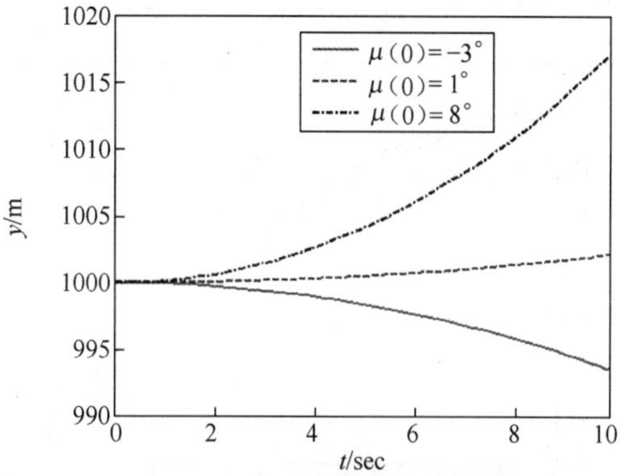

(b) μ与y的耦合特性曲线

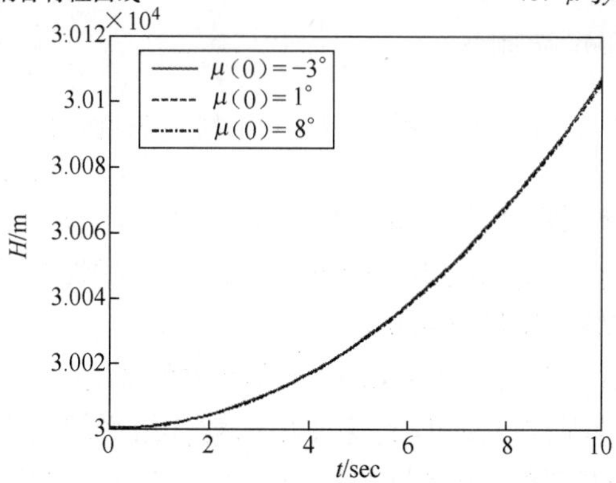

(c) μ与H的耦合特性曲线

图 3-12　滚转角与轨迹耦合特性曲线

由图 3-12 可以看出,滚转角 μ 与 x 和 H 的耦合很微弱,可以忽略其耦合影响。滚转角与轨迹的耦合主要体现在 μ 与 y 的耦合,分析其耦合曲线可以得出以下结论:y 受 μ 的绝对值变化影响较大而对其符号变化不敏感,当 μ 的绝对值较小时 y 近似直线增长,μ 对

y 的影响很小；当 μ 的绝对值增大时，由于耦合作用，飞行 10s 以后便会在 y 方向产生 10～20m 的位置偏差。

2. 姿态三个通道间的耦合特性分析

高超声速飞行器的三个姿态通道之间存在强耦合，由于改变其中一个变量值便会对其他变量产生影响，而保证飞行器姿态稳定是飞行安全的基础，因此姿态通道间的耦合威胁飞行安全。若要获得好的飞行品质就要避免姿态耦合对于飞行的不利影响，其前提条件是对姿态三个通道之间的耦合情况有足够的了解和研究。下面通过研究三个通道两两之间的耦合特性来介绍三个通道间的耦合情况。系统状态初值设置：$x_0 = 2000\text{m}$、$y_0 = 1000\text{m}$、$z_0 = 30000\text{m}$、$V_0 = 3000\text{m/s}$、$\chi_0 = 0°$、$\gamma_0 = 0°$，操纵舵面设置：$\delta_e = \delta_a = \delta_r = \delta_y = \delta_z = 0°$。

1）俯仰通道与滚转通道的耦合特性

首先，设置姿态系统变量初值为 $\beta_0 = \mu_0 = 2°$，$p_0 = q_0 = r_0 = 0°/\text{s}$，将迎角 α 的初值分别设置为-3°、1°、8°，研究迎角 α 的变化对于滚转通道的影响。α 与滚转通道的耦合特性曲线如图 3-13 所示。

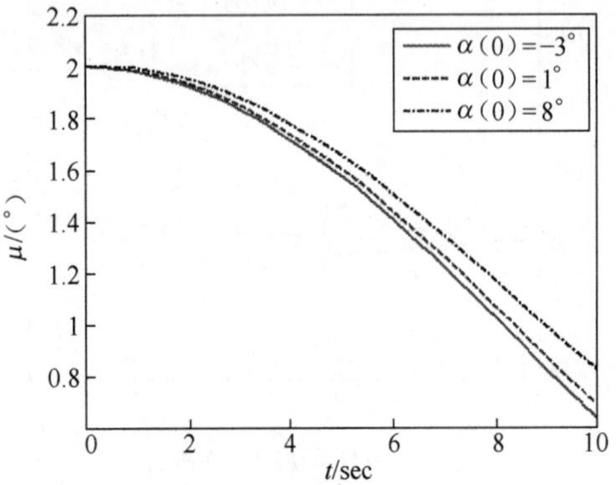

(a) α与μ的耦合特性曲线

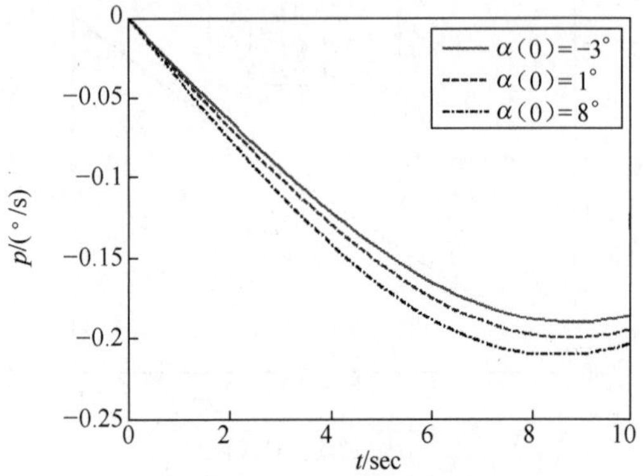

(b) α与p的耦合特性曲线

图 3-13 α 与滚转通道的耦合特性曲线

然后，设置姿态系统变量初值为 $\alpha_0 = \beta_0 = \mu_0 = 2°$，$p_0 = r_0 = 0°/\text{s}$，将俯仰角速率 q 的初值分别设置为-3°/s、1°/s、8°/s，研究俯仰角速率 q 的变化对于滚转通道的影响。q 与滚转通道的耦合特性曲线如图 3-14 所示。

由图 3-13 可以看出，滚转通道对 α 的符号不太敏感，α 为负时对滚转角的耦合更大，但对于滚转角速率的耦合反而更小，这种相互耦合给系统姿态调整带来了困难，当调整 α 时，必须考虑到其对滚转通道变量的影响。由图 3-14 可以看出，q 对滚转角的影响与 α 对滚转角的影响是相似的，但 q 对滚转角的影响更强，在研究取值的范围内，q 值越小，其变化带给滚转角的耦合就越强，其对滚转角速率的影响比 α 对滚转角的影响要强，但无规律可循。从图 3-13 和图 3-14 可以看出，俯仰通道与滚转通道的耦合较强。

2）俯仰通道与偏航通道的耦合特性

同理设置初始条件与图 3-13 相同，研究迎角 α 的变化对于偏航通道的影响。α 与偏航通道的耦合特性曲线如图 3-15 所示。

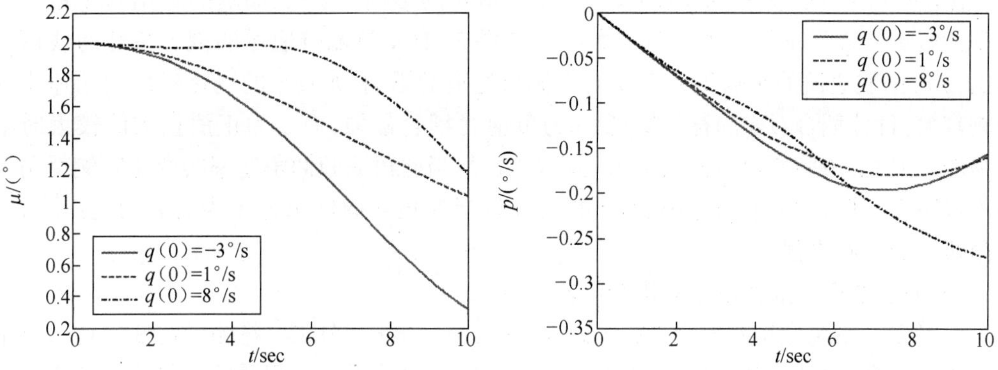

（a）q与μ的耦合特性曲线　（b）q与p的耦合特性曲线

图 3-14　q 与滚转通道的耦合特性曲线

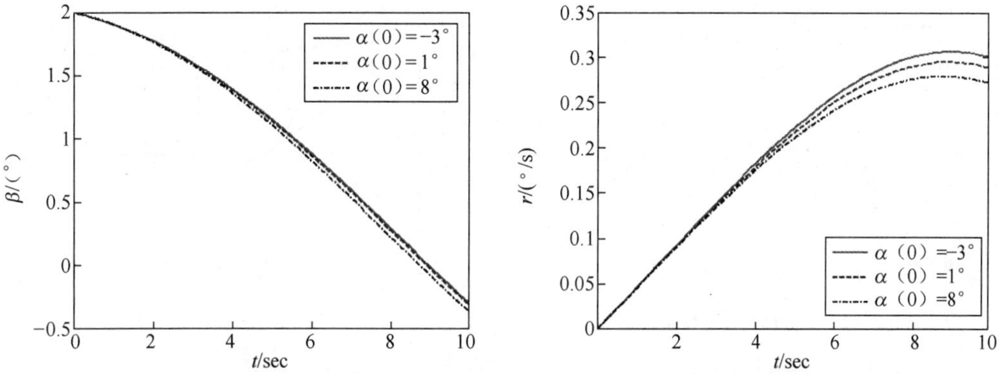

（a）α与β的耦合特性曲线　（b）α与r的耦合特性曲线

图 3-15　α 与偏航通道的耦合特性曲线

设置初始条件与图 3-14 相同,研究俯仰角速率 q 的变化对于偏航通道的影响。q 与偏航通道的耦合特性曲线如图 3-16 所示。

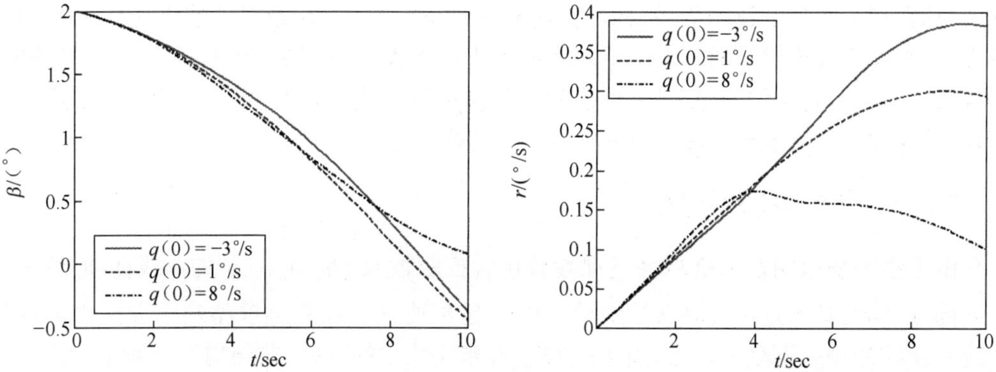

（a）q与β的耦合特性曲线　（b）q与r的耦合特性曲线

图 3-16　q 与偏航通道的耦合特性曲线

由图 3-15 可以看出，α 值的大小对于侧滑角的影响并不大，而负的 α 值对于偏航角速率的影响要强于正的 α 值对其的影响。从图 3-16 q 与偏航通道的耦合特性曲线可以看出，q 对偏航通道的影响要大于 α 对于偏航通道的影响，尤其 q 的变化对偏航角速率的影响较大，且该耦合对 q 的符号敏感，q 为负值时耦合最强，而 q 为正值且数值较大时耦合最弱。因此，俯仰通道与偏航通道的耦合情况：当迎角或俯仰角速率的变化对侧滑角影响不很明显，其对于偏航角速率影响较大，并且当迎角或俯仰角速率为负时，其变化对偏航角速率的影响更强。

3）偏航通道与滚转通道的耦合特性

设置姿态系统变量初值为：$\alpha_0 = \mu_0 = 2°, p_0 = q_0 = r_0 = 0°/s$，将侧滑角 β 的初值分别设置为 -3°、1°、8°，研究侧滑角 β 的变化对于滚转通道的影响。侧滑角 β 与滚转通道的耦合特性曲线如图 3-17 所示。

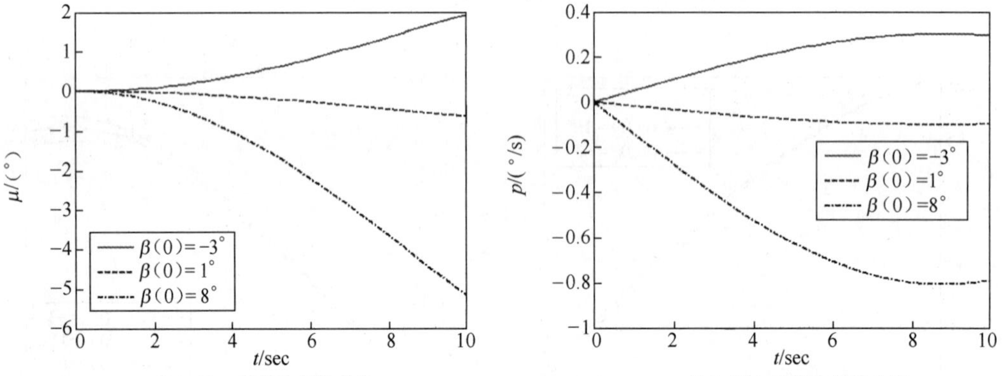

（a）β与μ的耦合特性曲线　（b）β与p的耦合特性曲线

图 3-17　β 与滚转通道的耦合特性曲线

设置姿态系统变量初值为 $\alpha_0 = \beta_0 = \mu_0 = 2°, p_0 = q_0 = 0°/s$，将偏航角速率 r 的初值分别设置为 -3°/s、1°/s、8°/s，研究偏航角速率 r 的变化对于滚转通道的影响。r 与滚转通道的耦合特性曲线如图 3-18 所示。

由图 3-17 可以看出，正值的 β 影响 μ 向负值方向发展，负值的 β 影响 μ 向正值方向发展，其影响大小与 β 符号无关，而与 β 绝对值的大小有关，β 绝对值越大对 μ 的影响也越大。β 对 p 的影响也是随着 β 的绝对值的增大而增大。由图 3-18 可以看出，与 β 不同，正值的 r 影响 μ 向正值方向发展，负值的 r 影响 μ 向负值方向发展，影响大小与 r 绝对值正相关。同时，可以看到 r 对 p 的影响也与 r 绝对值正相关。

3.2.3　非线性特性分析

由于本书采用的表 3-2 所列气动参数包含控制输入（$\delta_e, \delta_a, \delta_r$）的非线性项，称为非仿射部分，因此基于这类气动参数所建立的高超声速飞行器数学模型属于非仿射非线性系统。在控制输入不全为零时，由于控制输入非线性项的存在，非仿射系统响应状态明显区别于忽略控制输入非线性项的仿射系统。图 3-6 给出了气动参数 $C_D, C_L, C_Y, C_l, C_m, C_n$ 与气动舵面 $\delta_e, \delta_a, \delta_r$ 关系曲线图，而气动参数的变化必然影响气动力和气动力矩的变

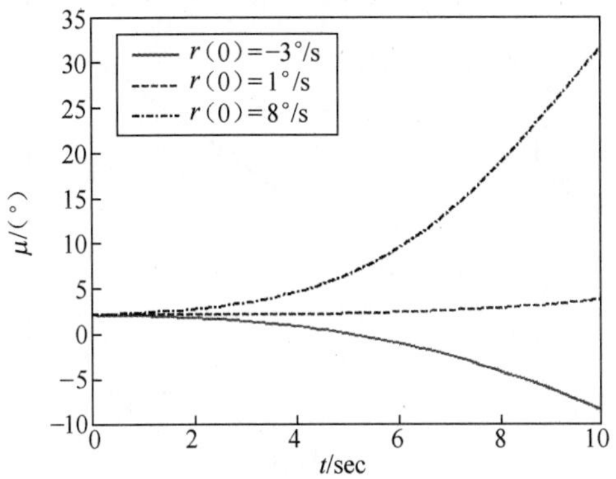

(a) r与μ的耦合特性曲线

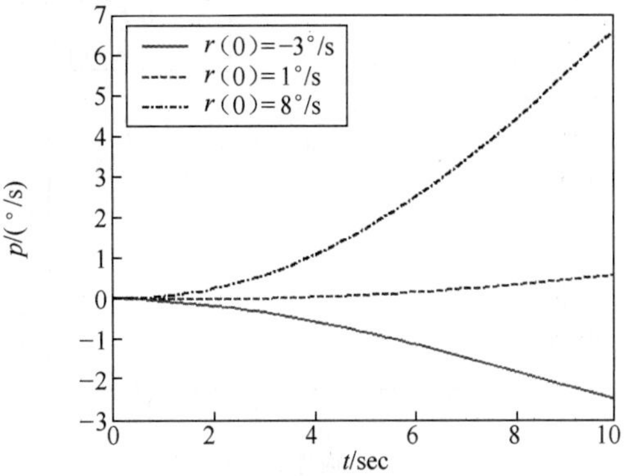

(b) r与p的耦合特性曲线

图 3-18 r 与滚转通道的耦合特性曲线

化，进而改变飞行器的状态。下面以平面大地时所描述的高超声速飞行器模型为仿真对象，介绍非仿射模型和仿射模型之间的差异。

令高超声速飞行条件下的初始状态为 $x = y = 1000\text{m}$，$H = 30.0\text{km}$，飞行速度 V 马赫数为 6，$M = 136077\text{kg}$，$\chi = \gamma = 2°$，$\alpha = 5°$，$\beta = 0°$，$\mu = 0°$，$p = q = r = 0°/\text{s}$，发动机推力 $T = 0\text{kN}$，各操纵舵面偏转角为 $\delta_e = 20°$，$\delta_a = 20°$，$\delta_r = 20°$，$\delta_y = \delta_z = 0°$，仿真曲线图如图 3-19 所示。

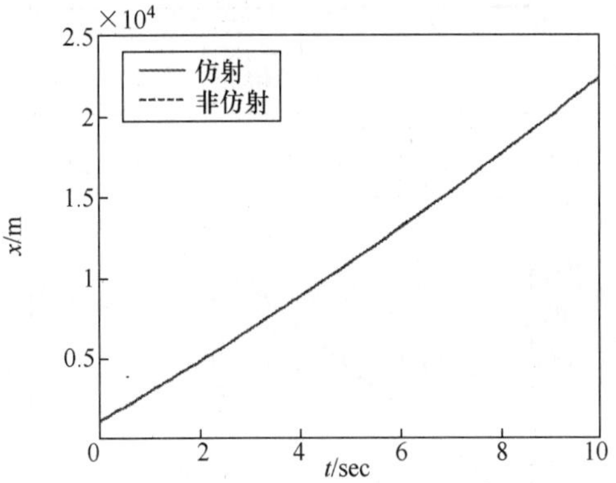

(a) 质心在地面坐标系中的纵向水平位移

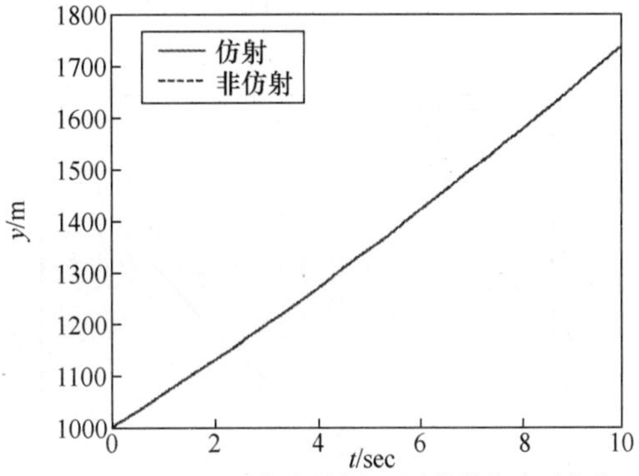

(b) 质心在地面坐标系中的横向水平位移

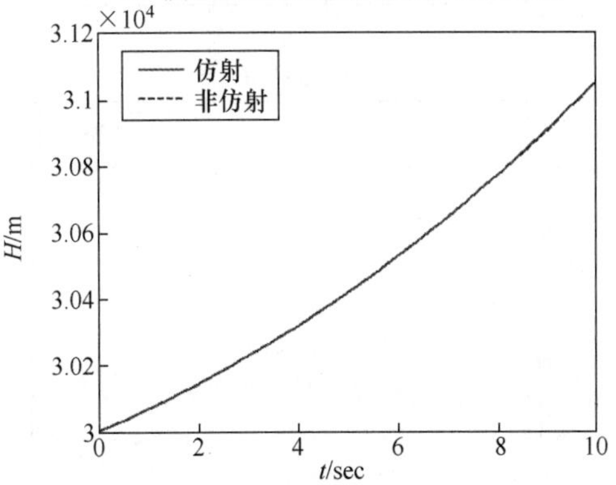

(c) 质心在地面坐标系中的高度

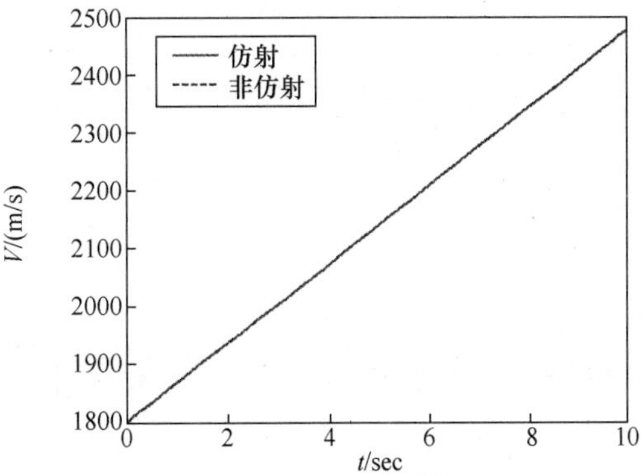

(d) 飞行速度

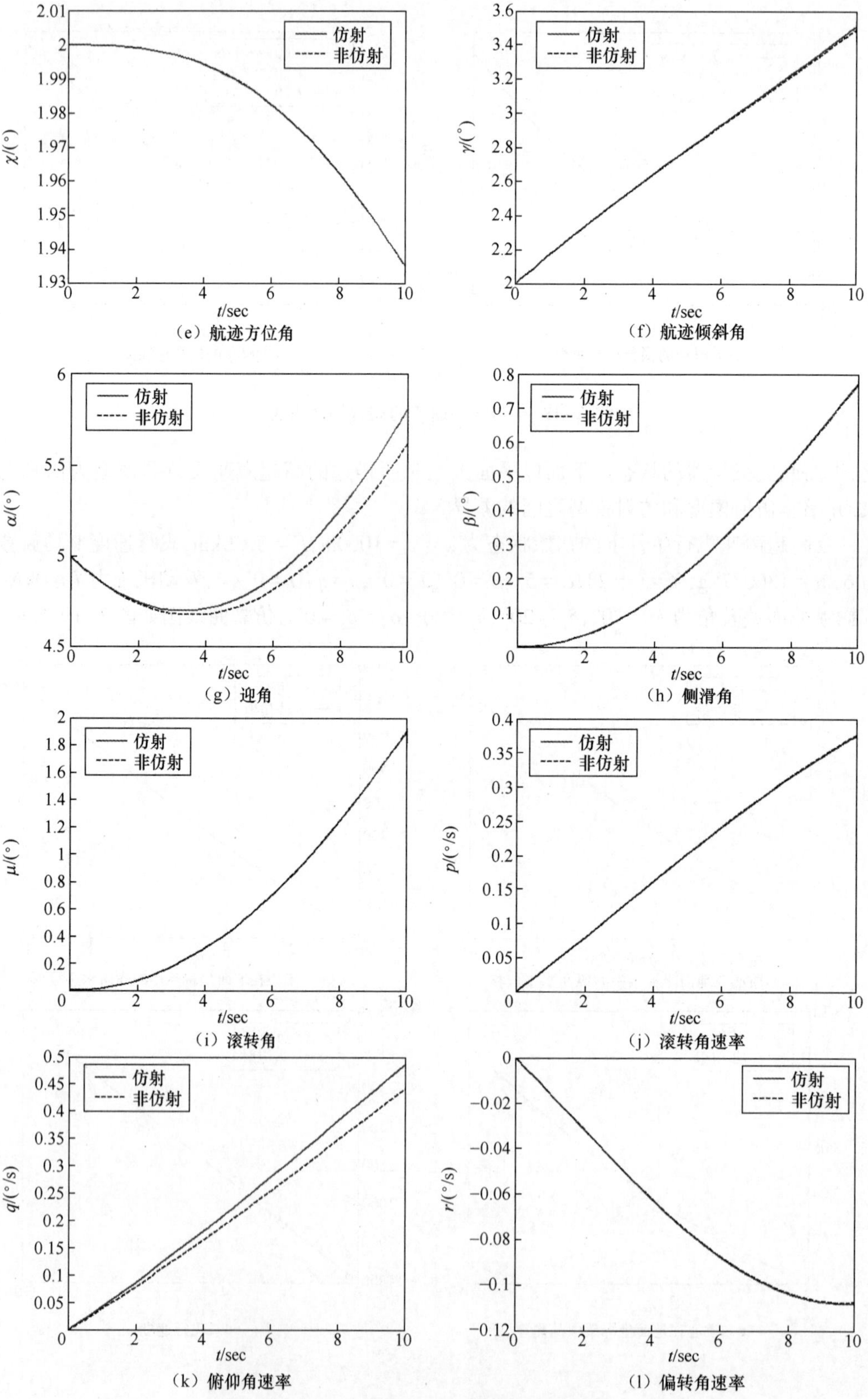

图 3-19　非仿射特性对系统响应的影响

从图 3-19 可以看出，当 $\delta_e = 20°$，$\delta_a = 20°$，$\delta_r = 20°$ 时，非仿射非线性和仿射非线性对飞行器的影响主要体现在迎角 α 和俯仰角速率 q 上，而对飞行器的轨迹以及其他状态影响都可以忽略。因此，当需要考察飞行器的短周期运动时，需要考虑非仿射对飞行器系统的影响。

下面研究舵面偏转角更大时，非仿射部分对高超声速飞行器的影响。当气动舵面偏转角为 $\delta_e = 30°$，$\delta_a = 30°$，$\delta_r = 30°$ 时，其他仿真条件与图 3-19 一样，飞行器的仿真曲线如图 3-20 所示。

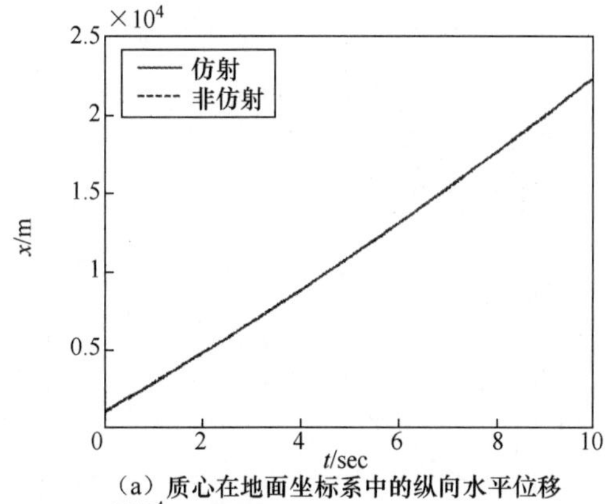

(a) 质心在地面坐标系中的纵向水平位移

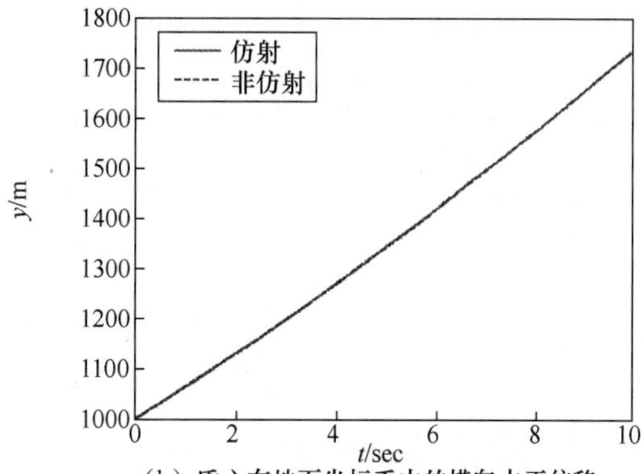

(b) 质心在地面坐标系中的横向水平位移

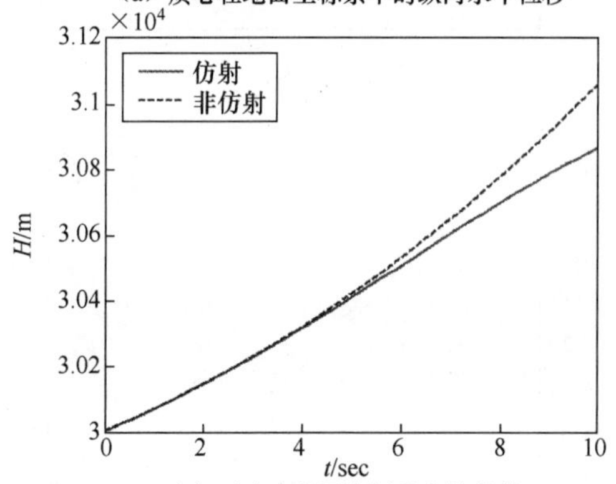

(c) 质心在地面坐标系中的高度

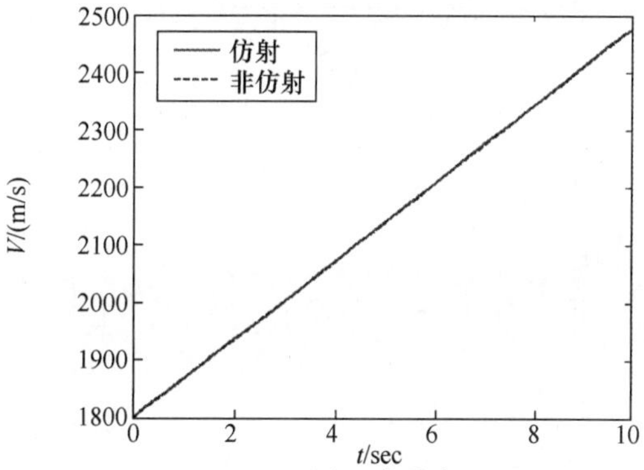

(d) 飞行速度

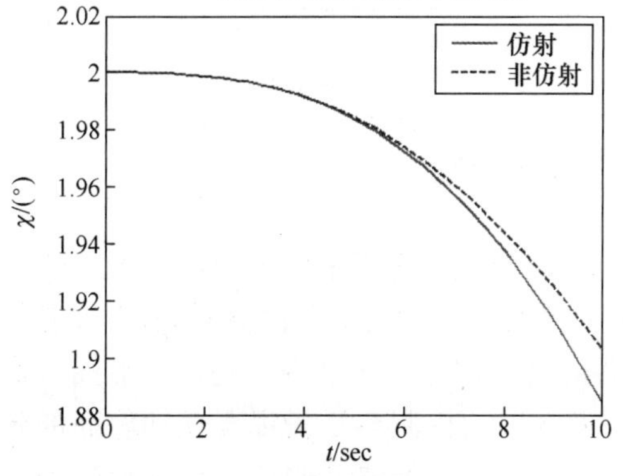

(e) 航迹方位角

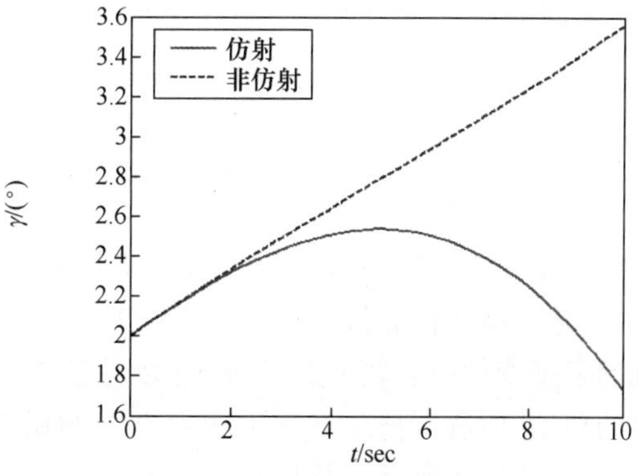

(f) 航迹倾斜角

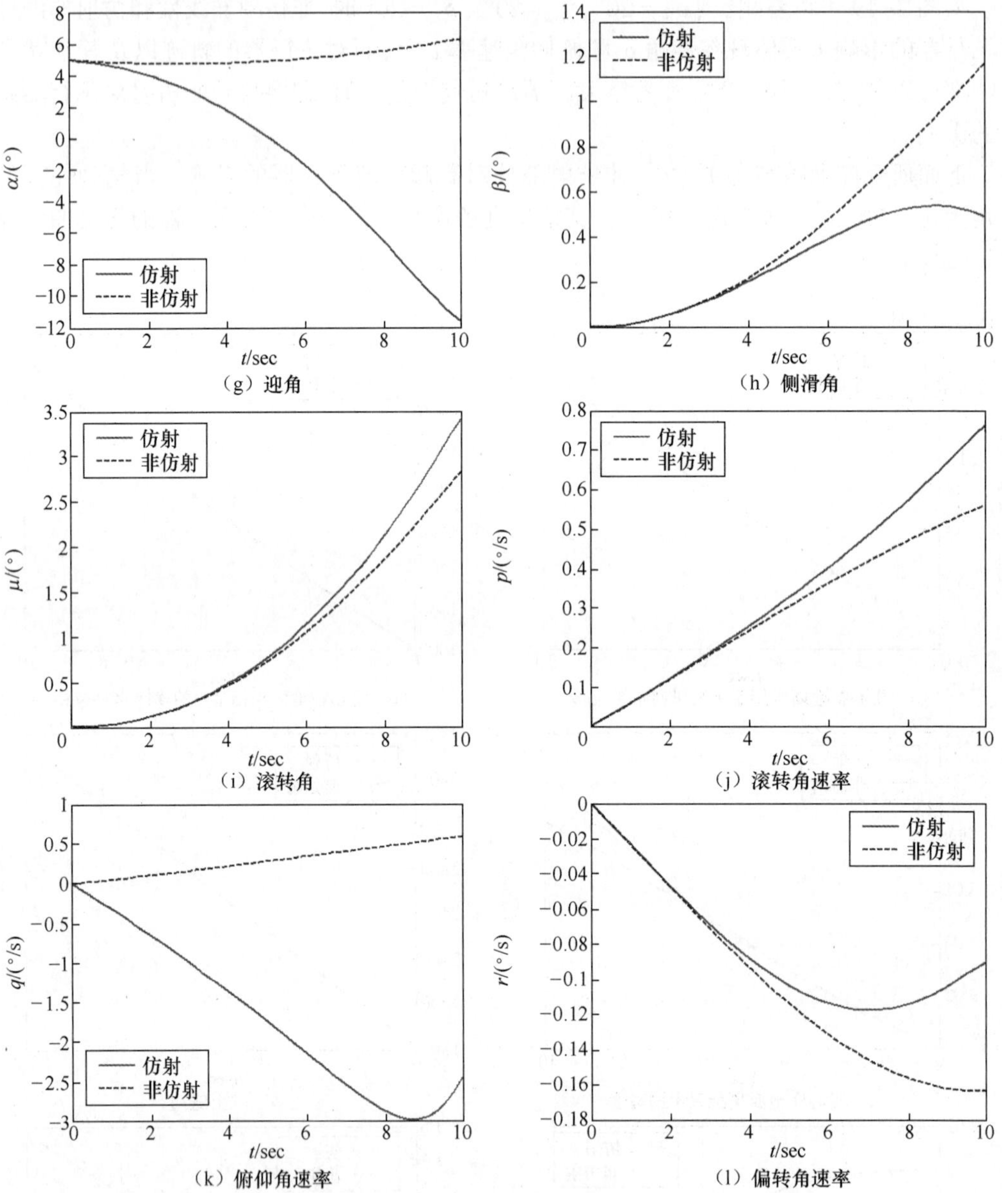

(g) 迎角　(h) 侧滑角
(i) 滚转角　(j) 滚转角速率
(k) 俯仰角速率　(l) 偏转角速率

图 3-20　非仿射特性对系统响应的影响

从图 3-20 可以看出,图 3-20 与图 3-19 相比较,当气动舵面偏转角为 $\delta_e = 30°$,$\delta_a = 30°$,$\delta_r = 30°$ 时,非仿射非线性和仿射非线性存在明显的差异,此时非仿射部分不仅对所有的姿态变量产生较大的影响,还会引起飞行器的高度偏差。虽然 30° 是气动舵面满偏时的角度,但通常情况下为了减少推力的损耗,飞行器的控制会尽量提高气动舵面的效率,所以满偏在实际飞行控制中也是常有的情形。因此,如果忽略非仿射对飞行器的影响,则将大大地影响飞行控制品质,为此将考虑气动舵面的非仿射影响来设计高超声速飞行器的控制。

3.3 高超声速飞行器控制特点分析

飞行控制器是飞行过程中的指令发出者,是高超声速技术中最核心的部分,其直接关系到飞行安全和作战任务执行效能。高超声速飞行器的飞行环境与传统低速飞行器有很大区别,其飞行高度为距地面 20~100km 的高空,而传统低速飞行器大多在 20km 以下的高空,这两个飞行区域的大气密度、气压、温度等,与飞行控制密切相关的大气参数差别很大,其相对应的各自飞行控制器的设计也有很大区别。

3.3.1 控制的关键技术与难点

由于高超声速飞行器具有复杂的非线性、多级交叉强耦合、快时变、从模型到环境始终存在不确定的四大特性,加上其超高的速度和独特的气动外形,因此使得其飞行控制器的设计条件要比传统飞行器严苛许多。高超声速飞行控制系统设计的困难之处,具体如下:

(1) 姿态可允许变化范围小。由于其高超声速特性,较大的姿态角会带来很大的气动力,破坏飞行稳定,因此其姿态角(尤其是迎角和侧滑角)的允许变化范围要明显小于传统飞行器的姿态变化范围。这使得飞行器姿态调整及轨迹变化周期变长,控制系统调节时间相应的增加。

(2) 由于空气密度变化大,气动舵面控制效率不稳定,为了保证良好的可操控性能,推力矢量发动机的辅助控制必不可少。所以,控制器设计过程中要考虑到这两种控制输入的协调配合问题,根据空气密度和气动舵面控制效率的变化实时协调气动舵面与超燃冲压推力矢量发动机。

(3) 系统具有较大的不确定性和强外界干扰。受制于现阶段的工程技术水平,地面实验很难模拟出高超声速飞行器的高空真实飞行环境,因此根据地面实验所建立的模型与真实模型有一定的差距,给系统带来了较大的不确定性;与此同时,高速性能放大了外部干扰。所以,要求所设计的控制系统必须具有强鲁棒性,能够在不确定和干扰的作用下保持控制系统性能。

(4) 各通道之间、各个变量之间存在强烈的非线性耦合。传统飞行器一般采用解耦的方法解决耦合问题,将各通道分开设计,因此忽略了各通道之间以及各个变量之间的相互耦合问题给飞行控制器带来的影响。在高超声速飞行控制器设计中,上面这种设计思路是行不通的,因为其具有比传统飞行器更复杂的系统结构,相互耦合关系更强,不考虑耦合强行进行解耦控制,看似合理的设计在实际飞行中会与设计指标差之千里,产生严重的后果。所以,只有通过深入研究各个通道以及各个变量之间的协调关系才有可能解决其非线性耦合问题。

可以看出,高超声速飞行器的飞行控制系统设计是一项具有挑战性的工作。本书旨在通过研究高超声速飞行器的飞行特性进行飞行控制器的设计,实现飞行状态的有效控制,在解决非线性问题的同时又具有良好的鲁棒性能。非线性控制是解决飞行器强非线性问题的必由之路,本书主要在高超声速飞行器飞行控制方面提出新的思路及设计方法。

3.3.2 非线性飞行控制技术分析

线性控制方法虽然具有结构简单、便于实现等优点，但是其在控制具有强烈非线性和不确定性的飞行器的时候也显得捉襟见肘。其主要原因有两点：一是线性控制方法高度依赖于被控对象的线性模型，在将非线性系统进行线性化的过程中就已经产生了比较大的误差，控制精度较差；二是线性控制方法鲁棒性较差，往往要结合鲁棒方法与线性控制方法才能应对飞行器的不确定性以及干扰。为了设计出具有高精度和强鲁棒性的飞行控制系统，非线性控制方法是应用最为广泛的方法，主要包括动态逆（dynamic inversion，DI）、反馈线性化（feedback linearization，FBL）、回馈递推（backstepping）、滑模变结构控制（sliding mode control，SMC）、不确定控制等方法。

动态逆方法是基于被控对象精确的非线性数学模型，先通过设计非线性控制器将系统模型中的非线性抵消，原系统转化为一个线性系统，然后运用线性系统设计方法来完成设计，使闭环系统达到预期的性能指标。动态逆方法在飞行控制系统设计方面有独特的优势：一是该方法具有普遍性，适用于各种飞行器的飞控系统设计；二是动态逆方法消除了系统的非线性因素，将变量之间的非线性耦合关系简化为线性解耦关系；三是控制器中的非线性抵消使得其对系统参数的变化不敏感，不会随着系统参数变化而改变；四是理论设计较为简单直观，工程实现方便、可行。这些优点使动态逆方法在飞行控制律设计中广受青睐。然而，动态逆方法对建模精度要求很高，严重依赖于精确的被控对象模型，若存在一定程度的建模误差，则非线性抵消无法实现，设计出的控制器也不能达到要求的性能指标。除此之外，外界干扰、系统参数摄动等一系列不确定性都会在很大程度上影响控制系统性能。因此，动态逆方法使用过程中常结合其他方法来提升控制性能。例如，先将动态逆方法与自适应方法结合，利用自适应方法调整神经网络权值来逼近系统中的不确定性，然后在动态逆控制器设计中进行在线补偿，使系统在应对不确定性时表现出更强的鲁棒性；基于 RBF 神经网络的干扰观测器来逼近动态逆误差，弥补动态逆方法对于模型精度要求高的先天不足；在不确定性建模问题的基础上，还可结合 $H\infty$ 方法与 μ 方法研究 μ-$H\infty$ 鲁棒动态逆控制器，从而提高系统的鲁棒性。

反馈线性化方法是一种通过坐标变换实现线性化的方法，其可以先将非线性模型转化为线性模型从而屏蔽原模型中的非线性耦合部分，再用其他线性方法来设计控制器。反馈线性化方法可以分为状态反馈线性化方法和输入输出反馈线性化法，其不同之处：状态反馈线性化方法是将状态量与输入量的非线性关系进行坐标转换成为线性关系，而输入输出反馈线性化方法是将输出量与输入量的非线性关系进行坐标转换成为线性关系。反馈线性化方法是一种精确的非线性控制方法，优于其他线性化方法。反馈线性化方法在飞行控制应用中还存在一些未解决的问题，如奇异摄动降阶条件、多操纵面协调以及外环的多模式控制。反馈线性化方法对模型精度要求较高、鲁棒性较差，结合不确定方法可以提高其控制性能。

回馈递推方法是把一个高阶非线性系统分解成几个低阶子系统，子系统的个数不高于系统阶数。首先设计离原非线性系统输入最远的一个子系统的李雅普诺夫函数，得到该子系统的控制律；然后依次分别对每个子系统设计李雅普诺夫函数以及求解其控制律，直到把所有的子系统都求解完成，从而可以求解出原非线性系统的控制输入量的表达式，完成控制律设计。回馈递推方法在处理非线性系统，尤其是级联非线性系统的时候具有很多优点，在非线性系统设计中得到了大量的应用。例如：可采用回馈递推方法与动态逆方法结合为高超声速飞行器纵向系统设计飞行控制律，以动态逆方法作为内环控制算法，以回馈递推方法作为外环控制算法，控制效果良好。然而，回馈递推方法对模型的依赖性比较强，需要建立精确的模型才能达到控制性能，控制律的复杂程度会随着系统阶数的增加而快速增高，所设计的控制算法计算量大，实时性很难保证，这对将其应用到实时性要求高的飞行控制系统中也是一大挑战。在飞行控制律设计过程中常结合其他方法使回馈递推方法有更好的控制性能。例如：基于自适应函数逼近的回馈递推指令滤波算法来控制无人飞行器，可以在线逼近飞行器的模型不确定性，并在控制器中加以补偿以增强控制器的鲁棒性；基于回馈递推方法和神经网络方法设计非线性自适应飞行控制系统，用回馈递推方法来使系统状态稳定，使用基于神经网络的自适应控制器来补偿建模误差；结合回馈递推方法与鲁棒自适应方法设计控制器用于航天器的姿态机动控制，保证了航天器姿态系统的稳定性以及机动过程的精确性和快速性。

滑模变结构控制方法是变结构控制方法的一种，其基本思想是首先设计不连续的控制器，使该系统从任意一点出发都能按照一定的方式进行切换，在有限时间内到达滑模面，然后按照预先设计的滑动模态运动，最终趋于稳定。滑模控制过程可以分为趋近过程和滑动过程，趋近过程系统状态是从任意一点到滑模面的过程，滑动过程是系统状态进入滑模面到最终稳定到原点的过程。滑模变结构控制对于干扰和不确定具有强鲁棒性，并且可以通过改变趋近律和滑模面改变系统性能，因此在飞行控制中得到了广泛的应用。滑模变结构控制的诸多优点都是以不连续切换为前提条件的，在理论上，滑模面的切换是平滑不存在抖振的，但是其一旦应用到工程实践中，由于控制器的时滞、切换装置的惯性等原因，切换过程不能平滑进行，而会在不同状态之间来回切换，体现在系统状态出现抖振，抖振会给实际系统带来很大的损害，因此消除抖振成为滑模方法应用需要解决的问题。降抖振的处理方案包括：在滑模控制中利用边界层方法来降低控制信号的抖振，其利用饱和函数来替代滑模方法中的符号函数，因此边界层内就变成了连续控制信号，使系统抖振得以降低；在模型之前添加一个低通滤波器，结合滤波器与滑模方法保证平滑的控制信号并使误差指数收敛；基于模糊优化方法为滑模控制器消抖；运用趋近律方法消除或者削弱抖动。

不确定控制方法。飞行控制系统设计面临的困难不仅有严重非线性，还有不确定性。飞行器模型的气动参数都是通过实验的方法得到的，因此存在建模误差。飞行器的工作环境复杂多变，有很多的未知外界干扰。在实际飞行器系统中，飞行状态等基本信息都是通过传感器得到的，因此存在测量误差。作动器在执行指令时也存在作动误差。设计控制律的时候，这些不确定性如果不考虑的话就很难达到预期设计指标，因此为解决这些问题，不确定控制方法也应运而生。不确定控制方法主要有鲁棒控制方法和自适应控制方法。

鲁棒控制方法是使在不确定作用下的系统保持原有性能的控制方法。鲁棒控制方法是解决不确定问题的重要方法，鲁棒控制方法与其他方法不同的是，在被控对象模型中不仅考虑到了标称系统，还考虑到了摄动，在控制律设计过程中，将摄动可能带给系统的最坏影响分析出来后加以补偿。因此，运用该方法即使在摄动最大的情况下，系统也能保持其性能。经过几十年的发展,鲁棒控制方法已经形成了一套完备的理论体系,产生了许多行之有效的分析方法和控制方法,主要有 H∞ 控制、μ 综合、Youla 参数化等。

自适应控制方法是一种能够自动调整控制系统参数,以应对外界条件变化以及被控对象产生的不确定的控制方法,能够在不确定条件下使系统满足原有的性能指标。自适应控制方法在飞行控制领域应用较为广泛。其应用成果包括:应用模型逆控制结合神经网络补偿为无人旋翼飞行器设计自适应控制器;基于神经网络的自适应逆控制律,利用在线神经网络对飞行控制系统误差进行自适应补偿;采用直接自适应控制方法设计鲁棒飞行控制律,利用一种自适应优化算法对模型不确定性进行补偿以提高系统的鲁棒性等。

3.3.3 纵向控制和姿态控制

由 3.1.4 小节给出的高超声速飞行器六自由度十二状态方程可知(主要针对平面大地的情形),控制输入为 δ_a、δ_e、δ_r、δ_y、δ_z,被控量有十二个,因此该模型是一个典型的欠驱动系统,控制难度较大。在实际控制时,需要根据时标分离原则对系统状态进行分类,采用内外环进行控制,但由于系统的强耦合且参数过多,飞行控制器的设计仍然很难,因此可以针对不同的任务需求可对原有的飞行器模型简化,主要分为两类:纵向控制和姿态控制。

1. 纵向控制

在纵向控制中,需要先从式(3.5)~式(3.19)中提取出参数相对较少的面向控制的高超声速飞行器纵向模型。在纵向模型里,通常忽略了飞行器的横侧向运动,即 $x = y = 0\mathrm{m}$、$Y = 0\mathrm{N}$、$\beta = \mu = \chi = 0°$、$p = r = 0°/\mathrm{s}$,涉及的状态变量有 H、V、γ、α、q,不难得到高超声速飞行器的纵向模型为

$$\dot{H} = V\sin\gamma \tag{3.75}$$

$$\dot{V} = \frac{1}{M}(-D - Mg\sin\gamma + T_x\cos\alpha + T_z\sin\alpha) \tag{3.76}$$

$$\dot{\gamma} = \frac{1}{MV}[L - Mg\cos\gamma + T_x\sin\alpha - T_z\cos\alpha] \tag{3.77}$$

$$\dot{\alpha} = q - \frac{1}{MV}[L - Mg\cos\gamma + T_x\sin\alpha - T_z\cos\alpha] \tag{3.78}$$

$$\dot{q} = \frac{(I_{zz} - I_{xx})pr}{I_{yy}} + \frac{1}{I_{yy}}(m + m_T) \tag{3.79}$$

由于考虑的是高超声速飞行器的纵向模型,因此左右升降副翼舵同时偏转,在数值上有 $\delta_e = \delta_a$,不妨将两者看作一个控制量,以 δ_e 表示。方向舵偏转角 δ_r 和推力矢量偏转角 δ_y 不作用于纵向系统,在气动参数中可令 $\delta_r = \delta_y = 0°$。同时,考虑发动机推力模型如 3.1.8 小节所示,若导杆角 *PLA* 是恒定的,则需要考虑的控制输入量为升降副翼舵偏转角 δ_e 和推力矢量偏置角 δ_z。

若纵向系统同时控制 5 个状态,则该系统是一个欠驱动系统,但在纵向控制中,控制的目的通常是进行轨迹跟踪,即实现 H、V 对期望信号的跟踪,其他飞行状态一致有界。这时可将 H、V 定义为系统输出信号,而系统输入为 δ_e、δ_z,通过设计 δ_e、δ_z 来实现轨迹跟踪,这样的处理可有效避免纵向系统在求解动态微分方程中遇到的奇异性问题。奇异性

问题主要是由于 H、V 和 γ、α、q 在数值上约相差了 $10^4 \sim 10^5$ 数量级，系统仿真时经常报错而不能给出正确结果。

2. 姿态控制

在姿态控制中，需要考虑的是高超声速飞行器在一定的高度和速度条件下（且 $\gamma = 0°$），三个姿态角（迎角 α、侧滑角 β 和航迹滚转角 μ）和三个角速率（滚转角速率 p、俯仰角速率 q 和偏航角速率 r）的控制问题。

基于 3.1.4 小节的内容，高超声速飞行器的姿态动态方程如下：

$$\dot{\alpha} = q - \tan\beta(p\cos\alpha + r\sin\alpha) + \frac{1}{MV\cos\beta}[-L + Mg\cos\mu - T_x\sin\alpha + T_z\cos\alpha] \tag{3.80}$$

$$\dot{\beta} = -r\cos\alpha + p\sin\alpha + \frac{1}{MV}[Y\cos\beta + Mg\sin\mu - T_x\sin\beta\cos\alpha + T_y\cos\beta - T_z\sin\beta\sin\alpha] \tag{3.81}$$

$$\dot{\mu} = \sec\beta(p\cos\alpha + r\sin\alpha) + \frac{1}{MV}[L\tan\beta - Mg\cos\mu\tan\beta ++ (T_x\sin\alpha - T_z\cos\alpha)\tan\beta \tag{3.82}$$

$$\dot{p} = \frac{(I_{yy} - I_{zz})qr}{I_{xx}} + \frac{1}{I_{xx}}l \tag{3.83}$$

$$\dot{q} = \frac{(I_{zz} - I_{xx})pr}{I_{yy}} + \frac{1}{I_{yy}}(m + m_T) \tag{3.84}$$

$$\dot{r} = \frac{(I_{xx} - I_{yy})pq}{I_{zz}} + \frac{1}{I_{zz}}(n + n_T) \tag{3.85}$$

同时，考虑发动机推力模型如 3.1.8 小节所示，若导杆角 *PLA* 是变量，那么发动机推力 T 也是变量，这时姿态系统的控制输入有 δ_a、δ_e、δ_r、δ_y、δ_z，*PLA*，6 个输入控制 6 个状态，因此姿态系统就不再是欠驱动系统了。但若导杆角 *PLA* 是定值，那么发动机推力 T 也是定值，这时姿态系统的控制输入为 δ_a、δ_e、δ_r、δ_y、δ_z，因此姿态系统就是欠驱动系统。

针对导杆角 *PLA* 是定值，那么发动机进力 T 也是定值的情形，由于在姿态动态中起主要控制作用的是气动舵面，推力 T 及推力矢量偏转角 δ_y、δ_z 对姿态动态的影响并不大，因此设计者可根据任务需求对姿态系统进一步进行简化，那么控制输入为 δ_a、δ_e、δ_r，与纵向控制类似，其定义系统输出为姿态角 α、β、μ，控制目的是设计 δ_a、δ_e、δ_r 实现输出对姿态角指令信号的跟踪，而姿态角速率 p、q、r 满足一致有界的条件即可。由于姿态系统的各状态量在同一个数量级上，因此在控制时通常不会出现奇异问题，更易于控制实现。

本章针对高超声速飞行器在高超声速飞行条件下的建模问题，首先，给出了飞行器六自由度模型，该模型包含完整的运动方程和动力学方程。本书所涉及的气动力系数和力矩系数是控制舵面偏角的非线性函数。以飞行器动力装置采用吸气式超燃冲压发动机为假设，建立了发动机推力模型。然后，对所建立的模型系统进行开环特性、耦合特性和非线性特性分析，验证了高超声速飞行器快时变、强非线性、强耦合性的特点。最后，从完整的六自由度模型中提取出高超声速飞行器纵向模型和姿态模型，以便于后面的分析。

综上所述，虽然对象模型的建立是基于理想的假设之上的，但所建立的数学模型充分体现了高超声速飞行器快时变、强非线性、强耦合性以及非仿射的特点,可以对其进行一般的理论研究和仿真需要,为后面工作的展开打下坚实的基础。

参 考 文 献

[1] FIDAN B,MIRMIRANI M,IOANNOU P. Flight dynamics and control of air-breathing hypersonic vehicles: review and new directions [C]//12th AIAA International Space Planes and Hypersonic Systems and Technologies Conference and Exhibit New York:AIAA,2003:708.

[2] BERTIN J J,CUMMINGS R M. Fifty years of hypersonics:where we' ve been,where we' re going[J]. Progress in Aerospace Sciences,2003(39): 511-536.

[3] BOLENDER M A. An overview on dynamics and controls modelling of hypersonic vehicles [C]// Proceedings of the 2009 Conference on American Control Conference. New York:IEEE,2009:2507-2512.

[4] DUAN H B,LI P. Progress in control approaches for hypersonic vehicle[J]. Science China Technological Sciences,2012,55(10): 2965-2970.

[5] XU B,SHI Z K. An overview on flight dynamics and control approaches for hypersonic vehicles[J]. Science China Information Sciences,2015,58(7): 1-19.

[6] SHTESSEL Y,MCDUFFIE J,JACKSON M,et al. Sliding mode control of the X-33 vehicle in launch and re-entry modes[C]//Guidance,Navigation,and Control Conference and Exhibit. New York:AIAA,1998: 1352-1362.

[7] SHAUGHNESSY J D,PINCKNEY S Z,MCMINN J D,et al. Hypersonic vehicle simulation model: winged-cone configuration[R]. Hampton:Langley Research Center,1990.

[8] KESHMIRI S,MIRMIRANI M D. Six-DOF modeling and simulation of a generic hypersonic vehicle for conceptual design studies[C]//AIAA Modeling and Simulation Technologies Conference and Exhibit. New York:AIAA,2004:4805.

[9] KESHMIRI S,RICHARD C. Six-DOF modeling and simulation of a generic hypersonic vehicle for control and navigation purposes [C]//AIAA Guidance, Navigation, and Control Conference and Exhibit. New York:AIAA,2006:6694.

[10] SNELL S A. Nonlinear dynamic-inversion flight control of supermaneuverable aircraft[D]. Twin Cities: University of Minnesota,1991.

[11] 肖业伦. 航空航天器运动的建模:飞行动力学的理论基础[M]. 北京:北京航空航天大学出版社,2003.

[12] ZHANG Z,HU J. Stability analysis of a hypersonic vehicle controlled by the characteristic model based adaptive controller[J]. Science China Information Sciences,2012,55(10): 2243-2256.

[13] HUANG Y,SUN C,QIAN C,et al. Linear parameter varying switching attitude control for a near space hypersonic vehicle with parametric uncertainties[J]. International Journal of Systems Science,2013,46(16): 3019-3031.

[14] SHAO X,WANG H. Active disturbance rejection based trajectory linearization control for hypersonic reentry vehicle with bounded uncertainties[J]. ISA Transactions,2015(54):27-38.

[15] PU Z Q,YUAN R Y,TAN X M,et al. An integrated approach to hypersonic entry attitude control[J]. International Journal of Automation and Computing,2014,11(1): 39-50.

[16] WANG Q,STENGEL R F. Robust nonlinear control of a hypersonic aircraft[J]. Journal of Guidance, Control,and Dynamics,2000,23(4): 577-585.

[17] ZONG Q, JI Y, ZENG F, et al. Output feedback back-stepping control for a generic hypersonic vehicle via small-gain theorem[J]. Aerospace Science and Technology, 2012, 23(1): 409-417.
[18] GIBSON T E, CRESPO L G, ANNASWAMY A M. Adaptive control of hypersonic vehicles in the presence of modeling uncertainties[C]//2009 American control conference. New York: IEEE, 2009: 3178-3183.
[19] FIORENTINI L, SERRANI A, BOLENDER M A, et al. Nonlinear robust adaptive control of flexible air-breathing hypersonic vehicles[J]. Journal of Guidance, Control, and Dynamics, 2009, 32(2): 402-417.
[20] FIORENTINI L, SERRANI A. Adaptive restricted trajectory tracking for a non-minimum phase hypersonic vehicle model[J]. Automatica, 2012, 48(7): 1248-1261.
[21] PARKER J T, SERRANI A, YURKOVICH S, et al. Control-oriented modeling of an air-breathing hypersonic vehicle[J]. Journal of Guidance, Control, and Dynamics, 2007, 30(3): 856-869.

第 4 章　高超声速飞行器单向辅助面滑模纵向飞行控制

4.1　单向辅助面滑模的理论基础

4.1.1　单向滑模去抖振思想的力学解释

传统的滑模控制方法，当系统状态在切换面（滑模面）上滑动时，可以看作同时受到控制器给予的两个大小相等方向相反的力的作用，如图 4-1 所示。这两个力使得系统状态停留在切换面上，并且当切换面自身具有趋向原点的性质时，系统状态能够沿切换面最终趋向原点。然而，在实际工程应用中，由于系统惯性、控制时滞和未建模动态等因素，系统状态会在切换面上来回穿越，产生震荡，因此在切换面上来回穿越最终趋向原点的滑模控制也可以称为双向滑模控制，这种高频震荡称为滑模控制中的"抖振现象"。由于抖振现象使得滑模控制的性能和鲁棒性变差，工程上也难以应用，因此许多该领域的专家深入研究了高阶滑模、边界层滑模、全程滑模和终端滑模等控制方法，尽可能地减少滑模震荡的影响。但是，这些滑模控制方法总不能完全解决问题，这就须要寻找更好的方法。下面就是本书所提出的单向滑模控制方法。

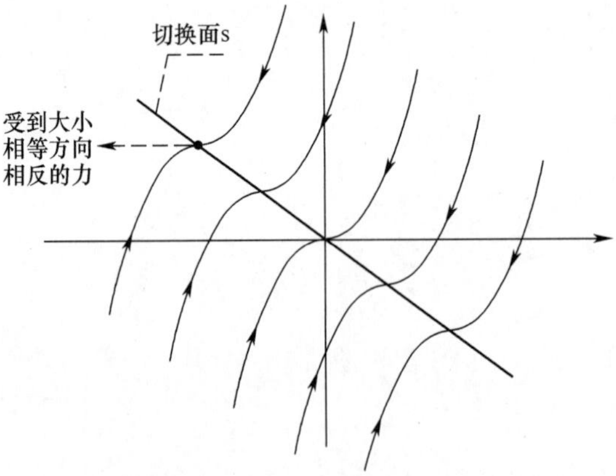

图 4-1　传统滑模控制的趋近示意图

图 4-2 所示的趋近平衡点的滑模示意图，它由两个切换面 s_{1i}、s_{2i} 和四个单向辅助滑模面 h_{0i}、h_{1i}、h_{2i}、h_{3i} 构成。其中：单向辅助滑模面 h_{0i}、h_{1i}、h_{2i}、h_{3i} 所围成的凸集可以证明为正不变集。这就说明，如果系统初始状态在这个凸集外部，则在其趋近过程中系统状态总能够进入凸集内部，并且不会再超出这个区域。但是如图 4-2 所示，当系统状态在切换面上运动时，可以看作同时受到两个存在一定夹角的力作用，即这两个力之间可以存在

一个趋向原点的合力。因此,在单向滑模方法中凸集内部的系统状态可以在两个切换面和四个单向辅助滑模面共同作用下,直接趋向原点,在满足一定条件下不会在切换面上产生高频震荡。这也是单向滑模控制方法去抖振的原因之一。

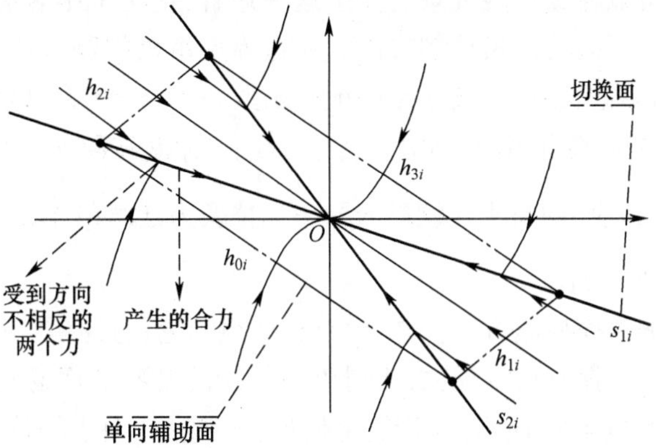

图 4-2　传统滑模控制的趋近示意图

4.1.2　单向滑模去抖振思想的公式分析

为了更清晰地说明单向滑模去抖振原理和思路,首先对传统滑模控制方法和单向滑模控制方法的去抖振思路从理论的层面进行简单的分析。为了便于比较,系统模型采用以下多输入多输出仿射非线性系统表示形式:

$$\dot{x} = \boldsymbol{f}(x,t) + \boldsymbol{g}(\boldsymbol{x},t) \cdot \boldsymbol{u} \tag{4.1}$$

式中:$\boldsymbol{x} \in \mathbb{R}^n$ 表示系统状态向量;$\boldsymbol{u} \in \mathbb{R}^m$ 表示控制器输入;$\boldsymbol{f}(x,t) \in \mathbb{R}^n$,$\boldsymbol{g}(x,t) \in \mathbb{R}^{n\times m}$。

根据传统滑模控制算法可以将控制器输入量 $\boldsymbol{u}$ 写成以下的结构形式:

$$\boldsymbol{u} = \boldsymbol{u}_{eq} + \boldsymbol{u}_s \tag{4.2}$$

式中:$\boldsymbol{u}_{eq} \in \mathbb{R}^m$ 表示等效控制输入量,即系统状态在滑模面上滑动时的控制输入量;$\boldsymbol{u}_s \in \mathbb{R}^m$ 表示切换控制输入量,该控制输入量迫使系统状态趋向于滑模面并最终在滑模面上滑动。根据传统滑模的设计步骤,可以将滑模面(切换面)表示为

$$\boldsymbol{S}(x) = \boldsymbol{0} \in \mathbb{R}^m \tag{4.3}$$

此外,趋近律选用最基本的等速趋近律:

$$\dot{\boldsymbol{S}} = -K \cdot sign(\boldsymbol{S}) \tag{4.4}$$

式中:$\boldsymbol{S} = [S_1, \cdots, S_m]^{\mathrm{T}}$;$K > 0$;$sign(S) = [sign(S_1), \cdots, sign(S_m)]^{\mathrm{T}}$,$sign(\cdot)$ 为符号函数。针对系统式(4.1)的传统滑模控制输入可以理解为

$$\boldsymbol{u} = \boldsymbol{u}_{eq} + \boldsymbol{u}_s \tag{4.5}$$

其中

$$\boldsymbol{u}_{eq} = -\left(\frac{\partial \boldsymbol{S}}{\partial \boldsymbol{x}} \cdot \boldsymbol{g}(x,t)\right)^{-1}\left(\frac{\partial \boldsymbol{S}}{\partial \boldsymbol{x}} \cdot \boldsymbol{f}(x,t)\right) \tag{4.6}$$

$$\boldsymbol{u}_s = -\left(\frac{\partial \boldsymbol{S}}{\partial \boldsymbol{x}} \cdot \boldsymbol{g}(\boldsymbol{x},t)\right)^{-1}(K \cdot sign(\boldsymbol{S})) \tag{4.7}$$

注意：若传统滑模控制器设计中的等效控制输入 $\boldsymbol{u}_{eq}$ 式(4.6)是连续函数，则控制器 $\boldsymbol{u}$ 的连续性完全取决于切换控制输入量 $\boldsymbol{u}_s$。如果切换控制输入量 $\boldsymbol{u}_s$ 是连续函数，那么可知滑模控制器 $\boldsymbol{u}$ 为无抖振滑模。如果切换控制输入量 $\boldsymbol{u}_s$ 是不连续函数，则滑模控制器 $\boldsymbol{u}$ 为不连续函数并且可以导致抖振现象。基于这种理解，提出了很多有效的去抖振滑模控制方法，如边界层滑模、高阶滑模控制方法。在边界层滑模控制方法中，切换控制输入量 $\boldsymbol{u}_s$ 中的不连续符号函数 $sign(\cdot)$ 被连续的饱和函数 $sat(\cdot)$ 代替，从而确保切换控制输入量 $\boldsymbol{u}_s$ 的连续性；而在高阶滑模控制方法中，切换控制输入量 $\boldsymbol{u}_s$ 中的不连续符号函数 $sign(\cdot)$ 通常被积分包裹，即将不连续的 $sign(\cdot)$ 替换为连续的 $\int sign(\cdot)\mathrm{d}t$，以此确保切换控制输入量 $\boldsymbol{u}_s$ 的连续性。

上面这些去抖振滑模控制方法都非常有效，研究结论也具有其正确性。然而，当通过理论进行连续性和去抖振分析发现，关于滑模去抖振的某些显而易见的前提有可能被忽略了。如式(4.8)和式(4.9)所示，在传统滑模控制理论中，由于等效控制输入量 $\boldsymbol{u}_{eq}$ 必定是连续函数，则控制器输入量 $\boldsymbol{u}$ 的连续性完全取决于切换控制输入量 $\boldsymbol{u}_{eq}$ 的连续性。这也是大部分去抖振滑模控制理论的工作原理，将 $\boldsymbol{u}_s$ 由不连续函数转化为连续函数，从而保证控制输入量 $\boldsymbol{u}$ 的连续性，并以此来去除抖振，即

$$\boldsymbol{u}(\text{不连续函数}) = \boldsymbol{u}_{eq}(\text{连续函数}) + \boldsymbol{u}_s(\text{不连续函数}) \tag{4.8}$$

$$\boldsymbol{u}(\text{连续函数}) = \boldsymbol{u}_{eq}(\text{连续函数}) + \boldsymbol{u}_s(\text{连续函数}) \tag{4.9}$$

但是，上面这些结论的前提是等效控制输入量 $\boldsymbol{u}_{eq}$ 是连续函数。而这一前提并非对所有情况都成立。

$$\boldsymbol{u}(\text{连续函数}) = \boldsymbol{u}_{eq}(\text{不连续函数}) + \boldsymbol{u}_s(\text{不连续函数}) \tag{4.10}$$

那么是否会存在如式(4.10)所示的去抖振情况？具体分析如下：当等效控制输入量 $\boldsymbol{u}_{eq}$ 取为不连续函数时，是否可以通过设计不连续的切换控制输入量 $\boldsymbol{u}_s$ 使控制器输入量 $\boldsymbol{u}$ 连续？若这种情况存在，则一方面可以确保控制器输入量 $\boldsymbol{u}$ 的连续性，并以此去除抖振，另一方面由于切换控制输入量 $\boldsymbol{u}_s$ 为不连续函数，因此系统对于不匹配干扰可以有更强的鲁棒性。这也是单向滑模去抖振控制的基本思路。

注 4.1：当传统滑模与单向滑模分别采用式(4.11)和式(4.12)对同一个系统设计不连续的滑模控制器时，其抖振频率的分析结果如表 4-1 所列。

表 4-1　传统滑模、单向辅助面滑模抖振频率

滑　模	到达切换面时间/s	切换次数	滑模面切换频率/s^{-1}	仿真步长/s
传统滑模	2.55	1776	100 次	0.01
单向辅助面滑模	12.55	20	3 次	0.01

由表 4-1 可以看出，单向滑模控制器的抖振程度明显弱于传统滑模控制器的抖振程度（即使采用相同的趋近律）。其作用原理暂不明确，并且某些情况下似乎存在单向滑模控制器输入不连续系统状态却不抖振的情况，即

$$\boldsymbol{u}(\text{不连续函数}) = \boldsymbol{u}_{eq}(\text{连续函数}) + \boldsymbol{u}_s(\text{不连续函数}) \tag{4.11}$$

$$\boldsymbol{u}(\text{不连续函数}) = \boldsymbol{u}_{eq}(\text{不连续函数}) + \boldsymbol{u}_s(\text{不连续函数}) \tag{4.12}$$

4.1.3 设计步骤与稳定性证明

如图 4-1 和图 4-2 所示，与传统滑模控制方法相比较，单向滑模控制方法采用了较为复杂的控制结构。因此，该方法的设计过程也与传统滑模有着显著的差别。为了使整个理论简明、清晰，下面将单向滑模控制方法的设计过程单独阐述。

考虑如式(4.13)所示的仿射非线性系统：

$$\dot{x} = \boldsymbol{f}(x) + \boldsymbol{g}(x) \cdot \boldsymbol{u} + \boldsymbol{d} \tag{4.13}$$

式中：$\boldsymbol{x} = [x_1, \cdots, x_n]^{\mathrm{T}} \in \mathbb{R}^n$ 表示系统状态向量；$\boldsymbol{u} \in \mathbb{R}^n$ 表示控制器输入，并且 $\boldsymbol{f}(\boldsymbol{x}) \in \mathbb{R}^n$ 和 $\boldsymbol{g}(\boldsymbol{x}) \in \mathbb{R}^{n\times n}$ 中的元素均是连续的；$d = [d_1, \cdots, d_n]^{\mathrm{T}} \in \mathbb{R}^n$ 表示复合干扰；$g(x)$ 为可逆矩阵。针对该系统的单向滑模控制设计按以下步骤进行。

步骤 1：设计如式(4.14)所示的切换面：

$$\begin{cases} \boldsymbol{S}_1(\boldsymbol{x}) = \boldsymbol{x} + \boldsymbol{\xi}_1 \int \boldsymbol{x} = 0 \\ \boldsymbol{S}_2(\boldsymbol{x}) = \boldsymbol{x} + \boldsymbol{\xi}_2 \int \boldsymbol{x} = 0 \end{cases} \tag{4.14}$$

式中：$\boldsymbol{\xi}_1 = diag\{\xi_{11}, \cdots, \xi_{1n}\}$，$\xi_2 = diag\{\xi_{21}, \cdots, \xi_{2n}\}$，$\boldsymbol{\xi}_{1i} > \xi_{2i} > 0$，$i \in \{1, \cdots, n\}$；$\boldsymbol{S}_1(x) = [S_{11}, \cdots, S_{1n}]^{\mathrm{T}}$；$\boldsymbol{S}_2(x) = [S_{21}, \cdots, S_{2n}]^{\mathrm{T}}$。为简便起见，使用 $\int \boldsymbol{x}$ 代表 $\int \boldsymbol{x} \mathrm{d}t$。条件 $\xi_{1i} > 0$、$\xi_{2i} > 0$ 用于保证切换面 $S_{1i} = 0$、$S_{2i} = 0$ 的稳定性，而条件 $\xi_{1i} > \xi_{2i}$ 用于避免 $S_{1i} = 0$、$S_{2i} = 0$ 的重合。

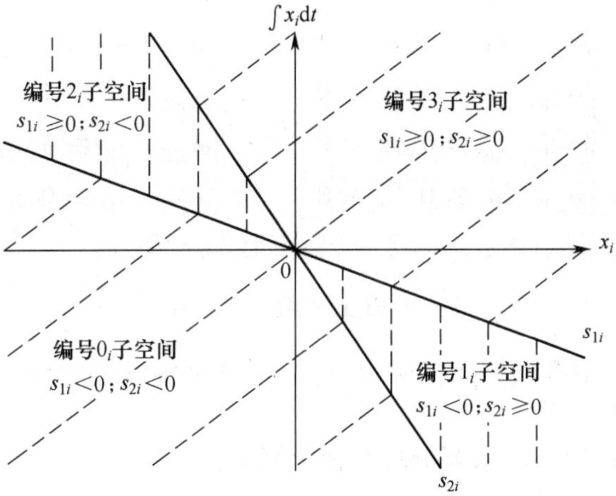

图 4-3　整个状态空间被切换面 $S_{1i} = 0$、$S_{2i} = 0$ 划分为 4 个子空间

步骤 2：如图 4-3 所示，基于切换面 S_{1i}、S_{2i} 整个状态空间可以划分为编号 $0_i - 3_i$，4 个子空间。

如图 4-4 所示，在切换面 $S_{1i} = 0$，$S_{2i} = 0$ 上取合适的点 P_{S1i+}、P_{S1i-}、P_{S2i+}、P_{S2i-}，其中：P_{S1i+}、P_{S2i-} 位于第四象限，P_{S1i-}、P_{S2i+} 位于第二象限。直线 $P_{S1i-}P_{S2i-}$、$P_{S1i+}P_{S2i-}$、$P_{S1i-}P_{S2i+}$、$P_{S1i+}P_{S2i+}$ 称为单向辅助滑模面 h_{0i}、h_{1i}、h_{2i}、h_{3i}。其直线方程为

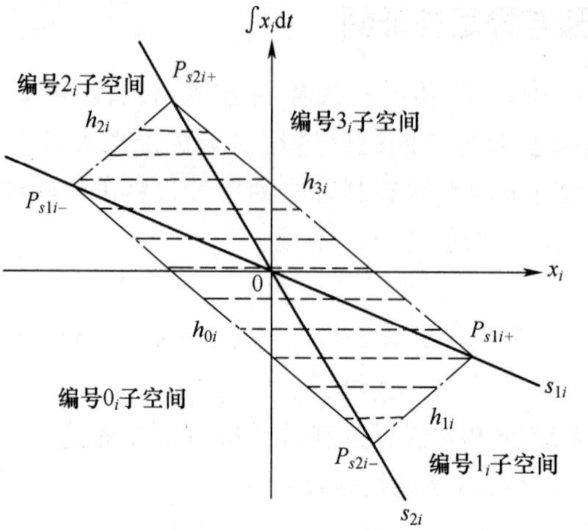

图 4-4　单向辅助滑模面(UAS) h_{0i}、h_{1i}、h_{2i}、h_{3i}

$$h_{ki} = \omega_{ki1} x_i + \omega_{ki2} \int x_i + m_i, k \in \{0,1,2,3\}, m_i > 0 \tag{4.15}$$

步骤 3:为了简化设计步骤,将当前子空间所对应的单向辅助滑模面定义为当前单向辅助滑模面,其公式为

$$h_i = \omega_{i1} x_i + \omega_{i2} \int x_i + m_i \tag{4.16}$$

其中

$$\omega_{i1} = \begin{cases} \omega_{0i1} & s_{1i} < 0, s_{2i} < 0 \\ \omega_{1i1} & s_{1i} < 0, s_{2i} \geqslant 0 \\ \omega_{2i1} & s_{1i} \geqslant 0, s_{2i} < 0 \\ \omega_{3i1} & s_{1i} \geqslant 0, s_{2i} \geqslant 0 \end{cases}, \omega_{i2} = \begin{cases} \omega_{0i2} & s_{1i} < 0, s_{2i} < 0 \\ \omega_{1i2} & s_{1i} < 0, s_{2i} \geqslant 0 \\ \omega_{2i2} & s_{1i} \geqslant 0, s_{2i} < 0 \\ \omega_{3i2} & s_{1i} \geqslant 0, s_{2i} \geqslant 0 \end{cases}$$

将当前单向辅助滑模面式(4.16)写成一个紧凑形式,可得

$$\boldsymbol{h} = \boldsymbol{\Omega}_1 \boldsymbol{x} + \boldsymbol{\Omega}_2 \int \boldsymbol{x} + \boldsymbol{m} \tag{4.17}$$

式中:$\boldsymbol{h} = [h_1, \cdots h_n]^{\mathrm{T}}$;$\boldsymbol{\Omega}_1 = diag\{\omega_{11}, \cdots, \omega_{n1}\}$;$\boldsymbol{\Omega}_2 = diag\{\omega_{12}, \cdots, \omega_{n2}\}$;$\boldsymbol{m} = [m_1, \cdots m_n]^{\mathrm{T}}$,$\boldsymbol{m}$ 为常数向量,且 $\boldsymbol{\Omega}_1$ 可逆。

步骤 4:可通过式(4.18)求解单向滑模控制器:

$$\dot{\boldsymbol{h}}(\boldsymbol{u}) = \boldsymbol{N} \tag{4.18}$$

式中:$\boldsymbol{N} = [N_1, \cdots, N_n]^{\mathrm{T}}, N_i > \sup\{-\omega_{i1} \cdot d_i\}, i \in \{1, \cdots, n\}$ 为单向滑模理论中的趋近律。对于非线性系统式(4.13)的单向滑模控制器可表示为

$$\boldsymbol{u} = \boldsymbol{u}_{eq} + \boldsymbol{u}_s \tag{4.19}$$

其中

$$\boldsymbol{u}_{eq} = \boldsymbol{g}^{-1}(x) \cdot (-\boldsymbol{f}(x) - \boldsymbol{\Omega}_1{}^{-1} \cdot \boldsymbol{\Omega}_2 \cdot x)$$

$$\boldsymbol{u}_s = \boldsymbol{g}^{-1}(x) \cdot (\boldsymbol{\Omega}_1{}^{-1} \cdot \boldsymbol{N})$$

由式(4.16)和式(4.17)可知,矩阵 $\boldsymbol{\Omega}_1$、$\boldsymbol{\Omega}_2$ 中的元素 ω_{i1}、ω_{i2} 是不连续函数,因此 $\boldsymbol{u}_{eq}$、

$\boldsymbol{u}_s$ 也为不连续函数。根据 4.1.2 小节的论述,可以通过设计不连续的 $\boldsymbol{u}_{eq}$、$\boldsymbol{u}_s$ 组成连续的控制器输入 $\boldsymbol{u}$。

引理 4.1:对于任意 $x_i \in \mathbb{R}$,$\int x_i \in \mathbb{R}$,式(4.16)中的当前单向辅助滑模面存在结论:$h_i(x_i, \int x_i)$ 为连续函数, $m_i - h_i \geqslant 0$,并且当 $m_i - h_i = 0$ 时,有 $x_i = 0, \int x_i = 0$。

定理 4.1 (去抖振条件):如果式(4.16)中的单向辅助滑模面满足以下条件:

$$\omega_{1i1} < 0, \omega_{2i1} > 0, i = 1, \cdots, n \tag{4.20}$$

则存在着这样一个趋近律 $\boldsymbol{N} = [N_1, \cdots, N_n]^{\mathrm{T}}, N_i \geqslant 0, i \in \{1, \cdots, n\}$ 能够保证式(4.19)中单向滑模控制器的连续性,并且 N_i 当且仅当系统状态位于原点时为 0。

其证明,见附录 A。

定理 4.2(稳定性条件):考虑非线性系统式(4.13),如果单向滑模控制器式(4.19)中的趋近律 $\boldsymbol{N} = [N_1, \cdots, N_n]^{\mathrm{T}}$ 满足 $N_i > \sup\{-\omega_{i1} \cdot d_i\}, i \in \{1, \cdots, n\}$,则闭环系统状态渐近稳定。

4.1.4 基于单向滑模控制理论的快速干扰估计器设计

考虑如式(4.13)所示的仿射非线性系统:

$$\dot{\boldsymbol{x}} = \boldsymbol{f}(\boldsymbol{x}) + \boldsymbol{g}(\boldsymbol{x}) \cdot \boldsymbol{u} + \boldsymbol{d} \tag{4.21}$$

式中:$\boldsymbol{x} = [x_1, \cdots, x_n]^{\mathrm{T}} \in \mathbb{R}^n$ 表示系统状态向量; $u \in \mathbb{R}^n$ 表示控制器输入,并且 $\boldsymbol{f}(x) \in \mathbb{R}^n$ 和 $\boldsymbol{g}(x) \in \mathbb{R}^{n\times n}$ 中的元素均是连续的; $\boldsymbol{d} = [d_1, \cdots, d_n]^{\mathrm{T}} \in \mathbb{R}^n$ 表示复合干扰; $\boldsymbol{g}(\boldsymbol{x})$ 为可逆矩阵。假设干扰上界不存在或不可测,但干扰的变化率的上界已知,即满足以下条件:

$$\dot{d}_i(t) = \tau_i(t), i = 1, \cdots, n \tag{4.22}$$

式中: $|\tau_i(t)| < \mu_i$。

如式(4.19)所示,单向滑模控制器可以设计为以下形式:

$$\boldsymbol{u} = \boldsymbol{g}^{-1}(\boldsymbol{x}) \cdot (-\boldsymbol{f}(x) - \hat{\boldsymbol{d}} - \boldsymbol{\Omega}_1^{-1} \cdot \boldsymbol{\Omega}_2 \cdot x + \boldsymbol{\Omega}_1^{-1} \cdot \boldsymbol{N}) \tag{4.23}$$

式中:$\boldsymbol{N} = [N_1, \cdots, N_n]^{\mathrm{T}}, N_i \geqslant 0.5\mu_i^2$。基于单向滑模控制理论的快速干扰估计器可设计为

$$\begin{cases} \hat{\boldsymbol{d}} = \boldsymbol{L}(\boldsymbol{x} - \boldsymbol{\eta}) \\ \dot{\boldsymbol{\eta}} = \boldsymbol{f}(\boldsymbol{x}) + \boldsymbol{g}(\boldsymbol{x}) \cdot \boldsymbol{u} + \hat{\boldsymbol{d}} + \boldsymbol{L}^{-1} \cdot \boldsymbol{\Omega}_1 \cdot \boldsymbol{E} \end{cases} \tag{4.24}$$

式中:$\boldsymbol{L} = \boldsymbol{L}^{\mathrm{T}} > 0, L \in \mathbb{R}^{n\times n}$ 是设计的参数矩阵,且有 $\boldsymbol{L} - 0.5\boldsymbol{I} > 0, \boldsymbol{I} \in \mathbb{R}^{n\times n}$ 为单位阵,且 $E = [1, \cdots, 1]^{\mathrm{T}} \in \mathbb{R}^n$。

定理 4.3:考虑仿射非线性系统式(4.21)以及满足式(4.22)的干扰 $\boldsymbol{d}$,若采用式(4.23)所示的单向滑模控制器和式(4.24)中的快速干扰估计器,且满足 $\boldsymbol{N} = [N_1, \cdots, N_n]^{\mathrm{T}}, N_i \geqslant \mu_i, \boldsymbol{L} - 0.5\boldsymbol{I} > 0$,则系统状态渐进稳定。

证明:由式(4.17)可知,单向辅助滑模面定义为

$$\boldsymbol{h} = \boldsymbol{\Omega}_1 \boldsymbol{x} + \boldsymbol{\Omega}_2 \int \boldsymbol{x} + \boldsymbol{m} \tag{4.25}$$

定义干扰估计误差为

$$\tilde{\boldsymbol{d}} = \hat{\boldsymbol{d}} - \boldsymbol{d} \tag{4.26}$$

设计二次型和一次型混合的 Lyapunov 函数为

$$V = \boldsymbol{E}^{\mathrm{T}}(\boldsymbol{m} - \boldsymbol{h}) + \frac{1}{2}\tilde{\boldsymbol{d}}^{\mathrm{T}}\tilde{\boldsymbol{d}} \tag{4.27}$$

由引理 4.1 可知 $m_i - h_i \geqslant 0$,并且当 $m_i - h_i = 0$ 时,有 $x_i = 0, \int x_i = 0$。由于向量满足

$$\boldsymbol{m} - \boldsymbol{h} = \begin{bmatrix} m_1 - h_1 \\ \vdots \\ m_n - h_n \end{bmatrix}, \boldsymbol{E} = [1, \cdots, 1]^{\mathrm{T}} \in \mathbb{R}^n \tag{4.28}$$

因此,有结论:

V 为连续函数, $V \geqslant 0$ 且当 $V=0$ 时有 $\boldsymbol{x} = \boldsymbol{0}$

对式(4.27)求导,并代入式(4.25)和式(4.26)可得

$$\begin{aligned}\dot{V} &= \boldsymbol{E}^{\mathrm{T}}(\boldsymbol{m} - \boldsymbol{h}) + \frac{1}{2}\tilde{\boldsymbol{d}}^{\mathrm{T}}\tilde{\boldsymbol{d}} \\ &= -\boldsymbol{E}^{\mathrm{T}}\dot{\boldsymbol{h}} + \tilde{\boldsymbol{d}}^{\mathrm{T}}(\dot{\hat{\boldsymbol{d}}} - \dot{\boldsymbol{d}}) \\ &= -\boldsymbol{E}^{\mathrm{T}}(\boldsymbol{\Omega}_1\dot{\boldsymbol{x}} + \boldsymbol{\Omega}_2\boldsymbol{x}) + \tilde{\boldsymbol{d}}^{\mathrm{T}}(\dot{\hat{\boldsymbol{d}}} - \dot{\boldsymbol{d}})\end{aligned} \tag{4.29}$$

将式(4.21)和式(4.24)代入式(4.29)可得

$$\begin{aligned}\dot{V} &= -\boldsymbol{E}^{\mathrm{T}}(\boldsymbol{\Omega}_1\dot{\boldsymbol{x}} + \boldsymbol{\Omega}_2 x) + \tilde{\boldsymbol{d}}^{\mathrm{T}}(\dot{\hat{\boldsymbol{d}}} - \dot{\boldsymbol{d}}) \\ &= -\boldsymbol{E}^{\mathrm{T}}[\boldsymbol{\Omega}_1(\boldsymbol{f}(\boldsymbol{x}) + \boldsymbol{g}(\boldsymbol{x}) \cdot \boldsymbol{u} + \boldsymbol{d}) + \boldsymbol{\Omega}_2\boldsymbol{x}] + \tilde{\boldsymbol{d}}^{\mathrm{T}}[\boldsymbol{L}(\dot{\boldsymbol{x}} - \dot{\boldsymbol{\eta}}) - \dot{\boldsymbol{d}}] \\ &= -\boldsymbol{E}^{\mathrm{T}}[\boldsymbol{\Omega}_1(\boldsymbol{f}(\boldsymbol{x}) + \boldsymbol{g}(\boldsymbol{x}) \cdot \boldsymbol{u} + \boldsymbol{d}) + \boldsymbol{\Omega}_2 x] + \tilde{\boldsymbol{d}}^{\mathrm{T}}[\boldsymbol{L}(\boldsymbol{d} - \hat{\boldsymbol{d}} - \mathbf{L}^{-1} \cdot \boldsymbol{\Omega}_1 \cdot \boldsymbol{E}) - \dot{\boldsymbol{d}}] \\ &= -\boldsymbol{E}^{\mathrm{T}}[\boldsymbol{\Omega}_1(\boldsymbol{f}(\boldsymbol{x}) + \boldsymbol{g}(\boldsymbol{x}) \cdot \boldsymbol{u} + \boldsymbol{d}) + \boldsymbol{\Omega}_2\boldsymbol{x}] + \tilde{\boldsymbol{d}}^{\mathrm{T}}[-\boldsymbol{L}\tilde{\boldsymbol{d}} + \boldsymbol{\Omega}_1 \cdot \boldsymbol{E} - \dot{\boldsymbol{d}}]\end{aligned} \tag{4.30}$$

将式(4.23)代入式(4.30),可得

$$\begin{aligned}\dot{V} &= -\boldsymbol{E}^{\mathrm{T}}[\boldsymbol{\Omega}_1(\boldsymbol{f}(x) + \boldsymbol{g}(\boldsymbol{x}) \cdot \boldsymbol{u} + \boldsymbol{d}) + \boldsymbol{\Omega}_2\boldsymbol{x}] + \tilde{\boldsymbol{d}}^{\mathrm{T}}[-\boldsymbol{L}\tilde{\boldsymbol{d}} + \boldsymbol{\Omega}_1 \cdot \boldsymbol{E} - \dot{\boldsymbol{d}}] \\ &= -\boldsymbol{E}^{\mathrm{T}}[\boldsymbol{\Omega}_1(\boldsymbol{d} - \hat{\boldsymbol{d}} + \boldsymbol{\Omega}_1{}^{-1} \cdot \boldsymbol{N})] + \tilde{\boldsymbol{d}}^{\mathrm{T}}[-\boldsymbol{L}\tilde{\boldsymbol{d}} + \boldsymbol{\Omega}_1 \cdot \boldsymbol{E} - \dot{\boldsymbol{d}}] \\ &= -\boldsymbol{E}^{\mathrm{T}}[\boldsymbol{\Omega}_1(-\tilde{\boldsymbol{d}} + \boldsymbol{\Omega}_1{}^{-1} \cdot \boldsymbol{N})] + \tilde{\boldsymbol{d}}^{\mathrm{T}}[-\boldsymbol{L}\tilde{\boldsymbol{d}} + \boldsymbol{\Omega}_1 \cdot \boldsymbol{E} - \dot{\boldsymbol{d}}] \\ &= \boldsymbol{E}^{\mathrm{T}}\boldsymbol{\Omega}_1\tilde{\boldsymbol{d}} - \boldsymbol{E}^{\mathrm{T}}\boldsymbol{N} - \tilde{\boldsymbol{d}}^{\mathrm{T}}\boldsymbol{L}\tilde{\boldsymbol{d}} + \tilde{\boldsymbol{d}}^{\mathrm{T}}\boldsymbol{\Omega}_1 \cdot \boldsymbol{E} - \tilde{\boldsymbol{d}}^{\mathrm{T}}\dot{\boldsymbol{d}} \\ &= -\boldsymbol{E}^{\mathrm{T}}\boldsymbol{N} - \tilde{\boldsymbol{d}}^{\mathrm{T}}\dot{\boldsymbol{d}} - \tilde{\boldsymbol{d}}^{\mathrm{T}}\boldsymbol{L}\tilde{\boldsymbol{d}} \\ &\leqslant -\boldsymbol{E}^{\mathrm{T}}\boldsymbol{N} + 0.5\dot{\boldsymbol{d}}^{\mathrm{T}}\dot{\boldsymbol{d}} + 0.5\tilde{\boldsymbol{d}}^{\mathrm{T}}\tilde{\boldsymbol{d}} - \tilde{\boldsymbol{d}}^{\mathrm{T}}\boldsymbol{L}\tilde{\boldsymbol{d}} \\ &= -\boldsymbol{E}^{\mathrm{T}}\boldsymbol{N} + 0.5\dot{\boldsymbol{d}}^{\mathrm{T}}\dot{\boldsymbol{d}} + \tilde{\boldsymbol{d}}^{\mathrm{T}}(\boldsymbol{L} - 0.5I)\tilde{\boldsymbol{d}}\end{aligned} \tag{4.31}$$

将 $\dot{d}_i(t) = \tau_i(t), |\tau_i(t)| < \mu_i$ 代入式(4.31),可得

$$
\begin{aligned}
\dot{V} &\leqslant -\sum_{i=1}^{n} N_i + \sum_{i=1}^{n} 0.5\tau_i{}^2 + \widetilde{\boldsymbol{d}}^{\mathrm{T}}(L - 0.5I)\widetilde{d} \\
&< -\sum_{i=1}^{n} N_i + \sum_{i=1}^{n} 0.5\mu_i{}^2 + \widetilde{\boldsymbol{d}}^{\mathrm{T}}(\boldsymbol{L} - 0.5\boldsymbol{I})\widetilde{\boldsymbol{d}} \\
&= -\sum_{i=1}^{n} (N_i - 0.5\mu_i{}^2) + \widetilde{\boldsymbol{d}}^{\mathrm{T}}(\boldsymbol{L} - 0.5\boldsymbol{I})\widetilde{\boldsymbol{d}}
\end{aligned} \tag{4.32}
$$

由 $N_i \geqslant \mu_i, \boldsymbol{L} - 0.5\boldsymbol{I} > 0$ 可知 $\dot{V} < 0$,因此系统状态渐进稳定。定理得证。

4.2 单向滑模控制设计的推广

采用以下多输入多输出仿射非线性系统表示形式:

$$
\dot{\boldsymbol{x}} = \boldsymbol{f}(\boldsymbol{x}, t) + \boldsymbol{g}(\boldsymbol{x}, t) \cdot \boldsymbol{u} \tag{4.33}
$$

式中:$\boldsymbol{x} \in \mathbb{R}^n$ 表示系统状态向量;$\boldsymbol{u} \in \mathbb{R}^m$ 表示控制器输入;$\boldsymbol{f}(x,t) \in \mathbb{R}^n$;$\boldsymbol{g}(x,t) \in \mathbb{R}^{n\times m}$。通过比较非线性系统式(4.33)与前面单向滑模控制理论研究时所采用的非线性系统(如式(4.13))可以发现单向滑模控制理论所研究的模型往往需要满足一个条件:控制输入维数与状态维数一致,即 $n = m$。而事实上单向滑模并不需要满足这一条件,之所以在前面研究中采用控制输入维数与状态维数一致的系统是由两个方面的考虑因素,具体如下:

(1) 对于飞行器而言,其位置回路、速度回路、姿态回路、角速率回路大多可简化为控制输入维数与状态维数一致的三输入三输出状态反馈系统。这类模型比较成熟,容易开展相关研究。

(2) 单向滑模控制理论中单向辅助面的设计过程实际上是以多个切换面交叉,并以此为基础架构多边形或多面体的过程。如果采用 $n = m$ 的仿射非线性系统,则可以借助积分滑模面的公式将切换面设计为如图 4-5 所示的两条直线,然而以这两条直线作为对角线就可以很方便地构建如图 4-6 所示二维空间中的四边形,并将四边形的四条边界设计为单向辅助面。然而,当采用 $n \neq m$ 的仿射非线性系统直接设计单向辅助面时,则有可能出现多个切换面交叉,构建三维空间中的多面体或者多维空间中的流形的情况。如果有三个切换面(每个切换面包含三个状态量)相交叉,则可以在三维空间中构建八面体,并以该八面体的八个面作为单向辅助面;如果有四个切换面(每个切换面包含四个状态量)相交叉,则可以在四维空间中构建十六个面的流形,并以这十六个面作为单向辅助面;以此类推,如果有 n 个切换面(每个切换面包含 n 个状态量)相交叉,则可以在 n 维空间中构建有 2^n 个面的流形,并以这 2^n 个面作为单向辅助面。

为了解决这一问题,本节将对式(4.33)如何进行单向辅助滑模控制系统设计进行简单的介绍。

对于系统式(4.33),传统滑模控制理论中常将滑模面设计为

$$
\boldsymbol{S} = \boldsymbol{C}\boldsymbol{x} = 0 \tag{4.34}
$$

式中:$\boldsymbol{S} \in \mathbb{R}^m$;$\boldsymbol{x} \in \mathbb{R}^n$;$\boldsymbol{C} \in \mathbb{R}^{m\times n}$。在式(4.34)的基础上设计单向滑模控制系统。

首先,将式(4.34)写成展开的形式为

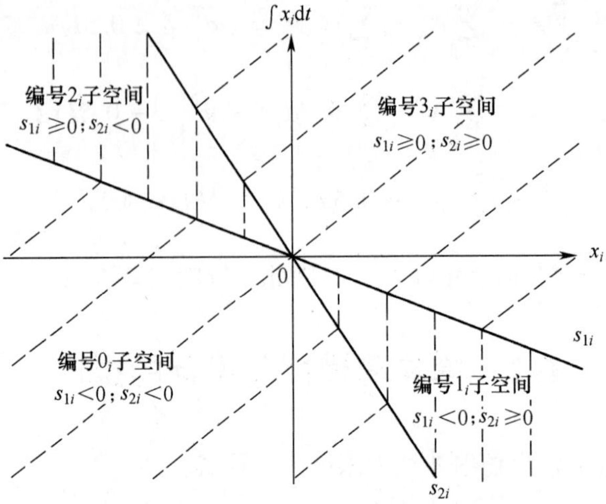

图 4-5　当 $n = m$ 时单向滑模切换面的设计

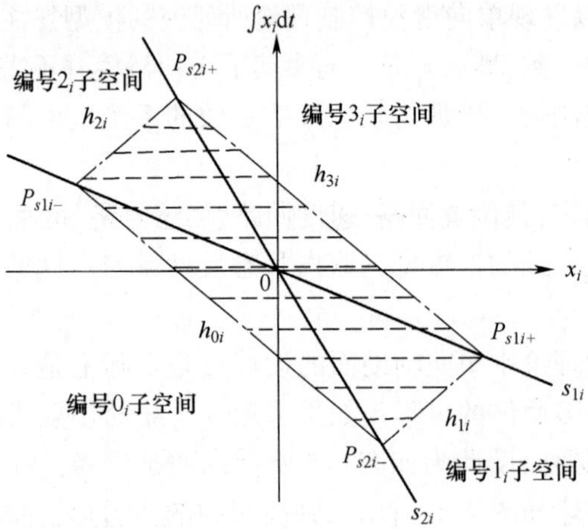

图 4-6　当 $n = m$ 时单向滑模单向辅助面的设计

$$\begin{bmatrix} S_1 \\ \vdots \\ S_m \end{bmatrix} = \begin{bmatrix} \boldsymbol{C}_1 \\ \vdots \\ \boldsymbol{C}_m \end{bmatrix} \cdot \boldsymbol{x} = 0 \tag{4.35}$$

式中：$\boldsymbol{C}_i = [c_{i1}, \cdots, c_{in}] \in \mathbb{R}^{1 \times n}, i = 1, \cdots, m$。

然后，为了简便起见，只针对式(4.35)的某一滑模面 S_i 进行讨论，它的表示形式可以写为

$$S_i = [c_{i1}, \cdots, c_{in}] \cdot \begin{bmatrix} x_1 \\ \vdots \\ x_n \end{bmatrix} \tag{4.36}$$

最后，需要进行分类讨论，具体如下：

1. 二维空间中的单向辅助面

如果要设计如图 4-6 所示二维空间中的单向辅助面,则需设计以下的两个切换面:

$$S_{1i} = [c_{1i1}, \cdots, c_{1in}] \cdot \begin{bmatrix} x_1 \\ \vdots \\ x_n \end{bmatrix}; S_{2i} = [c_{2i1}, \cdots, c_{2in}] \cdot \begin{bmatrix} x_1 \\ \vdots \\ x_n \end{bmatrix} \tag{4.37}$$

其中:需要满足的条件如下:

(1) $\exists j \in \{1, \cdots, n\}, \forall k \in \{1, \cdots, n\}, k \neq j$,使得 $c_{2ik} = \xi \cdot c_{1ik}$;

(2) S_{1i} 与 S_{2i} 均为稳定的切换面。

则式(4.37)可以改写为

$$S_{1i} = c_{1ij}x_j + \Pi_i; S_{2i} = c_{2ij}x_j + \xi \cdot \Pi_i \tag{4.38}$$

式中:$\Pi_i = \sum_{k=1, k\neq j}^{n} c_{1ik}x_k$。

注 4.2:对于不同 i 对应的 S_{1i} 和 S_{2i} 中,j 的取值可以不一样。

参考 4.1.3 小节中的设计过程,可以设计当前单向辅助面 h_i 为以下形式:

$$h_i = \omega_{i1}x_j + \omega_{i2}\Pi_i + m_i \tag{4.39}$$

将 $\Pi_i = \sum_{k=1, k\neq j}^{n} c_{1ik}x_k$ 代入式(4.39),可得

$$h_i = \hat{C}_i x + m_i \tag{4.40}$$

式中:$\hat{\boldsymbol{C}}_i = [\omega_{i2}c_{1i1}, \cdots, \omega_{i2}c_{1i(j-1)}, \omega_{i1}, \omega_{i2}c_{1i(j+1)}, \cdots, \omega_{i2}c_{1in}] \in \mathbb{R}^{1\times n}, i = 1, \cdots, m$。

将式(4.40)表示为紧凑形式,可得

$$\boldsymbol{h} = \hat{\boldsymbol{C}}\boldsymbol{x} + \boldsymbol{m} \tag{4.41}$$

式中:$\boldsymbol{h} = [h_1, \cdots, h_m]^{\mathrm{T}} \in \mathbb{R}^m, \hat{\boldsymbol{C}} = [\hat{\boldsymbol{C}}_1^{\mathrm{T}}, \cdots, \hat{\boldsymbol{C}}_m^{\mathrm{T}}]^{\mathrm{T}} \in \mathbb{R}^{m\times n}, \boldsymbol{m} = [m_1, \cdots, m_m]^{\mathrm{T}} \in \mathbb{R}^m$。

通过式(4.18)中单向滑模的趋近律 $\dot{\boldsymbol{h}}(\boldsymbol{u}) = \boldsymbol{N}$,可以设计单向滑模控制器为

$$\boldsymbol{u} = [\hat{\boldsymbol{C}} \cdot \boldsymbol{g}(\boldsymbol{x}, t)]^{-1} \cdot [-\hat{\boldsymbol{C}} \cdot \boldsymbol{f}(x, t) + \boldsymbol{N}] \tag{4.42}$$

式中:$\boldsymbol{N} = [N_1, \cdots, N_m]^{\mathrm{T}}, N_i > 0, i \in \{1, \cdots, m\}$。

2. 三维空间中的单向辅助面

如果要设计三维空间中的单向辅助面,则需设计以下三个切换面:

$$S_{1i} = [c_{1i1}, \cdots, c_{1in}] \cdot \begin{bmatrix} x_1 \\ \vdots \\ x_n \end{bmatrix}; S_{2i} = [c_{2i1}, \cdots, c_{2in}] \cdot \begin{bmatrix} x_1 \\ \vdots \\ x_n \end{bmatrix}; S_{3i} = [c_{3i1}, \cdots, c_{3in}] \cdot \begin{bmatrix} x_1 \\ \vdots \\ x_n \end{bmatrix} \tag{4.43}$$

其中:需要满足的条件如下:

(1) $\exists j_1, j_2 \in \{1, \cdots, n\}, j_1 \neq j_2, \forall k \in \{1, \cdots, n\}, k \neq j_1, k \neq j_2$,使得 $c_{2ik} = \xi_2 \cdot c_{1ik}$,$c_{3ik} = \xi_3 \cdot c_{1ik}$;

(2) S_{1i}、S_{2i} 与 S_{3i} 均为稳定的切换面。

式(4.43)可以改写为

$$\begin{cases} S_{1i} = c_{1ij_1}x_{j_1} + c_{1ij_2}x_{j_2} + \Pi_i \\ S_{2i} = c_{2ij_1}x_{j_1} + c_{2ij_2}x_{j_2} + \xi_2\Pi_i \\ S_{3i} = c_{3ij_1}x_{j_1} + c_{3ij_2}x_{j_2} + \xi_3\Pi_i \end{cases} \tag{4.44}$$

式中：$\Pi_i = \sum_{k=1,k\neq j_1,k\neq j_2}^{n} c_{1ik}x_k$。

可以通过在三维空间中构建八面体的形式设计当前单向辅助面 h_i 为

$$h_i = \omega_{i1}x_{j_1} + \omega_{i2}x_{j_2} + \omega_{i3}\Pi_i + m_i \tag{4.45}$$

将 $\Pi_i = \sum_{k=1,k\neq j_1,k\neq j_2}^{n} c_{1ik}x_k$ 代入式(4.45)，可得

$$h_i = \hat{\boldsymbol{C}}_i\boldsymbol{x} + m_i \tag{4.46}$$

式中：$\hat{\boldsymbol{C}}_i = [\omega_{i3}c_{1i1},\cdots,\omega_{i3}c_{1i(j_1-1)},\omega_{i1},\omega_{i2}c_{1i(j_1+1)},\cdots,\omega_{i3}c_{1i(j_2-1)},\omega_{i2},\omega_{i3}c_{1i(j_2+1)},\cdots,\omega_{i3}c_{1in}] \in \mathbb{R}^{1\times n}$，$i = 1,\cdots,m$。

将式(4.46)表示为紧凑形式，可得

$$\boldsymbol{h} = \hat{\boldsymbol{C}}\boldsymbol{x} + \boldsymbol{m} \tag{4.47}$$

式中：$\boldsymbol{h} = [h_1,\cdots,h_m]^{\mathrm{T}} \in \mathbb{R}^m$，$\hat{\boldsymbol{C}} = [\hat{C}_1{}^{\mathrm{T}},\cdots,\hat{C}_m{}^{\mathrm{T}}]^{\mathrm{T}} \in \mathbb{R}^{m\times n}$，$\boldsymbol{m} = [m_1,\cdots,m_m]^{\mathrm{T}} \in \mathbb{R}^m$。

通过式(4.18)中单向滑模的趋近律 $\dot{\boldsymbol{h}}(\boldsymbol{u}) = \boldsymbol{N}$，可以设计单向滑模控制器为

$$\boldsymbol{u} = [\hat{\boldsymbol{C}}\cdot\boldsymbol{g}(\boldsymbol{x},t)]^{-1}\cdot[-\hat{\boldsymbol{C}}\cdot\boldsymbol{f}(\boldsymbol{x},t) + \boldsymbol{N}] \tag{4.48}$$

式中：$\boldsymbol{N} = [N_1,\cdots,N_m]^{\mathrm{T}}$，$N_i > 0$，$i \in \{1,\cdots,m\}$。

3. n 维空间中的单向辅助面

如果要设计 n 维空间中的单向辅助面，则需设计以下的 n 个切换面：$S_{1i},\cdots S_{ni}$，其中：S_{li}，$l \in \{1,\cdots,n\}$ 的表示形式为

$$S_{li} = [c_{li1},\cdots,c_{lin}]\cdot\begin{bmatrix} x_1 \\ \vdots \\ x_n \end{bmatrix} \tag{4.49}$$

其中：需要满足的条件：$S_{1i},\cdots S_{ni}$ 均为稳定的切换面。

可以通过在 n 维空间中构建 n 维流形的方式设计当前单向辅助面 h_i 为

$$h_i = \omega_{i1}x_1 + \omega_{i2}x_2 + \cdots + \omega_{in}x_n + m_i \tag{4.50}$$

则式(4.50)可以转换为以下形式：

$$h_i = \hat{\boldsymbol{C}}_i x + m_i \tag{4.51}$$

式中：$\hat{\boldsymbol{C}}_i = [\omega_{i1},\cdots,\omega_{in}] \in \mathbb{R}^{1\times n}$，$i = 1,\cdots,m$。

将式(4.51)表示为紧凑形式，可得

$$\boldsymbol{h} = \hat{\boldsymbol{C}}\boldsymbol{x} + \boldsymbol{m} \tag{4.52}$$

式中：$\boldsymbol{h} = [h_1,\cdots,h_m]^{\mathrm{T}} \in \mathbb{R}^m$，$\hat{\boldsymbol{C}} = [\hat{C}_1{}^{\mathrm{T}},\cdots,\hat{C}_m{}^{\mathrm{T}}]^{\mathrm{T}} \in \mathbb{R}^{m\times n}$，$\boldsymbol{m} = [m_1,\cdots,m_m]^{\mathrm{T}} \in \mathbb{R}^m$。

通过式(4.18)中单向滑模的趋近律 $\dot{\boldsymbol{h}}(\boldsymbol{u})=\boldsymbol{N}$,可以设计单向滑模控制器为

$$\boldsymbol{u}=[\hat{\boldsymbol{C}}\cdot\boldsymbol{g}(-x,t)]^{-1}\cdot[-\hat{\boldsymbol{C}}\cdot\boldsymbol{f}(\boldsymbol{x},t)+\boldsymbol{N}] \tag{4.53}$$

式中:$\boldsymbol{N}=[N_1,\cdots,N_m]^{\mathrm{T}},N_i>0,i\in\{1,\cdots,m\}$。

4.3 高超声速飞行器纵向模型

4.3.1 纵向非线性模型

由于高超声速飞行器六自由度十二状态方程参数过多,可能会导致单向滑模控制器设计过程的复杂度和理解难度提升,因此采用3.3.3小节所提出的参数相对较少且面向控制的高超声速飞行器非线性纵向动态模型式(3.75)~式(3.79),其具体表达式如下:

$$\dot{x}=V\cos\gamma \tag{4.54}$$

$$\dot{z}=-V\sin\gamma \tag{4.55}$$

$$\dot{V}=\frac{1}{M}(-D-Mg\sin\gamma+T_x\cos\alpha+T_z\sin\alpha) \tag{4.56}$$

$$\dot{\gamma}=\frac{1}{MV}[L-Mg\cos\gamma+T_x\sin\alpha-T_z\cos\alpha] \tag{4.57}$$

$$\dot{\alpha}=q-\frac{1}{MV}[L-Mg\cos\gamma+T_x\sin\alpha-T_z\cos\alpha] \tag{4.58}$$

$$\dot{q}=I_{pr}^q+\dot{I}_q^q q+g_m^q(m_A+m_T) \tag{4.59}$$

式中:$D=\hat{q}SC_D$,$L=\hat{q}SC_L$,动压 $\hat{q}=0.5\rho V^2$ 与飞行器当前飞行高度的空气密度 ρ 和速度 V 有关,阻力系数 C_D 和升力系数 C_L 的表达式如下:

$$C_L=C_{L,\alpha}(\alpha,M_A)+C_{L,\delta_e}(\alpha,M_A,\delta_e)+C_{L,\delta_a}(\alpha,M_A,\delta_a) \tag{4.60}$$

$$C_D=C_{D,\alpha}(\alpha,M_A)+C_{D,\delta_e}(\alpha,M_A,\delta_e)+C_{D,\delta_a}(\alpha,M_A,\delta_a)+C_{D,\delta_r}(\alpha,M_A,\delta_r) \tag{4.61}$$

由于高超声速飞行器的纵向模型左右升降副翼舵同时偏转,因此在数值上有 $\delta_e=\delta_a$,可以将两者看作一个控制量,以 δ_e 表示。同时,方向舵偏转角 δ_r 和推力矢量偏置角 δ_y 不作用于纵向系统,所以需要考虑的控制输入量为升降副翼舵偏转角 δ_e 和推力矢量偏置角 δ_z,在气动参数中可令 $\delta_r=\delta_y=0°$。因此,阻力系数 C_D 和升力系数 C_L 的表达式可转换为

$$C_L=C_{L,\alpha}(\alpha,M_A)+2\cdot C_{L,\delta_e}(\alpha,M_A,\delta_e) \tag{4.62}$$

$$C_D=C_{D,\alpha}(\alpha,M_A)+2\cdot C_{D,\delta_e}(\alpha,M_A,\delta_e) \tag{4.63}$$

其中

$$\begin{aligned}C_{L,\alpha}=&-8.19\cdot10^{-2}+4.70\cdot10^{-2}M_A+1.86\cdot10^{-2}\alpha-4.73\cdot10^{-4}(\alpha\cdot M_A)-9.19\cdot\\&10^{-3}M_A^2-1.52\cdot10^{-4}\alpha^2+5.99\cdot10^{-7}(\alpha\cdot M_A)^2+7.74\cdot10^{-4}M_A^3+4.08\cdot\\&10^{-6}\alpha^3-2.93\cdot10^{-5}M_A^4-3.91\cdot10^{-7}\alpha^4+4.12\cdot10^{-7}M_A^5+1.30\cdot\\&10^{-8}\alpha^5\end{aligned} \tag{4.64}$$

$$C_{L,\delta_e} = -1.45 \cdot 10^{-5} + 1.01 \cdot 10^{-4}\alpha + 7.10 \cdot 10^{-6}M_A - 4.14 \cdot 10^{-4}\delta_e - 3.51 \cdot 10^{-6}(\alpha \cdot \delta_e) + 4.70 \cdot 10^{-6}(\alpha \cdot M_A) + 8.72 \cdot 10^{-6}(M_A \cdot \delta_e) - 1.7 \cdot 10^{-7}(\alpha \cdot M_A \cdot \delta_e) \tag{4.65}$$

$$C_{D,\alpha} = 8.717 \cdot 10^{-2} - 3.307 \cdot 10^{-2}M_A + 3.179 \cdot 10^{-3}\alpha - 1.25 \cdot 10^{-4}(\alpha \cdot M_A) + 5.036 \cdot 10^{-3}M_A^2 - 0.1 \cdot 10^{-3}\alpha^2 + 1.405 \cdot 10^{-7}(\alpha \cdot M_A)^2 - 3.658 \cdot 10^{-4}M_A^3 + 3.175 \cdot 10^{-4}\alpha^3 + 1.274 \cdot 10^{-5}M_A^4 - 2.985 \cdot 10^{-5}\alpha^4 - 1.705 \cdot 10^{-7}M_A^5 + 9.766 \cdot 10^{-7}\alpha^5 \tag{4.66}$$

$$C_{D,\delta_e} = 4.02 \cdot 10^{-4} + 2.34 \cdot 10^{-5}\alpha - 1.02 \cdot 10^{-4}M_A - 3.46 \cdot 10^{-5}\delta_e - 5.38 \cdot 10^{-7}(\alpha \cdot M_A \cdot \delta_e) + 3.08 \cdot 10^{-6}\alpha^2 + 2.61 \cdot 10^{-6}M_A^2 + 6.84 \cdot 10^{-6}\delta_e^2 + 5.28 \cdot 10^{-12}(\alpha \cdot M_A \cdot \delta_e)^2 \tag{4.67}$$

非线性纵向动态模型式(4.54)~式(4.59)中其他参量可表示为

(1) 发动机的推力 T 在机体坐标系的分量 T_x 和 T_z 分别为

$$\begin{cases} T_x = T \\ T_z = T\delta_z \end{cases} \tag{4.68}$$

在式(4.59)中的分别为由推力矢量引起的俯仰和偏航力矩,且有

$$m_T = T_z X_T \tag{4.69}$$

式中: X_T 为发动机喷嘴到质心的距离。

(2) 式(4.59)中 g_m^q、m_A 分别为

$$g_m^q = \frac{1}{I_{yy}} \tag{4.70}$$

$$m_A = m_{mrc} - X_{cg}Z \tag{4.71}$$

$$m_{mrc} = qcS \cdot C_m \tag{4.72}$$

$$Z = -D\sin\alpha - L\cos\alpha \tag{4.73}$$

$$C_m = C_{m,\alpha}(\alpha, M_A) + C_{m,\delta_e}(\alpha, M_A, \delta_e) + C_{m,\delta_a}(\alpha, M_A, \delta_a) + C_{m,\delta_r}(\alpha, M_A, \delta_r) + C_{m,q}\frac{qc}{2V} \tag{4.74}$$

考虑到左右升降副翼舵同时偏转,在数值上有 $\delta_e = \delta_a$,因此式(4.74)俯仰力矩系数为

$$C_m = C_{m,\alpha}(\alpha, M_A) + 2C_{m,\delta_e}(\alpha, M_A, \delta_e) + C_{m,q}\frac{qc}{2V} \tag{4.75}$$

其中

$$C_{m,\alpha} = -2.192 \cdot 10^{-2} + 7.739 \cdot 10^{-3}M_A - 2.26 \cdot 10^{-3}\alpha + 1.808 \cdot 10^{-4}(\alpha \cdot M_A) - 8.849 \cdot 10^{-4}M_A^2 + 2.616 \cdot 10^{-4}\alpha^2 - 2.880 \cdot 10^{-7}(\alpha \cdot M_A)^2 + 4.617 \cdot 10^{-5}M_A^3 - 7.887 \cdot 10^{-5}\alpha^3 - 1.143 \cdot 10^{-6}M_A^4 + 8.288 \cdot 10^{-6}\alpha^4 + 1.082 \cdot 10^{-8}M_A^5 - 2.789 \cdot 10^{-7}\alpha^5$$

$$C_{m,\delta_e} = -5.67 \cdot 10^{-5} - 6.59 \cdot 10^{-5}\alpha - 1.51 \cdot 10^{-6}M_A + 2.89 \cdot 10^{-4}\delta_e + 4.48 \cdot 10^{-6}(\alpha \cdot \delta_e) - 4.46 \cdot 10^{-6}(\alpha \cdot M_A) - 5.87 \cdot 10^{-6}(M_A \cdot \delta_e) + 9.72 \cdot 10^{-8}(\alpha \cdot M_A \cdot \delta_e)$$

$$C_{m,q} = -1.36 + 3.86 \cdot 10^{-1} M_A + 7.85 \cdot 10^{-4} \alpha + 1.40 \cdot 10^{-4} (\alpha \cdot M_A) - 5.42 \cdot 10^{-2} M_A^2 + 2.36 \cdot 10^{-3} \alpha^2 - 1.95 \cdot 10^{-6} (\alpha \cdot M_A)^2 + 3.80 \cdot 10^{-3} M_A^3 - 1.48 \cdot 10^{-3} \alpha^3 - 1.30 \cdot 10^{-4} M_A^4 + 1.69 \cdot 10^{-4} \alpha^4 + 1.71 \cdot 10^{-6} M_A^5 - 5.93 \cdot 10^{-6} \alpha^5$$

4.3.2 纵向非线性控制

高超声速飞行器非线性纵向动态模型式(4.54)~式(4.59)并不是仿射非线性方程形式,其气动力和气动力矩表达式包含大量耦合非线性和气动非线性,直接采用该模型设计高超声速飞行器单向滑模飞行控制系统的难度较大,并且可能加大控制器设计的复杂度和理解难度。因此,本小节给出部分合理假设,将高超声速飞行器非线性纵向动态模型转化为非线性纵向动态模型,并将其设计为仿射非线性形式,从而满足控制器设计需求。

1. 位置回路纵向控制

根据式(4.54)和式(4.55),高超声速飞行器位置回路仿真可以写为

$$\begin{cases} \dot{x} = V\cos\gamma \\ \dot{z} = -V\sin\gamma \end{cases} \tag{4.76}$$

由于高超声速飞行器为固定翼飞行器,不具备空中定点悬停的功能,所以无法给出固定指令信号 x_c ,并通过控制器计算出速度指令信号 V_c 。事实上,在实际使用过程中多通过方案弹道、落点预测等制导方法结合控制理论获得速度指令信号。假设高超声速飞行器处于定速定高巡航阶段,即忽略 x 方向指令信号 x_c ,飞行控制系统跟踪高度指令信号 z_c 和速度指令信号 V_c ,则高超声速飞行器位置回路纵向方程为

$$\dot{z} = -V\sin\gamma_c \tag{4.77}$$

定义高超声速飞行器高度误差为 $z_e = z - z_c$。将式(4.77)代入 $z_e = z - z_c$,可得

$$\dot{z}_e = -V\sin\gamma_c - \dot{z}_c \tag{4.78}$$

定义虚拟控制量 $u_z = \sin\gamma_c$,则高超声速飞行器位置回路纵向控制模型为

$$\dot{z}_e = f_z(z) + g_z(z) u_z \tag{4.79}$$

式中: $f_z(z) = -\dot{z}_c$, $g_z(z) = -V$,针对模型式(4.79)所示的位置回路仿射非线性方程可以运用单向滑模控制方法设计控制器,并通过反三角函数对其进行求解,从而获得航迹倾斜角指令信号 γ_c。

2. 速度回路纵向控制

根据式(4.56)和式(4.57),高超声速飞行器速度回路方程为

$$\begin{cases} \dot{V} = \dfrac{1}{M}(-D - Mg\sin\gamma + T_x\cos\alpha + T_z\sin\alpha) \\ \dot{\gamma} = \dfrac{1}{MV}[L - Mg\cos\gamma + T_x\sin\alpha - T_z\cos\alpha] \end{cases} \tag{4.80}$$

式中: $D = \hat{q}SC_D$, $L = \hat{q}SC_L$,并将式(4.62)、式(4.63)和式(4.68)代入式(4.80),可得

$$\begin{cases} \dot{V} = \dfrac{1}{M}[-\hat{q}S(C_{L,\alpha} + 2 \cdot C_{L,\delta_e}) - Mg\sin\gamma + T\cos\alpha + T_z\sin\alpha] \\ \dot{\gamma} = \dfrac{1}{MV}[\hat{q}S(C_{D,\alpha} + 2 \cdot C_{D,\delta_e}) - Mg\cos\gamma + T\sin\alpha - T_z\cos\alpha] \end{cases} \tag{4.81}$$

根据飞行力学分析可知,相对于迎角产生的升力和阻力而言,控制舵面偏转时产生很小的附加气动力,因此这里忽略控制舵面对于升力 L 和阻力 D 的影响。此外,本小节不考虑推力矢量控制问题,因此将推力矢量 T_z 作为零来处理。由此可将式(4.81)简化为

$$\begin{cases}\dot{V}=\dfrac{1}{M}[-\hat{q}SC_{L,\alpha}-Mg\sin\gamma+T\cos\alpha]\\ \dot{\gamma}=\dfrac{1}{MV}[\hat{q}SC_{D,\alpha}-Mg\cos\gamma+T\sin\alpha]\end{cases}\tag{4.82}$$

从式(4.82)可以看出,速度回路系统方程是非仿射非线性方程。为了便于控制器的设计,本小节采用虚拟控制量将其转换为仿射非线性方程,则速度回路系统方程可以整理为以下仿射非线性方程形式:

$$\begin{bmatrix}\dot{V}\\ \dot{\gamma}\end{bmatrix}=\begin{bmatrix}-g\sin\gamma\\ \dfrac{g}{V}\cos\gamma\end{bmatrix}+\begin{bmatrix}\dfrac{1}{M} & 0\\ 0 & \dfrac{1}{MV}\end{bmatrix}\begin{bmatrix}u_1\\ u_2\end{bmatrix}\tag{4.83}$$

其中

$$\begin{cases}u_1=-\hat{q}SC_{L,\alpha}+T\cos\alpha\\ u_2=\hat{q}SC_{D,\alpha}+T\sin\alpha\end{cases}\tag{4.84}$$

定义高超声速飞行器速度和速度角误差为 $V_e=V-V_c,\gamma_e=\gamma-\gamma_c$。将式(4.83)代入 $V_e=V-V_c,\gamma_e=\gamma-\gamma_c$,可得

$$\dot{\boldsymbol{x}}_{ve}=\boldsymbol{f}_v(x_v)+\boldsymbol{g}_v(x_v)\cdot\boldsymbol{u}_v\tag{4.85}$$

式中:$\boldsymbol{x}_{ve}=[V_e\quad\gamma_e]^{\mathrm{T}}$;$\boldsymbol{x}_v=[V\quad\gamma]^{\mathrm{T}}$;$\boldsymbol{u}_v=[u_1\quad u_2]^{\mathrm{T}}$;$\boldsymbol{f}_v(\boldsymbol{x}_v)=\begin{bmatrix}-g\sin\gamma-\dot{V}_c\\ \dfrac{g}{V}\cos\gamma-\dot{\gamma}_c\end{bmatrix}$;$\boldsymbol{g}_v(x_v)=\begin{bmatrix}\dfrac{1}{M} & 0\\ 0 & \dfrac{1}{MV}\end{bmatrix}$。

将 $\boldsymbol{u}_v$ 视为速度回路系统仿真中的虚拟控制量,这样就可以通过单向滑模控制方法对速度回路控制器进行设计。由式(4.64)和式(4.66),可知

$$C_{L,\alpha}=-8.19\cdot10^{-2}+4.70\cdot10^{-2}M_A+1.86\cdot10^{-2}\alpha-4.73\cdot10^{-4}(\alpha\cdot M_A)-9.19\cdot10^{-3}M_A^2-1.52\cdot10^{-4}\alpha^2+5.99\cdot10^{-7}(\alpha\cdot M_A)^2+7.74\cdot10^{-4}M_A^3+4.08\cdot10^{-6}\alpha^3-2.93\cdot10^{-5}M_A^4-3.91\cdot10^{-7}\alpha^4+4.12\cdot10^{-7}M_A^5+1.30\cdot10^{-8}\alpha^5\tag{4.86}$$

$$C_{D,\alpha}=8.717\cdot10^{-2}-3.307\cdot10^{-2}M_A+3.179\cdot10^{-3}\alpha-1.25\cdot10^{-4}(\alpha\cdot M_A)+5.036\cdot10^{-3}M_A^2-0.1\cdot10^{-3}\alpha^2+1.405\cdot10^{-7}(\alpha\cdot M_A)^2-3.658\cdot10^{-4}M_A^3+3.175\cdot10^{-4}\alpha^3+1.274\cdot10^{-5}M_A^4-2.985\cdot10^{-5}\alpha^4-1.705\cdot10^{-7}M_A^5+9.766\cdot10^{-7}\alpha^5\tag{4.87}$$

将式(4.86)和式(4.87)代入式(4.85)可知,虚拟控制量 $\boldsymbol{u}_v$ 为推力 T、迎角 α 的复杂

非线性关系式。因此,本小节采用数值方法对其求解,并考虑高超声速飞行阶段对于迎角的约束条件,从而给出迎角指令信号 α_c 和推力控制量 T_c。

3. 姿态回路纵向控制

根据式(4.58)高超声速飞行器姿态回路方程为

$$\dot{\alpha} = q - \frac{1}{MV}[L - Mg\cos\gamma + T_x\sin\alpha - \boldsymbol{T}_z\cos\alpha] \tag{4.88}$$

式中:$L = \hat{q}SC_L$,并将式(4.62)和式(4.68)代入式(4.80),可得

$$\dot{\alpha} = q - \frac{1}{MV}[\hat{q}S(C_{L,\alpha} + 2 \cdot C_{L,\delta_e}) - Mg\cos\gamma + T\sin\alpha - \boldsymbol{T}_z\cos\alpha] \tag{4.89}$$

根据飞行力学分析可知,相对于迎角产生的升力和阻力而言,控制舵面偏转时产生很小的附加气动力,因此这里忽略控制舵面对于升力 L 的影响。此外,本小节不考虑推力矢量控制问题,因此将推力矢量 $\boldsymbol{T}_z$ 作为零来处理。由此可将式(4.89)简化为

$$\dot{\alpha} = q - \frac{1}{MV}[\hat{q}S(C_{L,\alpha}) - Mg\cos\gamma + T\sin\alpha] \tag{4.90}$$

定义高超声速飞行器攻角误差为 $\alpha_e = \alpha - \alpha_c$。将式(4.90)代入 $\alpha_e = \alpha - \alpha_c$ 可得

$$\dot{\alpha}_e = f_\alpha(\alpha) + g_\alpha(\alpha) \cdot q \tag{4.91}$$

式中:$f_\alpha(\alpha) = -\frac{1}{MV}[\hat{q}S(C_{L,\alpha}) - Mg\cos\gamma + T\sin\alpha] - \dot{\alpha}_c$;$g_\alpha(\alpha) = 1$。

4. 角速率回路纵向控制

根据式(4.59)高超声速飞行器角速率回路方程为

$$\dot{q} = I_{pr}^q + \dot{I}_q^q q + g_m^q(m_A + m_T) \tag{4.92}$$

由于不考虑推力矢量控制,因此假设 $m_T = 0$。将式(4.71)、式(4.72)和式(4.75)代入式(4.92),可得

$$\dot{q} = I_{pr}^q + \dot{I}_q^q q + g_m^q\left[qcS \cdot (C_{m,\alpha} + 2C_{m,\delta_e} + C_{m,q}\frac{qc}{2V}) - X_{cg}Z\right] \tag{4.93}$$

由式(4.75)可知,气动系数 C_{m,δ_e} 可分为两个部分,即

$$C_{m,\delta_e} = C_{m,\delta_e 1} + C_{m,\delta_e 2} \cdot \delta_e \tag{4.94}$$

式中:$C_{m,\delta_e 1} = -5.67 \cdot 10^{-5} - 6.59 \cdot 10^{-5}\alpha - 1.51 \cdot 10^{-6}M_A - 4.46 \cdot 10^{-6}(\alpha \cdot M_A)$;$C_{m,\delta_e 2} = 2.89 \cdot 10^{-4} + 4.48 \cdot 10^{-6}\alpha - 5.87 \cdot 10^{-6}M_A + 9.72 \cdot 10^{-8}(\alpha \cdot M_A)$。

将式(4.94)代入式(4.93),可得

$$\dot{q} = \left\{I_{pr}^q + \dot{I}_q^q q + g_m^q\left[qcS \cdot (C_{m,\alpha} + 2C_{m,\delta_e 1} + C_{m,q}\frac{qc}{2V}) - X_{cg}Z\right]\right\} + g_m^q qcS \cdot 2C_{m,\delta_e 2} \cdot \delta_e \tag{4.95}$$

定义高超声速飞行器角速度误差为 $q_e = q - q_c$,则将式(4.95)代入并写出仿射非线性方程形式,可得

$$\dot{q}_e = f_q(q) + g_q(q) \cdot \delta_e - \dot{q}_c \tag{4.96}$$

式中:$f_q(q) = \left\{I_{pr}^q + \dot{I}_q^q q + g_m^q\left[qcS \cdot (C_{m,\alpha} + 2C_{m,\delta_e 1} + C_{m,q}\frac{qc}{2V}) - X_{cg}Z\right]\right\}$,$g_q(q) =$

$g_m^q qcS \cdot 2C_{m,\delta_e 2}$。

5. 纵向姿态/轨迹协调控制系统结构

高超声速飞行器纵向姿态/轨迹协调控制的任务要求设计中，如图 4-7 所示。在图 4-7 中，一是基于单向滑模控制方法(UAS-SMC)方法分别设计位置和速度回路控制器，从而满足位置和速度回路的协调控制要求；二是同时利用滑模干扰观测器以应对姿态回路中的干扰问题；三是通过单向滑模控制方法结合 backstepping 控制方法设计姿态和角速率回路控制器，以增强系统的鲁棒和阻尼性能。

$z_e = z - z_c, V_e = V - V_c, \gamma_e = \gamma - \gamma_c, \alpha_e = \alpha - \alpha_c, q_e = q - q_c$ 分别为高超声速飞行过程中各个回路的跟踪误差信号。采用图 4-7 所示的纵向姿态/轨迹协调控制系统设计方案，可以完成对于速度 V 和高度 z 的稳定跟踪，从而达到高超声速飞行器的协调控制要求。

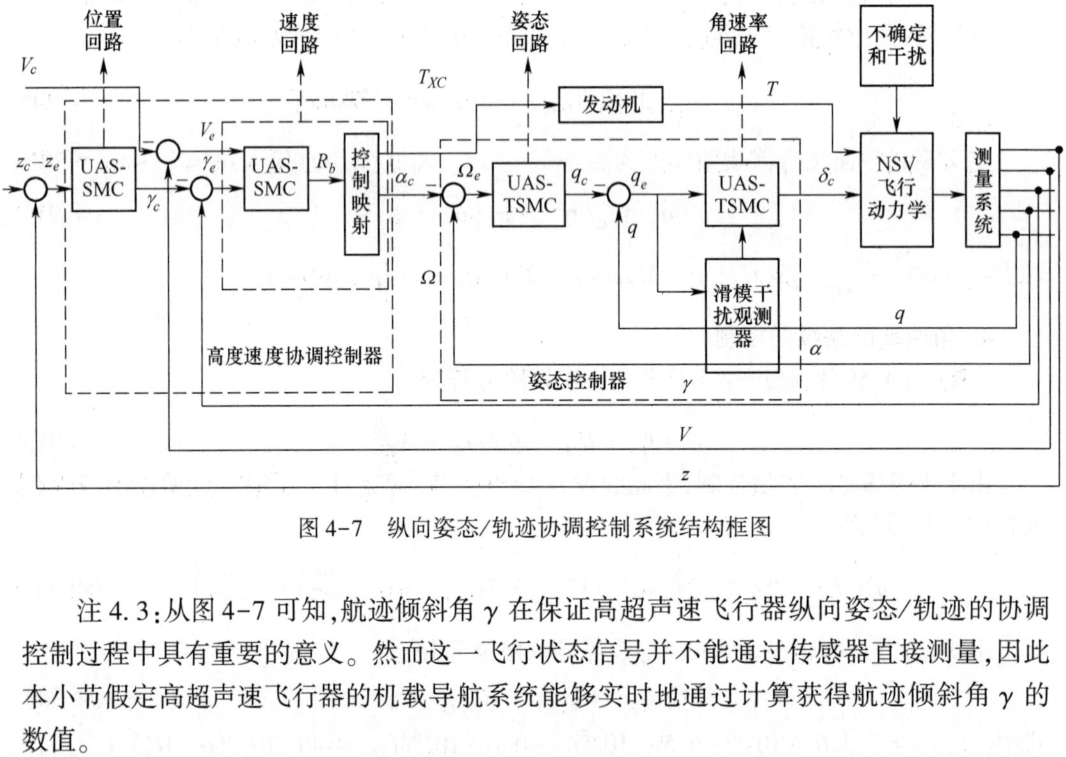

图 4-7　纵向姿态/轨迹协调控制系统结构框图

注 4.3：从图 4-7 可知，航迹倾斜角 γ 在保证高超声速飞行器纵向姿态/轨迹的协调控制过程中具有重要的意义。然而这一飞行状态信号并不能通过传感器直接测量，因此本小节假定高超声速飞行器的机载导航系统能够实时地通过计算获得航迹倾斜角 γ 的数值。

注 4.4：速度回路控制器的内部可以分别两个模块。前一模块是针对速度回路仿射非线性系统方程式(4.85)所设计的控制器，其输出为虚拟控制量 $\boldsymbol{u}_v = [u_1 \quad u_2]^{\mathrm{T}}$；后一模块为控制映射部分，利用数值方法将虚拟控制量映射为迎角指令信号 α_c 和推力控制量 T_{xc}。

4.4 单向辅助面滑模纵向飞行控制器设计

4.4.1 问题描述

由式(4.79)和式(4.85)可知，位置回路和速度回路纵向控制模型可以简单地转换为仿射非线性方程组,可以通过 4. 1. 3 小节中的式(4. 19)设计航迹倾斜角指令信号 γ_c 和虚拟控制量 $\boldsymbol{u}_v$,并且利用数值方法将虚拟控制量映射为迎角指令信号 α_c 和推力控制量 T_{xc}。为简便起见,本节不讨论位置回路和速度回路的控制器设计,而重点讨论基于单向辅助面滑模、backstepping 控制方法和快速干扰估计器的姿态和角速度回路纵向飞行控制算法。

考虑到不确定和外干扰的存在,根据式(4. 91)和式(4. 96)将 NSV 姿态和角速率回路的系统方程表示为以下形式:

$$\begin{cases}\dot{\alpha}_e = f_\alpha(\alpha) + g_\alpha(\alpha)\cdot q + d_\alpha \\ \dot{q}_e = f_q(q) + g_q(q)\cdot\delta_e + d_q\end{cases} \tag{4.97}$$

式中:$d_\alpha = d_{\alpha1} + d_{\alpha2}$ 和 $d_q = d_{q1} + d_{q2}$ 分别表示姿态和角速率回路的复合干扰,$d_{\alpha1}$、$d_{\alpha2}$ 表示系统不确定在姿态回路中引起的干扰,d_q 表示姿态回路的外干扰,d_{q1} 表示系统不确定在角速率回路中引起的干扰,而 d_{q2} 表示角速率回路的干扰力矩。本节考虑在角速率回路控制器中加入干扰观测器。

4.4.2 设计过程

定义:

$$\begin{aligned}\alpha_e &= \alpha - \alpha_c \\ q_e &= q - \nu_1\end{aligned} \tag{4.98}$$

式中:$\nu_1 \in R^n$ 为设计的虚拟控制量,则 NSV 姿态和角速率回路系统式(4. 97)可以转换为

$$\begin{cases}\dot{\alpha}_e = f_\alpha(\alpha) + g_\alpha(\alpha)\cdot(q_e + \nu_1) + d_\alpha \\ \dot{q}_e = f_q(q) + g_q(q)\cdot\delta_e - \dot{\nu}_1 + d_q\end{cases} \tag{4.99}$$

根据 4. 1. 3 小节的设计步骤,将 ν_1 和 δ_e 作为控制输入,α_e 和 q_e 作为系统状态分别设计切换面 S_{11}、S_{12}、S_{21}、S_{22} 和单向辅助面 h_1、h_2,可得

$$\begin{cases}S_{11} = \alpha_e + \xi_{11}\int\alpha_e = 0 \\ S_{12} = \alpha_e + \xi_{12}\int\alpha_e = 0\end{cases},\quad \begin{cases}S_{21} = q_e + \xi_{21}\int q_e = 0 \\ S_{22} = q_e + \xi_{22}\int q_e = 0\end{cases},\quad \begin{cases}h_1 = \omega_{11}\alpha_e + \omega_{12}\int\alpha_e + m_1 \\ h_2 = \omega_{21}q_e + \omega_{22}\int q_e + m_2\end{cases} \tag{4.100}$$

式中:m_1、m_2 为常数,且 ω_{11} 和 ω_{21} 非零。

根据 4. 1. 4 小节的设计步骤,将基于单向滑模控制理论的快速干扰估计器设计为

$$\begin{cases}\hat{d}_q = L(q_e - \eta) \\ \dot{\eta} = f_q(q) + g_q(q)\cdot\delta_e + \hat{d}_q - \dot{\nu}_1 + L^{-1}\cdot\omega_{21}\end{cases} \tag{4.101}$$

式中:L 是设计的参数,且有 $L - 0.5 > 0$。

考虑系统式(4. 99),虚拟控制量 ν_1 可以设计为

$$\nu_1 = g_\alpha(\alpha)^{-1}[-f_\alpha + \omega_{11}^{-1}(-\omega_{12}\cdot\alpha_e + N_1)] \tag{4.102}$$

式中:$N_1 > 0$ 为设计的趋近律。

引入干扰观测器式(4. 101)和虚拟控制量式(4. 102),可以将 backstepping 单向滑模自适应耦合实现控制器设计为

$$\delta_e = g_q^{-1}[-f_q - \hat{d}_q + \dot{v}_1 + \omega_{21}^{-1}(-\omega_{22}\cdot q_e + N_2) - \omega_{21}^{-1}\omega_{11}\cdot g_\alpha \cdot \alpha_e] \tag{4.103}$$

式中：$N_2 > 0$ 为设计的趋近律，$\mu_\alpha \geqslant \sup\{\omega_{11}\cdot d_\alpha\}$ 为姿态回路干扰上界，$\mu_q \geqslant \sup\{\dot{d}_q\}$ 为角速率回路干扰变化率上界，且有 $N_1 + N_2 > \mu_\alpha + 0.5\mu_q^2$。

4.4.3 闭环系统稳定性分析

定理 4.4：对于仿射非线性系统式(4.99)，采用快速干扰估计器式(4.101)、虚拟控制量式(4.102)和单向滑模控制器式(4.103)能够确保系统状态渐进稳定。

证明：

设计以下形式的李雅普诺夫函数 V_1：

$$V_1 = m_1 - h_1 \tag{4.104}$$

由引理 4.1 可知，$V_1 \geqslant 0$ 且是连续函数，此外当 $V_1 = 0$，有结论 $m_1 - h_1 = 0$，即当 $V_1 = 0$ 时，系统状态误差到达原点。

根据式(4.99)和式(4.100)，有

$$\begin{aligned}\dot{h}_1 &= \omega_{11}\dot{\alpha}_e + \omega_{12}\alpha_e \\ &= \omega_{11}[f_\alpha(\alpha) + g_\alpha(\alpha)\cdot(q_e + v_1) + d_\alpha] + \omega_{12}\alpha_e\end{aligned} \tag{4.105}$$

将式(4.102)代入式(4.105)，可得

$$\begin{aligned}\dot{h}_1 &= \omega_{11}\dot{\alpha}_e + \omega_{12}\alpha_e \\ &= \omega_{11}\cdot g_\alpha(\alpha)\cdot q_e + N_1 + \omega_{11}\cdot d_\alpha\end{aligned} \tag{4.106}$$

由于 m_1 为常数，因此将式(4.106)带入式(4.104)，可得

$$\dot{V}_1 = -\omega_{11}\cdot g_\alpha(\alpha)\cdot q_e - N_1 - \omega_{11}\cdot d_\alpha \tag{4.107}$$

考虑系统 NSV 姿态和角速率回路(式(4.99))中所有闭环状态的稳定性，根据 backstepping 的设计思想，将李雅普诺夫函数重新设计为

$$V = V_1 + (m_2 - h_2) + 0.5\tilde{d}_{qe}^{\ 2} \tag{4.108}$$

定义干扰估计误差为

$$\tilde{d}_{qe} = d_q - \hat{d}_q \tag{4.109}$$

由于 m_2 为常数，因此对式(4.108)求导可得

$$\begin{aligned}\dot{V} &= \dot{V}_1 - \dot{h}_2 + \tilde{d}_{qe}\cdot\dot{\tilde{d}}_{qe} \\ &= \dot{V}_1 - \dot{h}_2 + \tilde{d}_{qe}\cdot(\dot{d}_q - \dot{\hat{d}}_q)\end{aligned} \tag{4.110}$$

根据式(4.99)和式(4.100)，有

$$\begin{aligned}\dot{h}_2 &= \omega_{21}\dot{q}_e + \omega_{22}q_e \\ &= \omega_{21}[f_q(q) + g_q(q)\cdot\delta_e + d_q - \dot{v}_1] + \omega_{22}q_e\end{aligned} \tag{4.111}$$

将式(4.103)代入式(4.111)，可得

$$\dot{h}_2 = \omega_{21}\tilde{d}_{qe} - \omega_{11}\cdot g_\alpha\cdot\alpha_e + N_2 \tag{4.112}$$

对式(4.101)中 $\hat{d}_q$ 求导,并导入式(4.103),可得

$$
\begin{aligned}
\dot{\hat{d}}_q &= L(\dot{q}_e - \dot{\eta}) \\
&= L(d_q - \hat{d}_q - L^{-1} \cdot \omega_{21}) \\
&= L(\tilde{d}_{qe} - L^{-1} \cdot \omega_{21})
\end{aligned} \tag{4.113}
$$

将式(4.112)和式(4.113)代入式(4.110),可得

$$
\begin{aligned}
\dot{V} &= \dot{V}_1 - \dot{h}_2 + \tilde{d}_{qe} \cdot (\dot{d}_q - \dot{\hat{d}}_q) \\
&= - N_1 - N_2 - \omega_{11} \cdot d_\alpha - \omega_{21}\tilde{d}_{qe} - \tilde{d}_{qe} \cdot \dot{\hat{d}}_q + \tilde{d}_{qe} \cdot \dot{d}_q \\
&= - N_1 - N_2 - \omega_{11} \cdot d_\alpha - \tilde{d}_{qe} \cdot L\tilde{d}_{qe} + \tilde{d}_{qe} \cdot \dot{d}_q \\
&\leqslant - N_1 - N_2 - \omega_{11} \cdot d_\alpha - \tilde{d}_{qe} \cdot (L - 0.5)\tilde{d}_{qe} + 0.5\dot{d}_q^2 \\
&\leqslant - [N_1 + N_2 - (\mu_\alpha + 0.5\mu_q^2)] - \tilde{d}_{qe} \cdot (L - 0.5)\tilde{d}_{qe}
\end{aligned} \tag{4.114}
$$

由于 $N_1 + N_2 > \mu_\alpha + 0.5\mu_q^2$ 和 $L - 0.5 > 0$,可知

$$
\dot{V} < 0 \tag{4.115}
$$

因此可知 Lyapunov 函数 V 收敛至零,即系统状态误差将收敛至原点。由此,定理得证。

4.4.4 仿真研究及分析

在高超声速飞行器纵向飞行控制仿真分析中,分别比较本章基于单向滑模控制方法(UAS-SMC)以及传统滑模控制方法(SMC)所设计协调转弯控制系统的仿真效果。采用以下飞行初始条件:质量 M 恒定为 136820kg,初始速度 $V(0) = 3000\text{m/s}$,初始位置为 $x(0) = 1000\text{m}$,初始高度 $z(0) = -30\text{km}$,初始航迹倾斜角 $\gamma(0) = 0\text{deg}$,初始姿态角为 $\alpha(0) = 1.0\text{deg}$,初始角速率为 $q(0) = -3\text{deg/s}$,速度、高度以及偏航指令信号分别为 $V_c = 3050\text{m/s}$, $z_c = -30.5\text{km}$。考虑到高超声速阶段飞行品质的要求,设计滤波器对于指令信号进行处理,并对航迹倾斜角指令信号 γ_c 的导数限幅处理,其中滤波器的时间常数设为 2.5,γ_c 导数的幅值限制在±0.05deg/s 以内。

为了验证控制系统的鲁棒性能,在高超声速飞行器的姿态和角速率回路中同时加入外干扰,其中角速率回路存在正弦变化干扰力矩:

$$
d_q = 2 \times 10^6(\sin\pi t)\,\text{N} \cdot \text{m} \tag{4.116}
$$

同样,姿态回路存在正弦变化的外干扰:

$$
d_\alpha = 0.29 \cdot \sin(2t)\,°/\text{s} \tag{4.117}
$$

此外,根据文献对于高超声速飞行器系统不确定的描述,假定此时 NSV 存在 20%的时变不确定,即将气动和力矩系数中的时变系数设为 $1.1 - 0.1\sin(0.1 \cdot t + 1)$ 和 $0.9 - 0.1\sin(0.5 \cdot t + 0.7)$,则基于传统滑模控制方法(SMC)加干扰估计器的纵向控制系统响应曲线,如图 4-8~图 4-10 所示。

图 4-8~图 4-10 给出了在存在复合干扰的情况下,纵向姿态/轨迹协调控制器的响应曲线。从该图可以看出,纵向姿态/轨迹协调控制系统能够很好地确保高超声速飞行器

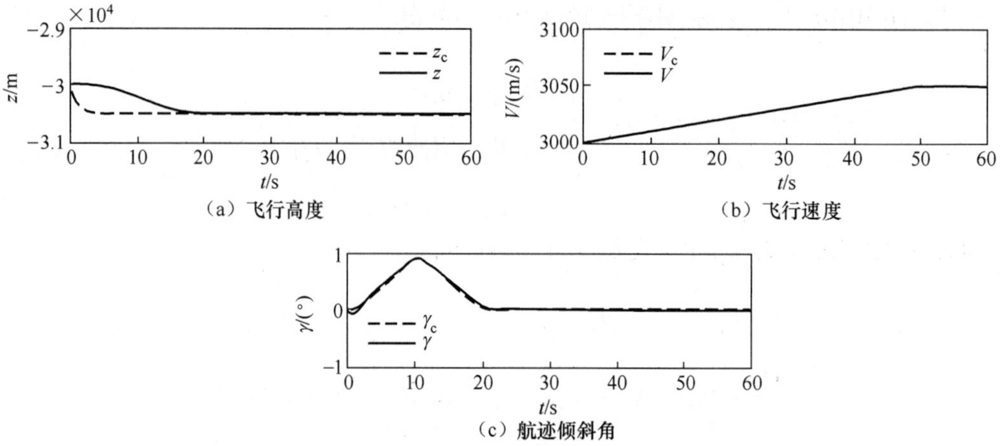

（a）飞行高度　（b）飞行速度

（c）航迹倾斜角

图 4-8　复合干扰下 SMC 纵向控制系统轨迹响应

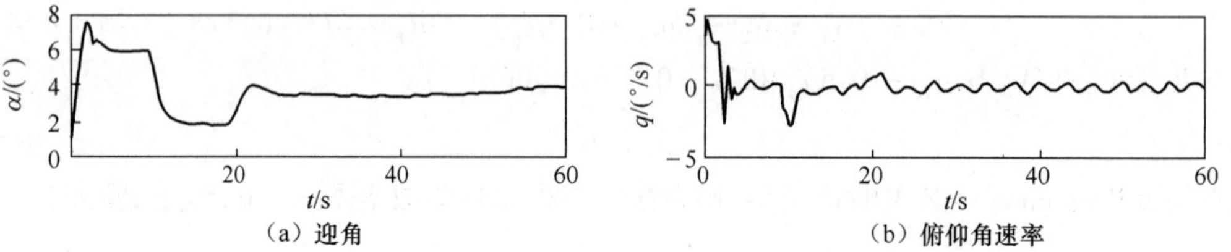

（a）迎角　（b）俯仰角速率

图 4-9　复合干扰下 SMC 纵向控制系统姿态响应

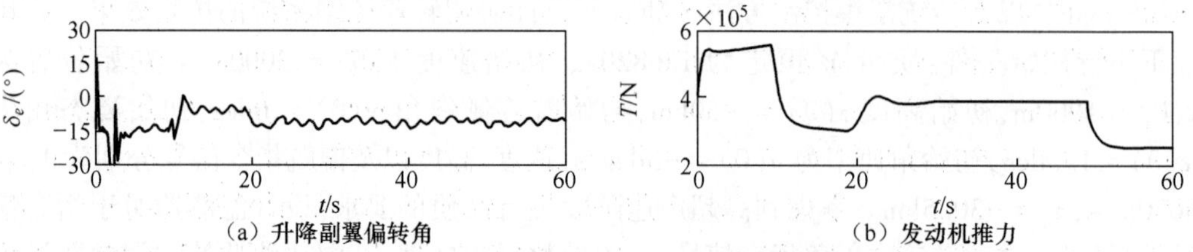

（a）升降副翼偏转角　（b）发动机推力

图 4-10　复合干扰下 SMC 纵向控制系统输入

跟踪高度和速度指令信号。因此，当同时存在干扰力矩、角速率干扰以及气动和力矩系数不确定的情况下，纵向姿态/轨迹协调控制器仍然能够保证姿态/轨迹的稳定协调控制。但是，通过对比可以看出，为了跟踪高度指令信号，迎角 α 在整个协调运动过程中存在一定的超调，并且最大迎角为 8°左右。对于高超声速飞行器而言，如果出现较大迎角变化时，则有可能导致超燃冲压式发动机工作不稳定，或者发动机熄火，从而危及飞行安全。

基于单向辅助滑模控制方法（UAS-SMC）加 backstepping 理论和快速干扰估计器的纵向控制系统响应曲线，如图 4-11～图 4-13 所示。

图 4-11～图 4-13 给出了存在复合干扰情况下，UAS-SMC 纵向姿态/轨迹协调鲁棒控制系统的控制效果。从该图可以看出，改进型纵向姿态/轨迹协调控制系统能够很好地跟踪高度和速度指令信号。通过比较图 4-9 和图 4-12 可知，采用该控制系统的高超声

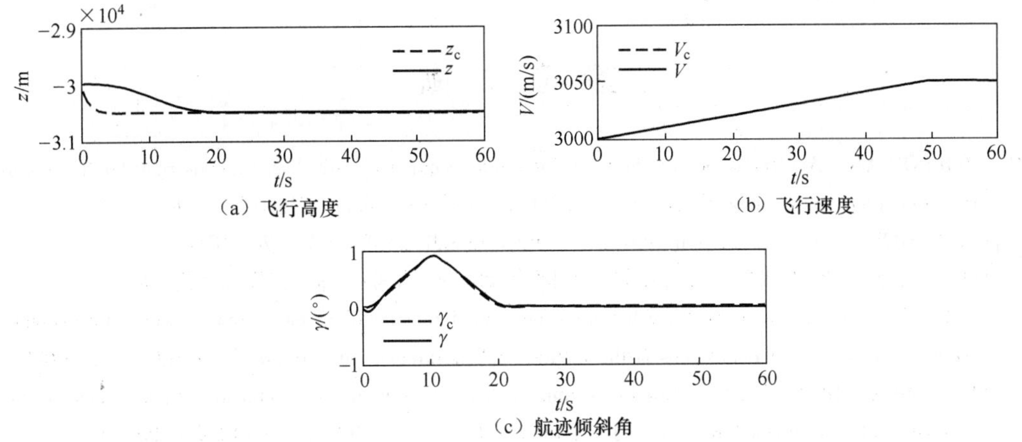

（a）飞行高度 （b）飞行速度

（c）航迹倾斜角

图 4-11 复合干扰下 UAS-SMC 纵向控制系统轨迹响应

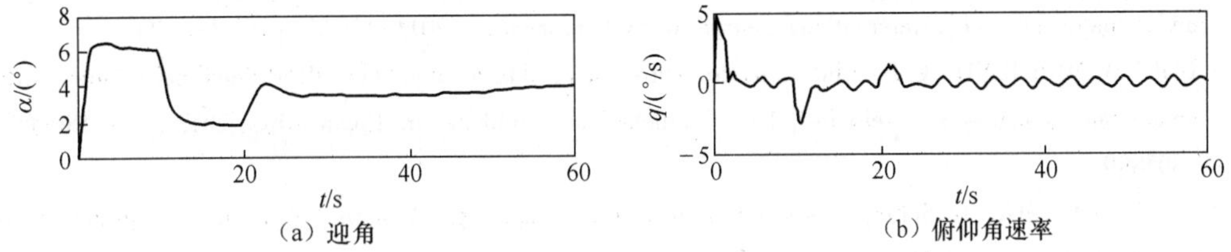

（a）迎角 （b）俯仰角速率

图 4-12 复合干扰下 UAS-SMC 纵向控制系统姿态响应

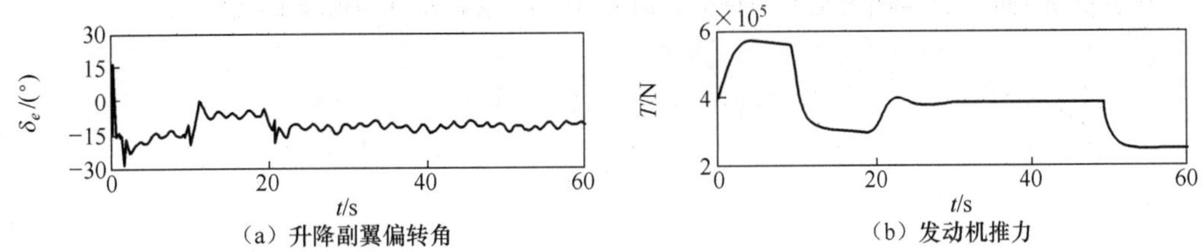

（a）升降副翼偏转角 （b）发动机推力

图 4-13 复合干扰下 UAS-SMC 纵向控制系统输入

速飞行器迎角变化平缓。同时，由于采用了无抖振趋近律，UAS-SMC 中的控制舵面和推力响应并没有明显的抖振现象，因此 UAS-SMC 纵向姿态/轨迹协调控制系统能够满足高超声速飞行器纵向协调飞行控制的任务要求。

本章主要介绍单向辅助面滑模（UAS-SMC）基础理论和高超声速飞行器纵向控制器设计。首先，从力学和公式分析的角度对单向滑模去抖振思想进行了阐述。与传统无抖振滑模控制理论不同，单向辅助面滑模给出了一个新的去抖振思路，即单向辅助面滑模控制理论的设计步骤和稳定性证明，并对单向滑模控制理论所特有的快速干扰估计器进行了研究。其次，针对传统单向滑模控制理论文献中的漏洞，给出了控制输入和状态维数不一致时单向滑模控制系统的设计方法。再次，针对高超声速飞行器纵向非线性模型，基于单向辅助面滑模控制理论设计了纵向姿态/轨迹协调控制系统。最后，通过仿真实验验证了所设计控制系统的有效性。

参考文献

[1] FILIPPOV A G. Application of the theory of differential equations with discontinuous right-hand sides to non-linear problems in automatic control[J]. IFAC Proceedings Volumes,1960,1(1):933-937.

[2] BLANCHINI F. Set invariance in control[J]. Automatica,1999,35(11): 1747-1767.

[3] 傅健. 近空间飞行器非线性飞控系统鲁棒滑模控制[D]. 南京:南京航空航天大学,2013.

[4] FU J, WU Q, CHEN W, YAN X. Chattering-free condition for sliding mode control with unidirectional auxiliary surfaces[J]. Transactions of the Institute of Measurement and Control,2013,35(5): 593-605.

[5] FU J, WU Q, JIANG C, et al. Robust sliding mode control with unidirectional auxiliary surfaces for nonlinear system with state constraints[J]. Control and Decision,2011,26(9): 1288-1294.

[6] 胡田文,吴庆宪,姜长生,等. 指数趋近律单向辅助面滑模控制[J]. 电光与控制,2013,20(7):36-41.

[7] GAO Z, JIANG B, QI R, et al. Robust reliable control for a near space vehicle with parametric uncertainties and actuator faults[J]. International Journal of Systems Science,2011,42(12): 2113-2124.

[8] CHEN M, MEI R, JIANG B. Sliding mode control for a class of uncertain MIMO nonlinear systems with application to near-space vehicles[J]. Mathematical Problems in Engineering, 2013(5): 1805891-1805899.

[9] YU X, KAYNAK O. Sliding-mode control with soft computing: A survey[J]. IEEE transactions on industrial electronics,2009,56(9): 3275-3285.

[10] JIANG B, XU Y, SHI P, et al. Robust fault-tolerant tracking control for a near-space vehicle using a sliding mode approach[J]. Proceedings of the Institution of Mechanical Engineers,2011,225(18):1173-1184.

[11] 程路. 近空间飞行器鲁棒自适应协调控制研究[D]. 南京:南京航空航天大学,2011.

第5章　高超声速飞行器单向辅助面滑模协调控制

5.1　单向辅助面滑模的控制特点

5.1.1　传统滑模与单向滑模控制器结构异同点分析

虽然单向滑模(UAS-SMC)控制理论与传统滑模(SMC)控制理论在定义和设计步骤上存在很多不同之处,但是两者之间的关系实际上非常紧密。

1. 传统滑模与单向滑模的趋近律

传统滑模控制理论中,根据其到达条件($\boldsymbol{S}^{\mathrm{T}} \cdot \dot{\boldsymbol{S}} < 0$)可以设计各种各样的趋近律,如下:

(1) 等速趋近律:

$$\dot{\boldsymbol{S}} = -\varepsilon \cdot sign(\boldsymbol{S}), \varepsilon > 0 \tag{5.1}$$

(2) 指数趋近律:

$$\dot{\boldsymbol{S}} = -\varepsilon \cdot sign(\boldsymbol{S}) - k \cdot \boldsymbol{S}, \varepsilon > 0, k > 0 \tag{5.2}$$

(3) 幂次趋近律:

$$\dot{\boldsymbol{S}} = -k \cdot |\boldsymbol{S}|^{\alpha} sign(\boldsymbol{S}), k > 0, 1 > \alpha > 0 \tag{5.3}$$

(4) 一般趋近律:

$$\begin{gathered}\dot{\boldsymbol{S}} = -\varepsilon \cdot sign(\boldsymbol{S}) - \boldsymbol{f}(\boldsymbol{S}) \\ \boldsymbol{f}(\boldsymbol{0}) = \boldsymbol{0}, \boldsymbol{S}^{\mathrm{T}}\boldsymbol{f}(\boldsymbol{S}) > 0, \text{当 } \boldsymbol{S} \neq 0\end{gathered} \tag{5.4}$$

实际上根据单向滑模的到达条件($\dot{\boldsymbol{h}} > 0$),所以传统滑模中近乎所有的趋近律都可以转换为在单向滑模控制理论应用的形式。

定义: $\boldsymbol{E} = [1,\cdots,1]^{\mathrm{T}} \in \mathbb{R}^{n}$,有

(1) 等速趋近律:

$$\dot{\boldsymbol{h}} = \varepsilon \cdot \boldsymbol{E}, \varepsilon > 0 \tag{5.5}$$

(2) 指数趋近律:

$$\dot{\boldsymbol{h}} = \varepsilon \cdot \boldsymbol{E} + k \cdot (\boldsymbol{m} - \boldsymbol{h}), \varepsilon > 0, k > 0 \tag{5.6}$$

(3) 幂次趋近律:

$$\dot{\boldsymbol{h}} = k \cdot (\boldsymbol{m} - \boldsymbol{h})^{\alpha}, k > 0, 1 > \alpha > 0 \tag{5.7}$$

(4) 一般趋近律:

$$\begin{gathered}\dot{\boldsymbol{h}} = \varepsilon \cdot \boldsymbol{E} + \boldsymbol{f}(\boldsymbol{m} - \boldsymbol{h}) \\ \boldsymbol{f}(\boldsymbol{0}) = \boldsymbol{0}, \boldsymbol{f}(\boldsymbol{m} - \boldsymbol{h}) > 0, \text{当 } \boldsymbol{m} - \boldsymbol{h} \neq 0\end{gathered} \tag{5.8}$$

2. 传统滑模与单向滑模的滑模面结构

与趋近律一样,传统滑模控制理论中近乎所有的滑模面都可以等效移植到单向滑模控制理论中,并且传统滑模控制理论与单向滑模控制理论在某些情况下可以等价转换。由于传统滑模控制理论中的滑模面有很多不同种类,所以下面以积分滑模面为例进行分析。

将单向滑模控制理论中积分滑模面向传统滑模控制理论转换的过程相对比较简单,如图 5-1 和图 5-2 所示。若切换面 $S_{1i}=0$ 与 $S_{2i}=0$ 相互重合,则单向滑模控制理论"退化"为传统滑模控制理论,两者之间没有任何差别。

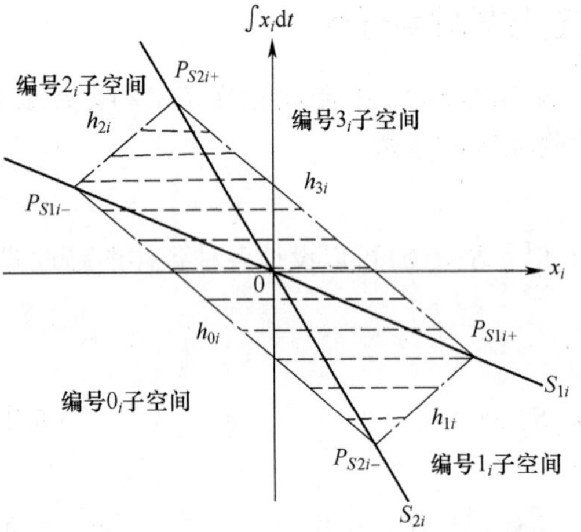

图 5-1 当 $S_{1i}=S_{2i}$ 时的单向滑模面空间结构

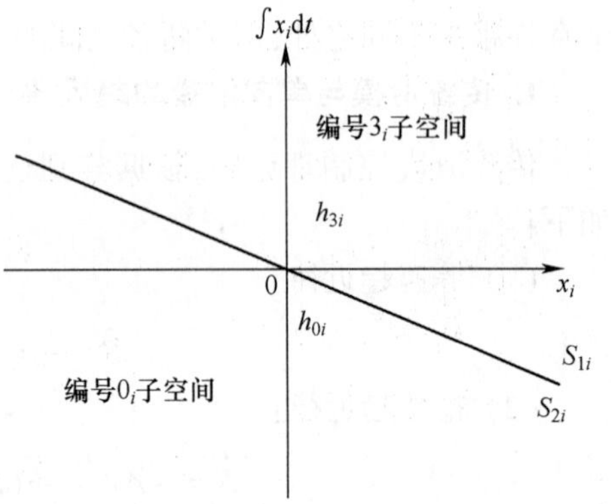

图 5-2 当 $S_{1i}=S_{2i}$ 时的单向滑模面空间结构

此外,当单向滑模控制理论中的切换面 $S_{1i}=0$ 与 $S_{2i}=0$ 不重合时,仍可将单向滑模面等价转换为一种特殊的传统滑模面表示形式,如图 5-3 所示。

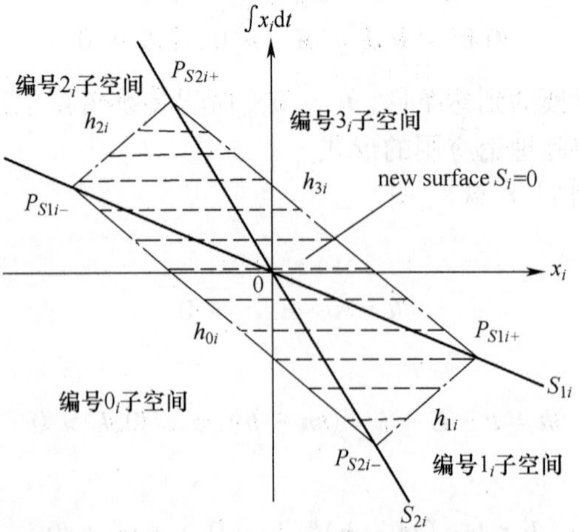

图 5-3 单向滑模控制理论中的特殊滑模面 S_i

根据第 4 章的单向辅助滑模面的定义,可以定义 δ_i 为

$$\delta_i = m_i - h_i \tag{5.9}$$

则一个特殊的滑模面可以定义为

$$S_i = \delta_i - m_i \cdot Sat(\delta_i/m_i) \tag{5.10}$$

式中：$Sat(\delta_i/m_i)$ 为饱和函数定义为

$$Sat(\delta_i/m_i) = \begin{cases} \delta_i/m_i & ,|\delta_i/m_i| \leqslant 1 \\ 1 & ,\delta_i/m_i > 1 \\ -1 & ,\delta_i/m_i < -1 \end{cases} \tag{5.11}$$

由第 4 章中引理和单向辅助滑模面的定义可知 $m_i > 0$，$\delta_i = m_i - h_i \geqslant 0$，因此 $\delta_i/m_i < 0$ 的情况不存在。所以式(5.11)可改写为

$$Sat(\delta_i/m_i) = \begin{cases} \delta_i/m_i & ,\delta_i \leqslant m_i \\ 1 & ,\delta_i > m_i \end{cases} \tag{5.12}$$

将式(5.12)代入式(5.10)，可得

$$S_i = \begin{cases} 0, \delta_i \leqslant m_i \\ \delta_i - m_i, \delta_i > m_i \end{cases} \tag{5.13}$$

结合图 5-3 可知，当 $S_i = 0$ 时，系统状态位于图中斜线区域。根据传统滑模的到达条件 $S^{\mathrm{T}} \cdot \dot{S} < 0$ 可以设计趋近律为

$$\dot{S}_i = -N_i \cdot sign(S_i) \tag{5.14}$$

定理 5.1：对于式(5.10)中的滑模面 S_i，当 $S_i \neq 0$ 时，传统滑模趋近律式(5.14)和单向滑模趋近律 $\dot{h}_i = N_i$ 等价。

证明：由式(5.13)可知，当 $S_i \neq 0$ 时有

$$S_i = \delta_i - m_i, \delta_i > m_i \tag{5.15}$$

将式(5.9))代入式(5.15)，可得

$$S_i = -h_i \tag{5.16}$$

由 $\delta_i > m_i$ 和 $\delta_i = m_i - h_i$，可知

$$h_i < 0 \tag{5.17}$$

因此，有

$$sign(S_i) = 1 \tag{5.18}$$

将式(5.18)和式(5.16)代入式(5.14)，可得

$$\dot{S}_i = -\dot{h}_i = -N_i \tag{5.19}$$

即

$$\dot{h}_i = N_i \tag{5.20}$$

该结论得证。

注 5.1：在单向滑模控制理论中趋近律式(5.14)和趋近律式(5.20)的区别是在 $S_i = 0$ 的封闭区间内，即图 5-3 中的斜线区域。当采用式(5.14)时该区域中的趋近律为 0；当采用式(5.20)时该区域中的趋近律仍然为 N_i。因此，将单向滑模控制理论中类似式(5.20)的趋近律称为严格趋近律(strict approaching law)；将类似式(5.14)的趋近律称为

非严格趋近律(non-strict approaching law)。单向滑模控制理论中严格趋近律对全状态空间中的扰动都具有较高的鲁棒性,并且对切换面附近的抖振有较好的抑制作用,但是在原点附近仍然会存在某些抖振现象。非严格趋近律只对状态空间中去除原点附近某一闭集($S_i = 0$)之外区域的扰动具有较高的鲁棒性,并且收敛速度较严格趋近律要慢一些,但是对全状态空间中的抖振都有较好的抑制作用。对于单向滑模控制系统中非严格趋近律对应闭集($S_i = 0$)的鲁棒性问题,可通过改变单向滑模辅助面结构、自适应调整闭集大小、切换不同的趋近律等方式进行改进。

若将传统滑模以单向滑模的形式表示,则需进行下面一些简单的推导。

参考第 4 章中当前单向辅助滑模面可以定义向量 $\boldsymbol{a} = [a_1, a_2, a_3, a_4]^{\mathrm{T}}$ 和 $\boldsymbol{b} = [b_1, b_2, b_3, b_4]^{\mathrm{T}}$ 为

$$\begin{cases} \begin{bmatrix} -1 & -1 & 1 & 1 \\ -1 & 1 & -1 & 1 \\ 1 & -1 & -1 & 1 \\ 1 & 1 & 1 & 1 \end{bmatrix} \cdot \begin{bmatrix} a_1 \\ a_2 \\ a_3 \\ a_4 \end{bmatrix} = \begin{bmatrix} \omega_{0i1} \\ \omega_{1i1} \\ \omega_{2i1} \\ \omega_{3i1} \end{bmatrix} \\ \begin{bmatrix} -1 & -1 & 1 & 1 \\ -1 & 1 & -1 & 1 \\ 1 & -1 & -1 & 1 \\ 1 & 1 & 1 & 1 \end{bmatrix} \cdot \begin{bmatrix} b_1 \\ b_2 \\ b_3 \\ b_4 \end{bmatrix} = \begin{bmatrix} \omega_{0i2} \\ \omega_{1i2} \\ \omega_{2i2} \\ \omega_{3i2} \end{bmatrix} \end{cases} \tag{5.21}$$

则第 4 章中所定义的当前单向辅助滑模面为

$$h_i = \omega_{i1} x_i + \omega_{i2} \int x_i + m_i \tag{5.22}$$

其中

$$\begin{cases} \omega_{i1} = a_1 sign(S_{1i}) + a_2 sign(S_{2i}) + a_3 sign(S_{1i} \cdot S_{2i}) + a_4 \\ \omega_{i2} = b_1 sign(S_{1i}) + b_2 sign(S_{2i}) + b_3 sign(S_{1i} \cdot S_{2i}) + b_4 \end{cases} \tag{5.23}$$

若传统滑模面定义为 $s_i = x_i + \xi_i \int x_i$,则可转化为单向滑模中的一种特殊表示形式,即 $a = [-1, 0, 0, 0]^{\mathrm{T}}$, $b = [-\xi_i, 0, 0, 0]^{\mathrm{T}}$ 且 $\xi_i = \xi_{1i} = \xi_{2i}$。

5.1.2 单向辅助面滑模控制的优势

单向辅助面滑模控制理论不但在去抖振方面具有优势,而且在下面一些方面具有优势。

1. 单向辅助面滑模控制理论中的滑模正不变集与状态约束控制能力

定义 5.1:如图 5-4 所示的定义集合为

$$Q_i = \{(x_i, \int x_i) \mid h_{ki} \geqslant 0, k = 0, 1, 2, 3\} \tag{5.24}$$

注 5.2:根据第 4 章当前单向辅助面的定义,集合式(5.24)为

$$Q_i = \{(x_i, \int x_i) \mid h_i \geqslant 0\} \tag{5.25}$$

定义 5.2:对于系统式(4.1),初始状态 $x_i(t_0) \in Q_i, i = 1, \cdots, n$, Q_i 为有界闭集。若

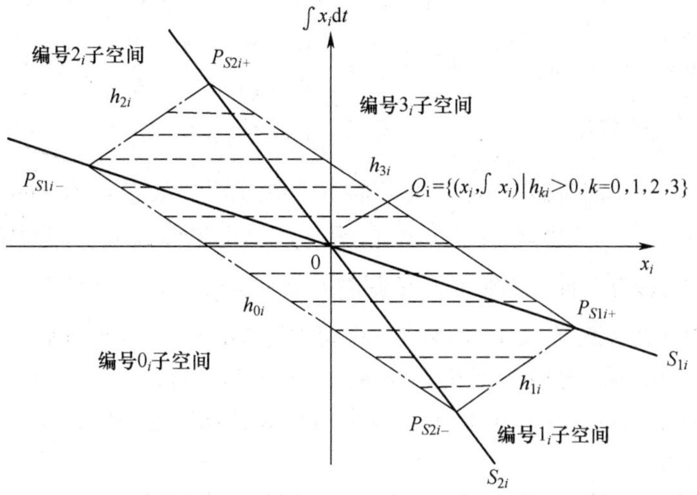

图 5-4　有界闭集 $Q_i = \{(x_i, \int x_i) \mid h_{ki} \geqslant 0, k = 0,1,2,3\}$

存在控制 $\boldsymbol{u}$ 能够确保所有 $x_i(t) \in Q_i, i = 1,\cdots,n$，$t > t_0$，则集合 Q_i 是 x_i 的正不变集。

定理 5.2：对于系统式(4.1)，若控制器式(4.7)中的趋近律满足 $N_i \geqslant 0, i = 1,\cdots,n$，当且仅当系统状态位于原点处 N_i 为 0，则闭环系统状态渐近收敛于有界闭集：

$$\psi_i = \{(x_i, \int x_i) \mid N_i - \sup\{-\omega_{i1} \cdot d_i\} \leqslant 0\} \tag{5.26}$$

式中：N_i 是与系统状态 x_i 有关的函数，可以通过选取合适的趋近律 N_i 可以使得集合 ψ_i 成为原点附近任意小的一个邻域。

定理 5.3：对于系统式(4.1)，若控制器式(4.7)的趋近律满足 $N_i \geqslant 0, i = 1,\cdots,n$，且集合 $Q_i = \{(x_i, \int x_i) \mid h_{ki} \geqslant 0, k = 0,1,2,3\}$ 满足 $\psi_i \subseteq Q_i$，则有界闭集 Q_i 可证明为正不变集，如图 5-4 所示，有界闭集 Q_i 的边界由单向辅助滑模面组成，因此 Q_i 可称为滑模正不变集。

定义 5.3：多面体正不变集 Q 可以表示为

$$Q = \{\hat{\boldsymbol{x}} \mid \boldsymbol{F}\hat{\boldsymbol{x}} \leqslant \bar{\boldsymbol{1}}\} \tag{5.27}$$

式中：$\boldsymbol{F} \in R^{r \times n}$，同时 $\bar{\boldsymbol{1}} \in R^r$ 表示为

$$\bar{\boldsymbol{1}} = [1,\cdots,1]^{\mathrm{T}} \tag{5.28}$$

由第 4 章单向辅助面和式(5.24)可知，若定义：

$$\hat{\boldsymbol{x}}_i = [x_i, \int x_i] \in R^{2\times 1}, \boldsymbol{\Omega}_i = [\omega_{i1} \quad \omega_{i2}] \in R^{2\times 1}, \boldsymbol{F}_i = -m_i^{\ -1} \cdot \boldsymbol{\Omega}_i \in R^{2\times 1} \tag{5.29}$$

则滑模正不变集 Q_i 可表示为

$$Q_i = \{\hat{\boldsymbol{x}}_i \mid \boldsymbol{F}_i\hat{\boldsymbol{x}}_i \leqslant 1\} \tag{5.30}$$

因此滑模正不变集 Q_i 为多面体正不变集，将 $Q_i, i = 1,\cdots,n$ 写成紧凑形式有：

若定义：

$$\hat{\boldsymbol{x}} = [\hat{\boldsymbol{x}}_1, \cdots, \hat{\boldsymbol{x}}_n]^{\mathrm{T}} \in R^{2n\times 1}, \boldsymbol{F} = \begin{bmatrix} \boldsymbol{F}_1 & 0 & 0 & 0 \\ 0 & \boldsymbol{F}_2 & 0 & 0 \\ 0 & 0 & \ddots & 0 \\ 0 & 0 & 0 & \boldsymbol{F}_n \end{bmatrix} \in R^{n\times 2n} \tag{5.31}$$

则对于系统式(4.1)和控制器式(4.7)有多面体滑模正不变集 $\boldsymbol{Q} = \{\hat{\boldsymbol{x}} \mid \boldsymbol{F}\hat{\boldsymbol{x}} \leqslant \bar{\boldsymbol{1}}\}$。

由正不变集定义 5.2 可知,对于系统式(4.1),总可以通过设计的控制器式(4.7)中趋近律,从而直接影响多面体滑模正不变集 $\boldsymbol{Q} = \{\hat{\boldsymbol{x}} \mid \boldsymbol{F}\hat{\boldsymbol{x}} \leqslant \bar{\boldsymbol{1}}\}$。若能够设计合适的控制器式(4.7)使得 $\boldsymbol{Q}$ 满足系统式(4.1)的状态约束条件,同时 $\hat{\boldsymbol{x}}(t_0) \in \boldsymbol{Q}$,则控制器式(4.7)能够使系统式(4.1)满足状态约束条件。与现有正不变集和状态约束设计方法相比较,滑模正不变集设计方法具有计算简单、无需迭代且应用范围广泛的优点,因此具有较高的理论研究和应用价值。

2. 单向滑模控制理论中不稳定辅助面和非线性异型辅助面

定义 5.4:若系统状态点 $(x_i, \int x_i)$ 在任意时间内都不可能沿着 $h_{ki} = 0, k \in \{0,1,2,3\}$ 滑动,则单向辅助面 h_{ki} 称为不稳定辅助面。

根据图 5-4 可知,单向辅助面 h_{1i} 和 h_{2i} 在任意条件下都为不稳定辅助面,单向辅助面 h_{0i} 和 h_{3i} 在趋近律 $\dot{h}_i = N_i \neq 0$ 条件下为不稳定辅助面。结合上面推论可知,单向滑模控制理论的稳定性和正不变集 Q_i 的性质与单向辅助面的稳定性无关。故得出结论:可以使用一些不稳定的、非线性的单向辅助面来设计单向滑模控制器和滑模正不变集。例如:若将单向辅助面设计为

$$\begin{cases} h_{0i} = \omega_{01i}x_i + \omega_{02i}\int x_i + m_i \\ h_{1i} = -x_i^2/a - (\int x_i)^2/b + m_i \\ h_{2i} = -x_i^2/a - (\int x_i)^2/b + m_i \\ h_{3i} = \omega_{31i}x_i + \omega_{32i}\int x_i + m_i \end{cases} \tag{5.32}$$

则滑模正不变集 Q_i 可设计为如图 5-5 所示,由 $h_{0i}, h_{1i}, h_{2i}, h_{3i}$ 构成的集合 Q_i 可被证明为正不变集。通过比较图 5-4和图 5-5 可知,由非线性辅助面构成比线性辅助面更大的滑模正不变集。此外,由于非线性辅助面不需要考虑系统状态沿着辅助面滑动时的稳定性问题,因此具有更高的自由度。下面给出部分非线性辅助面的设计步骤。

考虑系统式(4.1)和单向辅助面式(4.4),可以设计非线性单向辅助面 h_i 为

$$h_i = \omega_{i1}x_i + \omega_{i2}\int x_i + m_i - \phi_i(x_i, \int x_i) \tag{5.33}$$

式中:$\phi_i(x_i, \int x_i)$ 为设计的非负连续函数,且有

$$h_{ki} = \omega_{ki1}x_i + \omega_{ki2}\int x_i + m_i - \phi_i(x_i, \int x_i), k \in \{0,1,2,3\}, m_i > 0 \tag{5.34}$$

若 h_i 在全部或者部分子空间中为非线性函数,且满足以下条件,则其为非线性异型辅

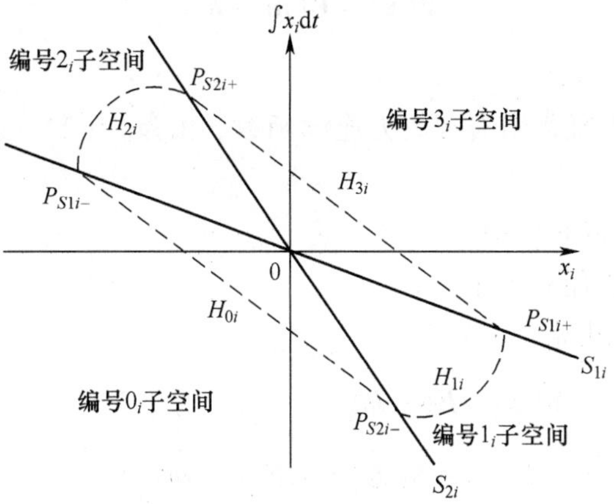

图 5-5　非线性辅助面构成的滑模正不变集 Q_i

助面。

条件(1):集合 $Q_i = \{(x_i, \int x_i) \mid h_{ki} \geqslant 0, k = 0,1,2,3\}$ 为有界闭集且包含原点(0,0)。

条件(2):任取 $(x_i, \int x_i) \in R^2$,存在结论 $Max(h_i(x_i)) = m_i > 0$,其中:$Max(\cdot)$ 表示的最大值。

条件(3):若有 $h_i(x_i) = m_i$,则存在 $(x_i, \int x_i) = (0,0)$。

条件(4):$h_i(x_i)$ 为连续函数。

将式(5.33)写为紧凑形式,可得

$$\boldsymbol{h} = \boldsymbol{\Omega}_1 \boldsymbol{x} + \boldsymbol{\Omega}_2 \int \boldsymbol{x} + \boldsymbol{m} - \boldsymbol{\phi}(\boldsymbol{x}, \int \boldsymbol{x}) \tag{5.35}$$

式中:$\boldsymbol{\phi}(\boldsymbol{x}, \int x) = [\phi_1(x_1, \int x_1), \cdots, \phi_n(x_n, \int x_n)]^{\mathrm{T}}$,$\boldsymbol{m} = [m_1, \cdots, m_n]^{\mathrm{T}}$,$\boldsymbol{h} = [h_1, \cdots, h_n]^{\mathrm{T}}$。采用以下单向滑模趋近律:

$$\dot{\boldsymbol{h}} = \boldsymbol{N} \tag{5.36}$$

式中:$\boldsymbol{N} = [N_1, \cdots, N_n]^{\mathrm{T}} \in \mathbb{R}^n$,$N_i \geqslant \varepsilon_i$,$\varepsilon_i > 0$ 为常值且有 $\varepsilon_i \geqslant -\omega_{i1} d_i$,则单向滑模控制器可设计为

$$\boldsymbol{u} = \boldsymbol{g}^{-1}(\boldsymbol{x})[-f(\boldsymbol{x}) - \boldsymbol{\Omega}_1^{-1}\boldsymbol{\Omega}_2 \boldsymbol{x} + \boldsymbol{\Omega}_1^{-1}\dot{\phi} + \boldsymbol{\Omega}_1^{-1}\boldsymbol{N}] \tag{5.37}$$

定理5.4:考虑系统式(4.1)和条件(1)~条件(4),若采用非线性异型辅助面设计的单向滑模控制器式(5.37),则系统式(4.1)渐进稳定,且系统状态在有限时间内达到切换面 $s_{1i} = 0$ 或者 $s_{2i} = 0$。

证明:

(1) 稳定性证明:

定义李雅普诺夫函数为

$$V(\boldsymbol{x}) = \boldsymbol{E}(\boldsymbol{m} - \boldsymbol{h}) \tag{5.38}$$

式中：$\boldsymbol{E} = [1,\cdots,1] \in \mathbb{R}^n$。

由条件(4)可知,李雅普诺夫函数为连续函数。由条件(2)~条件(3)可以获得以下结论：

① $\forall \boldsymbol{x} \in \mathbb{R}^n$,有 $V(\boldsymbol{x}) \geqslant 0$。

② 当 $V(\boldsymbol{x}) = 0$ 时,有 $\boldsymbol{x} = 0$。

对式(5.38)求导,可得

$$\begin{aligned}\dot{V}(\boldsymbol{x}) &= \boldsymbol{E}(-\dot{\boldsymbol{h}})\\ &= -\boldsymbol{E}(\boldsymbol{\Omega}_1\dot{\boldsymbol{x}} + \boldsymbol{\Omega}_2\boldsymbol{x} - \dot{\boldsymbol{\phi}})\\ &= -\boldsymbol{E}[\boldsymbol{\Omega}_1(\boldsymbol{f}(\boldsymbol{x}) + \boldsymbol{g}(\boldsymbol{x}) \cdot \boldsymbol{u} + \boldsymbol{d}) + \boldsymbol{\Omega}_2\boldsymbol{x} - \dot{\boldsymbol{\phi}}]\\ &= -\boldsymbol{E}[\boldsymbol{N} + \boldsymbol{\Omega}_1\boldsymbol{d}]\\ &< 0\end{aligned} \tag{5.39}$$

因此稳定性得证。

(2) 有限时间收敛证明：

由 $\dot{\boldsymbol{h}} = \boldsymbol{N}$ 式(5.36)和 $N_i \geqslant \varepsilon_i, \varepsilon_i > 0$ 为常值,并且 $\varepsilon_i \geqslant -\omega_{i1}d_i$ 可知,函数 $h_i(x_i)$ 将在有限时间内到达最大值 m_i。由条件(3)可知,$(x_i, \int x_i)$ 将在有限时间内到达原点 (0,0)。因此,系统状态有下面两种可能的情况：

① 系统状态在到达原点之前就到达切换面 $s_{1i} = 0$ 或者 $s_{2i} = 0$;

② 系统状态在到达原点之前没有到达切换面 $s_{1i} = 0$ 或者 $s_{2i} = 0$,但是由于原点同时位于切换面 $s_{1i} = 0$ 和 $s_{2i} = 0$ 上,因此系统状态到达原点的同时就到达切换面 $s_{1i} = 0$ 或者 $s_{2i} = 0$。

所以,有限时间收敛得证。

3. 单向滑模控制理论中非线性异型辅助面的仿真分析

考虑系统：

$$\dot{x} = f(x) + g(x)u \tag{5.40}$$

式中：$f(x) = \dfrac{107.9\sin(\int x) - 1.5\,(\int x)^2\cos(\int x)\sin(\int x)}{7.3 - 1.5\cos^2(\int x)}$；$g(x) = \dfrac{\cos^2(\int x)}{7.3 - 1.5\cos^2(\int x)}$。

基于非线性异型辅助面的单向滑模控制器设计过程如下：

步骤 1:针对系统选取以下稳定的切换面：

$$\begin{cases} s_1(x) = x + c_1 \cdot \int x \\ s_2(x) = x + c_2 \cdot \int x \end{cases} \tag{5.41}$$

式中：$c_1 = 2, c_2 = 0.5$, c_1 和 c_2 为设计的参数。

步骤 2:非线性单向异型辅助面 $h(x)$ 设计为

$$h(x)=\begin{cases}h_0(x),s_1<0,s_2<0\\h_1(x),s_1<0,s_2\geqslant 0\\h_2(x),s_1\geqslant 0,s_2<0\\h_3(x),s_1\geqslant 0,s_2\geqslant 0\end{cases}\tag{5.42}$$

其中

$$\begin{cases}h_0(x)=\omega_{01}x+\omega_{02}\int x+1-\phi(x)\\h_1(x)=\omega_{11}x+\omega_{12}\int x+1-\phi(x)\\h_2(x)=\omega_{21}x+\omega_{22}\int x+1-\phi(x)\\h_3(x)=\omega_{31}x+\omega_{32}\int x+1-\phi(x)\end{cases}\tag{5.43}$$

非线性函数 $\phi(x)=x^{8/7}$ 用于对非线性单向异型辅助面进行举例和测试，并且 $h(x)$ 中的参数设计为

$$\begin{cases}\omega_{01}=1,\omega_{02}=1\\\omega_{11}=-1/3,\omega_{12}=1/3\\\omega_{21}=1/3,\omega_{22}=-1/3\\\omega_{31}=-1,\omega_{32}=-1\end{cases}\tag{5.44}$$

事实上非线性函数 $\phi(x)$ 和辅助面 $h(x)$ 可以设计为各种不同的形式，以获得不同的控制性能和控制目的。

步骤 3：基于非线性异型辅助面的单向滑模控制器设计为

$$u=g^{-1}(x)[-f(x)-\boldsymbol{\Omega}_1^{-1}\boldsymbol{\Omega}_2x+\boldsymbol{\Omega}_1^{-1}\dot{\phi}+\boldsymbol{\Omega}_1^{-1}N]\tag{5.45}$$

式中：$N=\tau(1-h(x)),\tau>0$；$\boldsymbol{\Omega}_1=\begin{cases}\omega_{01} & s_1<0,s_2<0\\\omega_{11} & s_1<0,s_2\geqslant 0\\\omega_{21} & s_1\geqslant 0,s_2<0\\\omega_{31} & s_1\geqslant 0,s_2\geqslant 0\end{cases}$，$\boldsymbol{\Omega}_2=\begin{cases}\omega_{02} & s_1<0,s_2<0\\\omega_{12} & s_1<0,s_2\geqslant 0\\\omega_{22} & s_1\geqslant 0,s_2<0\\\omega_{32} & s_1\geqslant 0,s_2\geqslant 0\end{cases}$。

仿真结果如下：

图 5-6 和图 5-9 所示式(5.45)中的不稳定的非线性异型辅助面可以用于设计稳定的单向滑模控制器。根据图 5-6 可以看出，采用该控制器的状态轨迹中存在与传统滑模类似的滑动区域。如图 5-9 单向滑模控制系统状态轨迹所示，由于本仿真分析中采用的是同一个趋近率，因此通过选择不同 τ 的值，仿真结果却出现不同的抖振现象。当 $\tau=0.5$ 时，单向滑模控制器式(5.45)是一个无抖振滑模控制器；而当 $\tau=1$ 和 $\tau=2$ 时，该控制器又是一个具有强烈抖振现象的滑模控制器。该现象表明，通过改变控制器中某个参数 τ 的数值，而非改变控制器的结构，可以完成从无抖振滑模控制器到有抖振滑模控制器之间的完整过渡。而这一现象在传统滑模中并没有被发现，该现象发现的意义是，无抖振滑模控制器和有抖振滑模控制器并非简单的“对”或者“错”的关系，它们之间存在着一个灰色的地带。因此，可以通过设计恰当的单向滑模中控制器，使系统在保留有抖振滑模控制器中足够鲁棒性或不变性的同时，控制器也具有无抖振滑模控制器的部分性质，并以此满足实际工程中的设计要求。

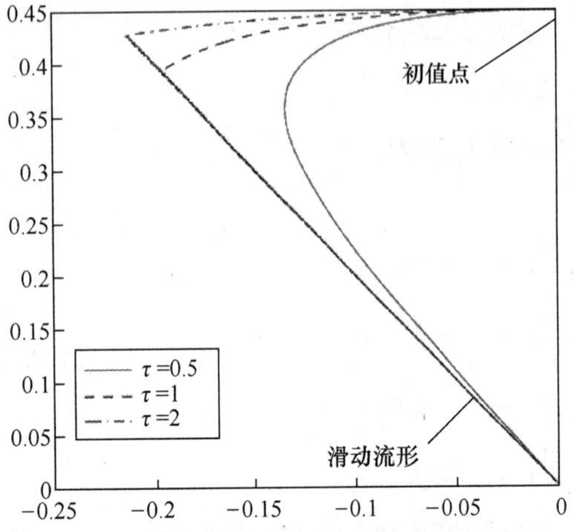

图 5-6　基于非线性异型辅助面的单向滑模控制系统状态轨迹

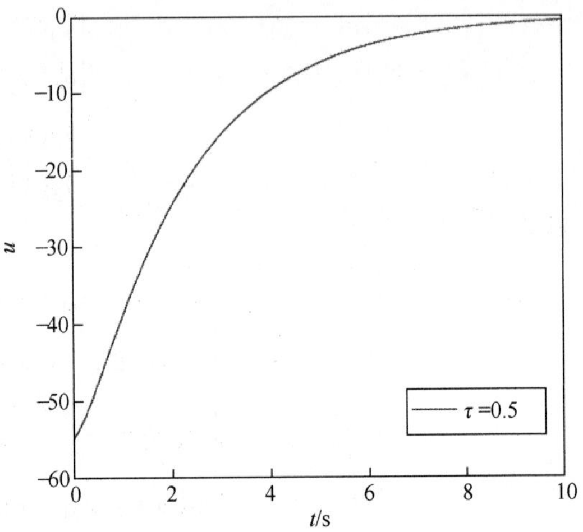

图 5-7　$\tau = 0.5$ 时的无抖振非线性异型辅助面单向滑模控制输入

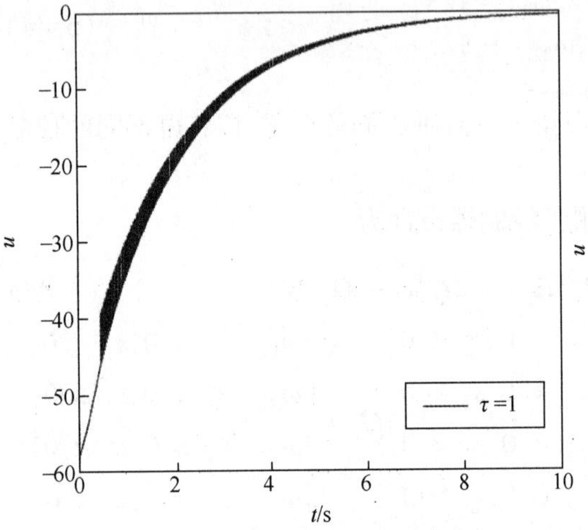

图 5-8　$\tau = 1$ 时的抖振非线性异型辅助面单向滑模控制输入

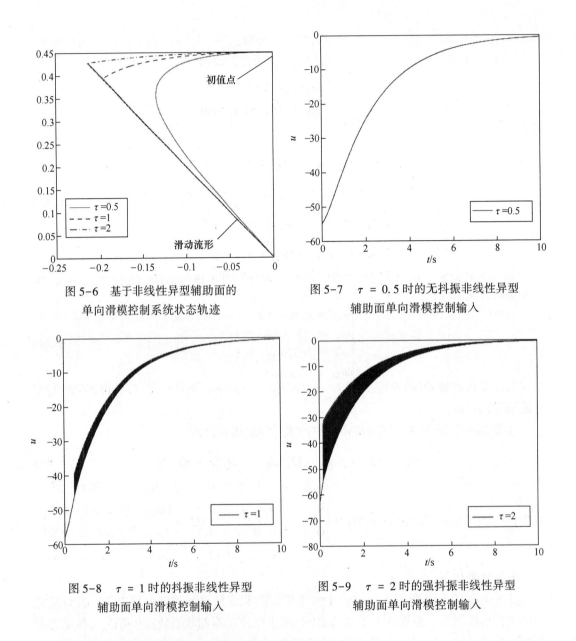

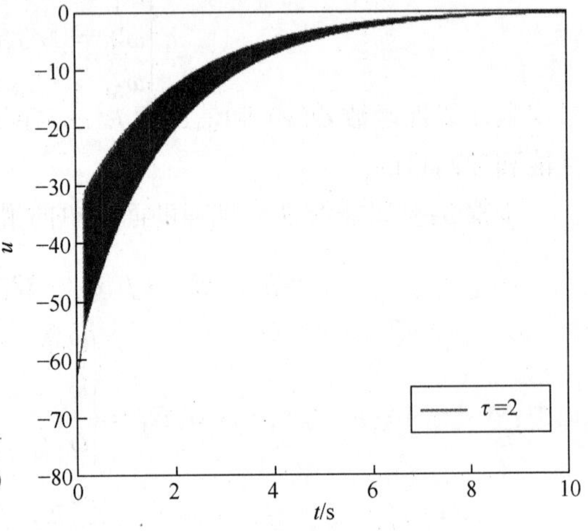

图 5-9　$\tau = 2$ 时的强抖振非线性异型辅助面单向滑模控制输入

5.1.3　单向辅助面滑模控制中存在的问题

单向辅助面滑模控制理论目前已经有了一定的成果,但由于多种原因的影响,该理论还存在一些急需解决的问题,具体如下:

1. 单向滑模控制方法设计复杂度的问题

一般而言设计一个可用的单向辅助面滑模控制器需要设计两个切换面和四个单向辅助面以及趋近律,而传统滑模只需要设计一个滑模面和趋近律,可以看出单向辅助面滑模设计的参数个数明显要大于传统滑模。这是一个非常重要的问题,如果不能及时解决,将会对单向辅助面滑模控制理论产生非常大的影响。所幸的是,这个问题并非是无解的难题。有很多种办法可以极大地简化单向辅助面的参数设计,如将滑模正不变集设计为平行四边行、无抖振滑模趋近律设计为某些统一的形式等。目前已经可以将单向辅助面滑模控制器中设计的参数个数简化到只比传统滑模多两个需要设计的参数,但如何进一步精简还需要深入研究。

2. 正不变集的"Min-Max"控制设计问题

单向辅助滑模控制理论在滑模控制理论中引入了正不变集的控制思想,增强了滑模控制理论状态约束的能力,但是也带来了正不变集中的"Min-Max"控制设计问题。与大部分正不变集控制器设计方法相比,单向辅助面滑模控制理论的优势:它不需要迭代,可以很简单地完成从滑模正不变集到对应控制器,或者控制器到对应滑模正不变集之间的转换,并且这两者之间的转换在大部分情况下是一对一的。这给"Min-Max"控制设计带来了很大的便利,但是目前对于这部分的研究还不够充分,单向辅助滑模控制理论在约束控制方面的潜力还没有充分挖掘。

3. 单向辅助面对于状态轨迹的影响还需要深入分析

目前对单向辅助滑模控制理论,特别是单向辅助面的认识还非常浮浅。单向辅助滑模与其他滑模理论相比,其非常特别的地方是,其中直接用来设计控制器的单向辅助面可以是不稳定面,这样就给滑模控制器的设计带来了无穷的变化。在将线性、非线性、异型辅助面与线性、非线性切换面的组合仿真过程中,发现了很多奇怪的现象。但总体而言,对于系统中如何设计合适的单向辅助面还没有完整的体系,目前还在不断摸索。另外,经过研究发现单向滑模控制理论中的切换面也可以使用某些特殊的不稳定面,但其具体的设计形式和理论表达还不明确。

4. 单向滑模控制理论在原点处的抖振问题

在研究中逐渐发现,当采用线性辅助面和线性切换面设计单向滑模控制器时,对于状态空间中除原点以外所有点上的抖振都存在较好的抑制能力。但是对于原点处的抖振现象却无能为力。这个问题很难解决,在引入不稳定面作为切换面以前,一般只能靠设计复杂的无抖振趋近律来解决这个问题。但是经过研究发现,引用某些特殊不稳定切换面(如双曲面)或者不稳定切换面有可能规避这个问题,其原理和可行性还需要进一步研究。

5. 单向滑模控制理论与传统滑模控制理论的关系问题

单向滑模控制理论与传统滑模控制理论之间的关系很特殊。理论上讲,传统滑模控制理论的大部分内容和结论,都可以等效移植到单向滑模控制理论中。但由于时间和其他成本的原因,这部分工作一直没有深入开展。此外,在单向滑模控制理论中引入了多种特殊的滑模面设计形式和结构,使传统滑模控制理论中,如不变性之类的重要结论不能直接在单向滑模理论中套用。虽然仿真结构能够表明单向滑模控制理论与匹配干扰具有类似的不变性,但是仍有必要在理论推导方面给予相应的支持。

5.2 高超声速飞行器姿态与轨迹协调控制模型

5.2.1 高超声速飞行器非线性姿态运动模型

本节以高超声速飞行器姿态运动为研究对象,将外干扰、气动弹性效应以及内部不确定对于飞行器所产生的影响分别视为力矩干扰、气动和力矩系数不确定,不考虑高超声速飞行器的推力矢量,即 $T_y = 0, T_z = 0, \delta_x = 0, \delta_y = 0, \delta_z = 0$。

根据第 3 章中相应的气动力计算表达式可以将姿态回路的仿射非线性方程表示为以下紧凑形式:

$$\dot{\boldsymbol{\Omega}} = \boldsymbol{f}_s + \boldsymbol{g}_{s1}\boldsymbol{\omega} + \boldsymbol{g}_{s2}\boldsymbol{\delta}_c \tag{5.46}$$

式中: $\boldsymbol{\Omega} = [\alpha, \beta, \mu]^{\mathrm{T}}$ 表示姿态角向量; $\boldsymbol{\omega} = [p, q, r]^{\mathrm{T}}$ 表示角速率向量; $\boldsymbol{\delta}_c = [\delta_e, \delta_a, \delta_r]^{\mathrm{T}}$ 分别表示左、右升降副翼舵偏转量、方向舵偏转量; $\boldsymbol{f}_s = [f_\alpha, f_\beta, f_\mu]^{\mathrm{T}}$ 为姿态回路的系统矩阵,有

$$f_\alpha = \frac{1}{MV\cos\beta}(-\hat{q}SC_L^\alpha + Mg\cos\gamma\cos\mu - T_x\sin\alpha) \tag{5.47}$$

$$f_\beta = \frac{1}{MV}(\hat{q}SC_Y^\beta\beta\cos\beta + Mg\cos\gamma\sin\mu - T_x\sin\beta\cos\alpha) \tag{5.48}$$

$$\begin{aligned} f_\mu = & -\frac{1}{V}g\cos\gamma\cos\mu\tan\beta + \frac{1}{MV}\hat{q}SC_Y^\beta\beta\tan\gamma\cos\mu\cos\beta \\ & + \frac{T_x}{MV}[\sin\alpha(\tan\gamma\sin\mu + \tan\beta) - \cos\alpha\tan\gamma\cos\mu\sin\beta] \\ & + \frac{1}{MV}\hat{q}SC_L^\alpha(\tan\gamma\sin\mu + \tan\beta) \end{aligned} \tag{5.49}$$

$$\boldsymbol{g}_{s1} = \begin{bmatrix} -\tan\beta\cos\alpha & 1 & \tan\beta\sin\alpha \\ \sin\alpha & 0 & -\cos\alpha \\ \sec\beta\cos\alpha & 0 & \sec\beta\sin\alpha \end{bmatrix} \tag{5.50}$$

$$\boldsymbol{g}_{s2} = \begin{bmatrix} g_\alpha^{\delta_e} & g_\alpha^{\delta_a} & 0 \\ g_\beta^{\delta_e} & g_\beta^{\delta_a} & g_\beta^{\delta_r} \\ g_\mu^{\delta_e} & g_\mu^{\delta_a} & g_\mu^{\delta_r} \end{bmatrix} \tag{5.51}$$

式中:各个元素的具体表达式如下:

$$\begin{cases} g_\alpha^{\delta_e} = \dfrac{-\hat{q}S}{MV\cos\beta}C_L^{\delta_e}, g_\alpha^{\delta_a} = \dfrac{-\hat{q}S}{MV\cos\beta}C_L^{\delta_a}, \quad g_\beta^{\delta_e} = \dfrac{\hat{q}S\cos\beta}{MV}C_Y^{\delta_e} \\ g_\beta^{\delta_a} = \dfrac{\hat{q}S\cos\beta}{MV}C_Y^{\delta_a}, g_\beta^{\delta_r} = \dfrac{\hat{q}S\cos\beta}{MV}C_Y^{\delta_r} \\ g_\mu^{\delta_e} = \dfrac{\hat{q}S}{MV}[C_L^{\delta_e}(\tan\gamma\sin\mu + \tan\beta) + C_Y^{\delta_e}\tan\gamma\cos\mu\cos\beta] \\ g_\mu^{\delta_a} = \dfrac{\hat{q}S}{MV}[C_L^{\delta_a}(\tan\gamma\sin\mu + \tan\beta) + C_Y^{\delta_a}\tan\gamma\cos\mu\cos\beta] \\ g_\mu^{\delta_r} = \dfrac{\hat{q}SC_Y^{\delta_r}\tan\gamma\cos\mu\cos\beta}{MV} \end{cases} \tag{5.52}$$

根据第 3 章中相应的角速率回路气动力矩计算表达式,角速率回路运动方程表示以下紧凑仿射非线性方程形式:

$$\dot{\boldsymbol{\omega}} = \boldsymbol{f}_f + \boldsymbol{g}_f\boldsymbol{M}_c \tag{5.53}$$

式中: $\boldsymbol{f}_f = [f_p, f_q, f_r]^{\mathrm{T}}$,具体为

$$f_p = \frac{(I_{yy} - I_{zz}) \cdot qr}{I_{xx}} + \frac{(-\dot{I}_{xx}p + l_b)}{I_{xx}} \tag{5.54}$$

$$f_q = \frac{(I_{zz} - I_{xx}) \cdot pr}{I_{yy}} + \frac{(-\dot{I}_{yy}q + m_b)}{I_{yy}} \tag{5.55}$$

$$f_r = \frac{(I_{xx} - I_{yy}) \cdot pq}{I_{zz}} + \frac{(-\dot{I}_{zz}q + n_b)}{I_{zz}} \tag{5.56}$$

由角速率回路气动力矩表达式,可以得到非控制舵面构成的基本力矩项 l_b、m_b、n_b：

$$l_b = \hat{q}Sb[C_l^{\beta}\beta + C_l^{p}\frac{pb}{2v} + C_l^{r}\frac{rb}{2v}] \tag{5.57}$$

$$m_b = \hat{q}Sc[C_m^{\alpha} + C_m^{q}\frac{qc}{2v}] - X_{cg}\hat{q}S(-C_D^{\alpha}\sin\alpha - C_L^{\alpha}\cos\alpha) \tag{5.58}$$

$$n_b = \hat{q}Sb[C_n^{\beta}\beta + C_n^{p}\frac{pb}{2v} + C_n^{r}\frac{rb}{2v}] + X_{cg}\hat{q}SC_Y^{\beta}\beta \tag{5.59}$$

式(5.53)中 $\boldsymbol{g}_f$ 矩阵为角速率回路控制输入系数矩阵：

$$\boldsymbol{g}_f = \begin{bmatrix} I_{xx}^{-1} & 0 & 0 \\ 0 & I_{yy}^{-1} & 0 \\ 0 & 0 & I_{zz}^{-1} \end{bmatrix} \tag{5.60}$$

此外,$\boldsymbol{M}_c$ 为滚转、俯仰和偏航方向上的控制力矩：

$$\boldsymbol{M}_c = [l_c \quad m_c \quad n_c]^{\mathrm{T}} \tag{5.61}$$

通过整理式(5.61)可得

$$l_c = g_p^{\delta_e} \cdot \delta_e + g_p^{\delta_\alpha} \cdot \delta_\alpha + g_p^{\delta_r} \cdot \delta_r + l_T \tag{5.62}$$

$$m_c = g_q^{\delta_e} \cdot \delta_e + g_q^{\delta_\alpha} \cdot \delta_\alpha + g_q^{\delta_r} \cdot \delta_r + m_T \tag{5.63}$$

$$n_c = g_r^{\delta_e} \cdot \delta_e + g_r^{\delta_\alpha} \cdot \delta_\alpha + g_r^{\delta_r} \cdot \delta_r + n_T \tag{5.64}$$

其中

$$\begin{cases} g_p^{\delta_e} = \hat{q}SbC_l^{\delta_e}; g_p^{\delta_\alpha} = \hat{q}SbC_l^{\delta_\alpha}; g_p^{\delta_r} = \hat{q}SbC_l^{\delta_r} \\ g_q^{\delta_e} = \hat{q}ScC_m^{\delta_e} + X_{cg}\hat{q}S(C_D^{\delta_e}\sin\alpha + C_L^{\delta_e}\cos\alpha) \\ g_q^{\delta_\alpha} = \hat{q}ScC_m^{\delta_\alpha} + X_{cg}\hat{q}S(C_D^{\delta_\alpha}\sin\alpha + C_L^{\delta_r}\cos\alpha) \\ g_q^{\delta_r} = \hat{q}ScC_m^{\delta_r} + X_{cg}\hat{q}SC_D^{\delta_r}\sin\alpha \\ g_r^{\delta_e} = \hat{q}SbC_n^{\delta_e} + X_{cg}\hat{q}SC_Y^{\delta_e}; g_r^{\delta_\alpha} = \hat{q}SbC_n^{\delta_\alpha} + X_{cg}\hat{q}SC_Y^{\delta_\alpha}; g_r^{\delta_r} = \hat{q}SbC_n^{\delta_r} + X_{cg}\hat{q}SC_Y^{\delta_r} \end{cases} \tag{5.65}$$

根据飞行力学分析,相对于其他气动力而言,姿态回路中控制舵面偏转在产生较大气动力矩的同时,所产生的附加气动力是很小的。因此,与 $\boldsymbol{\omega}$ 对于姿态回路的影响相比,$\boldsymbol{\delta}_c$ 对于 $\boldsymbol{\Omega}$ 的影响可以忽略,故将式(5.46)中的 $\boldsymbol{g}_{s2}\boldsymbol{\delta}_c$ 略去。考虑到不确定的存在,姿态回路的系统方程可写成以下形式：

$$\dot{\boldsymbol{\Omega}} = \boldsymbol{f}_s + \boldsymbol{g}_s\boldsymbol{\omega} + \boldsymbol{D}_s \tag{5.66}$$

式中：$\boldsymbol{g}_s = \boldsymbol{g}_{s1}$，且 $\omega_c = [p_c, q_c, r_c]^{\mathrm{T}}$ 为角速率向量的期望值；$\boldsymbol{D}_s = \boldsymbol{D}_{s1} = [D_\alpha, D_\beta, D_\mu]^{\mathrm{T}}$ 为

系统不确定在姿态回路中引起的扰动。类似地,角速率回路的系统方程为

$$\dot{\boldsymbol{\omega}} = \boldsymbol{f}_f + \boldsymbol{g}_f \boldsymbol{M}_c + \boldsymbol{D}_f \tag{5.67}$$

式中:$\boldsymbol{M}_c$ 为力矩指令信号;$\boldsymbol{D}_f = \boldsymbol{D}_{f1} = [D_p, D_q, D_r]^{\mathrm{T}}$ 为系统不确定在角速率回路中引起的扰动。

定义若姿态角和角速率误差向量分别为 $\boldsymbol{\Omega}_e = \boldsymbol{\Omega} - \boldsymbol{\Omega}_c, \omega_e = \boldsymbol{\omega} - \boldsymbol{\omega}_c$,则姿态回路和角速率回路的误差方程可以表示为

$$\begin{cases} \dot{\boldsymbol{\Omega}}_e = \boldsymbol{f}_s + \boldsymbol{g}_s \boldsymbol{\omega} - \dot{\boldsymbol{\Omega}}_c + \boldsymbol{D}_s \\ \dot{\boldsymbol{\omega}}_e = \boldsymbol{f}_f + \boldsymbol{g}_f \boldsymbol{M}_c - \dot{\boldsymbol{\omega}}_c + \boldsymbol{D}_f \end{cases} \tag{5.68}$$

5.2.2 高超声速飞行器非线性轨迹运动模型

在设计协调转弯控制系统之前,需要建立协调转弯控制系统模型。

首先,根据六自由度 12 状态运动学方程组,可以得到以下有关高度、速度、航迹倾斜角和航迹方位角等状态的系统方程组:

$$\dot{y} = V\cos\gamma\sin\chi \tag{5.69}$$

$$\dot{z} = -V\sin\gamma \tag{5.70}$$

$$\dot{V} = \frac{1}{M} \cdot (T_x\cos\beta\cos\alpha + T_y\sin\beta - D + T_z\cos\beta\sin\alpha + Y\sin\beta - Mg\sin\gamma) \tag{5.71}$$

$$\begin{aligned} \dot{\chi} = \frac{1}{MV\cos\gamma} \cdot [&(L\sin\mu + Y\cos\mu\cos\beta) + T_x(\sin\mu\sin\alpha - \cos\mu\sin\beta\cos\alpha) \\ &+ T_y\cos\mu\cos\beta - T_z(\cos\mu\sin\beta\sin\alpha + \sin\mu\cos\alpha)] \end{aligned} \tag{5.72}$$

$$\begin{aligned} \dot{\gamma} = \frac{1}{MV} \cdot [&(L\cos\mu - Y\sin\mu\cos\beta - Mg\cos\gamma) + T_x(\sin\mu\sin\beta\cos\alpha + \cos\mu\sin\alpha) \\ &- T_y\sin\mu\cos\beta + T_z(\sin\mu\sin\beta\sin\alpha - \cos\mu\cos\alpha)] \end{aligned} \tag{5.73}$$

本章中飞行器采用倾斜转弯(BTT)控制策略,在整个飞行过程中侧滑角 $\beta \approx 0°$,因此基于“抓住主要矛盾,略去次要因素”的思想,在速度航迹角回路中忽略侧滑角的影响。相较于升力 L,阻力 D 和推力 T_x 而言,侧力 Y、推力矢量 T_y、T_z 对于速度航迹角回路的影响可以忽略。为明确起见,简化之后有关位置、速度航迹角、姿态和角速率回路的系统方程如下:

$$\dot{y} = V\cos\gamma\sin\chi_c \tag{5.74}$$

$$\dot{z} = -V\sin\gamma_c \tag{5.75}$$

$$\dot{V} = \frac{1}{M} \cdot (T_{xc}\cos\alpha_c - D - Mg\sin\gamma) \tag{5.76}$$

$$\dot{\chi} = \frac{1}{MV\cos\gamma} \cdot (L\sin\mu_c + T_{x\ c}\sin\mu_c\sin\alpha_c) \tag{5.77}$$

$$\dot{\gamma} = \frac{1}{MV} \cdot (L\cos\mu_c - Mg\cos\gamma + T_{xc}\cos\mu_c\sin\alpha_c) \tag{5.78}$$

其中:式(5.74)~式(5.75)为位置回路系统方程;式(5.76)~式(5.78)为速度航迹角回

路系统方程，式(5.77)和式(5.78)分别为姿态和角速率回路的系统方程；χ_c、γ_c 为航迹方位角和航迹倾斜角指令信号；T_{xc}、α_c、μ_c 为发动机推力、迎角和滚转角的指令信号。

其次，考虑到速度航迹角回路系统为典型的非仿射非线性系统，将其写成紧凑形式为

$$\dot{\boldsymbol{\sigma}} = \boldsymbol{f}_\sigma + \boldsymbol{g}_\sigma \tag{5.79}$$

式中

$$\boldsymbol{f}_\sigma = \begin{bmatrix} -g\sin\gamma \\ 0 \\ \dfrac{1}{V}\cdot(-g\cos\gamma) \end{bmatrix}, \boldsymbol{g}_\sigma = \begin{bmatrix} \dfrac{1}{M}\cdot(T_{xc}\cos\alpha_c - D) \\ \dfrac{1}{MV\cos\gamma}\cdot(L\sin\mu_c + T_{xc}\sin\mu_c\sin\alpha_c) \\ \dfrac{1}{MV}\cdot(L\cos\mu_c + T_{xc}\cos\mu_c\sin\alpha_c) \end{bmatrix},$$

$\boldsymbol{\sigma} = [V, \chi, \gamma]^{\mathrm{T}}$ 表示速度航迹角回路状态向量，$[T_{xc}, \alpha_c, \mu_c]^{\mathrm{T}}$ 为速度航迹角回路相应的控制输入。

由第 3 章相关内容，可知

$$\begin{cases} D = \hat{q}S(C_D^\alpha + C_D^{\delta_e}\delta_e + C_D^{\delta_a}\delta_a + C_D^{\delta_r}\delta_r) \\ L = \hat{q}S(C_L^\alpha + C_L^{\delta_e}\delta_e + C_L^{\delta_a}\delta_a) \end{cases} \tag{5.80}$$

式中：C_L^α 和 C_D^α 分别为与迎角 α 相关的升力和阻力系数。根据飞行力学分析，相较于迎角产生的升力和阻力而言，控制舵面偏转时产生的附加气动力是很小的，因此这里忽略控制舵面对于升力 L 和阻力 D 的影响。由此可将式(5.80)简化为

$$D = \hat{q}SC_D^\alpha, L = \hat{q}SC_L^\alpha \tag{5.81}$$

式中：升力系数 C_L^α 和阻力系数 C_D^α 都是与迎角 α 相关的非线性函数。本章采用单向滑模控制方法设计控制系统，并将数值方法与牛顿迭代法相结合，从而完成非仿射非线性方程的求解过程，最终得出迎角指令信号 α_c、滚转角指令信号 μ_c 和推力控制量 T_{xc}。

最后，通过虚拟控制量将位置回路式(5.74)~式(5.75)转换为以下仿射非线性系统方程：

$$\begin{cases} \dot{y} = V\cos\gamma\cdot u_y \\ \dot{z} = -V\cdot u_z \end{cases} \tag{5.82}$$

式中：$u_y = \sin\chi_c$，$u_z = \sin\gamma_c$。由式(5.82)位置回路仿射非线性方程，可以运用 UAS-SMC 方法设计控制系统并通过反三角函数对其进行求解，从而获得航迹方位角 χ_c 和航迹倾斜角指令信号 γ_c。

5.3 单向辅助面滑模协调转弯飞行控制系统设计

5.3.1 基于快速单向辅助面滑模的飞行控制算法

1. 问题描述

考虑以下仿射非线性系统：

$$
\begin{aligned}
\dot{\boldsymbol{x}}_1 &= \boldsymbol{f}_1(\boldsymbol{x}_1) + \boldsymbol{g}_1(\boldsymbol{x}_1)\boldsymbol{x}_2 \\
\dot{\boldsymbol{x}}_2 &= \boldsymbol{f}_2(\boldsymbol{x}_1,\boldsymbol{x}_2) + \boldsymbol{g}_2(\boldsymbol{x}_1,\boldsymbol{x}_2)\boldsymbol{u} + \boldsymbol{d}(\boldsymbol{x}_1,t)
\end{aligned}
\tag{5.83}
$$

式中：$\boldsymbol{x}_1 = [x_{11},\cdots,x_{1n}] \in \mathbb{R}^n$；$\boldsymbol{x}_2 = [x_{21},\cdots,x_{2n}] \in \mathbb{R}^n$ 表示系统状态；$\boldsymbol{u} \in \mathbb{R}^n$ 表示控制输入；$\boldsymbol{f}_1(\boldsymbol{x}_1) \in \mathbb{R}^n$，$\boldsymbol{f}_2(\boldsymbol{x}_1,\boldsymbol{x}_2) \in \mathbb{R}^n$，$\boldsymbol{g}_1(x_1) \in \mathbb{R}^{n\times n}$，$\boldsymbol{g}_2(x_1,x_2) \in \mathbb{R}^{n\times n}$ 中的元素均是连续的；$\boldsymbol{g}_1(\boldsymbol{x}_1)$ 和 $\boldsymbol{g}_2(\boldsymbol{x}_1,\boldsymbol{x}_2)$ 为可逆矩阵。

设系统式(5.83)的状态跟踪指令信号为 $\boldsymbol{x}_{1d} = [x_{11d},\cdots,x_{1nd}] \in \mathbb{R}^n$，定义状态跟踪误差 $\boldsymbol{e}_1 = [e_{11},\cdots,e_{1n}]^{\mathrm{T}}$，即

$$
\boldsymbol{e}_1 = \boldsymbol{x}_1 - \boldsymbol{x}_{1d} \tag{5.84}
$$

状态约束条件表示为

$$
\boldsymbol{\Psi}_i = \{e_{1i} \mid -c_i \leqslant e_{1i} \leqslant c_i, c_i \in \mathbb{R}^+\}, i = 1,\cdots,n \tag{5.85}
$$

此外，$\boldsymbol{d} = [d_1,\cdots,d_n]^{\mathrm{T}} \in \mathbb{R}^n$ 表示未知的复合干扰，可以表示为

$$
\boldsymbol{d}(\boldsymbol{x}_1,t) = \boldsymbol{d}_1(\boldsymbol{x}_1,\boldsymbol{t}) + \boldsymbol{d}_2(t) \tag{5.86}
$$

式中：$\boldsymbol{d}_1(\boldsymbol{x}_1,t)$ 表示与 $\boldsymbol{x}_1$ 有关的未知耦合干扰，且该干扰满足以下假设。

假设 5.1：干扰 $\boldsymbol{d}_1(\boldsymbol{x}_1,t)$ 可以描述为以下的微分方程形式：

$$
\dot{\boldsymbol{d}}_1(\boldsymbol{x}_1,t) = \boldsymbol{\tau}_1(\boldsymbol{x}_1,t) \cdot \boldsymbol{\delta}_{1\varepsilon} \tag{5.87}
$$

式中：$\boldsymbol{\tau}_1(\boldsymbol{x}_1,t) = diag\{\tau_{11},\cdots,\tau_{1i},\cdots\tau_{1n}\}$，$i = 1,\cdots,n$，$\boldsymbol{\tau}_{1i}$ 表示任意未知的有界函数，即存在 $|\boldsymbol{\tau}_{1i}| \leqslant \kappa_i$，且当 $e_{1i} \in \boldsymbol{\Psi}_i$ 时有 $\boldsymbol{\tau}_{1i} = 0$，$\boldsymbol{\delta}_{1\varepsilon}$ 为设计的单向辅助滑模面。

注 5.3：干扰 $\boldsymbol{d}_1(\boldsymbol{x}_1,t)$ 用于表示系统中由于 $\boldsymbol{x}_1$ 偏离正常工作范围所激发的耦合干扰力或力矩。

假设 5.2：干扰 $\boldsymbol{d}_2(t)$ 表示复合干扰 $\boldsymbol{d}(\boldsymbol{x}_1,t)$ 中除 $\boldsymbol{d}_1(\boldsymbol{x}_1,t)$ 以外的其他部分，可表示为

$$
\dot{\boldsymbol{d}}_2(t) = \boldsymbol{\tau}_2(t) \tag{5.88}
$$

式中：$\boldsymbol{\tau}_2(t) = diag\{\tau_{21},\cdots,\tau_{2i},\cdots\tau_{2n}\}$，$i = 1,\cdots,n$，$\boldsymbol{\tau}_{2i}$ 表示任意未知的有界函数，即存在 $|\boldsymbol{\tau}_{2i}| \leqslant \mu_i$。

2. 设计过程

定义：

$$
\begin{cases}
\boldsymbol{e}_1 = \boldsymbol{x}_1 - \boldsymbol{x}_{1d} \\
\boldsymbol{e}_2 = \boldsymbol{x}_2 - \boldsymbol{\nu}_1
\end{cases}
\tag{5.89}
$$

式中：$\boldsymbol{\nu}_1 \in \mathbb{R}^n$ 为设计的虚拟控制量，则系统式(5.83)可以转换为

$$
\begin{cases}
\dot{\boldsymbol{e}}_1 = \boldsymbol{f}_1(\boldsymbol{x}_1) + \boldsymbol{g}_1(\boldsymbol{x}_1)(\boldsymbol{e}_2 + \boldsymbol{\nu}_1) - \dot{\boldsymbol{x}}_{1d} \\
\dot{\boldsymbol{e}}_2 = \boldsymbol{f}_2(\boldsymbol{x}_1,\boldsymbol{x}_2) + \boldsymbol{g}_2(\boldsymbol{x}_1,\boldsymbol{x}_2)\boldsymbol{u} + \boldsymbol{d}(\boldsymbol{x}_1,t) - \dot{\boldsymbol{\nu}}_1
\end{cases}
\tag{5.90}
$$

根据 2.2.3 小节中的设计步骤，将 $\boldsymbol{\nu}_1$ 和 $\boldsymbol{u}$ 作为控制输入，$\boldsymbol{e}_1$ 和 $\boldsymbol{e}_2$ 作为系统状态分别设计切换面 $\boldsymbol{S}_{11}$、$\boldsymbol{S}_{12}$、$\boldsymbol{S}_{21}$、$\boldsymbol{S}_{22}$ 和单向辅助面 $\boldsymbol{h}_1$、$\boldsymbol{h}_2$，可得

$$
\begin{cases}
\boldsymbol{S}_{11} = \boldsymbol{e}_1 + \boldsymbol{\xi}_{11}\int \boldsymbol{e}_1 = 0 \\
\boldsymbol{S}_{12} = \boldsymbol{e}_1 + \boldsymbol{\xi}_{12}\int \boldsymbol{e}_1 = 0
\end{cases},
\begin{cases}
\boldsymbol{S}_{21} = \boldsymbol{e}_2 + \boldsymbol{\xi}_{21}\int \boldsymbol{e}_2 = 0 \\
\boldsymbol{S}_{22} = \boldsymbol{e}_2 + \boldsymbol{\xi}_{22}\int \boldsymbol{e}_2 = 0
\end{cases},
\begin{cases}
\boldsymbol{h}_1 = \boldsymbol{\Omega}_{11}\boldsymbol{e}_1 + \boldsymbol{\Omega}_{12}\int \boldsymbol{e}_1 + \boldsymbol{m}_1 \\
\boldsymbol{h}_2 = \boldsymbol{\Omega}_{21}\boldsymbol{e}_2 + \boldsymbol{\Omega}_{22}\int \boldsymbol{e}_2 + \boldsymbol{m}_2
\end{cases}
\tag{5.91}
$$

式中：$\boldsymbol{h}_1=[h_{11},\cdots h_{1n}]^{\mathrm{T}}$；$\boldsymbol{h}_2=[h_{21},\cdots h_{2n}]^{\mathrm{T}}$；$\boldsymbol{\Omega}_{11}=diag\{\omega_{111},\cdots,\omega_{1n1}\}$；$\boldsymbol{\Omega}_{12}=diag\{\omega_{112},\cdots,\omega_{1n2}\}$；$\boldsymbol{\Omega}_{21}=diag\{\omega_{211},\cdots,\omega_{2n1}\}$；$\boldsymbol{\Omega}_{22}=diag\{\omega_{212},\cdots,\omega_{2n2}\}$；$\boldsymbol{m}_1=[m_{11},\cdots m_{1n}]^{\mathrm{T}}$，$\boldsymbol{m}_2=[m_{21},\cdots m_{2n}]^{\mathrm{T}}$，$\boldsymbol{m}_1$，$\boldsymbol{m}_2$ 为常数向量，且矩阵 $\boldsymbol{\Omega}_{11}$、$\boldsymbol{\Omega}_{21}$ 可逆。

为简便起见，本节简化了单向辅助面的设计参数，只需要设计两个辅助参数 ω_{10i2}、ω_{13i2} 和两个切换面参数 ξ_{11i}、ξ_{12i} 即可完成对辅助面 h_{1i} 的设计，同样对于辅助面 h_{2i} 也是一样，即

$$\begin{cases}h_{1i}=\omega_{1i1}e_{1i}+\omega_{1i2}\int e_{1i}+m_{1i}\\ h_{2i}=\omega_{2i1}e_{2i}+\omega_{2i2}\int e_{2i}+m_{2i}\end{cases}\tag{5.92}$$

其中

$$\begin{cases}\omega_{1i1}=\begin{cases}1 & s_{11i}<0,s_{12i}<0\\ \omega_{11i1} & s_{11i}<0,s_{12i}\geqslant 0\\ \omega_{12i1} & s_{11i}\geqslant 0,s_{12i}<0\\ -1 & s_{11i}\geqslant 0,s_{12i}\geqslant 0\end{cases},\ \omega_{1i2}=\begin{cases}\omega_{10i2} & s_{11i}<0,s_{12i}<0\\ \omega_{11i2} & s_{11i}<0,s_{12i}\geqslant 0\\ \omega_{12i2} & s_{11i}\geqslant 0,s_{12i}<0\\ -\omega_{13i2} & s_{11i}\geqslant 0,s_{12i}\geqslant 0\end{cases}\\ \omega_{2i1}=\begin{cases}1 & s_{21i}<0,s_{22i}<0\\ \omega_{21i1} & s_{21i}<0,s_{22i}\geqslant 0\\ \omega_{22i1} & s_{21i}\geqslant 0,s_{22i}<0\\ -1 & s_{21i}\geqslant 0,s_{22i}\geqslant 0\end{cases},\ \omega_{2i2}=\begin{cases}\omega_{20i2} & s_{21i}<0,s_{22i}<0\\ \omega_{21i2} & s_{21i}<0,s_{22i}\geqslant 0\\ \omega_{22i2} & s_{21i}\geqslant 0,s_{22i}<0\\ -\omega_{23i2} & s_{21i}\geqslant 0,s_{22i}\geqslant 0\end{cases}\\ \omega_{11i1}=[-(\xi_{11i}+\xi_{12i})+(\omega_{10i2}+\omega_{13i2})]/(\xi_{11i}-\xi_{12i})\\ \omega_{11i2}=[-2\xi_{11i}\xi_{12i}+(\omega_{10i2}\xi_{11i}+\omega_{13i2}\xi_{12i})]/(\xi_{11i}-\xi_{12i})\\ \omega_{12i1}=[(\xi_{11i}+\xi_{12i})-(\omega_{10i2}+\omega_{13i2})]/(\xi_{11i}-\xi_{12i})\\ \omega_{12i2}=[2\xi_{11i}\xi_{12i}-(\omega_{10i2}\xi_{11i}+\omega_{13i2}\xi_{12i})]/(\xi_{11i}-\xi_{12i})\\ \omega_{21i1}=[-(\xi_{21i}+\xi_{22i})+(\omega_{20i2}+\omega_{23i2})]/(\xi_{21i}-\xi_{22i})\\ \omega_{21i2}=[-2\xi_{21i}\xi_{22i}+(\omega_{20i2}\xi_{21i}+\omega_{23i2}\xi_{22i})]/(\xi_{21i}-\xi_{22i})\\ \omega_{22i1}=[(\xi_{21i}+\xi_{22i})-(\omega_{20i2}+\omega_{23i2})]/(\xi_{21i}-\xi_{22i})\\ \omega_{22i2}=[2\xi_{21i}\xi_{22i}-(\omega_{20i2}\xi_{21i}+\omega_{23i2}\xi_{22i})]/(\xi_{21i}-\xi_{22i})\end{cases}\tag{5.93}$$

根据定义 5.1 可知，可以通过单向辅助面 $\boldsymbol{h}_1$ 设计滑模正不变集 $Q_{1i}=\{(x_{1i},\int x_{1i})\mid h_{1i}\geqslant 0\}$，且使 $Q_{1i}\subseteq\Psi_i$。

根据式(5.9)中的定义 $\boldsymbol{\delta}_1$ 和 $\boldsymbol{\delta}_2$，可得

$$\begin{cases}\boldsymbol{\delta}_1=\boldsymbol{m}_1-\boldsymbol{h}_1\\ \boldsymbol{\delta}_2=\boldsymbol{m}_2-\boldsymbol{h}_2\end{cases}\tag{5.94}$$

式中：$\boldsymbol{\delta}_1=[\delta_{11},\cdots,\delta_{1n}]^{\mathrm{T}}$；$\boldsymbol{\delta}_2=[\delta_{21},\cdots,\delta_{2n}]^{\mathrm{T}}$。因此，新特殊滑模面 $\boldsymbol{\delta}_{1\varepsilon}$ 可以设计为

$$\boldsymbol{\delta}_{1\varepsilon}=\boldsymbol{\delta}_1-\boldsymbol{\varepsilon}_1\cdot Sat(\boldsymbol{\delta}_1/\boldsymbol{\varepsilon}_1)\tag{5.95}$$

式中：$\boldsymbol{\delta}_{1\varepsilon}=[\delta_{1\varepsilon 1},\cdots,\delta_{1\varepsilon n}]^{\mathrm{T}}$；$\boldsymbol{\varepsilon}_1=diag\{m_{11},\cdots m_{1n}\}$；$Sat(\boldsymbol{\delta}_1/\boldsymbol{\varepsilon}_1)=[Sat(\delta_{11}/m_{11}),\cdots,Sat(\delta_{1n}/m_{1n})]^{\mathrm{T}}$，且 $Sat(\delta_i/m_i)$ 为与式(5.11)相同的饱和函数。由式(5.13)，可知

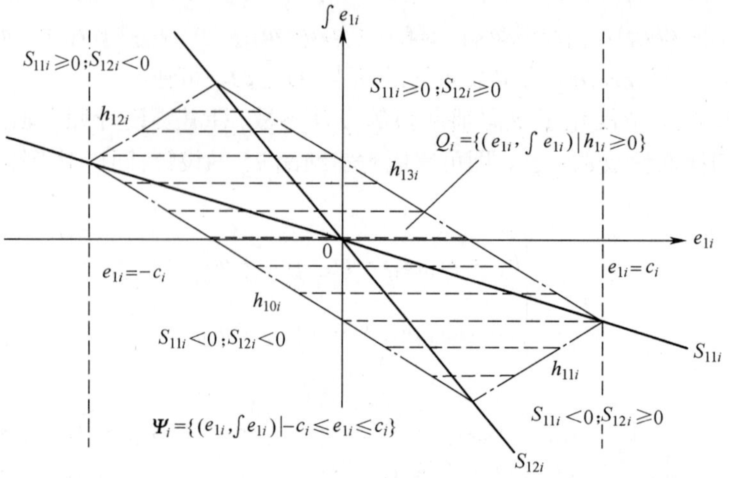

图 5-10　状态约束 $\boldsymbol{\Psi}_i$ 中的滑模正不变集 Q_i

$$\delta_{1\varepsilon i}=\begin{cases}0,\delta_{1i}\leqslant m_{1i}\\ \delta_{1i}-m_{1i},\delta_{1i}>m_{1i}\end{cases} \tag{5.96}$$

注 5.4：易知当 $\delta_{1\varepsilon i}=0$ 时有 $\delta_{1i}=m_{1i}-h_{1i}\leqslant m_{1i}$，即 $h_{1i}\geqslant 0$。因为 $Q_{1i}=\{(x_{1i},\int x_{1i})\mid h_{1i}\geqslant 0\}$，且使 $Q_{1i}\subseteq\boldsymbol{\Psi}_i$，所以当系统状态跟踪误差 $\boldsymbol{e}_1$ 在滑模面 $\boldsymbol{\delta}_{1\varepsilon}=0$ 上滑动时（系统状态跟踪误差 $\boldsymbol{e}_1$ 满足 $\delta_{1\varepsilon}=0$），系统状态误差 $\boldsymbol{e}_1$ 满足约束条件式（5.85）。

根据 5.2 节中的设计步骤，将基于单向滑模控制理论的快速干扰估计器设计为

$$\begin{cases}\hat{\boldsymbol{d}}=\boldsymbol{L}(\boldsymbol{e}_2-\boldsymbol{\eta})\\ \dot{\boldsymbol{\eta}}=\boldsymbol{f}_2(\boldsymbol{x}_1,\boldsymbol{x}_2)+\boldsymbol{g}(\boldsymbol{x}_1,\boldsymbol{x}_2)\cdot\boldsymbol{u}+\hat{\boldsymbol{d}}-\dot{\boldsymbol{\nu}}_1+\boldsymbol{L}^{-1}\cdot\boldsymbol{\Omega}_{21}\cdot\boldsymbol{E}\end{cases} \tag{5.97}$$

式中：$\boldsymbol{L}=\boldsymbol{L}^{\mathrm{T}}>0,\boldsymbol{L}\in\mathbb{R}^{n\times n}$ 是设计的参数矩阵，且 $\boldsymbol{L}-0.5\boldsymbol{I}>0,\boldsymbol{I}\in\mathbb{R}^{n\times n}$ 为单位阵；$\boldsymbol{E}=[1,\cdots,1]^{\mathrm{T}}\in\mathbb{R}^{n}$。

假设 5.3：定义干扰估计误差 $\tilde{\boldsymbol{d}}=\hat{\boldsymbol{d}}-\boldsymbol{d}=[\tilde{d}_1,\cdots,\tilde{d}_n]^{\mathrm{T}}$，存在某一正常数 θ_i 满足 $\theta_i>-\tau_{1i}\cdot\tilde{d}_i$，其中：$\tau_{1i}$ 为式（5.87）定义的未知有界函数。

为了进一步减少干扰估计误差 $\tilde{\boldsymbol{d}}$，设计 θ_i 的自适应估计律：

$$\dot{\hat{\boldsymbol{\theta}}}=\lambda\cdot\boldsymbol{\delta}_{1\varepsilon} \tag{5.98}$$

式中：$\hat{\boldsymbol{\theta}}=[\hat{\theta}_1,\cdots,\hat{\theta}_n]^{\mathrm{T}}$；$\lambda$ 是设计的参数，且 $\lambda>0$。

定义 $\boldsymbol{\theta}$ 的估计误差 $\tilde{\boldsymbol{\theta}}$ 为

$$\tilde{\boldsymbol{\theta}}=\hat{\boldsymbol{\theta}}-\boldsymbol{\theta} \tag{5.99}$$

定义滑模面 $\boldsymbol{\delta}_{1\varepsilon}$ 的对角矩阵形式为

$$\boldsymbol{\Delta}_{1\varepsilon}=diag\{\delta_{1\varepsilon 1},\cdots,\delta_{1\varepsilon n}\} \tag{5.100}$$

考虑系统式(5.90),虚拟控制量 $\boldsymbol{\nu}_1$ 可以被设计为:

$$\boldsymbol{\nu}_1 = \boldsymbol{g}_1^{-1}[-\boldsymbol{f}_1 + \dot{x}_{1d} + \boldsymbol{\Omega}_{11}^{-1}(-\boldsymbol{\Omega}_{12}\cdot\boldsymbol{e}_1 + \boldsymbol{N}_1 + \boldsymbol{\Delta}_{1\varepsilon}\cdot\hat{\boldsymbol{\theta}})] \tag{5.101}$$

其中:$\boldsymbol{N}_1 = [N_{11},\cdots,N_{1n}]^{\mathrm{T}}, N_{1i} > 0, i = 1,\cdots,n$ 为设计的趋近律。

引入干扰观测器式(5.97)和虚拟控制量式(5.101),可以将 backstepping 单向滑模自适应耦合实现控制器设计为

$$\boldsymbol{u} = \boldsymbol{g}_2^{-1}(-\boldsymbol{f}_2 - \hat{\boldsymbol{d}} + \dot{\boldsymbol{v}}_1 + \boldsymbol{\Omega}_{21}^{-1}(-\boldsymbol{\Omega}_{22}\cdot\boldsymbol{e}_2 + \boldsymbol{N}_2) - \boldsymbol{\Omega}_{21}^{-1}\boldsymbol{\Omega}_{11}\boldsymbol{g}_1\boldsymbol{e}_2) \tag{5.102}$$

式中:$\boldsymbol{N}_2 = [N_{21},\cdots,N_{2n}]^{\mathrm{T}}, N_{2i} > 0.5\mu_i^2, i = 1,\cdots,n$ 为设计的趋近律。

注 5.5:对于 $\boldsymbol{E} = [1,\cdots,1]^{\mathrm{T}}, \boldsymbol{\Delta}_{1\varepsilon} = diag\{\delta_{1\varepsilon 1},\cdots,\delta_{1\varepsilon n}\}, \boldsymbol{\delta}_{1\varepsilon} = [\delta_{1\varepsilon 1},\cdots,\delta_{1\varepsilon n}]^{\mathrm{T}}$,存在结论:

$$\begin{cases}\boldsymbol{E}^{\mathrm{T}}\boldsymbol{\Delta}_{1\varepsilon} = \boldsymbol{\delta}_{1\varepsilon}^{\mathrm{T}} \\ \boldsymbol{E}^{\mathrm{T}}\boldsymbol{\delta}_{1\varepsilon} = \sum_{i=1}^{n}\delta_{1\varepsilon i}\end{cases} \tag{5.103}$$

5.3.2 闭环系统稳定性分析

首先,分析系统状态在滑模面 $\boldsymbol{\delta}_{1\varepsilon} = 0$ 滑动时滑动模态的稳定性。

定理 5.4:对于仿射非线性系统式(5.90),采用快速干扰估计器式(5.97)、虚拟控制量式(5.101)、自适应估计律式(5.98)和单向滑模控制器式(5.102),能够确保系统状态在滑模面 $\boldsymbol{\delta}_{1\varepsilon} = 0$ 滑动时滑动模态的稳定性。

证明:

当 $\boldsymbol{\delta}_{1\varepsilon} = 0$ 时,矩阵 $\boldsymbol{\Delta}_{1\varepsilon}$ 中的所有元素都为 0,因此虚拟控制量 $\boldsymbol{\nu}_1$ 可以被改写为

$$\boldsymbol{\nu}_1 = \boldsymbol{g}_1^{-1}[-\boldsymbol{f}_1 + \dot{x}_{1d} + \boldsymbol{\Omega}_{11}^{-1}(-\boldsymbol{\Omega}_{12}\cdot\boldsymbol{e}_1 + \boldsymbol{N}_1)] \tag{5.104}$$

将式(5.104)代入系统式(5.90),可得

$$\dot{\boldsymbol{e}}_1 = \boldsymbol{\Omega}_{11}^{-1}(-\boldsymbol{\Omega}_{12}\cdot\boldsymbol{e}_1 + \boldsymbol{N}_1) + \boldsymbol{g}_1(\boldsymbol{x}_1)\boldsymbol{e}_2 \tag{5.105}$$

根据 backstepping 的设计思想,将李雅普诺夫函数 V_1 设计为

$$V_1 = \boldsymbol{E}^{\mathrm{T}}\boldsymbol{\delta}_1 \tag{5.106}$$

由第 4 章的引理可知, $V_1 \geqslant 0$ 且是连续函数,此外当 $V_1 = 0$ 时 ,有结论 $\boldsymbol{e}_1 = 0$。将式(5.94)和式(5.91)代入式(5.106)并求导,可得

$$\begin{aligned}\dot{V}_1 &= \boldsymbol{E}^{\mathrm{T}}\dot{\boldsymbol{\delta}}_1 \\ &= \boldsymbol{E}^{\mathrm{T}}(-\boldsymbol{\Omega}_{11}\dot{\boldsymbol{e}}_1 - \boldsymbol{\Omega}_{12}\boldsymbol{e}_1)\end{aligned} \tag{5.107}$$

将式(5.105)代入式(5.107)可得

$$\dot{V}_1 = -\boldsymbol{E}^{\mathrm{T}}\boldsymbol{N}_1 - \boldsymbol{E}^{\mathrm{T}}\boldsymbol{\Omega}_{11}\boldsymbol{g}_1(\boldsymbol{x}_1)\boldsymbol{e}_2 \tag{5.108}$$

若式(5.108)的右端函数中只有 $-\boldsymbol{E}^{\mathrm{T}}\boldsymbol{N}_1$ 这一项,则系统状态就能稳定。因此,需要借助 backstepping 的设计思想,消去第二项 $-\boldsymbol{E}^{\mathrm{T}}\boldsymbol{\Omega}_{11}\boldsymbol{g}_1(\boldsymbol{x}_1)\boldsymbol{e}_2$。

先由假设 5.1 和假设 5.2 可知,当 $\boldsymbol{\delta}_{1\varepsilon} = 0$ 时有 $\dot{\boldsymbol{d}}_1(\boldsymbol{x}_1,t) = 0$。再考虑复合干扰的定义式(5.86)可知,当 $\boldsymbol{\delta}_{1\varepsilon} = 0$ 时有 $\dot{\boldsymbol{d}}(\boldsymbol{x}_1,t) = \dot{\boldsymbol{d}}_2(t) = \boldsymbol{\tau}_2(t)$。

将式(5.102)和干扰估计误差的定义 $\tilde{\boldsymbol{d}}=\hat{\boldsymbol{d}}-\boldsymbol{d}$ 代入式(5.90),可得

$$\dot{\boldsymbol{e}}_2=-\tilde{\boldsymbol{d}}+\boldsymbol{\Omega}_{21}^{-1}(-\boldsymbol{\Omega}_{22}\cdot\boldsymbol{e}_2+\boldsymbol{N}_2)-\boldsymbol{\Omega}_{21}^{-1}\boldsymbol{\Omega}_{11}\boldsymbol{g}_1\boldsymbol{e}_2 \tag{5.109}$$

考虑式(5.106)建立新的李雅普诺夫函数为

$$V=V_1+0.5\tilde{\boldsymbol{d}}^{\mathrm{T}}\tilde{\boldsymbol{d}}+\boldsymbol{E}^{\mathrm{T}}\boldsymbol{\delta}_2 \tag{5.110}$$

对式(5.110)进行求导,可知

$$\dot{V}=\dot{V}_1+\tilde{\boldsymbol{d}}^{\mathrm{T}}\dot{\tilde{\boldsymbol{d}}}+\boldsymbol{E}^{\mathrm{T}}\dot{\boldsymbol{\delta}}_2 \tag{5.111}$$

将式(5.108)、式(5.97)、式(5.94)、式(5.102)、式(5.91)和假设5.3代入式(5.111),可得

$$\begin{aligned}\dot{V}&=-\boldsymbol{E}^{\mathrm{T}}\boldsymbol{N}_1-\boldsymbol{E}^{\mathrm{T}}\boldsymbol{\Omega}_{11}\boldsymbol{g}_1(\boldsymbol{x}_1)\boldsymbol{e}_2+\tilde{\boldsymbol{d}}^{\mathrm{T}}(\dot{\hat{\boldsymbol{d}}}-\dot{\boldsymbol{d}})+\boldsymbol{E}^{\mathrm{T}}(-\boldsymbol{\Omega}_{21}\dot{\boldsymbol{e}}_2-\boldsymbol{\Omega}_{22}\boldsymbol{e}_2)\\&=-\boldsymbol{E}^{\mathrm{T}}\boldsymbol{N}_1-\boldsymbol{E}^{\mathrm{T}}\boldsymbol{N}_2-\tilde{\boldsymbol{d}}^{\mathrm{T}}\boldsymbol{L}\cdot\tilde{\boldsymbol{d}}-\tilde{\boldsymbol{d}}^{\mathrm{T}}\dot{\boldsymbol{d}}\\&\leqslant-\boldsymbol{E}^{\mathrm{T}}\boldsymbol{N}_1-\boldsymbol{E}^{\mathrm{T}}\boldsymbol{N}_2-\tilde{\boldsymbol{d}}\boldsymbol{d}^{\mathrm{T}}(\boldsymbol{L}-0.5\boldsymbol{I})\cdot\tilde{\boldsymbol{d}}+0.5\dot{\boldsymbol{d}}^{\mathrm{T}}\dot{\boldsymbol{d}}\\&<-\boldsymbol{E}^{\mathrm{T}}\boldsymbol{N}_1-\boldsymbol{E}^{\mathrm{T}}\boldsymbol{N}_2-\tilde{\boldsymbol{d}}^{\mathrm{T}}(\boldsymbol{L}-0.5\boldsymbol{I})\cdot\tilde{\boldsymbol{d}}+0.5\dot{\boldsymbol{\mu}}^{\mathrm{T}}\boldsymbol{\mu}\\&=-\tilde{\boldsymbol{d}}^{\mathrm{T}}(\boldsymbol{L}-0.5\boldsymbol{I})\cdot\tilde{\boldsymbol{d}}-\sum_{i=1}^{n}(N_{1i}+N_{2i}-0.5\mu_i^2)\end{aligned} \tag{5.112}$$

式中:$\boldsymbol{\mu}=[\mu_1,\cdots,\mu_n]^{\mathrm{T}}$。由于 $N_{1i}>0,N_{2i}>0.5\mu_i^2,\boldsymbol{L}-0.5\boldsymbol{I}>0$,因此当系统状态在滑模面 $\boldsymbol{\delta}_{1\varepsilon}=0$ 滑动时有结论 $\dot{V}<0$,所以滑模面 $\boldsymbol{\delta}_{1\varepsilon}=0$ 的滑动模态是稳定的。定理得证。

接下来,分析系统状态到达滑模面 $\boldsymbol{\delta}_{1\varepsilon}=0$ 的趋近过程。

定理5.5:对于仿射非线性系统式(5.90),采用快速干扰估计器式(5.97)、虚拟控制量式(5.95)、自适应估计律式(5.98)和单向滑模控制器式(5.102),能够确保系统状态到达滑模面 $\boldsymbol{\delta}_{1\varepsilon}=0$ 并在其上滑动。

证明:

设计以下形式的李雅普诺夫函数 V_1:

$$V_1=\boldsymbol{E}^{\mathrm{T}}\boldsymbol{\delta}_{1\varepsilon}+1/(2\lambda)\tilde{\boldsymbol{\theta}}^{\mathrm{T}}\tilde{\boldsymbol{\theta}} \tag{5.113}$$

由第4章的引理可知,$V_1\geqslant0$ 且是连续函数,此外当 $V_1=0$ 时有结论 $\boldsymbol{\delta}_{1\varepsilon}=0$,即当 $V_1=0$ 时系统状态到达滑模面 $\boldsymbol{\delta}_{1\varepsilon}=0$ 并在其上滑动。

假设 $\boldsymbol{\delta}_{1\varepsilon}\neq0$,则根据式(5.95)、式(5.94)和式(5.91),有

$$\dot{\boldsymbol{\delta}}_{1\varepsilon}=\dot{\boldsymbol{\delta}}_1=-\boldsymbol{\Omega}_{11}\dot{\boldsymbol{e}}_1-\boldsymbol{\Omega}_{12}\boldsymbol{e}_1 \tag{5.114}$$

将式(5.90)、式(5.104)代入式(5.114),可得

$$\dot{\boldsymbol{\delta}}_{1\varepsilon}=-\boldsymbol{\Omega}_{11}\boldsymbol{g}_1(\boldsymbol{x}_1)e_2-\boldsymbol{N}_1-\boldsymbol{\Delta}_{1\varepsilon}\cdot\hat{\boldsymbol{\theta}} \tag{5.115}$$

对式(5.113)求导,并引入式(5.115)、式(5.90)、式(5.101),可得

$$\begin{aligned}\dot{V}_1&=\boldsymbol{E}^{\mathrm{T}}[-\Omega_{11}\dot{\boldsymbol{e}}_1-\boldsymbol{\Omega}_{12}\boldsymbol{e}_1]+1/(\lambda)\tilde{\boldsymbol{\theta}}^{\mathrm{T}}\dot{\hat{\theta}}\\&=E^{\mathrm{T}}(-\boldsymbol{\Omega}_{11}\boldsymbol{g}_1\boldsymbol{e}_2-\boldsymbol{N}_1-\boldsymbol{\Delta}_{1\varepsilon}\hat{\boldsymbol{\theta}})+\boldsymbol{\delta}_{1\varepsilon}^{\mathrm{T}}\tilde{\boldsymbol{\theta}}\end{aligned}$$

$$= \boldsymbol{E}^{\mathrm{T}}(-\boldsymbol{\Omega}_{11}\boldsymbol{g}_1\boldsymbol{e}_2 - \boldsymbol{N}_1) - \boldsymbol{\delta}_{1\varepsilon}^{\mathrm{T}}\hat{\boldsymbol{\theta}} + \boldsymbol{\delta}_{1\varepsilon}^{\mathrm{T}}\tilde{\theta} \tag{5.116}$$

考虑式(5.86)、式(5.87)和式(5.88),则有

$$\dot{\boldsymbol{d}} = \dot{\boldsymbol{d}}_1 + \dot{\boldsymbol{d}}_2 = \boldsymbol{\tau}_1 \cdot \boldsymbol{\delta}_{1\varepsilon} + \boldsymbol{\tau}_2 \tag{5.117}$$

考虑系统式(5.90)中所有闭环状态的稳定性,根据 backstepping 的设计思想,将李雅普诺夫函数重新设计为

$$V = V_1 + 0.5\tilde{\boldsymbol{d}}^{\mathrm{T}}\tilde{\boldsymbol{d}} + \boldsymbol{E}^{\mathrm{T}}\boldsymbol{\delta}_2 \tag{5.118}$$

同样由第4章的引理可知,$V \geqslant 0$ 且是连续函数,此外当 $V = 0$ 时有结论 $\boldsymbol{\delta}_{1\varepsilon} = 0$,即当 $V = 0$ 时系统状态到达滑模面 $\boldsymbol{\delta}_{1\varepsilon} = 0$ 并在其上滑动。

对式(5.118)求导,可得

$$\begin{aligned}\dot{V} &= \dot{V}_1 + \tilde{\boldsymbol{d}}^{\mathrm{T}}\dot{\tilde{\boldsymbol{d}}} + E^{\mathrm{T}}\dot{\boldsymbol{\delta}}_2 \\ &= \dot{V}_1 + \tilde{\boldsymbol{d}}^{\mathrm{T}}(\dot{\hat{\boldsymbol{d}}} - \dot{\boldsymbol{d}}) + \boldsymbol{E}^{\mathrm{T}}\dot{\boldsymbol{\delta}}_2\end{aligned} \tag{5.119}$$

将式(5.94)、式(5.97)、式(5.102)、式(5.116)和式(5.117)代入式(5.119),可得

$$\begin{aligned}\dot{V} &= -\boldsymbol{E}^{\mathrm{T}}(\boldsymbol{N}_1 + \boldsymbol{N}_2) - \boldsymbol{\delta}_{1\varepsilon}^{\mathrm{T}}\hat{\boldsymbol{\theta}} + \boldsymbol{\delta}_{1\varepsilon}^{\mathrm{T}}\tilde{\boldsymbol{\theta}} + \tilde{\boldsymbol{d}}^{\mathrm{T}}(-\boldsymbol{L})\tilde{\boldsymbol{d}} - \tilde{\boldsymbol{d}}^{\mathrm{T}}(\boldsymbol{\tau}_1 \cdot \boldsymbol{\delta}_{1\varepsilon} + \boldsymbol{\tau}_2) \\ &\leqslant -\boldsymbol{E}^{\mathrm{T}}(\boldsymbol{N}_1 + \boldsymbol{N}_2) - \boldsymbol{\delta}_{1\varepsilon}^{\mathrm{T}}\hat{\boldsymbol{\theta}} + \boldsymbol{\delta}_{1\varepsilon}^{\mathrm{T}}\tilde{\boldsymbol{\theta}} - \tilde{\boldsymbol{d}}^{\mathrm{T}}(\boldsymbol{L} - 0.5\boldsymbol{I})\tilde{\boldsymbol{d}} - \tilde{\boldsymbol{d}}^{\mathrm{T}}\boldsymbol{\tau}_1 \cdot \boldsymbol{\delta}_{1\varepsilon} + 0.5\boldsymbol{\tau}_2^{\mathrm{T}}\boldsymbol{\tau}_2\end{aligned} \tag{5.120}$$

考虑假设 5.3, 由 $\delta_{1\varepsilon i} > 0$ 以及式(5.95)和式(5.96)可知

$$\begin{aligned}\dot{V} &\leqslant -\boldsymbol{E}^{\mathrm{T}}(\boldsymbol{N}_1 + \boldsymbol{N}_2) + \boldsymbol{\delta}_{1\varepsilon}^{\mathrm{T}}[-\hat{\boldsymbol{\theta}} + \tilde{\boldsymbol{\theta}} - \boldsymbol{\tau}_1\tilde{\boldsymbol{d}}] - \tilde{\boldsymbol{d}}^{\mathrm{T}}(\boldsymbol{L} - 0.5\boldsymbol{I})\tilde{\boldsymbol{d}} + 0.5\boldsymbol{\tau}_2^{\mathrm{T}}\boldsymbol{\tau}_2 \\ &\leqslant -\boldsymbol{E}^{\mathrm{T}}(\boldsymbol{N}_1 + \boldsymbol{N}_2) + \boldsymbol{\delta}_{1\varepsilon}^{\mathrm{T}}[-\hat{\boldsymbol{\theta}} + \tilde{\boldsymbol{\theta}} + \boldsymbol{\theta}] - \tilde{\boldsymbol{d}}^{\mathrm{T}}(\boldsymbol{L} - 0.5\boldsymbol{I})\tilde{\boldsymbol{d}} + 0.5\boldsymbol{\tau}_2^{\mathrm{T}}\boldsymbol{\tau}_2\end{aligned} \tag{5.121}$$

将式(5.99)和 $|\tau_{2i}| \leqslant \mu_i$ 代入式(5.121),可得

$$\begin{aligned}\dot{V} &\leqslant -\boldsymbol{E}^{\mathrm{T}}(\boldsymbol{N}_1 + \boldsymbol{N}_2) - \tilde{\boldsymbol{d}}^{\mathrm{T}}(\boldsymbol{L} - 0.5\boldsymbol{I})\tilde{\boldsymbol{d}} + 0.5\boldsymbol{\tau}_2^{\mathrm{T}}\boldsymbol{\tau}_2 \\ &= -\tilde{\boldsymbol{d}}^{\mathrm{T}}(\boldsymbol{L} - 0.5\boldsymbol{I})\tilde{\boldsymbol{d}} - \sum_{i=1}^{n}(N_{1i} + N_{2i} - 0.5\mu_i^2)\end{aligned} \tag{5.122}$$

将 $N_{1i} > 0, N_{2i} > 0.5\mu_i^2, L - 0.5I > 0$ 代入式(5.122),可得

$$\dot{V} < 0 \tag{5.123}$$

因此,由上面可知李雅普诺夫函数 V 将在有限时间内收敛至0,即系统状态到达滑模面 $\boldsymbol{\delta}_{1\varepsilon} = 0$ 并在其上滑动。特别地,如果 $N_{1i} > \varepsilon$ 或者 $N_{2i} > 0.5\mu_i^2 + \varepsilon$,ε 为某一小数且 $\varepsilon > 0$,则系统状态将在有限时间内到达滑模面 $\boldsymbol{\delta}_{1\varepsilon} = 0$ 并在其上滑动。定理得证。

由定理 5.4 和定理 5.5 可知,设计的单向滑模自适应耦合受限控制系统能够确保系统状态到达滑模面 $\boldsymbol{\delta}_{1\varepsilon} = 0$ 并在其上滑动,且系统状态在滑模面 $\boldsymbol{\delta}_{1\varepsilon} = 0$ 滑动时渐进收敛。因此,控制器能够确保系统状态从任一初值收敛至原点。

5.3.3 姿态运动仿真分析

由式(5.66)和式(5.67)可知,高超声速飞行系统姿态回路模型:

$$\begin{cases}\dot{\boldsymbol{x}}_1=\boldsymbol{f}_1(\boldsymbol{x}_1)+\boldsymbol{g}_1(\boldsymbol{x}_1)\boldsymbol{x}_2\\ \dot{\boldsymbol{x}}_2=\boldsymbol{f}_2(\boldsymbol{x}_1,\boldsymbol{x}_2)+\boldsymbol{g}_2(\boldsymbol{x}_1,\boldsymbol{x}_2)\boldsymbol{u}+\boldsymbol{d}(\boldsymbol{x}_1,t)\end{cases} \tag{5.124}$$

式中：$\boldsymbol{x}_1=\boldsymbol{\Omega}=[\alpha,\beta,\mu]^{\mathrm{T}}$；$\boldsymbol{x}_2=\boldsymbol{\omega}=[p,q,r]^{\mathrm{T}}$；$\boldsymbol{f}_1(\boldsymbol{x}_1)=\boldsymbol{f}_s$；$\boldsymbol{g}_1(\boldsymbol{x}_1)=\boldsymbol{g}_s$；$\boldsymbol{f}_2(\boldsymbol{x}_1,\boldsymbol{x}_2)=\boldsymbol{f}_f$；$\boldsymbol{g}_2(\boldsymbol{x}_1,\boldsymbol{x}_2)=\boldsymbol{g}_f$；$\boldsymbol{d}(\boldsymbol{x}_1,t)=\boldsymbol{D}_f$，忽略系统不确定在姿态回路中引起的扰动 $\boldsymbol{D}_s$。设飞行速度为3000m/s，飞行高度为30km，系统状态的初始条件分别为 $\boldsymbol{x}_1(0)=[\alpha,\beta,\mu]^{\mathrm{T}}=[0,0,0]^{\mathrm{T}}$，$\boldsymbol{x}_2(0)=[p,q,r]^{\mathrm{T}}=[0,0,0]^{\mathrm{T}}$ 表示系统状态。系统状态约束 $\boldsymbol{e}_1=\boldsymbol{x}_1-\boldsymbol{x}_{1d}$ 为

$$\Psi_i=\{e_{1i}\mid -c_i\leqslant e_{1i}\leqslant c_i,c_i\in R^+\},i=1,2,3,c_i=1(^\circ) \tag{5.125}$$

系统式(5.124)中的未知耦合干扰力矩 $\boldsymbol{d}(\boldsymbol{x}_1,t)$ 被设计为

$$\boldsymbol{d}(\boldsymbol{x}_1,t)=\boldsymbol{d}_1(\boldsymbol{x}_1,t)+\boldsymbol{d}_2(t) \tag{5.126}$$

式中：$\boldsymbol{d}_1(\boldsymbol{x}_1,t)$ 表示由于系统偏离正常范围的未知耦合干扰力矩，可以表示为

$$\begin{cases}\boldsymbol{d}_1(\boldsymbol{x}_1,t)=10^6\,diag\,\{g_p^l,g_q^m,g_r^n\}\cdot\boldsymbol{d}_{1m}\\ \dot{\boldsymbol{d}}_{1m}=\sin(20\alpha)\cdot\boldsymbol{\delta}_{1\varepsilon}\end{cases} \tag{5.127}$$

式中：g_p^l,g_q^m,g_r^n 参见参考文献[7]，且在发动机仿真模块中设置了0.02s的延时。式(5.126)中的 $\boldsymbol{d}_2(t)$ 表示复合干扰 $\boldsymbol{d}(\boldsymbol{x}_1,t)$ 中除去 $\boldsymbol{d}_1(\boldsymbol{x}_1,t)$ 的其他部分，即

$$\begin{cases}\boldsymbol{d}_2(t)=10^6\,diag\,\{g_p^l,g_q^m,g_r^n\}\cdot\boldsymbol{d}_{2m}\\ \dot{\boldsymbol{d}}_{2m}=[0.2\sin(\pi t),3\sin(\pi t),\sin(\pi t)]^{\mathrm{T}}\end{cases} \tag{5.128}$$

根据前面设计过程，backstepping单向滑模自适应耦合受限控制系统中的参数设计为

$$\begin{cases}\boldsymbol{\xi}_{11}=diag\,\{5,5,5\},\boldsymbol{\xi}_{12}=diag\,\{1,1,1\}\\ \boldsymbol{\xi}_{21}=diag\,\{5,5,5\},\boldsymbol{\xi}_{22}=diag\,\{2,2,2\}\\ \boldsymbol{L}=diag\,\{2,2,2\},\lambda=1,\boldsymbol{\varepsilon}_1=diag\,\{0.02,0.02,0.02\}\\ \omega_{10i2}=\omega_{13i2}=5/3,\omega_{20i2}=\omega_{23i2}=3,i=1,2,3\end{cases} \tag{5.129}$$

趋近律 $\boldsymbol{N}_1,\boldsymbol{N}_2$ 的设计参见参考文献[7]，滑模面 $\boldsymbol{\delta}_{1\varepsilon}$ 设计为

$$\begin{cases}\boldsymbol{\delta}_{1\varepsilon}=\boldsymbol{\delta}_1-\boldsymbol{\varepsilon}_1\cdot Sat\,(\boldsymbol{\delta}_1/\boldsymbol{\varepsilon}_1)\\ \dot{\hat{\boldsymbol{\theta}}}=\lambda\cdot\boldsymbol{\delta}_{1\varepsilon}\end{cases} \tag{5.130}$$

则仿真结果，如图5-11~图5-13所示。

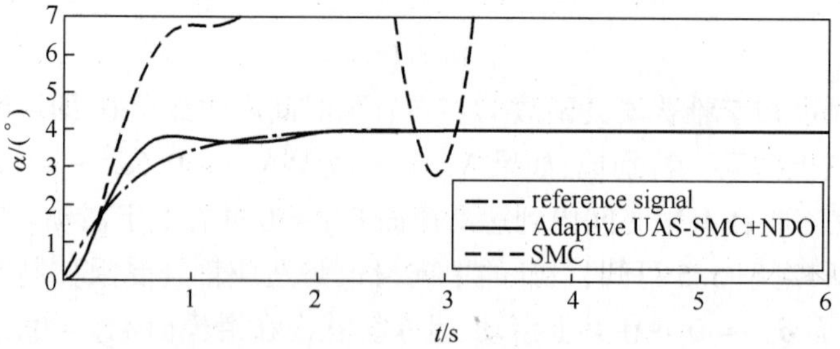

图5-11 单向滑模(UAS-SMC)与传统滑模(SMC)控制系统的姿态比较

图5-11~图5-13中单向滑模(UAS-SMC)与传统滑模(SMC)仿真结果的比较：从图5-11可以看出，当传统滑模控制器(SMC)的设计过程中没有考虑复合干扰 $\boldsymbol{d}(\boldsymbol{x}_1,t)$ 时

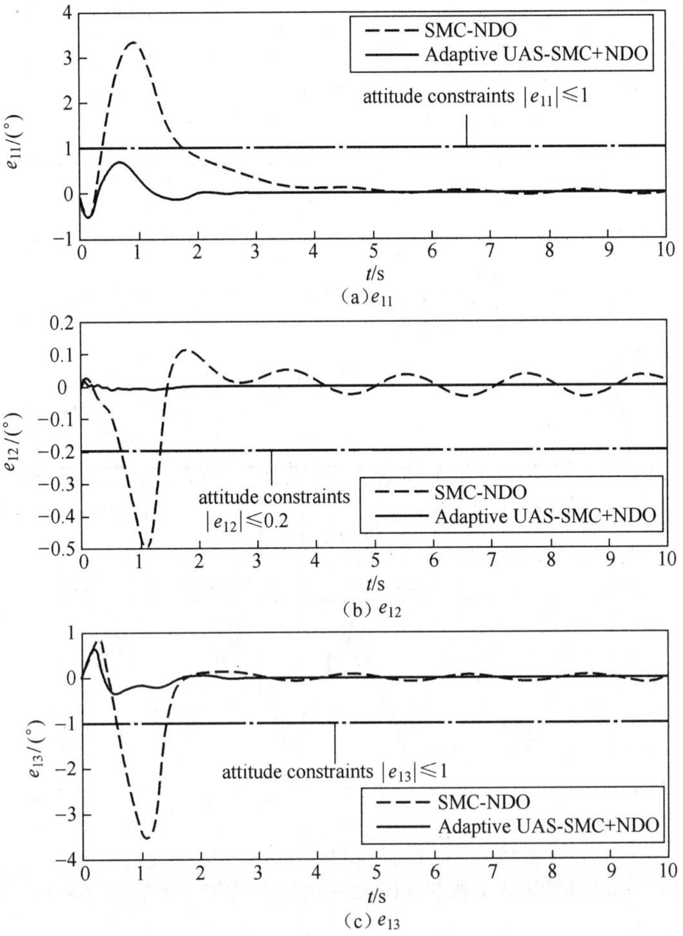

图 5-12　单向滑模(UAS-SMC)与传统滑模(SMC)的状态误差比较

系统式(5.124)是不稳定的。为了解决这一问题,图 5-12 所示,在传统滑模控制器(SMC)的设计过程中加入了干扰观测器(NDO)。然而,由于传统滑模控制器(SMC)的设计过程中没有考虑状态约束式(5.125),因此系统状态误差常常出现不需要的超调现象,以至于超出状态约束式(5.125)的限制。同时,由图 5-13 的仿真结果可以看出,虽然传统干扰估计(NDO)能够跟踪干扰信号,但是相位上严重滞后。当采用自适应单向滑模加上快速干扰估计器(UAS-SMC+NDO)时,从图 5-11 和图 5-12 可以看出,该控制器能够满足系统状态约束式(5.119)和稳定性的要求。此外,从图 5-13 可以看出,快速干扰估计器(UAS-NDO)在快速性上明显优于传统干扰估计器(NDO)。注意:图 5-13 中快速干扰估计器(UAS-NDO)中还存在一些抖动现象,这是为了更公平地比较 UAS-NDO 和 NDO,而将两者中的参数矩阵 **L** 取为相同值所造成的结果。事实上,在 UAS-NDO 中减小 **L** 的参数取值,就可以有效降低抖动的现象。

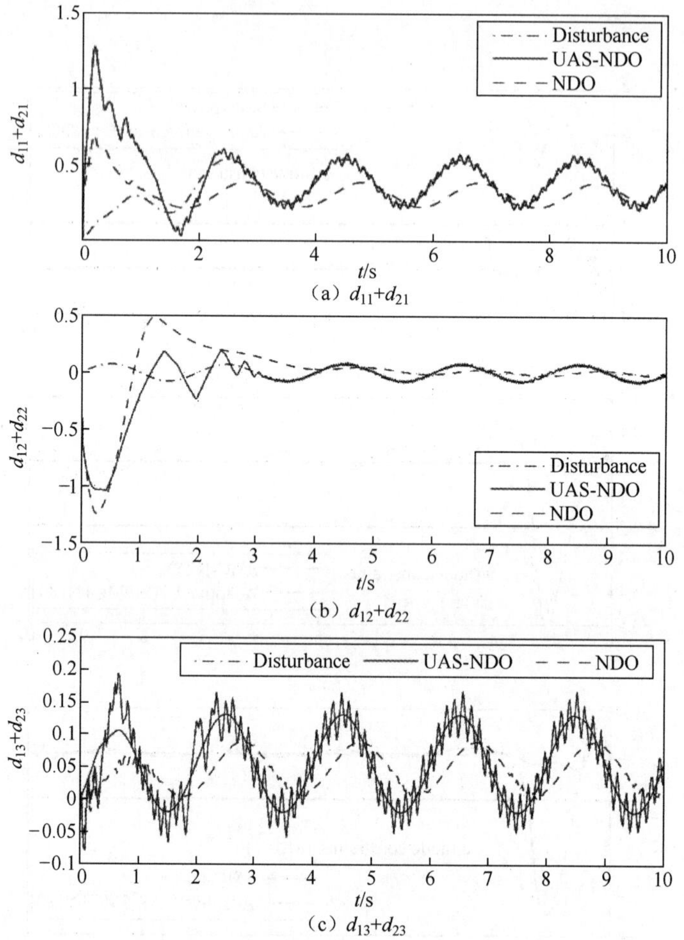

图 5-13 单向滑模快速干扰估计(UAS-NDO)与传统干扰估计(NDO)的比较

5.3.4 姿态与轨迹协调转弯仿真分析

1. 协调转弯控制系统结构框图

根据高超声速飞行器协调转弯的飞行任务要求,设计协调转弯控制结构如图 5-13 所示。在该结构框图中,首先通过单向滑模控制方法(UAS-SMC)设计位置回路控制器。然后设计速度航迹角回路控制器,并利用数值方法结合牛顿迭代法对于其进行求解,从而解决协调转弯过程中纵向与横侧向机动之间的耦合问题。最后,运用 5.3.3 小节单向滑模控制方法(UAS-TSMC)、backstepping 方法以及滑模干扰观测器设计姿态和角速率回路的控制器,以增强控制系统的鲁棒和阻尼性能。

在图 5-14 中 $y_e=y-y_c$, $z_e=z-z_c$, $V_e=V-V_c$, $\gamma_e=\gamma-\gamma_c$, $\chi_e=\chi-\chi_c$, $\boldsymbol{\Omega}_e=\boldsymbol{\Omega}-\boldsymbol{\Omega}_c$, $\boldsymbol{\omega}_e=\boldsymbol{\omega}-\boldsymbol{\omega}_c$ 分别为 NSV 高超声速飞行过程中各个回路的跟踪误差信号,且速度航迹角回路控制器内部结构如图 5-15 所示。首先根据指令信号计算得到滚转角指令信号 μ_c 和迎角指令信号 $\widetilde{\alpha}_c$,其次将 $\widetilde{\alpha}_c$ 经过动态饱和器处理之后可得迎角指令信号 α_c,再次将迎

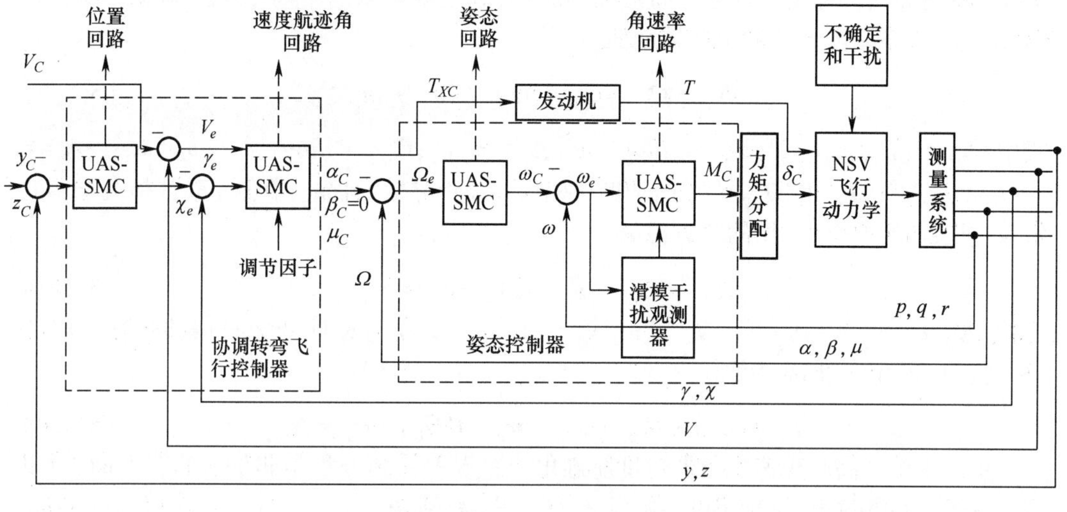

图 5-14　协调转弯控制系统结构框图

角指令信号 α_c 作为已知量计算发动机推力的指令信号 T_{xc}。由于本书采用倾斜转弯(BTT)策略,所以将侧滑角的期望值 β_C 作为 0°处理,最后将指令信号 $\boldsymbol{\Omega}_c = [\alpha_c, \beta_c, \mu_c]^{\mathrm{T}}$ 发送至姿态控制回路。

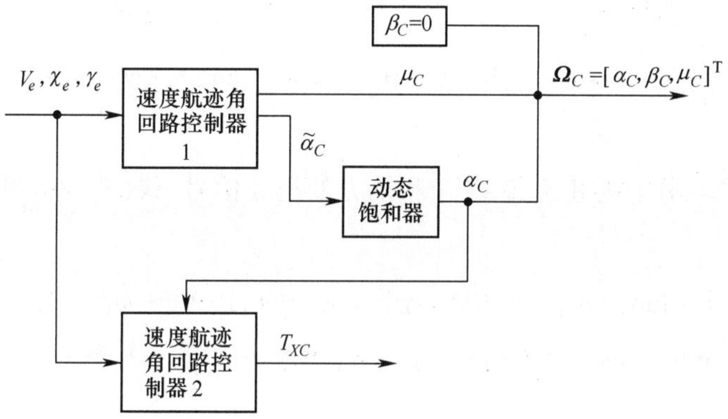

图 5-15　速度航迹角回路控制器内部结构框图

注 5.6:从图 5-15 可知,航迹倾斜角 γ 与航迹方位角 χ 在保证协调转弯控制过程中发挥着重要的作用。由于这些飞行状态信号并不能通过传感器直接测量,因此本节假定机载导航系统能够实时地通过计算获得航迹倾斜角 γ 与航迹方位角 χ 的数值。

2. 协调转弯控制系统设计

对于速度航迹角回路系统方程式(5.79),由于控制器的设计实际上是针对速度航迹角回路误差系统设计的,所以需要将式(5.79)转换为以下误差系统方程:

$$\dot{\boldsymbol{\sigma}}_e = \boldsymbol{f}_\sigma + \boldsymbol{g}_\sigma - \dot{\boldsymbol{\sigma}}_c \tag{5.131}$$

式中:$\boldsymbol{\sigma}_c = [V_c, \chi_c, \gamma_c]^{\mathrm{T}}$ 为高超声速飞行器控制速度航迹角的指令信号;$\boldsymbol{\sigma} = [V, \chi, \gamma]^{\mathrm{T}}$ 为速度航迹角回路状态;$\boldsymbol{\sigma}_e = \boldsymbol{\sigma} - \boldsymbol{\sigma}_c$ 为速度航迹角回路状态误差。为了能够在协调转弯

过程中降低耦合现象对于高超飞行运动的影响，利用第 4 章的单向滑模控制方法（UAS-SMC）设计以下紧凑形式的单向辅助面：

$$\boldsymbol{h}_{\sigma} = \boldsymbol{\Omega}_{\sigma 1} \cdot \boldsymbol{\sigma}_{e} + \boldsymbol{\Omega}_{\sigma 2} \cdot \int \boldsymbol{\sigma}_{e} + \boldsymbol{m}_{\sigma} \tag{5.132}$$

式中：$\boldsymbol{h}_{\sigma} = [h_v, h_\chi, h_\gamma]^{\mathrm{T}}$；$\boldsymbol{\Omega}_{\sigma 1} = diag\ \{\omega_{v1}, \omega_{\chi 1}, \omega_{\gamma 1}\}$；$\boldsymbol{\Omega}_{\sigma 2} = diag\ \{\omega_{v2}, \omega_{\chi^2}, \omega_{\gamma^2}\}$；$\boldsymbol{m}_{\sigma} = [m_v, m_\chi, m_\gamma]^{\mathrm{T}}$；$\boldsymbol{\Omega}_{\sigma 1}$ 和 $\boldsymbol{\Omega}_{\sigma 2}$ 为单向辅助滑模面的设计参数，且 $\boldsymbol{m}_{\sigma}$ 中各元素都是大于零的常数。设计单向辅助滑模的趋近虑为

$$\dot{\boldsymbol{h}}_{\sigma} = \boldsymbol{\Omega}_{\sigma 1} \cdot \dot{\boldsymbol{\sigma}}_{e} + \boldsymbol{\Omega}_{\sigma 2} \cdot \boldsymbol{\sigma}_{e} = \boldsymbol{N}_{\sigma} \tag{5.133}$$

式中：$\boldsymbol{N}_{\sigma} = [N_v, N_\chi, N_\gamma]^{\mathrm{T}}$，$N_v > 0$，$N_\chi > 0$，$N_\gamma > 0$ 为设计的无抖振趋近律。将式（5.131）代入式（5.133），可得

$$\dot{\boldsymbol{h}}_{\sigma} = \boldsymbol{\Omega}_{\sigma 1} \cdot (\boldsymbol{f}_{\sigma} + \boldsymbol{g}_{\sigma} - \dot{\boldsymbol{\sigma}}_{c}) + \boldsymbol{\Omega}_{\sigma 2} \cdot \boldsymbol{\sigma}_{e} = \boldsymbol{N}_{\sigma} \tag{5.134}$$

由于本节中高超声速飞行器速度航迹角回路误差系统方程是非仿射非线性的，所以接下来的处理过程与前面的有所不同。考虑到 $\boldsymbol{h}_{\sigma} = [h_v, h_\chi, h_\gamma]^{\mathrm{T}}$，$\boldsymbol{\Omega}_{\sigma 1} = diag\ \{\omega_{v1}, \omega_{\chi 1}, \omega_{\gamma 1}\}$，$\boldsymbol{\Omega}_{\sigma 2} = diag\ \{\omega_{v2}, \omega_{\chi^2}, \omega_{\gamma^2}\}$，$\boldsymbol{N}_{\sigma} = [N_v, N_\chi, N_\gamma]^{\mathrm{T}}$ 和式（5.79）中 $\boldsymbol{f}_{\sigma}$、$\boldsymbol{g}_{\sigma}$ 的定义，式（5.134）可以分解为

$$\dot{h}_v = \omega_{v1}\left[\frac{1}{M} \cdot (T_{xc}\cos\alpha_c - D - Mg\sin\gamma) - \dot{V}_c\right] + \omega_{v2} V_e = N_v \tag{5.135}$$

$$\dot{h}_\chi = \omega_{\chi 1}\left[\frac{1}{MV\cos\gamma} \cdot (L\sin\mu_c + T_{xc}\sin\mu_c\sin\alpha_c) - \dot{\chi}_c\right] + \omega_{\chi^2} \cdot \chi_e = N_\chi \tag{5.136}$$

$$\dot{h}_\gamma = \omega_{\gamma 1}\left[\frac{1}{MV} \cdot (L\cos\mu_c - Mg\cos\gamma + T_{xc}\cos\mu_c\sin\alpha_c) - \dot{\gamma}_c\right] + \omega_{\gamma_2} \cdot \gamma_e = N_\gamma \tag{5.137}$$

其中：α_c，μ_c，T_{xc} 分别为迎角、滚转角和推力的指令信号，式（5.136）和式（5.137）可以转换为

$$(L + T_{xc}\sin\alpha_c)\sin\mu_c = MV\cos\gamma[-\omega_{\chi 1}^{-1} \cdot \omega_{\chi^2} \cdot \chi_e + \omega_{\chi 1}^{-1} \cdot N_\chi + \dot{\chi}_c] \tag{5.138}$$

$$(L + T_{xc}\sin\alpha_c)\cos\mu_c = MV[-\omega_{\gamma 1}^{-1} \cdot \omega_{\gamma 2} \cdot \gamma_e + \omega_{\gamma 1}^{-1} \cdot N_\gamma + \dot{\gamma}_c] + Mg\cos\gamma \tag{5.139}$$

整个速度航迹角回路单向滑模控制器的推导过程可以分为以下三个部分。

1）推导滚转角指令信号 μ_c

将式（5.138）除以式（5.139），可得

$$\tan\mu_c = \frac{V\cos\gamma[-\omega_{\chi 1}^{-1} \cdot \omega_{\chi 2} \cdot \chi_e + \omega_{\chi 1}^{-1} \cdot N_\chi + \dot{\chi}_c]}{V[-\omega_{\gamma 1}^{-1} \cdot \omega_{\gamma 2} \cdot \gamma_e + \omega_{\gamma 1}^{-1} \cdot N_\gamma + \dot{\gamma}_c] + g\cos\gamma} \tag{5.140}$$

对式（5.140）求反函数可以得到滚转角指令信号 μ_c 的表达式：

$$\mu_c = \arctan\left\{\frac{V\cos\gamma[-\omega_{\chi 1}^{-1} \cdot \omega_{\chi^2} \cdot \chi_e + \omega_{\chi 1}^{-1} \cdot N_\chi + \dot{\chi}_c]}{V[-\omega_{\gamma 1}^{-1} \cdot \omega_{\gamma 2} \cdot \gamma_e + \omega_{\gamma 1}^{-1} \cdot N_\gamma + \dot{\gamma}_c] + g\cos\gamma}\right\} \tag{5.141}$$

2）推导迎角指令信号 α_c

考虑到当高超声速飞行器姿态回路跟踪滚转角指令信号 μ_c 的过程中，导致与重力相

平衡的升力分量急剧减小,为了保证飞行器的飞行高度,需要通过增加迎角 α 的方式来稳定升力分量。因此,这里将式(5.141)中计算得到的滚转角指令信号 μ_c 作为已知量进行考虑,可以按照以下过程求解出确保飞行稳定所需的迎角指令信号 α_c。

先通过等式变换可以将式(5.135)转化为

$$T_{xc}=[M(-\omega_{v1}^{-1}\cdot\omega_{v2}V_e+\omega_{v1}^{-1}\cdot N_v+\dot{V}_c)+\dot{D}+Mg\sin\gamma]/\cos\alpha_c \tag{5.142}$$

再将式(5.142)以及式(5.81)代入式(5.139),可得

$$\begin{aligned}&\hat{q}SC_L^{\alpha}+[M(-\omega_{v1}^{-1}\cdot\omega_{v2}V_e+\omega_{v1}^{-1}\cdot N_v+\dot{V}_c)+\hat{q}SC_D^{\alpha}+Mg\sin\gamma]\tan\alpha_c-\\&\{MV[-\omega_{\gamma1}^{-1}\cdot\omega_{\gamma2}\gamma_e+\omega_{\gamma1}^{-1}\cdot N_\gamma+\dot{\gamma}_c]+Mg\cos\gamma\}/\cos\mu_c=0\end{aligned} \tag{5.143}$$

由第3章的内容可知,一方面,升力系数 C_L^{α} 和阻力系数 C_D^{α} 都是与迎角 α_c 相关的非线性函数。另一方面,滚转角指令信号 μ_c 在式(5.143)中作为已知量来考虑。因此,式(5.143)为只包含未知量 α_c 的非线性一元方程。可用牛顿迭代法对其进行求解,并将求得的值记为 $\widetilde{\alpha}_c$。例如:NSV速度航迹角回路控制器内部结构,如图5-15所示,将 $\widetilde{\alpha}_c$ 经过动态饱和器可得处理之后的迎角指令信号 α_c。

3) 推导发动机推力的指令信号 T_{xc}

根据式(5.142)可知,推力指令信号 T_{xc} 与迎角指令信号 α_c 之间的关系式,将迎角指令信号 α_c 作为已知量代入式(5.142)可以得到发动机推力的指令信号 T_{xc}。

由于本文采用倾斜转弯(BTT)策略,所以将侧滑角的期望值 β_C 作为0°处理,并将指令信号 $\boldsymbol{\Omega}_c=[\alpha_c,\beta_c,\mu_c]^{\mathrm{T}}$ 发送至姿态控制回路。速度航迹角回路单向滑模控制器设计完毕。

对于位置回路系统方程,可以利用UAS-SMC方法设计以下的位置回路单向滑模控制器:

$$\begin{cases}\chi_c=\arcsin[(V\cos\gamma)^{-1}(\dot{Y}_c+\omega_{y1}^{-1}\cdot N_y-\omega_{y1}^{-1}\cdot\omega_{y2}\cdot Y_e)]\\\gamma_c=\arcsin[(-V)^{-1}(\dot{Z}_c+\omega_{z1}^{-1}\cdot N_z-\omega_{z1}^{-1}\cdot\omega_{z2}\cdot Z_e)]\end{cases} \tag{5.144}$$

式中:ω_{y1}、ω_{y2}、ω_{z1} 和 ω_{z2} 为单向辅助滑模的设计参数,而 $N_y>0$ 和 $N_z>0$ 为设计的无抖振趋近律。

注5.7:由于式(5.143)采用牛顿迭代法求解 $\widetilde{\alpha}_c$,这里涉及一个收敛判断的问题,即 $\widetilde{\alpha}_c$ 收敛到何种精度时结束迭代循环。图5-16为收敛精度为0.001°时所求解的 $\widetilde{\alpha}_c$,可以看出其中出现了类似方波的信号。这样的信号本身并没有太大的问题,然而姿态回路控制器式(5.102)需要迎角指令信号的导数。从图5-17可以看出,$\widetilde{\alpha}_c$ 的导数存在明显的脉冲信号,如果直接将 $\widetilde{\alpha}_c$ 作为迎角指令信号导入姿态回路控制器,那么这些脉冲信号有可能对姿态回路产生不利影响。因此,需要使用动态饱和器对 $\widetilde{\alpha}_c$ 进行处理,以产生光滑的迎角指令信号 α_c。此外,NSV超燃冲压式发动机能否正常工作还与迎角的大小有关。当迎角过大时,有可能导致发动机熄火,从而威胁飞行安全。因此,有必要通过动态饱和

器对迎角指令信号进行限幅处理,以防止迎角过大的情况。

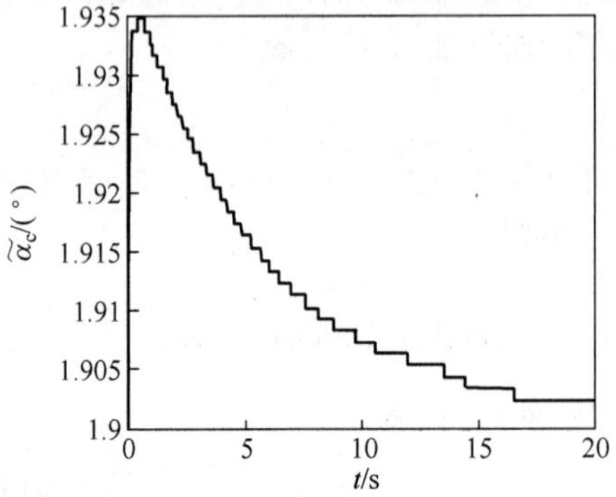

图 5-16 收敛精度为 0.001°时所求解的 $\widetilde{\alpha}_c$

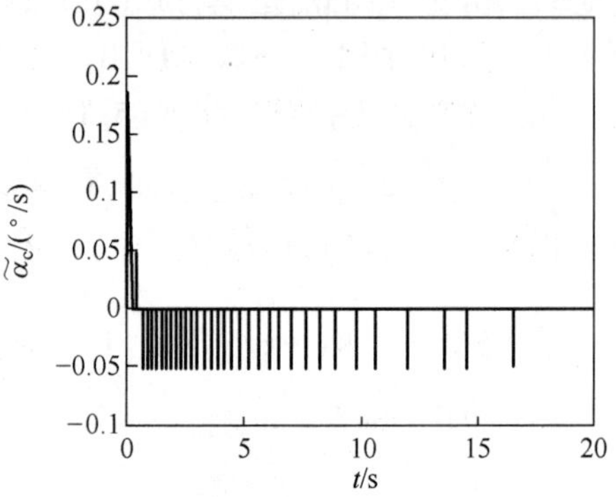

图 5-17 收敛精度为 0.001°时所求解 $\widetilde{\alpha}_c$ 的导数

3. 仿真分析

在高超声速飞行器协调转弯控制仿真分析中,分别比较基于单向滑模控制方法(UAS-SMC)以及传统滑模控制方法(SMC)所设计协调转弯控制系统的仿真效果。

采用以下飞行初始条件:质量 M 恒定为 136820kg;初始速度 $V(0)=3000\text{m/s}$;初始位置为 $X(0)=1000\text{m}$,$Y(0)=1000\text{m}$,初始高度 $Z(0)=-30\text{km}$,初始航迹倾斜角 $\gamma(0)=0°$;初始姿态角为 $\alpha(0)=1.0°$,$\beta(0)=0°$,$\mu(0)=0°$;初始角速率为 $p(0)=0°/\text{s}$,$q(0)=-3°/\text{s}$,$r(0)=0°/\text{s}$;速度、高度以及偏航指令信号分别为 $V_c=3050\text{m/s}$,$Z_c=-30.5(\text{km})$,$Y_c=4000\text{m}$。考虑到 NSV 高超声速阶段飞行品质的要求,设计滤波器对于指令信号进行处理,并对航迹倾斜角指令信号 γ_c 和航迹方位角指令信号 χ_c 的导数限幅处理,其中滤波器的时间常数设为 2.5,γ_c 导数和 χ_c 导数的幅值限制在±0.05°/s 以内。

为了验证控制系统的鲁棒性能,在姿态和角速率回路中同时加入外干扰,其中角速率回路存在正弦变化干扰力矩:

$$\boldsymbol{D}_f=[\Delta l_A,\Delta m_A,\Delta n_A]^{\text{T}} \tag{5.145}$$

式中:$\Delta l_A=2\times10^5(\sin\pi t)\text{N}\cdot\text{m}$;$\Delta m_A=2\times10^6(\sin\pi t)\text{N}\cdot\text{m}$;$\Delta n_A=2\times10^6(\sin\pi t)\text{N}\cdot\text{m}$。而姿态回路同样存在正弦变化的外干扰:

$$\boldsymbol{D}_s=[D_\alpha,D_\beta,D_\mu]^{\text{T}} \tag{5.146}$$

式中:$D_\alpha=0.29\sin(2t)°/\text{s}$;$D_\beta=0.29\sin(2t)°/\text{s}$;$D_\mu=0.29\sin(t)°/\text{s}$。此外,假定此时 NSV 中存在 20% 的时变不确定,即将气动和力矩系数中的时变系数设为 $1.1-0.1\sin(0.1\cdot t+1)$ 和 $0.9-0.1\sin(0.5\cdot t+0.7)$,则基于传统滑模控制方法(SMC)的转弯控制系统响应曲线如图 5-18 所示。

图 5-18~图 5-21 为基于 SMC 方法所设计转弯控制系统的响应曲线。其中:图 5-18 为 NSV 重心运动三维曲线,图 5-19 和图 5-20 分别为轨迹运动与姿态运动响应曲线,图 5-21为控制舵面和推力响应曲线。从图 5-19 可以看出,该控制系统能够跟踪指令信号 $V_c=3050\text{m/s}$,$z_c=-30.5\text{km}$,$y_c=4000\text{m}$。但是图 5-20 中迎角 α 在转弯过程中出现了超调,滚转角的响应曲线中存在较为尖锐的波峰,而侧滑角 β 则有最大值为 1°左右的大范围变化。在 NSV 高超声速飞行阶段,如此大的侧滑角会导致很大侧力的产生,从而导

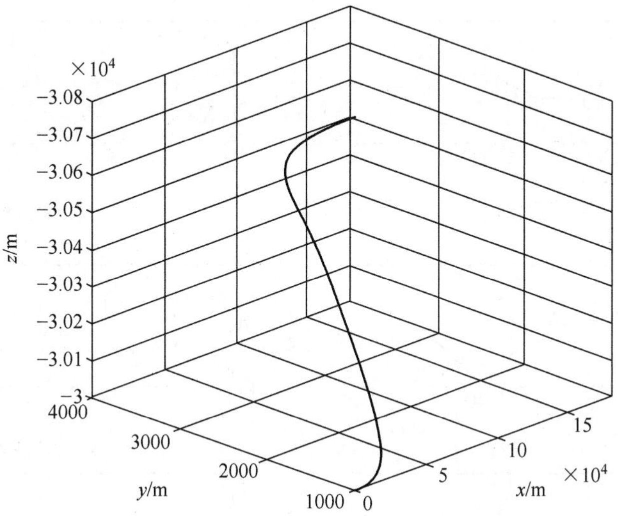

图 5-18　复合干扰下 SMC 转弯控制系统的重心运动三维曲线

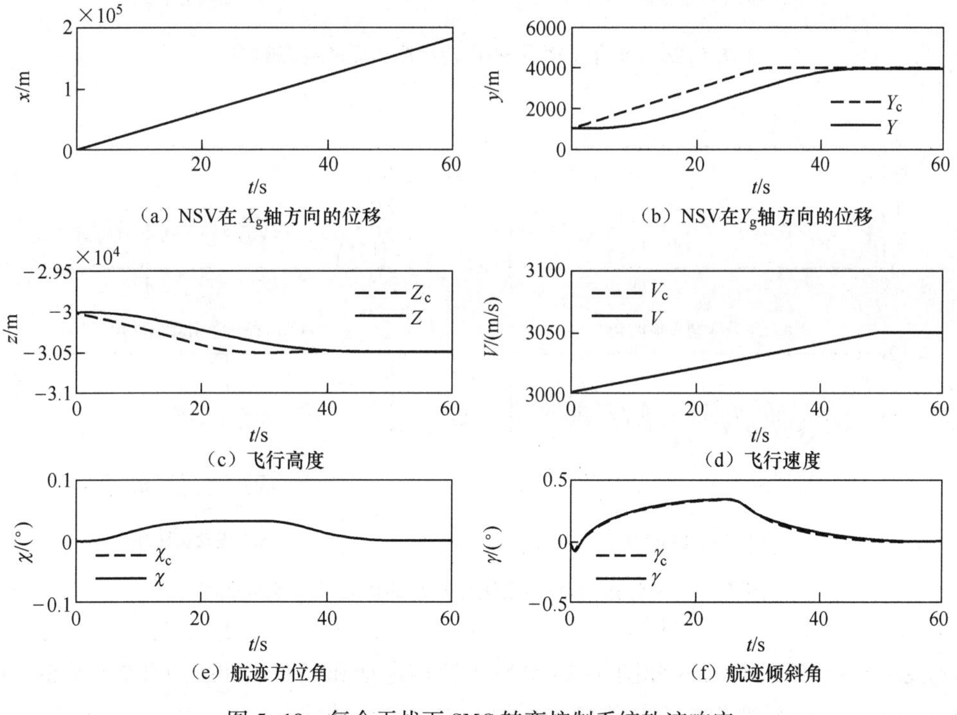

图 5-19　复合干扰下 SMC 转弯控制系统轨迹响应

致飞行器不稳定,甚至发散。考虑到协调转弯运动过程中需要侧滑角 β 为 0°,因此基于 SMC 的协调转弯控制系统不符合协调转弯控制要求。采用相同的仿真条件,根据协调转弯控制系统结构框,可以给出基于单向滑模控制方法(UAS-SMC)的协调转弯控制系统。

为基于 UAS-SMC 方法所设计协调转弯控制系统的响应曲线。其中图 5-22 为 NSV

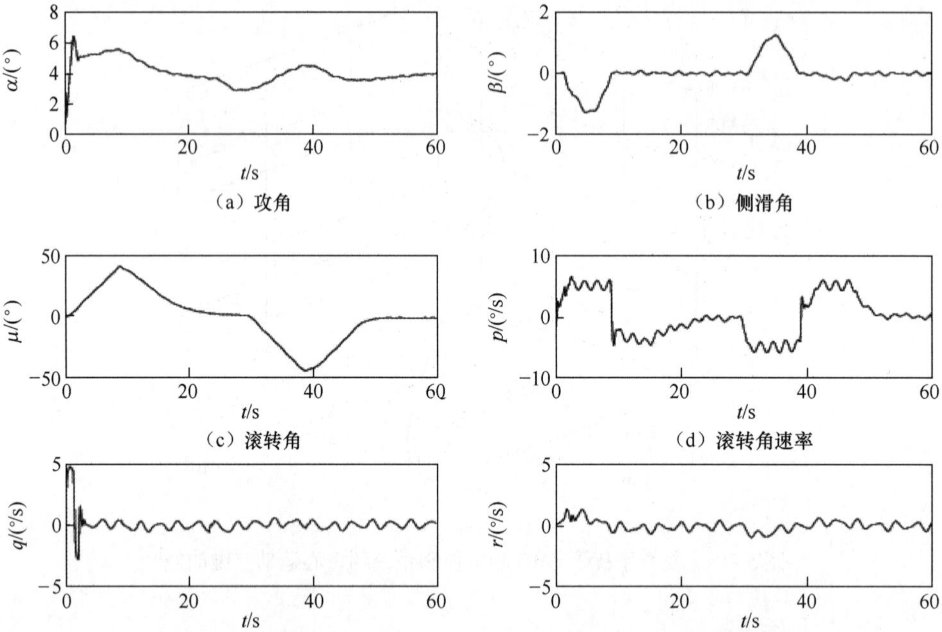

（a）攻角　（b）侧滑角

（c）滚转角　（d）滚转角速率

（e）俯仰角速率　（f）偏航角速率

图 5-20　复合干扰下 SMC 转弯控制系统姿态响应

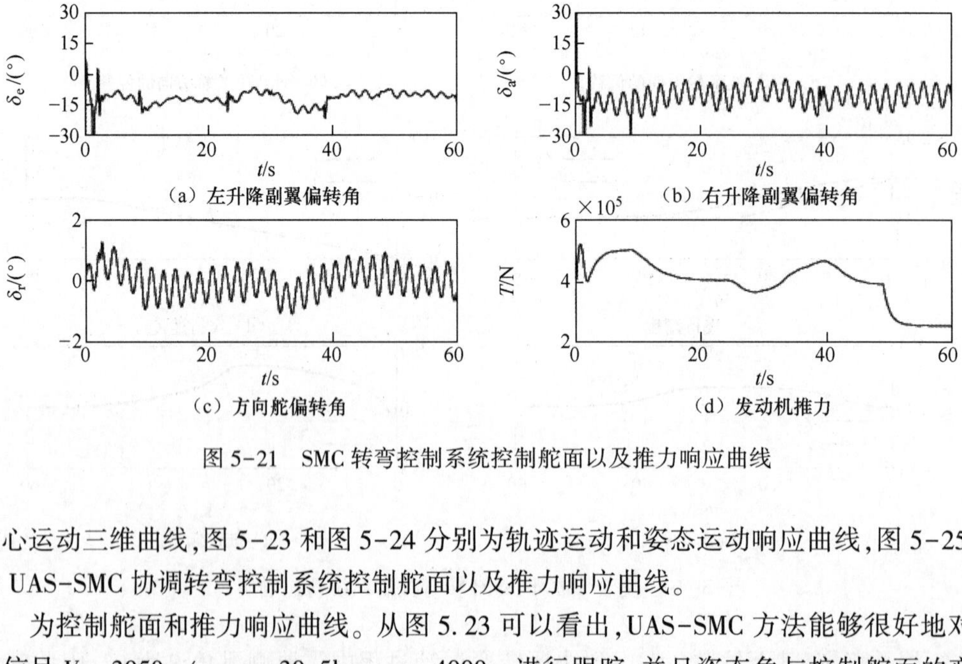

（a）左升降副翼偏转角　（b）右升降副翼偏转角

（c）方向舵偏转角　（d）发动机推力

图 5-21　SMC 转弯控制系统控制舵面以及推力响应曲线

重心运动三维曲线，图 5-23 和图 5-24 分别为轨迹运动和姿态运动响应曲线，图 5-25 所示 UAS-SMC 协调转弯控制系统控制舵面以及推力响应曲线。

为控制舵面和推力响应曲线。从图 5.23 可以看出，UAS-SMC 方法能够很好地对指令信号 $V_c = 3050\text{m/s}$，$z_c = -30.5\text{km}$，$y_c = 4000\text{m}$ 进行跟踪，并且姿态角与控制舵面的变化都位于可接受范围之内。通过比较图 5-20 和图 5-24 可知，UAS-SMC 协调转弯控制系统的迎角 α 和滚转角 μ 变化更为平缓，并且侧滑角在整个协调转弯过程中变化很小，几乎可以忽略。由此可知，基于 UAS-SMC 方法所设计的协调转弯控制系统能够满足协调

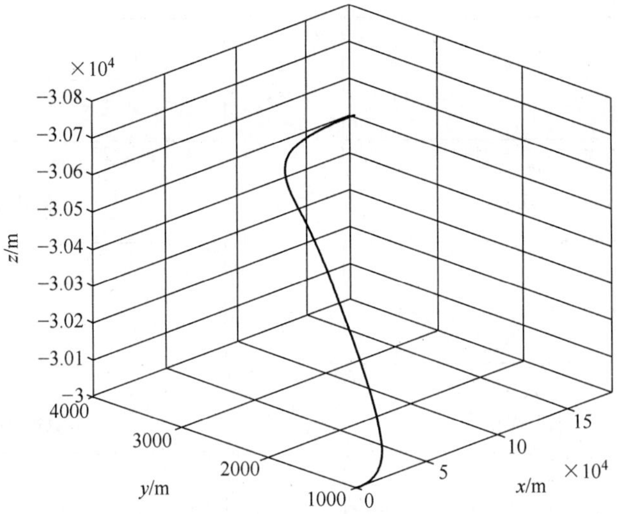

图 5-22　复合干扰下 UAS-SMC 协调转弯控制系统的重心运动三维曲线

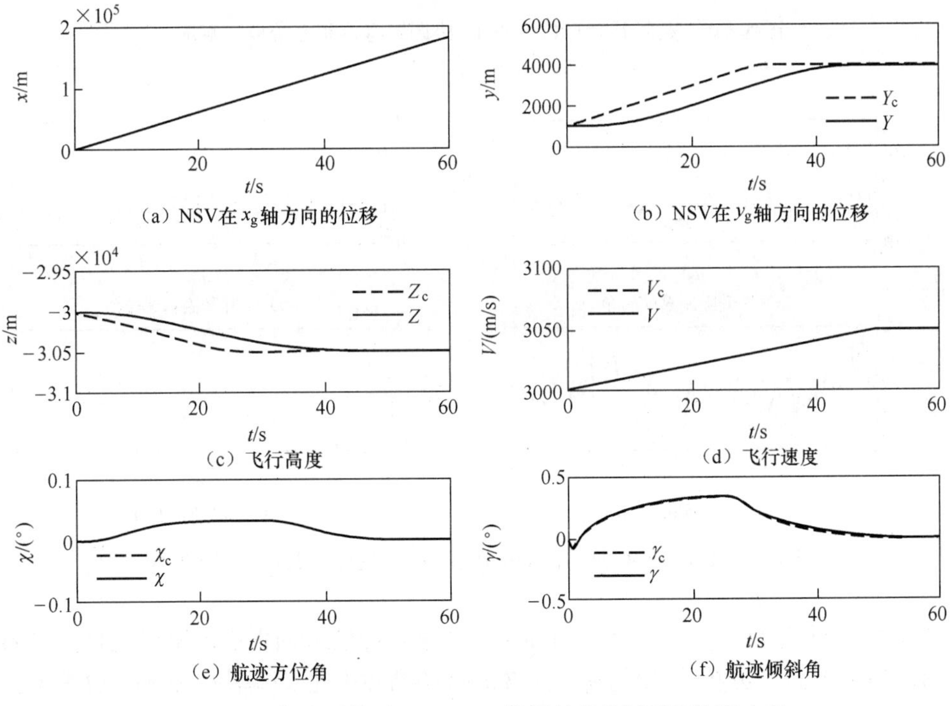

图 5-23　复合干扰下 UAS-SMC 协调转弯控制系统轨迹响应

转弯的控制要求。此外，当 NSV 中存在外干扰和不确定时，系统依然能够稳定控制，所以 UAS-SMC 协调转弯控制系统具有良好的鲁棒性能。

本章主要针对高超声速飞行器单向辅助面滑模协调转弯控制系统进行了分析了研究。首先，在第 4 章的基础上，分析了单向辅助面滑模控制理论的特点，阐述了单向辅助

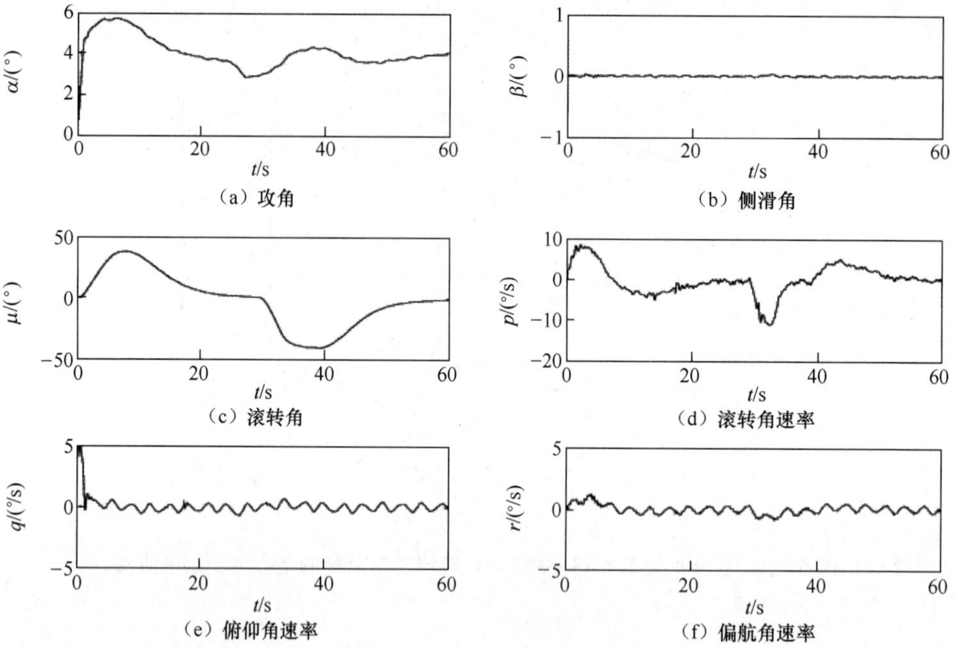

图 5-24　复合干扰下 UAS-SMC 协调转弯控制系统姿态响应

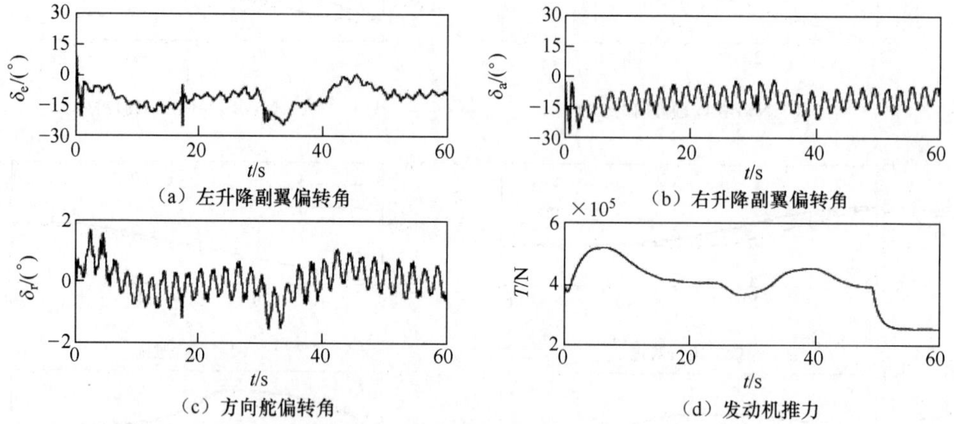

图 5-25　UAS-SMC 协调转弯控制系统控制舵面以及推力响应曲线

面滑模与传统滑模之间的关系和结构异同点,并对单向辅助面滑模控制理论的优势和目前存在的问题进行了分析。然后,基于第 3 章中的高超声速飞行器 6 自由度 12 状态方程组,建立了姿态与轨迹协调控制模型,并在第 4 章控制结构的基础上进行改进,提出了协调转弯控制结构。由于在协调转弯控制过程中,因此需要将纵向与横侧向机动控制综合考虑,以避免耦合现象对于飞行运动产生的不利影响。本章将高超声速飞行器控制系统中的速度航迹角回路作为非仿射非线性系统,并利用单向滑模控制方法、backstepping 控制方法结合滑模干扰观测器设计协调转弯控制系统,从而解决高超声速飞行器协调转弯飞行的耦合问题。最后,通过与传统滑模转弯控制系统进行仿真比较,验证了高超声速飞行器单向滑模协调转弯鲁棒控制系统的有效性。

参 考 文 献

[1] YU X, KAYNAK O. Sliding-mode control with soft computing: A survey[J]. IEEE transactions on industrial electronics,2009,56(9): 3275-3285.

[2] GAO Z,JIANG B,QI R,et al. Robust reliable control for a near space vehicle with parametric uncertainties and actuator faults[J]. International Journal of Systems Science,2011,42(12): 2113-2124.

[3] CHEN M,MEI R,JIANG B. Sliding mode control for a class of uncertain MIMO nonlinear systems with application to near-space vehicles [J]. Mathematical Problems in Engineering, 2013 (5): 1805891-1805899.

[4] FU J, WU Q, CHEN W, et al. Chattering-free condition for sliding mode control with unidirectional auxiliary surfaces[J]. Transactions of the Institute of Measurement and Control,2013,35(5): 593-605.

[5] JIANG B,XU Y,SHI P,et al. Robust fault-tolerant tracking control for a near-space vehicle using a sliding mode approach[J]. Proceedings of the Institution of Mechanical Engineers,2011(18): 1173-1184.

[6] BLANCHINI F. Set invariance in control[J]. Automatica,1999,35(11): 1747-1767.

[7] 傅健. 近空间飞行器非线性飞控系统鲁棒滑模控制[D]. 南京:南京航空航天大学,2013.

[8] 胡田文,吴庆宪,姜长生,等. 指数趋近律单向辅助面滑模控制[J]. 电光与控制,2013,20(7): 36-41.

第6章　高超声速飞行器神经网络自适应姿态控制

6.1 引　言

人类大脑的工作原理极其复杂，人工神经网络（artificial neural network，ANN）是受到大脑功能的启发而发展起来的技术。为了能够达到与生物大脑一样的灵活性和功能性，ANN 对生物神经网络的各个结构功能模块及其相互之间的连接进行仔细研究并效仿。ANN 具备良好的非线性逼近能力、并行优化处理能力以及对学习结果的泛化和自适应能力，因此在控制系统应用方面得到了很好的发展。例如：对于已知模型的参数进行估计，用于非线性系统的建模与辨识；对于有不确定因素影响的系统，作为在线逼近器或者实时控制器控制系统，使系统达到控制要求；对控制系统中的故障进行检测与诊断等方面进行广泛和深入的研究等。传统的自适应控制方法需要模型先验信息来设计控制方案，由于神经网络的学习和泛化能力，使得控制器不需要具体的模型信息，因此通过样本数据进行训练或者在线学习的方式，对一些未建模的部分也可以在线逼近控制。这是 ANN 可以用于不确定控制问题的一个重要因素，也是本书使用 ANN 逼近干扰和不确定的一个重要理论支撑。

目前还没有关于 ANN 分类的严格的定义可以遵循，各种分类方式有所交叉，鉴于本文的研究内容，将用两种方式对神经网络进行分类，即前馈神经网络和反馈神经网络，固定结构神经网络和动态结构神经网络。前馈神经网络是指信息或数据从输入层依次传递直至输出层的神经网络，主要包括多层感知器（multi-layer perceptron，MLP）、误差反传（back propagation，BP）网络、径向基函数网络（radial basis function，RBF）、小波神经网络、泛函连接网络（funcional link network，FLN）等。反馈神经网络又称作递归网络，主要有 Hopfield 网络、Elman 网络、Boltzmann 机等。固定结构神经网络是指通常意义下的网络结构不变的神经网络；动态结构神经网络是指学习的过程中 NN 的隐层节点数和层数不断变化，其结构呈现动态的神经网络。

6.2 基于固定结构 FLN 的自适应姿态控制器设计

6.2.1 泛函连接网络（FLN）

对于 FLN 的研究可以追溯到 1987 年，Giles 和 Maxwell 提出了高阶神经网络的定义。1989 年，Pao 在 Giles 和 Maxwell 等人的观点上更加深入地研究，并且首次提出 FLN 的概念。尽管在选择合适结构的前提下，多层感知器能够以任意的精度逼近一个非线性问题，但是如何来选择这样一个合适的结构仍然是一个复杂的问题，而且它们存在着计算负担大,易陷入局部极小,激活函数易饱和,对初始值敏感,收敛速度慢等问题,使得训练网络比较困难。

为了有效地避免上面这些问题,单层结构的 FLN 应运而生。FLN 的实质是先将输入变量经过正交函数的变换展开成为一组扩展的输入,经过神经元计算后,再应用非线性变换得到网络的输出,此输出可以用来学习未知的非线性函数。FLN 属于单层神经网络结构,它能够形成任意复杂的决策域。在此网络中,一方面由于正交非线性函数的作用,输入空间的模式得以扩展,故网络的非线性逼近能力有所提高;另一方面,相比较一般多层神经网络,FLN 去掉了隐含层,从而有效改善了网络的收敛速度性能。因此,FLN 最基本的优点是在不牺牲学习精度的前提下能够降低网络的计算复杂度。这个特点对于不仅需要准确逼近 NSV 的动态复合干扰,还必须令运算负担满足实时性要求的姿态控制设计来说,是一项很有吸引力的优势。与 MLP 相比较,FLN 的每个函数连接通过生成线性不相关函数的方法作为一个元素,甚至是整个模式来逼近非线性函数。已有研究结果表明,FLN 比 MLP 计算负担小且在非线性动态系统的识别问题上有效。由于 FLN 的网络结构简单,且非线性逼近能力并未降低,这使得 FLN 相比于有两层甚至更多的权值需要训练的网络来说,学习效率大大提高。

表 6-1 所列为不同神经网络均衡器运算复杂度的比较结果。MLP、RBF、FLN 具有相同的 m 维输入,三种网络分别采用 BP 算法、OLS(online least square)算法和 NLMS (normalized least mean square)算法进行训练,n_0是 MLP 输入层的神经元个数,n_i, $i=1,2,\cdots,L-1$ 是第 i 层神经元的个数,n_L 代表输出层神经元个数。经过对几种运算的比较,可知 FLN 均衡器的计算复杂度较低。

表 6-1 不同非线性均衡器的计算复杂度

运算	MLP	RBF	FLN
加法	$3\sum_{i=0}^{L-1} n_i n_{i+1} + 3n_L - n_0 n_1$	$2n_1 n_0 + 5n_1 - 4$	$2n_1 n_0 + 3n_1$
乘法	$4\sum_{i=0}^{L-1} n_i n_{i+1} + 3\sum_{i=1}^{L} n_i + 2n_L - n_0 n_1$	$3n_1 n_0 + 6n_1 + 1$	$3n_1 n_0 + 3n_1 + n_0$
tanh(·)	$\sum_{i=1}^{L} n_i$	—	n_1
cos(·)/sin(·)	—	—	n_0

FLN 可以分为四类[8]:多元多项式基 FLN,三角基 FLN,正交多项式基 FLN,随机向量 FLN。FLN 以其计算负担小和收敛速度快两大优势,在系统辨识、通信、控制等领域得到了良好的应用。图 6-1 描述了 FLN 的具体结构,它包含输入层和输出层,网络中没有隐含层,输入变量要经过函数扩展,输出须进行非线性变换。下面将依据此图来介绍网络中涉及的各物理量和它们之间的关系。

从图 6-1 可知,FLN 的输出能够表示为

$$\boldsymbol{Y} = \rho(\hat{\boldsymbol{W}}^{\mathrm{T}}\boldsymbol{\Phi}(\boldsymbol{X})) \tag{6.1}$$

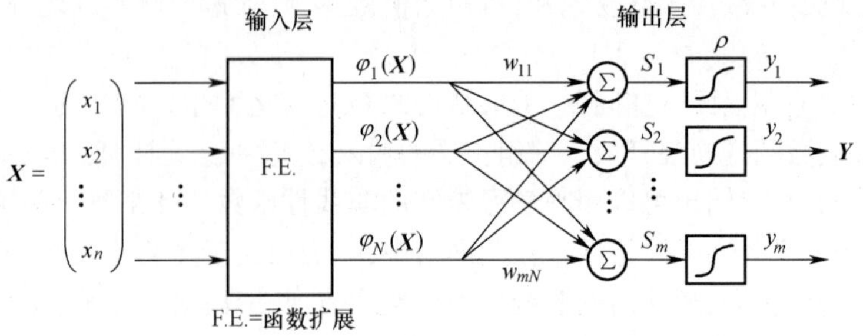

图 6-1　FLN 的结构图

式中：$\rho(\cdot)$ 是非线性函数；权值矩阵 $\hat{\boldsymbol{W}}=\begin{pmatrix} w_{11} & w_{21} & \cdots & w_{\mathrm{m}1} \\ w_{12} & w_{22} & \cdots & w_{\mathrm{m}2} \\ \vdots & \vdots & & \vdots \\ w_{1\mathrm{N}} & w_{2\mathrm{N}} & \cdots & w_{\mathrm{mN}} \end{pmatrix} \in \mathbb{R}^{N\times m}$，$\boldsymbol{X}\in A\subset\mathbb{R}^n$ 是神经网络的输入向量；$\boldsymbol{\Phi}(\boldsymbol{X})=(\varphi_1(\boldsymbol{X})\quad \varphi_2(\boldsymbol{X})\quad \cdots\quad \varphi_{\mathrm{N}}(\boldsymbol{X}))^{\mathrm{T}}\in\mathbb{R}^N$ 是正交的基函数矩阵，它满足三个条件：

(1) $\varphi_1=1$；

(2) 子集 $\mathcal{B}_j=\{\varphi_i\in\mathcal{L}(\boldsymbol{A})\}_{i=1}^{j}$ 是线性独立集；

(3) $\sup\limits_j\left[\sum\limits_{i=1}^{j}\|\varphi_i\|_A^2\right]^{1/2}<\infty$。

此处 $\mathcal{L}(\boldsymbol{A})$ 代表测度空间。这样的正交函数包括拉格朗日(Laguerre)函数、赫尔美特(Hermite)函数、切比雪夫(Chebyshev)多项式，勒让德(Legendre)多项式等。本章采用的勒让德多项式表达如下：

$$\phi_0(x)=1,\phi_1(x)=x,\phi_2(x)=(3x^2-1)/2,\cdots,$$
$$\phi_{n+1}(x)=((2n+1)x\phi_n(x)-n\phi_{n-1}(x))/(n+1),x\in[-1,+1] \tag{6.2}$$

如果有定义 $\boldsymbol{S}=\boldsymbol{W}^{\mathrm{T}}\boldsymbol{\Phi}\in\boldsymbol{R}^m$，则非线性函数 $\rho(\cdot)$ 可以取以下形式：

$$\begin{cases}\rho(S_j)=a+bS_j\ ,\rho(S_j)=a\mathrm{e}^{-bS_j}\ ,\rho(S_j)=a+b/S_j\\ \rho(S_j)=a+b\ln(S_j)\ ,\rho(S_j)=aS_j^b\ ,\rho(S_j)=1/(a+b\mathrm{e}^{-S_j})\\ \rho(S_j)=\tanh(S_j)=(1-\mathrm{e}^{-2S_j})/(1+\mathrm{e}^{-2S_j})\ ,j=1,2,\cdots,m\end{cases} \tag{6.3}$$

此处将最为常见的双曲正切函数 tanh(·)作为输出的非线性变换函数，该函数的导数为

$$\rho'(S_j)=1-\rho^2(S_j) \tag{6.4}$$

通过详细分析 FLN 的结构特点可以看到，在该 NN 模型中，首先由于采用了非线性激励函数(拓展函数为切比雪夫正交基函数，它们两两不同，且彼此正交)的作用，因此当网络逼近复杂非线性目标特性时，可以比传统 MLP 神经网络的中间层神经元数目显著减少；其次由于拓展函数环节与输入环节并没有权值需要学习，因此相比有隐含层且有两个环节(输入层至隐含层，隐含层至输出层)权值需要学习的神经网络来说，其调整工作量大大地减少了；最后输出层引入非线性变换，将非线性映射关系的输出域扩大到负无穷至

正无穷，可以更好地增加复杂非线性的逼近效果。

FLN 的网络训练算法主要是基于梯度的算法，如 BP 算法、最速下降算法、最小均方差算法等。为了提高全局优化能力，遗传算法和微粒群算法也被应用到了 FLN 权值的训练当中。目前，FLN 在控制器设计中的应用还比较少，如已将 FLN 引入到了模糊神经网络的模糊规则层部分，设计了非线性的模糊神经网络控制器，并采用梯度下降算法对网络进行了训练。本书将 FLN 引入到了不确定控制和飞行控制领域，并首先利用李雅普诺夫理论推导了 FLN 权值的在线直接自适应调整律，构造了新的 FLN 自适应控制（FLN adaptive control，FLNAC）算法来逼近非线性不确定系统中的复合干扰。

6.2.2 固定结构 FLN 自适应姿态控制算法设计

1. 控制器设计思路

高超声速飞行器的飞行空间跨度比较大，飞行过程中存在各种不确定因素，严重影响控制系统的设计，多样的不确定因素具体表现如下：(1) 建模过程中会对于一些影响因素进行一定程度的简化，使得数学模型与实际飞行器之间存在着差别，即存在未建模误差；(2) 高超声速飞行器飞行过程中，各个气动参数是与迎角和马赫数等有关的多元函数，关系较为复杂，然而 HFV 飞行速度快且跨度大，在使用风洞实验计算这些数据时难免存在一些不确定；(3) 飞行过程中会受到各种无法预知的干扰的影响。这些影响因素在飞控系统的设计中都是应该加以考虑的。本小节将考虑上面(2)(3)因素在 HFV 飞行过程中带来的控制困难，关注自适应姿态控制器的设计。

姿态控制的目的是设计控制力矩 $\boldsymbol{M}_c$，并根据控制力矩分配算法得到舵偏角指令，最终使得飞行器姿态回路各个通道稳定地跟踪给定的指令信号。利用这一特点将 HFV 姿态控制系统分回路设计，控制系统接受姿态角回路指令信号 $\boldsymbol{\Omega}_c$，并设计控制量 $\boldsymbol{\omega}_c$，由此作为快回路的指令信号进而得到 $\boldsymbol{M}_c$。考虑在姿态角速率回路中施加气动参数不确定和外界干扰，可以得出姿态角回路和姿态角速率回路的系统方程分别为

$$\begin{cases}\dot{\boldsymbol{\Omega}} = \boldsymbol{f}_s(\boldsymbol{\Omega}) + \boldsymbol{g}_s(\boldsymbol{\Omega})\boldsymbol{\omega} \\ \boldsymbol{y}_s = \boldsymbol{\Omega}\end{cases} \tag{6.5}$$

$$\begin{cases}\dot{\boldsymbol{\omega}} = \boldsymbol{f}_f(\boldsymbol{\omega}) + \boldsymbol{g}_f(\boldsymbol{\omega})\boldsymbol{M}_c + \boldsymbol{\Delta}_f \\ \boldsymbol{y}_f = \boldsymbol{\omega}\end{cases} \tag{6.6}$$

式中：$\boldsymbol{\omega} = [p, q, r]^{\mathrm{T}}$；$\boldsymbol{f}_f = [f_p, f_p, f_p]^{T}$；$\boldsymbol{\Delta}_f = \boldsymbol{\Delta f}_f + \boldsymbol{\Delta g}_f\boldsymbol{M}_c + \boldsymbol{d}_f$ 为姿态慢回路和姿态快回路的干扰项（$\boldsymbol{\Delta f}_f$，$\boldsymbol{\Delta g}_f$ 是参数不确定项，$\boldsymbol{d}_f$ 是外界干扰项）。控制力矩为 $\boldsymbol{M}_c = \boldsymbol{g}_{f,\delta}\boldsymbol{\delta}_c$，$\boldsymbol{\delta}_c = [\delta_e\delta_a\delta_r]^{\mathrm{T}}$ 表示舵面偏转指令，$\boldsymbol{g}_{f,\delta}$ 表示分配矩阵。其控制目的：设计合适的控制输入（舵面偏转指令 $\boldsymbol{\delta}_c$），使得系统的输出 $\boldsymbol{y}$（姿态角 $\boldsymbol{\Omega}$）能够准确地跟踪上有界参考输出 $\boldsymbol{y}_r$（姿态角指令 $\boldsymbol{\Omega}_c$）。将这一控制目标转化为以下性能指标：

$$J = \frac{1}{2}\int_0^T \hat{\boldsymbol{e}}^{\mathrm{T}}(t+\tau)\hat{\boldsymbol{e}}(t+\tau)\mathrm{d}\tau \tag{6.7}$$

式中：T 为滚动预测时间段；系统的预测跟踪误差 $\hat{\boldsymbol{e}}(t+\tau)$ 定义为 $\hat{\boldsymbol{e}}(t+\tau) = \hat{\boldsymbol{y}}(t+\tau) - \hat{\boldsymbol{y}}_r(t+\tau)$，$\hat{\boldsymbol{y}}(t+\tau)$ 代表 T 时间段内的预测输出量，$\hat{\boldsymbol{y}}_r(t+\tau)$ 则表示期望的参考输出预测

值。变量上加符号∧表明它是预测物理量,与实际物理量不同,但当 $\tau=0$ 时,两者相同。运用给出的理想条件下和不确定条件下系统的非线性广义预测控制律形式,考虑姿态角回路系统式(6.5),采用 NGPC 控制律形式,其中:$\boldsymbol{u}_n=\boldsymbol{\omega}_c,\rho=1,\boldsymbol{f}=\boldsymbol{f}_s,G=\boldsymbol{g}_s(\Omega),\boldsymbol{h}=\boldsymbol{\Omega}$,$\boldsymbol{M}_\rho=\boldsymbol{\Omega}-\boldsymbol{\Omega}_c$ 以及 $\boldsymbol{y}_r=\boldsymbol{\Omega}_c$,则有

$$\boldsymbol{\omega}_c=\overline{\boldsymbol{\omega}}=-\boldsymbol{g}_s^{-1}(\boldsymbol{f}_s+\boldsymbol{K}_s(\boldsymbol{\Omega}-\boldsymbol{\Omega}_c)-\dot{\boldsymbol{\Omega}}_c) \tag{6.8}$$

其中:慢回路误差为 $\mathbf{e}_s(t)=(\boldsymbol{\Omega}-\boldsymbol{\Omega}_c)$,$\boldsymbol{K}_s=diag\{1.5/T_{sgpc},1.5/T_{sgpc},1.5/T_{sgpc}\}$,$T_{sgpc}$ 为慢回路的预测时间。快回路系统方程为式(6.6),施加干扰和不确定,运用不确定 NGPC 控制律形式,其中,$\boldsymbol{u}_p=\boldsymbol{M}_c$,$\rho=1,\boldsymbol{f}=\boldsymbol{f}_f(\boldsymbol{\omega})$,$\boldsymbol{G}=\boldsymbol{g}_f(\omega)$,$\boldsymbol{h}=\boldsymbol{\omega},\boldsymbol{M}_\rho=\boldsymbol{\omega}-\boldsymbol{\omega}_c$ 以及 $\boldsymbol{y}_r=\boldsymbol{\omega}_c$。则快回路系统的控制律可以表示为

$$\boldsymbol{M}_C=-\boldsymbol{g}_f^{-1}((\boldsymbol{f}_f+\boldsymbol{K}_f(\boldsymbol{\omega}-\boldsymbol{\omega}_c)-\dot{\boldsymbol{\omega}}_c)+\hat{\boldsymbol{\Delta}}_f) \tag{6.9}$$

其中:快回路误差为 $\mathbf{e}_f(t)=\boldsymbol{\omega}-\boldsymbol{\omega}_c,\boldsymbol{K}_f=diag\{1.5/T_{fgpc},1.5/T_{fgpc},1.5/T_{fgpc}\}$,$T_{fgpc}$ 为快回路的预测时间,$\hat{\boldsymbol{\Delta}}_f$ 为快回路干扰的逼近值。则姿态快回路的标称系统控制律为

$$\overline{\boldsymbol{M}}=-\boldsymbol{g}_f^{-1}(\boldsymbol{f}_f+\boldsymbol{K}_f(\boldsymbol{\omega}-\boldsymbol{\omega}_c)-\dot{\boldsymbol{\omega}}_c) \tag{6.10}$$

对比式(6.9)与式(6.10),可知姿态快回路的补偿控制律为

$$\boldsymbol{M}_d=-\boldsymbol{g}_f^{-1}\hat{\boldsymbol{\Delta}}_f \tag{6.11}$$

式中:$\hat{\boldsymbol{\Delta}}_f$ 为不确定项的估计,可以采用非线性干扰估计器或模糊系统等对其进行估计。本文采用稳定 NN 自适应控制的方法来估计 $\hat{\boldsymbol{\Delta}}_f$,同时辅助自适应鲁棒项,于是结合(6.9)-(6.11)式有以下总控制律表达:

$$\boldsymbol{M}_C=\overline{\boldsymbol{M}}+\boldsymbol{M}_d=\overline{\boldsymbol{M}}-\boldsymbol{g}_f^{-1}(\boldsymbol{v}_{ad}+\boldsymbol{v}_{rc})=\overline{\boldsymbol{M}}+\boldsymbol{M}_{ad}+\boldsymbol{M}_{rc} \tag{6.12}$$

式中:$\boldsymbol{v}_{ad}$ 是 NN 的输出;$\boldsymbol{v}_{rc}$ 是鲁棒项的输出。

Lewis 等人提出了保证性能的稳定 MLP 自适应控制器,基于李雅普诺夫稳定理论推导了隐含层和输出层的权值自适应调整算法,其是 NN 控制领域内的先导性工作。稳定 NN 自适应控制的优势在于能够保证系统闭环误差与权值学习误差一致最终有界,而且不需要离线训练 NN,但 NN 的逼近误差对系统性能影响很大,需要配合鲁棒控制来改善逼近效果。本节设计的 FLN 自适应 NGPC 方法也基于李雅普诺夫稳定性理论。该算法能够保证 HFV 闭环系统稳定,通过引入结构简单的 FLN 来学习动态复合干扰,设计鲁棒增益自适应调整的 ARC(Adaptive RC)项来辅助控制。以 HFV 姿态角速率快回路为例,控制律形式为式(6.12),$\overline{\boldsymbol{M}}$ 是 NNGPC,$\boldsymbol{M}_{ad}$ 和 $\boldsymbol{M}_{rc}$ 分别为 FLNAC 以及 ARC 的控制补偿项。其具体的姿态控制框架,如图 6-2 所示。

在提出 FLNAC 之前,给出以下两个定义。

定义 6.1:在紧集 $D_e\subset\boldsymbol{R}$ 上,定义最优权值矩阵为

$$\boldsymbol{W}^*=\arg\min_{W}\{\sup_{\boldsymbol{e}\in D_e}\|\boldsymbol{\Delta}-\boldsymbol{v}_{ad}\|_{\mathrm{F}}\} \tag{6.13}$$

式中:$\boldsymbol{\Delta}$ 为对象受到的实际复合干扰;$\boldsymbol{e}$ 是 FLN 的输入向量;$\boldsymbol{v}_{ad}$ 是 FLN 的输出向量;$\boldsymbol{W}^*$ 有界即满足 $\|\boldsymbol{W}^*\|\leqslant\overline{W}$。其中:$\|\cdot\|$ 表示弗罗贝尼乌斯(Frobenius)范数,即若给定 $\boldsymbol{A}=[a_{ij}]\in\boldsymbol{R}^{m\times n}$,则有 $\|\boldsymbol{A}\|_F^2=tr\{\boldsymbol{A}^{\mathrm{T}}\boldsymbol{A}\}=\sum_{i,j}a_{ij}^2$。

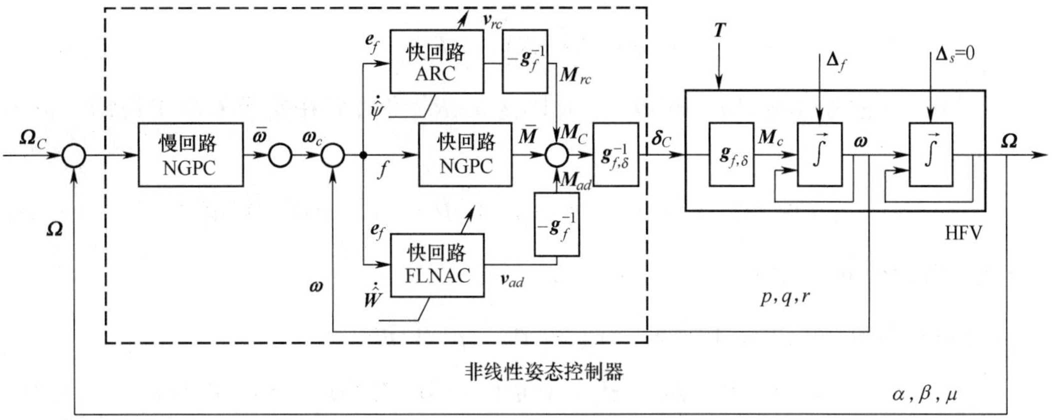

图 6-2　HFV 的 FLN 自适应 NGPC 控制结构

定义 6.2：在紧集 $D_e \subset \boldsymbol{R}$ 上，定义 FLN 最优的网络输出为

$$\boldsymbol{v}_{ad}^* = \rho(\boldsymbol{W}^{*\mathrm{T}}\boldsymbol{\Phi}) = \boldsymbol{\Delta} - \boldsymbol{\varepsilon},\ \|\boldsymbol{\varepsilon}\| \leqslant \psi_{\varepsilon}^* \tag{6.14}$$

式中：$\boldsymbol{\varepsilon}$ 表示 FLANN 逼近实际复合干扰的误差；$\psi_{\varepsilon}^* > 0$ 为未知的误差上界。

注 6.1：定义 6.1 和定义 6.2 说明了 FLN 的输出最接近复合干扰 $\boldsymbol{\Delta}$ 时的权值，即 FLN 的最优权值矩阵。此时的网络输出也是 FLN 的最优输出，而且此输出与复合干扰之间存在一个有界的误差 $\boldsymbol{\varepsilon}$，见式(6.14)，故需要减小误差。一种方法是增大网络的规模，通过更多权值的学习来提高精度，但会影响 HFV 控制的实时性；另一种方法是采用鲁棒控制来抵消逼近误差的影响。本节将设计具有自适应调节能力的鲁棒控制器 $\boldsymbol{v}_{rc}$。为此，设鲁棒项的在线学习增益为 $\hat{\psi}$，如图 6-2 所示。

2. 固定结构 FLN 自适应律的推导与稳定性分析

给出设计定理之前，先根据式(6.6)、式(6.9)和式(6.12)求出快回路的误差状态方程如下：

$$\begin{aligned}\dot{\boldsymbol{e}}_f &= \dot{\boldsymbol{\omega}} - \dot{\boldsymbol{\omega}}_c = \boldsymbol{f}_f + \boldsymbol{g}_f\boldsymbol{M}_C + \boldsymbol{\Delta}_f - \dot{\boldsymbol{\omega}}_c \\ &= \boldsymbol{f}_f + \boldsymbol{g}_{f1}(\overline{\boldsymbol{M}} + \boldsymbol{M}_{ad} + \boldsymbol{M}_{rc}) + \boldsymbol{\Delta}_f - \dot{\boldsymbol{\omega}}_c \\ &= -\boldsymbol{K}_f\boldsymbol{e}_f + (\boldsymbol{\Delta}_f - \boldsymbol{v}_{ad} - \boldsymbol{v}_{rc})\end{aligned} \tag{6.15}$$

由式(6.14)可知

$$\begin{aligned}\boldsymbol{\Delta}_f - \boldsymbol{v}_{ad} &= \boldsymbol{v}_{ad}^* + \boldsymbol{\varepsilon} - \boldsymbol{v}_{ad} \\ &= \rho(\boldsymbol{W}^{*\mathrm{T}}\boldsymbol{\Phi}) - \rho(\hat{\boldsymbol{W}}^{\mathrm{T}}\boldsymbol{\Phi}) + \boldsymbol{\varepsilon}\end{aligned} \tag{6.16}$$

式中：$\rho(\boldsymbol{W}^{*\mathrm{T}}\boldsymbol{\Phi})$ 可以表示为

$$\begin{aligned}\rho(\boldsymbol{W}^{*\mathrm{T}}\boldsymbol{\Phi}) &= \rho[\hat{\boldsymbol{W}}^{\mathrm{T}}\boldsymbol{\Phi} + (\boldsymbol{W}^{*\mathrm{T}} - \hat{\boldsymbol{W}}^{\mathrm{T}})\boldsymbol{\Phi}] \\ &= \rho(\hat{\boldsymbol{W}}^{\mathrm{T}}\boldsymbol{\Phi} + \widetilde{\boldsymbol{W}}^{\mathrm{T}}\boldsymbol{\Phi})\end{aligned} \tag{6.17}$$

将式(6.17)进行泰勒展开，可得

$$\rho(\boldsymbol{W}^{*\mathrm{T}}\boldsymbol{\Phi}) = \rho(\hat{\boldsymbol{W}}^{\mathrm{T}}\boldsymbol{\Phi}) + \rho'(\hat{\boldsymbol{W}}^{\mathrm{T}}\boldsymbol{\Phi})\widetilde{\boldsymbol{W}}^{\mathrm{T}}\boldsymbol{\Phi} + \boldsymbol{o}(\widetilde{\boldsymbol{W}}^{\mathrm{T}}\boldsymbol{\Phi})^2 \tag{6.18}$$

其中：$\boldsymbol{\rho}' \triangleq \rho'(\hat{\boldsymbol{W}}^{\mathrm{T}}\boldsymbol{\Phi}) = \mathrm{d}\rho/\mathrm{d}z\,|_{z=\hat{W}^{\mathrm{T}}\boldsymbol{\Phi}}$，权值的学习误差为 $\widetilde{\boldsymbol{W}} = \boldsymbol{W}^* - \hat{\boldsymbol{W}}$，$\boldsymbol{o}(\widetilde{\boldsymbol{W}}^{\mathrm{T}}\boldsymbol{\Phi})^2$ 代表泰

勒展开的高阶项。同理,根据式(6.5)和式(6.8)有慢回路误差状态方程为

$$\dot{\boldsymbol{e}}_s = \dot{\boldsymbol{\Omega}} - \dot{\boldsymbol{\Omega}}_C = -\boldsymbol{K}_s\boldsymbol{e}_s \tag{6.19}$$

另外,考虑表达式 $\boldsymbol{z}^{\mathrm{T}}\boldsymbol{o}\,(\widetilde{\boldsymbol{W}}^{\mathrm{T}}\boldsymbol{\Phi})^2$,其中:$z \in \boldsymbol{R}^3$ 将后面在定理 6.1 中说明。根据式(6.18),有

$$\boldsymbol{o}\,(\widetilde{\boldsymbol{W}}^{\mathrm{T}}\boldsymbol{\Phi})^2 = \rho(\boldsymbol{W}^{*\mathrm{T}}\boldsymbol{\Phi}) - \rho(\hat{\boldsymbol{W}}^{\mathrm{T}}\boldsymbol{\Phi}) - \rho'(\hat{\boldsymbol{W}}^{\mathrm{T}}\boldsymbol{\Phi})\,\widetilde{\boldsymbol{W}}^{\mathrm{T}}\boldsymbol{\Phi} \tag{6.20}$$

于是,$\boldsymbol{z}^{\mathrm{T}}\boldsymbol{o}\,(\widetilde{\boldsymbol{W}}^{\mathrm{T}}\boldsymbol{\Phi})^2$ 满足

$$\begin{aligned}\boldsymbol{z}^{\mathrm{T}}\boldsymbol{o}\,(\widetilde{\boldsymbol{W}}^{\mathrm{T}}\boldsymbol{\Phi})^2 &= z^{\mathrm{T}}[\rho(\boldsymbol{W}^{*\mathrm{T}}\boldsymbol{\Phi}) - \rho(\hat{\boldsymbol{W}}^{\mathrm{T}}\boldsymbol{\Phi}) - \rho'\,\widetilde{\boldsymbol{W}}^{\mathrm{T}}\boldsymbol{\Phi}] \\ &= z^{\mathrm{T}}\rho(\boldsymbol{W}^{*\mathrm{T}}\boldsymbol{\Phi}) - z^{\mathrm{T}}\rho(\hat{\boldsymbol{W}}^{\mathrm{T}}\boldsymbol{\Phi}) + z^{\mathrm{T}}\boldsymbol{\rho}'\,\hat{\boldsymbol{W}}^{*\mathrm{T}}\boldsymbol{\Phi} - z^{\mathrm{T}}\boldsymbol{\rho}'\,\boldsymbol{W}^{*\mathrm{T}}\boldsymbol{\Phi}\end{aligned} \tag{6.21}$$

因此,下式成立:

$$\begin{aligned}|\boldsymbol{z}^{\mathrm{T}}\boldsymbol{o}\,(\widetilde{\boldsymbol{W}}^{\mathrm{T}}\boldsymbol{\Phi})^2| &\leqslant |\rho(\boldsymbol{W}^{*\mathrm{T}}\boldsymbol{\Phi}) - \rho(\hat{\boldsymbol{W}}^{\mathrm{T}}\boldsymbol{\Phi})|\,\|z\|_1 + tr\,(\boldsymbol{\rho}'\hat{\boldsymbol{W}}^{\mathrm{T}}\,\boldsymbol{\Phi}\boldsymbol{z}^{\mathrm{T}}) - tr\,(\boldsymbol{W}^{*\mathrm{T}}\,\boldsymbol{\Phi}\boldsymbol{z}^{\mathrm{T}}\boldsymbol{\rho}') \\ &\leqslant \psi_w^*\varsigma_w\|z\|\end{aligned} \tag{6.22}$$

其中:$\|\cdot\|_1$ 表示矩阵元素的绝对值和;$\varsigma_w = (\|z\|_1 + \|\boldsymbol{\rho}'\hat{\boldsymbol{W}}^{\mathrm{T}}\boldsymbol{\Phi}\boldsymbol{z}^{\mathrm{T}}\| + \|\boldsymbol{\Phi}\boldsymbol{z}^{\mathrm{T}}\boldsymbol{\rho}'\|)/\|z\|$;$\psi_w^* = \max\{2k_{\mathrm{norm}}, 1, \|\boldsymbol{W}^*\|\}$。此外,定义:

$$\psi_m^* = \max\{\psi_w^*, \psi_\varepsilon^*\}, \quad \widetilde{\psi} = \psi_m^* - \hat{\psi} \tag{6.23}$$

其中:ψ_m^* 是鲁棒增益的最优值,$\hat{\psi}$ 为在线学习时对 ψ_m^* 的估计值,$\widetilde{\psi}$ 为鲁棒增益的学习误差。

首先提供证明定理 6.1 必备的引理,然后给出 FLN 自适应 NGPC 方法的设计定理。

引理 6.1:对于任意的 $\delta > 0$ 以及向量 $\boldsymbol{z} = (z_1\quad z_2\cdots z_m)^{\mathrm{T}} \in \boldsymbol{R}^m$,下列不等式成立:

$$0 < \|z\| - \boldsymbol{z}^{\mathrm{T}}\tanh(z/\delta) \leqslant \kappa\delta \tag{6.24}$$

其中:$\kappa = m\varsigma$;ς 是满足 $\varsigma = \mathrm{e}^{-(\varsigma+1)}$ 的常数,即 $\varsigma = 0.2785$;$\|\cdot\|$ 代表弗罗贝尼乌斯范数。

证明:

基于文献[15]的引理,有

$$0 < |z_1| - z_1\tanh(z_1/\delta) \leqslant \zeta\delta, \cdots, 0 < |z_m| - z_m\tanh(z_m/\delta) \leqslant \zeta\delta$$

将上述 m 个不等式相加,可得

$$0 < |z_m| + \cdots + |z_m| - z_1\tanh(z_1/\delta) - \cdots - z_m\tanh(z_m/\delta) \leqslant m\zeta\delta$$

于是,有 $0 < \|z\|_1 - \boldsymbol{z}^{\mathrm{T}}\tanh(z/\delta) \leqslant m\zeta\delta$。

由于 $\|z\| = \sqrt{tr\,(z^{\mathrm{T}}z)} = \|z\|_2 < \|z\|_1$,因此得到引理 6.1 的结果。

定理 6.1:考虑 HFV 的非线性姿态系统式(6.5)和式(6.6),设计慢回路控制律为式(6.8),快回路 FLN 自适应 NGPC 算法,如式(6.12)和式(6.25),FLN 的权值自适应律由式(6.26)给出,鲁棒项增益的自适应律由式(6.27)给出,则闭环系统所有误差(包括系统误差 $\boldsymbol{e}_s$ 和 $\boldsymbol{e}_f$、FLN 的权值学习误差 $\widetilde{\boldsymbol{W}}$ 和鲁棒增益的学习误差 $\widetilde{\psi}$)一致最终有界,且收敛到原点附近小的邻域内。

$$\boldsymbol{v}_{ad} = \rho(\hat{\boldsymbol{W}}^{\mathrm{T}}\boldsymbol{\Phi}), z = \boldsymbol{P}_f\boldsymbol{e}_f(t), \boldsymbol{v}_{rc} = \psi\,\varsigma^*\tanh(z\,\varsigma^*/\sigma) \tag{6.25}$$

$$\dot{\hat{W}} = \boldsymbol{\Gamma}_w[(\boldsymbol{I} - \chi_w \frac{\hat{\boldsymbol{W}}\hat{\boldsymbol{W}}^{\mathrm{T}}}{\|\hat{\boldsymbol{W}}\|^2})\boldsymbol{\Phi}\boldsymbol{z}^{\mathrm{T}}\boldsymbol{\rho}' - \kappa\hat{\boldsymbol{W}}] \tag{6.26}$$

$$\dot{\hat{\psi}} = \lambda_\psi(\varsigma^* z^{\mathrm{T}}\tanh(z\varsigma^*/\sigma) - \kappa_\psi\hat{\psi}) \tag{6.27}$$

其中：$\varsigma^* = \varsigma_w + 1, z \in \boldsymbol{R}^3$ 是中间设计变量，σ、κ、κ_ψ 是正的设计常数，$\boldsymbol{\Gamma}_w$ 是正定设计矩阵，自适应律式(6.26)中的 χ_W 定义为

$$\chi_w = \begin{cases} 0, \text{如果} \ \|\hat{\boldsymbol{W}}\| < \overline{W}, \text{或者如果} \begin{cases} \|\hat{\boldsymbol{W}}\| = \overline{W} \text{且} \\ \hat{\boldsymbol{W}}^{\mathrm{T}}\boldsymbol{\Phi}\boldsymbol{z}^{\mathrm{T}}\boldsymbol{\rho}' \leqslant 0 \end{cases} \\ \boldsymbol{I}, \text{其他} \end{cases} \tag{6.28}$$

证明：

给出以下李雅普诺夫函数：

$$V = \frac{1}{2}\boldsymbol{e}_s^{\mathrm{T}}\boldsymbol{P}_s\boldsymbol{e}_s + \frac{1}{2}\boldsymbol{e}_f^{\mathrm{T}}\boldsymbol{P}_f\boldsymbol{e}_f + \frac{1}{2}tr(\widetilde{\boldsymbol{W}}^{\mathrm{T}}\boldsymbol{\Gamma}_w^{-1}\widetilde{\boldsymbol{W}}) + \frac{1}{2\lambda_\psi}\widetilde{\psi}^2 \tag{6.29}$$

式中：$\boldsymbol{P}_s \in \boldsymbol{R}^{3\times3}$ 和 $\boldsymbol{P}_f \in \boldsymbol{R}^{3\times3}$ 是分别满足式(6.30)和式(6.31)的正定矩阵：

$$\boldsymbol{P}_s\boldsymbol{A}_s + \boldsymbol{A}_s^{\mathrm{T}}\boldsymbol{P}_s = -\boldsymbol{Q}_s, \boldsymbol{Q}_s = \boldsymbol{Q}_s^{\mathrm{T}} > 0 \tag{6.30}$$

$$\boldsymbol{P}_f\boldsymbol{A}_f + \boldsymbol{A}_f^{\mathrm{T}}\boldsymbol{P}_f = -\boldsymbol{Q}_f, \boldsymbol{Q}_f = \boldsymbol{Q}_f^{\mathrm{T}} > 0 \tag{6.31}$$

其中：$\boldsymbol{A}_s$ 和 $\boldsymbol{A}_f$ 分别是慢回路和快回路误差状态方程的状态系数矩阵。另外，$\boldsymbol{P}_S$ 和 $\boldsymbol{P}_f$ 还满足

$$\boldsymbol{0} < \alpha_1\boldsymbol{I} \leqslant \boldsymbol{P}_S \leqslant \alpha_2\boldsymbol{I}, \quad \forall t \geqslant t_0 \tag{6.32}$$

$$\boldsymbol{0} < \beta_1\boldsymbol{I} \leqslant \boldsymbol{P}_f \leqslant \beta_2\boldsymbol{I}, \quad \forall t \geqslant t_0 \tag{6.33}$$

其中：α_1、α_2、β_1 和 β_2 为正常数。

对式(6.29)求导并将式(6.15)、式(6.16)、式(6.18)、式(6.19)、式(6.30)和式(6.31)代入，可得

$$\begin{aligned}
\dot{V} &= \frac{1}{2}\dot{\boldsymbol{e}}_s^{\mathrm{T}}\boldsymbol{P}_s\boldsymbol{e}_s + \frac{1}{2}\boldsymbol{e}_s^{\mathrm{T}}\boldsymbol{P}_s\dot{\boldsymbol{e}}_s + \frac{1}{2}\dot{\boldsymbol{e}}_f^{\mathrm{T}}\boldsymbol{P}_f\boldsymbol{e}_f + \frac{1}{2}\boldsymbol{e}_f^{\mathrm{T}}\boldsymbol{P}_f\dot{\boldsymbol{e}}_f + tr(\widetilde{\boldsymbol{W}}^{\mathrm{T}}\boldsymbol{\Gamma}_W^{-1}\dot{\widetilde{\boldsymbol{W}}}) + \frac{1}{\lambda_\psi}\widetilde{\psi}\dot{\widetilde{\psi}} \\
&= -\frac{1}{2}\boldsymbol{e}_s^{\mathrm{T}}\boldsymbol{Q}_s\boldsymbol{e}_s - \frac{1}{2}\boldsymbol{e}_f^{\mathrm{T}}\boldsymbol{Q}_f\boldsymbol{e}_f + \boldsymbol{e}_f^{\mathrm{T}}\boldsymbol{P}_f(\boldsymbol{\rho}'\widetilde{\boldsymbol{W}}^{\mathrm{T}}\boldsymbol{\Phi} + \boldsymbol{o}(\widetilde{\boldsymbol{W}}^{\mathrm{T}}\boldsymbol{\Phi})^2 + \boldsymbol{\varepsilon} - \boldsymbol{v}_{rc}) + tr(\widetilde{\boldsymbol{W}}^{\mathrm{T}}\boldsymbol{\Gamma}_w^{-1}\dot{\widetilde{\boldsymbol{W}}}) + \frac{1}{\lambda_\psi}\widetilde{\psi}\dot{\widetilde{\psi}} \\
&= -\frac{1}{2}\boldsymbol{e}_s^{\mathrm{T}}\boldsymbol{Q}_s\boldsymbol{e}_s - \frac{1}{2}\boldsymbol{e}_f^{\mathrm{T}}\boldsymbol{Q}_f\boldsymbol{e}_f + \boldsymbol{z}^{\mathrm{T}}[\rho'\widetilde{\boldsymbol{W}}^{\mathrm{T}}\boldsymbol{\Phi} + \boldsymbol{o}(\widetilde{\boldsymbol{W}}^{\mathrm{T}}\boldsymbol{\Phi})^2 + \boldsymbol{\varepsilon} - \boldsymbol{v}_{rc}] + \\
&\quad tr[\widetilde{\boldsymbol{W}}^{\mathrm{T}}\boldsymbol{\Gamma}_w^{-1}(\dot{\boldsymbol{W}}^* - \dot{\hat{\boldsymbol{W}}})] + \frac{1}{\lambda_\psi}\widetilde{\psi}(\dot{\psi}_m^* - \dot{\hat{\psi}}) \\
&= -\frac{1}{2}\boldsymbol{e}_s^{\mathrm{T}}\boldsymbol{Q}_s\boldsymbol{e}_s - \frac{1}{2}\boldsymbol{e}_f^{\mathrm{T}}\boldsymbol{Q}_f\boldsymbol{e}_f + \boldsymbol{z}^{\mathrm{T}}[\boldsymbol{o}(\widetilde{\boldsymbol{W}}^{\mathrm{T}}\boldsymbol{\Phi})^2 + \boldsymbol{\varepsilon} - \boldsymbol{v}_{rc}] + \boldsymbol{z}^{\mathrm{T}}\boldsymbol{\rho}'\widetilde{\boldsymbol{W}}^{\mathrm{T}}\boldsymbol{\Phi} + \\
&\quad tr(-\widetilde{\boldsymbol{W}}^{\mathrm{T}}\boldsymbol{\Gamma}_w^{-1}\dot{\hat{\boldsymbol{W}}} + \widetilde{\boldsymbol{W}}^{\mathrm{T}}\boldsymbol{\Phi}\boldsymbol{z}^{\mathrm{T}}\boldsymbol{\rho}' - \widetilde{\boldsymbol{W}}^{\mathrm{T}}\boldsymbol{\Phi}\boldsymbol{z}^{\mathrm{T}}\boldsymbol{\rho}^{\mathrm{T}}) - \frac{1}{\lambda_\psi}\widetilde{\psi}\dot{\hat{\psi}}
\end{aligned} \tag{6.34}$$

若选取 FLN 的权值自适应律为式(6.26)，鲁棒增益的自适应律为式(6.27)，则式(6.34)可以写为

$$\dot{V} = -\frac{1}{2}\boldsymbol{e}_s^{\mathrm{T}}\boldsymbol{Q}_S\boldsymbol{e}_s - \frac{1}{2}\boldsymbol{e}_f^{\mathrm{T}}\boldsymbol{Q}_f\boldsymbol{e}_f + z^{\mathrm{T}}\boldsymbol{o}\,(\widetilde{\boldsymbol{W}}^{\mathrm{T}}\boldsymbol{\Phi})^2 + z^{\mathrm{T}}\varepsilon + \kappa tr[\widetilde{\boldsymbol{W}}^{\mathrm{T}}(\boldsymbol{W}^* - \widetilde{\boldsymbol{W}})] -$$

$$z^{\mathrm{T}}\hat{\psi}\varsigma^*\tanh(z\varsigma^*/\sigma) - \tilde{\psi}\varsigma^* z^{\mathrm{T}}\tanh(z\varsigma^*/\sigma) + \kappa_\psi\tilde{\psi}\hat{\psi} \tag{6.35}$$

依据式(6.14)、式(6.22)和式(6.23),式(6.35)满足以下不等式:

$$\dot{V} \leqslant -\frac{1}{2}\underline{\lambda}(\boldsymbol{Q}_S)\ \|\boldsymbol{e}_s\|^2 - \frac{1}{2}\underline{\lambda}(\boldsymbol{Q}_f)\ \|\boldsymbol{e}_f\|^2 + \psi_w^*\ \varsigma_w\|z\| + \kappa tr\,(\|\widetilde{\boldsymbol{W}}\|\,\overline{W} - \|\widetilde{\boldsymbol{W}}\|^2) -$$

$$\psi_m^*\varsigma^* z^{\mathrm{T}}\tanh(z\varsigma^*/\sigma) + \psi_\varepsilon^*\ \|z\| + \kappa_\psi\tilde{\psi}(\psi_m^* - \tilde{\psi})$$

$$\leqslant -\frac{1}{2}\underline{\lambda}(\boldsymbol{Q}_S)\ \|\boldsymbol{e}_s\|^2 - \frac{1}{2}\underline{\lambda}(\boldsymbol{Q}_f)\ \|\boldsymbol{e}_f\|^2 + \varsigma^*\psi_m^*\ \|z\| - \psi_m^*\ \varsigma^* z^{\mathrm{T}}\tanh(z\,\varsigma^*/\sigma) +$$

$$\kappa(\|\widetilde{\boldsymbol{W}}\|\,\overline{W} - \|\widetilde{\boldsymbol{W}}\|^2) + \kappa_\psi(\frac{1}{2}\psi_m^{*2} - \frac{1}{2}\tilde{\psi}^2) \tag{6.36}$$

其中:$\underline{\lambda}(\cdot)$ 代表矩阵最小特征值。

使用引理 6.1,可得

$$\psi_m^*\ \varsigma^*\ \|z\| - \psi_m^*\ \varsigma^* z^{\mathrm{T}}\tanh(z\,\varsigma^*/\sigma) \leqslant \psi_m^*\xi\sigma \tag{6.37}$$

其中:$\xi = 3 \times 0.2785$。因此,不等式(6.36)满足

$$\dot{V} \leqslant -\frac{1}{2}\underline{\lambda}(\boldsymbol{Q}_S)\ \|\boldsymbol{e}_s\|^2 - \frac{1}{2}\underline{\lambda}(\boldsymbol{Q}_f)\ \|\boldsymbol{e}_f\|^2 + \psi_m^*\xi\sigma + \kappa(\frac{1}{2}\overline{W}^2 - \frac{1}{2}\|\widetilde{\boldsymbol{W}}\|^2) +$$

$$\frac{1}{2}\kappa_\psi\psi_m^{*2} - \frac{1}{2}\kappa_\psi\tilde{\psi}^2 \tag{6.38}$$

如果定义:

$$C_0 = 2\psi_m^*\xi\sigma + \kappa\overline{W}^2 + \kappa_\psi\psi_m^{*2} > 0 \tag{6.39}$$

则不等式(6.38)满足

$$\dot{V} \leqslant -\frac{1}{2}\underline{\lambda}(\boldsymbol{Q}_S)\ \|\boldsymbol{e}_s\|^2 - \frac{1}{2}\underline{\lambda}(\boldsymbol{Q}_f)\ \|\boldsymbol{e}_f\|^2 - \frac{1}{2}\kappa\|\widetilde{\boldsymbol{W}}\|^2 - \frac{1}{2}\kappa_\psi\tilde{\psi}^2 + \frac{1}{2}C_0 \tag{6.40}$$

因此,当式(6.41)中的不等式之一成立时,$\dot{V}$ 为负。

$$\|\boldsymbol{e}_s\| > \sqrt{C_0/\underline{\lambda}(\boldsymbol{Q}_S)},\quad \|\boldsymbol{e}_f\| > \sqrt{C_0/\underline{\lambda}(\boldsymbol{Q}_f)}$$
$$\|\widetilde{\boldsymbol{W}}\| > \sqrt{C_0/\kappa},\qquad |\tilde{\psi}| > \sqrt{C_0/\kappa_\psi} \tag{6.41}$$

设 $C_1 = \min(\underline{\lambda}(\boldsymbol{Q}_S)/\overline{\lambda}(\boldsymbol{P}_S), \underline{\lambda}(\boldsymbol{Q}_f)/\overline{\lambda}(\boldsymbol{P}_f), \kappa\underline{\lambda}(\boldsymbol{\Gamma}_W), \kappa_\psi\lambda_\psi)$,且 $C_2 = C_0/2$,则式(6.40)可以写为

$$\dot{V} \leqslant -\underline{\lambda}(\boldsymbol{Q}_S)/\overline{\lambda}(\boldsymbol{P}_S)\cdot\frac{1}{2}\boldsymbol{e}_s^{\mathrm{T}}\boldsymbol{P}_S\boldsymbol{e}_s - \underline{\lambda}(\boldsymbol{Q}_f)/\overline{\lambda}(\boldsymbol{P}_f)\cdot\frac{1}{2}\boldsymbol{e}_f^{\mathrm{T}}\boldsymbol{P}_f\boldsymbol{e}_f -$$

$$\kappa\underline{\lambda}(\boldsymbol{\Gamma}_W)\cdot\frac{1}{2}tr\,(\widetilde{\boldsymbol{W}}^{\mathrm{T}}\boldsymbol{\Gamma}_W^{-1}\widetilde{\boldsymbol{W}}) - \kappa_\psi\lambda_\psi\cdot\frac{1}{2\lambda_\psi}\tilde{\psi}^2 + C_2 \tag{6.42}$$

于是,$\dot{V}$ 满足下式:

$$\dot{V} \leqslant -C_1V + C_2 \tag{6.43}$$

在$[t_0,t]$区间上对式(6.43)进行积分,则有

$$V(t) \leqslant \frac{C_2}{C_1} + \left(V(t_0) - \frac{C_2}{C_1}\right)e^{-C_1(t-t_0)} \tag{6.44}$$

根据式(6.29)、式(6.32)和式(6.33),有

$$\begin{cases} \|\boldsymbol{e}_s(t)\|^2 \leqslant \boldsymbol{e}_s^{\mathrm{T}}(t)\boldsymbol{P}_s\boldsymbol{e}_s(t)/\underline{\lambda}(\boldsymbol{P}_s) \leqslant 2V(t)/\alpha_1 \\ \|\boldsymbol{e}_f(t)\|^2 \leqslant \boldsymbol{e}_f^{\mathrm{T}}(t)\boldsymbol{P}_f\boldsymbol{e}_f(t)/\underline{\lambda}(\boldsymbol{P}_f) \leqslant 2V(t)/\beta_1 \\ \|\widetilde{\boldsymbol{W}}\|^2 \leqslant tr\,(\widetilde{\boldsymbol{W}}^{\mathrm{T}}\boldsymbol{\Gamma}_W^{-1}\widetilde{\boldsymbol{W}})/\underline{\lambda}(\boldsymbol{\Gamma}_W^{-1}) \leqslant 2V(t)/\underline{\lambda}(\boldsymbol{\Gamma}_W^{-1}) \\ \|\widetilde{\psi}\|^2 \leqslant 2V(t)/\lambda_\psi \end{cases} \tag{6.45}$$

如果$V(t_0)=C_2/C_1$,则根据式(6.44)和式(6.45),能够得到$\|\boldsymbol{e}_s(t)\| \leqslant \mu_{e_S}^*$,$\forall t \geqslant t_0$,其中:$\mu_{e_S}^* = \sqrt{2C_2/(C_1 \cdot \alpha_1)}$。如果$V(t_0) \neq C_2/C_1$,则有结论:任给$\mu_{e_S} > \mu_{e_S}^*$,存在$T_{eS}$,对于任给的$t > T_{eS}$,有$\|\boldsymbol{e}_s(t)\| \leqslant \mu_{e_S}$。特别的,若任给$\mu_{e_S}$如下:

$$\mu_{eS} = \sqrt{2C_2/(C_1\alpha_1) + 2[(V(t_0) - C_2/C_1)]e^{-G_1(C_{e_s}-t_0)}/\alpha_1} \tag{6.46}$$

则有$T_{eS} = t_0 - \frac{1}{C_1}\ln\left(\frac{\mu_{eS}^2\alpha_1 - 2C_2/C_1}{2[V(t_0) - C_2/C_1]}\right)$并且$\lim\limits_{t\to\infty}\|\boldsymbol{e}_s(t)\| = \mu_{e_S}^*$。对于$\|\boldsymbol{e}_f(t)\|$、$\|\widetilde{\boldsymbol{W}}\|$和$|\widetilde{\psi}|$也有类似的结论,即$\lim\limits_{t\to\infty}\|\boldsymbol{e}_f(t)\| = \mu_{e_f}^*$,$\lim\limits_{t\to\infty}\|\widetilde{\boldsymbol{W}}\| = \mu_{\widetilde{W}}^*$和$\lim\limits_{t\to\infty}|\widetilde{\psi}| = \mu_{\widetilde{\psi}}^*$,其中:

$$\mu_{e_f}^* = \sqrt{2C_2/(C_1\beta_1) + 2[(V(t_0) - C_2/C_1)]e^{-C_1(T_{e_f}-t_0)}/\beta_1} \tag{6.47}$$

$$\mu_{\widetilde{W}}^* = \sqrt{2C_2/(C_1 \cdot \underline{\lambda}(\boldsymbol{\Gamma}_W^{-1}))} \tag{6.48}$$

$$\mu_{\widetilde{\psi}}^* = \sqrt{2C_2/(C_1 \cdot \lambda_\psi)} \tag{6.49}$$

因此,误差$\boldsymbol{e}_s$、$\boldsymbol{e}_f$、$\widetilde{\boldsymbol{W}}$和$\widetilde{\psi}$一致最终有界,并最终收敛到以下的紧集之内:

$$\boldsymbol{\Omega}_s = \left\{\boldsymbol{e}_s(t),\boldsymbol{e}_f(t),\widetilde{\boldsymbol{W}}(t),\widetilde{\psi}(t) \;\middle|\; \lim_{t\to\infty}\|\boldsymbol{e}_s(t)\| = \mu_{e_s}^*,\ \lim_{t\to\infty}\|\boldsymbol{e}_f(t)\| = \mu_{ef}^*,\ \lim_{t\to\infty}\|\widetilde{\boldsymbol{W}}\| = \mu_{\widetilde{W}}^*, \lim_{t\to\infty}|\widetilde{\psi}| = \mu_{\widetilde{\psi}}^*\right\} \tag{6.50}$$

定理得证。

6.2.3 HFV 姿态控制仿真验证

选取 HFV 无动力滑翔的姿态控制初始条件:初始高度为 44km,速度为 5.6km/s,迎角为 9.85°,航迹滚转角为 0.18°;并且设定如图 6-3 所示变化的迎角给定数据作为指令信号。施加力矩干扰:$d_{f1} = 1.4 \times 10^5\sin(3t+1)$,$d_{f2} = 1.6 \times 10^5\cos(5t+2)$,$d_{f3} = 1.4 \times 10^5\sin(3t+2)$,并对气动力矩系数施加 30%的不确定,得到姿态角的跟踪图以及舵面偏转情况,如图 6-3 和图 6-4 所示。

由图 6-3 可以看到,在复合干扰的影响下,本小节设计的姿态控制器可以良好地跟踪给定的气流姿态角指令,姿态跟踪效果良好,达到良好的姿态控制抗干扰作用。

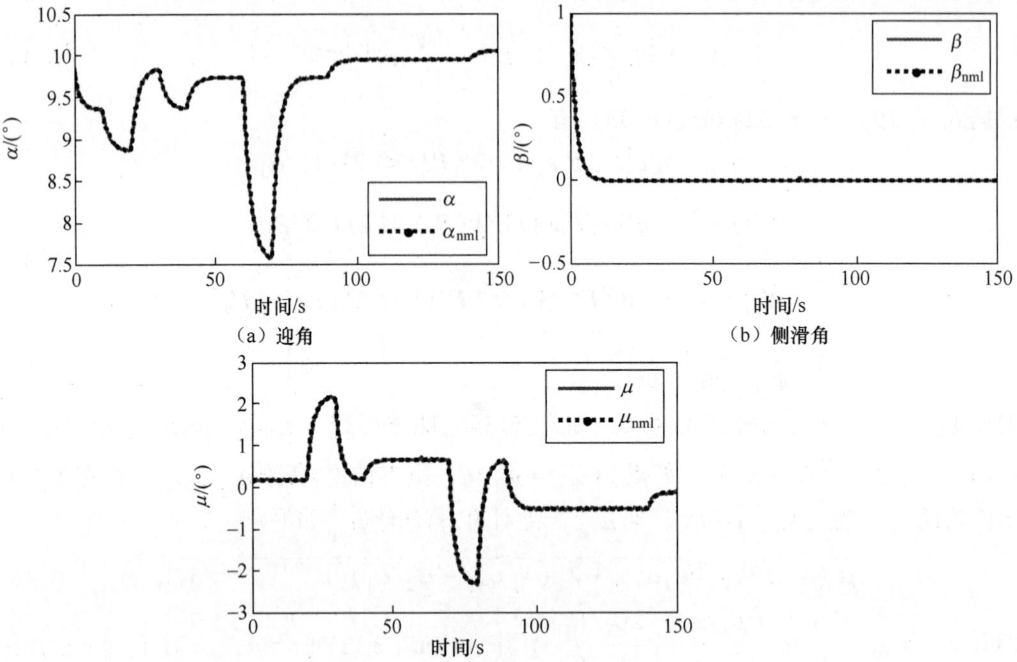

（a）迎角　（b）侧滑角

（c）航迹滚转角

图 6-3　姿态角跟踪图

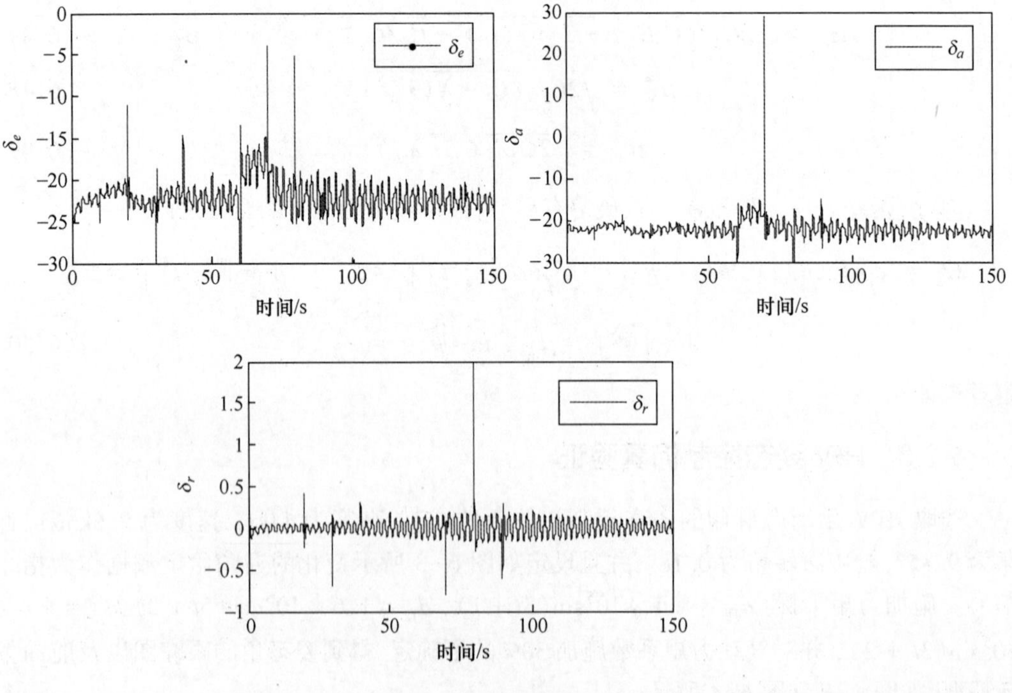

图 6-4　舵面偏转情况

本书着重研究 HFV 自适应抗干扰控制问题，所以另外给出一组初始条件进行仿真：$H_0=40\text{km}$，$\tau=118.5°$，$\delta=0°$，$V_0=4.0\text{km/s}$，$m=136820\text{kg}$，$\chi_0=0°$，$\gamma_0=0°$，$\alpha_0=2$，$\beta_0=1°$，$\mu_0=2°$，$\omega_0=[0,0,0]^{\mathrm{T}}$。姿态快回路复合干扰设为 $\Delta\boldsymbol{M}=[d_{f1},d_{f2},d_{f3}]$，其中：$d_{f1}=2.3\times10^5\sin(5t+2)(\sin2t+1)$，$d_{f2}=1.2\times10^6\sin(5t+4)\cos t\sin2t$，$d_{f3}=1.3\times10^6\sin(5t+4)\sin5t\cos2t$，并对气动力矩系数施加 30%的不确定。

在阶跃响应信号输入下，分别对比有无 FLN 补偿控制器的姿态角输出情况。图 6-5 为阶跃信号下的姿态角跟踪图，其中慢回路未施加干扰和不确定因素，且控制器是 NGPC 基础控制器，姿态快回路施加干扰和不确定因素，将 NGPC 结合 FLN 补偿控制器的输出与仅 NGPC 基础控制的输出作对比。

如图 6-5 所示，点线表示仅 NGPC 控制器的控制效果，实线为施加 FLN 补偿控制器的控制效果，点划线为姿态指令信号。从该图可以看到，在不确定因素影响下的系统中，仅依靠 NGPC 基础控制器无法稳定地跟踪指令信号。添加 FLN 补偿控制器后，该系统可以良好地跟踪姿态指令信号，调节时间变小且良好地抑制了稳态误差。阶跃信号开始作

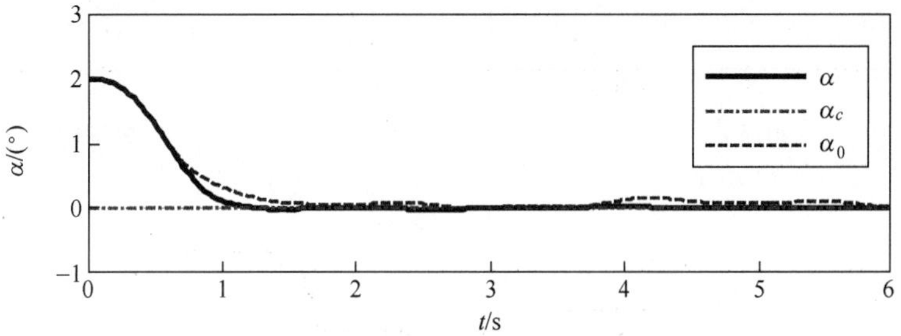

（a）攻角

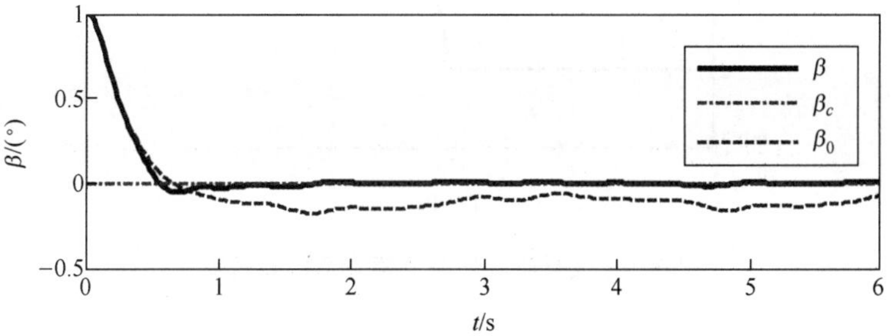

（b）侧滑角

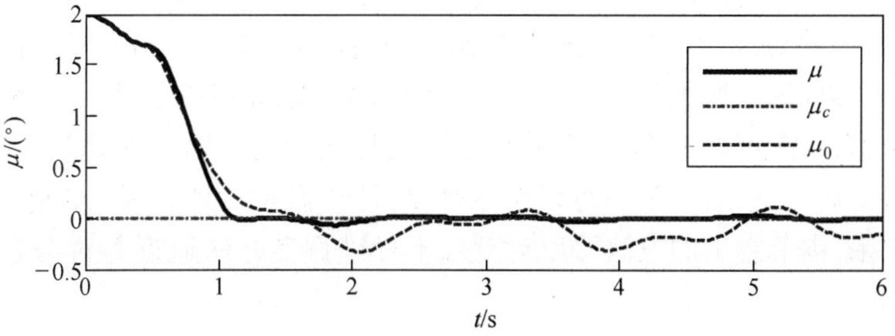

（c）航迹滚转角

图 6-5　阶跃响应姿态角控制效果

用时,两条曲线的变化趋势和轨迹基本重合,这也说明开始时主要起作用的是 NGPC 基础控制器,即主导作用为 NGPC 控制器提供,而 FLN 补偿控制器的运用在改善稳态误差方面的优越性更加明显,一定程度地加快了调节时间,提高了系统性能。同时,很容易看到各个通道的调节时间均在 1.2s 以内,稳态误差在 0.2°以内,且超调量较小。控制系统的稳态指标和动态指标均达到了比较好的要求。

图 6-6~图 6-8 所示,0s 时给侧滑角一个-1°的阶跃信号,使侧滑角变为 0°,而后的 20s 给出指令信号:$\alpha_c=3°$,$\beta_c=2°$,$\mu_c=5°$,30s 给出指令信号:$\alpha_c=4°$,$\beta_c=1°$,$\mu_c=7°$,并且后两个指令信号均通过滤波器 1/(s+1)的滤波。

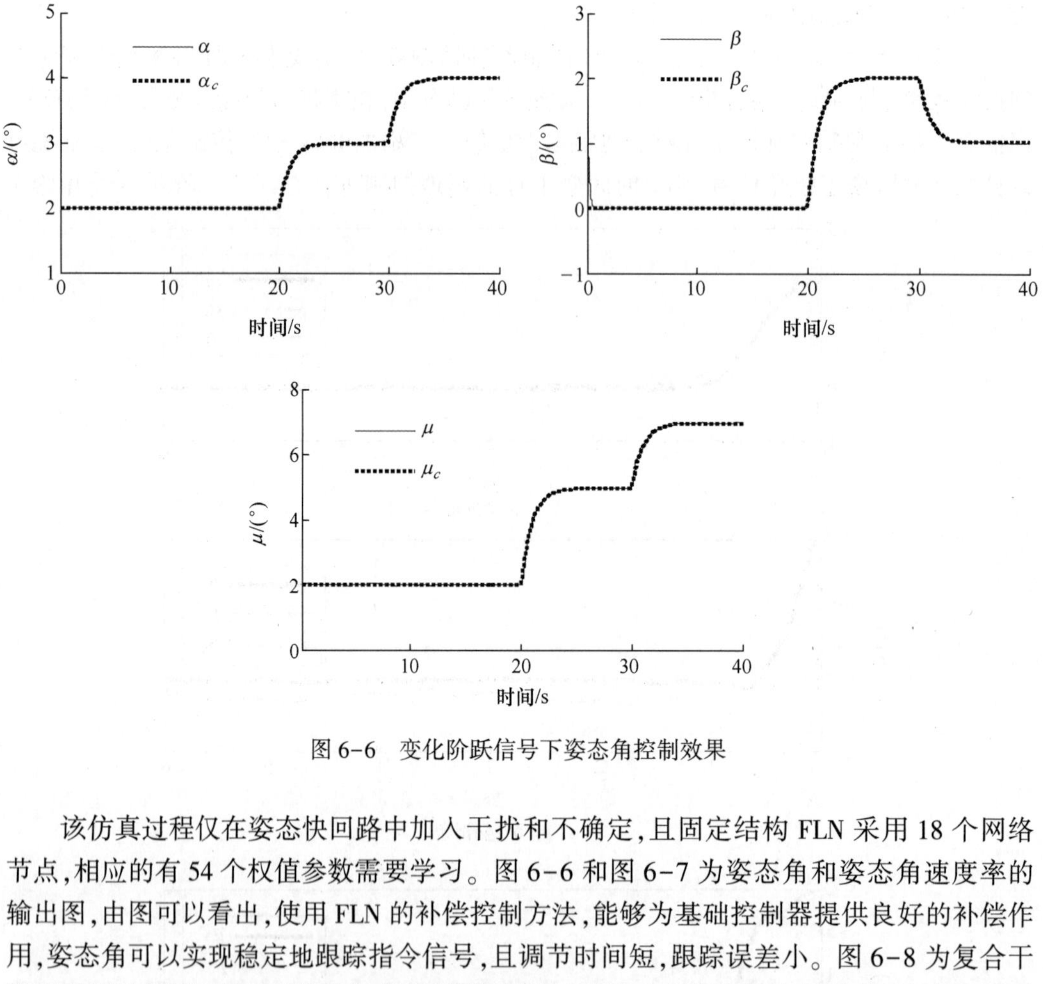

图 6-6 变化阶跃信号下姿态角控制效果

该仿真过程仅在姿态快回路中加入干扰和不确定,且固定结构 FLN 采用 18 个网络节点,相应的有 54 个权值参数需要学习。图 6-6 和图 6-7 为姿态角和姿态角速度率的输出图,由图可以看出,使用 FLN 的补偿控制方法,能够为基础控制器提供良好的补偿作用,姿态角可以实现稳定地跟踪指令信号,且调节时间短,跟踪误差小。图 6-8 为复合干扰逼近的效果图,从图可以看出,除阶跃信号作用开始时会产生较大偏差外,该方法还可以稳定有效地逼近干扰,结合姿态角跟踪图可知,补偿作用效果显著,控制性能良好。综合以上仿真结果,本节提出的方法可以对复合干扰进行良好的逼近并对姿态控制提供良好的补偿作用。

本节使用固定结构 FLN 方法设计神经网络自适应控制器来逼近并补偿快回路不确定的影响,仿真结果表明该方法可以得到较好的跟踪效果,但是 FLN 网络结构的大小难以确定,要根据经验或者线下测试才可以预先设定网络。自适应神经网络的逼近误差直

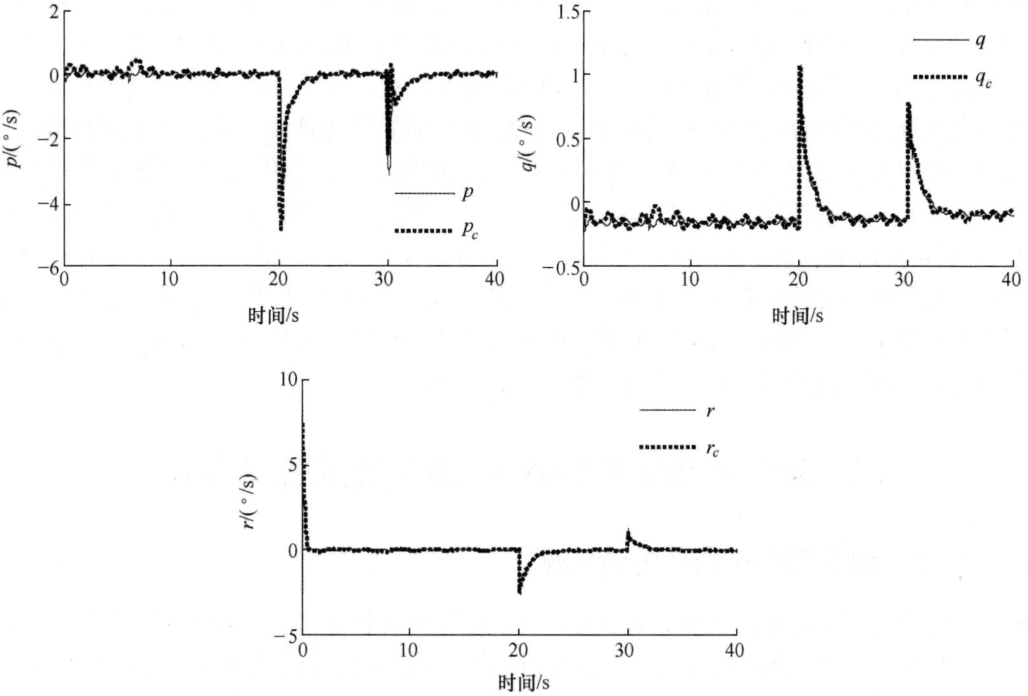

图 6-7　角速率输出图

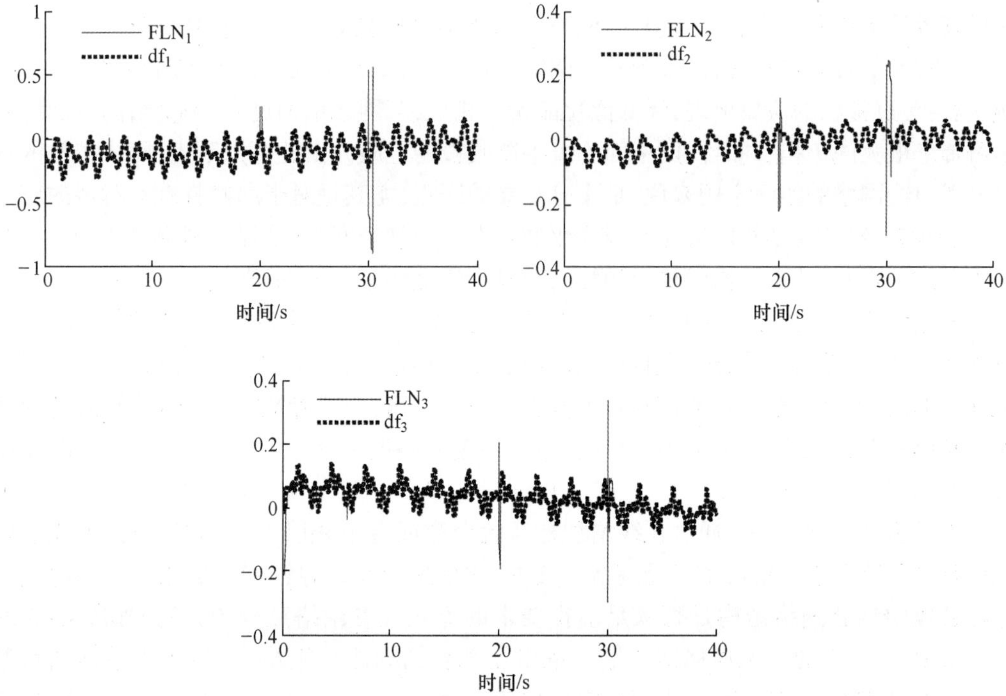

图 6-8　姿态快回路干扰逼近效果图

接可以影响系统性能,而逼近误差不仅仅与学习方法及网络模型的选取有关,也与网络的初始化结构以及结构调整有关。从理论上来说,网络节点越多,逼近的能力就越强,但是预先设定的网络结构也就是预先设定了网络的逼近精度。同时,如果大网络逼近小干扰,则可能导致过度拟合;如果小网络逼近大干扰,则可能导致过训练。综合以上分析可知,固定结构神经网络,不可兼顾逼近精度和计算复杂度两方面的因素,也不符合需要实时逼近变化干扰,兼顾快速性和有效性的初衷。自 6.3 节起,同时考虑姿态快慢回路不确定的影响,提出动态结构的泛函连接网络(dynamical structure functional link network, DSFLN)方法作为干扰补偿控制器的设计,提出李氏函数法增长网络结构,建立系统性能与网络规模的直接联系,并且结合 FLN 自身的结构特点设计剪枝与并枝相结合的修整网络规则,同时进行全局以及网络结构动态调整时的稳定性分析。

6.3 基于动态结构 FLN 的 HFV 姿态控制器设计

6.3.1 动态结构神经网络研究现状

人工神经网络是模拟人脑思考方式以及组织结构构建起来的,它的一个重要特点是结构必须在训练之前得以确定,又称为静态结构或者固定结构神经网络。人们根据实际经验或者不断试错的方式来确定神经网络的规模,即网络结构。这给网络初始结构的确定带来了较大的困难,并且经验判断存在过大的人为因素,所以不是一种可以成为理论依据,也不是可持续发展的良好措施;同时,即使反复试错之后确定了良好的初始结构,如果环境或者外部信息发生变化,初始的网络也可能不足以良好地应对这种变化。对于外界信息所需要的最佳结构而言,如果神经网络结构过大,则会造成时间和存储空间的资源浪费,也会有过拟合的假象出现,降低泛化能力。相反,若网络结构过小,则会给网络训练和学习带来很大的负担,同时使网络面临着不能收敛的危险。由此可以看出,网络结构的选取对于神经网络的实际应用来说,是十分重要的因素,尤其是对于那些具有实时性的对象而言,能够在线改变结构以适应环境变化的动态结构神经网络,是提高网络性能的一种较好的方式。因此,动态结构的神经网络已经成为研究热点,受到越来越多的关注。

网络结构的选择是一个较为复杂的问题,也关系着神经网络的最终性能。所谓“最佳网络结构”并没有一个统一的标准,由于结构空间通常会比参数空间大得多,导致搜索也比较困难,因此一般只是根据实际要求选择一个“满意的”结构即可,但是如何达到这种满意的程度,则是研究的关键。目前,网络结构调整的方式大致可以分为三类:网络增长、网络修剪、综合法。

增长型神经网络是指通过在线增加神经元个数或者中间层数的网络,分为非系统增长型神经网络和系统增长型神经网络。其中,非系统增长型神经网络是指主要通过网络学习过程中判断网络结构是否满足前提要求的方式改变网络结构的方法,如图 6-9 所示。由 Fritzke[16] 提出的栅格结构增长策略及细胞结构增长策略[17] 对于非系统增长型网络发展具有重要指导意义,之后出现的权值插值法[18] 以及遗传算法搜索增长法[19] 等方式都在函数逼近等领域得到了较好的发展。

系统增长型神经网络最早是由 Burzevski 提出的[20],初始结构与细胞结构类似,不同的是，系统增长型神经网络在学习过程中，不仅中间层神经元增长，中间层数也随之增加为若干细胞结构，最终生长成为一个树形结构网络，且该方法能够同时对兴奋及不兴奋神经元作处理，如图 6-10 所示。系统增长型神经网络与非系统增长型神经网络相比较，前者搜索以及网络拓扑延展性更好，但与此同时需要的储存空间和处理时间也更大。这两种方法实现方式与途径不同，但是都能达到改变网络拓扑结构，不过分依赖初始结构等目的，大大提高了神经网络的优越性且在动态结构神经网络领域起到了至关重要的作用。

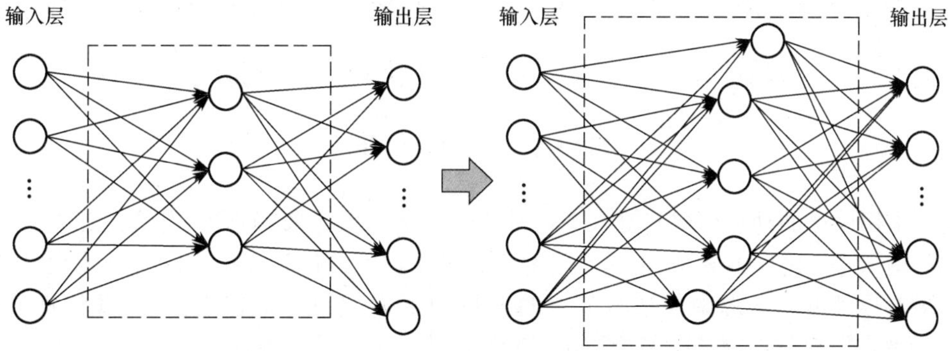

图 6-9　非系统增长型神经网络

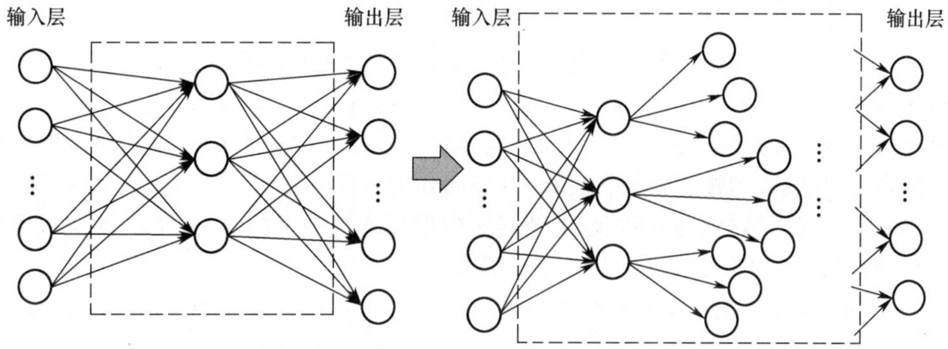

图 6-10　系统增长型神经网络

修剪型神经网络，主要是解决网络过大产生的计算负担问题，如图 6-11 所示。最初该方法是使用修改黑塞(Hessian)矩阵的方法对神经网络的误差函数进行修改，以降低网络复杂度[21]，然而由其引起的计算黑塞矩阵及逆的过程较为繁琐。一些学者提出了基于敏感度分析[22]的修剪型神经网络方法，利用神经网络的输出敏感度分析来确定网络中各个中间层神经元的贡献，从而剔除贡献小的神经元，以达到修剪结构的目的。这两种修剪网络的方法都得到了突破性进展和广泛的应用。除此之外，还有一些其他修剪方法，如聚类法及复杂尺度分析法，更多的神经网络结合网络自身特点和被控对象特点灵活地设计修剪规则。

综合型神经网络，即综合增长和修剪网络两种方法共同调整网络结构。

基于上面三种方法调整的网络均可实现网络结构的在线改变，统称为动态结构神经

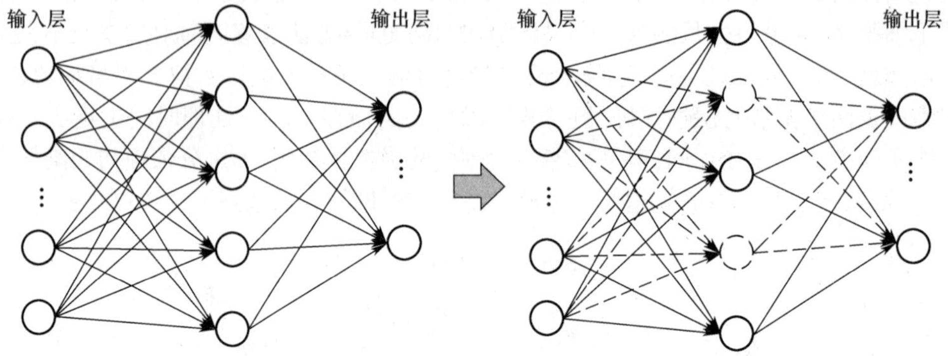

图 6-11　修剪型神经网络

网络。采用网络的动态结构与输入空间对应的区域联系起来的方法,有效地建立了网络结构与输入空间之间的联系,但是不可避免地带来过大的计算负担。Li 等学者设计了一个全部参数都可以动态调整增减节点的 RBF 神经网络,能够动态地识别非线性系统。Platt 设计出资源分配神经网络,对神经网络学习算法做了重要改进,在该网络中隐含层节点是基于新数据的信息依次加入的,并且证明了径向基函数(RBF)网络对这种资源分配方式是可修正的。该方法在自组织 RBF 网络中应用十分广泛,也相应地促进了 RBF 网络动态结构的研究发展。Yan 和 Huang 等人提出网络中生长和修剪节点的算法,并且在非线性系统中得到了较好的应用。

目前,对基于三种类型的动态结构神经网络的研究越来越多,但是仍然没有出现可以适用于各种网络的结构调整办法,其理论发展还不够完善。动态结构网络相对于固定结构网络的优势也是显而易见的,如何基于现有研究成果关注更加优异的神经网络结构优化设计方法,从发展的角度来讲,主要研究方向如下:

(1) 人工神经网络结构能够越来越好地模拟生物神经网络结构,更好地实现动态结构变化,自组织、自竞争,实现真正的智能结构。

(2) 寻求普遍适用且简单可行的方法广泛应用于各种神经网络中,使得结构调整变成神经网络的必要特征,即寻求统一的网络优化准则,避免繁重冗余的工作。

(3) 更多地关注结构变化的稳定性等情况,保证结构稳定性和高效性,使得动态结构神经网络切实可用。

针对干扰和不确定控制问题,可将动态结构调整的 RBF 神经网络应用于自适应飞行控制中,能够实现良好的跟踪,但学习参数较多、计算繁琐。鉴于 FLN 结构简单,计算复杂度低的特点,6.2 节将 FLN 自适应控制器应用于 HFV 姿态补偿控制中。6.3 节考虑固定结构 FLN 存在的缺陷,即复合干扰未知以及固定结构 FLN 受初始结构的约束。初始结构选得太小难以保证逼近性能要求,若初始结构选得太大,则增加计算复杂度,不能满足实时性要求。本节将继续前面的研究思路,提出 DSFLN 方法,利用动态调整网络结构以更好地兼顾快速性和有效性的要求,并将其应用于 HFV 姿态补偿控制器设计中。

6.3.2　网络结构和干扰逼近原理

6.2 节没有考虑慢回路不确定的影响,仅快回路采用在线逼近器补偿控制,慢回路采

用名义系统的 NGPC 形式,本小节同时考虑快慢回路干扰,快回路系统方程详见式(6.6),慢回路系统方程可改写为

$$\begin{cases}\dot{\boldsymbol{\Omega}} = \boldsymbol{f}_s(\boldsymbol{\Omega}) + \boldsymbol{g}_s(\Omega)\omega + \boldsymbol{\Delta}_s \\ \boldsymbol{y}_s = \boldsymbol{\Omega}\end{cases} \tag{6.51}$$

式中:$\boldsymbol{\Omega} = [\alpha,\beta,\mu]^{\mathrm{T}}$,$\boldsymbol{f}_s = [f_\alpha,f_\beta,f_\mu]^{\mathrm{T}}$,$\boldsymbol{\Delta}_s = \Delta \boldsymbol{f}_s + \Delta \boldsymbol{g}_s \boldsymbol{\omega} + \boldsymbol{d}_s$为姿态慢回路干扰项($\Delta \boldsymbol{f}_s$,$\Delta \boldsymbol{g}_s$是参数不确定项,$\boldsymbol{d}_s$是外界干扰项)。

采用不确定 NGPC 方法得到慢回路控制律为

$$\boldsymbol{\omega}_c = -\boldsymbol{g}_s^{-1}((\boldsymbol{f}_s + \boldsymbol{K}_s(\boldsymbol{\Omega} - \boldsymbol{\Omega}_c) - \dot{\boldsymbol{\Omega}}_c) + \boldsymbol{\Delta}_s) \tag{6.52}$$

且慢回路补偿控制律为

$$\boldsymbol{\omega}_d = -\boldsymbol{g}_s^{-1}\hat{\boldsymbol{\Delta}}_s = -\boldsymbol{g}_s^{-1}(\boldsymbol{v}_{ads} + \boldsymbol{v}_{rcs}) \tag{6.53}$$

本章采用 DSFLN 方法设计自适应逼近器,为减小延迟作用的影响,慢回路 DSFLN 输入信号中引入比例微分环节,快慢回路自适应逼近器的输出与鲁棒项共同作用得到干扰逼近值 $\hat{\boldsymbol{\Delta}}_f$ 和 $\hat{\boldsymbol{\Delta}}_s$,进一步为基础 NGPC 控制器提供补偿作用。完整的基于 DSFLN 的自适应姿态控制器,如图 6-12 所示。

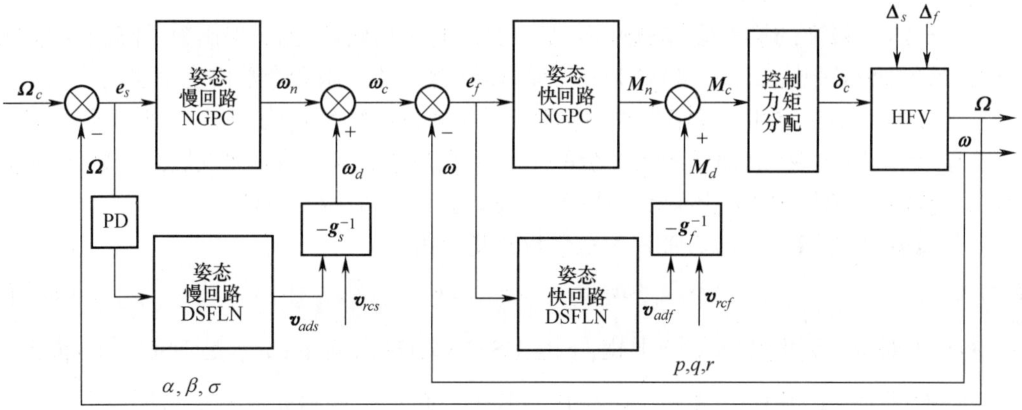

图 6-12 基于 DSFLN 的自适应姿态控制器

在图 6-12 中的 DSFLN 网络结构,如图 6-13 所示。

由图 6-13 可以看到,DSFLN 网络分为输入层、输出层以及竞争层。输入层以及输出层的各个变量定义与 6.2.1 小节一致。

输入层:输入向量 $\boldsymbol{X}$ 经过拓展函数作用得到拓展输入空间,其中拓展函数取式(6.54)的切比雪夫多项式。

$$\varphi_1(x_i) = x_i, \varphi_2(x_i) = 2x_i^2 - 1, \cdots, \varphi_{N+1}(x_i) = 2x_i\varphi_N(x_i) - \varphi_{N-1}(x_i)$$
$$x_i \in [-1,1], \quad i = 1,2,\cdots,n \tag{6.54}$$

输出层:将求和单元输出进行非线性变换得到,变换函数及其导数详见式(6.3)和式(6.4)。

竞争层:网络规模由该层确定。输入层的向量通过李氏判据增长,并结合剪枝规则进行修剪网络,使网络可以动态地调整,呈现合适的结构,重新组织输入层向量维度,以更好

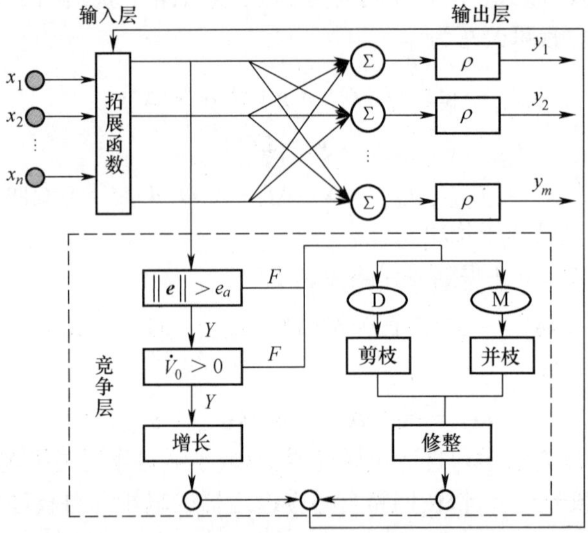

图 6-13　动态结构泛函连接网络结构

地适应外界不确定因素的变化。

注 6.2:DSFLN 的输入层与 FLN 不同,FLN 结构一旦确定,则拓展函数,即确定的拓展输入,而在 DSFLN 中,式(6.54)作为一个基础函数库,拓展函数个数由竞争层动态决定。

注 6.3:对于多层神经网络来说,神经元的竞争通常发生在隐含层中,本书研究的泛函连接网络是单层网络,而影响其性能的主要因素为拓展函数的选取及展开个数的确定。所以,此处将竞争体现为拓展函数的展开个数的改变,对应网络规模的改变。

在紧集 $D_e \subset \boldsymbol{R}$ 上,定义 DSFLN 最优权值矩阵为

$$\boldsymbol{W}^* = \arg\min_{W}\{\sup_{e\in D_e} \|\Delta - v_{ad}\|_{\mathrm{F}}\} \tag{6.55}$$

式中:Δ 为对象受到的实际复合干扰; $\boldsymbol{e}$ 是 DSFLN 的输入向量; $\boldsymbol{v}_{ad}$ 是 DSFLN 的输出向量; $\|\boldsymbol{W}^*\|$ 有界,即满足 $\|\boldsymbol{W}^*\| \leqslant \overline{W}$。其中: $\|\cdot\|$ 表示弗罗贝尼乌斯范数。因此 DSFLN 网络的最优输出为

$$\boldsymbol{v}_{ad}^* = \rho(\boldsymbol{W}^{*\mathrm{T}}\boldsymbol{\phi}) = \boldsymbol{\Delta} - \boldsymbol{\varepsilon}(x),\ \|\boldsymbol{\varepsilon}\| \leqslant \psi_{\varepsilon}^* \tag{6.56}$$

式中: $\boldsymbol{\phi} = (\varphi_1, \varphi_2, \cdots)$, $\boldsymbol{\varepsilon}(\boldsymbol{x})$ 为自适应逼近器输出与未知函数 $\boldsymbol{\Delta}$ 之间的最小逼近误差; ψ_{ε}^* 为 $\boldsymbol{\varepsilon}(\boldsymbol{x})$ 的上界。

6.3.3　动态调整结构

固定节点的神经网络受初始结构制约严重,然而复合干扰未知,FLN 的初始结构难以精准确定。若结构过大,则浪费存储空间和计算速度;若结构过小,则导致逼近性能不佳,不能兼顾快速性和有效性的优势。因此,本小节提出 DSFLN 方法动态地调整网络结构,在达到良好逼近效果的同时,减小网络规模,更好地适应 HFV 飞行过程中对实时性和鲁棒性的要求。

1. 神经网络动态结构分析

网络结构的选择是一个较为复杂的问题,由于问题的性质不同,因此使用的场合和要

求也不尽相同。所谓“最佳网络结构”并没有一个统一的标准,由于结构空间通常会比参数空间大得多,导致搜索也比较困难,因此一般只是根据实际要求选择一个“满意的”结构即可。如何达到满意的程度是需要关注的问题。若神经元多,则非线性逼近能力强,但是其对应的计算复杂度更高,需要的存储空间也越大。权衡二者之间的关系,学者们研究了动态调整结构的神经网络。该调整方法通常可以分为网络修剪法和网络增长法。

1) 网络修剪法

网络修剪法通常是利用一个较大的神经网络在学习过程中逐步修剪,使得网络规模变小的方法。修剪型神经网络优点如下:

(1) 受网络初始结构的束缚不高,可以更好地适应环境改变。

(2) 一般情况下,在修剪网络规模的同时,网络参数会相应减少,使网络学习负担减小,效率增加。

(3) 冗余单元的删除,使得神经网络结构更加精简,能够更快地收敛。

该方法仍然存在以下问题:

(1) 初始神经网络如何选取。若其结构过小,则修剪失去意义,若其结构过大,长时间不收敛则会导致过拟合。

(2) 一般说来,修剪型神经网络的初始结构都比较大,这在某种程度上增加了计算复杂度和存储空间的负担。

2) 网络增大法

网络由简单网络逐步增加节点和连接权值,用来减少误差[20]。网络增大法的优点如下:

(1) 网络结构不必完全由初始结构决定,降低网络受到初始结构的制约,可以更好地适应外界环境的变化。

(2) 避免因为性能指标不满足条件等因素使得网络过度调节,甚至是陷入局部极小值等情况的发生。

(3) 设计好的增长型神经网络,一般在修改网络结构的同时,相应参数也得以修改,这在某种程度上说来,更好地体现了神经网络的自适应能力。

该方法仍有以下问题尚未解决:

(1)如何选取增长判断的条件。

(2)如何及时地停止增长,避免结构过大而增加计算负担和存储空间。

(3)网络增长过程中的稳定性如何保证。

2. 增长网络

已知状态可测,控制李雅普诺夫函数 $V_0(t)$ 是可能的。初始条件下网络节点为 0,I 仍然表示慢回路 s 及快回路 f。

当复合干扰 $\boldsymbol{\Delta}=0$ 时,若逼近网络中没有节点存在($j=0$),则李雅普诺夫函数将退化为 $V_0(t)$,令 $\boldsymbol{A}=-\boldsymbol{K}_I$,对 $V_0(t)$ 求导数可得

$$\dot{V}_0=\boldsymbol{e}_I^{\mathrm{T}}\boldsymbol{P}\dot{\boldsymbol{e}}_I+\dot{\boldsymbol{e}}_I^{\mathrm{T}}\boldsymbol{P}\boldsymbol{e}_I \tag{6.57}$$

其中:$\boldsymbol{PA}+\boldsymbol{A}^{\mathrm{T}}\boldsymbol{P}=-\boldsymbol{Q}$,$\boldsymbol{Q}$ 是正定矩阵,则式(6.57)可以写为

$$\dot{V}_0=\boldsymbol{e}_I^{\mathrm{T}}\boldsymbol{P}\dot{\boldsymbol{e}}_I+\dot{\boldsymbol{e}}_I^{\mathrm{T}}\boldsymbol{P}\boldsymbol{e}_I=-\boldsymbol{e}_I^{\mathrm{T}}\boldsymbol{Q}\boldsymbol{e}_I \tag{6.58}$$

由式(6.58)可知,李雅普诺夫函数的导数为负,意味着误差信号 $\boldsymbol{e}_I$ 渐近收敛于0。

当 $\boldsymbol{\Delta} \neq 0$ 时,假设逼近网络中仍然没有节点存在,则李雅普诺夫的导数为

$$\dot{V}_0 = \boldsymbol{e}_I^{\mathrm{T}}\boldsymbol{P}\dot{\boldsymbol{e}}_I + \dot{\boldsymbol{e}}_I^{\mathrm{T}}\boldsymbol{P}\boldsymbol{e}_I = -\boldsymbol{e}_I^{\mathrm{T}}\boldsymbol{Q}\boldsymbol{e}_I + 2\boldsymbol{e}_I^{\mathrm{T}}\boldsymbol{P}\boldsymbol{\Delta}_I \tag{6.59}$$

$$\dot{V}_0 \leqslant -\|\boldsymbol{e}_I\|^{\mathrm{T}}[\lambda_{\max}(\boldsymbol{Q})\|\boldsymbol{e}_I\| - 2\|\boldsymbol{P}\boldsymbol{\Delta}_I\|] \tag{6.60}$$

$$\|\boldsymbol{e}_I\| \geqslant \frac{2\|\boldsymbol{P}\boldsymbol{\Delta}_I\|}{\lambda_{\max}(\boldsymbol{Q})} \tag{6.61}$$

如果条件式(6.61)能够满足,则无需加逼近器来逼近未知函数;如果条件式(6.61)不能满足,则 $\boldsymbol{\Delta}$ 会使式(6.59)增大,可能导致李雅普诺夫函数 V_0 增大,即条件式(6.60)不满足,从而向网络中增加一个节点。这是本书应用增长网络的重要判据,另外考虑性能指标要求,当跟踪误差在 T_0 时间内有 $\|\boldsymbol{e}\| > e_a$ 时,则向网络中增加一个节点。

增长网络规则——李雅普诺夫判据确定为 T_0 时间内有:若 $\|\boldsymbol{e}\| > e_a$ 且持续 T_1 时间内 V_0 增大,则增加一个网络连接。网络的初始节点数目为0,之后根据李雅普诺夫判据增长网络,且 e_a、T_0、T_1 参数的选择可以决定网络增长的速度及规模大小。

3. 修剪网络

6.2节给出了增长网络的李雅普诺夫判据,可以使网络不受初始结构制约,更好地满足逼近性能要求。然而,虽然逼近效果随着网络增长而增强,但当逼近效果达到一定程度后,冗余项和无效项的存在严重浪费了存储空间,影响学习速度。如何减轻网络的计算负担是十分必要的问题,也是接下来要研究的主要内容。

1) 剪枝操作-D 判据

$\boldsymbol{x}$ 是输入向量, $\boldsymbol{\phi}(\boldsymbol{x})$ 是对应于输入向量的拓展输入, $\boldsymbol{y}$ 是输出向量,定义:

$$D_{\min} = \min(\|\varphi_{(k,i)}(\boldsymbol{x})\|) \tag{6.62}$$

式中:$k=1,2,\cdots,N$,N 为拓展函数展开个数;$i=1,\cdots,n$,其中:n 是输入向量的维度。如果

$$D_{\min} < D_0 * \eta \tag{6.63}$$

为方便,则称条件式(6.63)为 D 判据。如果 D 判据满足,则删除相关权值及拓展函数,执行剪枝操作。其中:$\xi_0 D_0$为预先设定的参数,$\boldsymbol{\eta}$ 是衰减效率。

由式(6.1)可知,网络的输出由权值矩阵与拓展函数连接的乘积得到,这说明权值矩阵和函数连接任何相对应的数值中的值足够小,求和运算前的分量也会变得足够小,则对输出产生的影响也是一个很小的量。那么,在逼近当前干扰信号时,该神经网络中该连接 $\boldsymbol{\varphi}_{(k,i)}(\boldsymbol{x})$ 的贡献非常小,可视为无效项,与此同时删除对应的权值 $\boldsymbol{\omega}_{(k,i)}$($\boldsymbol{\omega}_{(k,i)}$ 是相对 $\boldsymbol{\varphi}_{(k,i)}(\boldsymbol{x})$ 的权值矩阵)。在几乎同等逼近效果的情况下,该剪枝环节降低拓展函数展开的复杂度而且减少了需要学习的权值的个数,得到比较好的网络拓扑结构。

2) 并枝操作-P 判据

本书不仅考虑网络无效项的存在,还考虑网络相似输出冗余项的存在。与无效项的分析类似,泛函连接输出的大小影响网络的输出,因此当一段时间内,泛函连接的输出总表现出近似的特点,也就是说该两项虽然为线性不相关,但是在拓展后的更高维的空间里,却可以表现为相似的特点。根据这一特点对网络做出进一步的调整,为保证网络足够精简,定义函数:

$$M_{\min} = \min(\|\varphi_{n1}(\boldsymbol{x}) - \varphi_{n2}(\boldsymbol{x})\|) \tag{6.64}$$

式中：$n1=2,3,\cdots,N$；$n2=1,2,\cdots,N-1$；N 是网络的节点个数。

如果在时间 T_a 内始终有

$$M_{\min} < M_0 \tag{6.65}$$

则称式(6.65)为 M 判据，当 M 判据满足时，合并 $n1$ 和 $n2$ 项，且权值更新如下：

$$\boldsymbol{\omega}_{n1} = \boldsymbol{\omega}_{n1} + \boldsymbol{\omega}_{n2} \tag{6.66}$$

综上分析，本章通过 D、P 两个判据进行剪枝和并枝两个操作，统称为修剪或修整网络操作。现有的神经网络修剪算法很多，关于泛函连接网络的修整算法较少，本书结合 FLN 网络自身的输出特点设计修整网络算法，可以更好地保证了网络的精简。

注 6.4：当神经网络结构调整时，大多修剪后的网络还需要重新训练，在本书介绍的方法中，修剪网络的同时，调整剩下的权值，改变网络的同时也改变了参数，可以更好地体现了神经网络的自适应能力。

注 6.5：该网络不需要重新训练神经网络的权值，直接采用原来的自适应律进行学习，可以更加方便有效。

本书提出的剪枝与并枝综合的方法，大大加快了网络修整的速度，更重要的是，该方法不仅节省了修剪后的网络复杂度，修剪过程中的计算量也没有增加，大大节省了计算时间，符合提高实时性的初衷。

6.3.4 稳定性分析

在 HFV 的研究问题中，稳定性是首要考虑的因素，一切姿态动作的完成都需要在稳定性得以保证的前提下才能够进行。本章采用了自适应神经网络控制，相较于其他神经网络可以有更好地自适应收敛特性。本小节主要分析动态结构的神经网络，目前利用神经网络作为逼近结构应用于各种环境下的情况有很多，动态调整网络的结构算法也层出不穷，但是在调整网络的同时，必须要考虑是否能够保证系统稳定。所以，下面将进行系统闭环稳定性分析及自组织调整结构过程的稳定性分析。

1. 动态调整结构的稳定性分析

在一般情况下，网络节点数目越多，非线性函数逼近效果越好，且神经网络具有任意逼近非线性函数的特点。如果网络节点数目足够多(可以理解为无限多)，那么神经网络可以使得逼近误差趋于 0。因本书并不需要逼近误差减小至 0，而是需要一个较小的数，所以可以认为，节点个数 $N(t) < \infty$，且修整网络判据使网络结构不会过大，更非无穷。

在 6.2 节的 FLN 方法中，自适应体现在权值更新算法上，而本节的 DSFLN 自适应方法，则包括了节点的更新以及权值的更新。假设当节点加入时，则没有权值正在更新。同理，权值更新的时刻，没有节点正在加入神经网络。因此，相应的稳定性的证明包含了两个部分的内容：权值更新时的稳定性以及节点加入时的稳定性证明。由前提条件可知，权值更新时候节点未发生变化，即仍然属于固定节点的稳定性证明过程，已经在前面得以证明，下面考虑节点加入时刻的稳定性分析。为了方便说明，定义网络节点个数为

$$N(T_i) = i \tag{6.67}$$

式中：T_i 表示第 i 个节点被添加进入神经网络中的时刻，$N(\cdot)$ 表示某时刻的节点个数，则

$$\lim_{\kappa\to 0} N(T_i - \kappa) = i - 1 \tag{6.68}$$

网络节点个数 $N(t)$ 在 $[T_{i-1},T_i^-]$ 时间段内是常数值 $N = i - 1$，则在该区间内有 $|V_{i-1}(t)| \leqslant |V_{i-1}(T_{i-1})|$。又因为

$$V_i(T_i) = \frac{1}{2}\left[e^2(T_i) + \sum_{j=1}^{i}\tilde{w}_{f_j}^{\mathrm{T}}(T_i)\frac{1}{\gamma}\tilde{w}_{f_j}(T_i)\right] \tag{6.69}$$

由假设条件可知 e 是连续的，所以有 $e(T_i)=e(T_i^-)$，且在 T_i^- 到 T_i 时间内，其余$i-1$个节点的权重并没有改变，则下式成立：

$$\begin{aligned} V_i(T_i) &= \frac{1}{2}\left[e^2(T_i) + \sum_{j=1}^{i-1}\tilde{w}_{f_j}^{\mathrm{T}}(T_i^-)\frac{1}{\gamma}\tilde{w}_{f_j}(T_i^-)\right] + \frac{1}{2}\tilde{w}_{f_j}^{\mathrm{T}}(T_i)\frac{1}{\gamma}\tilde{w}_{f_j}(T_i) \\ &= V_i(T_i^-) + \frac{1}{2}\tilde{w}_{f_j}^{\mathrm{T}}(T_i)\frac{1}{\gamma}\tilde{w}_{f_j}(T_i) \end{aligned} \tag{6.70}$$

因为 $t \in [T_{i-1},T_i^-]$，$V_{i-1}(t) \leqslant V_{i-1}(T_{i-1})$，所以有 $V_i(T_i) \leqslant V_{i-1}(T_{i-1}) + \frac{1}{2}\tilde{w}_{f_i}^{\mathrm{T}}(T_i)\frac{1}{\gamma}\tilde{w}_{f_i}(T_i)$。当第一个节点被加入时，按照上面的思路有

$$V_1(T_1) \leqslant V_0(T_0) + \frac{1}{2}\tilde{w}_{f_1}^{\mathrm{T}}(T_1)\frac{1}{\gamma}\tilde{w}_{f_1}(T_1) \tag{6.71}$$

令 γ^{-1}取值相对于初始误差而言很小，则有

$$V_0(T_0) + \frac{1}{2}\tilde{w}_{f_1}^{\mathrm{T}}(T_1)\frac{1}{\gamma}\tilde{w}_{f_1}(T_1) \approx V_0(T_0) \tag{6.72}$$

因此有 $V_1(T_1)$ 是有限值，且

$$V_1(T_1) \leqslant V_0(T_0) \tag{6.73}$$

同样的分析可以用于 $V_i(T_i)$，则有

$$V_i(T_i) \leqslant V_{i-1}(T_{i-1}) \tag{6.74}$$

因此，李雅普诺夫函数在权值更新以及节点变化时候连续减小的过程，能够更好地保证逼近系统的稳定性。与此同时，随着输入误差信号变化，网络节点数目也不断增大，直至到达性能指标要求，自适应停止。同时，剪枝操作的引进可以更好地保证网络规模的精简程度且在逼近效果相差不大的条件下，拓展函数复杂度降低，从而大大提高了网络的泛化能力。

2. 全局稳定性分析

定理 6.2：由考虑满足假设 6.1 的 HFV 非线性姿态系统式(6.5)和式(6.6)，构造 DSFLN 自适应逼近器，如式(6.75)和式(6.78)，权值更新自适应算法由式(6.77)和式(6.80)确定，则系统误差以及权值学习误差一致最终有界。

$$\boldsymbol{v}_{adf} = \rho(\boldsymbol{W}_f^{\mathrm{T}}\boldsymbol{\phi}_f), \quad z_f = \boldsymbol{P}_f\boldsymbol{e}_f(t) \tag{6.75}$$

$$\boldsymbol{v}_{rf} = \boldsymbol{K}_{rf}z_f[1 + \zeta_f\|\boldsymbol{e}_f\|(\overline{W}_f + \|\boldsymbol{W}_f\|)/\|z_f\|] \tag{6.76}$$

$$\dot{\boldsymbol{W}}_f = \boldsymbol{\Gamma}_{Wf}(\boldsymbol{\phi}_f z_f^{\mathrm{T}}\boldsymbol{\rho}_f' - \kappa_f\boldsymbol{W}_f) \tag{6.77}$$

$$\boldsymbol{v}_{ads} = \rho(\boldsymbol{W}_f^{\mathrm{T}}\boldsymbol{\phi}_s), z_s = \boldsymbol{P}_s\boldsymbol{E}_s(t) \tag{6.78}$$

$$\boldsymbol{v}_{rs} = \boldsymbol{K}_{rs}\boldsymbol{z}_s[1 + \zeta_s\|\boldsymbol{e}_s\|(\overline{W}_s + \|\boldsymbol{W}_s\|)/\|\boldsymbol{z}_s\|) \tag{6.79}$$

$$\dot{\boldsymbol{W}}_s = \boldsymbol{\Gamma}_{Ws}(\boldsymbol{\phi}_s \boldsymbol{z}_s^{\mathrm{T}} \boldsymbol{\rho}_s' - \kappa_s \boldsymbol{W}_s) \tag{6.80}$$

式中：ζ_f 和 ζ_s 是正的设计参数，$\boldsymbol{K}_{rf}$、$\boldsymbol{K}_{rs}$、$\boldsymbol{\Gamma}_{Wf}$ 和 $\boldsymbol{\Gamma}_{Ws}$ 是正定的设计矩阵，$\overline{W}_f$ 和 $\overline{W}_s$ 满足式(6.55)。

假设 6.1：存在正定设计矩阵 $\boldsymbol{K}_{rI}$ 以及正的设计常数 ς_I、κ_I、$\overline{C}_I$ 满足以下条件：

$$\underline{\lambda}(\boldsymbol{K}_{rI}) > (\psi_{\varepsilon_I}^* + c_{1I} + c_{2I})/2 \tag{6.81}$$

$$\varsigma_I > c_{3I}/\underline{\lambda}(\boldsymbol{K}_{rI}), \kappa_I > c_{2I} \tag{6.82}$$

$$\overline{C}_I = \kappa_I \overline{W}_I^2 + \psi_{\varepsilon_I}^* + c_{1I} > 0 \tag{6.83}$$

式中：下标 I 代表 f 或 s（姿态快回路或姿态慢回路）；$\underline{\lambda}(\cdot)$ 代表矩阵的最小特征值。另外，$o(\widetilde{\boldsymbol{W}}_I^{\mathrm{T}}\boldsymbol{\phi}_I(\boldsymbol{x}))^2$ 满足以下关系[29]：

$$o(\widetilde{\boldsymbol{W}}_I^{\mathrm{T}}\boldsymbol{\phi}_I(\boldsymbol{x}))^2 \leqslant c_{1I} + c_{2I}\|\widetilde{\boldsymbol{W}}_I\| + c_{3I}\|\widetilde{\boldsymbol{W}}_I\|\|\mathrm{e}_I\| \tag{6.84}$$

式中：c_{1I}, c_{2I}, c_{3I} 为满足式(6.84)的设计常数，且为正值。

姿态慢回路存在延时的影响，故将 DSFLN 的输入中加入了比例微分环节，则有

$$\boldsymbol{E}_s = K_p \boldsymbol{e}_s + K_d \dot{\boldsymbol{e}}_s \tag{6.85}$$

式中：K_p、K_d 分别为比例微分环节的设计系数，则有

$$\begin{aligned}\dot{E}_s &= K_p \dot{\boldsymbol{e}}_s + K_d \ddot{\boldsymbol{e}}_s \\ &= K_p(-\boldsymbol{K}_s \boldsymbol{e}_s + \boldsymbol{\Delta}_s - \hat{\boldsymbol{\Delta}}_s) + K_d(-\boldsymbol{K}_s \dot{\boldsymbol{e}}_s + \dot{\boldsymbol{\Delta}}_s - \dot{\hat{\boldsymbol{\Delta}}}_s) \\ &= -\boldsymbol{K}_s \boldsymbol{E}_s + (K_p \boldsymbol{\Delta}_s + K_d \dot{\boldsymbol{\Delta}}_s) - (K_p \hat{\boldsymbol{\Delta}}_s + K_d \dot{\hat{\boldsymbol{\Delta}}}_s)\end{aligned} \tag{6.86}$$

式中：$K_p \boldsymbol{\Delta}_s + K_d \dot{\boldsymbol{\Delta}}_s$ 是 $\boldsymbol{\Delta}_s$ 经比例微分环节超前校正后的值，故式(6.86)可以写为

$$\dot{\boldsymbol{E}}_s = -\boldsymbol{K}_s \boldsymbol{E}_s + \overline{\boldsymbol{\Delta}}_s(t - \tau_0) - \hat{\overline{\boldsymbol{\Delta}}}_s(t - \tau_0) \tag{6.87}$$

式中：τ_0 为超前时间。慢回路 DSFLN 的输出 v_{ads} 为 $\hat{\overline{\boldsymbol{\Delta}}}_s(t-\tau_0)$，又 $\overline{\boldsymbol{\Delta}}_s(t-\tau_0) = v_{ads}^* + \boldsymbol{\varepsilon}_s - \boldsymbol{v}_{rs}$，则式(6.87)中的 $\overline{\boldsymbol{\Delta}}_s(t-\tau_0) - \hat{\overline{\boldsymbol{\Delta}}}_s(t-\tau_0)$ 可写为

$$\begin{aligned}\overline{\boldsymbol{\Delta}}_s(t - \tau_0) - \hat{\overline{\boldsymbol{\Delta}}}_s(t - \tau_0) &= \rho(\boldsymbol{W}_s^{*\mathrm{T}} \boldsymbol{\phi}_s(\boldsymbol{E}_s)) + \boldsymbol{\varepsilon}_s - \rho(\hat{\boldsymbol{W}}_s^{\mathrm{T}} \boldsymbol{\phi}_s(\boldsymbol{E}_s)) - \boldsymbol{v}_{rs} \\ &= \boldsymbol{\rho}_s' \widetilde{\boldsymbol{W}}_s^{\mathrm{T}} \boldsymbol{\phi}_s(\boldsymbol{E}_s) + \boldsymbol{o}(\widetilde{\boldsymbol{W}}_s^{\mathrm{T}} \boldsymbol{\phi}_s(\boldsymbol{E}_s))^2 + \boldsymbol{\varepsilon}_s - \boldsymbol{v}_{rs}\end{aligned} \tag{6.88}$$

其中：权值学习误差 $\widetilde{\boldsymbol{W}}_s = \boldsymbol{W}_s^* - \hat{\boldsymbol{W}}_s$，$\boldsymbol{\rho}_s' = \rho'(\hat{\boldsymbol{W}}_s^{\mathrm{T}} \boldsymbol{\phi}_s(\boldsymbol{E}_s)) = \mathrm{d}\rho/\mathrm{d}\nu|_{\nu = \hat{\boldsymbol{W}}_s^{\mathrm{T}} \boldsymbol{\phi}_s(\boldsymbol{E}_s)}$。将式(6.88)代入式(6.87)，求得经 PD 校正后的误差状态方程如下：

$$\dot{\boldsymbol{E}}_s = -\boldsymbol{K}_s \boldsymbol{E}_s + (\boldsymbol{\rho}_s' \widetilde{\boldsymbol{W}}_s^{\mathrm{T}} \boldsymbol{\phi}_s(\boldsymbol{E}_s) + \boldsymbol{o}(\widetilde{\boldsymbol{W}}_s^{\mathrm{T}} \boldsymbol{\phi}_s(\boldsymbol{E}_s))^2 + \boldsymbol{\varepsilon}_s - \boldsymbol{v}_{rs}) \tag{6.89}$$

定理 6.2 的证明过程如下：

定义李雅普诺夫函数：

$$V = \frac{1}{2}\boldsymbol{e}_f^{\mathrm{T}} \boldsymbol{P}_f \boldsymbol{e}_f + \frac{1}{2} tr(\widetilde{\boldsymbol{W}}_f^{\mathrm{T}} \boldsymbol{\Gamma}_{Wf}^{-1} \widetilde{\boldsymbol{W}}_f) + \frac{1}{2}\boldsymbol{E}_s^{\mathrm{T}} \boldsymbol{P}_s \boldsymbol{E}_s + \frac{1}{2} tr(\widetilde{\boldsymbol{W}}_s^{\mathrm{T}} \boldsymbol{\Gamma}_{Ws}^{-1} \widetilde{\boldsymbol{W}}) \tag{6.90}$$

式中：$\boldsymbol{P}_f$ 和 $\boldsymbol{P}_s$ 是正定矩阵且满足以下关系：

$$P_I A_I + A_I^{\mathrm{T}} P_I = - Q_I, P_I = P_I^{\mathrm{T}}, Q_I = Q_I^{\mathrm{T}} > 0 \tag{6.91}$$

式中：$A_I = - K_I$ 是系数矩阵。将式(6.90)求导，可得

$$\begin{aligned}\dot{V} = & \frac{1}{2}\dot{e}_f^{\mathrm{T}} P_f e_f + \frac{1}{2} e_f^{\mathrm{T}} P_f \dot{e}_f + \frac{1}{2} tr\left(\widetilde{W}_f^{\mathrm{T}} \Gamma_{Wf}^{-1} \dot{W}_f\right) + \frac{1}{2}\dot{E}_s^{\mathrm{T}} P_f E_s + \frac{1}{2} E_s^{\mathrm{T}} P_f \dot{E}_s + \frac{1}{2} tr\left(\widetilde{W}_s^{\mathrm{T}} \Gamma_{Ws}^{-1} \dot{W}_s\right) \\ = & - \frac{1}{2} e_f^{\mathrm{T}} Q_f e_f + z_f^{\mathrm{T}}\left[\rho_f' \widetilde{W}_f^{\mathrm{T}} \phi_f + o\left(\widetilde{W}_f^{\mathrm{T}} \phi_f\right)^2 + \varepsilon_f - v_{rf}\right] - tr\left(\widetilde{W}_f^{\mathrm{T}} \Gamma_{Wf}^{-1} \dot{W}_f\right) - \\ & \frac{1}{2} E_s^{\mathrm{T}} Q_s E_s + z_s^{\mathrm{T}}\left[\rho_s' \widetilde{W}_s^{\mathrm{T}} \phi_s(E_s) + o\left(\widetilde{W}_s^{\mathrm{T}} \phi_s(E_s)\right)^2 + \varepsilon_s - v_{rs}\right] - tr\left(\widetilde{W}_s^{\mathrm{T}} \Gamma_{Ws}^{-1} \widetilde{W}_s\right)\end{aligned} \tag{6.92}$$

选择在线训练算法式(6.77)和式(6.80)，可得

$$\begin{aligned}\dot{V} = & - \frac{1}{2} e_f^{\mathrm{T}} Q_f e_f + z_f^{\mathrm{T}} o\left(\widetilde{W}_f^{\mathrm{T}} \phi_f\right)^2 + \kappa_f tr\left[\widetilde{W}_f^{\mathrm{T}}\left(W_f^* - \widetilde{W}_f\right)\right] + z_f^{\mathrm{T}} \varepsilon_f - \\ & z_f^{\mathrm{T}} K_{rf} z_f\left[1 + \zeta_f\left(\overline{W}_f + \| W_f \|\right) \| e_f \| / \| z_f \|\right] - \frac{1}{2} E_s^{\mathrm{T}} Q_s E_s + z_s^{\mathrm{T}} o\left(\widetilde{W}_s^{\mathrm{T}} \phi_s(E_s)\right)^2 + \\ & \kappa_s tr\left[\widetilde{W}_s^{\mathrm{T}}\left(W_s^* - \widetilde{W}_s\right)\right] + z_s^{\mathrm{T}} \varepsilon_s - z_s^{\mathrm{T}} K_{rs} z_s\left[1 + \zeta_s\left(\overline{W}_s + \| W_s \|\right) \| E_s \| / \| z_s \|\right]\end{aligned} \tag{6.93}$$

应用式(6.55)、式(6.56)以及式(6.84)，可得

$$\begin{aligned}\dot{V} \leqslant & - \frac{1}{2}\underline{\lambda}(Q_f) \| e_f \|^2 + \| z_f \| \left(c_{1f} + c_{2f} \| \widetilde{W}_f \| + c_{3f} \| \widetilde{W}_f \| \| e_f \|\right) + \kappa_f\left(\| \widetilde{W}_f \| \overline{W}_f - \right. \\ & \left.\| \widetilde{W}_f \|^2\right) + \| z_f \| \psi_{\varepsilon f}^* - \varsigma_f \underline{\lambda}(K_{rf}) \| \widetilde{W}_f \| \| z_f \| \| e_f \| - \underline{\lambda}(K_{rf}) \| z_f \|^2 - \\ & \frac{1}{2}\underline{\lambda}(Q_s) \| E_s \|^2 + \| z_s \| \left(c_{1s} + c_{2s} \| \widetilde{W}_s \| + c_{3s} \| \widetilde{W}_s \| \| E_s \|\right) + \kappa_s\left(\| \widetilde{W}_s \| \overline{W}_s - \right. \\ & \left.\| \widetilde{W}_s \|^2\right) + \| z_s \| \psi_{\varepsilon s}^* - \varsigma_s \underline{\lambda}(K_{rs}) \| \widetilde{W}_s \| \| z_s \| \| e_s \| - \underline{\lambda}(K_{rs} \| z_s \|^2\end{aligned} \tag{6.94}$$

式中：$\underline{\lambda}(\cdot)$代表矩阵最小特征值，则有

$$\begin{aligned}\dot{V} \leqslant & \frac{1}{2}\underline{\lambda}(Q_f) \| e_f \|^2 + \frac{1}{2}\left(\| z_f \|^2 + 1\right)\left(c_{1f} + \psi_{\varepsilon f}^*\right) + \frac{1}{2} c_{2f} \cdot \left(\| z_f \|^2 + \| \widetilde{W}_f \|^2\right) + \\ & c_{3f} \| z_f \| \| \widetilde{W}_f \| \| e_f \| + \frac{1}{2}\kappa_f\left(\| \widetilde{W}_f \|^2 + \overline{W}_f^2\right) - \kappa_f \| \widetilde{W}_f \|^2 - \varsigma_f \underline{\lambda}(K_{rf}) \\ & \| z_f \| \| \widetilde{W}_f \| \| e_f \| - \underline{\lambda}(K_{rf}) \| z_f \|^2 - \frac{1}{2}\underline{\lambda}(Q_s) \| E_s \|^2 + \frac{1}{2}\left(\| z_s \|^2 + 1\right) \\ & \left(c_{1s} + \psi_{\varepsilon s}^*\right) + \frac{1}{2} c_{2s} \cdot \left(\| z_s \|^2 + \| \widetilde{W}_s \|^2\right) + c_{3s} \| z_s \| \| \widetilde{W}_s \| \| E_s \| + \\ & \frac{1}{2}\kappa_s\left(\| \widetilde{W}_s \|^2 + \overline{W}_s^2\right) - \kappa_s \| \widetilde{W}_s \|^2 - \varsigma_s \underline{\lambda}(K_{rs}) \| z_s \| \| \widetilde{W}_s \| \| E_s \| - \\ & \underline{\lambda}(K_{rs}) \| z_s \|^2\end{aligned} \tag{6.95}$$

进一步推导，有

$$\begin{aligned}\dot{V} \leqslant & - \frac{1}{2}\underline{\lambda}(Q_f) \| e_f \|^2 - \frac{1}{2}\underline{\lambda}(Q_s) \| E_s \|^2 - \frac{1}{2}\left(\kappa_f - c_{2f}\right) \| \widetilde{W}_f \|^2 \\ & - \frac{1}{2}\left(\kappa_s - c_{2s}\right) \| \widetilde{W}_s \|^2 + \frac{1}{2}\left(C_f + C_s\right)\end{aligned} \tag{6.96}$$

进一步可得以下条件：

$$\| \boldsymbol{e}_f \| > \sqrt{C_f/\underline{\lambda}(\boldsymbol{Q}_f)}\ ,\ \| \boldsymbol{E}_s \| > \sqrt{C_s/\underline{\lambda}(\boldsymbol{Q}_s)} \tag{6.97}$$

$$\| \widetilde{\boldsymbol{W}}_f \| > \sqrt{C_f/(\kappa_f - c_{2f})}\ ,\ \| \widetilde{\boldsymbol{W}}_s \| > \sqrt{C_s/(\kappa_s - c_{2s})} \tag{6.98}$$

所以，当式(6.97)或式(6.98)满足时，可以使得李雅普诺夫函数负定，定理 6.2 得证。

6.3.5 HFV 姿态控制仿真验证

当选取变化的迎角值作为姿态指令信号时，与 6.2.3 节不同的是，施加慢回路力矩干扰为 $d_{s1} = 0.01\sin(t+1)$，$d_{s2} = 0.01\cos(t+1)$，$d_{s3} = 0.01\sin(t+1)$；姿态快回路力矩干扰为 $d_{f1} = 1.4\times10^5\sin(3t+1)$，$d_{f2} = 1.6\times10^5\cos(5t+2)$，$d_{f3} = 1.4\times10^5\sin(3t+2)$；对气动力矩系数和气动力系数施加 30% 的不确定。得到姿态角的跟踪图以及舵面偏转情况，如图 6-14 和图 6-15 所示，图 6-17 表示网络节点变化情况。

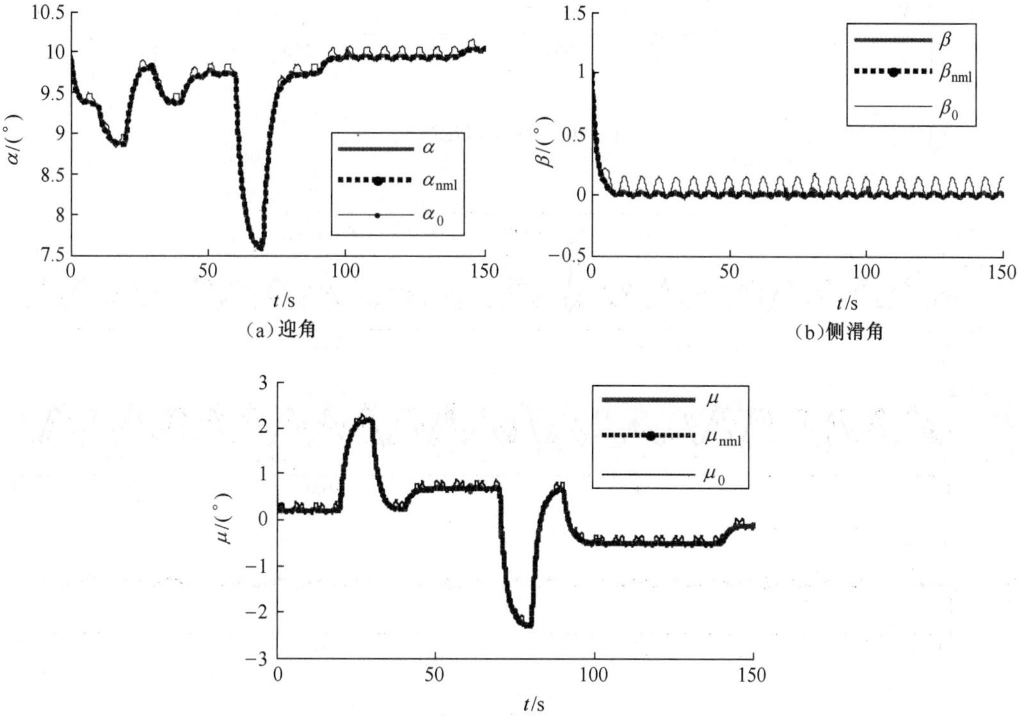

(a) 迎角　(b) 侧滑角　(c) 航迹滚转角

图 6-14　姿态指令跟踪控制效果

如图 6-14 所示，点线为指令信号，粗实线为补偿过的姿态角跟踪情况，细实线为施加补偿作用的姿态角跟踪情况。从该图可知，运用本节设计的补偿控制器，可以良好地抑制复合干扰的影响，且稳态误差较小，能够实现稳定跟踪指令信号的目的。图 6-16 所示为干扰逼近效果，图 6-17 为网络节点个数变化情况。在干扰逼近效果良好的情况下，节点在 15s 以后分别稳定在 7 个和 3 个，总权值学习个数为 30 个，大大减小了计算量，可以

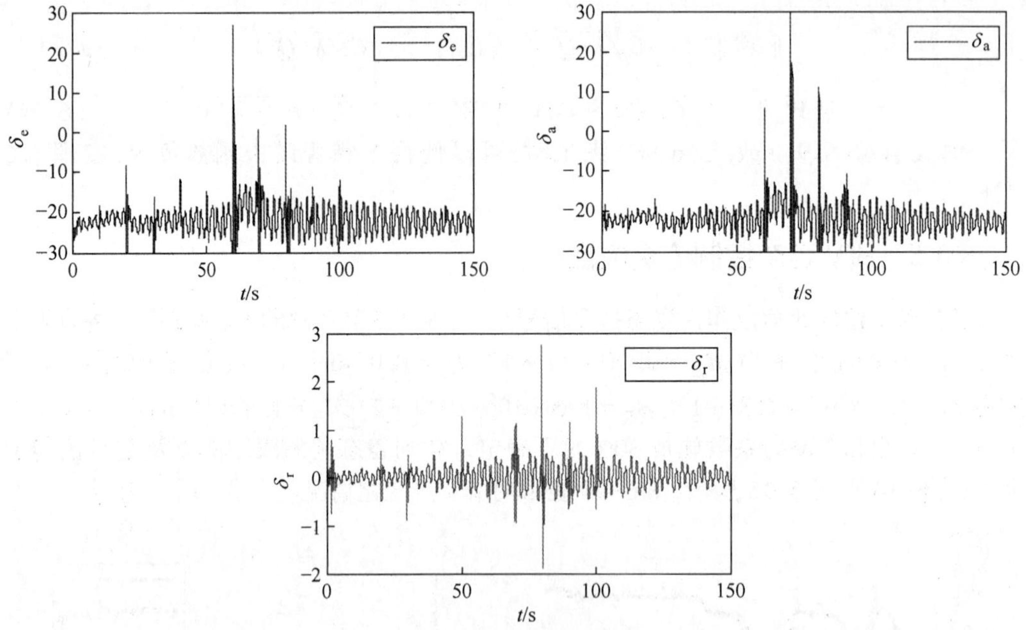

图 6-15 舵面偏转情况

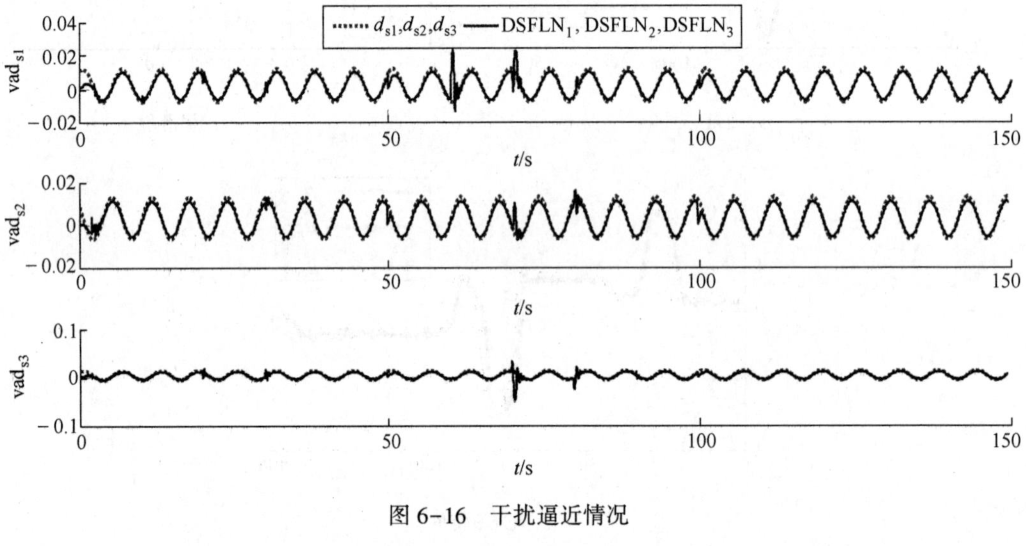

图 6-16 干扰逼近情况

实现满足稳定性的前提下,对姿态指令信号的良好跟踪,且计算量减少,更符合实时性要求。

另外,本节选取了一组其他的状态量及干扰,具体如下:假设 HFV 无动力滑翔飞行,$H_0=40\text{km}$,$\tau=118.5°$,$\delta=0°$,$V_0=4.0\text{km/s}$,$m=136820\text{kg}$,$\chi_0=0°$,$\gamma_0=0°$,$\alpha_0=2$,$\beta_0=1°$,$\mu_0=2°$,$\omega_0=[0,0,0]^{\mathrm{T}}$;姿态回路复合干扰设为 $\Delta\boldsymbol{M}=[d_{f1},d_{f2},d_{f3}]$,$\Delta\boldsymbol{\omega}=[d_{s1},d_{s2},d_{s3}]$,其中:$d_{f1}=2.3\times10^5\sin(5t+2)\sin2t$, $d_{f2}=1.2\times10^6\sin(5t+4)\cos t\sin2t$,$d_{f3}=5.0\times10^6\sin(5t+4)\sin5t\cos2t$,$d_{s1}=0.02\sin(0.8t+2)$,$d_{s2}=0.01\sin(0.5t+4)$,$d_{s3}=0.02\sin(t)$;施加±30%的气

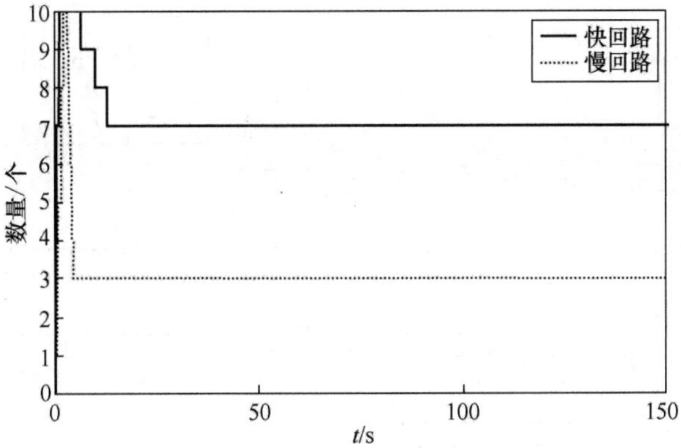

图 6-17　节点个数变化情况

动力和气动力矩参数不确定；指令信号与 6.2.3 小节中的仿真验证相同。采用本章提出的 DSFLN 方法和 6.2.3 小节的 FLN 方法对比实验。其中，固定结构 FLN 选择姿态快慢回路节点数目均为 18 个，仿真效果如图 6-18～图 6-21 所示。

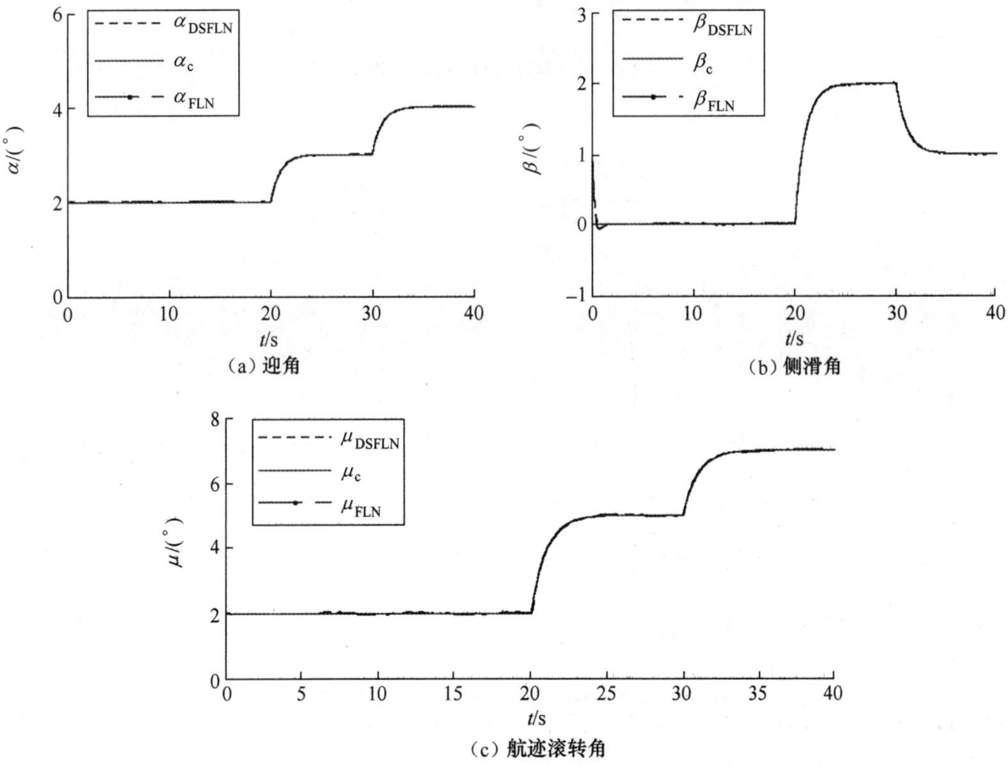

图 6-18　姿态角控制效果对比

在姿态快回路和慢回路中同时加入干扰和参数不确定影响，在相同的飞行条件及控制指令情况下，分别采用固定结构 FLN 方法和 DSFLN 方法为基础控制器提供补偿作用。图 6-18 和图 6-20 所示为姿态角和角速率的跟踪图，图 6-21 为三维航迹图。在图 6-18～

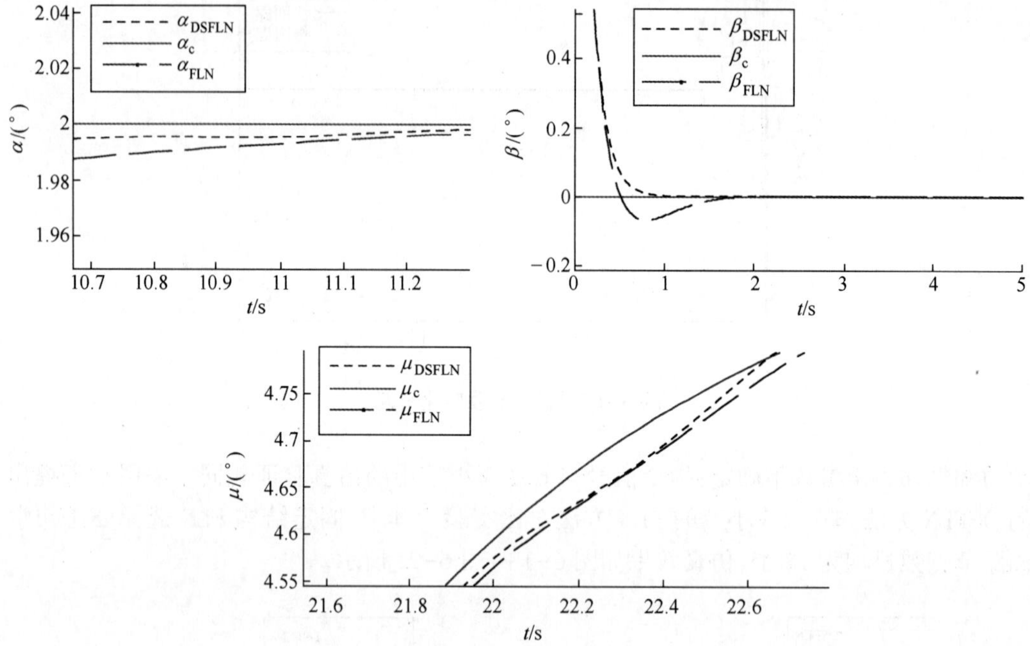

图 6-19　姿态角局部放大图

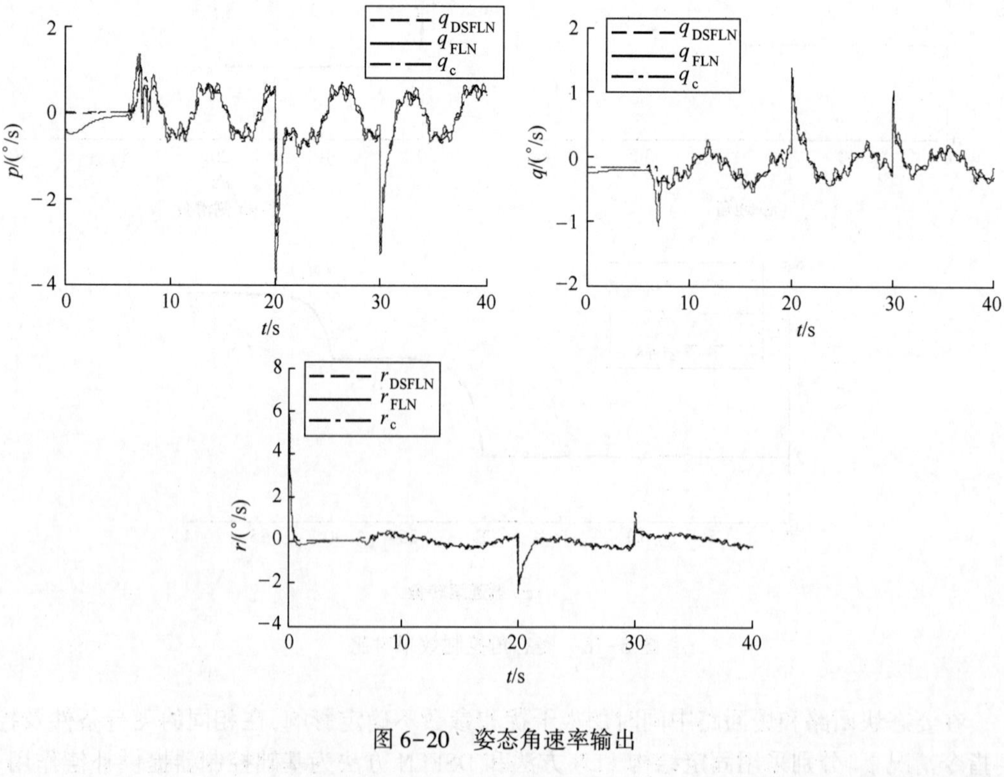

图 6-20　姿态角速率输出

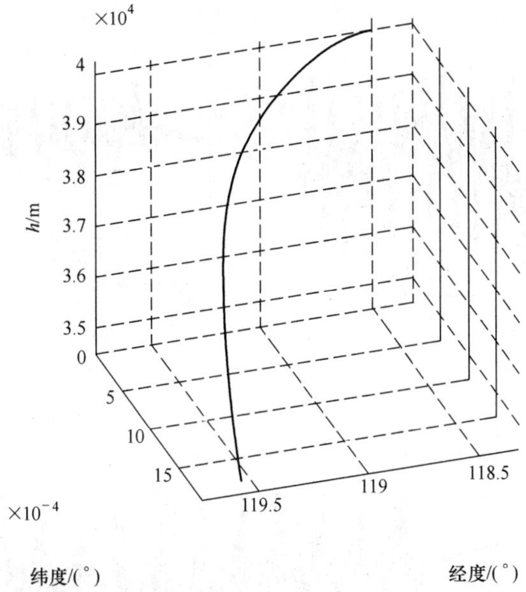

图 6-21　HFV 滑翔飞行三维航迹图

图 6-20 中点线表示采用 DSFLN 补偿控制器的姿态角跟踪效果图，点划线表示 FLN 补偿控制器下的姿态角跟踪图，实线为指令信号。从这些图可以看到，DSFLN 和 FLN 都能为基础控制器提供补偿作用，使得姿态角稳定地跟踪指令信号，而且 DSFLN 方法并不会牺牲逼近精度。

图 6-22 和 6-23 分别给出了控制舵面偏转角和干扰逼近效果，图 6-24 为 DSFLN 方

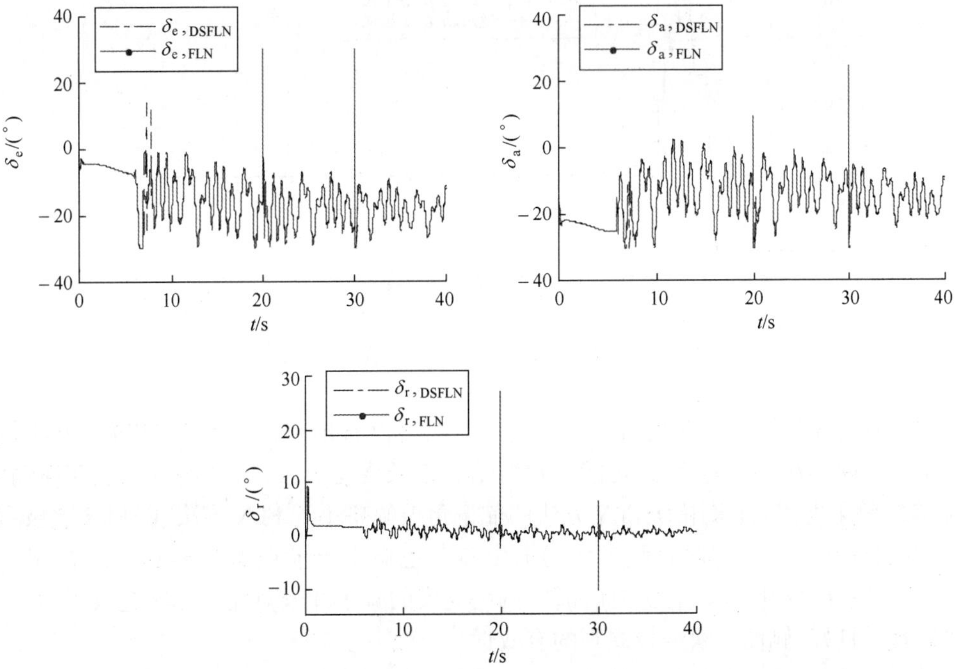

图 6-22　控制舵面偏转角

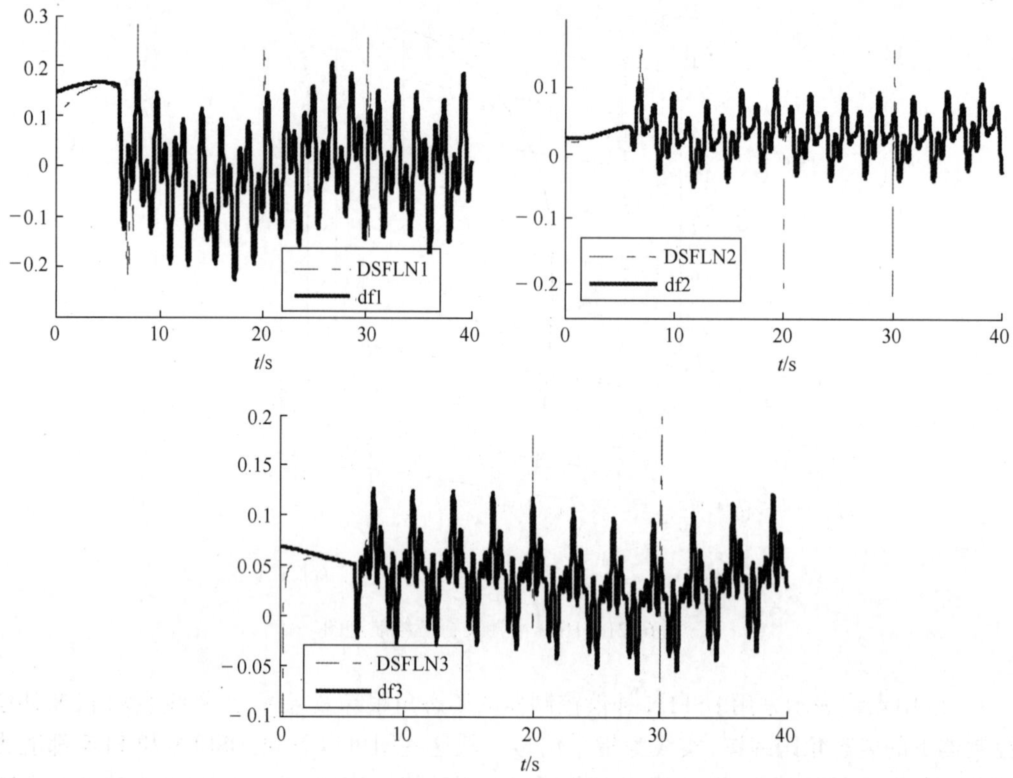

图 6-23　干扰逼近图

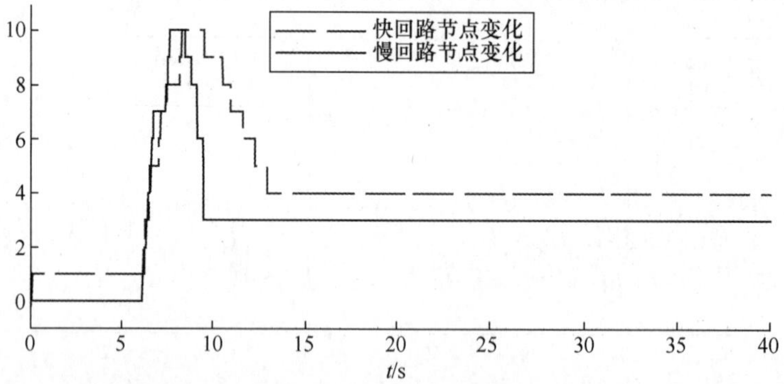

图 6-24　网络节点个数

法网络节点的变化情况。从舵面偏转角的对比图可以看出,在 8s 左右 DSFLN 方法的左升降副翼舵面存在一些震荡,这可能与网络结构增长变化有关,而其他时间的舵面偏转,均与 FLN 效果类似,且采用 DSFLN 方法的舵偏角振幅略小于 FLN 方法,DSFLN 剪枝后的网络节点数目少,信号变化时候产生的输出震荡也略小于节点数目多的 FLN 网络。同时,对应于图 6-22 中 10s 后的舵面偏转,网络规模的减小并未对舵面偏转造成影响,且干扰逼近效果良好,侧面反映剪枝规则的有效性。

另外,由图 6-24 可见,快慢回路的节点个数分别稳定在 4 个和 3 个,相应的权值学习个数为 12 个和 9 个,学习参数较少;而与之对比的固定结构 FLN 采用 18 个节点的网络结构,姿态回路共有 108 个权值需要学习,DSFLN 方法最大学习权值为 60 个,最小学习权值为 21 个。两种方法均能够达到良好的姿态跟踪效果,可以证明 DSFLN 方法的优越性:在没有牺牲学习精度的前提下,调整网络结构,减少学习参数个数,且网络受到初始结构制约较小,更加符合实时性要求。

综上所述,针对参数不确定和干扰的问题,DSFLN 网络能够动态地调整结构来适应变化的干扰信号。其在不牺牲逼近精度的前提下,减少了学习参数个数,且不受网络初始结构的制约,比 FLN 方法表现出更大的优越性。

6.3.6 小结

本节根据实际干扰的情况复杂多变的特性,针对固定结构神经网络并不能一直良好逼近干扰的问题。因此,提出李氏函数法增长网络,并根据泛函连接网络的结构特点进行修剪规则的确定,实现结构动态调整的泛函连接网络的设计,同时给出结构变化过程中及闭环的稳定性分析,为研究的实用性增加了更为可靠的利用信息。此外,采用两种方法仿真对比,更好地说明了 DSFLN 方法的有效性能及应用于 HFV 姿态控制中的优越性。

参 考 文 献

[1] GILES C L, MAXWELL T. Learning, invariance, and generalization in high-order neural networks[J]. Applied optics, 1987, 26(23): 4972-4978.

[2] PAO Y. Adaptive pattern recognition and neural networks[M]. Hoboken: Addison-Wesley Publishing Co., Inc, 1989:31-67.

[3] PAO Y H, PARK G H, SOBAJIC D J. Learning and generalization characteristics of the random vector functional-link net[J]. Neurocomputing, 1994, 6(2): 163-180.

[4] SIERRA A, MACIAS J A, CORBACHO F. Evolution of functional link networks[J]. IEEE Transactions on Evolutionary Computation, 2001, 5(1): 54-65.

[5] PAO Y H,TAKEFUJI Y. Functional-link net computing: theory, system architecture, and functionalities [J]. Computer, 1992, 25 (5):76-79.

[6] LEE T T, JENG J T. The Chebyshev-polynomials-based unified model neural networks for function approximation[J]. IEEE Transactions on Systems, Man, and Cybernetics, Part B:Cybernetics, 1998, 28 (6): 925-935.

[7] ZHAO H, ZHANG J. Functional link neural network cascaded with Chebyshev orthogonal polynomial for nonlinear channel equalization[J]. Signal processing-amsterdam, 2008, 88(8): 1946-1957.

[8] DEHURI S, CHO S B. A comprehensive survey on functional link neural networks and an adaptive PSO-BP learning for CFLNN[J]. Neural Computing and Applications, 2010, 19(2): 187-205.

[9] HU Y C. Functional-link nets with genetic-algorithm-based learning for robust nonlinear interval regression analysis[J]. Neurocomputing, 2009, 72(7-9): 1808-1816.

[10] HEMA C R, PAULRAJ M P, YAACOB S, et al. Functional link PSO neural network based classification of EEG mental task signals[C]//2008 International Symposium on Information Technology. Kuala Lumpur:IEEE,2008.

[11] HASSANZADEH I, KHANMOHAMMADI S, JIANG J, et al. Implementation of a functional link net-

ANFIS controller for a robot manipulator[C]//Proceedings of the Third International Workshop on Robot Motion and Control.Bukowy Dworek: IEEE, 2002: 399-404.

[12] CHEN C H, LIN C J, LIN C T. A functional-link-based neurofuzzy network for nonlinear system control [J]. IEEE Transactions on Fuzzy Systems, 2008, 16(5): 1362-1378.

[13] DU Y L, WU Q X, JIANG C S, et al. Adaptive recurrent-functional-link-network control for hypersonic vehicles with atmospheric disturbances[J]. Science China Information Sciences, 2011, 54(3): 482-497.

[14] LEWIS F L, YESILDIREK A, LIU K. Multilayer neural net robot controller: structure and stability proofs[J]. IEEE Trans. Neural Networks, 1996, 7(2): 388-399.

[15] POLYCARPOU M M. Stable adaptive neural control scheme for nonlinear systems[J]. IEEE Transactions on Automatic control, 1996, 41(3): 447-451.

[16] FRITZKE B. Growing grid——a self-organizing network with constant neighborhood range and adaptation strength[J]. Neural processing letters, 1995, 2(5): 9-13.

[17] FRITZKE B. Unsupervised clustering with growing cell structures[C]//IJCNN-91-seattle international joint conference on neural networks.Seattle:IEEE, 1991, 2: 531-536.

[18] FLENTGE F. Locally weighted interpolating growing neural gas[J]. IEEE transactions on neural networks, 2006, 17(6): 1382-1393.

[19] LAÇERDA E, DE CARVALHO A, LUDERMIR T. Evolutionary optimization of RBF networks[J]. International journal of neural systems, 2001, 11(3): 287-294.

[20] BURZEVSKI V, MOHAN C K. Hierarchical growing cell structures[C]//Proceedings of International Conference on Neural Networks (ICNN'96).Washing ton DC:IEEE, 1996, 3: 1658-1663.

[21] LECUN Y, DENKER J S, SOLLA S A. Optimal brain damage[C]//Advances in Neural Information Processing Systems.San Francisco:Morgan Kaufmann Publishers Inc, 1990: 598-605.

[22] ENGELBRECHT A P. A new pruning heuristic based on variance analysis of sensitivity information[J]. IEEE transactions on Neural Networks, 2001, 12(6): 1386-1399.

[23] ER M J, GAO Y. Online adaptive fuzzy neural identification and control of a class of mimo nonlinear dynamic systems[J]. IFAC Proceedings Volumes,2002,2002:301-306.

[24] YAN L, SUNDARARAJAN N, SARATCHANDRAN P. Nonlinear system identification using Lyapunov based fully tuned dynamic RBF networks[J]. Neural Processing Letters, 2000, 12(3): 291-303.

[25] PLATT J. A resource-allocating network for function interpolation[J]. Neural Computation, 1991, 3(2):213-225.

[26] LI M B HUANG G B, SARATCHANDRAN P, et al. An efficient sequential learning algorithm for growing and pruning RBF (GAP-RBF) networks[J]. IEEE Transactions on Systems, Man, and Cybernetics, Part B (Cybernetics), 2004, 34(6): 2284-2292.

[27] SHANKAR P, YEDAVALLI R K, BURKEN J J. Self-organizing radial basis function networks for adaptive flight control[J]. Journal of Guidance, Control, and Dynamics, 2011, 34(3): 783-794.

[28] BUTT W A, YAN L, KENDRICK A S. Dynamic surface control for nonlinear hypersonic air vehicle using neural network[C]//Proceedings of the 29th Chinese control conference.Beijing: IEEE, 2010: 733-738.

[29] LEWIS F L, YESILDIREK A, LIU K. Multilayer neural-net robot controller with guaranteed tracking performance[J]. IEEE Transactions on Neural Networks, 1996, 7(2): 388-399.

第 7 章　高超声速飞行器鲁棒轨迹控制系统设计

7.1 引　言

第 6 章介绍了非线性姿态控制器的设计，也称为“基本控制器”。若想完成一定的飞行任务，则需要高超声速飞行器（hypersonic flight vehicle，HFV）能够沿着规划的轨迹飞行并能够保持飞行的轨迹，因此需要设计“轨迹控制器”。两者的差别不仅在于设计目标的不同，它们自身的动态特征也有很大的区别。基本控制器补偿的都是一些快速变化的转动运动过程，如操纵机构的动力学特性和非线性特性、飞行力学参数的变化以及阵风干扰等的影响都具有很重要的作用。轨迹控制涉及一些相对缓慢的变化过程，轨迹的改变实际上是飞行器的重心移动过程，它与 HFV 的转动过程（姿态运动）之间存在明显的频率间隔。因此，可以近似地把基本控制器与轨迹控制器分开设计，整体的飞行控制系统由内向外，按串联控制方式逐步建立。若对基本控制器（姿态控制器）进行比较仔细的设计，能够显著抑制大部分的干扰和不确定，那么轨迹控制器的设计负担将减轻不少。轨迹控制不仅包括对飞行速度和高度的控制，也包括在遵循使用限制条件下的对最优飞行轨迹的生成和引导。本章考虑的主要是对 HFV 飞行速度和高度大小的非线性控制，以及对速度方向的非线性控制，分别使这些物理量能够在干扰和不确定存在的情况下良好地跟踪给定的指令信号，并能满足要求的控制精度。

对于处于爬升和巡航段的高超声速飞行器，速度和高度的控制需要在基本控制器为内回路的基础上增加推力的控制，这样 HFV 轨迹的实际控制量就包括了舵面以及发动机的推力。这种设计能够实现速度和高度的共同控制，使后面的轨迹机动和引导成为可能。对于再入飞行的 HFV，通过调整迎角和航迹滚转角能够实现飞行器的速度方向变化，即改变航迹方位角和航迹倾角。决定了控制结构之后，需要选择合适的控制方法。为了设计简便，轨迹控制的基本方法仍然采用名义系统的非线性广义预测控制（nonlinear generalized predictive control，NGPC）算法。但是，在 HFV 的飞行过程中经常会出现需要解决的未建模动态、气动参数不确定、外界干扰等问题，鲁棒控制就是解决这些问题的一种方法。鲁棒性是指某种控制在一定的参数下，维持控制系统某些性能不发生变化的特性。其控制理论出现在 20 世纪 80 年代，随后快速发展成为一种解决不确定问题的重要手段。

对于 HFV 的鲁棒轨迹控制问题，本书针对被控对象的非线性特征和耦合特性，先采用 NGPC 方法进行跟踪修正，使控制量达到期望值，再利用非线性干扰观测器（nonlinear disturbance observer，NDO）技术对未知扰动和系统不确定因素进行补偿，提高系统的鲁棒性，以弥补标称 NGPC 方法的不足。NDO 技术的的优点是对模型不确定项进行实时估计和补偿，且很容易与先进控制方法相结合，将其与 NGPC 相结合，能够增强 HFV 轨迹控制器的鲁棒性能。

7.2 高超声速飞行器速度高度控制器设计

7.2.1 控制系统设计

1. HFV 飞行控制系统层级及功能分析

根据一般飞行控制系统的层级结构,给出 HFV 的控制任务层级如图 7-1 所示。

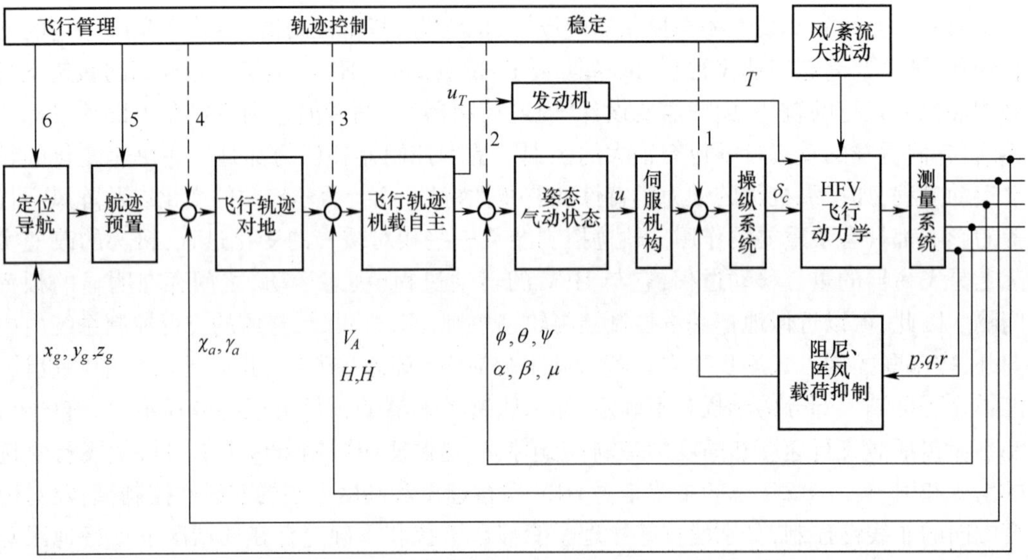

1—转动角速度、加速度;2—飞行姿态、空气动力状态;3—飞行航迹参数;
4—可飞行的轨迹;5—航路点、径向、飞行高度;6—飞行计划。

图 7-1 HFV 飞行控制任务的层级

层级 1 的任务是改善 HFV 固有运动阻尼的不足,抑制突风和大扰动影响。层级 2 的任务为稳定空气动力状态和飞行姿态,设计姿态控制器,即基本控制器。层级 3 用常规机载自主手段稳定飞行轨迹,以构成简单的自动驾驶仪。层级 4 为控制空速和高度,同时控制对地的飞行航迹。层级 5 跟踪按地点和时间定义的可飞行轨迹。层级 6 按空中交通状况和天气情况以及飞行安全规定制定飞行航线计划。层级 1 和层级 2 实际上是飞行控制的稳定回路,主要实现姿态稳定控制功能;层级 3 和层级 4 可以合并称为制导回路,用以实现飞行轨迹控制;层级 5 和层级 6 构成飞行管理回路。近 30 年来,飞行控制系统的结构取得了重大进展,除了使用电传操纵外,各种专门的控制器已综合成较大的单元,并用数字计算机系统来实现,但是控制系统的层级结构基本没有什么变化。

当姿态控制系统的设计完成之后,为了实现 HFV 的飞行制导任务,需要设计轨迹控制系统。按照层级结构,轨迹控制回路在姿态稳定回路的外环,如果任务要求只需控制 HFV 的姿态,则轨迹控制回路可以断开,并不影响姿态的灵活控制,但若是进行 HFV 的轨迹控制,则须以姿态的稳定控制作为前提。

2. 速度高度控制器设计思路

本节以飞行速度 V 和飞行高度 H 的跟踪作为轨迹控制设计的目标。在图 7-1 中，姿态的指令信号是轨迹控制的输入控制信号，故考虑纵向的轨迹控制时，应将设计好的姿态控制系统中的横侧向姿态指令置为 0，以迎角 α_c 作为轨迹系统的一个控制信号。同时，为了较大范围地调节 HFV 的空速，还应引入发动机的推力调节，因此以发动机的推力 T 作为轨迹系统另一个控制信号。设计过程中，先考察相关的状态方程 V 和 γ，再关注高度 H。将式(3.8)和式(3.10)的 β 和 μ 置 0 后，得到以下两组方程：

$$\dot{V} = \frac{1}{M}(-D - Mg\sin\gamma) + \frac{1}{M}(T_x\cos\alpha + T_z\sin\alpha) \tag{7.1}$$

$$\dot{\gamma} = \frac{1}{MV}(L - Mg\cos\gamma + T_x\sin\alpha - T_z\cos\alpha) \tag{7.2}$$

将式(7.1)、式(7.2)转化为仿射非线性方程组：

$$\begin{bmatrix} \dot{V} \\ \dot{\gamma} \end{bmatrix} = \begin{bmatrix} -g\sin\gamma \\ -\dfrac{g\cos\gamma}{V} \end{bmatrix} + \begin{bmatrix} \dfrac{1}{M} & 0 \\ 0 & \dfrac{1}{MV} \end{bmatrix} \begin{bmatrix} \bar{D} \\ \bar{L} \end{bmatrix} \tag{7.3}$$

其中

$$\bar{D} = -D + T_x\cos\alpha + T_z\sin\alpha \tag{7.4}$$

$$\bar{L} = L + T_x\sin\alpha - T_z\cos\alpha \tag{7.5}$$

由于阻力 D 和升力 L 与迎角有关，T_x 和 T_z 是总推力 T 的表达式，因此根据式(3.50)、式(3.52)和式(3.70)，可得

$$\begin{aligned} \bar{D} &= -D + T_x\cos\alpha + T_z\sin\alpha \\ &= -\hat{q}SC_D + T\cdot\cos\alpha + T\cdot\delta_z\cdot\sin\alpha \\ &= f_{\bar{D}}(T,\alpha) \end{aligned} \tag{7.6}$$

$$\begin{aligned} \bar{L} &= L + T_x\sin\alpha - T_z\cos\alpha \\ &= \hat{q}SC_L + T\cdot\sin\alpha - T\delta_z\cdot\cos\alpha \\ &= f_{\bar{L}}(T,\alpha) \end{aligned} \tag{7.7}$$

从 $\bar{D}$ 和 $\bar{L}$ 推导得出 T 和 α 的过程相似于从 $\boldsymbol{M}_C$ 得到 $\boldsymbol{\delta}_c$ 的过程，所以也把这个环节定义为轨迹控制系统的控制分配过程。姿态控制系统中的控制分配可以得到解析表达式($\boldsymbol{\delta}_c = \boldsymbol{g}_{f,\delta}^{-1}\cdot\boldsymbol{M}_c$)，而轨迹控制中 $\bar{D}$ 和 $\bar{L}$ 是 T 和 α 的复杂非线性关系式，很难由式(7.6)、式(7.7)推导出 T 和 α 的解析表达式。可以考虑通过数值计算的方法求出相应 T 和 α 的值，来作为姿态控制层的指令信号 α_c 和推力指令 T。可以看出，式(7.3)也是典型的仿射非线性方程形式，能够依据它设计非线性控制器 NC1。

高度 H 的控制需要用到状态方程式(3.7)，则有

$$\dot{z}_g = -\dot{H} = -V\sin\gamma \tag{7.8}$$

如果设 $U_h = \sin\gamma$，则式(7.8)变为

$$\dot{H} = V \cdot U_h \tag{7.9}$$

式(7.9)也是仿射非线性方程,设计非线性控制器 NC2 后,依据计算得到的 U_h 可以直接得到 $\gamma_c = \arcsin(U_h)$,此数值作为了下一层的指令信号。其具体纵向轨迹控制的算法如图 7-2 所示,图中的姿态快慢回路控制器用一个非线性姿态控制器模块代替。

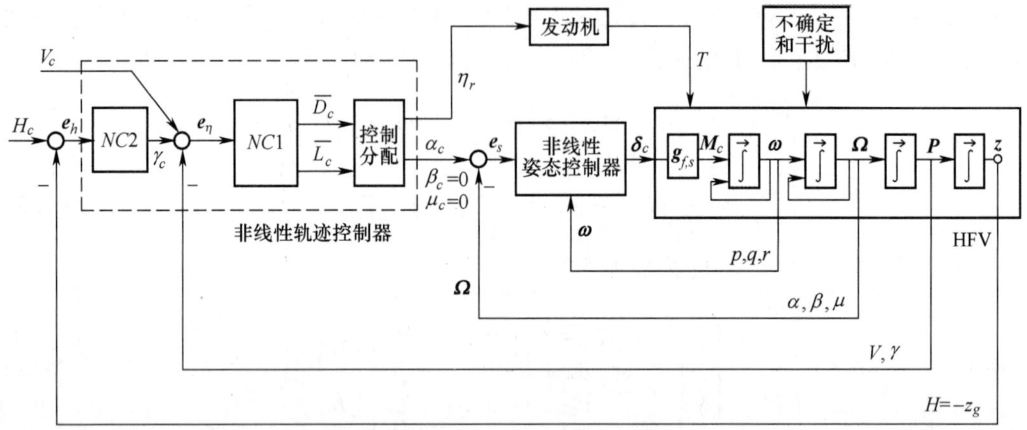

图 7-2　HFV 非线性轨迹控制算法框图

注 7.1:图 7-2 并不是实际轨迹控制器的实现结构图,它所示是依据 HFV 仿射非线性的模型推导出所需的迎角指令 α_c 以及所需推力 T 的算法过程。另外,轨迹控制器的实际输出量也不是发动机的推力 T,而是图 7-2 中的 $\boldsymbol{\eta}_r$ 或其他物理量,其中间还缺少调节推力的环节,如油门系统等。由于缺少伺服系统的模型和发动机的相关参数,因此本节后面的控制设计所需 α_c 和 T 的计算,待实现控制系统时再将伺服系统和发动机相关系统考虑进去。

3. 控制器设计过程

式(7.3)可写成以下仿射非线性方程:

$$\dot{\boldsymbol{\eta}} = \boldsymbol{f}_\eta(\boldsymbol{\eta}) + \boldsymbol{g}_\eta(\boldsymbol{\eta})\overline{\boldsymbol{F}}_c \tag{7.10}$$

式中:$\boldsymbol{\eta} = [V,\gamma]^{\mathrm{T}}$;$\boldsymbol{f}_\eta(\eta) = [-g\sin\gamma, -g\cos\gamma/V]^{\mathrm{T}}$;$\boldsymbol{g}_\eta(\boldsymbol{\eta}) = \mathrm{diag}\{1/M, 1/(MV)\}$;控制量 $\overline{\boldsymbol{F}}_c = [\overline{D},\overline{L}]^{\mathrm{T}}$。$\overline{D}$ 和 $\overline{L}$ 的具体表达如式(7.6)、式(7.7)所示。如果 $\boldsymbol{\eta}$ 的期望输出指令 $\boldsymbol{\eta}_C = [V_C,\gamma_c]^{\mathrm{T}}$,则可以根据式(7.10)以及不同的非线性控制方法来设计非线性控制器。若根据式(2.67)所述非线性广义预测控制 NGPC 的控制律形式,则有

$$\overline{\boldsymbol{F}}_c = -\boldsymbol{g}_\eta^{-1}(\boldsymbol{\eta})(\boldsymbol{f}_\eta(\boldsymbol{\eta}) + \boldsymbol{K}_\eta \boldsymbol{e}_\eta - \dot{\boldsymbol{\eta}}_C) \tag{7.11}$$

其中:该回路的误差定义为 $\boldsymbol{e}_\eta = \boldsymbol{\eta} - \boldsymbol{\eta}_C$。由于式(7.11)的 $\overline{\boldsymbol{F}}_c$ 为控制输入,$\boldsymbol{\eta}$ 为系统输出,故该子系统的相对阶为 1,同时设控制阶为 0,因此矩阵 $\boldsymbol{K}_\eta$ 的计算过程为

$$\begin{aligned}\boldsymbol{K}_\eta &= \overline{\boldsymbol{\Gamma}}_{(2,2)}^{-1} \cdot \overline{\boldsymbol{\Gamma}}_{(1,2)}^{\mathrm{T}} \\ &= diag\{3/T_V^3, 3/T_\gamma^3\} \cdot diag\{T_V^2/2, T_\gamma^2/2\} \\ &= diag\{3/(2T_V), 3/(2T_\gamma)\}\end{aligned} \tag{7.12}$$

其中:$\overline{\boldsymbol{\Gamma}}_{(2,2)}^{-1}$ 和 $\overline{\boldsymbol{\Gamma}}_{(1,2)}^{\mathrm{T}}$ 的表达式参见第 2 章非线性广义预测控制的相应公式;T_V 和 T_γ 分

别是 V 和 γ 回路的预测时间。

控制律式(7.11)中 $\boldsymbol{\eta}_C = [V_C, \gamma_c]^{\mathrm{T}}$，$V_C$ 是用户给定的速度期望值，γ_c 并非用户给定。如图 7-2 所示，γ_c 为 NC2 控制器的输出值，因此需要设计 NC2 以得到 γ_c。根据式(7.9)以及 NGPC 的控制律设计形式，可得

$$U_h = -V_A^{-1}(\boldsymbol{K}_h e_h - \dot{H}_C) \tag{7.13}$$

其中：高度输出误差为 $e_h = H - H_C$；H_C 是用户给定的高度期望值；$\boldsymbol{K}_h$ 是需要设计的参数，它的定义同式(7.12)，即

$$\boldsymbol{K}_h = \overline{\boldsymbol{\Gamma}}_{(2,2)}^{-1} \cdot \boldsymbol{\Gamma}_{(1,2)}^{\mathrm{T}} = diag\ \{3/(2T_h)\} \tag{7.14}$$

式中：T_h 是 H 回路的预测时间。这样可以得到完整的 U_h 计算式。由于 $U_h = \sin\gamma$，故

$$\gamma_c = \arcsin(-V^{-1}(\boldsymbol{K}_h e_h - \dot{H}_C)) \tag{7.15}$$

式中：γ_c 将作为下一层的指令信号，参与式(7.11)的计算。

式(7.11)能够计算得出 $\overline{\boldsymbol{F}}_c$，但并未得出送入姿态控制系统的指令信号 α_c 以及所需的推力 T。根据式(7.6)和式(7.7)可知，$\overline{\boldsymbol{F}}_c$ 的两个元素是 α_c 以及 T 的非线性函数。可以考虑采用牛顿迭代法反解出 α_c 以及 T 的值。

假设 $f(x) = 0$ 这个方程的解 x^* 在 x_0 附近（x_0 是方程解 x^* 的近似），则函数 $f(x)$ 在点 x_0 处的局部线性化表达式为

$$f(x) \approx f(x_0) + (x - x_0)f'(x_0) \tag{7.16}$$

由此得一次方程：

$$f(x_0) + (x - x_0)f'(x_0) = 0 \tag{7.17}$$

求解式(7.17)，得到 $x_1 = x_0 - \dfrac{f(x_0)}{f'(x_0)}$。设 x_n 是方程解 x^* 的近似，则迭代格式为

$$x_{n+1} = x_n - \frac{f(x_n)}{f'(x_n)} \quad (n = 0,1,2,\cdots) \tag{7.18}$$

在实现 HFV 轨迹控制分配时，可以按照式(7.6)和式(7.7)得到两个非线性方程：

$$f_1(T,\alpha) = -\hat{q}SC_D(\alpha) + T \cdot \cos\alpha + T\delta_z \cdot \sin\alpha - \overline{D} = 0 \tag{7.19}$$

$$f_2(T,\alpha) = \hat{q}SC_L(\alpha) + T \cdot \sin\alpha - T\delta_z \cdot \cos\alpha - \overline{L} = 0 \tag{7.20}$$

其中：$\overline{D}$ 和 $\overline{L}$ 是轨迹控制器的输出。按照牛顿法可以得到 α_c 和 T 的解如下：

$$\begin{bmatrix} T(k+1) \\ \alpha_c(k+1) \end{bmatrix} = \begin{bmatrix} T(k) \\ \alpha_c(k) \end{bmatrix} - \begin{bmatrix} \partial f_1/\partial T & \partial f_1/\partial \alpha \\ \partial f_2/\partial T & \partial f_2/\partial \alpha \end{bmatrix}_k^{-1} \cdot \begin{bmatrix} f_1 \\ f_2 \end{bmatrix}_k \tag{7.21}$$

初始迭代时（$k = 0$），T 和 α_c 可以采用稳定飞行时的配平点数值进行计算，以后每一次迭代都取上一代执行时求解出的 T 和 α_c 作为初始值，直到给定的终止条件（通常是误差平方和）满足为止。在后面的仿真实验中，设迭代次数为终止条件，通常循环 5 次以内就可以求出 T 和 α_c。

注 7.2：在式(7.19)和式(7.20)进行计算时，采用的是系统中实际的状态值 α，对应的式(7.21)的右边第二项也用 α 来计算。求解式(7.21)以后，得到的结果提供给下一个回路的指令值 α_c。

7.2.2 高超声速飞行器飞行控制仿真

针对 winged-cone 高超声速飞行器，验证速度和高度控制的效果。飞行器的初始状态如下：

初始值：$V_0 = 3000\text{m/s}, H_0 = 30\text{km}$；$T_0 = 600\text{kN}, T_y = T_z = 0$，即 $\delta_y = \delta_z = 0$。

期望值：$t = 0 \sim 200\text{s}, V_c = 3300\text{m/s}, H_c = 29.9\text{km}$；

$t = 200 \sim 400\text{s}, V_c = 3300\text{m/s}, H_c = 30.1\text{km}$；

V_c 和 H_c 后连接指令滤波器 $\dfrac{1}{10s+1}$。

控制器设计参数：高度控制：$K_h = \dfrac{1}{30}$，速度控制：$\boldsymbol{K}_\eta = \begin{pmatrix} 1/8 & 0 \\ 0 & 1/7 \end{pmatrix}$。

图 7-3 是被控制变量速度和高度的输出图，可以看出速度和高度最终能够准确地跟踪给定指令，稳态误差较小。图 7-4 是速度高度控制回路的控制变量 T 和 α_c 的变化曲线

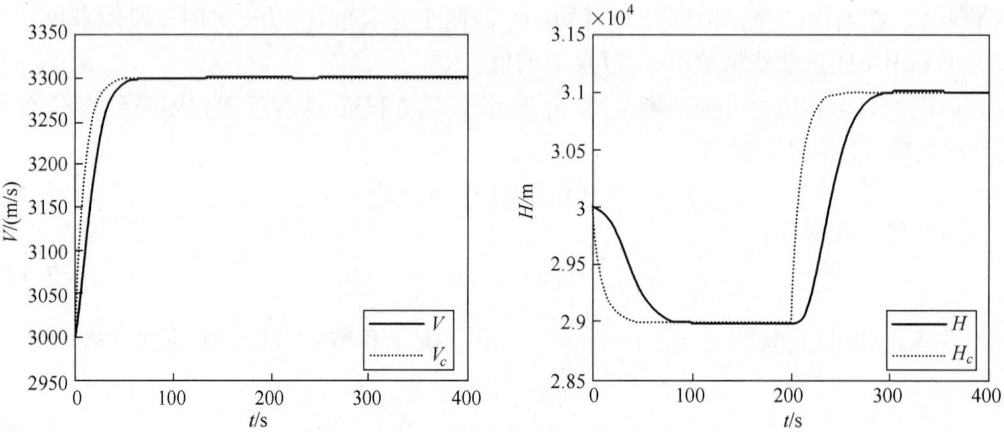

(a) 速度　　(b) 高度

图 7-3　速度和高度输出图

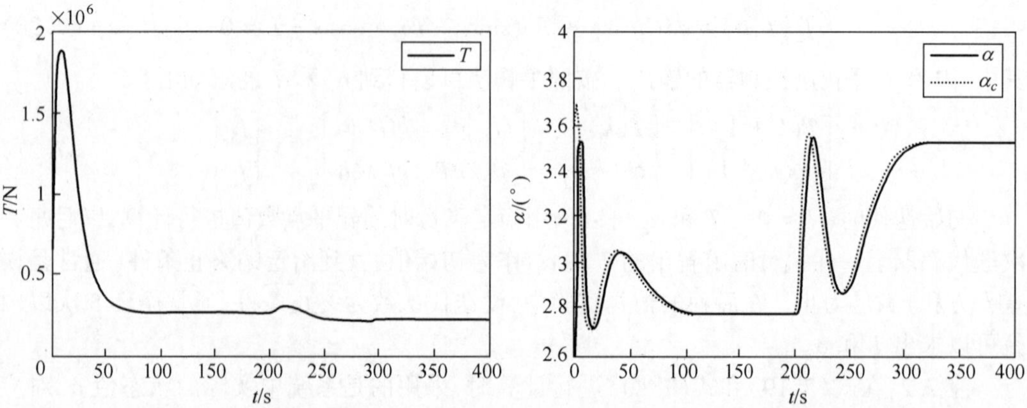

(a) 推力　　(b) 迎角

图 7-4　速度高度回路的控制量

图,由于系统包含姿态控制回路,因此飞行器的实际迎角 α 能够跟踪上指令 α_c。图 7-5 所示为控制系统中其他中间变量的状态,包括航迹倾角、侧滑角、航迹滚转角以及角速率。由于控制器的作用,这些中间变量均能跟踪其给定指令。图 7-6 是 HFV 系统的实际控制量左升降副翼舵、右升降副翼舵和方向舵的偏转图,三个舵面的偏转均在其幅值限制范围之内。

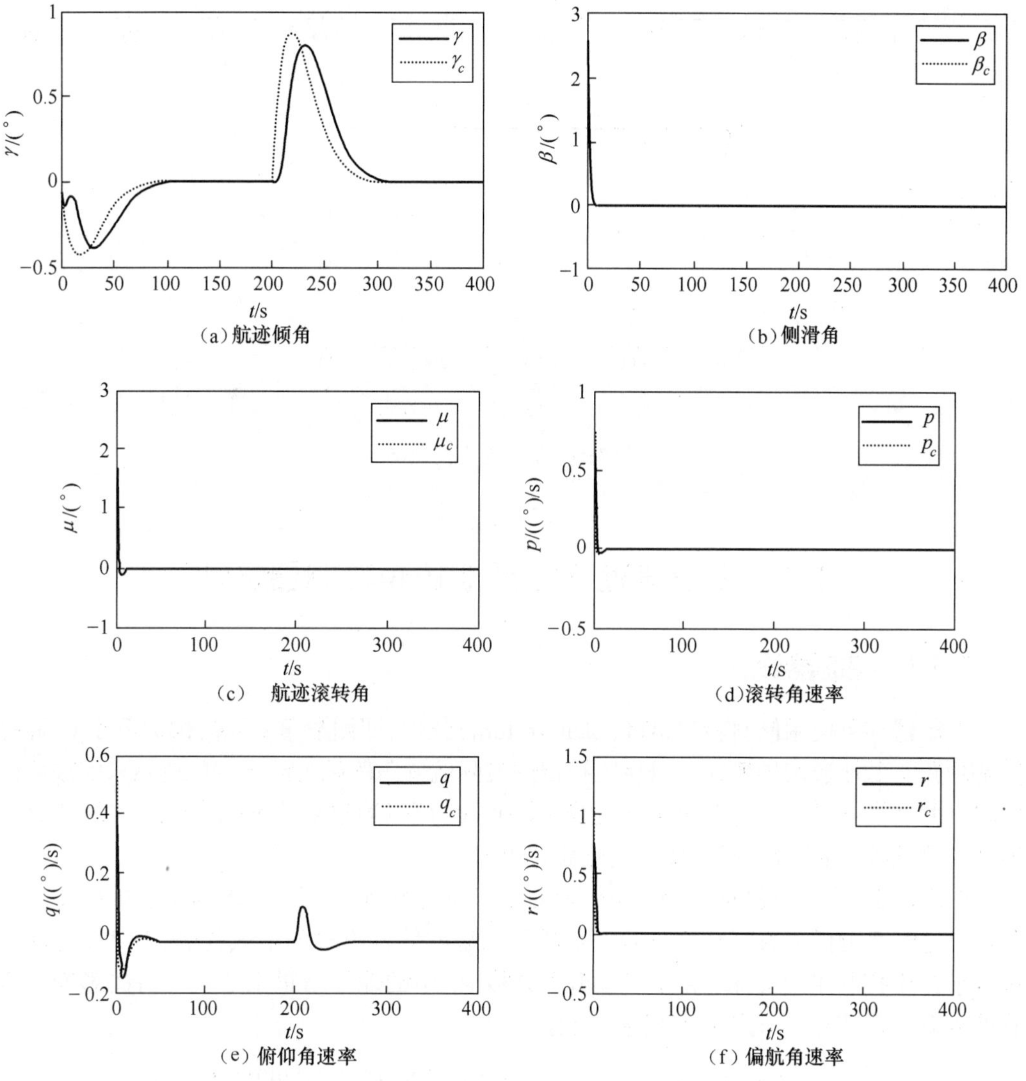

图 7-5 中间状态量变化图

从仿真结果可以看出,HFV 在爬升过程中,速度和高度都能够跟踪上给定值并达到稳定。推力随着时间的变化先增加到一个很大的值,最终稳定在固定值,航迹方位角和航迹滚转角都能够跟踪上期望值并且达到稳定。

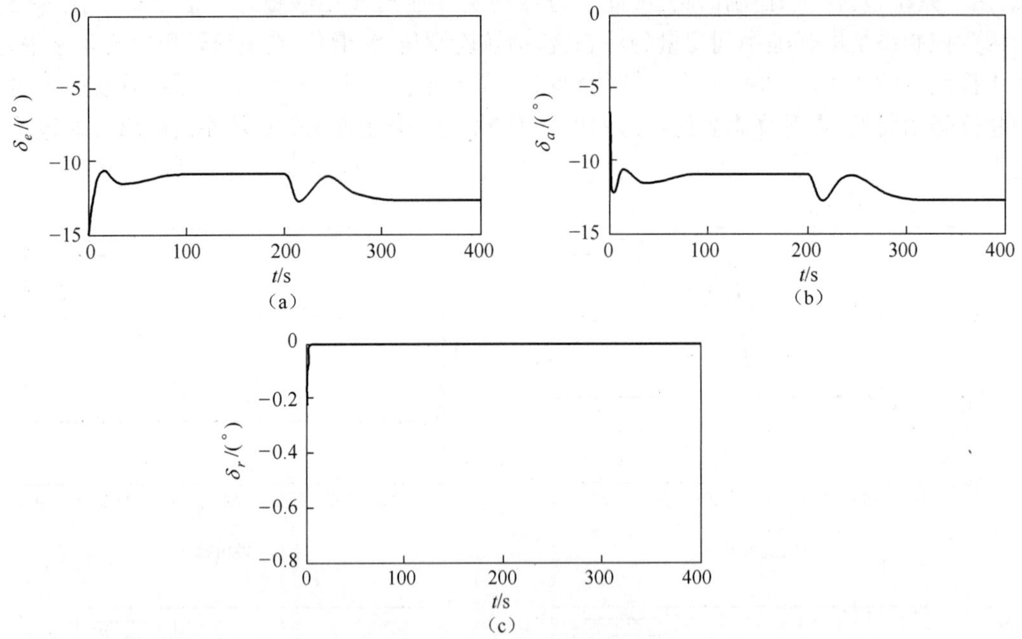

图 7-6　控制舵面变化图

7.3　高超声速飞行器航迹角控制器设计

7.3.1　控制器设计

飞行器如果使用倾斜转弯 BTT(bank to turn)技术,即侧滑角 $\beta = 0$,侧力等于 0,通过控制迎角 α 和航迹滚转角 μ 可以使飞行器的实际航迹角跟踪上给定的航迹角来完成航向控制。此时的控制变量为迎角 α 与航迹滚转角 μ,可以通过对速度回路的航迹角微分方程进行非线性控制律的设计,使其完成跟踪即可。

若以球面大地假设情况下的 HFV 运动方程为被控制对象的模型,则可以将航迹方位角与航迹倾角的微分方程式(3.34)写成以下仿射非线性方程的形式,应用 NGPC 等方法进行航迹角控制律的设计。由于气动升力系数 C_L 中的舵面增量系数对升力的影响量级比基本升力系数 $C_{L,\alpha}$ 的影响小得多,故有

$$\begin{cases} \dot{\chi} = \dfrac{V\cos\gamma\sin\chi\tan\delta}{R} + f_1(\omega_E) - \dfrac{C_{L,\alpha}\hat{q}S\sin\mu + T_x\sin\alpha\sin\mu}{MV\cos\gamma} \\ \dot{\gamma} = \left(\dfrac{V}{R} - \dfrac{g}{V}\right)\cos\gamma + f_2(\omega_E) + \dfrac{C_{L,\alpha}\hat{q}S\cos\mu + T_x\sin\alpha\cos\mu}{MV} \end{cases} \tag{7.22}$$

其中:$f_1(\omega_E)$,$f_2(\omega_E)$ 均指仿射非线性化后原表达式中关于地球自转角速率 ω_E 部分的函数。由于平方项 ω_E^2 对运动方程影响很小,通常可以忽略不计,因此有

$$f_1(\omega_E) = 2\omega_E(\sin\delta - \cos\delta\tan\gamma\cos\chi),\ f_2(\omega_E) = 2\omega_E\cos\delta\sin\chi \tag{7.23}$$

于是,式(7.22)可以转化为以下仿射非线性方程:

$$\dot{\boldsymbol{P}} = \boldsymbol{f}_{TA}(\boldsymbol{P}) + \boldsymbol{g}_{TA}(\boldsymbol{P})\boldsymbol{U}_{TA} \tag{7.24}$$

式中：$\boldsymbol{P} = [\chi, \gamma]^{\mathrm{T}}$；$\boldsymbol{U}_{TA}$ 表达式如下：

$$\boldsymbol{U}_{TA} = [(C_{L,\alpha}\hat{q}S + T_x\sin\alpha)\sin\mu, (C_{L,\alpha}\hat{q}S + T_x\sin\alpha)\cos\mu]^{\mathrm{T}} \tag{7.25}$$

$$\boldsymbol{f}_{TA} = \begin{pmatrix} \dfrac{V\cos\gamma\sin\chi\tan\delta}{R} + f_1(\omega_E) \\ \left(\dfrac{V}{R} - \dfrac{g}{V}\right)\cos\gamma + f_2(\omega_E) \end{pmatrix}, \boldsymbol{g}_{TA} = \begin{pmatrix} -\dfrac{1}{MV\cos\gamma} & 0 \\ 0 & \dfrac{1}{MV} \end{pmatrix} \tag{7.26}$$

如果 $\boldsymbol{P}$ 的期望输出指令 $\boldsymbol{P}_C = [\chi_c,\ \gamma_c]^{\mathrm{T}}$，则可以根据式(7.24)设计非线性控制律。若根据 NGPC 方法，则有

$$\boldsymbol{U}_{TA} = -\boldsymbol{g}_{TA}^{-1}(\boldsymbol{P})(\boldsymbol{f}_{TA}(\boldsymbol{P}) + \boldsymbol{K}_{TA}\boldsymbol{e}_{TA} - \dot{\boldsymbol{P}}_C) \tag{7.27}$$

其中：该回路的误差定义为 $\boldsymbol{e}_{TA} = \boldsymbol{P} - \boldsymbol{P}_C$。式(7.27)中 $\boldsymbol{U}_{TA}$ 为控制输入，$\boldsymbol{P}$ 为系统输出，故该子系统的相对阶为 1，同时设控制阶为 0。矩阵 $\boldsymbol{K}_{TA}$ 的计算过程类似于 7.2 节，即

$$\begin{aligned} \boldsymbol{K}_{TA} &= \bar{\boldsymbol{\Gamma}}_{(2,2)}^{-1} \cdot \bar{\boldsymbol{\Gamma}}_{(1,2)}^{\mathrm{T}} \\ &= diag\{3/(2T_\chi), 3/(2T_\gamma)\} \end{aligned} \tag{7.28}$$

其中：T_χ 和 T_γ 分别是 χ 和 γ 回路的预测时间。

求出 $\boldsymbol{U}_{TA}$ 后可以利用牛顿迭代法反解出 α 和 μ 的期望值。二元牛顿迭代法的一般形式为

$$f(x,y) \approx f(x_0,y_0) + \left[(x - x_0)\frac{\partial}{\partial x}f(x,y)\bigg|_{x=x_0} + (y - y_0)\frac{\partial}{\partial y}f(x,y)\bigg|_{y=y_0}\right] \tag{7.29}$$

$$g(x,y) \approx g(x_0,y_0) + \left[(x - x_0)\frac{\partial}{\partial x}g(x,y)\bigg|_{x=x_0} + (y - y_0)\frac{\partial}{\partial y}g(x,y)\bigg|_{y=y_0}\right] \tag{7.30}$$

令 $f(x,y) = 0, g(x,y) = 0$，可以得到以下的数值解：

$$\begin{bmatrix} x(k+1) \\ y(k+1) \end{bmatrix} = \begin{bmatrix} x(k) \\ y(k) \end{bmatrix} - \begin{bmatrix} \partial f/\partial x & \partial f/\partial y \\ \partial g/\partial x & \partial g/\partial y \end{bmatrix}_k^{-1} \cdot \begin{bmatrix} f \\ g \end{bmatrix}_k \tag{7.31}$$

根据式(7.25)，设

$$U1 = (C_{L,\alpha}\hat{q}S + T_x\sin\alpha)\sin\mu, U2 = (C_{L,\alpha}\hat{q}S + T_x\sin\alpha)\cos\mu \tag{7.32}$$

于是，有

$$f_1 = (C_{L,\alpha}\hat{q}S + T_x\sin\alpha)\sin\mu - U1,\quad f_2 = (C_{L,\alpha}\hat{q}S + T_x\sin\alpha)\cos\mu - U2 \tag{7.33}$$

$$\frac{\partial f_1}{\partial \alpha} = (C_{L,\alpha}\hat{q}S)'\sin\mu + T_x\cos\alpha\sin\mu, \frac{\partial f_1}{\partial \mu} = (C_{L,\alpha}\hat{q}S + T_x\sin\alpha)\cos\mu \tag{7.34}$$

$$\frac{\partial f_2}{\partial \alpha} = (C_{L,\alpha}\hat{q}S)'\cos\mu + T_x\cos\alpha\cos\mu, \frac{\partial f_2}{\partial \mu} = -(C_{L,\alpha}\hat{q}S + T_x\sin\alpha)\sin\mu \tag{7.35}$$

因此，根据式(7.31)~式(7.35)有以下表达式：

$$\begin{bmatrix} \alpha(k+1) \\ \mu(k+1) \end{bmatrix} = \begin{bmatrix} \alpha(k) \\ \mu(k) \end{bmatrix} - \begin{bmatrix} \partial f_1/\partial \alpha & \partial f_1/\partial \mu \\ \partial f_2/\partial \alpha & \partial f_2/\partial \mu \end{bmatrix}_k^{-1} \cdot \begin{bmatrix} f_1 \\ f_2 \end{bmatrix} \tag{7.36}$$

将 α 和 μ 的初始值代入式(7.36),反复迭代直到 $\sqrt{f_1^2(\alpha_{k+1},\mu_{k+1})+f_2^2(\alpha_{k+1},\mu_{k+1})}\leqslant\varepsilon$ 满足要求(ε 是自设的一个小值),这样就可以得到迎角和航迹滚转角的期望值 α_c 和 μ_c。

针对上面的问题,还存在一种简单的解法,即

$$\frac{U1}{U2}=\frac{(C_{L,\alpha}\hat{q}S+T_x\sin\alpha)\sin\mu}{(C_{L,\alpha}\hat{q}S+T_x\sin\alpha)\cos\mu}=\tan\mu,\quad \mu=\arctan\frac{U1}{U2} \tag{7.37}$$

将滚转角的值代回到 $U1$ 或 $U2$ 当中,就可以应用一元牛顿迭代法求解出迎角的大小。

7.3.2 高超声速飞行器飞行控制仿真与分析

针对 winged-cone 高超声速飞行器的无动力再入过程,验证航迹角控制的效果。飞行器的初始状态如下:

初始值:$V_0=3000\text{m/s}$,$H_0=40\text{km}$;$\chi_0=180°$;$\gamma_0=0°$;$T_x=0$。

期望值:$t=0\sim250\text{s}$,χ_c 和 γ_c 的指令参见图7-7。

χ_c 和 γ_c 后连接指令滤波器 $\dfrac{1}{10s+1}$。

控制器设计参数:$\boldsymbol{K}_{TA}=\begin{pmatrix}1/8 & 0\\ 0 & 1/4\end{pmatrix}$。

图7-7是被控制变量航迹方位角和航迹倾角的输出图,在仿真时间当中 χ_c 和 γ_c 有几次的指令变化,可以看出 χ 和 γ 在稳定后能够跟踪给定的指令 χ_c 和 γ_c,稳态误差较小。图7-8是飞行器在三维空间的航迹图,飞行器转变航向,执行了横侧向转弯的机动动作。图7-9所示为姿态控制系统中各状态的变化,包括迎角、侧滑角、航迹滚转角以及三轴角速率。给定值 β_c 事先设为0,给定值 α_c 和 μ_c 由航迹角控制器计算得出。由于姿态控制器的作用,三个气流姿态角实际状态均能跟踪上姿态角给定值,因此外环的航迹角能够达到良好的控制效果。

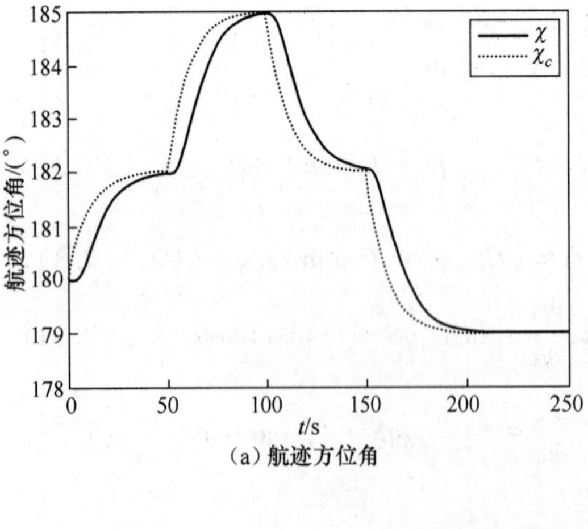

(a) 航迹方位角

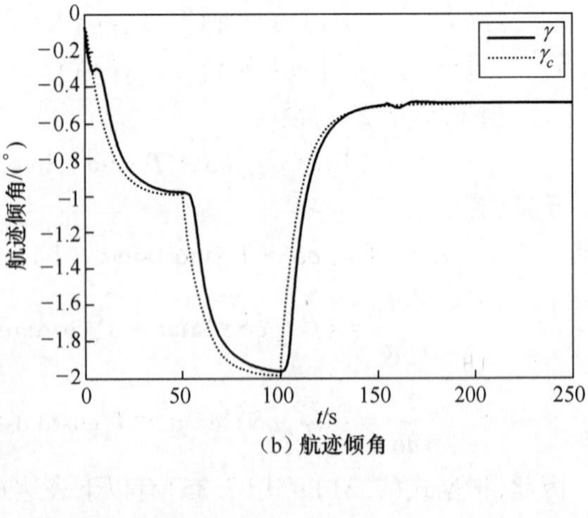

(b) 航迹倾角

图7-7　航迹方位角与航迹倾角输出图

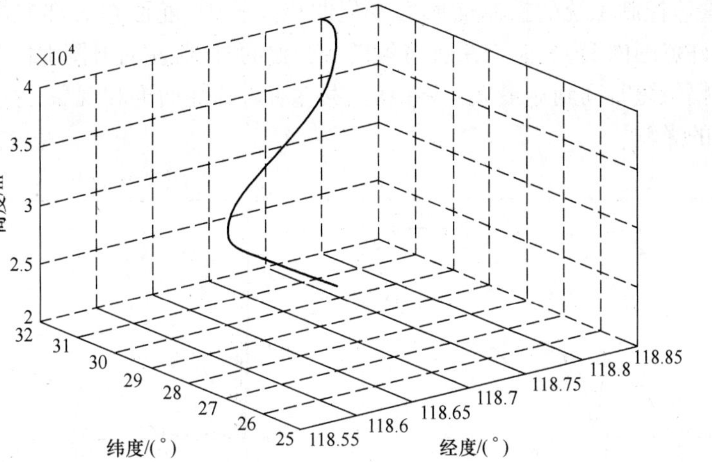

图 7-8 三维航迹图

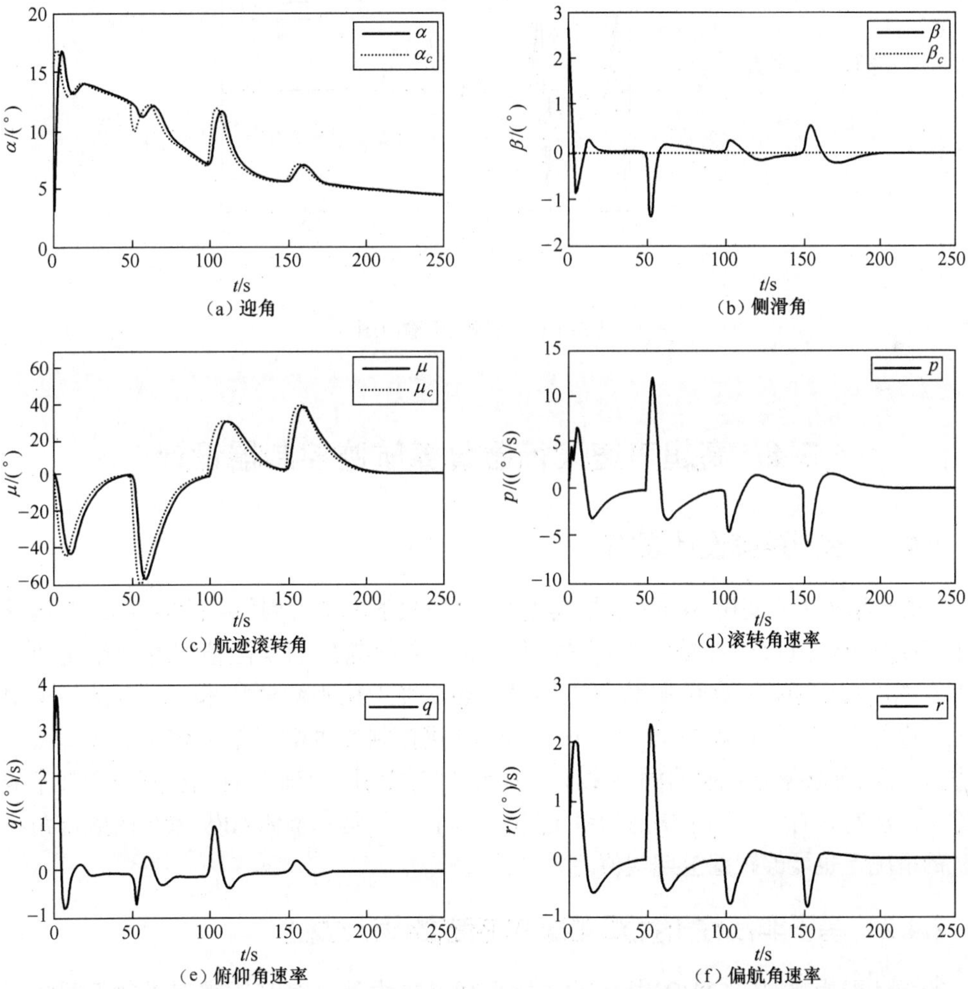

(a) 迎角 (b) 侧滑角 (c) 航迹滚转角 (d) 滚转角速率 (e) 俯仰角速率 (f) 偏航角速率

图 7-9 气流姿态角和角速率变化图

图 7-10 是整体控制系统的控制舵面的变化曲线。图中：舵面在大部分仿真时间之内能够在幅值允许范围内变动，但是在航向角指令变化的时刻，左右升降舵因为执行较大的航向机动导致幅值短时间到达最大允许幅值，发生短时的舵面饱和现象，这对航向角的控制效果有一定的影响。

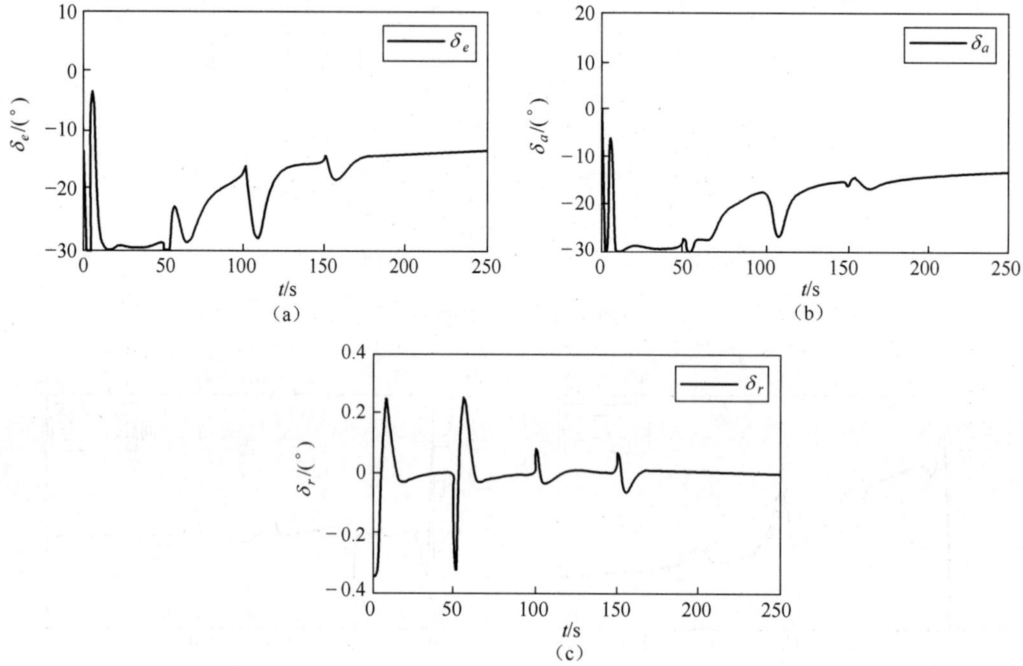

图 7-10　控制舵面输出图

7.4　高超声速飞行器鲁棒航迹控制器设计

7.4.1　控制系统设计思路

7.2 节和 7.3 节使用 NGPC 的控制方法，根据数学模型得到仿射非线性方程，推导出关于速度高度和航迹角控制的控制律，并调整参数使输出的实际值跟踪上给定值。但 NGPC 方法过于依赖数学模型，鲁棒性不强。非线性干扰观测器技术的优点是对模型不确定项进行自适应估计和补偿，并且很容易与先进控制方法相结合，将其与各种非线性控制方法结合，能够增强控制器的鲁棒性。因此，本节使用基于非线性干扰观测器技术的鲁棒控制方法对含有干扰和不确定的系统进行控制，目的是令整体 HFV 系统的航迹角在有干扰的情况下也能够跟踪上期望值。

7.4.2　基于非线性干扰观测器的控制器设计过程

非线性干扰观测器（NDO）技术的主要思想是先设计一个与原被控对象不同的新动态系统，利用该系统来估计被控制对象存在的不确定性和干扰，然后通过干扰观测器的输出来设计补偿控制律,从而抵消系统所受不确定和干扰的影响。其详细的方法原理与推导过程请参见 2.3.4 小节。

对于仿射非线性方程形式表达的系统 $\dot{\boldsymbol{x}}=\boldsymbol{f}(\boldsymbol{x})+\boldsymbol{g}(\boldsymbol{x})\boldsymbol{u}+\boldsymbol{\Delta}$,其中:$\boldsymbol{\Delta}=\Delta\boldsymbol{f}(\boldsymbol{x})+\Delta\boldsymbol{g}(\boldsymbol{x})\cdot\boldsymbol{u}+\boldsymbol{d}$ 代表系统参数不确定以及外界干扰,称为复合干扰或复合不确定项。针对此系统,设计的 NDO 表达式为

$$\begin{cases}\hat{\boldsymbol{\Delta}}=\boldsymbol{z}+\boldsymbol{\phi}(x)\\ \dot{\boldsymbol{z}}=-\boldsymbol{l}(x)[\boldsymbol{z}+\boldsymbol{\phi}(x)]-\boldsymbol{l}(\boldsymbol{x})[\boldsymbol{f}(\boldsymbol{x})+\boldsymbol{g}(\boldsymbol{x})\boldsymbol{u}]\end{cases} \tag{7.38}$$

式中:$\hat{\boldsymbol{\Delta}}$ 是复合干扰项 $\boldsymbol{\Delta}$ 的估计值;z 是 NDO 的内部状态变量;$\boldsymbol{\phi}(x)$ 是设计的非线性函数。另外

$$\boldsymbol{l}(\boldsymbol{x})=\frac{\partial\boldsymbol{\phi}(\boldsymbol{x})}{\partial\boldsymbol{x}} \tag{7.39}$$

由于 HFV 的轨迹回路是外环,姿态环为内环,故要设计能够抵抗轨迹回路不确定和干扰的鲁棒轨迹控制器,姿态控制回路的控制器势必也要具备较强的鲁棒性能,否则姿态回路控制性能的降低一定会影响轨迹回路的控制性能。因此,首先针对 HFV 的姿态回路,设计具备较强鲁棒性能的 NDO 补偿控制算法。考虑包含有复合干扰影响的姿态系统仿射非线性方程:

$$\begin{cases}\dot{\boldsymbol{\Omega}}=\boldsymbol{f}_s+\boldsymbol{g}_s\boldsymbol{\omega}+\boldsymbol{\Delta}_s\\ \boldsymbol{y}_s=\boldsymbol{\Omega}\end{cases} \tag{7.40}$$

$$\begin{cases}\dot{\boldsymbol{\omega}}=\boldsymbol{f}_f+\boldsymbol{g}_f\boldsymbol{M}_c+\boldsymbol{\Delta}_f\\ \boldsymbol{y}_f=\boldsymbol{\omega}\end{cases} \tag{7.41}$$

根据 NDO 的干扰估计表达式(7.38),可以设计姿态慢回路的 NDO 为

$$\begin{cases}\hat{\boldsymbol{\Delta}}_s=\boldsymbol{z}_s+\boldsymbol{\phi}_s(\boldsymbol{\Omega})\\ \dot{\boldsymbol{z}}_s=-\boldsymbol{l}_s(\boldsymbol{\Omega})[\boldsymbol{z}_s+\boldsymbol{\phi}_s(\boldsymbol{\Omega})]-\boldsymbol{l}_s(\boldsymbol{\Omega})[\boldsymbol{f}_s(\boldsymbol{\Omega})+\boldsymbol{g}_s(\boldsymbol{\Omega})\boldsymbol{\omega}]\end{cases} \tag{7.42}$$

其中

$$\boldsymbol{\phi}_s(\boldsymbol{\Omega})=\begin{bmatrix}l_{s1}\cdot\alpha\\ l_{s2}\cdot(\beta+1/3\beta^3)\\ l_{s3}\cdot\mu\end{bmatrix} \tag{7.43}$$

$$\boldsymbol{l}_s(\boldsymbol{\Omega})=\frac{\partial\boldsymbol{\phi}_s(\boldsymbol{\Omega})}{\partial\boldsymbol{\Omega}}=\begin{bmatrix}l_{s1} & 0 & 0\\ 0 & l_{s2}\cdot(1+\beta^2) & 0\\ 0 & 0 & l_{s3}\end{bmatrix} \tag{7.44}$$

如果姿态慢回路的标称控制律也采用 NGPC 方法,则针对式(7.40)设计的 NGPC 结合 NDO 的姿态慢回路总控制律为

$$\boldsymbol{\omega}_c=-\boldsymbol{g}_s^{-1}(\boldsymbol{f}_s+\boldsymbol{K}_s\boldsymbol{e}_s-\dot{\boldsymbol{\Omega}}_c+\hat{\boldsymbol{\Delta}}_s) \tag{7.45}$$

式中:$\boldsymbol{K}_s$ 是姿态慢回路的控制器参数矩阵;$\boldsymbol{\Omega}_c=[\alpha_c,\beta_c,\sigma_c]$ 是气流姿态角的给定值;$\boldsymbol{e}_s=\boldsymbol{\Omega}-\boldsymbol{\Omega}_c$ 是姿态角控制误差;$\hat{\boldsymbol{\Delta}}_s$ 是姿态慢回路复合干扰项 $\boldsymbol{\Delta}_s$ 的估计,具体计算见

式(7.42)。

姿态快回路 NDO 的设计原理与姿态慢回路相同。下面给出了姿态回路 NDO 控制,如图 7-11 所示。

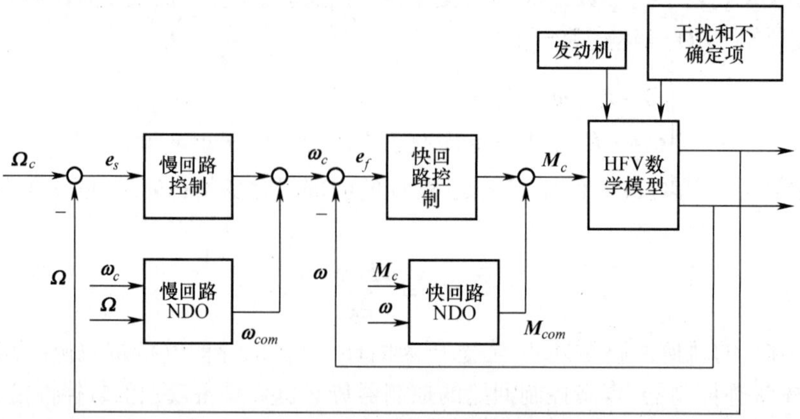

图 7-11　基于 NDO 的 HFV 姿态控制框图

针对航迹角控制回路,也可以设计基于 NDO 的航迹角鲁棒控制律,以此提高系统的抗干扰能力,设计方法与姿态控制方法类似。针对包含有复合干扰影响的航迹角仿射非线性方程:

$$\dot{\boldsymbol{P}} = \boldsymbol{f}_{TA}(\boldsymbol{P}) + \boldsymbol{g}_{TA}(\boldsymbol{P})\boldsymbol{U}_{TA} + \boldsymbol{\Delta}_{TA} \tag{7.46}$$

可以设计航迹角控制回路的 NDO,其设计方程为

$$\begin{cases} \hat{\boldsymbol{\Delta}}_{TA} = \boldsymbol{z}_{TA} + \boldsymbol{\phi}_{TA}(\boldsymbol{P}) \\ \dot{\boldsymbol{z}}_{TA} = -\boldsymbol{l}_{TA}(\boldsymbol{P})[\boldsymbol{z}_{TA} + \boldsymbol{\phi}_{TA}(\boldsymbol{P})] - \boldsymbol{l}_{TA}(\boldsymbol{P})[\boldsymbol{f}_{TA}(\boldsymbol{P}) + \boldsymbol{g}_{TA}(\boldsymbol{P})\boldsymbol{U}_{TA}] \end{cases} \tag{7.47}$$

其中

$$\boldsymbol{\phi}_{TA}(\boldsymbol{P}) = \begin{bmatrix} \boldsymbol{l}_{T1} \cdot \chi \\ \boldsymbol{l}_{T2} \cdot \gamma \end{bmatrix} \tag{7.48}$$

并且 $\boldsymbol{l}_{TA}$ 和 $\boldsymbol{\phi}_{TA}$ 之间满足以下关系:

$$\boldsymbol{l}_{TA}(\boldsymbol{P}) = \frac{\partial \boldsymbol{\phi}_{TA}(\boldsymbol{P})}{\partial \boldsymbol{P}} = \begin{bmatrix} l_{T1} & 0 \\ 0 & l_{T2} \end{bmatrix} \tag{7.49}$$

同理,如果航迹角回路的标称控制律采用 NGPC 方法,则针对式(7.46)设计的 NGPC 结合 NDO 的航迹角回路总控制律为

$$\boldsymbol{U}_{TA} = -\boldsymbol{g}_{TA}^{-1}(\boldsymbol{f}_{TA} + \boldsymbol{K}_{TA}\boldsymbol{e}_{TA} - \dot{\boldsymbol{P}}_c + \hat{\boldsymbol{\Delta}}_{TA}) \tag{7.50}$$

式中:$\hat{\boldsymbol{\Delta}}_{TA}$ 是航迹角回路复合干扰项 $\boldsymbol{\Delta}_{TA}$ 的估计,具体计算见式(7.47)。可以看出,式(7.50)在式(7.27)的基础上增加了复合干扰的补偿控制律项。轨迹回路 NDO 控制框,见图 7-12。

针对速度高度控制回路,设计 NDO 的思路同航迹角控制律,根据 7.2.1 小节的内容以及 NDO 的估计表达式构造具鲁棒能力的速度高度控制器,以此提高整体系统的抗干扰能力。

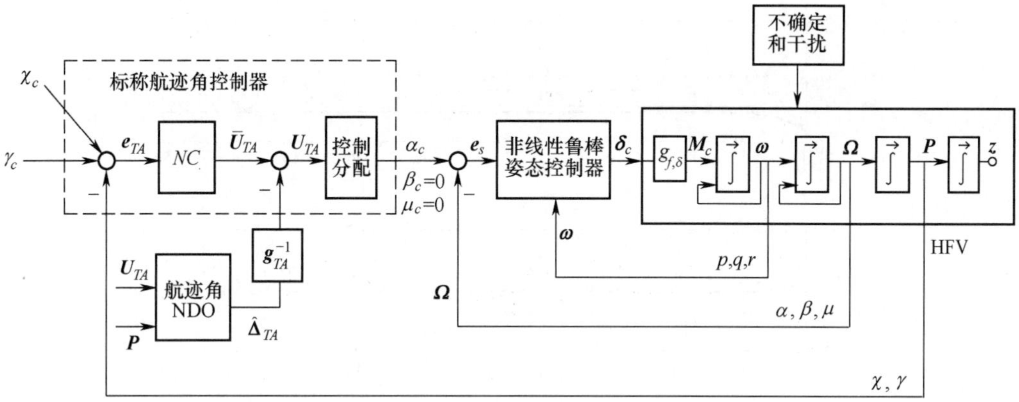

图 7-12　基于 NDO 的 HFV 航迹角控制框图

7.4.3　高超声速飞行器飞行控制仿真

在初始时刻先给 HFV 加入干扰值,然后让 NDO 控制估计系统的不确定和干扰因素,进行反馈补偿。仿真的控制参数如表 7-1 所列。

表 7-1　快回路 NDO 控制参数

	姿态控制回路	航迹角控制回路	速度高度控制回路
初始值	速度高度:$H_0 = 35\text{km}, V_0 = 3100\text{m/s}$;航迹角:$\chi_0 = 180°, \gamma_0 = 0°$ 姿态角:$\alpha_0 = 2°, \beta_0 = 3°, \mu_0 = 2°$;角速率:$p_0 = q_0 = r_0 = 0\text{rad/s}$		
期望值	$\alpha_c = 5°$ $\beta_c = 0°$ $\sigma_c = 0°$	$t = 0\text{s}, \chi_c = 182°, \gamma_c = -1°$ $t = 50\text{s}, \chi_c = 185°, \gamma_c = -2°$ $t = 150\text{s}, \chi_c = 179°, \gamma_c = -0.5°$	$V_c = 3400\text{m/s}, H_c = 35.2\text{km}$
参数设计	$\begin{cases} l_{f1} = 200\tanh 0.2t \\ l_{f2} = 200\tanh 0.2t \\ l_{f3} = 220\tanh 0.2t \end{cases}$	$\begin{cases} l_{T1} = 15\tanh 0.2t \\ l_{T2} = 20\tanh 0.2t \end{cases}$	$\begin{cases} l_1 = 200\tanh 0.2t \\ l_2 = 200\tanh 0.2t \\ l_3 = 220\tanh 0.2t \end{cases}$
	$T_s = 2, T_f = 0.5$		
干扰值	$\begin{cases} d_{f1} = 5 \times 10^5 \sin(t + 0.3) \\ d_{f2} = 5 \times 10^5 \sin(t + 0.1) \\ d_{f3} = 5 \times 10^5 \sin t \cos(0.6t + 0.3) \end{cases}$		

1. 姿态控制回路

图 7-13 是姿态控制的姿态角输出图,图 7-14 是角速率的变化图。

在图 7-13 和图 7-14 中的实线为含有 NDO 补偿控制算法的姿态角控制效果以及角速率变化曲线,虚线为没有 NDO 补偿的标称控制律控制效果。

快回路 NDO 估计复合干扰的效果,见图 7-15。

根据上面的仿真结果可以得出结论:NDO 较好地估计了姿态快回路的复合干扰,有效地抵消了系统的外界干扰,达到了良好的姿态跟踪效果。在此基础上,可以实验航迹回

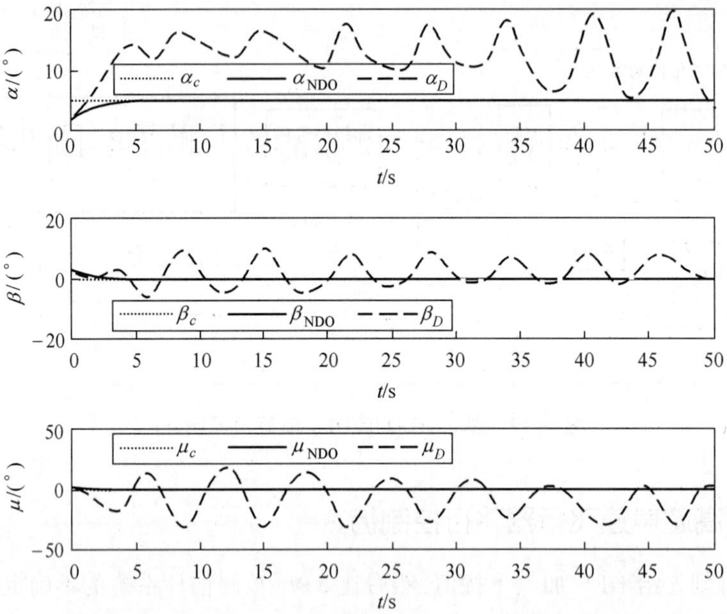

图 7-13　加入姿态快回路 NDO 控制的姿态角跟踪结果

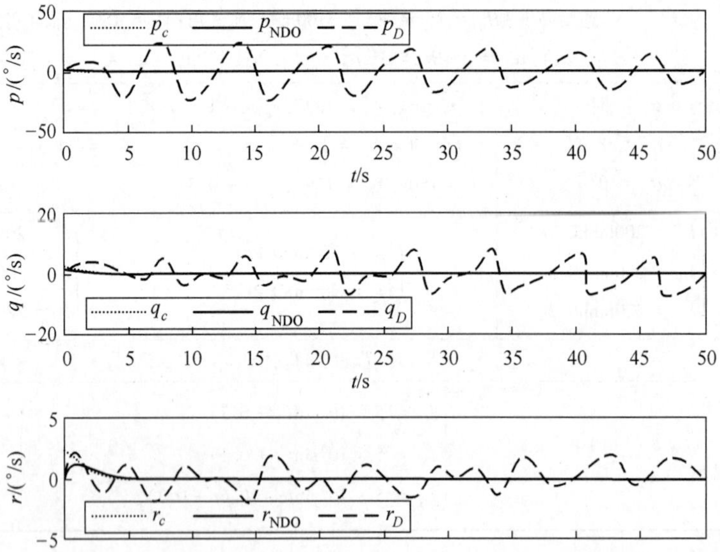

图 7-14　加入姿态快回路 NDO 控制的角速率跟踪结果

路的抗干扰控制效果。

2. 航迹角控制回路

图 7-16 给出了航迹角的控制曲线图，图 7-17 是 NDO 估计复合干扰的效果图。

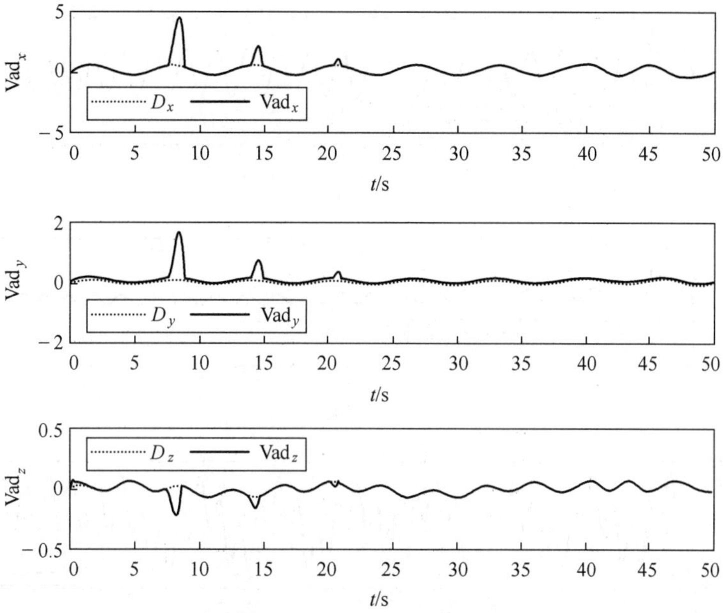

图 7-15　快回路 NDO 估计复合干扰的效果图

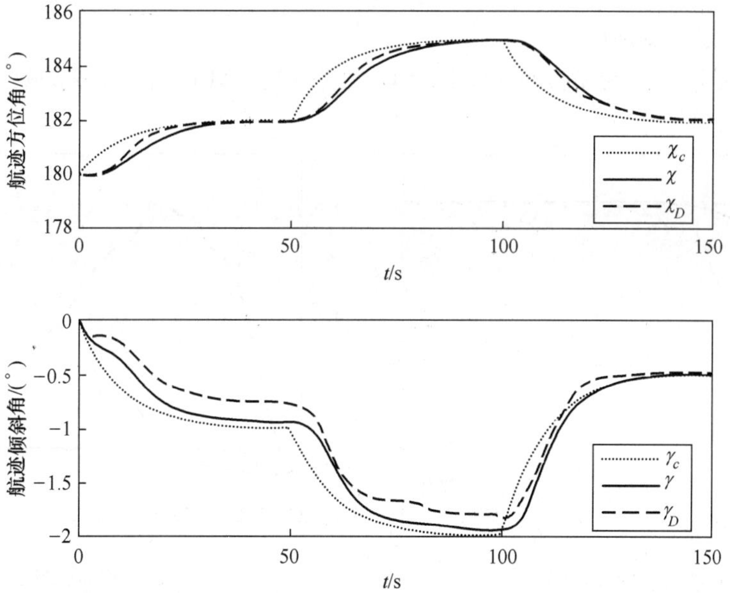

图 7-16　航迹角回路加入快回路 NDO 控制的航迹角跟踪效果

根据仿真结果可以看出,尽管航迹倾斜角在开始一段时间跟踪效果不够好,但系统稳定之后航迹方位角和航迹倾斜角都能够跟踪上给定值,并且稳态误差较之未加入 NDO 补偿的控制律小很多。

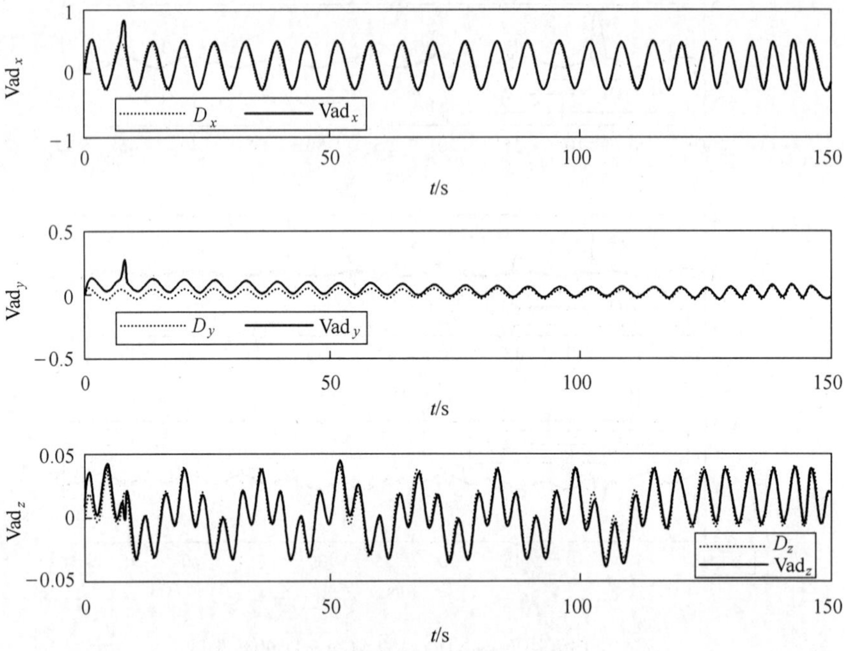

图 7-17　航迹角回路 NDO 估计干扰的效果图

3. 速度高度控制回路

图 7-18 是速度高度控制的速度曲线图,图 7-19 是 NDO 估计干扰的效果图。

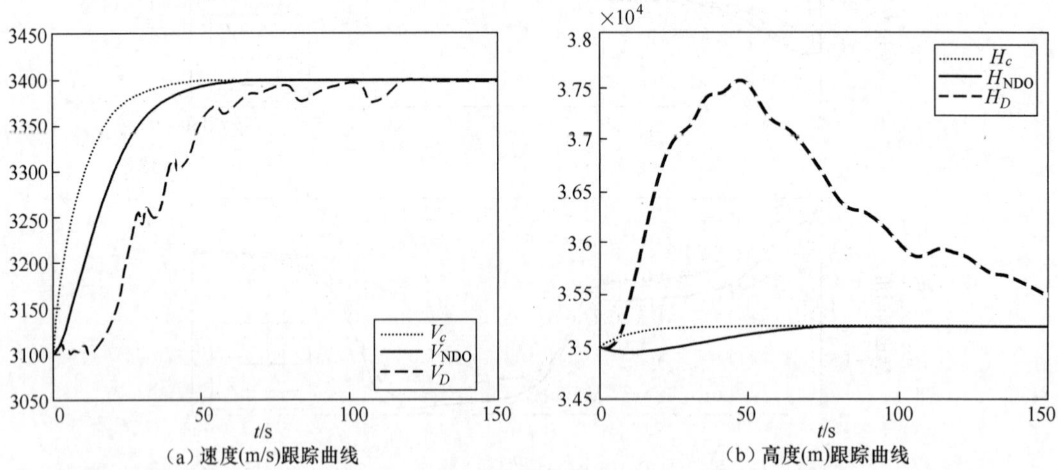

图 7-18　基于 NDO 控制的速度高度跟踪效果图

根据上面的仿真结果可以得出结论:基于 NDO 补偿的速度高度控制律具有较强的鲁棒性能,能够抵消不确定和外界干扰对轨迹控制回路的影响。

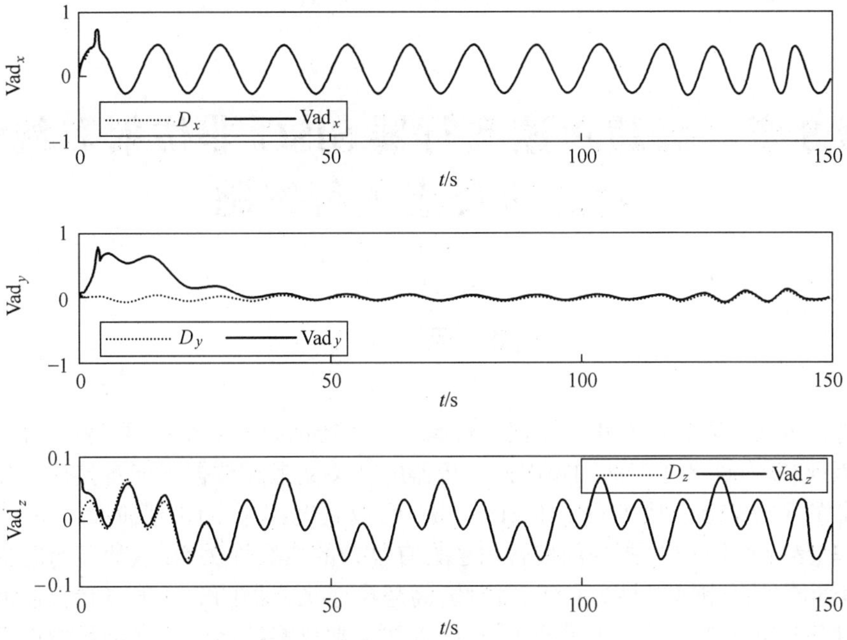

图 7-19　速度高度回路 NDO 估计干扰的效果图

参考文献

[1] 梅生伟，申铁龙，刘康志．现代鲁棒控制理论与应用 [M]．2 版.北京：清华大学出版社，2008.

[2] 鲁道夫.布罗克豪斯. 飞行控制 [M].金长江，译．北京：国防工业出版社，1999.

[3] DU Y L, WU Q X, JIANG C S, et al. Adaptive recurrent-functional-link-network control for hypersonic vehicles with atmospheric disturbances[J]. Science China Information Sciences, 2011, 54(3): 482-497.

[4] ENGELBRECHT A P. A new pruning heuristic based on variance analysis of sensitivity information[J]. IEEE Transactions on Neural Networks, 2001, 12(6): 1386-1399.

[5] ER M J, GAO Y. Online adaptive fuzzy neural identification and control of nonlinear dynamic systems [M].Berling: Springer, 2003: 373-402.

[6] YAN L, SUNDARARAJAN N, SARATCHANDRAN P. Nonlinear system identification using Lyapunov based fully tuned dynamic RBF networks[J]. Neural Processing Letters, 2000, 12(3): 291-303.

[7] PLATT J. A resource-allocating network for function interpolation[J]. Neural computation, 1991, 3(2): 213-225.

[8] HUANG G B, SARATCHANDRAN P, SUNDARARAJAN N. An efficient sequential learning algorithm for growing and pruning RBF (GAP-RBF) networks[J]. IEEE Transactions on Systems, Man, and Cybernetics, Part B (Cybernetics), 2004, 34(6): 2284-2292.

[9] SHANKAR P, YEDAVALLI R K, BURKEN J J. Self-organizing radial basis function networks for adaptive flight control[J]. Journal of Guidance, Control, and Dynamics, 2011, 34(3): 783-794.

[10] BUTT W A, YAN L, KENDRICK A S. Dynamic surface control for nonlinear hypersonic air vehicle using neural network[C]//Proceedings of the 29th Chinese control conference. Beijing: IEEE, 2010: 733-738.

第 8 章　高超声速飞行器 SISO 非仿射非线性自适应姿态飞行控制

8.1 引　　言

高超声速飞行器在高超声速阶段($Ma \geqslant 5$)的飞行动力学明显不同于亚声速和超声速阶段。因此,现有许多亚声速和超声速飞行器的相关文献和数据不能直接应用于高超声速飞行器的飞行控制。从 NASA 和 AIAA 报告可以看出,在高超声速阶段,气动系数不仅与迎角、马赫数有关,与控制面的偏转角也具有复杂的非线性关系,这使飞行控制问题转化为一类非仿射控制非线性方程组。因此,高超声速飞行器的非仿射飞行控制问题比仿射非线性飞行器更为困难。为了便于研究,以往通常忽略控制面对气动系数的非线性影响,或者将其视为系统的有界不确定。如果控制要求不够高,这样处理是可行的。然而,在高超声速条件下,一个高精度的飞行控制系统是必然的要求,因此若忽略非仿射的影响未必妥当。所以,简化的仿射非线性模型不能准确地描述高超声速飞行器的动力学特性。

近年来,非仿射非线性系统的研究已引起越来越多的关注,并取得了许多成果。为避免严格条件和复杂的理论证明,本章拟采用滑模控制来解决非仿射非线性系统的控制问题。已有学者应用线性时变(linear time varying,LTV)系统来近似具有非仿射非线性动力学的转子-主动磁轴承系统,并设计了一系列的滑模控制器。该研究结果表明,该方法是有效的,但由于需要一系列已知的线性子系统,因此其很难直接推广到一些复杂的非线性系统。还有一些学者针对一类非仿射非线性系统,结合滑模与模糊自适应方法,设计了控制器,取得了满意的控制效果。然而,由于该类方法不考虑不确定性和外部干扰的严格稳定性条件,因此限制了其在高超声速飞行器中的应用。

在高超声速飞行器控制领域,一些学者也针对控制输入的非线性问题进行探索性研究,主要讨论了近空间飞行器控制输入饱和的姿态控制问题和具有死区输入非线性的高超声速飞行器的鲁棒自适应神经网络控制方法。然而,这类控制输入非线性主要针对死区或饱和非线性,复杂的输入非线性情况没有涉及。因此,针对复杂的输入非线性的高超声速飞行器的非仿射飞行控制研究成果很少。

综上所述,针对高超声速飞行器的短周期动态特性,本章将提出一种模糊滑模自适应非仿射控制方法用以实现迎角对期望信号的跟踪。本研究内容主要包括:基于线性滑模面的 SISO 非仿射非线性模糊自适应控制,基于积分滑模 SISO 非仿射非线性模糊自适应控制。

8.2 SISO 非仿射非线性控制的研究现状

由于非仿射非线性系统控制的实际应用意义和理论价值,因此吸引了越来越多学者研究该领域,并取得了一定的研究成果。

单输入单输出非仿射非线性不确定系统的研究方法主要分为以下几类。

1. 基于泰勒展开

基于泰勒展开的方法主要是利用泰勒公式,将非线性系统由非仿射型转化为仿射型系统,引入最优逼近误差的自适应补偿项来消除建模误差的影响,通过监督控制器保证闭环系统所有信号有界。其不足之处是这种采用泰勒展开取线性近似的方法忽略了高阶项,随着使用区域的扩大,误差也随之增大。所以,这种方法不适用需要控制精度高的系统,也不适用讨论状态远离平衡点系统的控制。克服泰勒展开线性化不足的有效途径是采用精确线性化方法、逆系统控制方法,先求解对象的逆系统方程,然后对它进行补偿,使复合系统在大范围成为线性或接近线性的系统,对于逆系统补偿器所提出的方法很多都要求系统有比较精确的模型描述。

2. 基于中值定理

与泰勒展开方法类似,基于中值定理的方法主要是利用中值定理将非仿射形式的系统转化为具有仿射形式的非线性系统,但由于在仿射形式中控制输入的系数函数包含新的未知变量,可利用模糊逻辑系统或神经网络系统等逼近未知函数,在控制律的设计中通常还需要引入隐函数定理。另外,为了提高控制性能,还可引入观测器、自适应等方法以保证系统满足设计要求。基于中值定理方法的不足与泰勒展开类似,其在转化为仿射系统的过程中会丢失原有系统部分模型动态,容易在实际控制时引起控制偏差。

3. 基于模糊系统或神经网络

基于模糊系统或神经网络的方法与前两种不同,其直接针对非仿射系统,对于系统非仿射部分或未建模动态采用模糊逻辑系统和神经网络系统进行在线逼近,并引入自适应算法在线调整模糊或神经网络控制系统参数,基于模糊逻辑系统和神经网络系统的万能逼近优势,以保证逼近误差范数有界,引入滑模等鲁棒控制方法消除外界干扰和逼近误差,提升系统的鲁棒性。目前,由于这类方法不对原有的非仿射系统进行仿射化处理,因此其更具一般性,适用范围更广,是近年来非仿射控制领域的主流方法。但是,这类方法在发展过程中,存在很多不足:在线调整参数过多,计算量过大,易出现代数环,控制速度较慢;控制器设计复杂,工程实践任重道远。

综上分析,本书主要考虑基于模糊系统或神经网络的方法,采用模糊逻辑系统结合滑模控制方法进行 SISO 非仿射非线性系统的鲁棒自适应控制研究。

8.3 SISO 非仿射非线性姿态模型

8.3.1 SISO 非仿射姿态模型

在给定的高度、速度和导杆角条件下,结合第 3 章的高超声速飞行器的纵向动态模型式(3.75)~式(3.79),则其纵向短周期动态可描述为

$$\begin{cases}\dot{\alpha} = q \\ \dot{q} = \dfrac{1}{I_{yy}}(m_A + m_T)\end{cases} \tag{8.1}$$

其中

$$m_A = m_{mrc} - X_{cg} \cdot Z, m_{mrc} = c\hat{q}SC_m, m_T = T_z \cdot X_T \tag{8.2}$$

$$Z = -D\sin\alpha - L\cos\alpha, D = \hat{q}SC_D, L = \hat{q}SC_L \tag{8.3}$$

$$\begin{cases} C_D = C_{D,\alpha}(\alpha, M_a) + C_{D,\delta_e}(\alpha, M_a, \delta_e) + C_{D,\delta_a}(\alpha, M_a, \delta_a) \\ C_L = C_{L,\alpha}(\alpha, M_a) + C_{L,\delta_e}(\alpha, M_a, \delta_e) + C_{L,\delta_a}(\alpha, M_a, \delta_a) \\ C_m = C_{m,\alpha}(\alpha, M_a) + C_{m,\delta_e}(\alpha, M_a, \delta_e) + C_{m,\delta_a}(\alpha, M_a, \delta_a) + C_{m,q}\dfrac{qc}{2V} \end{cases} \tag{8.4}$$

高超声速飞行器的基本参数,如表 3-1 和表 3-3 所列。

为便于分析,首先可以认为 $\boldsymbol{\Omega}(t)=[\alpha,q]^{\mathrm{T}}$, $y(t)=\alpha$, $y_d(t)=\alpha_c$, $g(\boldsymbol{\Omega},t)=\dfrac{1}{I_{yy}}m_T$, $f(\boldsymbol{\Omega},\delta)=\dfrac{1}{I_{yy}}m_A+\Delta f$, Δf 是未建模动态,且 $\delta(t)=\delta_e=\delta_a$,考虑外部干扰 $d(\boldsymbol{\Omega},t)$ 对系统的影响。然后,可以将高超声速的纵向短周期模型式(8.1)改写为

$$\begin{cases} \dot{\alpha}(t) = q(t) \\ \dot{q}(t) = g(\boldsymbol{\Omega},t) + f(\boldsymbol{\Omega},\delta) + d(\boldsymbol{\Omega},t) \\ y(t) = \alpha(t) \end{cases} \tag{8.5}$$

式中:$\boldsymbol{\Omega}(t)=[\alpha,q]^{\mathrm{T}}\in\mathbb{R}^2$ 是状态向量;$\delta(t)\in\mathbb{R}$ 是控制输入;$y(t)\in\mathbb{R}$ 是输出;$g(\boldsymbol{\Omega},t)$ 是已知非线性动态;$f(\boldsymbol{\Omega},\delta)$ 是未建模动态的未知非仿射非线性函数;$d(\boldsymbol{\Omega},t)$ 是未知的外部干扰信号。

注 8.1:当只考虑纵向短周期运动时,偏转角 δ_e 和 δ_a 总是同时起作用,因此有 $\delta_e=\delta_a$ 。

控制的目的是设计一个控制律 $\delta(t)$,使输出 $\alpha(t)$ 可以跟踪期望的信号 $\alpha_c(t)$,其中 $\alpha_c(t)$、$\dot{\alpha}_c(t)$ 和 $\ddot{\alpha}_c(t)$ 是有界的。跟踪误差定义如下:

$$e(t) = \alpha_c(t) - \alpha(t) \tag{8.6}$$

8.3.2 SISO 非仿射非线性特性分析

根据 AIAA 报告的 CFD 数据(与表 3-2 不同),忽略了横侧向运动对气动参数的影响,即 $\beta=0°$, $p=r=0°/s$, $\delta_r=0°$,因此更新后的气动参数 C_D、C_L、C_m 的解析表达式如表 8-1 所列。

表 8-1 高超声速阶段的气动参数表

阻力系数: $C_D = C_{D,\alpha} + C_{D,\delta_e} + C_{D,\delta_a}$	
C_D	$C_{D,\alpha} = 8.717\cdot10^{-2} - 3.307\cdot10^{-2}M_A + 3.179\cdot10^{-3}\alpha - 1.25\cdot10^{-4}(\alpha\cdot M_A) + 5.036\cdot10^{-3}M_A^2 - 0.1\cdot10^{-3}\alpha^2 + 1.405\cdot10^{-7}(\alpha\cdot M_A)^2 - 3.658\cdot10^{-4}M_A^3 + 3.175\cdot10^{-4}\alpha^3 + 1.274\cdot10^{-5}M_A^4 - 2.985\cdot10^{-5}\alpha^4 - 1.705\cdot10^{-7}M_A^5 + 9.766\cdot10^{-7}\alpha^5$
	$C_{D,\delta_a} = 4.02\cdot10^{-4} + 2.34\cdot10^{-5}\alpha - 1.02\cdot10^{-4}M_A - 3.46\cdot10^{-5}\delta_a - 5.38\cdot10^{-7}\alpha\cdot M_A\cdot\delta_a + 3.08\cdot10^{-6}\alpha^2 + 2.61\cdot10^{-6}M_A^2 + 6.84\cdot10^{-6}\delta_a^2 + 5.28\cdot10^{-12}(\alpha\cdot M_A\cdot\delta_a)^2$
	$C_{D,\delta_e} = 4.02\cdot10^{-4} + 2.34\cdot10^{-5}\alpha - 1.02\cdot10^{-4}M_A - 3.46\cdot10^{-5}\delta_e - 5.38\cdot10^{-7}(\alpha\cdot M_A\cdot\delta_e) + 3.08\cdot10^{-6}\alpha^2 + 2.61\cdot10^{-6}M_A^2 + 6.84\cdot10^{-6}\delta_e^2 + 5.28\cdot10^{-12}(\alpha\cdot M_A\cdot\delta_e)^2$

（续）

升力系数：$C_L = C_{L,\alpha} + C_{L,\delta_e} + C_{L,\delta_a}$	
C_L	$C_{L,\alpha} = -8.19 \cdot 10^{-2} + 4.70 \cdot 10^{-2} M_A + 1.86 \cdot 10^{-2} \alpha - 4.73 \cdot 10^{-4} (\alpha \cdot M_A) - 9.19 \cdot 10^{-3} M_A^2 - 1.52 \cdot 10^{-4} \alpha^2 + 5.99 \cdot 10^{-7} (\alpha \cdot M_A)^2 + 7.74 \cdot 10^{-4} M_A^3 + 4.08 \cdot 10^{-6} \alpha^3 - 2.93 \cdot 10^{-5} M_A^4 - 3.91 \cdot 10^{-7} \alpha^4 + 4.12 \cdot 10^{-7} M_A^5 + 1.30 \cdot 10^{-8} \alpha^5$ $C_{L,\delta_a} = -1.45 \cdot 10^{-5} + 1.01 \cdot 10^{-4} \alpha + 7.1 \cdot 10^{-6} M_A - 4.14 \cdot 10^{-4} \delta_e - 3.51 \cdot 10^{-6} (\alpha \cdot \delta_a) + 4.7 \cdot 10^{-6} (\alpha \cdot M_A) + 8.72 \cdot 10^{-6} (M_A \cdot \delta_a) - 1.7 \cdot 10^{-7} (\alpha \cdot M_A \cdot \delta_a)$ $C_{L,\delta_e} = -1.45 \cdot 10^{-5} + 1.01 \cdot 10^{-4} \alpha + 7.10 \cdot 10^{-6} M_A - 4.14 \cdot 10^{-4} \delta_e - 3.51 \cdot 10^{-6} (\alpha \cdot \delta_e) + 4.70 \cdot 10^{-6} (\alpha \cdot M_A) + 8.72 \cdot 10^{-6} (M_A \cdot \delta_e) - 1.7 \cdot 10^{-7} (\alpha \cdot M_A \cdot \delta_e)$
俯仰力矩系数：$C_m = C_{m,\alpha} + C_{m,\delta_e} + C_{m,\delta_a} + C_{m,q}$	
C_m	$C_{m,\alpha} = -2.192 \cdot 10^{-2} + 7.739 \cdot 10^{-3} M_A - 2.26 \cdot 10^{-3} \alpha + 1.808 \cdot 10^{-4} (\alpha \cdot M_A) - 8.849 \cdot 10^{-4} M_A^2 + 2.616 \cdot 10^{-4} \alpha^2 - 2.880 \cdot 10^{-7} (\alpha \cdot M_A)^2 + 4.617 \cdot 10^{-5} M_A^3 - 7.887 \cdot 10^{-5} \alpha^3 - 1.143 \cdot 10^{-6} M_A^4 + 8.288 \cdot 10^{-6} \alpha^4 + 1.082 \cdot 10^{-8} M_A^5 - 2.789 \cdot 10^{-7} \alpha^5$ $C_{m,\delta_a} = -5.67 \cdot 10^{-5} - 6.59 \cdot 10^{-5} \alpha - 1.51 \cdot 10^{-6} M_A + 2.89 \cdot 10^{-4} \delta_a + 4.48 \cdot 10^{-6} (\alpha \cdot \delta_a) - 4.46 \cdot 10^{-6} (\alpha \cdot M_A) - 5.87 \cdot 10^{-6} (M_A \cdot \delta_a) + 9.72 \cdot 10^{-8} (\alpha \cdot M_A \cdot \delta_a)$ $C_{m,\delta_e} = -5.67 \cdot 10^{-5} - 6.59 \cdot 10^{-5} \alpha - 1.51 \cdot 10^{-6} M_A + 2.89 \cdot 10^{-4} \delta_e + 4.48 \cdot 10^{-6} (\alpha \cdot \delta_e) - 4.46 \cdot 10^{-6} (\alpha \cdot M_A) - 5.87 \cdot 10^{-6} (M_A \cdot \delta_e) + 9.72 \cdot 10^{-8} (\alpha \cdot M_A \cdot \delta_e)$ $C_{m,q} = -1.36 + 3.86 \cdot 10^{-1} M_A + 7.85 \cdot 10^{-4} \alpha + 1.40 \cdot 10^{-4} (\alpha \cdot M_A) - 5.42 \cdot 10^{-2} M_A^2 + 2.36 \cdot 10^{-3} \alpha^2 - 1.95 \cdot 10^{-6} (\alpha \cdot M_A)^2 + 3.80 \cdot 10^{-3} M_A^3 - 1.48 \cdot 10^{-3} \alpha^3 - 1.30 \cdot 10^{-4} M_A^4 + 1.69 \cdot 10^{-4} \alpha^4 + 1.71 \cdot 10^{-6} M_A^5 - 5.93 \cdot 10^{-6} \alpha^5$

由表 8-1 可以看出，非线性气动系数 C_D、C_L、C_m 不仅与迎角和马赫数有关，而且与升降舵偏转角 δ_e、δ_a 有关，其中 $C_{D,\alpha}$、$C_{L,\alpha}$、$C_{m,\alpha}$ 和 $C_{m,q}$ 仅与迎角和马赫数呈非线性关系，而 C_{D,δ_e}、C_{D,δ_a}、C_{L,δ_e}、C_{L,δ_a}、C_{m,δ_e}，以及 C_{m,δ_a} 除了是 α 和 M_a 的函数之外，也是控制输入 δ_e 和 δ_a 的函数，特别是 C_{D,δ_e} 和 C_{D,δ_a} 与 δ_e 和 δ_a 的非线性关系与其他参数不同。由于 δ_e 和 δ_a 是飞行器的控制输入，因此模型是非仿射非线性模型，给控制器的设计带来了更多的挑战。为了使问题变得简单，非仿射项 $(6.84 \cdot 10^{-6} \delta_e^2 + 5.28 \cdot 10^{-12} (\alpha \cdot M_a)^2 \cdot \delta_e^2)$ 和 $(6.84 \cdot 10^{-6} \delta_a^2 + 5.28 \cdot 10^{-12} (\alpha \cdot M_a)^2 \cdot \delta_a^2)$ 在传统方法中通常被忽略，为了确定是否应当忽略它们，所以需要研究非仿射项对飞行器的影响。根据表 8-1 的表达式，图 8-1 和图 8-2 给出了气动力系数 C_{D,δ_a} 随迎角和升降舵偏转角的变化曲线。

注 8.2：由于 C_{D,δ_e} 和 C_{D,δ_a} 具有相似的解析表达式，所以仅研究了 C_{D,δ_a}。

由图 8-1 和图 8-2 可以看出，在高超声速流场中 C_{D,δ_a} 随迎角、马赫数和偏转角的变化而变化。如果忽略非仿射项（见图 8-1(a) 和图 8-2(a)），则 C_{D,δ_a} 和 α 的曲线是一系列规则曲线。$\delta_a = \pm 15^\circ$ 和 $\delta_a = \pm 30^\circ$ 的曲线近似对称地分布在 $\delta_a = 0^\circ$ 的上下两侧。当 δ_a 为正时，C_{D,δ_a} 为负；当 δ_a 为负时，C_{D,δ_a} 为正。此外，随着迎角和马赫数的增加，C_{D,δ_a} 的值也增加。然而，从图 8-1(b) 和图 8-2(b) 得出的非仿射项的结论是完全不同的。$\delta_a = \pm 15^\circ$ 和 $\delta_a = \pm 30^\circ$ 的曲线均在 $\delta_a = 0^\circ$ 的上侧。对于任意 $\alpha \in [0^\circ, 10^\circ]$，除了 $\delta_a = 0^\circ$，无论 δ_a 是正值还是负值，C_{D,δ_a} 几乎总是正值。另外，随着迎角和马赫数的增加，

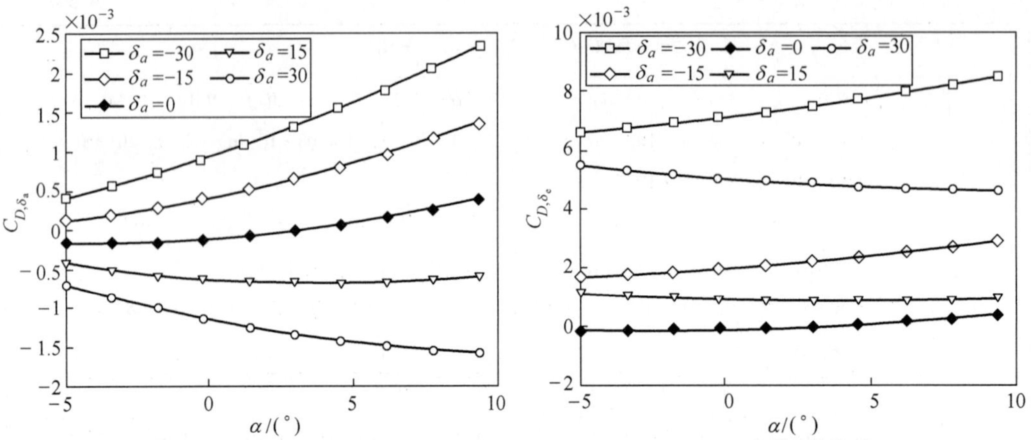

(a) 无非仿射项　　(b) 包含非仿射项

图 8-1　C_{D,δ_a} 在不同升降舵偏转角下变化曲线($Ma = 6$)

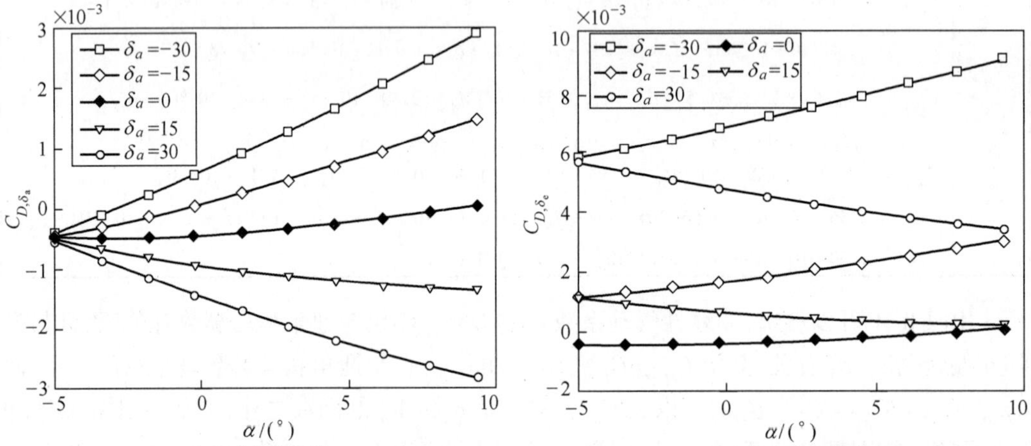

(a) 无非仿射项　　(b) 包含非仿射项

图 8-2　C_{D,δ_a} 在不同升降舵偏转角下变化曲线($Ma = 10$)

$|C_{D,\delta_a}|$ 在图 8-2(b) 中具有更为复杂的特性，$\delta_a = 30°$ 和 $\delta_a = 15°$ 的曲线呈现明显的下降趋势，这与图 8-2(a) 不同。根据以上分析可知，C_{D,δ_a} 曲线在有无非仿射项时有显著差异。由此可见，非仿射项对气动系数有明显的影响，如果忽略了它们，就可能导致气动力和力矩的计算结果错误，从而对飞行控制造成不可预测的结果。

出于这个原因，图 8-3 和图 8-4 给出了在 $\boldsymbol{\Omega}(0) = [3, 0.1]^{\mathrm{T}}$ 时的非仿射项对飞行动力学的影响曲线。

从图 8-3 和图 8-4 可以看出，非仿射项将影响攻角和俯仰角的动力学特性，并且随着马赫数和飞行时间的增加，影响也在增加。

根据图 8-1 ~ 图 8-4 的分析，非仿射项对高超声速飞行器的空气动力学和飞行动力学有重要影响，如果忽略它们，则模型精度和飞行控制性能肯定会降低。事实上，即使采用非仿射项，由于在高超声速下空气动力学系数的解析表达式中没有考虑非定常空气动力学、空气热力学和空气弹性的影响，因此很难完全描述高超声速飞行器的全部动力学特

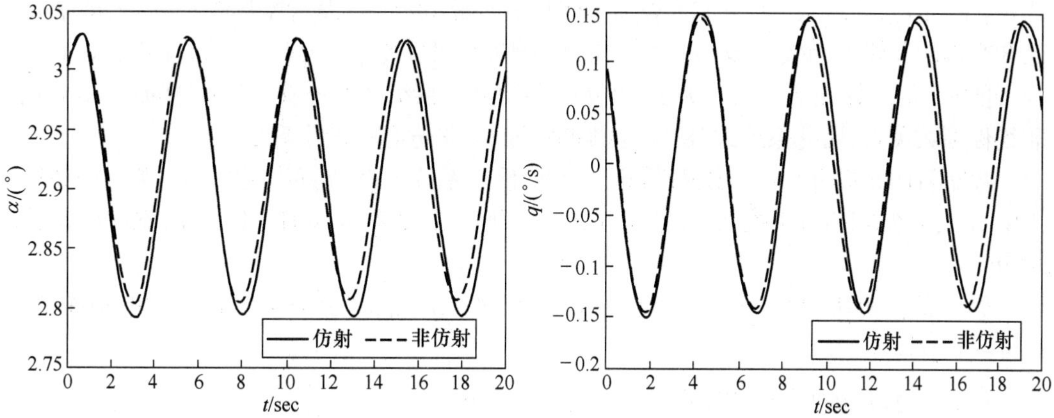

(a) 迎角　　　　(b) 俯仰角速率

图 8-3　飞行器的动态特性($Ma = 6$)

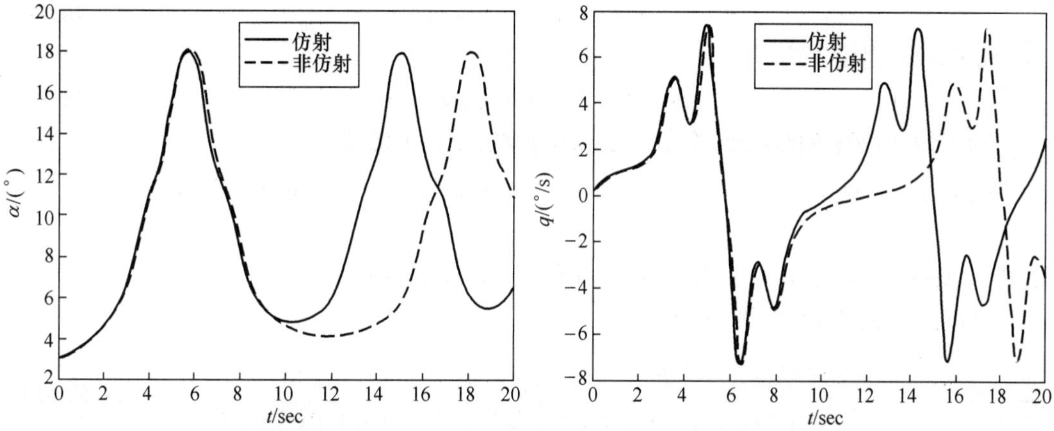

(a) 迎角　　　　(b) 俯仰角速率

图 8-4　飞行器的动态特性($Ma = 10$)

性。所以,为了实现高性能的控制,非仿射项不应该被忽略。此外,考虑到其他未知因素的影响,设计具有外部干扰和未建模动态的高超声速飞行器的非仿射非线性控制器也是非常必要的。

8.4　基于线性滑模的 SISO 非仿射模糊自适应控制

若令 $\boldsymbol{x} = \boldsymbol{\Omega}, y = \alpha, y_d = \alpha_c, u(t) = \delta(t), g(\boldsymbol{x},t) = g(\boldsymbol{\Omega},t), f(\boldsymbol{x},u) = f(\boldsymbol{\Omega},\delta), d(\boldsymbol{x},t) = d(\boldsymbol{\Omega},t)$,则高超声速飞行器纵向 SISO 模型可表示为以下一类 SISO 非仿射非线性系统:

$$\begin{cases} \dot{x}_1 = x_2 \\ \dot{x}_2 = g(\boldsymbol{x},t) + f(\boldsymbol{x},u) + d(\boldsymbol{x},t) \\ y = x_1 \end{cases} \tag{8.7}$$

式中：$\boldsymbol{x}=[x_1(t),x_2(t)]^{\mathrm{T}}\in\mathbb{R}^2$ 表示系统状态向量；$u\in\mathbb{R}$ 表示控制输入；$g(\boldsymbol{x},t)$ 表示已知光滑的非线性函数；$f(\boldsymbol{x},u)$ 为未知的光滑非线性函数；$y\in\mathbb{R}$ 为系统输出；$d(\boldsymbol{x},t)$ 为可能存在的有界外部干扰。从式(8.7)可以看出,系统的状态微分与控制输入 u 存在非线性函数关系,因此系统式(8.7)是典型的SISO非仿射非线性系统。

控制目的是设计自适应模糊滑模控制器,使得系统式(8.7)的输出 $y(t)$ 跟踪期望输出 $y_d(t)$,并保证闭环系统所有信号有界。为便于控制器的设计,针对系统提出以下假设。

假设8.1:对所有的 $(\boldsymbol{x},u)\in\boldsymbol{\Omega}_x\times\mathbb{R}$,函数 $f(\boldsymbol{x},u)$ 满足 $\partial f(\boldsymbol{x},u)/\partial u\neq 0$,其中 $\boldsymbol{\Omega}_x$ 为 $\boldsymbol{x}$ 的一个紧集。

假设8.2:存在正常数 $\bar{d}$ 使得 $|d(\boldsymbol{x},t)|\leqslant\bar{d}$ 成立。

假设8.3: $y_d(t)$ 及导数 $\dot{y}_d(t),\ddot{y}_d(t)$ 有界。

注8.2:一般情况下,假设8.1~假设8.3在实际工程中均容易被满足。

定义跟踪误差为

$$e(t)=y_d(t)-y(t) \tag{8.8}$$

定义线性滑模面为

$$s(t)=\dot{e}(t)+\lambda e(t),\lambda>0 \tag{8.9}$$

为了便于控制器的设计,将系统式(8.8)改写成以下形式:

$$\ddot{y}=u+g(\boldsymbol{x},t)+(f(\boldsymbol{x},u)-u)+d(\boldsymbol{x},t)=u+g(\boldsymbol{x},t)+\Delta(\boldsymbol{x},u)+d(\boldsymbol{x},t) \tag{8.10}$$

其中：$\Delta(\boldsymbol{x},u)=f(\boldsymbol{x},u)-u$,这里未对非仿射部分进行简化。

$s(t)$ 关于时间 t 的一阶导为

$$\begin{aligned}\dot{s}(t)&=\ddot{e}(t)+\lambda\dot{e}(t)\\&=\ddot{y}_d(t)-(u+g(\boldsymbol{x},t)+\Delta(\boldsymbol{x},u)+d(\boldsymbol{x},t))+\lambda\dot{e}(t)\end{aligned} \tag{8.11}$$

8.4.1 非仿射控制器设计

设计控制输入具有以下形式:

$$u=u_{eq}-u_{fz}+u_{ro} \tag{8.12}$$

其中：u_{eq} 为等价控制,且

$$u_{eq}=-g(\boldsymbol{x},t)+\lambda\dot{e}(t)+\ddot{y}_d(t)+k_1 s(t) \tag{8.13}$$

其中：u_{fz} 为模糊控制项,用来逼近未知函数 $\Delta(\boldsymbol{x},u)$ ；u_{ro} 是鲁棒控制项,来消除系统逼近误差和外界干扰。当理想的 u_{fz}^* 和 u_{ro}^* 作用于系统时,系统状态可按趋近律有 $\dot{s}=-k_1 s$, $(k_1>0)$ 到达滑模面。

提出以下引理来证明理想模糊控制项的 u_{fz}^* 存在性与唯一性。

引理8.1:用 u_{fz}^* 来表示完全消除未知函数的理想模糊控制项,满足下式的 u_{fz}^* 是 $\boldsymbol{x}$ 和 v 的函数:

$$\Delta(\boldsymbol{x},(v-u_{fz}^*))=u_{fz}^* \tag{8.14}$$

其中：$v=u_{eq}+u_{ro}$ 。令 $u^*=v-u_{fz}^*$,则式(8.14)可写为

$$\Delta(\boldsymbol{x},u^*) - u_{fz}^* = 0 \tag{8.15}$$

证明：根据 $\Delta(\boldsymbol{x},u)$ 的定义 $\Delta(\boldsymbol{x},u)=f(\boldsymbol{x},u) - u$，那么由式(8.8)可得

$$\Delta(\boldsymbol{x},(v - u_{fz}^*)) = f(\boldsymbol{x},(v - u_{fz}^*)) - (v - u_{fz}^*) = u_{fz}^* \tag{8.16}$$

则式(8.16)可以改写为

$$f(\boldsymbol{x},(v - u_{fz}^*)) = v \tag{8.17}$$

根据假设8.1，可得

$$\partial f(\boldsymbol{x},(v - u_{fz}^*))/\partial u_{fz}^* = - \partial f(\boldsymbol{x},u)/\partial u \neq 0 \tag{8.18}$$

由隐函数定理，可得存在唯一的 $u_{fz}^*(\boldsymbol{x},v)$ 使得式(8.17)成立，继而式(8.15)成立。证毕。

采用模糊逻辑系统，函数 $u_{fz}^*(\boldsymbol{x},v)$ 可表示为

$$u_{fz}^*(\boldsymbol{Z}) = \theta^{*\mathrm{T}}\boldsymbol{\Phi}(\boldsymbol{Z}) + \delta(\boldsymbol{Z}) \tag{8.19}$$

其中：$\boldsymbol{\Phi}(\boldsymbol{Z}) = [\Phi_1(Z),\Phi_2(Z),\cdots,\Phi_N(Z)]^{\mathrm{T}} \in \mathbb{R}^N$ 表示由模糊基函数构成的向量；$\boldsymbol{Z} = [\boldsymbol{x},v]^{\mathrm{T}} \in \mathbb{R}^3$ 表示模糊系统的输入向量；N 表示模糊规则的总数；θ^* 为满足下式的最优参数向量：

$$\boldsymbol{\theta}^* = \underset{\theta \in \mathrm{B}_\theta}{\operatorname{argmin}}\left[\sup_{\mathbf{Z} \in \boldsymbol{\Omega}_Z} \left| u_{fz}^* - \boldsymbol{\theta}^{*\mathrm{T}}\Phi(Z) \right|\right] \tag{8.20}$$

其中：$\boldsymbol{B}_\theta = \{\boldsymbol{\theta} \mid \|\boldsymbol{\theta}\| \leqslant B_\theta\}$ 是 $\boldsymbol{\theta}$ 的约束集，$\boldsymbol{\Omega}_Z$ 为 $\boldsymbol{Z}$ 在 $\boldsymbol{R}^{n+1}$ 上的一个紧集，$\delta(\boldsymbol{Z})$ 表示逼近误差。模糊逻辑系统的逼近误差范数有界，即存在未知常数 $\tau > 0$，使得 $\|\delta(\boldsymbol{Z})\| \leqslant \tau$。在控制器设计中，并不需要 τ 的确切值。

令 u_{fz} 为 $u_{fz}^*(\boldsymbol{Z})$ 的估计值，不妨将其写成下列形式：

$$u_{fz} = \boldsymbol{\theta}^{\mathrm{T}}\boldsymbol{\Phi}(\boldsymbol{Z}) \tag{8.21}$$

提出以下引理：

引理8.2：如果模糊逻辑系统中的参数向量 $\boldsymbol{\theta}$ 的自适应律设计如下：

$$\dot{\boldsymbol{\theta}} = - \gamma_\theta(s\boldsymbol{\Phi}(\boldsymbol{Z}) + \sigma|s|\boldsymbol{\theta}) \tag{8.22}$$

式中：$\gamma_\theta > 0$ 是给定参数，并且初始条件满足 $\|\boldsymbol{\theta}(0)\| \leqslant B_\theta$，则 $\|\boldsymbol{\theta}\| \leqslant B_\theta$ 和 $\|\tilde{\boldsymbol{\theta}}\| \leqslant 2B_\theta$ 成立，其中 $\tilde{\boldsymbol{\theta}} = \boldsymbol{\theta} - \boldsymbol{\theta}^*$。

证明：构造如下李雅普诺夫函数：

$$L = \frac{1}{2}\boldsymbol{\theta}^{\mathrm{T}}\boldsymbol{\theta} \tag{8.23}$$

对式(8.23)两边关于 t 求导，得

$$\dot{L} = \boldsymbol{\theta}^{\mathrm{T}}\dot{\boldsymbol{\theta}} = - \gamma_\theta(s\boldsymbol{\theta}^{\mathrm{T}}\boldsymbol{\Phi}(Z) + \sigma|s|\boldsymbol{\theta}^{\mathrm{T}}\boldsymbol{\theta}) \tag{8.24}$$

根据模糊基函数的数学表达式，不难推导出 $0 \leqslant \boldsymbol{\Phi}(\boldsymbol{Z}) \leqslant 1, \mathrm{i} = 1,2,\cdots,\mathrm{N}$。由范数等价定理可知，存在常数 $B_1 > 0$ 使得下列不等式成立：

$$|\theta^{\mathrm{T}}\boldsymbol{\Phi}(\boldsymbol{Z})| \leqslant \|\theta\|_1 \leqslant B_1\|\boldsymbol{\theta}\| \tag{8.25}$$

其中：$\|\boldsymbol{\theta}\|_1 = \sum_{i=1}^{n}|\theta_i|$。由此可得

$$\begin{aligned} s\boldsymbol{\theta}^{\mathrm{T}}\boldsymbol{\Phi}(\boldsymbol{Z}) + \sigma|s|\boldsymbol{\theta}^{\mathrm{T}}\boldsymbol{\theta} &\geqslant \sigma|s|\|\boldsymbol{\theta}\|^2 - |s||\boldsymbol{\theta}^{\mathrm{T}}\boldsymbol{\Phi}(\boldsymbol{Z})| \\ &\geqslant \sigma|s|\|\boldsymbol{\theta}\|^2 - B_1|s|\|\boldsymbol{\theta}\| \end{aligned} \tag{8.26}$$

令 $B_\theta = B_1/\sigma$，当 $\|\boldsymbol{\theta}\| \geqslant B_\theta$ 时，$\sigma|s|\|\boldsymbol{\theta}\|^2 - B_1|s|\|\boldsymbol{\theta}\| \geqslant 0$，即

$$\dot{L} \leqslant 0 \tag{8.27}$$

由式(8.27)及初始条件 $\|\boldsymbol{\theta}(0)\| \leqslant B_\theta$，可得

$\|\boldsymbol{\theta}\| \leqslant B_\theta$，$\|\widetilde{\boldsymbol{\theta}}\| = \|\boldsymbol{\theta} - \boldsymbol{\theta}^*\| \leqslant \|\boldsymbol{\theta}\| + \|\boldsymbol{\theta}^*\| \leqslant 2B_\theta$，证毕。

引理 8.3：存在正常数 l 使得对所有的 $(\boldsymbol{x},u) \in \boldsymbol{\Omega}_x \times \mathbb{R}$，成立下列不等式：

$$|\Delta(\boldsymbol{x},u) - \Delta(\boldsymbol{x},u^*)| \leqslant l \tag{8.28}$$

证明：由于式(8.8)中的 $f(\boldsymbol{x},u)$ 是光滑函数，因此存在常数 $m_0 > 0$，使得

$$|f(\boldsymbol{x},u) - f(\boldsymbol{x},u^*)| \leqslant m_0|u - u^*| \tag{8.29}$$

由范数等价定理可知，存在常数 $m_B > 0$，使得模糊基函数向量 $\boldsymbol{\Phi}(\boldsymbol{Z})$ 满足不等式：

$$\|\boldsymbol{\Phi}(\boldsymbol{Z})\| \leqslant m_B\|\boldsymbol{\Phi}(\boldsymbol{Z})\|_\infty \leqslant m_B \tag{8.30}$$

其中：$\|\boldsymbol{\Phi}(\boldsymbol{Z})\|_\infty = \max\{\Phi_1(\boldsymbol{Z}),\Phi_2(\boldsymbol{Z}),\cdots,\Phi_N(\boldsymbol{Z})\}$。由式(8.29)以及 $\Delta(\boldsymbol{x},u) = f(\boldsymbol{x},u) - u$ 可得

$$\begin{aligned}|\Delta(\boldsymbol{x},u) - \Delta(\boldsymbol{x},u^*)| &= |f(\boldsymbol{x},u) - f(\boldsymbol{x},u^*) + u^* - u| \\ &\leqslant (m_0+1)|u^* - u| \\ &= (m_0+1)|u_{ad} - u_{ad}^*| \\ &= (m_0+1)|\boldsymbol{\theta}^{\mathrm{T}}\boldsymbol{\Phi}(\boldsymbol{Z}) - (\boldsymbol{\theta}^{*\mathrm{T}}\boldsymbol{\Phi}(\boldsymbol{Z}) + \delta(\boldsymbol{Z}))| \\ &\leqslant (m_0+1)(\|\widetilde{\boldsymbol{\theta}}\|\|\boldsymbol{\Phi}(\boldsymbol{Z})\| + |\delta(\boldsymbol{Z})|) \\ &\leqslant (m_0+1)(2B_\theta m_B) = l\end{aligned} \tag{8.31}$$

证毕。

注 8.3：这里并不需要知道 l 的确切值。

给出具有以下形式的鲁棒控制项 u_{ro}：

$$u_{ro} = \hat{\rho}\tanh(s/\varepsilon) \tag{8.32}$$

其中：$\varepsilon > 0$ 是给定设计常数；$\hat{\rho}$ 是 ρ 的一个估计，ρ 的定义如下：

$$\rho = \tau + l + \bar{d} + 2\sigma B_\theta^2 \tag{8.33}$$

且 $\hat{\rho}$ 的自适应律定义为

$$\dot{\hat{\rho}} = \gamma_\rho(|s| - 0.2785\varepsilon - a\hat{\rho}) \tag{8.34}$$

式中：$\gamma_\rho > 0$ 是学习律；$a > 0$ 是设计常数；定义估计误差为 $\tilde{\rho} = \hat{\rho} - \rho$。

8.4.2 闭环系统稳定性分析

定理 8.1：针对高超声速飞行器单输入单输出纵向模型式(8.8)，在满足假设 8.1~假设 8.3 的条件下，采用控制律式(8.12)和参数自适应律式(8.22)、式(8.34)，可保证闭环系统的所有信号的有界性，且跟踪误差一致渐近收敛。

证明：针对系统式(8.8)构造李雅普诺夫函数：

$$V = \frac{1}{2}s^2 + \frac{1}{2\gamma_\theta}\widetilde{\boldsymbol{\theta}}^{\mathrm{T}}\widetilde{\boldsymbol{\theta}} + \frac{1}{2\gamma_\rho}\tilde{\rho}^2 \tag{8.35}$$

则 $\dot{V}$ 表示为

$$\dot{V} = s\dot{s} + \frac{1}{\gamma_\theta}\widetilde{\boldsymbol{\theta}}^{\mathrm{T}}\dot{\boldsymbol{\theta}} + \frac{1}{\gamma_\rho}\tilde{\rho}\dot{\hat{\rho}} \tag{8.36}$$

将式(8.11)、式(8.12)代入式(8.36),可得

$$\begin{aligned}\dot{V} &= s[\ddot{y}_d - (u + g(\boldsymbol{x},t) + \Delta(\boldsymbol{x},u) + d(\boldsymbol{x},t)) + \lambda\dot{e}(t)] + \frac{1}{\gamma_\theta}\widetilde{\boldsymbol{\theta}}^{\mathrm{T}}\dot{\boldsymbol{\theta}} + \frac{1}{\gamma_\rho}\tilde{\rho}\dot{\hat{\rho}} \\ &= s[\ddot{y}_d - (g(\boldsymbol{x},t) + \Delta(\boldsymbol{x},u) + u_{eq} - u_{fz} + u_{ro} + \mathrm{d}(\boldsymbol{x},t)) + \lambda\dot{e}(t)] + \frac{1}{\gamma_\theta}\widetilde{\boldsymbol{\theta}}^{\mathrm{T}}\dot{\boldsymbol{\theta}} + \frac{1}{\gamma_\rho}\tilde{\rho}\dot{\hat{\rho}}\end{aligned} \tag{8.37}$$

将式(8.13)、式(8.21)、式(8.22)代入式(8.37),可得

$$\begin{aligned}\dot{V} =& - s(\Delta(\boldsymbol{x},u) - \Delta(\boldsymbol{x},u^*) + \Delta(\boldsymbol{x},u^*) - \boldsymbol{\theta}^{*\mathrm{T}}\boldsymbol{\Phi}(\boldsymbol{Z}) + \theta^{*\mathrm{T}}\boldsymbol{\xi}(\boldsymbol{Z}) - u_{fz} + u_{ro} + \\ & k_1 s + d(\boldsymbol{x},t)) + \frac{1}{\gamma_\theta}\widetilde{\boldsymbol{\theta}}^{\mathrm{T}}\dot{\boldsymbol{\theta}} + \frac{1}{\gamma_\rho}\tilde{\rho}\dot{\hat{\rho}} \\ =& - s(\Delta(\boldsymbol{x},u) - \Delta(\boldsymbol{x},u^*) + \delta(\boldsymbol{Z}) - \widetilde{\boldsymbol{\theta}}^{\mathrm{T}}\boldsymbol{\Phi}(\boldsymbol{Z}) + u_{ro} + k_1 s + d(\boldsymbol{x},t)) + \frac{1}{\gamma_\theta}\widetilde{\boldsymbol{\theta}}^{\mathrm{T}}\dot{\boldsymbol{\theta}} + \frac{1}{\gamma_\rho}\tilde{\rho}\dot{\hat{\rho}}\end{aligned} \tag{8.38}$$

将式(8.32)~式(8.34)代入式(8.38),并考虑引理 8.2、引理 8.3 和不等式 $|s| - s\tanh(s/\varepsilon) \leqslant 0.2785\varepsilon$,可得

$$\begin{aligned}\dot{V} &\leqslant - k_1 s^2 + |s|(\tau + l + \bar{d}) + s\widetilde{\boldsymbol{\theta}}^{\mathrm{T}}\boldsymbol{\Phi}(\boldsymbol{Z}) - s\hat{\rho}\tanh(s/\varepsilon) + \frac{1}{\gamma_\theta}\widetilde{\boldsymbol{\theta}}^{\mathrm{T}}\dot{\boldsymbol{\theta}} + \frac{1}{\gamma_\rho}\tilde{\rho}\dot{\hat{\rho}} \\ &\leqslant - k_1 s^2 + |s|(\tau + l + \bar{d} - \sigma\widetilde{\boldsymbol{\theta}}^{\mathrm{T}}\boldsymbol{\theta}) - |s|\hat{\rho} + 0.2758\varepsilon\hat{\rho} + |s|\tilde{\rho} - 0.2758\varepsilon\tilde{\rho} - a\hat{\rho}\tilde{\rho} \\ &\leqslant - k_1 s^2 + |s|(\tau + l + \bar{d} - \sigma\widetilde{\boldsymbol{\theta}}^{\mathrm{T}}\boldsymbol{\theta}) - |s|\rho + 0.2758\varepsilon\rho - a\hat{\rho}\tilde{\rho}\end{aligned} \tag{8.39}$$

由于 $\|\widetilde{\boldsymbol{\theta}}^{\mathrm{T}}\boldsymbol{\theta}\| \leqslant \|\widetilde{\boldsymbol{\theta}}\| \|\boldsymbol{\theta}\| \leqslant 2B_\theta^2$ 和 $-\tilde{\rho}\hat{\rho} \leqslant -\frac{1}{2}\tilde{\rho}^2 + \frac{1}{2}\rho^2$,则有

$$\begin{aligned}\dot{V} &\leqslant - k_1 s^2 + |s|(\tau + l + \bar{d} + 2\sigma B_\theta^2) - |s|\rho + 0.2758\varepsilon\rho - \frac{a}{2}\tilde{\rho}^2 + \frac{a}{2}\rho^2 \\ &\leqslant - k_1 s^2 - \frac{1}{2}(2B_\theta)^2 - \frac{a}{2}\tilde{\rho}^2 + \frac{1}{2}(2B_\theta)^2 + 0.2758\varepsilon\rho + \frac{a}{2}\rho^2\end{aligned} \tag{8.40}$$

令 $C = \frac{1}{2}(2B_\theta)^2 + 0.2758\varepsilon\rho + \frac{a}{2}\rho^2, \omega = \min(2k_1, \gamma_\theta, \alpha\gamma_\rho)$,可得

$$\begin{aligned}\dot{V} &\leqslant - k_1 s^2 - \frac{1}{2}(2B_\theta)^2 - \frac{a}{2}\tilde{\rho}^2 + C \\ &\leqslant - \omega V + C\end{aligned} \tag{8.41}$$

其中:在证明过程中应用到不等式, 对式(8.41)两边同时乘以 $\mathrm{e}^{\omega t}$ 并整理,可得

$$d(V(t)\mathrm{e}^{\omega t}) \leqslant C\mathrm{e}^{\omega t} \tag{8.42}$$

对式(8.42)在区间 $[0,t]$ 上积分,可得

$$0 \leqslant V(t) \leqslant \left[V(0) - \frac{C}{\mu}\right]\mathrm{e}^{-\omega t} + \frac{C}{\mu} \leqslant V(0) + \frac{C}{\omega} \tag{8.43}$$

因此,若 $s(t)$,$\widetilde{\boldsymbol{\theta}}$, $\tilde{\rho}$ 是有界的,则 $e(t)$,$\dot{s}(t)$ 也是有界的。由式(8.33)可知 ρ 是有界的,根

据 $\hat{\rho}=\rho+\tilde{\rho}$ 可以保证 $\hat{\rho}$ 是有界的,从式(8.13)、式(8.21)、式(8.32)也可得 u 是有界的。由于 $s(t)$ 平方可积,$\dot{s}(t)$ 有界,则根据 Barbalat 引理,可得 $\lim\limits_{t\to\infty}\|s(t)\|=0$,进一步可知 $\lim\limits_{t\to\infty}\|e(t)\|=0$。综上,闭环系统所有信号一致最终有界,跟踪误差收敛于 0。证毕。

综合所述,整个控制系统的设计结构如图 8-5 所示。

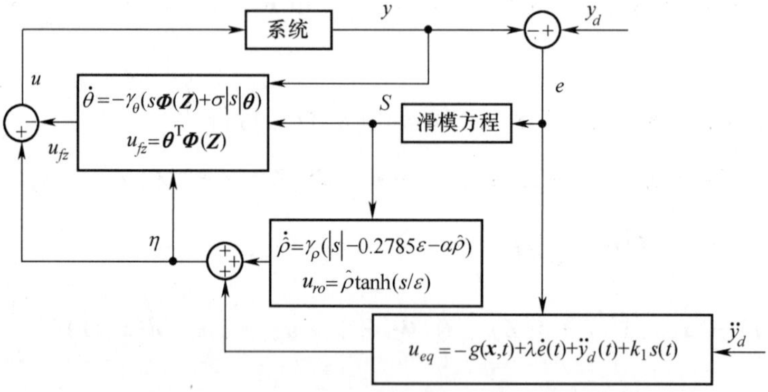

图 8-5　线性滑模模糊自适应控制系统结构图

注 8.4:在设计自适应模糊控制器时,为避免采用投影梯度算子时可能出现的锯齿现象,本章采用了基于李雅普诺夫函数的参数自适应律。同时,为克制参数漂移,在参数自适应律中引入了 σ 自修正律。

8.4.3　仿真研究及分析

针对高超声速飞行器纵向单输入单输出模型式(8.7),选取环境参数:速度 $V=Ma=6$,飞行高度 $H=30\text{km}$,飞行器质量 $M=136077\text{kg}$。飞行器初始姿态为 $x_{10}=\alpha_0=0°$,$x_{20}=q_0=0\text{rad/s}$,制导指令为 $\alpha_c=5°$,$e_1=y_d-y=\alpha_c-\alpha$,并选择设计参数:$\boldsymbol{\theta}(0)=0$,$\hat{\rho}(0)=0$,$k_1=10$,$\lambda=7$,$\gamma_\theta=100$,$\gamma_\rho=120$,$a=0.001$,$\sigma=0.3$,$\varepsilon=0.02$。根据 8.4.1 小节和 8.4.2 小节的控制器设计过程,不难得出 u_{eq}、u_{ro}、u_{fz} 的表达式。其中,在设计模糊控制项 u_{fz} 时,选择 $\boldsymbol{Z}=[z_1,z_2,z_3]^{\mathrm{T}}=[x_1,x_2,v]^{\mathrm{T}}\in\mathbb{R}^3$ 作为模糊系统的输入,对于变量 $z_i(i=1,2,3)$ 选择如表 8-2 所列的隶属度函数。

表 8-2　隶属度函数

变量隶属度函数			
z_1	$\mu_{F_1^1}=\dfrac{1}{1+\exp(100\times(z_1-0.05))}$	$\mu_{F_1^2}=\exp\left(-\left(\dfrac{z_1-0.0873}{0.04}\right)^2\right)$	$\mu_{F_1^3}=\dfrac{1}{1+\exp(-100\times(z_1-0.1246))}$
z_2	$\mu_{F_2^1}=\dfrac{1}{1+\exp(60\times(z_2+0.05))}$	$\mu_{F_2^2}=\exp\left(\left(\dfrac{z_2}{0.05}\right)^2\right)$	$\mu_{F_2^3}=\dfrac{1}{1+\exp(-60\times(z_2-0.05))}$
z_3	$\mu_{F_3^1}=\dfrac{1}{1+\exp(0.2\times(z_3+10))}$	$\mu_{F_3^2}=\exp(-(z_3/12)^2)$	$\mu_{F_3^3}=\dfrac{1}{1+\exp(-0.2\times(z_3-10))}$

在表 8-2 中的隶属度函数分布如图 8-6 所示。

注 8.5:在模糊逻辑系统中,隶属度函数的选择对控制效果有显著的影响。通常来

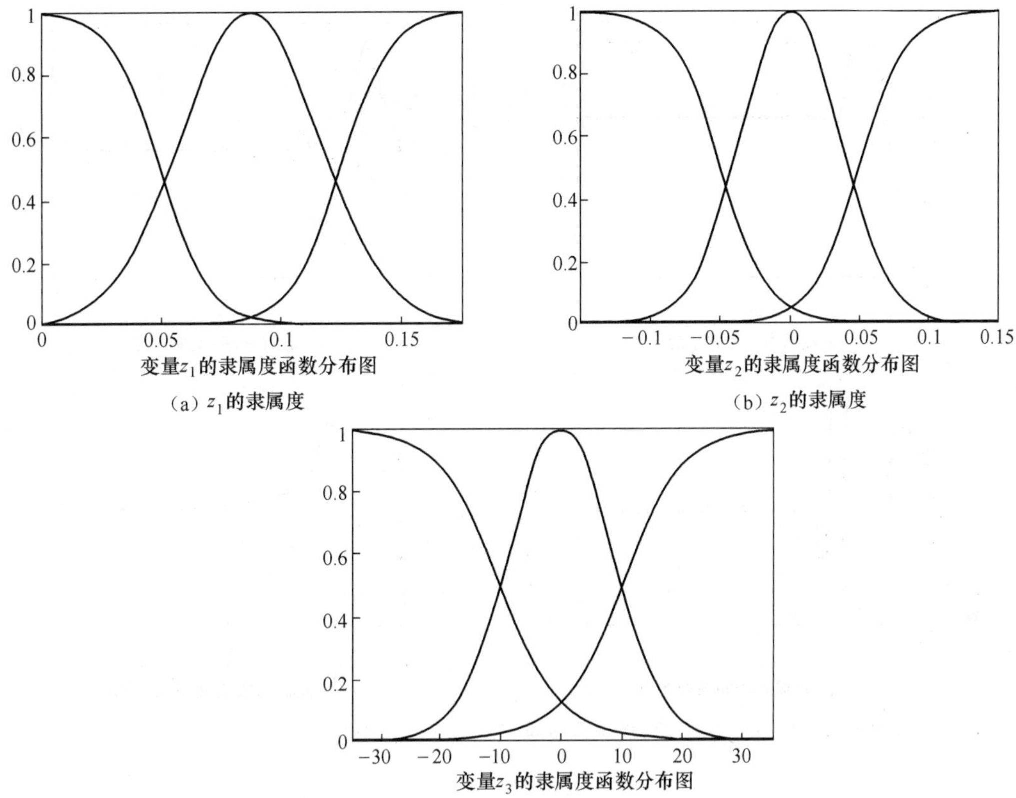

（a）z_1的隶属度

（b）z_2的隶属度

（c）z_3的隶属度

图 8-6　隶属度函数分布图(SISO)

说,高斯型隶属度函数和三角形函数适用于描述具有中间模糊状态的模糊概念,而 S 型隶属度函数和 Z 型隶属度函数适用于描述一个完整的模糊概念。因此,为了设计合理有效的模糊控制器,本章在区域边界采用 S 型隶属函数,在区域内部采用高斯型隶属度函数。

为验证控制器的鲁棒性,本章给出了无外界干扰和有外界干扰情况下的两组仿真图。

1. 不考虑外界干扰,即 $\mathbf{d}(x,t)=0$

仿真结果如图 8-7 所示。从图 8-7(a)、(b)可以看出,姿态角 α 可以很快地跟踪上制导指令 α_c,且跟踪效果较好,姿态角速率 q 逐渐收敛于 0。从图 8-7(c)可以看出,控制信号 δ_e 总是在合理的范围内变化,整个系统表现出良好的响应性能。图 8-7 (d)给出了模糊参数向量 $\boldsymbol{\theta}$ 的范数的变化过程,验证了参数有界性。

2. 考虑外界干扰,令 $\mathbf{d}(x,t)=1.5\sin(x_2)\cos(5t)$

仿真结果如图 8-8 所示。可见,及时在有外界干扰作用的情况下,系统状态跟踪指令信号的效果仍然较好,几乎不受影响。因此,可以看出,本章所设计的控制器亦具有一定的鲁棒性。

本章基于一系列假设条件,先将第 3 章所建立的高超声速飞行器模型转化为一类单输入单输出非仿射非线性系统后,再针对该系统设计基于传统滑模的模糊自适应控制器。该控制器包含三个部分:等价控制项、逼近控制器中未知非线性的模糊控制项和消除逼近

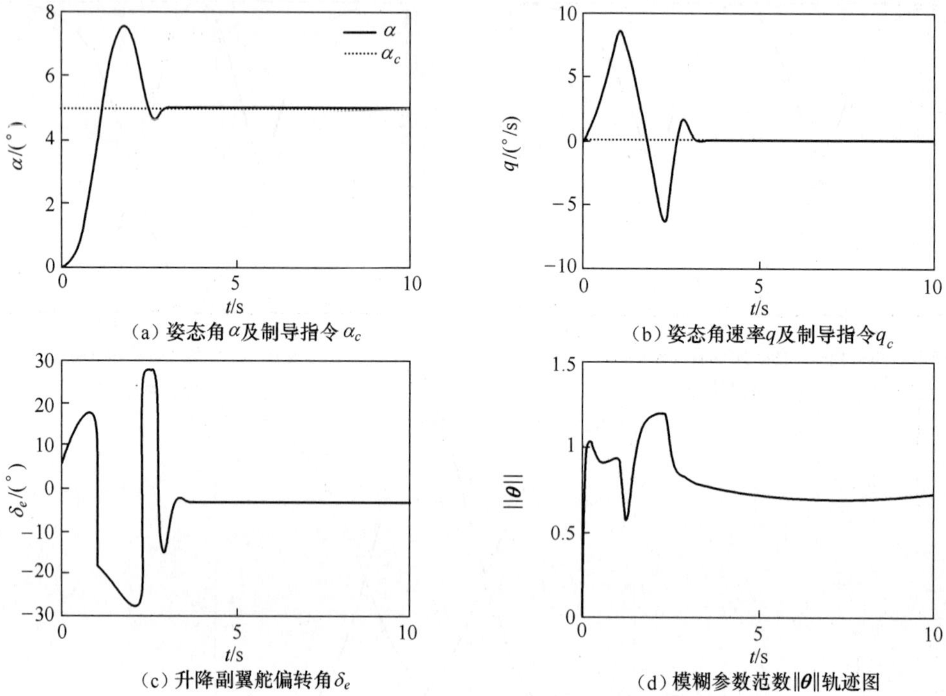

(a) 姿态角α及制导指令α_c

(b) 姿态角速率q及制导指令q_c

(c) 升降副翼舵偏转角δ_e

(d) 模糊参数范数$\|\boldsymbol{\theta}\|$轨迹图

图 8-7　基于线性滑模自模糊自适应控制的飞行控制仿真图($d(\boldsymbol{x},t)=0$)

误差及外界干扰的鲁棒控制项。控制项设计只要求不确定项有界而不需要其确界值,放宽了匹配条件。理论证明了该控制器可保证整个闭环系统的稳定性和所有信号的一致最终有界性。以简化的高超声速飞行器纵向单输入单输出模型为仿真对象,结果显示:即使在存在外界干扰的情况下,系统状态仍能在较短的时间内跟踪指令信号,验证了控制器的鲁棒性。

8.5　基于积分滑模的 SISO 非仿射非线性控制

为了减小系统的静态误差,本节在 8.4 节的基础上开展基于积分滑模的 SISO 非仿射非线性控制。

8.5.1　非仿射控制器设计

针对高超声速飞行器纵向 SISO 系统式(8.7),由于非仿射函数$f(\boldsymbol{x},u)$是未知的,难以计算$\dfrac{\partial f(\boldsymbol{x},u)}{\partial u(t)}$,即 8.4 节的假设 8.1 难以验证其是否成立。因此,为避免严格的理论条件,这里不考虑$\dfrac{\partial f(\boldsymbol{x},u)}{\partial u(t)}$,假设存在未知的非线性函数$\kappa(\boldsymbol{x})\in\mathbb{R}$,$\chi(\boldsymbol{x})\in\mathbb{R}$,$\boldsymbol{\omega}(\boldsymbol{x},u)\in\mathbb{R}$,使得下式成立:

$$g(\boldsymbol{x},t)+f(\boldsymbol{x},u)=\kappa(\boldsymbol{x})+\chi(\boldsymbol{x})u(t)+\omega(\boldsymbol{x},u)\tag{8.44}$$

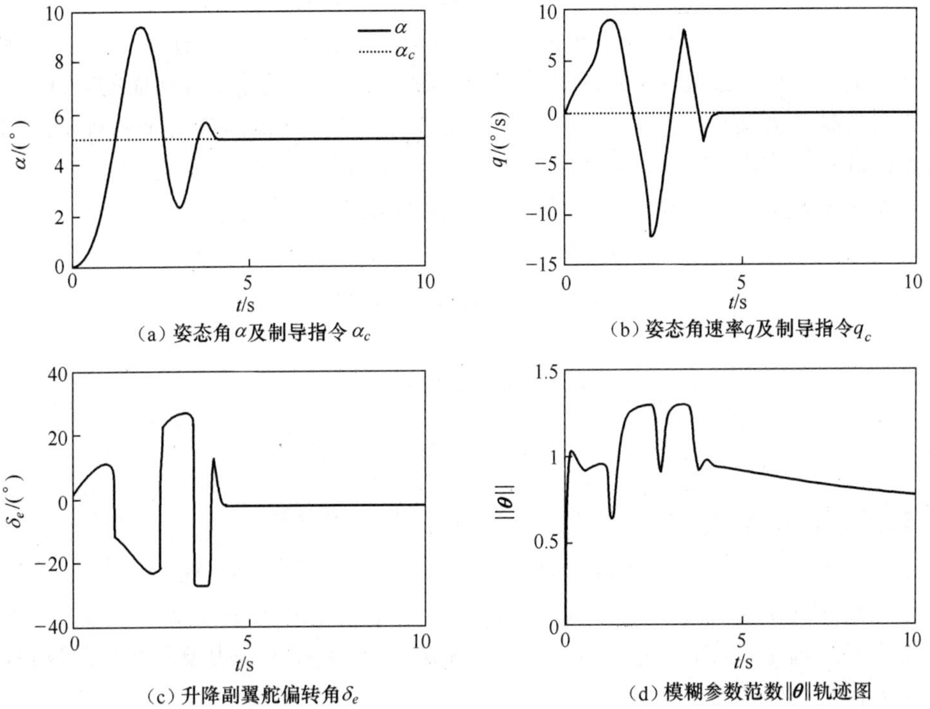

图 8-8　基于线性滑模自模糊自适应控制的飞行控制仿真图($d(\boldsymbol{x},t) = 1.5\sin(x_2)\cos(5t)$)

其中：$\omega(\boldsymbol{x},u) = g(\boldsymbol{x},t) + f(\boldsymbol{x},u) - \kappa(\boldsymbol{x}) - \chi(\boldsymbol{x})u(t)$ 。

为了设计控制律 $u(t)$,给出以下假设。

假设 8.4：未知函数 $\omega(\boldsymbol{x},u)$ 是有界的，这里 $\omega(\boldsymbol{x},u) | \leqslant \bar{\omega}$,即 $\bar{\omega}$ 是未知的正实数。

假设 8.5：非线性函数 $\chi(\boldsymbol{x})$ 是有界的，即对于所有 $\boldsymbol{x}(t)$,存在已知实数 χ_0，使得 $\chi(\boldsymbol{x}) \geqslant \chi_0 > 0$ 或 $\chi(\boldsymbol{x}) \leqslant \chi_0 < 0$。

注 8.6：当假设 8.5 成立时，意味着 $\chi_0 \neq 0$ 且 $\dfrac{\chi(\boldsymbol{x})}{\chi_0} \geqslant 1$，其中：$\chi_0 \neq 0$ 通过避免奇异来保证控制器的存在，$\dfrac{\chi(\boldsymbol{x})}{\chi_0} \geqslant 1$ 则是用以保证系统稳定性的(参见定理 8.2 的证明)。

下面考虑一种间接自适应模糊控制方案，以保证 $\alpha(t)$ 渐近跟踪 $\alpha_d(t)$ 。

为了减少系统的静态误差，通过引入积分算子 $\int_0^t (\cdot)\mathrm{d}\tau$,定义积分滑模面为

$$s(t) = \left(\frac{\mathrm{d}}{\mathrm{d}t} + \xi\right)^2 \int_0^t e(\tau)\mathrm{d}\tau = \dot{e}(t) + 2\xi e(t) + \xi^2 \int_0^t e(\tau)\mathrm{d}\tau \tag{8.45}$$

其中：ξ 是常数。当 $\xi > 0$ 时，式(8.45)是 Hurwitze 多项式。

$s(t)$ 对时间的导数是

$$\dot{s}(t) = \ddot{e}(t) + 2\xi\dot{e}(t) + \xi^2 e(t) \tag{8.46}$$

考虑到 $\ddot{e}(t) = \ddot{y}_d(t) - \ddot{y}(t)$ 且 $\ddot{y}(t) = g(\boldsymbol{x},t) + f(\boldsymbol{x},u) + d(t)$,可得

$$\dot{s}(t) = \psi(t) - g(\boldsymbol{x},t) + f(\boldsymbol{x},u) - d(t) \tag{8.47}$$

其中：$\psi(t)=\ddot{y}_d(t)+2\xi^2\dot{e}(t)+\xi^2e(t)$，代入式(8.44)，则 $\dot{s}(t)$ 可写为

$$\dot{s}(t)=\psi(t)-\kappa(\boldsymbol{x})-\chi(\boldsymbol{x})u(t)-\omega(\boldsymbol{x},u)-d(t) \tag{8.48}$$

由于 $\omega(\boldsymbol{x},u)$ 仅已知有界，$\kappa(\boldsymbol{x})$ 和 $\chi(\boldsymbol{x})$ 是未知的，无法计算滑动面的时间导数，导致系统控制器无法设计。为此，先将 T-S 模糊系统应用于未知函数 $\kappa(\boldsymbol{x})$，$\chi(\boldsymbol{x})$ 的逼近，通过调整自适应参数，然后设计模糊滑模自适应控制律以达到控制目标。

非线性函数 $\kappa(\boldsymbol{x})$ 与 $\chi(\boldsymbol{x})$ 可以用 T-S 模糊系统来近似如下：

$$\kappa(\boldsymbol{x})=\zeta_\kappa^{*\mathrm{T}}\phi_\kappa(\boldsymbol{x})+z_\kappa(\boldsymbol{x}) \tag{8.49}$$

$$\chi(\boldsymbol{x})=\zeta_\kappa^{*\mathrm{T}}\phi_\kappa(\boldsymbol{x})+z_\chi(\boldsymbol{x}) \tag{8.50}$$

其中

$$\zeta_\kappa^*=\mathrm{argmin}[\sup_{\zeta_\kappa\in S_{\zeta_\kappa},x\in S_x}|\zeta_\kappa^{\mathrm{T}}\phi_\kappa(\boldsymbol{x})-\kappa(\boldsymbol{x})|] \tag{8.51}$$

$$\zeta_\chi^*=\mathrm{argmin}[\sup_{\zeta_\chi\in S_{\zeta_\chi},x\in S_x}|\zeta_\chi^{\mathrm{T}}\phi_\chi(\boldsymbol{x})-\kappa(\boldsymbol{x})|] \tag{8.52}$$

是最优参数向量，S_{ζ_κ}、S_{ζ_χ} 与 S_x 分别是关于 ζ_κ、ζ_χ 和 $\boldsymbol{x}$ 的紧集。

$$\boldsymbol{\phi}_\kappa(\boldsymbol{x})=[\mu_{\kappa,1},\cdots,\mu_{\kappa,R},x_1\mu_{\kappa,1},\cdots,x_1\mu_{\kappa,R},x_2\mu_{\kappa,1},\cdots,x_2\mu_{\kappa,R}]^{\mathrm{T}} \tag{8.53}$$

$$\boldsymbol{\phi}_\chi(\boldsymbol{x})=[\mu_{\chi,1},\cdots,\mu_{\chi,R},x_1\mu_{\chi,1},\cdots,x_1\mu_{\chi,R},x_2\mu_{\kappa,1},\cdots,x_2\mu_{\chi,R}]^{\mathrm{T}} \tag{8.54}$$

是模糊基函数向量。其中：$\mu_{\kappa,i}$，$\mu_{\chi,i}(i=1,\cdots,R)$ 是模糊权重是由模糊隶属函数确定的，而 R 是模糊规则的数目。

$$z_\kappa(\boldsymbol{x})=\kappa(\boldsymbol{x})-\zeta_\kappa^{*\mathrm{T}}\phi_\kappa(\boldsymbol{x}) \tag{8.55}$$

$$z_\chi(\boldsymbol{x})=\chi(\boldsymbol{x})-\zeta_\chi^{*\mathrm{T}}\phi_\chi(\boldsymbol{x}) \tag{8.56}$$

是模糊逼近误差。假设 $|z_\kappa(\boldsymbol{x})|\leqslant Z_\kappa$，$|z_\chi(\boldsymbol{x})|\leqslant Z_\chi$，其中：$Z_\kappa$ 和 Z_χ 是与实际模型近似误差的未知边界。

函数 $\kappa(\boldsymbol{x})$ 与 $\chi(\boldsymbol{x})$ 近似如下：

$$\hat{\kappa}(\boldsymbol{x})=\zeta_\kappa^{\mathrm{T}}(t)\phi_\kappa(\boldsymbol{x}) \tag{8.57}$$

$$\hat{\chi}(\boldsymbol{x})=\zeta_\kappa^{\mathrm{T}}(t)\phi_\chi(\boldsymbol{x}) \tag{8.58}$$

其中：$\zeta_\kappa(t)$，$\zeta_\chi(t)$ 分别是 ζ_κ^* 与 ζ_χ^* 的估计。

参数估计误差定义为

$$\begin{cases}\tilde{\zeta}_\kappa(t)=\zeta_\kappa(t)-\zeta_\kappa^*\\ \tilde{\zeta}_\chi(t)=\zeta_\chi(t)-\zeta_\chi^*\end{cases} \tag{8.59}$$

控制律确定为

$$u(t)=u^{ad}(t)+u^{ro}(t) \tag{8.60}$$

式中：$u^{ad}(t)$ 为基于模糊估计的自适应模糊控制项；$u^{ro}(t)$ 为鲁棒控制项，主要用来补偿逼近误差和干扰。

自适应控制项 $u^{ad}(t)$ 设计为

$$u^{ad}(t)=(\chi_0+\hat{\chi}(\boldsymbol{x}))^{-1}(\psi(t)-\hat{\kappa}(\boldsymbol{x})+\varsigma s(t)) \tag{8.61}$$

式中：$\varsigma>0$ 是设计参数。

鲁棒控制项 $u^{ro}(t)$ 设计如下：

$$u^{ro}(t)=\chi_0^{-1}(\hat{v}(t)+\hat{v}_\chi(t)\,|u^{ad}(t)|+\hat{v}_u(t)\chi_0\,|u^{ad}(t)|)\ \mathrm{sgn}(s(t)) \tag{8.62}$$

式中：$\hat{v}(t)$，$\hat{v}_\chi(t)$ 和 $\hat{v}_u(t)$ 是参数 $v^*=Z_\kappa+\bar{\omega}+\bar{d}$，$v_\chi^*=Z_\chi$，$u_u^*=1$ 时的估计值。

注 8.7：自适应控制项 $u^{ad}(t)$ 在总控制器中起主要作用，而鲁棒控制项 $u^{ro}(t)$ 起辅助作用。

在假设 8.5 的基础上，引入非零常数 χ_0 来避免控制奇异性。此外，所设计的控制器不需要精确的约束值 $\bar{d}$ 与 $\bar{\omega}$，将仅用于以下稳定性分析的定理中。

自适应律设计如下：

$$\dot{\zeta}_\kappa(t)=-\varepsilon_\kappa\phi_\kappa(\boldsymbol{x})s(t) \tag{8.63}$$

$$\dot{\zeta}_\chi(t)=-\varepsilon_\chi\phi_\chi(\boldsymbol{x})u^{ad}(t)s(t) \tag{8.64}$$

$$\dot{\hat{v}}(t)=\varepsilon_0\,|s(t)| \tag{8.65}$$

$$\dot{\hat{v}}_\chi=\varepsilon_0\cdot|u^{ad}(t)|\cdot|s(t)| \tag{8.66}$$

$$\dot{\hat{v}}_u=\varepsilon_0\cdot\chi_0\cdot|u^{ad}(t)|\cdot|s(t)| \tag{8.67}$$

其中：ε_κ，ε_χ，ε_0 是正的设计参数，且 $\tilde{v}(t)=\hat{v}(t)-v^*$，$\tilde{v}_\chi(t)=\hat{v}_\chi(t)-v_\chi^*$，$\tilde{v}_u(t)=\hat{v}_u(t)-v_u^*$。

基于以上设计，给出基于积分滑模的 SISO 系统的非仿射控制方案，如图 8-9 所示。

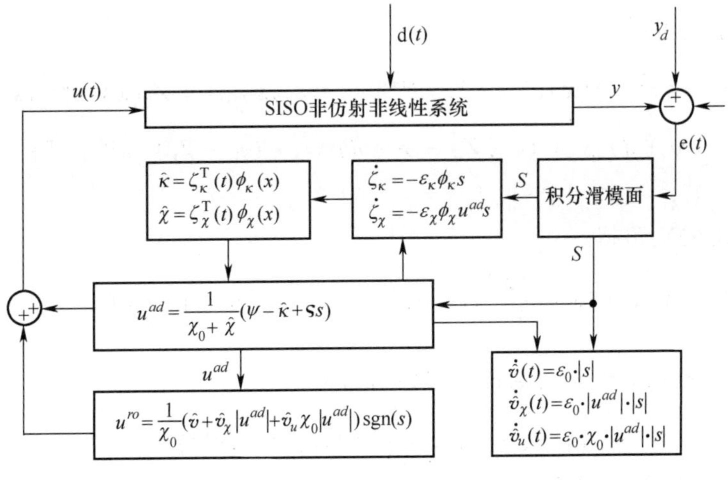

图 8-9　基于积分滑模的 SISO 非仿射系统的模糊自适应控制方案

8.5.2　闭环系统稳定性分析

定理 8.2：考虑高超声速飞行器纵向 SISO 模型式(8.7)，假设 8.1、假设 8.4、假设 8.5 成立，结合式(8.63)～式(8.67)给出的自适应律，式(8.60)～式(8.62)定义的控制律，输出 $y(t)$ 可以渐近跟踪期望的信号 $y_d(t)$，跟踪误差 $e(t)$ 最终是渐近稳定的，即 $\lim\limits_{t\to\infty}e(t)=0$，闭环系统中的其他信号是有界的。

证明：考虑如下李雅普诺夫函数：

$$V=\frac{1}{2}s^2+\frac{1}{2\varepsilon_\kappa}\tilde{\zeta}_\kappa^{\mathrm{T}}\tilde{\zeta}_\kappa+\frac{1}{2\varepsilon_\chi}\tilde{\zeta}_\kappa^{\mathrm{T}}\tilde{\zeta}_\kappa+\frac{1}{2\varepsilon_0}\tilde{v}^2+\frac{1}{2\varepsilon_0}\tilde{v}_\chi^2+\frac{1}{2\varepsilon_0}\tilde{v}_\chi^2+\frac{1}{2\varepsilon_0}\tilde{v}_u^2 \tag{8.68}$$

则李雅普诺夫函数式(8.68)对时间的导数为

$$\dot{V}=s\dot{s}+\frac{1}{\varepsilon_\kappa}\tilde{\zeta}_\kappa^{\mathrm{T}}\dot{\zeta}_\kappa+\frac{1}{\varepsilon_\chi}\tilde{\zeta}_\chi^{\mathrm{T}}\dot{\zeta}_\chi+\frac{1}{\varepsilon_0}\tilde{v}\,\dot{\hat{v}}+\frac{1}{\varepsilon_0}\tilde{v}_\chi\,\dot{\hat{v}}_\chi+\frac{1}{\varepsilon_0}\tilde{v}_u\,\dot{\hat{v}}_u \tag{8.69}$$

在控制律式(8.60)的作用下,式(8.48)可改写为

$$\dot{s}=\psi(t)-\hat{\kappa}(\boldsymbol{x})+(\hat{\kappa}(\boldsymbol{x})-\kappa(\boldsymbol{x}))+(\hat{\chi}(\boldsymbol{x})-\chi(\boldsymbol{x}))u^{ad}-\hat{\chi}(\boldsymbol{x})u^{ad} \tag{8.70}$$

将式(8.61)代入式(8.70),可得

$$\begin{aligned}\dot{s}&=(\chi_0+\hat{\chi}(\boldsymbol{x}))\delta^{ad}-\varsigma s+(\hat{\kappa}(\boldsymbol{x})-\kappa(\boldsymbol{x}))+(\hat{\chi}(\boldsymbol{x})-\chi(\boldsymbol{x}))u^{ad}-\\&\quad\hat{\chi}(\boldsymbol{x})u^{ad}-\chi(\boldsymbol{x})u^{ad}-\omega(\boldsymbol{x},u)-\mathrm{d}(t)\\&=-\varsigma s+\chi_0u^{ad}+(\hat{\kappa}(\boldsymbol{x})--\kappa(\boldsymbol{x}))+(\hat{\chi}(\boldsymbol{x})-\chi(\boldsymbol{x}))u^{ad}-\\&\quad\chi(\boldsymbol{x})u^{ro}-\omega(\boldsymbol{x},u)-\mathrm{d}(t)\end{aligned} \tag{8.71}$$

将式(8.71)和自适应律式(8.63)~式(8.67)代入式(8.69),则有

$$\begin{aligned}\dot{V}=&-\varsigma s^2+\chi_0u^{ad}s+\tilde{\zeta}_\kappa^{\mathrm{T}}\phi_\kappa(\boldsymbol{x})s-z_\kappa(\boldsymbol{x})s+\tilde{\zeta}_\chi^{\mathrm{T}}\phi_\chi(\boldsymbol{x})u^{ad}s-\\&z_\kappa(\boldsymbol{x})u^{ad}s-\chi(\boldsymbol{x})u^{ro}s-\omega(\boldsymbol{x},u)s-d(t)s-\tilde{\zeta}_\kappa^{\mathrm{T}}\phi_\kappa(\boldsymbol{x})s-\\&\tilde{\zeta}_\chi^{\mathrm{T}}\phi_\chi(\boldsymbol{x})u^{ad}s+(\hat{v}-Z_\kappa-\bar{\omega}-\bar{d})\,|s|+(\hat{v}_\chi-Z_\chi)\,|u^{ad}\|s|+\\&(\hat{v}_u-1)\chi_0\,|u^{ad}\|s|\end{aligned} \tag{8.72}$$

进一步化简,可得

$$\begin{aligned}\dot{V}\leqslant&-\varsigma s^2-\chi(\boldsymbol{x})u^{ad}s+\chi_0\,|u^{ad}\|s|+Z_k(\boldsymbol{x})\,|s|+Z_\chi(\boldsymbol{x})\,|u^{ad}\|s|+\\&(\bar{\omega}+\bar{d})\,|s|+(\hat{v}-Z_\kappa-\bar{\omega}-\bar{d})\,|s|+(\hat{v}_\chi-Z_\chi)\,|u^{ad}\|s|+\\&(\hat{v}_\delta-1)\chi_0\,|u^{ad}\|s|\end{aligned} \tag{8.73}$$

基于式(8.62),可得

$$\chi(\boldsymbol{x})u^{ro}s=\frac{\chi(\boldsymbol{x})}{\chi_0}(\hat{v}+\hat{v}_\chi\,|u^{ad}|+\hat{v}_s\chi_0\,|u^{ad}|)\ \operatorname{sgn}\ (s)s \tag{8.74}$$

且 $\frac{\chi(\boldsymbol{x})}{\chi_0}\geqslant 1, sgn(\mathrm{s})\mathrm{s}=|\ \mathrm{s}\ |$,则式(8.74)可写为

$$\chi(\boldsymbol{x})u^{ro}s\geqslant(\hat{v}+\hat{v}_\chi\,|u^{ad}|+\hat{v}_\delta\chi_0\,|u^{ad}|)\,|\ s\ | \tag{8.75}$$

将式(8.75)代入式(8.73),可得

$$\dot{V}\leqslant-\varsigma s^2 \tag{8.76}$$

因为 $\dot{V}$ 是负半定的,所以式(8.68)和式(8.76)确保 $s(t)$、$\tilde{\zeta}_\kappa$、$\tilde{\zeta}_x$、$\tilde{v}$、$\tilde{v}_\chi$ 与 $\tilde{v}_\delta$ 是有界的。这意味着 ζ_κ、ζ_χ、v、v_χ、v_δ 与 $\delta(t)$ 是有界的,通过对式(8.76)从0到∞积分可得

$$\int_0^\infty\varsigma s^2\mathrm{d}t\leqslant-\int_0^\infty\dot{V}\mathrm{d}t=V(0)-V(\infty) \tag{8.77}$$

此时,因为 $V(0)$ 与 $V(\infty)$ 是有界的,所以可得 $s(t)\in L_2$。由于 $s(t)\in L_\infty$,$\dot{s}(t)\in L_\infty$,$s(t)\in L_2$,因此利用Barbalat引理得出 $\lim\limits_{t\to\infty}s(t)=0$。所以,跟踪误差 $e(t)$ 最终是渐进稳定

的，即 $\lim_{t\to\infty} e(t) = 0$。

注 8.8：为了消除抖振现象，鲁棒控制律式(8.62)的符号函数 $\mathrm{sgn}(s)$ 可以用 $\tanh(s)$ 或 $sat\ (s)$ 函数代替。

注 8.9：为了加快自适应参数 ζ_κ 与 ζ_χ 的收敛速度，可以考虑在自适应律式(8.63)和式(8.64)中加入 σ 修正项。

8.5.3 仿真研究及分析

为了验证所提出的方法的有效性，针对高超声速飞行器纵向单输入单输出模型式(8.8)，选取环境参数：速度 V 的马赫数为 6，飞行高度 $H = 30\text{km}$，飞行器质量 $M = 136077\text{kg}$。

基于 T-S 模糊系统，用来估计未知函数 $\boldsymbol{\kappa}(\boldsymbol{x})$ 与 $\chi(\boldsymbol{x})$，其中模糊权重定义为

$$\mu_{\kappa,i} = \mu_{\chi,i} = \frac{\exp\left(-\dfrac{(x_1 - \bar{c}_{1,i})^2}{2\bar{\sigma}^2}\right)\exp\left(-\dfrac{(x_2 - \bar{c}_{2,i})^2}{2\bar{\sigma}^2}\right)}{\sum_i^R \exp\left(-\dfrac{(x_1 - \bar{c}_{1,i})^2}{2\bar{\sigma}^2}\right)\exp\left(-\dfrac{(x_2 - \bar{c}_{2,i})^2}{2\bar{\sigma}^2}\right)},(i = 1,\cdots,R) \quad (8.78)$$

其中：模糊输入 x_1 和 x_2 具有中心为-5、0、5 的高斯隶属函数，方差为 $\bar{\sigma} = 5$，然后考虑所有可能的组合，得到模糊规则数 $R = 9$。

设计参数选择：$\varepsilon_\kappa = 5, \varepsilon_\chi = 1, \varepsilon_0 = 10, \chi_0 = 5, \xi = 2.2, \varsigma = 3$。初始条件：$\alpha(0) = 1.5°$，$q(0) = 2°/\text{s}, s(0) = 0, \zeta_\kappa(0) = \zeta_\chi(0) = 0, \hat{v}(0) = \hat{v}_\chi(0) = \hat{v}_u(0) = 0.01$。

期望的指令信号 α_c 设计为

$$\alpha_c(t) = 5 - \frac{5}{1 + \exp(3t - 0.1)} - \frac{1.5}{1 + \exp(3t - 15)} \quad (8.79)$$

由于高超声速飞行器飞行条件恶劣，数学模型不精确，常存在外界干扰和未建模动态，给飞行控制带来负面影响。因此，下面给出了不同条件下的仿真结果，验证所设计方法的有效性。

(1) 在干扰 $d(t) = 0$，未建模动态 $\Delta f = 0$ 的条件下，如图 8-10 所示。

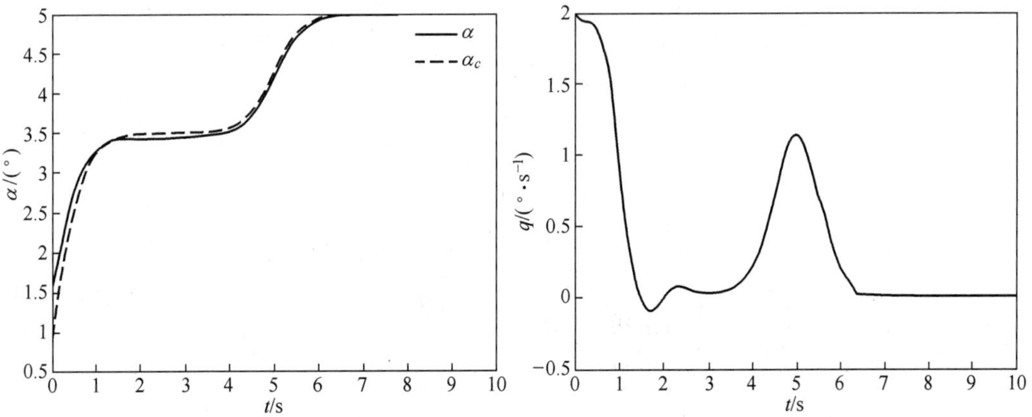

(a) 迎角跟踪响应曲线　　(b) 俯仰角速率响应曲线

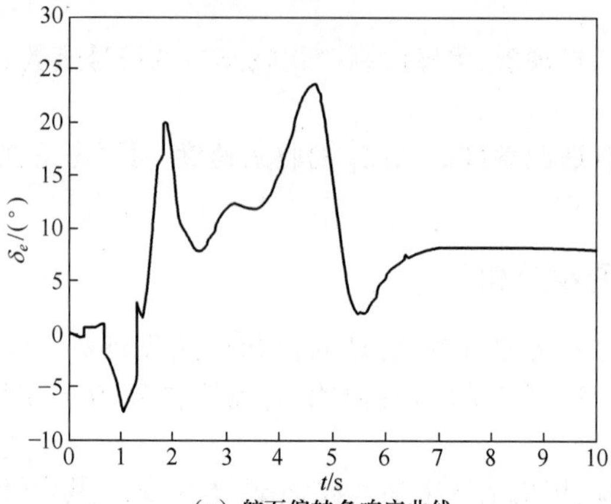

(c) 舵面偏转角响应曲线

图 8-10　系统响应曲线($d(t) = 0, \Delta f = 0$)

从图 8-10 可以得出,在不考虑外部干扰和未建模动态特性情况下,所提出的控制方案,使 α 的轨迹可以渐近地、平滑地跟踪期望信号 $\alpha_c(t)$,同时俯仰角速率 $q(t)$ 在小波动后收敛到 0,并且输入 δ_e 的曲线是复杂的,但它仍然满足限幅的要求($|\delta_e| \leqslant 30°$)。

(2) 在干扰 $d(t) = 0.1\cos(2t)$,未建模动态 $\Delta f = 0$ 的条件下,如图 8-11 所示。

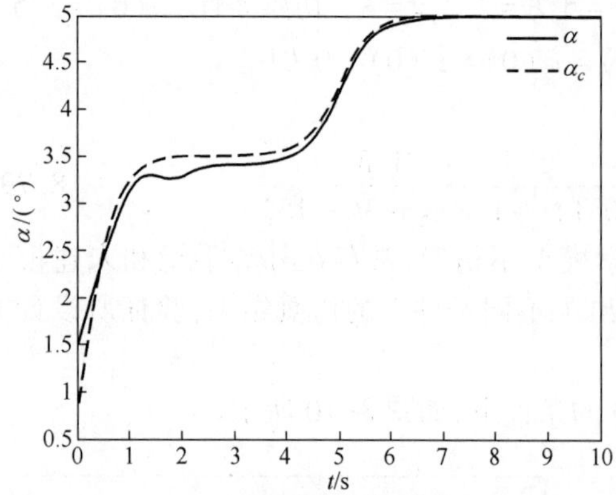

(a) 迎角跟踪响应曲线

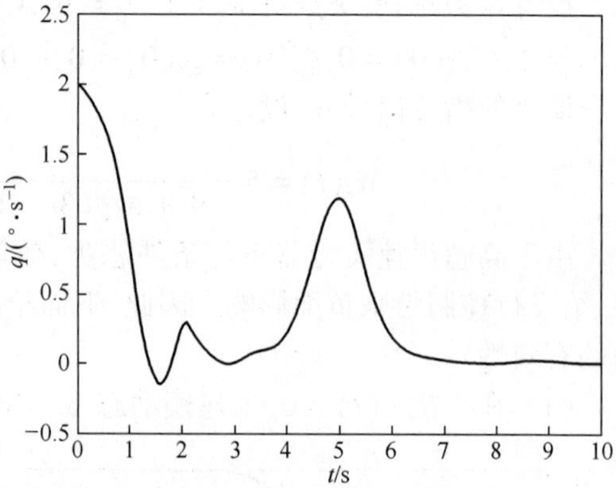

(b) 俯仰角速率响应曲线

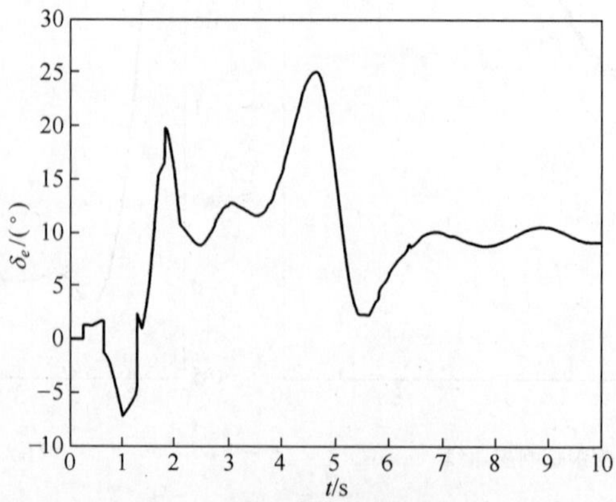

(c) 舵面偏转角响应曲线

图 8-11　系统响应曲线 ($d(t) = 0.1\cos(2t), \Delta f = 0$)

从图 8-11 可以得出，仅考虑外部干扰 $d(t)=0.1\cos(2t)$，可以看到 α 和 q 的曲线比图 8-10 中的曲线在 1s~3s 有更多的小波动，并且控制输入 δ_e 有更多的波动，以便减少扰动 $d(t)$ 的影响。

(3) 在干扰 $d(t)=0.1\cos(2t)$，未建模动态 $\Delta f=0.08\cos(\alpha)\delta_e+0.03\alpha^2$ 的条件下，如图 8-12 所示。

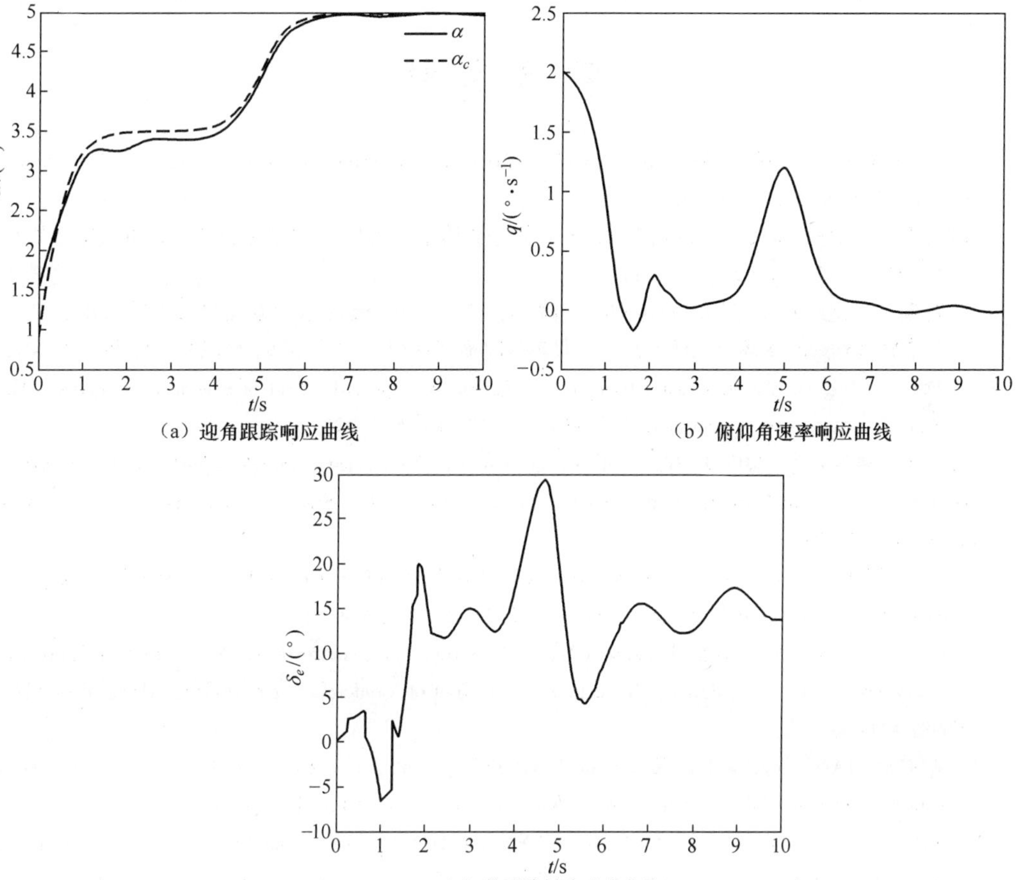

(a) 迎角跟踪响应曲线　(b) 俯仰角速率响应曲线

(c) 舵面偏转角响应曲线

图 8-12　系统响应曲线($d(t)=0.1\cos(2t)$, $\Delta f=0.08\cos(\alpha)\delta_e+0.03\alpha^2$)

从图 8-12 可以得出，考虑外部扰动 $d(t)=0.1\cos(2t)$ 和未建模动态 $\Delta f=0.08\cos(\alpha)\delta_e+0.03\alpha^2$)。$\alpha(t)$ 的轨迹经过短的调整之后可以跟踪期望信号，控制输入 δ_e 具有比图 8-11(c) 更大的振幅波动，但仍满足 $|\delta_e|\leqslant 30°$。此外，当 $d(t)\neq 0,\Delta f\neq 0$ 时，α 的跟踪误差不能足够小，那是由于没有直接考虑存在的逼近误差和边界值来构造控制律式(8.60)，因此可以得出结论：在存在干扰和未建模动态的情况下，控制输入需要付出更多的代价来保证飞行器的良好跟踪性能。

这些仿真结果证明了外部干扰和未建模动态对高超声速飞行器的跟踪性能有一定的负面影响，但所幸的是波动仍然在飞行器动力学的允许范围内，所提出的控制器仍然能够保证高超声速飞行器的鲁棒稳定性。

本章采用模糊滑模自适应控制方案对高超声速飞行器的纵向短周期模型的非仿射控制问题进行了研究。该控制器保证闭环系统的所有信号是有界的,并且当存在外部干扰和未建模动态时,跟踪误差收敛到零。本章的研究成果,使高超声速飞行器的设计者可以不再忽视或回避气动力和气动力矩的非仿射非线性,并避免由此引起的控制性能下降的问题。此外,所设计的滑模自适应控制器不需要知道扰动和未建模动态的精确界值,提高了其实用性。本章所提出的方法也可以扩展到控制六自由度的高超声速飞行器模型中。

参考文献

[1] LIU X,WANG Y. Fuzzy sliding mode control for a class of non-affine non-linear systems[J]. ICIC Express Letters,2014, 8(7): 1803-1808.

[2] 刘鑫燕, 王玉惠, 吴庆宪. 方向未知的非仿射非线性系统的模糊滑模控制[J]. 吉林大学学报(信息科学版), 2014, 32(2):145-150.

[3] 刘鑫燕. 高超声速无人机的非仿射模糊滑模控制研究[D]. 南京:南京航空航天大学,2014.

[4]文杰.非仿射非线性不确定系统的自适应模糊控制研究及应用 [D].南京:南京航空航天大学,2011.

[5] WANG Y, WU Q. Adaptive non-affine control for the short-period model of a generic hypersonic flight vehicle[J]. Aerospace Science and Technology, 2017, 66: 193-202.

[6] LI H B, SUN Z Q, MIN H B, et al. Fuzzy dynamic characteristic modeling and adaptive control of nonlinear systems and its application to hypersonic vehicles[J]. Science China Information Sciences, 2011, 54(3): 460-468.

[7] LUO X, LI J. Fuzzy dynamic characteristic model based attitude control of hypersonic vehicle in gliding phase[J]. Science China Information Sciences, 2011, 54(3): 448-459.

[8] SHTESSEL Y, MCDUFFIE J, JACKSON M, et al. Sliding mode control of the X-33 vehicle in launch and re-entry modes[C]//Guidance, Navigation, and Control Conference and Exhibit. Huntsville: AIAA, 1998: 4414.

[9] WANG P, TANG G J, WU J. Sliding mode decoupling control of a generic hypersonic vehicle based on parametric commands[J]. Science China Information Sciences, 2015, 58(5): 1-14.

[10] SHENG Y Z, GENG J, LIU X D, et al. Nonsingular finite-time second order sliding mode attitude control for reentry vehicle[J]. International Journal of Control, Automation and Systems, 2015, 13(4): 853-866.

[11] CHEN M, JIANG B. Robust attitude control of near space vehicles with time-varying disturbances[J]. International Journal of Control, Automation and Systems, 2013, 11(1): 182-187.

[12] WANG Q, STENGEL R F. Robust nonlinear control of a hypersonic aircraft[J]. Journal of guidance, control, and dynamics, 2000, 23(4): 577-585.

[13] SHAUGHNESSY J D, PINCKNEY S Z, MCMINN J D, et al. Hypersonic vehicle simulation model: winged-cone configuration[R].Hampton:NASA Technical Memorandum, 1990.

[14] KESHMIRI S, MIRMIRANI M, COLGREN R. Six-DOF modeling and simulation of a generic hypersonic vehicle for conceptual design studies[C]//AIAA Modeling and Simulation Technologies Conference. Hilton Head:AIAA,2004:4805.

[15] GAO D X, SUN Z Q. Fuzzy tracking control design for hypersonic vehicles via TS model[J]. Science China Information Sciences, 2011, 54(3): 521-528.

[16] WANG W Y, CHIEN Y H, LEU Y G, et al. Adaptive T-S fuzzy-neural modeling and control for general

MIMO unknown nonaffine nonlinear systems using projection update laws[J]. Automatica, 2010, 46(5): 852-863.

[17] CHEN Z, GE S S, ZHANG Y, et al. Adaptive neural control of MIMO nonlinear systems with a block-triangular pure-feedback control structure[J]. IEEE transactions on neural networks and learning systems, 2014, 25(11): 2017-2029.

[18] TEO J, HOW J P, LAVRETSKY E. Proportional-integral controllers for minimum-phase nonaffine-in-control systems[J]. IEEE Transactions on Automatic Control, 2010, 55(6): 1477-1483.

[19] TOMBUL G S, BANKS S P, AKTURK N. Sliding mode control for a class of non-affine nonlinear systems[J]. Nonlinear Analysis: Theory, Methods & Applications, 2009, 71(12): 1589-1597.

[20] LABIOD S, GUERRA T M. Indirect adaptive fuzzy control for a class of nonaffine nonlinear systems with unknown control directions[J]. International journal of control, Automation and systems, 2010, 8(4): 903-907.

[21] CHEN M, WU Q X, JIANG C S, et al. Guaranteed transient performance based control with input saturation for near space vehicles[J]. Science China Information Sciences, 2014, 57(5): 1-12.

[22] XU B. Robust adaptive neural control of flexible hypersonic flight vehicle with dead-zone input nonlinearity[J]. Nonlinear Dynamics, 2015, 80(3): 1509-1520.

第9章 高超声速飞行器 MIMO 非仿射非线性自适应飞行控制

9.1 引　言

虽然第8章针对高超声速飞行器姿态短周期的非仿射模型研究了非仿射模糊自适应控制问题,即被控对象——飞行器姿态短周期模型是一类 SISO 姿态系统,但从第3章的建模可以知道飞行器的模型是复杂的 MIMO 非线性模型,因此只研究 SISO 姿态系统的非仿射非线性控制问题,并不能满足飞行器的实际控制需求。为此,本章在第8章 SISO 非仿射控制的基础上针对高超声速飞行器的 MIMO 姿态系统和纵向系统分别开展非仿射非线性的控制研究。

基于以上分析,针对高超声速飞行器的姿态系统和纵向系统的动态特性,本章将提出模糊滑模自适应非仿射控制方法用以实现姿态角和轨迹对期望信号的跟踪。其研究内容主要包括:MIMO 非仿射非线性姿态跟踪控制,MIMO 非仿射非线性纵向轨迹跟踪控制。

9.2 MIMO 非仿射非线性控制的研究概况

MIMO 非仿射非线性系统的控制问题与 SISO 非仿射系统类似,研究方法主要分为三类:泰勒展开法、中值定理法和模糊系统或神经网络逼近法。通过总结近年来的研究成果发现,关于非仿射控制问题的研究成果本就不是很丰富,而关于 MIMO 非仿射控制问题的研究成果更少。这是因为相对于 SISO 非仿射系统来说,MIMO 非仿射非线性系统的控制面临以下问题。

1. 多变量耦合问题

在 SISO 系统中,系统耦合主要来自于状态变量间的相互耦合,对状态实施有效控制时必须考虑这种相互影响的程度,而对于输出跟踪控制来说,虽然也需考虑状态之间、输出与状态之间的耦合,但由于系统只有单个输入和单个输出,因此至少可以不用考虑输入输出间的耦合问题。对于 MIMO 系统来说,不仅要考虑状态之间、输出与状态之间的耦合,还要考虑输入与输出之间的耦合、以及输入与状态之间的耦合,也就是说单个输入影响多个状态、多个输出,而且单个状态、单个输出同时受到多个输入的影响。这种相互之间的影响毫无疑问增加了设计控制系统的难度。上面的分析只是针对仿射类的 MIMO 非线性系统,即虽然状态与状态之间、输出与状态之间的耦合可能是非线性的,但输入与状态之间、输入与输出之间的关系是线性的。对于非仿射类的 MIMO 非线性系统来说,问题变得更复杂了,状态、输入、输出这三类变量之间的关系全是非线性的,求解这样微分动态系统难上加难。

2. 不确定和外界干扰的非仿射问题

在实际的工程问题中，系统非仿射因素可能来自于系统内部动态，也有可能来自于未建模动态或者外界的干扰。这类非仿射控制问题是 SISO 和 MIMO 非仿射系统的共性问题，在解决时通常需要多种方法的结合。通常的做法有：基于泰勒展开、中值定理或模糊系统/神经网络应对系统本身的非仿射部分的控制问题；基于 backstepping、滑模、反馈线性化、自适应等非线性方法应对系统的仿射部分的控制问题；基于模糊系统、神经网络应对系统不确定和外界干扰的非仿射问题；在此基础上，还可以引入 Nussbaum 函数来抵消控制增益符号已知的约束，通过自适应算法调节模糊系统/神经网络参数向量范数的估计值和逼近误差的未知上界的估计值，从而减少在线调整参数。

3. 系统时滞问题

对于非仿射系统来说，时滞项的存在给控制器的设计带来一定的困难。与前一个问题类似，解决方案通常是多种方法的结合：应用中值定理、隐函数定理来应对非仿射控制问题；应用模糊系统、神经网络和自适应算法来应对系统的仿射控制问题；通过构造适当的李雅普诺夫-克拉索夫斯基（Lyapunov-Krasovskii）泛函来消除系统的时滞项。

综上分析，MIMO 的非仿射控制问题目前还在不断探索中，总体解决思路都是多种控制方法的结合，并未从数学根本上解决非仿射微分动态方程的求解问题。总体来说，其解决方法复杂、公式繁多，工程应用性差，因此从根本上的创新很少，但从方法上的改进成果不少。

本章在已有成果的基础上，针对高超声速飞行器存在的非仿射问题开展了相应的控制研究。其理论方法上主要是改进，主要贡献是不再回避高超声速飞行器不可避免的非仿射问题，为飞行器的更精确的控制提供一种可参考的解决思路。

9.3 MIMO 非仿射非线性姿态跟踪控制

9.3.1 MIMO 非仿射姿态模型

根据第 3 章的高超声速飞行器的动态模型式（3.75）~式（3.79），则姿态动态可描述为

$$\begin{cases}\dot{\mu} = p \cdot \cos\alpha + r \cdot \sin\alpha \\ \dot{\beta} = p \cdot \sin\alpha - r \cdot \cos\alpha \\ \dot{\alpha} = q \\ \dot{p} = \dfrac{I_{yy} - I_{zz}}{I_{xx}} \cdot q \cdot r + \dfrac{1}{I_{xx}} \cdot l \\ \dot{q} = \dfrac{I_{yy} - I_{zz}}{I_{xx}} \cdot p \cdot r + \dfrac{1}{I_{yy}} \cdot m \\ \dot{r} = \dfrac{I_{yy} - I_{zz}}{I_{xx}} \cdot p \cdot q + \dfrac{1}{I_{zz}} \cdot n \end{cases} \tag{9.1}$$

其中

$$\begin{cases} l = \hat{q}bSC_l, m = m_{mrc} - X_{cg}Z, n = n_{mrc} + X_{cg}Y \\ m_{mrc} = \hat{q}cSC_m, n_{mrc} = \hat{q}cSC_n \end{cases} \tag{9.2}$$

$$D = \hat{q}SC_D, L = \hat{q}SC_L, D = \hat{q}SC_Y, Z = -D\sin\alpha - L\cos\alpha \tag{9.3}$$

$$\begin{cases} C_l = C_{l,\bar{\beta}}\bar{\beta} + C_{l,\delta_a} + C_{l,\delta_e} + C_{l,\delta_r} + C_{l,\bar{p}}\left(\dfrac{\bar{p}b}{2V}\right) + C_{l,\bar{r}}\left(\dfrac{\bar{r}b}{2V}\right) \\ C_m = C_{m,\alpha} + C_{m,\delta_a} + C_{m,\delta_e} + C_{m,\delta_r} + C_{m,\bar{q}}\left(\dfrac{\bar{q}c}{2V}\right) \\ C_n = C_{n,\bar{\beta}}\bar{\beta} + C_{n,\delta_a} + C_{n,\delta_e} + C_{n,\delta_r} + C_{n,\bar{p}}\left(\dfrac{\bar{p}b}{2V}\right) + C_{n,\bar{r}}\left(\dfrac{\bar{r}b}{2V}\right) \\ C_D = C_{D,\alpha} + C_{D,\delta_a} + C_{D,\delta_e} + C_{D,\delta_r} \\ C_L = C_{L,\alpha} + C_{D,\delta_a} + C_{D,\delta_e} \\ C_Y = C_{Y,\bar{\beta}}\bar{\beta} + C_{Y,\delta_a} + C_{Y,\delta_e} + C_{Y,\delta_r} \end{cases} \tag{9.4}$$

高超声速飞行器的基本参数见表 3-1 和表 3-3 所列，气动参数表达式见表 3-2 所列。

令 $\boldsymbol{\Omega}(t) = [\mu,\beta,\alpha]^{\mathrm{T}}$，$\boldsymbol{\omega}(t) = [p,q,r]^{\mathrm{T}}$，$\boldsymbol{\delta}(t) = [\delta_e,\delta_a,\delta_r]^{\mathrm{T}}$，$\boldsymbol{\Delta}_{\Omega}(\boldsymbol{\Omega},\boldsymbol{\omega},t) = [\Delta_\mu,\Delta_\beta,\Delta_\alpha]^{\mathrm{T}}$，代入式(9.1)可得

$$\ddot{\boldsymbol{\Omega}} = \begin{bmatrix} \ddot{\mu} \\ \ddot{\beta} \\ \ddot{\alpha} \end{bmatrix} = \underbrace{\begin{bmatrix} \dfrac{I_{xx} - I_{yy} - I_{zz}}{I_{zz}} pq\sin\alpha + \dfrac{I_{xx} + I_{yy} - I_{zz}}{I_{xx}} qr\cos\alpha + \Gamma_\mu \\ \dfrac{I_{zz} - I_{xx} + I_{yy}}{I_{zz}} pq\cos\alpha + \dfrac{I_{xx} + I_{yy} - I_{zz}}{I_{xx}} qr\sin\alpha + \Gamma_\beta \\ \dfrac{I_{zz} - I_{xx}}{I_{yy}} pr + \Gamma_\alpha \end{bmatrix}}_{F_\Omega(\Omega,\omega)}$$

$$+ \underbrace{\begin{bmatrix} \dfrac{\cos\alpha}{I_{xx}} \hat{q}bS(C_{1,\delta_a} + C_{l,\delta_e} + C_{l,\delta_r}) + \gamma_\mu \\ \dfrac{\sin\alpha}{I_{xx}} \hat{q}bS(C_{l,\delta_a} + C_{l,\delta_e} + C_{l,\delta_r}) + \gamma_\beta \\ \dfrac{1}{I_{yy}} \hat{q}bS(C_{m,\delta_a}c + C_{m,\delta_e}c + C_{m,\delta_r}c + C_{L,\delta_a} \\ \cdot X_{cg}\cos\alpha + C_{L,\delta_e}X_{cg}\cos\alpha) + \gamma_a \end{bmatrix}}_{G_\Omega(\Omega,\omega,\delta)} + \underbrace{\begin{bmatrix} \Delta_\mu \\ \Delta_\beta \\ \Delta_\alpha \end{bmatrix}}_{\Delta_\Omega(\Omega,\omega,t)} \tag{9.5}$$

$$
\begin{cases}
\Gamma_\mu = \dfrac{\cos\alpha}{I_{xx}}\hat{q}bS\left(C_{l,\bar{\beta}}\bar{\beta} + C_{l,\bar{p}}\dfrac{\bar{p}b}{2V} + C_{l,\bar{r}}\dfrac{\bar{r}b}{2V}\right) \\
+ \dfrac{\sin\alpha}{I_{zz}}\hat{q}S\left(C_{n,\bar{\beta}}\bar{\beta}b + C_{Y,\bar{\beta}}\bar{\beta}X_{cg} + C_{n,\bar{p}}\dfrac{\bar{p}b^2}{2V} + C_{n,\bar{r}}\dfrac{\bar{r}b^2}{2V}\right) \\
\Gamma_\beta = \dfrac{\sin\alpha}{I_{xx}}\hat{q}bS\left(C_{l,\bar{\beta}}\bar{\beta} + C_{l,\bar{p}}\dfrac{\bar{p}b}{2V} + C_{l,\bar{r}}\dfrac{\bar{r}b}{2V}\right) \\
- \dfrac{\cos\alpha}{I_{zz}}\hat{q}S\left(C_{n,\bar{\beta}}\bar{\beta}b + C_{Y,\bar{\beta}}\bar{\beta}X_{cg} + C_{n,\bar{p}}\dfrac{\bar{p}b^2}{2V} + C_{n,\bar{r}}\dfrac{\bar{r}b^2}{2V}\right) \\
\Gamma_\alpha = \dfrac{1}{I_{yy}}\hat{q}S\left(C_{m,\alpha}c + C_{m,\bar{q}}\dfrac{\bar{q}c^2}{2V} + C_{D,\alpha}X_{cg}\sin\alpha + C_{L,\alpha}X_{cg}\cos\alpha\right)
\end{cases}
\tag{9.6}
$$

$$
\begin{cases}
\gamma_\mu = \dfrac{\sin\alpha}{I_{zz}}\hat{q}S(C_{n,\delta_\alpha}b + C_{n,\delta_e}b + C_{n,\delta_r}b + C_{n,\delta_a}b + C_{Y,\delta_a}X_{cg} + C_{Y,\delta_e}X_{cg} + C_{Y,\delta_r}X_{cg}) \\
\gamma_\beta = -\dfrac{\cos\alpha}{I_{zz}}\hat{q}S(C_{n,\delta_a}b + C_{n,\delta_e}b + C_{n,\delta_r}b + C_{n,\delta_a}b + C_{Y,\delta_a}X_{cg} + C_{Y,\delta_e}X_{cg} + C_{Y,\delta_r}X_{cg}) \\
\gamma_\alpha = \dfrac{1}{I_{yy}}\hat{q}S(C_{D,\delta_\alpha}X_{cg}\sin\alpha + C_{D,\delta_e}X_{cg}\sin\alpha + C_{n,\delta_r}b + C_{n,\delta_r}X_{cg}\sin\alpha)
\end{cases}
\tag{9.7}
$$

所以，式(9.5)可写为

$$
\ddot{\boldsymbol{\Omega}}(t) = F_\Omega(x(t)) + \boldsymbol{G}_\Omega(\boldsymbol{x}(t),\boldsymbol{\delta}(t)) + \boldsymbol{\Delta}_\Omega(\boldsymbol{x}(t),t) \tag{9.8}
$$

其中：$\boldsymbol{x}(t) = [\boldsymbol{\Omega}^{\mathrm{T}},\boldsymbol{\omega}^{\mathrm{T}}]^{\mathrm{T}} \in \mathbb{R}^6$ 是飞行器系统姿态模型的状态向量；$\boldsymbol{\delta}(t) \in \mathbb{R}^3$ 是系统控制输入向量；$\boldsymbol{\Omega} \in \mathbb{R}^3$ 是系统输出向量；$\boldsymbol{F}_\Omega(\mathrm{x})$ 是系统非线性函数向量；$\boldsymbol{G}_\Omega(\boldsymbol{x},\boldsymbol{\delta})$ 是系统非线性非仿射函数向量；$\boldsymbol{\Delta}_\Omega(\boldsymbol{x},t)$ 是一个未知向量，用以表示系统的未建模动态和外部干扰。

令 $\boldsymbol{G}_\Omega(\boldsymbol{x},\boldsymbol{\delta}) = \boldsymbol{\delta} + \bar{\boldsymbol{G}}_\Omega(\boldsymbol{x},\boldsymbol{\delta})$，则系统输出模型式(9.8)的第 i 个子式可写为

$$
\ddot{\Omega} = F_{\Omega,i}(x) + \delta_i + \bar{G}_{\Omega,i}(x,\delta) + \Delta_{\Omega,i}(\boldsymbol{x},t) \tag{9.9}
$$

其中：$\ddot{\Omega}_i$ 在 $i = 1,2,3$ 的时候分别表示 $\ddot{\mu}$，$\ddot{\beta}$ 和 $\ddot{\alpha}$，δ_i 在 $i = 1,2,3$ 的时候分别表示 δ_a，δ_e 和 δ_r，且有 $\bar{G}_{\Omega,i} = G_{\Omega,i} - \delta_i$。

定义跟踪误差如下：

$$
\boldsymbol{\varepsilon}(t) = \begin{bmatrix} \mu_d - \mu \\ \beta_d - \beta \\ \alpha_d - \alpha \end{bmatrix} \tag{9.10}
$$

控制目标是为姿态模型式(9.1)设计一个自适应的非仿射控制器，使得姿态角 $\boldsymbol{\Omega} = [\mu,\beta,\alpha]^{\mathrm{T}}$ 能跟踪期望的信号 $\boldsymbol{\Omega}_d = [\mu_d,\beta_d,\alpha_d]^{\mathrm{T}}$，且姿态系统式(9.1)的其它信号一致有界。

9.3.2 MIMO 非仿射非线性特性分析

根据 AIAA 报告的 CFD 数据，气动参数 C_l、C_m、C_n、C_D、C_L、C_Y 的解析表达式如表 3-2 所列。

由表 3-2 可以看出，非线性气动系数 C_l、C_m、C_n、C_D、C_L、C_Y 不仅与攻角、侧滑角、角速率和马赫数有关，而且与升降舵偏转角 δ_e、δ_a、δ_r 有关。由于 δ_e、δ_a 和 δ_r 是飞行器的控制输入，μ,β,α 是系统的输出，因此模型式(9.1)是 MIMO 非仿射非线性模型，给控制器的设计带来了更多的挑战。在传统方法中表 3-2 所列与 δ_e、δ_a、δ_r 相关的非线性项，即系统的非仿射部分通常被忽略或视为不确定，为了确定是否应当忽略它们，所以研究了这些非仿射项对飞行器的影响。根据表 3-2 的表达式，图 9-1 ~ 图 9-3 给出了气动系数 C_{l,δ_a}，C_{m,δ_r}，C_{n,δ_a} 在不包含非仿射项和包含非仿射项情况下的曲线的比较。

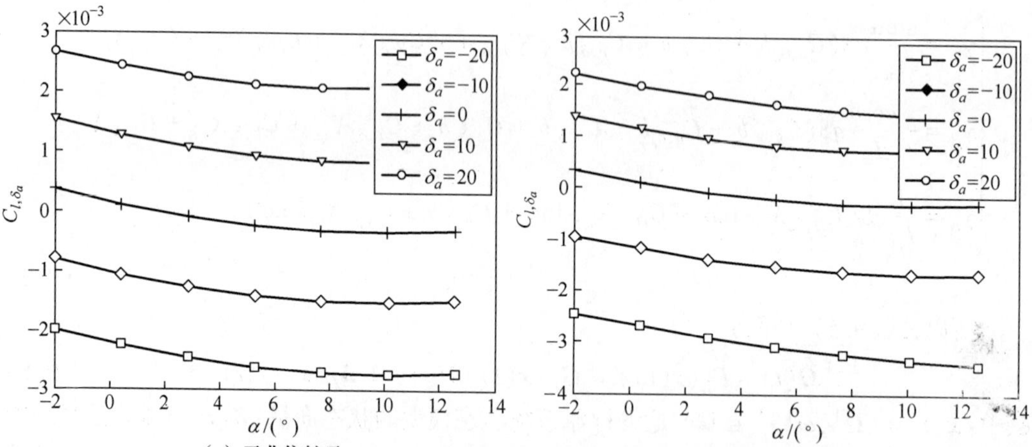

（a）无非仿射项　　（b）包含非仿射项

图 9-1　C_{l,δ_a} 在不同升降舵偏转角下变化曲线（Ma = 10）

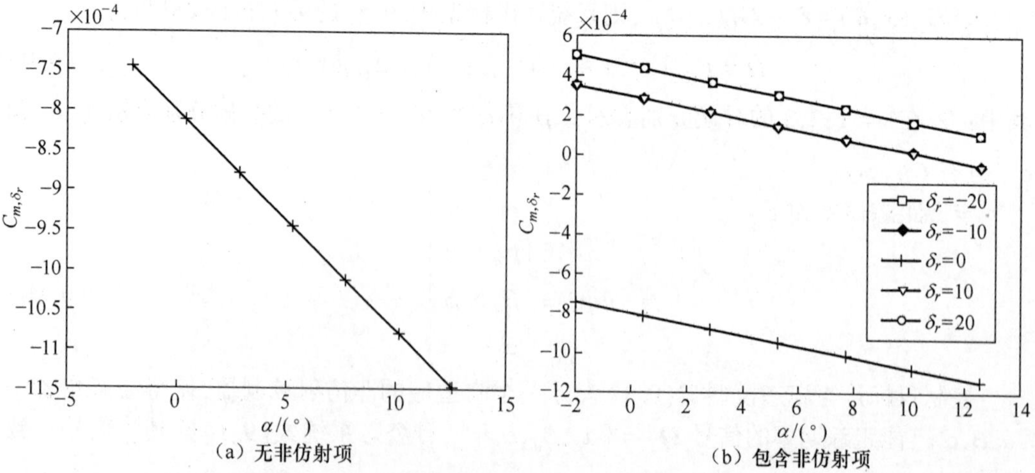

（a）无非仿射项　　（b）包含非仿射项

图 9-2　C_{m,δ_r} 在不同方向舵偏转角下变化曲线（Ma = 10）

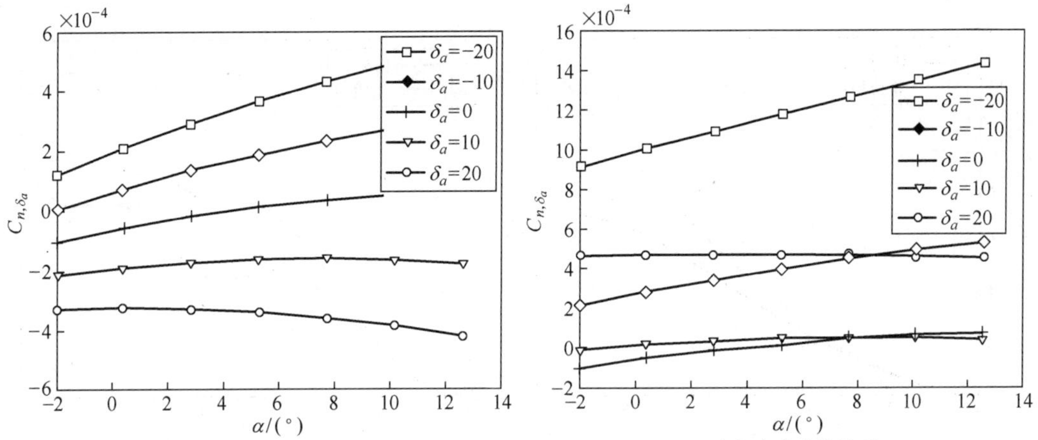

（a）无非仿射项　　　　（b）包含非仿射项

图 9-3　C_{n,δ_a} 在不同升降舵偏转角下变化曲线（Ma = 10）

从图 9-1 可以看出，无论有没有非仿射项，两个子图中的 C_{l,δ_a} 曲线有一些小的差异，而在图 9-2、图 9-3 中，存在明显差异。在图 9-2 中，一是因为当去除 δ_r 的高阶项时，C_{m,δ_r} 只是 α 和 M_a 的函数，所以图 9-2(a) 中只有一条直线，这与图 9-2(b) 中 $\delta_r = 0°$ 的曲线相同；二是若在 C_{m,δ_r} 的表达式中忽略非仿射项，δ_r 的变化不会对俯仰力矩系数和俯仰力矩产生任何影响；三是在图 9-2(a) 中，C_{m,δ_r} 值是负的，而在图 9-2(b) 中，如果把非仿射项考虑在 C_{m,δ_r} 中，则有三条曲线，其中 $\delta_r = 0°$ 的曲线与图 9-2(a) 相同，$\delta_r = 10°, 20°$ 的曲线与 $\delta_r = -10°, -20°$ 重合。当 $\alpha \in [0°, 10°]$ 时，C_{m,δ_r} 的值是正的。这意味着在高超声速飞行中，非仿射项对俯仰力矩有正向影响，并提供更强的俯仰力矩。在图 9-3 中，情况则完全不同。在图 9-3(a) 中，不同偏角下的 C_{n,δ_a} 曲线的分布是规则的，其中 $\delta_a = \pm 10°$ 和 $\delta_a = \pm 20°$ 的曲线相对于 $\delta_a = 0°$ 近似对称分布，如果 δ_a 为正值，则 C_{n,δ_a} 为负值，如果 δ_a 为负值，则 C_{n,δ_a} 为正值。在图 9-3(b) 中，C_{n,δ_a} 的曲线不像图 9-3(a) 那样有规律，$\delta_a = \pm 10°$ 和 $\delta_a = \pm 20°$ 的曲线都在 $\delta_a = 0°$ 以上，除 $\delta_a = 0°$ 的曲线外，无论 δ_a 为正值还是负值，C_{m,δ_a} 的值几乎总是正值。

从图 9-1～图 9-3 及以上分析可以看出，当不包含非仿射项时，$C_{l,\delta_a}, C_{m,\delta_r}, C_{n,\delta_a}$ 的气动特性明显不同。由此可见，非仿射项对气动系数有直接影响，尤其是对气动系数 C_{m,δ_r} 与 C_{n,δ_a}。图 9-1～图 9-3 主要研究了非仿射项对气动系数的影响，非仿射项对飞行动力学的影响也值得研究，因为气动特性只是飞行动力学的一部分。因此，图 9-4 给出了当初始条件为 $\mu = \beta = \alpha = 0°, p = q = r = 0°/s$ 时，非仿射项对姿态动力学的影响。

从图 9-4 可以看出，非仿射项对式(9.1)中描述的高超声速飞行器的所有姿态角和姿态角速率都有显著影响。随着飞行时间的增加，这种影响也在逐渐增加。

因此，如果忽略非仿射项，则必然会降低飞行器数学模型的精度。事实上，即使采用非仿射项，由于非定常空气动力学、空气热力学、气动弹性等高超声速复杂因素的影响，全面、准确地描述高超声速飞行中的所有动力学过程仍然存在许多困难。即便是目前本书采用的 NASA 给出的比较全面的气动系数表达式，也未考虑这些因素都气动系数的影响。

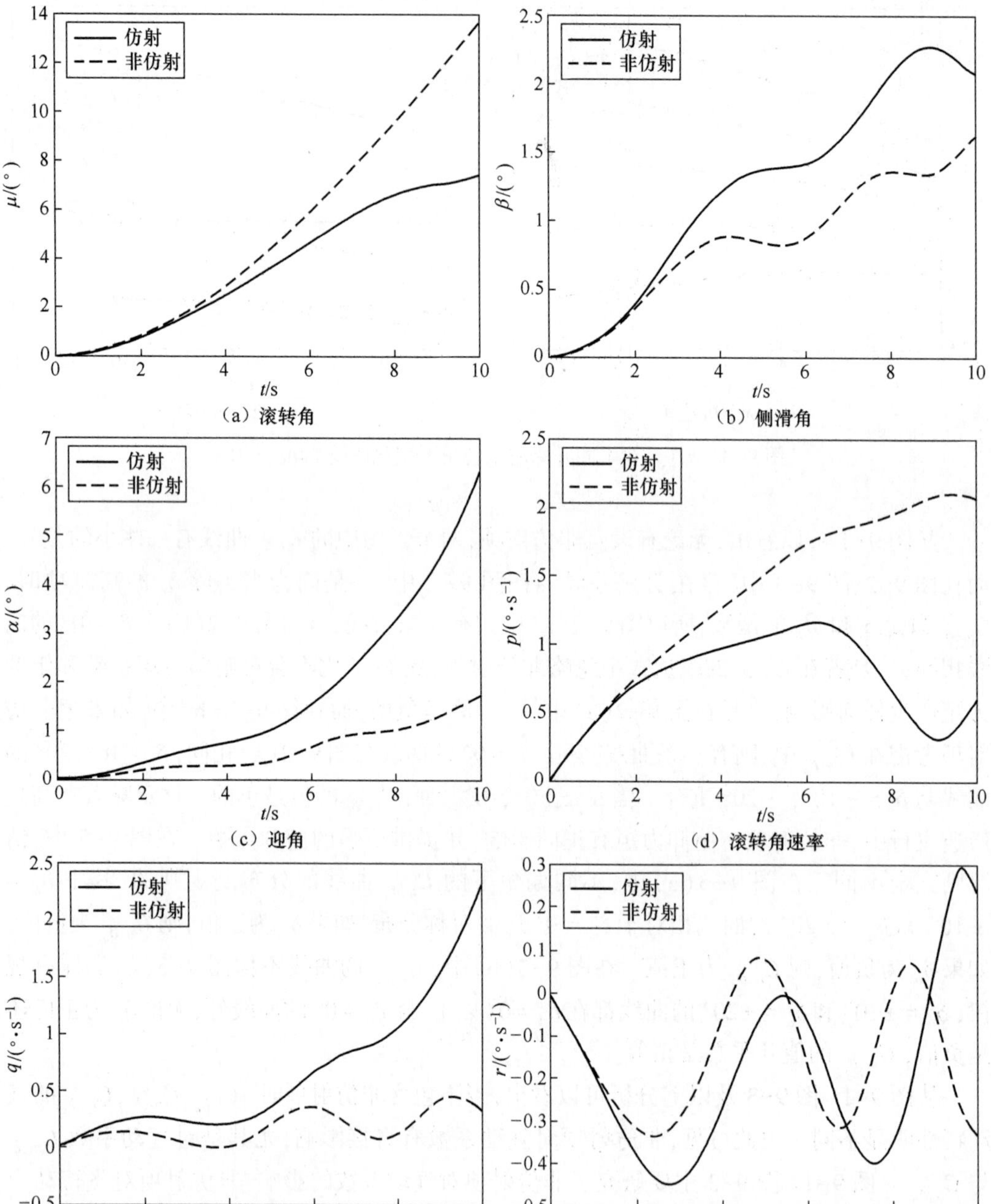

图 9-4 包含非仿射和不包含非仿射时飞行器的动态特性比较（$Ma = 10$）

因此,为了实现高精度控制,非仿射项不应忽视。此外,考虑到其他未知因素的影响,考虑外界干扰和未建模动态,设计高超声速飞行器的 MIMO 非仿射非线性控制器也是十分必要的。

9.3.3 MIMO 非仿射模糊自适应姿态跟踪控制

控制目的是设计自适应模糊滑模控制器,使系统的输出 $\boldsymbol{\Omega}=[\mu,\beta,\alpha]^{\mathrm{T}}$ 跟踪期望输出 $\boldsymbol{\Omega}_d=[\mu_d,\beta_d,\alpha_d]^{\mathrm{T}}$,并保证闭环系统所有信号有界。为便于控制器的设计,针对该系统提出以下假设。

假设 9.1:期望信号 $\boldsymbol{\Omega}_d$ 和它们对时间的导数 $\dot{\boldsymbol{\Omega}}_d,\ddot{\boldsymbol{\Omega}}_d$ 是有界的。

假设 9.2:存在未知的正实数 $\overline{\Delta}_{\Omega,i}$ 满足 $\|\Delta_{\Omega,i}(x,t)\|\leqslant\overline{\Delta}_{\Omega,i}$。

注 9.1:一般情况下,假设 9.1、假设 9.2 在实际工程中均容易被满足。

在 9.3.3 小节中,设计了一种自适应非仿射控制方案,采用滑模和模糊方法以保证姿态角 $\boldsymbol{\Omega}$ 能够渐进跟踪期望信号 $\boldsymbol{\Omega}_d$。

为了减少静态误差并获得更好的控制性能,考虑具有积分算子的滑模面,其设计如下:

$$s_i(t)=\dot{\varepsilon}_i+2\eta_i\varepsilon_i+\eta_i^2\int\varepsilon_i(\tau)\,\mathrm{d}\tau \tag{9.11}$$

式中:$\eta_i>0$ 且为常数,因此满足 Hurwitz 条件。

式(9.11)两边同时对时间求导,可得

$$\dot{s}_i(t)=\ddot{\Omega}_{di}(t)+2\eta_i\dot{\varepsilon}_i+\eta_i^2\varepsilon_i-F_{\Omega,i}(\boldsymbol{x})-\delta_i-\overline{G}_{\Omega,i}(\boldsymbol{x},\boldsymbol{\delta})-\Delta_{\Omega,i}(\boldsymbol{x},t) \tag{9.12}$$

令

$$\delta_i=\delta_{eq,i}+\delta_{fz,i}+\delta_{ro,i} \tag{9.13}$$

式中:$\delta_{eq,i}$ 是等效控制项;$\delta_{fz,i}$ 是模糊控制项;$\delta_{ro,i}$ 是鲁棒控制项。

采用直接模糊自适应控制方案,其中 $\delta_{fz,i}^*$ 是补偿非仿射函数 $\overline{G}_{\Omega,i}(\boldsymbol{x},\boldsymbol{\delta})$ 的理想模糊控制项,$\delta_{fz,i}$ 是实际的模糊控制项。基于 T-S(takagi-sugeno)模糊逻辑系统,有

$$\begin{cases}\delta_{fz,i}^*=\boldsymbol{W}_i^{*\mathrm{T}}\psi_i(\boldsymbol{\xi})+\Lambda_i(\boldsymbol{\xi})\\ \delta_{fz,i}=\boldsymbol{W}_i^{\mathrm{T}}\psi_i(\boldsymbol{\xi})\end{cases} \tag{9.14}$$

其中

$$\boldsymbol{W}_i^*=\operatorname{argmin}\Big[\sup_{\boldsymbol{W}_i\in S_{W_i},\xi\in S_\xi}\big|\boldsymbol{W}_i^{\mathrm{T}}\psi_i(\xi)-\delta_{fz,i}^*\Big] \tag{9.15}$$

是最优参数向量,满足 $\|\boldsymbol{W}_i^*\|\leqslant\chi_i$,$\boldsymbol{W}_i$ 是 $\boldsymbol{W}_i^*$ 的估计,而χ_i 是 $\|\boldsymbol{W}_i^*\|$ 与 $\|\boldsymbol{W}_i\|$ 的未知的上界。参数向量 $\|\boldsymbol{W}_i\|$ 通过自适应律在线更新。S_{W_i} 与 S_ξ 分别是 $\boldsymbol{W}_i$ 和 $\boldsymbol{\xi}$ 的紧集,用以确保状态轨迹在闭环控制下运行。由于 $\boldsymbol{\xi}$ 是模型式(9.5)的非线性关键变量选择 $\boldsymbol{\xi}=[\beta,\alpha,p,q,r]^{\mathrm{T}}$ 作为 T-S 模糊系统的前件变量,即

$$\begin{aligned}\boldsymbol{\psi}_i(\xi)=[&\phi_1,\cdots,\phi_R,\beta\phi_1,\cdots,\beta\phi_R,\alpha\phi_1,\cdots,\alpha\phi_R,\\ &p\phi_1,\cdots,p\phi_R,q\phi_1,\cdots,r\phi_1,\cdots,r\phi_R]^{\mathrm{T}}\end{aligned} \tag{9.16}$$

是模糊基函数向量,其中 ϕ_j 是由 β,α,p,q,r 的模糊隶属函数确定的模糊权函数,R 是模糊规则的数目。

模糊权函数 ϕ_j 的表达式如下:

$$\phi_j = \frac{\exp\left(-\frac{(\beta-\bar{c}_{1,j})^2}{2\bar{\sigma}^2} - \frac{(\alpha-\bar{c}_{2,j})^2}{2\bar{\sigma}^2} - \frac{(p-\bar{c}_{3,j})^2}{2\bar{\sigma}^2} - \frac{(q-\bar{c}_{4,j})^2}{2\bar{\sigma}^2} - \frac{(r-\bar{c}_{5,j})^2}{2\bar{\sigma}^2}\right)}{\sum_{i=1}^{R}\exp\left(-\frac{(\beta-\bar{c}_{1,j})^2}{2\bar{\sigma}^2} - \frac{(\alpha-\bar{c}_{2,j})^2}{2\bar{\sigma}^2} - \frac{(p-\bar{c}_{3,j})^2}{2\bar{\sigma}^2} - \frac{(q-\bar{c}_{4,j})^2}{2\bar{\sigma}^2} - \frac{(r-\bar{c}_{5,j})^2}{2\bar{\sigma}^2}\right)} \tag{9.17}$$

其中：$j=1,\cdots,R,\bar{c}_{1,j},\bar{c}_{2,j},\bar{c}_{3,j},\bar{c}_{4,j},\bar{c}_{5,j}$ 是第 j 个模糊规则的 β,α,p,q,r 的高斯函数的中心，考虑高超声速飞行动力学，可以先将它们中的每一个选择为-10，0 和 10，然后考虑所有可能的组合，能够得到模糊规则数 $R=3^5=243$，且

$$\Lambda_i(\boldsymbol{\xi}) = \delta_{fz,i}^{*} - \boldsymbol{W}_i^{*\mathrm{T}}\boldsymbol{\psi}_i(\boldsymbol{\xi}) \tag{9.18}$$

是模糊逼近误差。由于模糊逻辑系统的特点，因此存在未知的正实数 λ_i 使得 $\Lambda_i(\boldsymbol{\xi}) \leqslant \lambda_i$。

另外，因为 $\delta_{fz,i}=\boldsymbol{W}_i^{\mathrm{T}}\boldsymbol{\psi}_i(\boldsymbol{\xi})$ 是标量，$\boldsymbol{\psi}_i(\boldsymbol{\xi})$ 是个复杂的向量，为了加快模糊系统逼近速度，提高控制器的实用性，设计了新的实际模糊控制项，包括

$$\delta_{fz,i} = \hat{\chi}_i \|\boldsymbol{\psi}_i(\boldsymbol{\xi})\| \operatorname{sgn}(s_i) \tag{9.19}$$

式中：$\hat{\chi}_i$ 是 χ_i 的估计，χ_i 是 $\|\boldsymbol{W}_i\|$ 的未知上界，并用 $\operatorname{sgn}(s_i)$ 确定 $\delta_{fz,i}$ 的方向。

$\hat{\chi}_i$ 的自适应律设计为

$$\dot{\hat{\chi}}_i = \kappa_{\chi_i}|s_i|(\|\boldsymbol{\psi}_i(\boldsymbol{\xi})\| - \varsigma_i\hat{\chi}_i) \tag{9.20}$$

式中：$\kappa_{\chi_i},\varsigma_i$ 是正的设计参数；$\tilde{\chi}_i=\hat{\chi}_i-\chi_i$ 是估计误差；$\delta_{ro,i}$ 是鲁棒控制项，用来补偿 $\boldsymbol{\Delta}_{\Omega}(\boldsymbol{x},t)$。$\delta_{ro,i}$ 设计为

$$\delta_{ro,i} = \hat{\zeta}_i(\operatorname{sgn}(s_i)) \tag{9.21}$$

式中：$\hat{\zeta}_i$ 是 ζ_i 的估计值，定义为

$$\zeta_i = \lambda_i + \bar{\Delta}_{\Omega,i} \tag{9.22}$$

$\hat{\zeta}_i$ 的自适应律设计为

$$\dot{\hat{\zeta}}_i = \kappa_{\zeta_i}(|s_i| - v_i\hat{\zeta}_i) \tag{9.23}$$

式中：K_{ζ_i} 与 v_i 为正设计参数，令误差估计值为 $\tilde{\zeta}_i=\hat{\zeta}_i-\zeta_i$。

$$\delta_{eq,i} = \ddot{\Omega}_{di}(t) + 2\eta_i\dot{\varepsilon}_i + \eta_i^2\varepsilon_i + k_i s_i(t) - F_{\Omega,i}(x) \tag{9.24}$$

其中：k_i 为正设计参数。联立式(9.13)、式(9.19)、式(9.21)、式(9.24)，可以得到总控制输入为

$$\begin{aligned}\delta_i = {} & \ddot{\Omega}_{di} + 2\eta_i\dot{\varepsilon}_i + \eta_i^2\varepsilon_i + k_i s_i \\ & - F_{\Omega,i}(x) + \hat{\zeta}_i \operatorname{sgn}(s_i) + \hat{\chi}_i\|\boldsymbol{\psi}_i(\boldsymbol{\xi})\| \operatorname{sgn}(s_i)\end{aligned} \tag{9.25}$$

注 9.2：从式(9.25)可以看出，所设计的控制器不需要精确的界值 $\bar{\Delta}_{\Omega,i}$ 和 λ_i，界值主要用于下面定理的稳定性分析。

基于以上分析,图 9-5 给出了高超声速飞行器姿态动力学的非仿射跟踪控制方案。

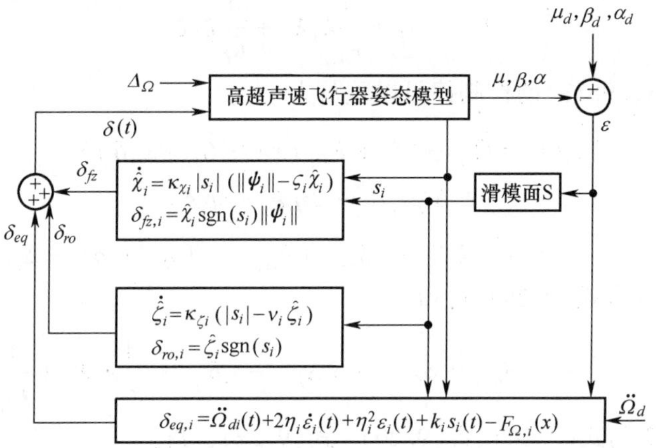

图 9-5　高超声速飞行器姿态系统非仿射跟踪方案

从图 9-5 可以看出,控制输入 $\delta(t)$ 由 $\delta_{fz}(t)$、$\delta_{ro}(t)$ 和 $\delta_{eq}(t)$ 组成。其目的在于给出控制系统的结构,便于设计者使用。闭环系统的渐近稳定性将在定理 9.2 中给出。

9.3.4　姿态系统的稳定性分析

为了分析系统的稳定性,给出以下定理。

定理 9.1:如果存在标量 $\tilde{\chi}_i,\hat{\chi}_i,\chi_i$ 与 $\tilde{\zeta}_i,\hat{\zeta}_i,\zeta_i$,其中:$\tilde{\chi}_i=\hat{\chi}_i-\chi_i,\tilde{\zeta}_i=\hat{\zeta}_i-\zeta_i$,则有 $-\tilde{\chi}_i\hat{\chi}_i\leqslant-\frac{1}{2}\tilde{\chi}_i^2+\frac{1}{2}\chi_i^2$, $-\tilde{\zeta}_i\hat{\zeta}_i\leqslant-\frac{1}{2}\hat{\zeta}_i^2+\frac{1}{2}\zeta_i^2$

证明:

$$
\begin{aligned}
-\tilde{\chi}_i\hat{\chi}_i&=\frac{(\hat{\chi}_i-\tilde{\chi}_i)^2}{2}-\frac{\hat{\chi}_i^2}{2}-\frac{\tilde{\chi}_i^2}{2}\\
&=\frac{1}{2}\chi_i^2-\frac{1}{2}\tilde{\chi}_i^2-\frac{1}{2}\hat{\chi}_i^2\\
&\leqslant-\frac{1}{2}\tilde{\chi}_i^2+\frac{1}{2}\chi_i^2
\end{aligned}
\tag{9.26}
$$

同理可证:$-\tilde{\zeta}_i\hat{\zeta}_i\leqslant-\frac{1}{2}\hat{\zeta}_i^2+\frac{1}{2}\zeta_i^2$ 。定理得证。

基于所提出的控制方案见图 9-5 和定理 9.1,利用下面的定理证明闭环系统的稳定性。

定理 9.2:针对高超声速飞行器姿态动态系统式(9.1),在假设 9.1、假设 9.2 和定理 9.1 的条件下,所设计的控制律式(9.25)和自适应律式(9.20)和式(9.23),可以保证闭环系统的所有信号一致最终有界,并且跟踪误差是渐近稳定的。

证明:考虑以下正定的李雅普诺夫函数:

$$
V_i=\frac{1}{2}s_i^2+\frac{1}{2\kappa_{\chi_i}}\tilde{\chi}_i^2+\frac{1}{2\kappa_{\zeta_i}}\tilde{\zeta}_i^2 \tag{9.27}
$$

V_i 对于时间的导数为

$$\dot{V}_i = s_i\dot{s}_i + \frac{1}{\kappa_{\chi_i}}\tilde{\chi}_i\dot{\hat{\chi}}_i + \frac{1}{\kappa_{\zeta_i}}\tilde{\zeta}_i\dot{\hat{\zeta}}_i \tag{9.28}$$

式(9.25)与式(9.13)的控制律可以重写为

$$\begin{aligned}\dot{s}_i(t) &= \ddot{\Omega}_{di} - (\delta_i + F_{\Omega,i}(\boldsymbol{x}) + \bar{G}_{\Omega,i}(\boldsymbol{x},\boldsymbol{\delta})) \\ &\quad + \Delta_{\Omega,i}(t) + 2\eta_i\dot{\varepsilon}_i + \eta_i^2\varepsilon_i \\ &= -k_iS_i - (\delta_{ro,i} + \delta_{fz,i}) - \bar{G}_{\Omega,i}(x,\delta) - \Delta_{\Omega,i}(\boldsymbol{x},\boldsymbol{t})\end{aligned} \tag{9.29}$$

将式(9.29)代入式(9.28),可得

$$\dot{V}_i = -k_is_i^2 - s_i(\delta_{ro,i} + \delta_{f_z,i}) - s_i\Delta_{\Omega,i} - s_i\delta_{f_z,i}^* + \frac{1}{\kappa_{\chi_i}}\tilde{\chi}_i\dot{\hat{\chi}}_i + \frac{1}{\kappa_{\zeta_i}}\tilde{\zeta}_i\dot{\hat{\zeta}}_i \tag{9.30}$$

基于假设9.2与式(9.14)、式(9.20)~式(9.22),可得

$$\begin{aligned}\dot{V}_i \leqslant &-k_is_i^2 + |s_i|\bar{\Delta}_{\Omega,i} - s_i(\hat{\chi}_i\|\boldsymbol{\psi}_i(\boldsymbol{\xi})\| + \hat{\zeta}_i)\cdot \\ &\operatorname{sgn}(s_i) + |s_i|(\chi_i\|\boldsymbol{\psi}_i(\boldsymbol{\xi})\| + \|\Lambda_i(\boldsymbol{\xi})\|) + \frac{1}{\kappa_{\chi_i}}\tilde{\chi}_i\dot{\hat{\chi}}_i + \frac{1}{\kappa_{\zeta_i}}\tilde{\zeta}_i\dot{\hat{\zeta}}_i\end{aligned} \tag{9.31}$$

因为 $s_i\operatorname{sgn}(s_i) = |s_i, |\Lambda|_i(\boldsymbol{\xi}) \leqslant \lambda_i$, 所以有

$$\begin{aligned}\dot{V}_i \leqslant &-k_is_i^2 + |s_i|(\lambda_i + \bar{\Delta}_{\Omega,i}) - |s_i|\zeta_i - \\ &|s_i|\tilde{\chi}_i\|\boldsymbol{\psi}_i(\boldsymbol{\xi})\| + \frac{1}{\kappa_{\chi_i}}\tilde{\chi}_i\dot{\hat{\chi}}_i + \frac{1}{\kappa_{\zeta_i}}\tilde{\zeta}_i\dot{\hat{\zeta}}_i\end{aligned} \tag{9.32}$$

通过式(9.20)与式(9.23),可得

$$\dot{V}_i \leqslant -k_is_i^2 + |s_i|(\lambda_i + \bar{\Delta}_{\Omega,i}) - |s_i|\zeta_i - \zeta_i\tilde{\chi}_i\dot{\hat{\chi}}_i - v_i\tilde{\zeta}_i\dot{\hat{\zeta}}_i \tag{9.33}$$

考虑到式(9.22)与定理9.1,可得

$$\dot{V}_i \leqslant -k_is_i^2 - \frac{\zeta_i}{2}\tilde{\chi}_i^2 - \frac{v_i}{2}\tilde{\zeta}_i^2 + \frac{s_i}{2}\chi_i^2 + \frac{v_i}{2}\zeta_i^2 \tag{9.34}$$

令 $\sigma_i = \min(2k_i, \zeta_i\kappa_{\chi_i}, v_i\kappa_{\zeta_i})$, $C_i = \frac{s_i}{2}\chi_i^2 + \frac{v_i}{2}\zeta_i^2$, 式(9.34)可重写为

$$\begin{aligned}\dot{V}_i &\leqslant -k_is_i^2 - \frac{\zeta_i}{2}\tilde{\chi}_i^2 - \frac{v_i}{2}\tilde{\zeta}_i^2 + C_i \\ &\leqslant -\sigma_iV_i + C_i\end{aligned} \tag{9.35}$$

考虑总的李雅普诺夫函数:

$$V = \sum_{i=1}^{3} V_i \tag{9.36}$$

那么 V 关于时间的导数为

$$\dot{V} = \sum_{i=1}^{3}\dot{V}_i \leqslant -\sum_{i=1}^{3}\sigma_iV_i + \sum_{i=1}^{3}C_i \leqslant -\sigma V + C \tag{9.37}$$

其中：$\sigma = \min\{\sigma_1, \sigma_2, \sigma_3\}$，$C = \sum_{i=1}^{3} C_i$ 是有界常数。在式(9.37)两边同时乘以 $e^{\sigma t}$，可得

$$d(V(t)e^{\sigma t}) \leqslant Ce^{\sigma t} \tag{9.38}$$

将式(9.38)在 $[0,t]$ 上积分，可得

$$0 \leqslant V(t) \leqslant \left[V(0) - \frac{C}{\sigma}\right]e^{-\sigma t} + \frac{C}{\sigma} \tag{9.39}$$

根据 Barbalat 引理可知，如果 $s(t)$ 和 $\dot{s}(t)$ 是有界的（$s(t), \dot{s}(t) \in L_\infty$），且 $s(t)$ 是平方可积的（$s(t) \in L_2$），则 $s(t)$ 是渐近收敛的。下面检查被控系统是否满足所提到的充分条件。

（1）由于不等式(9.39)可知 $V(t)$ 是有界的，因此 $s_i(t)$，$\tilde{\chi}_i$，$\tilde{\varsigma}_i$，$\hat{\chi}_i$，$\hat{\varsigma}_i$ 是有界的。

（2）由于不等式(9.37)可知 $\dot{V}_i(t)$ 是有界的，因此基于等式(9.28)，有 $\dot{s}(t)$ 是有界的，基于等式（9.12）有 $\varepsilon(t) = [\dot{\mu}_d - \dot{\mu}, \dot{\beta}_d - \dot{\beta}, \dot{\alpha}_d - \alpha]^{\mathrm{T}}$ 是有界的，而且 $\dot{\boldsymbol{\Omega}}_d = [\dot{\mu}_d, \dot{\beta}_d, \dot{\alpha}_d]^{\mathrm{T}}$ 是有界的（见假设 9.1），则得到 $\dot{\boldsymbol{\Omega}} = [\dot{\mu}, \dot{\beta}, \dot{\alpha}]^{\mathrm{T}}$ 是有界的。从姿态模型（式(9.1)的前三个子方程），可以知道 $\omega = [p, q, r]^{\mathrm{T}}$ 也是有界的。

（3）基于不等式(9.37)，可以得到 $\| s_i(t) \|^2 \leqslant \| V_i(t) \| \leqslant \| V(0) \| + C/\sigma$，则 $s_i(t) \in L_2$。

通过 Balbalat 引理，当 $t \to \infty$ 时 $s_i(t) \to 0$，也证明了跟踪误差 $e(t)$ 的渐近收敛性。基于以上分析，所提出的控制方案保证了闭环系统的所有信号一致最终有界，并且跟踪误差是渐近稳定的。定理得证。

注 9.3：为了消除抖振现象，鲁棒控制律式（9.25）中的符号函数 $\mathrm{sgn}(s)$ 可以用 $\tanh(s)$ 或 $\mathrm{sat}(s)$ 函数代替。

9.3.5 仿真分析

为了验证所给出的方法的有效性，考虑高超声速飞行器姿态系统式(9.1)，其中仿真条件：$Ma = 10$，$V = 11,250\text{ft/s}$，$H = 328,100\text{ft}$。

设计参数：$k_1 = 0.1$，$k_2 = 1$，$k_3 = 0.1$，$\eta_1 = 5$，$\eta_2 = \eta_3 = 10$，$\kappa_{\chi_1} = \kappa_{\chi_2} = \kappa_{\chi_3} = \kappa_{\varsigma_1} = \kappa_{\varsigma_2} = \kappa_{\varsigma_3} = 1$，$\varsigma_1 = 2$，$\varsigma_2 = 4$，$\varsigma_3 = 2$，$v_1 = 2$，$v_2 = 4$，$v_3 = 2$，$\mu(0) = 2°$，$\beta(0) = 0.3°$，$\alpha(0) = -0.2°$，$p(0) = 1°/\text{s}$，$q(0) = 5°/\text{s}$，$r(0) = 3°/\text{s}$，$s_1(0) = s_2(0) = s_3(0) = 0$，$\hat{\chi}_1(0) = \hat{\chi}_2(0) = \hat{\chi}_3(0) = 0$，$\hat{\varsigma}_1(0) = \hat{\varsigma}_2(0) = \hat{\varsigma}_3(0) = 0$。

根据式(9.25)，所设计的系统控制律为

$$\boldsymbol{\delta} = \begin{bmatrix} \ddot{\mu}_d \\ \ddot{\beta}_d \\ \ddot{\alpha}_d \end{bmatrix} + 2\begin{bmatrix} \eta_1(\dot{\mu}_d - \dot{\mu}) \\ \eta_2(\dot{\beta}_d - \dot{\beta}) \\ \eta_3(\dot{\alpha}_d - \dot{\alpha}) \end{bmatrix} + \begin{bmatrix} \eta_1^2(\dot{\mu}_d - \dot{\mu}) \\ \eta_2^2(\dot{\beta}_d - \dot{\beta}) \\ \eta_3^2(\dot{\alpha}_d - \dot{\alpha}) \end{bmatrix}$$

$$
+\begin{bmatrix} k_1 s_1 + \hat{\zeta}_1 \operatorname{sgn}(s_1) - F_{\Omega,1} \\ k_2 s_2 + \hat{\zeta}_2 \operatorname{sgn}(s_2) - F_{\Omega,2} \\ k_3 s_3 + \hat{\zeta}_3 \operatorname{sgn}(s_3) - F_{\Omega,3} \end{bmatrix} + \begin{bmatrix} \hat{\chi}_1 \|\psi_1\| \operatorname{sgn}(s_1) \\ \hat{\chi}_2 \|\psi_2\| \operatorname{sgn}(s_2) \\ \hat{\chi}_3 \|\psi_3\| \operatorname{sgn}(s_3) \end{bmatrix} \tag{9.40}
$$

$\boldsymbol{\Delta}_\Omega(\boldsymbol{x},t)$ 包括参数不确定性、外部干扰和未建模动态，因此 $\boldsymbol{\Delta}_\Omega(\boldsymbol{x},t)$ 可写为

$$
\boldsymbol{\Delta}_\Omega(\boldsymbol{x},t) = \begin{bmatrix} \Delta_\mu \\ \Delta_\beta \\ \Delta_\alpha \end{bmatrix} = \begin{bmatrix} 0.5\sin t + 0.2\beta q \pm 0.1\gamma_\mu \\ 0.5\cos t - 0.5\beta r \pm 0.1\gamma_\beta \\ 0.5\sin t - 0.2\beta q \pm 0.1\gamma_\alpha \end{bmatrix} \tag{9.41}
$$

下面的仿真结果表明了该方法的有效性。

(1) 期望信号 1：$\mu_d = 0, \beta_d = 0, \alpha_d = \left(-\dfrac{2.86}{1+\exp(t-10)} + \dfrac{2.86}{1+\exp(t-30)}\right)$。

从图 9-6 可以看出，考虑参数不确定性、外部干扰和未建模动态，表明在所提出的控制方案下，角速率可以达到稳定，姿态角可以渐近平滑地跟踪期望的信号，其中期望 μ_d 与 β_d 为零(见图 9-6(a)、(b))，期望信号 α_d 为时变信号(见图 9-6(c))。在图 9-6 中，在俯仰机动的跟踪过程中约 2.86°从 10s 到 30s，其他状态变量由于强耦合而振荡，然后达到稳定飞行。

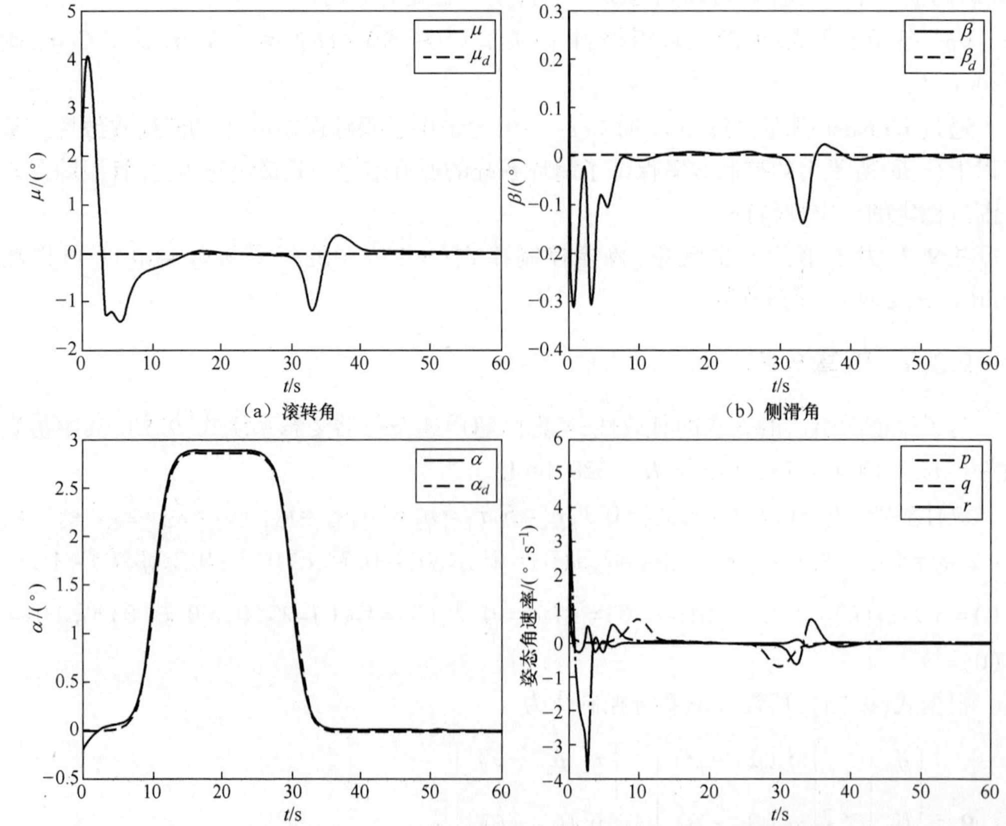

(a) 滚转角 (b) 侧滑角 (c) 迎角 (d) 姿态角速率

图 9-6 期望信号 1 下的高超声速飞行器姿态跟踪响应曲线

(2) 期望信号 2：$\mu_d = \left(\dfrac{3}{1+\exp(t-15)} - \dfrac{3}{1+\exp(t-35)}\right), \beta_d = 0, \alpha_d = 0$。

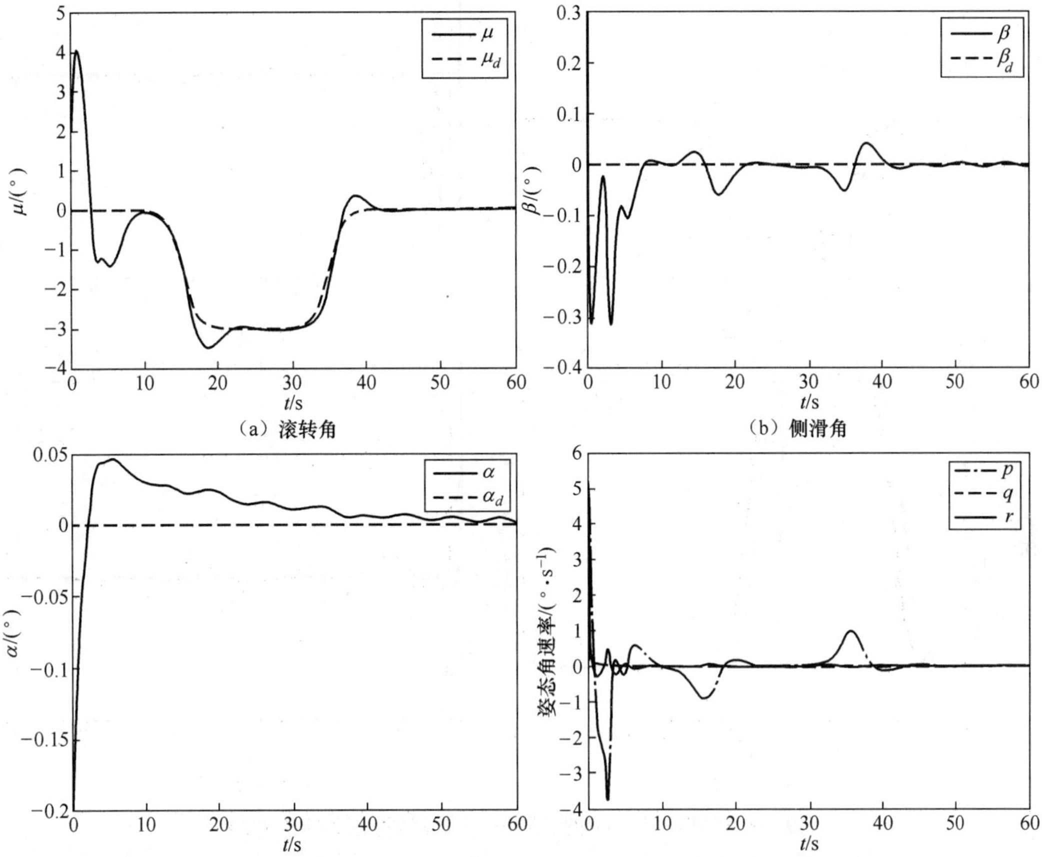

(a) 滚转角　(b) 侧滑角

(c) 迎角　(d) 姿态角速率

图 9-7　期望信号 3 下的高超声速飞行器姿态跟踪响应曲线

从图 9-7 可以看出，当飞行器进行左倾斜机动时(大约 3°从 15s 到 35s，见图 9-7(a))，β 可以在几次振荡后能够跟踪期望的信号，并且 α 需要更长的跟踪时间。α 的曲线有轻微的抖动，因为 $\boldsymbol{\Delta}_{\Omega}(\boldsymbol{x},t)$ 的影响(图 9-7(c))。此外，在图 9-7(d)中，俯仰角速率具有非常令人满意的响应曲线，这意味着 μ 和 q 之间的耦合关系比较弱。

(3) 期望信号 3：$\mu_d = \left(\dfrac{3}{1+\exp(t-15)} - \dfrac{3}{1+\exp(t-35)}\right), \beta_d = 0,$

$$\alpha_d = \left(-\frac{2.86}{1+\exp(t-10)} + \frac{2.86}{1+\exp(t-30)}\right)。$$

从图 9-8 可以看出，当飞行器通过结合俯仰和倾斜机动执行更复杂的姿态跟踪任务时，μ 和 α 可以渐近地跟踪期望的时变信号(图 9-8(a)、(c))，β 和 p 在更多的振荡之后保持稳定(图 9-8(b)、(d))。

上面的仿真结果表明，不同的姿态跟踪指令可以产生不同的跟踪效果。此外，可以明显地观察到姿态变量的耦合反应，这与实际飞行是一致的。耦合会引起曲线的一些振荡，

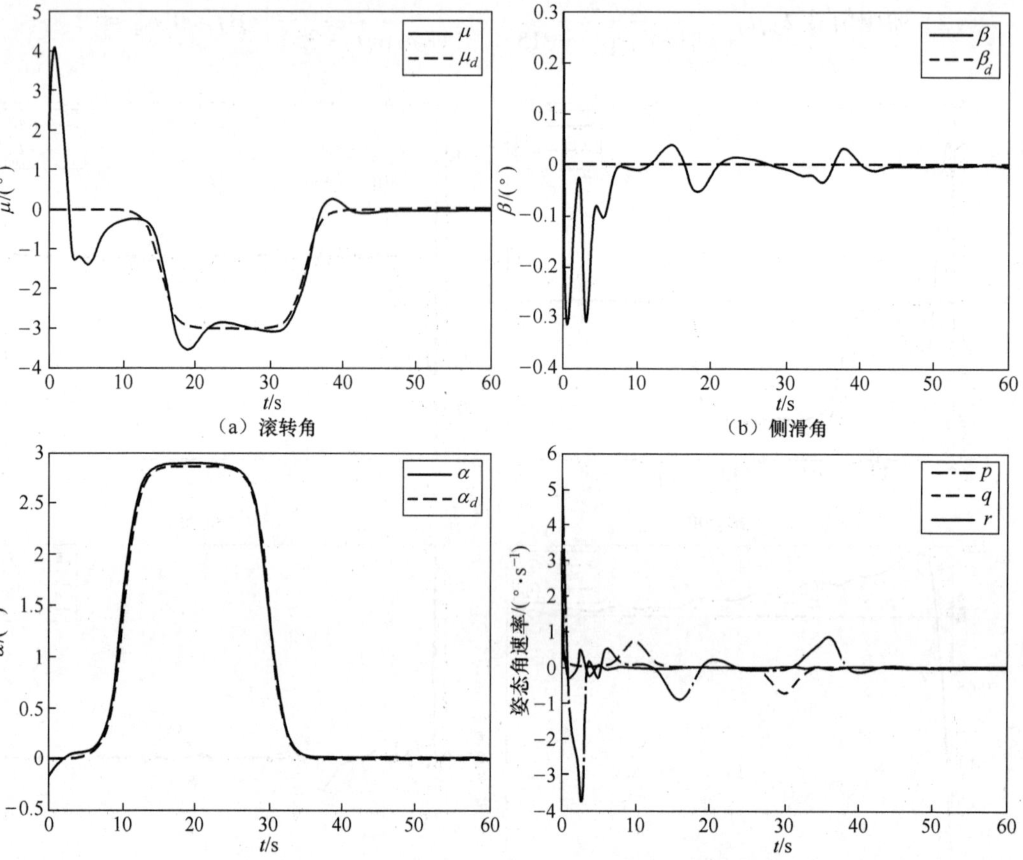

（a）滚转角 （b）侧滑角 （c）迎角 （d）姿态角速率

图 9-8 期望信号 3 下的高超声速飞行器姿态跟踪响应曲线

但幸运的是，振荡在飞行器动力学的允许范围内，并且所提出的控制器仍然能够保证高超声速飞行器在存在外部扰动和未建模动态的情况下具有良好的跟踪性能和鲁棒稳定性。

9.4 MIMO 非仿射非线性纵向跟踪控制

9.4.1 MIMO 非仿射纵向动态模型

第 3 章的高超声速飞行器纵向模型中式(3.75)、式(3.76)两边同时关于时间 t 求导，可得

$$
\begin{aligned}
\ddot{H} &= \dot{V}\sin\gamma + \dot{\gamma}V\cos\gamma \\
&= \frac{\sin\gamma}{M}(-D - Mg\sin\gamma + T_x\cos\alpha + T_z\sin\alpha) \\
&\quad + \frac{\cos\gamma}{M}[L - Mg\cos\gamma + T_x\sin\alpha - T_z\cos\alpha]
\end{aligned}
\tag{9.42}
$$

$$\ddot{V} = -g\dot{\gamma}\cos\gamma + \frac{1}{M}\left[-\dot{\alpha}T_x\sin\alpha + \dot{\alpha}T_z\cos\alpha + \dot{\delta}_z\frac{\partial T_x}{\partial\delta_z}\cos\alpha + \dot{\delta}_z\frac{\partial T_z}{\partial\delta_z}\sin\alpha\right]$$
$$-\frac{1}{M}\left[\frac{\partial D}{\partial H}\dot{H} + \frac{\partial D}{\partial V}\dot{V} + \frac{\partial D}{\partial\alpha}\dot{\alpha} + \frac{\partial D}{\partial\delta_e}\dot{\delta}_e\right] \tag{9.43}$$

将 γ , α , q , $\dot{\delta}_e$, $\dot{\delta}_z$ 视作式(9.42)、式(9.43)中的时变部分,则 $\ddot{H}$、$\ddot{V}$ 可以简记为

$$\ddot{H} = F_H(t,H,V,\delta_e,\delta_z) \tag{9.44}$$

$$\ddot{V} = F_V(t,H,V,\delta_e,\delta_z) \tag{9.45}$$

令 $\boldsymbol{x} = [x_{11},x_{12},x_{21},x_{22}]^{\mathrm{T}} = [H,\dot{H},V,\dot{V}]^{\mathrm{T}}$,$\boldsymbol{u} = [\delta_e,\delta_z]^{\mathrm{T}}$, 则式(9.44)、式(9.45)可记为

$$\dot{\boldsymbol{x}} = \boldsymbol{F}(t,\boldsymbol{x},\boldsymbol{u}) \tag{9.46}$$

将式(9.46)展开,可得

$$\begin{cases} \dot{x}_{11} = x_{12} \\ \dot{x}_{12} = F_H(t,\boldsymbol{x},\boldsymbol{u}) \\ \dot{x}_{21} = x_{22} \\ \dot{x}_{22} = F_V(t,\boldsymbol{x},\boldsymbol{u}) \end{cases} \tag{9.47}$$

令系统输出 $\boldsymbol{y} = [y_1,y_2]^{\mathrm{T}} = [x_{11},x_{21}]^{\mathrm{T}} = [H,V]^{\mathrm{T}}$, 控制输入 $\boldsymbol{u} = [u_1,u_2]^{\mathrm{T}} = [\delta_e,\delta_z]^{\mathrm{T}}$,且有 $F_H(t,\boldsymbol{x},\boldsymbol{u}) = f_1(\boldsymbol{x},\boldsymbol{u}) + d_1(\boldsymbol{x},t)$ 和 $F_V(t,\boldsymbol{x},\boldsymbol{u}) = f_2(\boldsymbol{x},\boldsymbol{u}) + d_2(\boldsymbol{x},t)$,则式(9.44)、式(9.45)可被视作具有以下形式的多输入多输出非仿射非线性系统:

$$\begin{cases} \ddot{y}_1 = f_1(\boldsymbol{x},\boldsymbol{u}) + d_1(\boldsymbol{x},t) \\ \ddot{y}_2 = f_2(\boldsymbol{x},\boldsymbol{u}) + d_2(\boldsymbol{x},t) \end{cases} \tag{9.48}$$

其中:$f_1(\boldsymbol{x},\boldsymbol{u})$、$\mathrm{f}_2(\boldsymbol{x},\boldsymbol{u})$ 表示未知光滑非线性函数, $d_1(\boldsymbol{x},t)$、$d_2(\boldsymbol{x},t)$ 为有界的复合干扰(包含系统的不确定和外界干扰),且有控制目的是设计非线性积分滑模模糊自适应控制器,使系统输出 y_1、y_2 和跟踪期望输出 y_{d1}、y_{d2} ,并保证闭环系统所有信号有界,跟踪误差收敛到零。

为后面控制器的设计,先提出以下假设条件。

假设 9.3:对所有的 $(\boldsymbol{x},\boldsymbol{u}) \in \Omega_x \times \mathbb{R}^p$,函数 $f_i(\boldsymbol{x},\boldsymbol{u})$ 满足 $\partial f_i(\boldsymbol{x},\boldsymbol{u})/\partial u_i \neq 0, \mathrm{i} = 1,2$,其中 Ω_x 为的 $\boldsymbol{x}$ 一个紧集。

假设 9.4:存在正常数 $\bar{d}_i, i = 1,2$ 使得 $|d_i(\boldsymbol{x},\boldsymbol{t})| \leqslant \bar{d}_i$ 。

假设 9.5:期望输出信号 $y_{di}(t)$ 及其时间导数 $\dot{y}_{di}(t)$,$\ddot{y}_{di}(t)$ 有界, $i = 1,2$。

定义系统跟踪误差为

$$\begin{cases} e_1(t) = y_{d1}(t) - y_1(t) \\ e_2(t) = y_{d2}(t) - y_2(t) \end{cases} \tag{9.49}$$

9.4.2 基于非线性积分滑模的非仿射纵向跟踪控制

定义非线性积分滑模面为

$$s_i(t) = \dot{e}_i(t) + \lambda_i e_i(t) + k_{i,1}\int_0^t h_i, \quad \lambda_i > 0, k_{i,1} > 0, i = 1,2 \tag{9.50}$$

其中：h_i 是一类能使小误差放大，大误差饱和的函数，定义如下：

$$h_i(e_i)=\begin{cases}\varepsilon_{hi}\sin\left(\dfrac{\pi e_i}{2\varepsilon_{hi}}\right),|e_i|<\varepsilon_{hi}\\ \varepsilon_{hi},e_i\geqslant\varepsilon_{hi}\\ -\varepsilon_{hi},e_i\leqslant-\varepsilon_{hi}\end{cases} \tag{9.51}$$

根据式(9.51)，给出 h_i 随误差 e 的变化规律如图 9-9 所示。

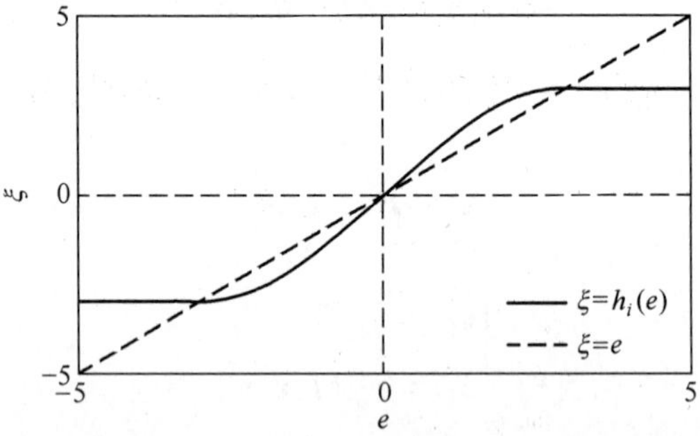

图 9-9　函数 $h_i(\mathrm{e})$ 曲线图 ($\varepsilon_{hi}=3$)

如图 9-9 所示，当 $|e|\leqslant\varepsilon_{hi}$ 时，$|h_i(e)|\geqslant|e|$；当 $|e|>\varepsilon_{hi}$ 时，$|h_i(e)|<|e|$ 且饱和于 ε_{hi}，因此 $h_i(e)$ 是一类能放大小误差，对大误差饱和的光滑非线性函数。引入这类函数构造的非线性积分滑模面，可以避免传统的积分滑模面 wind-up 效应。

$s_i(t)$ 关于时间 t 求导得

$$\dot{s}_i(t)=\ddot{y}_{di}(t)+\lambda_i\dot{e}_i(t)+k_{i,1}h_i(e_i)-f_i(\boldsymbol{x},\boldsymbol{u})-d_i(\boldsymbol{x},t) \tag{9.52}$$

为便于控制器的设计，记

$$\ddot{\boldsymbol{y}}=\begin{bmatrix}\ddot{y}_1\\ \ddot{y}_2\end{bmatrix},f(\boldsymbol{x},\boldsymbol{u})=\begin{bmatrix}f_1(\boldsymbol{x},\boldsymbol{u})\\ f_2(\boldsymbol{x},\boldsymbol{u})\end{bmatrix},\mathrm{d}(\boldsymbol{x},t)=\begin{bmatrix}d_1(\boldsymbol{x},t)\\ d_2(\boldsymbol{x},t)\end{bmatrix} \tag{9.53}$$

于是，系统式(9.53)可写为

$$\ddot{\boldsymbol{y}}=\boldsymbol{u}+\boldsymbol{\Delta}(\boldsymbol{x},\boldsymbol{u})+\boldsymbol{d}(\boldsymbol{x},t) \tag{9.54}$$

式中：$\boldsymbol{\Delta}(\boldsymbol{x},\boldsymbol{u})=\boldsymbol{f}(\boldsymbol{x},\boldsymbol{u})-\boldsymbol{u}=[\Delta_1(\boldsymbol{x},\boldsymbol{u}),\Delta_2(\boldsymbol{x},\boldsymbol{u})]^{\mathrm{T}}$，可以看出，非仿射函数未被简化。

将系统式(9.54)视作由 2 个分系统组成，首先针对其第 i 个分系统：

$$\ddot{y}_i=u_i+\Delta_i(\boldsymbol{x},\boldsymbol{u})+d_i(\boldsymbol{x},t) \tag{9.55}$$

设计具有以下形式的控制输入：

$$u_i=u_{eq,i}-u_{fz,i}+u_{ro,i}=v_i-u_{fz,i} \tag{9.56}$$

式中：$u_{eq,i}$ 为等价控制项；$u_{fz,i}$ 为模糊控制项；用来逼近未知函数 $\Delta_i(\boldsymbol{x},\boldsymbol{u})$；$u_{ro,i}$ 是鲁棒控制项，来消除系统逼近误差和外界干扰。

类似于引理 8.1，为证明理想模糊控制项 $u_{fz,i}^*$ 的存在性与唯一性，给出以下引理。

引理 9.1：用 $u_{fz,i}^*$ 来表示完全消除未知函数的理想模糊控制项，满足下式的 u_{fz}^* 是 $\boldsymbol{x}$ 和 $\boldsymbol{u}_i^*$ 的函数：

$$\Delta_i(\boldsymbol{x},\boldsymbol{u}_i^*)=u_{fz,i}^* \tag{9.57}$$

式中：$\boldsymbol{u}_1^* = [u_1^*, u_2]^{\mathrm{T}}$；$\boldsymbol{u}_2^* = [u_1, u_2^*]^{\mathrm{T}}$，$u_i^* = v_i - u_{fz,i}^*$。

证明：根据 $\Delta_i(\boldsymbol{x},\boldsymbol{u})$ 的定义 $\Delta_i(\boldsymbol{x},\boldsymbol{u}) = f_i(\boldsymbol{x},\boldsymbol{u}) - u_i$，那么由式(9.57)可得

$$\Delta_i(\boldsymbol{x},\boldsymbol{u}_i^*) = f_i(\boldsymbol{x},\boldsymbol{u}_i^*) - (v_i - u_{fz,i}^*) = u_{fz,i}^* \tag{9.58}$$

则(9.57)可以改写成

$$f_i(\boldsymbol{x},\boldsymbol{u}_i^*) - v_i = 0 \tag{9.59}$$

根据假设9.3，不难给出

$$\frac{\partial(f_i(\boldsymbol{x},\boldsymbol{u}_i^*) - v_i)}{\partial u_{fz,i}^*} = \frac{\partial f_i(\boldsymbol{x},\boldsymbol{u}_i^*)}{\partial u_i^*} \cdot \frac{\partial u_i^*}{\partial u_{fz,i}^*} = -\partial f_i(\boldsymbol{x},\boldsymbol{u})/\partial u_i \neq 0 \tag{9.60}$$

由隐函数定理，可得存在唯一的 $u_{fz,i}^*(\boldsymbol{x},\bar{\boldsymbol{u}}_i)$，$\bar{\boldsymbol{u}}_1 = [v_1, u_2]^{\mathrm{T}}$，$\bar{\boldsymbol{u}}_2 = [u_1, v_2]^{\mathrm{T}}$ 使得式(9.59)成立，从而式(9.57)成立。证毕。

采用模糊逻辑系统，并考虑其万能逼近特性，$u_{fz,i}^*$ 可表示为

$$u_{fz,i}^* = \boldsymbol{\theta}_i^{*\mathrm{T}}\boldsymbol{\Phi}(\boldsymbol{Z}_i) + \delta_i(\boldsymbol{Z}_i) \tag{9.61}$$

其中：$\boldsymbol{\Phi}_i(\boldsymbol{Z}_i) = [\Phi_{i,1}(Z_i), \cdots, \Phi_{N_i}(\boldsymbol{Z}_i)]^{\mathrm{T}} \in \mathbb{R}^{N_i}$ 表示模糊基函数向量，$\boldsymbol{Z}_i = [\boldsymbol{x}, \bar{\boldsymbol{u}}_i]^{\mathrm{T}}$ 为模糊系统的输入向量，N_i 为模糊规则数。$\boldsymbol{\theta}_i^*$ 为满足下式的最优参数向量：

$$\boldsymbol{\theta}_i^* = \underset{\theta \in M_\theta}{\operatorname{argmin}}[\sup_{Z \in \Omega_{Z_i}} |u_{fz,i}^* - \boldsymbol{\theta}_i^{*\mathrm{T}}\boldsymbol{\Phi}(\boldsymbol{Z}_i)|] \tag{9.62}$$

其中：$\boldsymbol{M}_{\theta_i} = \{\boldsymbol{\theta}_i \mid \|\boldsymbol{\theta}_i\| \leqslant m_{\theta_i}\}$，$m_{\theta_i}$ 是 $\|\boldsymbol{\theta}_i\|$ 的上界，Ω_{Z_i} 为 $\boldsymbol{Z}_i$ 在 $\mathbb{R}^{n+p}$ 上的紧集，$\delta_i(\boldsymbol{Z}_i)$ 表示逼近误差。根据模糊逻辑系统的万能逼近特性，可知存在正常数 τ_i，使得 $\|\delta_i(\boldsymbol{Z}_i)\| \leqslant \tau_i$。

由 $\boldsymbol{\theta}_i^*$ 的定义式(9.62)，设存在 $0 < \eta_i \leqslant m_\theta$，使得

$$\|\boldsymbol{\theta}_i^*\| \leqslant \eta_i \tag{9.63}$$

记 $\hat{\eta}_i$ 为 η_i 的估计值，估计误差为 $\tilde{\eta}_i = \hat{\eta}_i - \eta_i$。

选择 $\hat{\eta}_i$ 的自适应律为

$$\dot{\hat{\eta}}_i = \gamma_{\eta_i}|s_i|(\|\boldsymbol{\Phi}_i(\boldsymbol{Z}_i)\| - \sigma_i\hat{\eta}_i) \tag{9.64}$$

其中：γ_{η_i}，σ_i 为设计参数，其为正值。实际的模糊控制项为

$$u_{fz,i} = -\hat{\eta}_i \tanh\left(\frac{s_i}{\varepsilon_i}\right)\|\boldsymbol{\Phi}_i(\boldsymbol{Z}_i)\| \tag{9.65}$$

与(8.22)相比较，参数自适应律式(9.64)和模糊控制项式(9.65)都采用了模糊基函数向量 $\boldsymbol{\Phi}_i(\boldsymbol{Z}_i)$ 的范数，大大减少了在线调整的函数空间。

类似于引理8.2，可给出以下引理。

引理9.2：如果选择模糊参数自适应律(9.64)，且 $\hat{\eta}_i$ 满足初始条件 $\hat{\eta}_i(0) \leqslant m_{\theta_i}$，则有 $\hat{\eta}_i \leqslant m_{\theta_i}$ 且 $|\tilde{\eta}_i| \leqslant 2m_{\theta_i}$.

证明：构造李雅普诺夫函数：

$$L_i = \frac{1}{2\gamma_{\eta_i}}\hat{\eta}_i^2 \tag{9.66}$$

则 L_i 关于时间的导数为

$$\dot{L}_i = \frac{1}{\gamma_{\eta_i}}\hat{\eta}_i\dot{\hat{\eta}}_i = \hat{\eta}_i|s_i|(\|\boldsymbol{\Phi}_i(\boldsymbol{Z}_i)\| - \sigma_i\hat{\eta}_i) \tag{9.67}$$

式中：由于 $\boldsymbol{\Phi}_i(\boldsymbol{Z}_i)$ 是模糊基函数，根据模糊基函数的定义可知 $\|\boldsymbol{\Phi}_i(\boldsymbol{Z}_i)\|_\infty \leqslant 1$，因此由范数等价定理可得，存在常数 $m_i > 0$，则

$$\|\boldsymbol{\Phi}_i(\boldsymbol{Z}_i)\| \leqslant m_i \|\boldsymbol{\Phi}_i(Z_i)\|_\infty \leqslant m_i \tag{9.68}$$

将式(9.68)代入式(9.67)可得

$$\dot{L}_i \leqslant \hat{\eta}_i|s_i|(m_i - \sigma_i\hat{\eta}_i) \tag{9.69}$$

令 $m_{\theta_i} = m_i/\sigma_i$，假设 $\hat{\eta}_i \geqslant m_{\theta_i}$，则有 $\dot{L}_i \leqslant 0$，即假设不成立。又由于 $\hat{\eta}_i(0) \leqslant m_{\theta_i}$，因此总可以保证 $\hat{\eta}_i \leqslant m_{\theta_i}$。根据 $|\tilde{\eta}_i| = |\hat{\eta}_i - \eta_i| \leqslant |\hat{\eta}_i| + |\eta_i|$，于是有 $|\tilde{\eta}_i| \leqslant 2m_{\theta_i}$。证毕。

引理 9.3：存在正常数 l_i，对所有的 $(\boldsymbol{x},\boldsymbol{u}) \in \Omega_x \times \mathbb{R}^p$ 满足

$$|\Delta_i(\boldsymbol{x},\boldsymbol{u}) - \Delta_i(\boldsymbol{x},\boldsymbol{u}_i^*)| \leqslant l_i \tag{9.70}$$

给出 $u_{ro,i}$ 的具体表达式为

$$u_{ro,i} = \hat{\rho}_i\tanh(s_i/\varepsilon_i) \tag{9.71}$$

式中：$\hat{\rho}_i$ 为参数 ρ_i 的估计值，且有

$$\rho_i = l_i + \tau_i + \bar{d}_i + 2\sigma_i m_{\theta_i}^2 \tag{9.72}$$

且 $\hat{\rho}_i$ 的自适应律为

$$\dot{\hat{\rho}}_i = \gamma_{\rho_i}(|s_i| - 0.2785\varepsilon_i - a\hat{\rho}_i) \tag{9.73}$$

式中：γ_{ρ_i} 和 a 为正的设计参数。记参数估计误差为 $\tilde{\rho}_i = \hat{\rho}_i - \rho_i$。

给出等价控制项 $u_{eq,i}$ 的具体表达式为

$$u_{eq,i} = \ddot{y}_{di}(t) + \lambda_i\dot{e}(t) + k_{i,1}h_i(e) + k_{i,2}s_i(t) \tag{9.74}$$

式中：$k_{i,2} > 0$，当理想的 u_{fz}^* 和 u_{ro}^* 作用于系统时，$\dot{s}_i = -k_{i,2}S_i$，$s_i\dot{s}_i = -k_{i,2}s_i^2 < 0$ 成立。

结合式(9.65)、式(9.71)和式(9.74)子系统的总控制输入表达式为

$$\begin{aligned} u_i = {} & \ddot{y}_{di}(t) + \lambda_i\dot{e}_i(t) + k_{i,1}h_i(e_i) + k_{i,2}s_i(t) \\ & + \hat{\rho}_i\tanh(s_i/\varepsilon_i) + \hat{\eta}_i\tanh\left(\frac{s_i}{\varepsilon_i}\right)\|\boldsymbol{\Phi}_i(\boldsymbol{Z}_i)\| \end{aligned} \tag{9.75}$$

定理 9.3：针对高超声速飞行器纵向 MIMO 非仿射非线性系统式(9.48)，在满足假设 9.3~假设 9.5 的条件下，采用控制律式(9.75)和参数自适应律式(9.64)、式(9.73)，可保证闭环系统的所有信号最终一致有界，且跟踪误差一致渐近收敛于零。

证明：针对第 i 个子系统考虑以下李雅普诺夫函数：

$$V_i = \frac{1}{2}s_i^2 + \frac{1}{2\gamma_{\eta_i}}\tilde{\eta}_i^2 + \frac{1}{2\gamma_{\rho_i}}\tilde{\rho}_i^2 \tag{9.76}$$

V_i 关于时间 t 求导得

$$\dot{V}_i = s_i\dot{s}_i + \frac{1}{\gamma_{\theta_i}}\tilde{\eta}_i\dot{\hat{\eta}}_i + \frac{1}{\gamma_{\rho_i}}\tilde{\rho}_i\dot{\hat{\rho}} \tag{9.77}$$

将式(9.52)和 $\Delta_i(\boldsymbol{x},\boldsymbol{u}) = f_i(\boldsymbol{x},\boldsymbol{u}) - u_i$ 代入式(9.77)可得

$$\dot{V}_i = s_i(\ddot{y}_{di} - (u_i + \Delta_i(\boldsymbol{x},\boldsymbol{u}) + d_i(x,t)) + \lambda_i \dot{e}_i + k_{i,1} h_i(e_i)) + \frac{1}{\gamma_{\eta_i}} \tilde{\eta}_i \dot{\hat{\eta}}_i + \frac{1}{\gamma_{\rho_i}} \tilde{\rho}_i \dot{\hat{\rho}}_i \tag{9.78}$$

由式(9.56)和式(9.74),则有

$$\begin{aligned} \dot{V}_i = & - k_{i,2} s_i^2 - s_i(u_{ro,i} - u_{fz,i}) - s_i d_i(x,t) - s_i(\Delta_i(\boldsymbol{x},\boldsymbol{u}) - \Delta_i(\boldsymbol{x},\boldsymbol{u}_i^*)) \\ & - s_i \Delta_i(\boldsymbol{x},\boldsymbol{u}_i^*) + \frac{1}{\gamma_{\eta_i}} \tilde{\eta}_i \dot{\hat{\eta}}_i + \frac{1}{\gamma_{\rho_i}} \tilde{\rho}_i \dot{\hat{\rho}}_i \end{aligned} \tag{9.79}$$

根据引理 9.1 的式(9.57)和式(9.63)、式(9.65)、式(9.71),则有

$$\begin{aligned} \dot{V}_i \leqslant & - k_{i,2} s_i^2 + |s_i|(l_i + \bar{d}_i) - s_i(\hat{\eta}_i \| \boldsymbol{\Phi}_i(\boldsymbol{Z}_i) \| + \hat{\rho}) \tanh(s_i/\varepsilon_i) \\ & + |s_i|(\eta_i \| \boldsymbol{\Phi}_i(\boldsymbol{Z}_i) \| + \| \delta_i(\boldsymbol{Z}_i) \|) + \frac{1}{\gamma_{\eta_i}} \tilde{\eta}_i \dot{\hat{\eta}}_i + \frac{1}{\gamma_{\rho_i}} \tilde{\rho}_i \dot{\hat{\rho}}_i \end{aligned} \tag{9.80}$$

又由于 $\| \delta_i(\boldsymbol{Z}_i) \| \leqslant \tau_i$, $|s_i| - s_i \tanh(s_i/\varepsilon_i) \leqslant 0.2785\varepsilon_i$,代入可得

$$\begin{aligned} \dot{V}_i \leqslant & - k_{i,2} s_i^2 + |s_i|(l_i + \tau_i + \bar{d}_i) - (\hat{\eta}_i \| \boldsymbol{\Phi}_i(\boldsymbol{Z}_i) \| + \hat{\rho}_i)|s_i| \\ & + (\hat{\eta}_i \| \boldsymbol{\Phi}_i(\boldsymbol{Z}_i) \| + \hat{\rho}_i) 0.2785\varepsilon_i + \eta_i \| \boldsymbol{\Phi}_i(\boldsymbol{Z}_i) \| |s_i| \\ & + \frac{1}{\gamma_{\eta_i}} \tilde{\eta}_i \dot{\hat{\eta}}_i + \frac{1}{\gamma_{\rho_i}} \tilde{\rho}_i \dot{\hat{\rho}} \end{aligned} \tag{9.81}$$

将式(9.64)和式(9.73)代入式(9.81),且考虑到 $\tilde{\eta}_i = \hat{\eta}_i - \eta_i$, $\tilde{\rho}_i = \hat{\rho}_i - \rho_i$ 和引理 9.2,则有

$$\begin{aligned} \dot{V}_i \leqslant & - k_{i,2} s_i^2 + |s_i|(l_i + \tau_i + \bar{d}_i + 2\sigma_i m_{\theta_i}^2) - |s_i|(\hat{\rho}_i - \tilde{\rho}_i) \\ & + (\hat{\eta}_i \| \boldsymbol{\Phi}_i(\boldsymbol{Z}_i) \| + \rho_i) 0.2785\varepsilon_i - a_i \tilde{\rho}_i \hat{\rho}_i \end{aligned} \tag{9.82}$$

将式(9.68)和式(9.72)代入式(9.82),且由于 $\hat{\eta}_i \leqslant m_{\theta_i}$ 和 $-\tilde{\rho}_i \hat{\rho}_i \leqslant -\frac{1}{2}\tilde{\rho}_i^2 + \frac{1}{2}\rho_i^2$,则有

$$\begin{aligned} \dot{V}_i \leqslant & - k_{i,2} s_i^2 - \frac{1}{2}(2m_{\theta_i})^2 - \frac{a_i}{2}\tilde{\rho}_i^2 + \frac{1}{2}(2m_{\theta_i})^2 \\ & + (m_{\theta_i} m_i + \rho_i) 0.2785\varepsilon_i + \frac{a_i}{2}\rho_i^2 \end{aligned} \tag{9.83}$$

令 $C_i = \frac{1}{2}(2m_{\theta_i})^2 + (m_{\theta_i} m_i + \rho_i) 0.2785\varepsilon_i + \frac{a_i}{2}\rho_i^2$, $\nu_i = \min(2k_{i,2}, \gamma_{\eta i}, a_i \gamma_{\rho_i})$,可得

$$\begin{aligned} \dot{V}_i & \leqslant - k_{i,2} s_i^2 - \frac{1}{2}(2m_{\theta_i})^2 - \frac{a_i}{2}\tilde{\rho}_i^2 + C_i \\ & \leqslant - \nu_i V_i + C_i \end{aligned} \tag{9.84}$$

针对整个系统式(9.48)设计以下李雅普诺夫函数:

$$V = \sum_{i=1}^{2} V_i \tag{9.85}$$

V 关于时间 t 的导数为

$$\dot{V} = \sum_{i=1}^{2} \dot{V}_i \leqslant - \sum_{i=1}^{2} \nu_i V_i + \sum_{i=1}^{2} C_i \leqslant - \nu V + C \tag{9.86}$$

式中：$\nu = \min\{\nu_1, \nu_2\}$；$C = \sum\limits_{i=1}^{2} C_i$ 为一个有界常数。对式(9.86)两边同时乘上 $e^{\omega t}$，可得

$$\mathrm{d}(V(t)e^{\omega t}) \leqslant Ce^{\omega t} \tag{9.87}$$

对式(9.87)两边在 $[0,t]$ 上同时积分，可得

$$0 \leqslant V(t) \leqslant \left[V(0) - \frac{C}{\omega}\right] e^{-\omega t} + \frac{C}{\omega} \leqslant V(0) + \frac{C}{\omega} \tag{9.88}$$

因此 $S_i, \widetilde{\boldsymbol{\theta}}_i, \widetilde{\rho}_i$ 有界。由 ρ_i 的定义可知 ρ_i 是有界常数，则由 $\hat{\rho}_i = \widetilde{\rho}_i + \rho_i$ 可以保证 $\hat{\rho}_i$ 是有界的。由 s_i 有界可知跟踪误差 $e_i, \dot{e}_i$ 也有界，则由式(9.50)可知 $\dot{s}_i(t)$ 也有界，由式(9.75)可知 u_i 有界。由于 $s_i(t)$ 平方可积，$\dot{s}_i(t)$ 有界，则由 Barbalat 引理可知，$\lim\limits_{t\to\infty} s_i(t) = 0$，进一步可得 $\lim\limits_{t\to\infty} \| e_i \| = 0$。综上分析，跟踪误差渐近收敛，且闭环系统所有信号一致最终有界。证毕。

整个控制系统的设计结构，如图 9-10 所示。

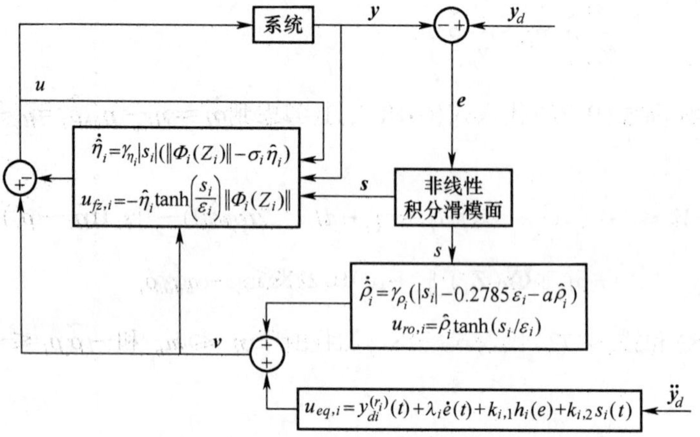

图 9-10 非线性滑模模糊自适应控制系统结构图

对于高超声速纵向模型式(3.75)～式(3.79)，仿真初始条件：$x = 1000$m，速度 V 马赫数为 6，$H = 30.0$km，$M = 136820$kg，$T = 208$kN，$\alpha_0 = 0°$，$q_0 = 0°/\mathrm{s}$，$\gamma_0 = 0°$。其控制目的为使飞行器爬升 $\Delta H = 50$m 后保持速度为 1850m/s 的运动，即要求系统式(9.48)的输出 y_1、y_2 分别跟踪期望输出 $y_{d1} = 30050$、$y_{d2} = 1850$。根据控制器设计步骤，给出以下设计参数(表 9-1)。

表 9-1 设计参数表(非线性积分滑模)

参数	数值	参数	数值
λ_1	10	σ_1	0.5
λ_2	5	σ_2	0.05

（续）

参数	数值	参数	数值
$k_{1,1}$	1.5	γ_{ρ_1}	0.12
$k_{2,1}$	1	γ_{ρ_2}	0.02
$k_{1,2}$	5	ε_1	0.5
$k_{2,2}$	2	ε_2	0.2
β_1	0.2	a_1	0.02
β_2	0.1	a_2	0.01
γ_{η_1}	0.3	γ_{η_2}	0.1

模糊逻辑系统的控制输入为

$$\begin{cases} Z_1 = [z_{1,1}, z_{1,2}, z_{1,3}, z_{1,4}]^{\mathrm{T}} = [x_{11} - 30050, x_{21} - 1850, v_1, u_2]^{\mathrm{T}} \\ Z_2 = [z_{2,1}, z_{2,2}, z_{2,3}, z_{2,4}]^{\mathrm{T}} = [x_{11} - 30050, x_{22} - 1850, u_1, v_2]^{\mathrm{T}} \end{cases}$$

对于变量 $z_{i,j}, i = 1,2, j = 1$，选择隶属度函数如下：

$$\mu_{F_j^1} = \frac{1}{1 + \exp(0.2 \times (z_{i,j} + 15))}, \mu_{F_j^2} = \frac{1}{\exp\left(\left(\frac{z_{i,j}}{15}\right)^2\right)}, \mu_{F_j^3} = \frac{1}{1 + \exp(-0.5 \times (z_{i,j} - 15))}$$

对于变量 $z_{i,j}, i = 1,2, j = 2$，选择隶属度函数如下：

$$\mu_{F_j^1} = \frac{1}{1 + \exp(1.2 \times (z_{i,j} + 5))}, \mu_{F_j^2} = \frac{1}{\exp\left(\left(\frac{z_{i,j}}{3}\right)^2\right)}, \mu_{F_j^3} = \frac{1}{1 + \exp(-1.2 \times (z_{i,j} - 5))}$$

对于变量 $z_{i,j}, i = 1,2, j = 3$，选择隶属度函数如下：

$$\mu_{F_j^1} = \frac{1}{1 + \exp(0.5 \times (z_{i,j} + 10))}, \mu_{F_j^2} = \frac{1}{\exp\left(\left(\frac{z_{i,j}}{5}\right)^2\right)}, \mu_{F_j^3} = \frac{1}{1 + \exp(-0.5 \times (z_{i,j} - 10))}$$

对于变量 $z_{i,j}, i = 1,2, j = 4$，选择隶属度函数如下：

$$\mu_{F_j^1} = \frac{1}{1 + \exp(0.5 \times (z_{i,j} + 5))}, \mu_{F_j^2} = \frac{1}{\exp\left(\left(\frac{z_{i,j}}{5}\right)^2\right)}, \mu_{F_j^3} = \frac{1}{1 + \exp(-0.5 \times (z_{i,j} - 5))}$$

当 $d_1(x,t) = \cos(5t)$， $d_2(x,t) = \sin(2t)$ 时，仿真结果如图 9-11 所示，包括飞行高度 H、飞行速度 V、气动舵面偏转角 δ_e 和推力矢量偏置角 δ_1。

从该图的仿真曲线不难看出，当存在干扰 $d_1(\boldsymbol{x},t) = \cos(5t)$，$d_2(\boldsymbol{x},t) = \sin(2t)$ 时，飞行高度 H 可以很快地达到预定指标，飞行速度 V 也逐渐达到指令要求，同时气动舵面偏转角 δ_e 和推力矢量偏置角 δ_1 的指令也在合理的范围内。

9.4.3 基于终端滑模的非仿射纵向跟踪控制

对于满足假设 9.3~假设 9.5 的高超声速飞行器纵向多输入多输出系统式(9.48)以及系统跟踪误差式(9.49)，定义快速终端(terminal)滑模面为

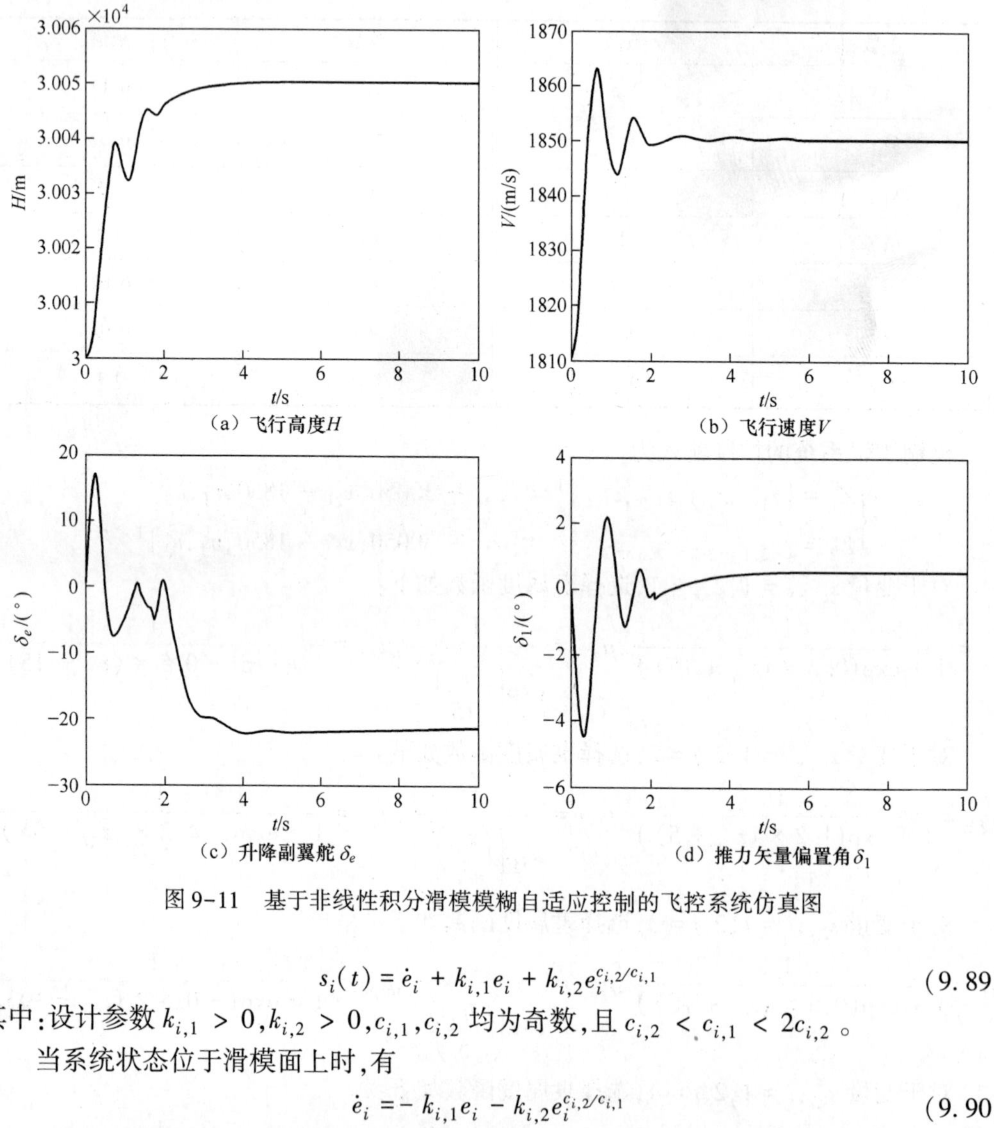

图 9-11　基于非线性积分滑模模糊自适应控制的飞控系统仿真图

$$s_i(t) = \dot{e}_i + k_{i,1}e_i + k_{i,2}e_i^{c_{i,2}/c_{i,1}} \tag{9.89}$$

其中：设计参数 $k_{i,1} > 0, k_{i,2} > 0, c_{i,1}, c_{i,2}$ 均为奇数，且 $c_{i,2} < c_{i,1} < 2c_{i,2}$。

当系统状态位于滑模面上时，有

$$\dot{e}_i = -k_{i,1}e_i - k_{i,2}e_i^{c_{i,2}/c_{i,1}} \tag{9.90}$$

由式(9.90)可看出，当系统状态远离零点时，系统状态收敛时间主要由 $\dot{e}_i = -k_{i,1}e_i$ 决定，e_i 呈指数快速衰减；而当系统状态接近零点时，系统状态收敛时间主要由终端滑模吸引子 $\dot{e}_i = -k_{i,2}e_i^{c_{i,2}/c_{i,1}}$ 决定，从而实现系统状态快速、精确收敛到平衡状态。

由式(9.90)得

$$e^{-c_{i,2}/c_{i,1}}\dot{e}_i = -k_{i,1}e_i^{1-c_{i,2}/c_{i,1}} - k_{i,2} \tag{9.91}$$

令 $w = \mathrm{e}^{1-c_2/c_1}$，则有

$$\frac{\mathrm{d}w}{\mathrm{d}t} = -\frac{c_1 - c_2}{c_1}(k_1 w + k_2) \tag{9.92}$$

由于 $e_i = 0$ 时，$w_i = 0, t_i = t_s$，求解微分方程式(9.92)，得

$$t_s = \frac{c_{i,1}}{k_{i,1}(c_{i,1} - c_{i,2})}\ln\frac{\left|k_{i,1}e_i(0)^{(c_{i,1}-c_{i,2})/c_{i,1}} + k_{i,2}\right|}{k_{i,2}} \tag{9.93}$$

式中：t_s 为系统状态位于滑动模态上，从任意的初始状态 $e_i(0) \neq 0$，收敛到平衡状态 $e_i = 0$ 的时间。系统最终收敛到平衡状态的时间可由 $t = \max\limits_{1 \leq i \leq p} t_i$ 决定。通过设定合理的 $k_{i,1}$，$k_{i,2}$，$c_{i,1}$，$c_{i,2}$，可以达到期望的控制要求。

$s_i(t)$ 关于时间 t 求导得

$$\begin{aligned}\dot{s}_i(t) &= \ddot{e}_i + k_{i1}\dot{e}_i + \frac{k_{i2}c_{i2}}{c_{i1}}e_i^{c_{i2}/c_{i1}-1}\dot{e}_i \\ &= \ddot{y}_{di} - [f_i(\boldsymbol{x},\boldsymbol{u}) + d_i(\boldsymbol{x},t) + u_i] + k_{i1}\dot{e}_i + \frac{k_{i2}c_{i2}}{c_{i1}}e_i^{c_{i2}/c_{i1}-1}\dot{e}_i\end{aligned} \tag{9.94}$$

设计具有以下形式的控制输入：

$$u_i = u_{eq,i} - u_{fz,i} + u_{ro,i} = v_i - u_{fz,i} \tag{9.95}$$

其中：$u_{eq,i}$ 为等价控制项，$u_{fz,i}$ 为模糊控制项，用来逼近未知函数 $\Delta_i(\boldsymbol{x},\boldsymbol{u})$，$u_{fz,i}$ 是鲁棒控制项，来消除系统逼近误差和外界干扰。等价控制项 $u_{eq,i}$ 的具体表达式为

$$u_{eq,i} = \ddot{y}_{di}(t) + k_{i1}\dot{e}_i + \frac{k_{i2}c_{i2}}{c_{i1}}e_i^{c_{i2}/c_{i1}-1}\dot{e}_i + k_{i3}s_i(t) \tag{9.96}$$

其中：$k_{i,3} > 0$，当理想的 u_{fz}^* 和 u_{ro}^* 作用于系统时，有 $\dot{s}_i = -k_{i,3}S_i$，$s_i\dot{s}_i = -k_{i,3}s_i^2 < 0$ 成立。

$u_{fz,i}$ 和 $u_{fz,i}$ 的设计与 9.4.3 小节相同，分系统的总控制输入表达式为

$$u_i = \ddot{y}_{di}(t) + k_{i1}\dot{e}_i + \frac{k_{i2}c_{i2}}{c_{i1}}e_i^{c_{i2}/c_{i1}-1}\dot{e}_i + k_{i3}s_i(t) + \hat{\rho}_i\tanh(s_i/\varepsilon_i) + \hat{\eta}_i\tanh\left(\frac{s_i}{\varepsilon_i}\right)\|\boldsymbol{\Phi}_i(\boldsymbol{Z}_i)\| \tag{9.97}$$

注意：本节未特别说明的内容均与 9.4.2 小节相同，这里不再赘述。

定理 9.4：针对高超声速飞行器纵向 MIMO 非仿射非线性系统式(9.48)，采用控制律式(9.97)和参数自适应律式(9.64)、式(9.73)，可保证闭环系统的所有信号最终一致有界，且跟踪误差一致渐近收敛于零。

证明：证明过程与定理 9.3 类似，此处略。

基于终端滑模的控制系统的设计结构，如图 9-12 所示。

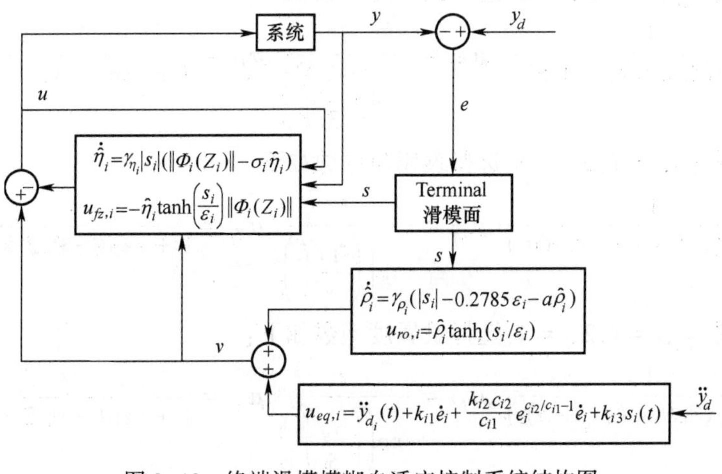

图 9-12　终端滑模模糊自适应控制系统结构图

对于高超声速纵向模型式(3.75)~式(3.79),仿真初始条件:$x = 1000\text{m}$,速度 V 马赫数为6,$H = 30.0\text{km}$,$M = 136820\text{kg}$,$T = 208\text{kN}$,$\alpha_0 = 0°$,$q_0 = 0°/\text{s}$,$\gamma_0 = 0°$。其控制目的为使飞行器爬升 $\Delta H = 50\text{m}$ 后保持速度为 1850m/s 的运动,即要求系统式(9.48)的输出 y_1、y_2 分别跟踪期望输出 $y_{d1} = 30050$、$y_{d2} = 1850$。根据9.4.3小节的控制器设计步骤,给出以下设计参数(表9-2)。

表9-2 设计参数表(Terminal 滑模)

参数	数值	参数	数值
$k_{1,1}$	12	σ_1	0.05
$k_{2,1}$	3	σ_2	0.05
$k_{1,2}$	0.5	γ_{ρ_1}	0.1
$k_{2,2}$	0.2	γ_{ρ_2}	0.02
$k_{1,3}$	15	ε_1	0.5
$k_{2,3}$	2	ε_2	0.2
γ_{η_1}	0.5	a_1	0.02
γ_{η_2}	0.09	a_2	0.01
$c_{1,1}$	5	$c_{1,2}$	3
$c_{2,1}$	5	$c_{2,2}$	3

选择模糊逻辑系统的控制输入为

$$\begin{cases} Z_1 = [z_{1,1}, z_{1,2}, z_{1,3}, z_{1,4}]^{\mathrm{T}} = [x_{11} - 30050, x_{21} - 1850, v_1, u_2]^{\mathrm{T}} \\ Z_2 = [z_{2,1}, z_{2,2}, z_{2,3}, z_{2,4}]^{\mathrm{T}} = [x_{11} - 30050, x_{22} - 1850, u_1, v_2]^{\mathrm{T}} \end{cases}$$

对于变量 $z_{i,j}$, $i = 1,2$, $j = 1$,选择隶属度函数如下:

$$\mu_{F_j^1} = \frac{1}{1 + \exp(0.2 \times (z_{i,j} + 15))}, \mu_{F_j^2} = \frac{1}{\exp\left(\left(\frac{z_{i,j}}{15}\right)^2\right)}, \mu_{F_j^3} = \frac{1}{1 + \exp(-0.5 \times (z_{i,j} - 15))}$$

对于变量 $z_{i,j}$, $i = 1,2$, $j = 2$,选择隶属度函数如下:

$$\mu_{F_j^1} = \frac{1}{1 + \exp(1.2 \times (z_{i,j} + 5))}, \mu_{F_j^2} = \frac{1}{\exp\left(\left(\frac{z_{i,j}}{3}\right)^2\right)}, \mu_{F_j^3} = \frac{1}{1 + \exp(-1.2 \times (z_{i,j} - 5))}$$

对于变量 $z_{i,j}$, $i = 1,2$, $j = 3$,选择隶属度函数如下:

$$\mu_{F_j^1} = \frac{1}{1 + \exp(0.5 \times (z_{i,j} + 10))}, \mu_{F_j^2} = \frac{1}{\exp\left(\left(\frac{z_{i,j}}{5}\right)^2\right)}, \mu_{F_j^3} = \frac{1}{1 + \exp(-0.5 \times (z_{i,j} - 10))}$$

对于变量 $z_{i,j}$, $i = 1,2$, $j = 4$,选择隶属度函数如下:

$$\mu_{F_j^1} = \frac{1}{1 + \exp(0.5 \times (z_{i,j} + 5))}, \mu_{F_j^2} = \frac{1}{\exp\left(\left(\frac{z_{i,j}}{5}\right)^2\right)}, \mu_{F_j^3} = \frac{1}{1 + \exp(-0.5 \times (z_{i,j} - 5))}$$

当 $d_1(x,t)=\cos(5t)$， $d_2(x,t)=\sin(2t)$ 时，仿真结果如图 9-13 所示，包括飞行高度 H、飞行速度 V 气动舵面偏转角 δ_e 和推力矢量偏置角 δ_1。

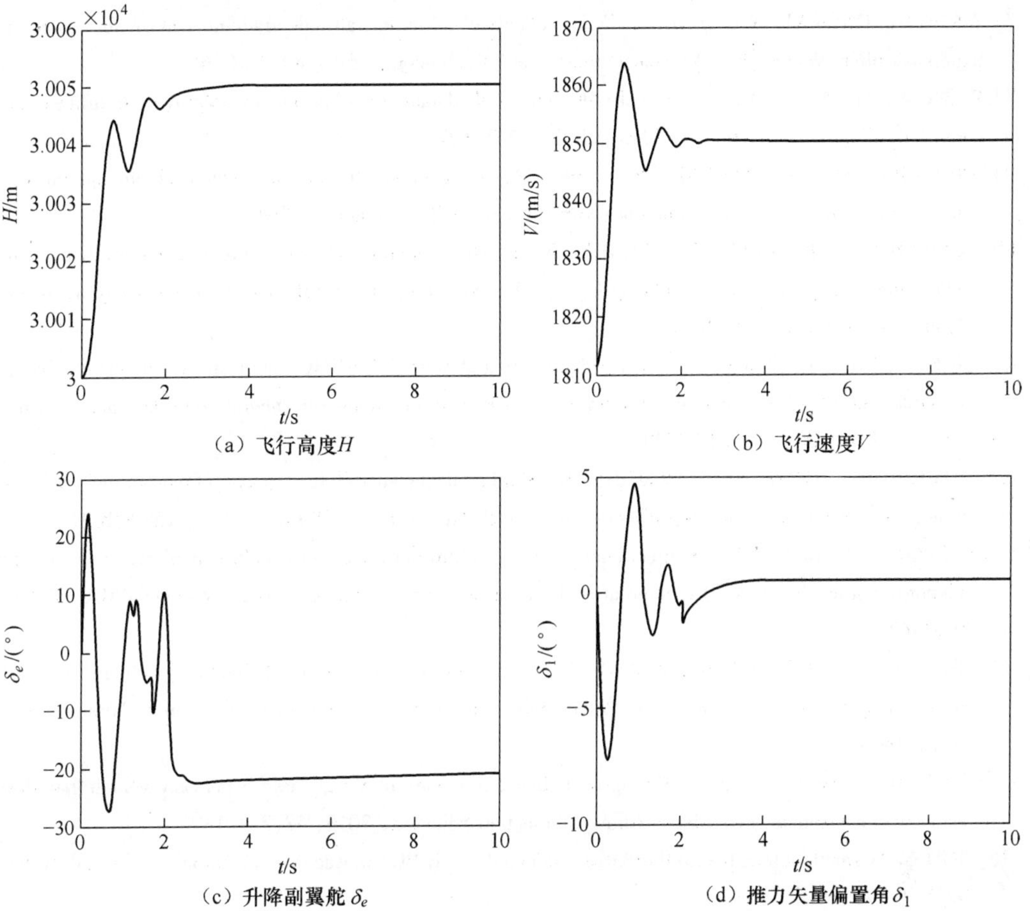

图 9-13　基于 Terminal 滑模模糊自适应控制的飞控系统仿真图

该仿真结果显示，当存在干扰 $d_1(\boldsymbol{x},t)=\cos(5t)$，$d_2(\boldsymbol{x},t)=\sin(2t)$ 时，高超声速飞行器可以很快地爬升到指定高度，并最终保持指定的飞行速度。同时，气动舵面偏转角 δ_e 和推力矢量偏置角 δ_1 的指令值也在合理的范围内，验证了新方法是切实有效的。

参 考 文 献

[1] LIU X, WANG, Y. Fuzzy sliding mode control for a class of non-affine non-linear systems[J]. ICIC Express Letters, 2014, 8(7): 1803~1808.

[2] 刘鑫燕，王玉惠，吴庆宪．方向未知的非仿射非线性系统的模糊滑模控制[J]. 吉林大学学报(信息科学版)，2014，32(2):145-150.

[3] 刘鑫燕．高超声速无人机的非仿射模糊滑模控制研究[D]. 南京:南京航空航天大学，2014.

[4] 文杰.非仿射非线性不确定系统的自适应模糊控制研究及应用 [D].南京:南京航空航天大学，2011.

[5] WANG Y, WU Q. Adaptive non-affine control for the short-period model of a generic hypersonic flight

vehicle[J]. Aerospace Science and Technology, 2017(66): 193-202.
[6] WANG Y, WU Q, LIU X. Adaptive fuzzy sliding mode control for MIMO nonaffine dutch-roll system[J]. Journal of Dynamic Systems, Measurement, and Control, 2017, 139(10): 101010.
[7] WANG Y, CHEN M, WU Q, et al. Fuzzy adaptive non-affine attitude tracking control for a generic hypersonic flight vehicle[J]. Aerospace Science and Technology, 2018(80): 56-66.
[8] WANG Y, ZHANG J. Analysis of a MIMO Dutch roll dynamic system and its adaptive non-affine flight control[J]. Nonlinear Dynamics, 2018, 91(1): 565-576.
[9] SHAUGHNESSY J D, PINCKNEY S Z, MCMINN J D, et al. Hypersonic vehicle simulation model: winged-cone configuration[R].Hampton:NASA Technical Memorandum, 1990.
[10] KESHMIRI S, MIRMIRANI M, COLGREN R. Six-DOF modeling and simulation of a generic hypersonic vehicle for conceptual design studies [C]//AIAA Modeling and Simulation Technologies Conference. Rhode Island:AIAA,2004:4805.
[11] CHEN Z, GE S S, ZHANG Y, et al. Adaptive neural control of MIMO nonlinear systems with a block-triangular pure-feedback control structure [J]. IEEE transactions on neural networks and learning systems, 2014, 25(11): 2017-2029.
[12] TOMBUL G S, BANKS S P, AKTURK N. Sliding mode control for a class of non-affine nonlinear systems[J]. Nonlinear Analysis: Theory, Methods & Applications, 2009, 71(12): 1589-1597.
[13] LABIOD S, GUERRA T M. Indirect adaptive fuzzy control for a class of nonaffine nonlinear systems with unknown control directions[J]. International journal of control, Automation and systems, 2010, 8(4): 903-907.
[14] SHTESSEL Y, MCDUFFIE J, JACKSON M, et al. Sliding mode control of the X-33 vehicle in launch and re-entry modes [C]//Guidance, Navigation, and Control Conference and Exhibit. Washing DC: AIAA,1998: 4414.
[15] WANG P, TANG G J, WU J. Sliding mode decoupling control of a generic hypersonic vehicle based on parametric commands[J]. Science China Information Sciences, 2015, 58(5): 1-14.
[16] TAO G. A simple alternative to the Barbalat lemma[J]. IEEE Transactions on Automatic Control, 1997, 42(5): 698.
[17] DIAO Y, PASSINO K M. Adaptive neural/fuzzy control for interpolated nonlinear systems[J]. IEEE Transactions on Fuzzy Systems, 2002, 10(5): 583-595.

附录　单向滑模去抖振条件的理论证明

为了推导去抖振单向滑模控制的去抖振条件,需要引理 4.2 和引理 4.3 的预备知识。

引理 4.2:如式(4.15)所示,当状态运动至编号 0_i 和 1_i 子空间时,对应的当前单向辅助滑模面可写为

$$h_i=\begin{cases}h_{0i}=\omega_{0i1}x_i+\omega_{0i2}\int x_i+m_i, & s_{1i}<0,s_{2i}<0\\ h_{3i}=\omega_{3i1}x_i+\omega_{3i2}\int x_i+m_i, & s_{1i}\geqslant 0,s_{2i}\geqslant 0\end{cases},i=1,\cdots,n,m_i>0 \tag{A.1}$$

根据 4.1.3 小节可知,切换面 s_{1i},s_{2i}满足 $\xi_{1i}>\xi_{2i}>0$, $i\in\{1,\cdots,n\}$,则有

$$\omega_{0i1}>0,\omega_{0i2}>0,\omega_{3i1}<0,\omega_{3i2}<0$$

证明:在前面的讨论中,曾提出了去抖振单向滑模控制器存在的充分条件 $\omega_{1i1}<0$,$\omega_{2i1}>0$。然而这个条件仅是用来约束单向辅助滑模面 h_{1i},h_{2i}的,在证明的过程中同样需要约束单向辅助滑模面 h_{0i},h_{3i}的条件。而这个约束单向辅助滑模面 h_{0i},h_{3i}的条件是隐藏在设计过程中的,因此引理 4.2 的目的就是将这个条件提取出来。

因为切换面 s_{1i},s_{2i}满足 $\xi_{1i}>\xi_{2i}>0$,所以可知切换面 s_{1i},s_{2i}位于第 2 和第 4 象限。如图 A-1所示,单向辅助滑模面 h_{0i}是由分别位于第 2 和第 4 象限的点 P_{s1i-}与点 P_{s2i-}确定的,则在单向辅助滑模面 h_{0i}上有点 $A=(a,0)$和点 $B=(0,b)$,其中:$a<0,b<0$。由于点 A 和点 B 满足

$$\begin{cases}h_{0i}(A)=\omega_{0i1}\cdot a+\omega_{0i2}\cdot 0+m_i=0\\ h_{0i}(B)=\omega_{0i1}\cdot 0+\omega_{0i2}\cdot b+m_i=0,m_i>0\end{cases} \tag{A.2}$$

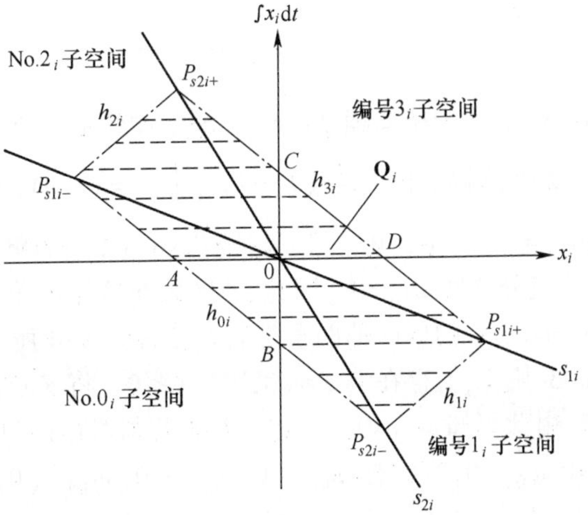

图 A-1　凸集 $\mathbf{Q}_i$

由式(A.2)可知系数 ω_{0i1} 和 ω_{0i2} 为

$$\omega_{0i1} = -m_i/a, \omega_{0i2} = -m_i/b \tag{A.3}$$

若 $a<0, b<0, m_i>0$,则可知 $\omega_{0i1}>0, \omega_{0i2}>0$。同样可证 $\omega_{3i1}<0, \omega_{3i2}<0$。引理证毕。

引理 4.3:如果式(4.15)中的系数 $\omega_{1i1}, \omega_{2i1}$ 满足条件 $\omega_{1i1}<0, \omega_{2i1}>0$,则有下列结论成立:

$$\omega_{0i1}^{-1} \cdot \omega_{0i2} - \omega_{1i1}^{-1} \cdot \omega_{1i2} > 0, \omega_{2i1}^{-1} \cdot \omega_{2i2} - \omega_{3i1}^{-1} \cdot \omega_{3i2} < 0 \tag{A.4}$$

证明:这是为证明去抖振单向滑模控制器存在的充分条件 $\omega_{1i1}<0, \omega_{2i1}>0$ 而准备的。引理 4.3 的目的是将隐藏于设计过程中的性质提取出来。如图 A-2 所示,单向辅助滑模面 h_{1i} 只可能位于区域 Area 1, Beyond 2 与 Beyond 3 中的一个里面。因此,引理 4.3 的证明部分将围绕这 3 个区域分别讨论。

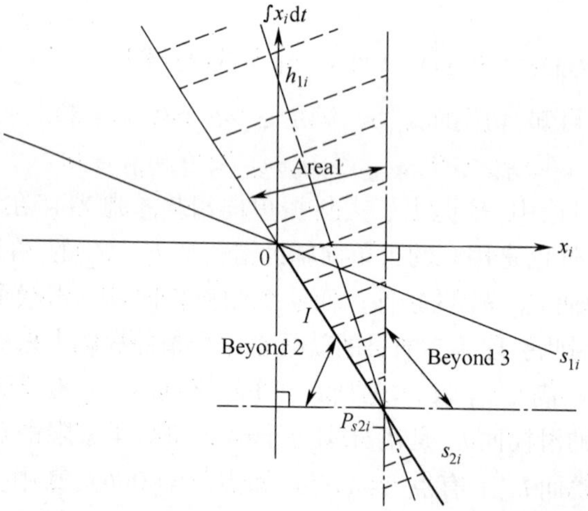

图 A-2 位于区域 Area 1, Beyond 2 与 Beyond 3 中的单向辅助滑模面 h_{1i}

由式(4.15)可知,单向辅助滑模面 h_{1i} 的公式为

$$h_{1i} = \omega_{1i1} x_i + \omega_{1i2} \int x_i + m_i \tag{A.5}$$

对于位于区域 Beyond 2 中的单向辅助滑模面 h_{1i},如图 A-3 所示,如果单向辅助滑模面 h_{1i} 位于区域 Beyond 2 中,则 h_{1i} 上存在点 $E = (x_i, \int x_i) = (e, 0), e < 0$。将 E 点的坐标代入式(A.5),则有 $\omega_{1i1} = -m_i/e > 0$。然而区域 Beyond 2 中的单向辅助滑模面 h_{1i} 不满足去抖振控制器存在的充分条件 $\omega_{1i1}<0$。因此,该区域在这里不予考虑。

对于位于区域 Beyond 3 中的单向辅助滑模面 h_{1i},如图 A-4 所示,如果单向辅助滑模面 h_{1i} 位于区域 Beyond 3,则 h_{1i} 上存在点 $F=(0, f), f<0$。将 F 点的坐标代入式(A.5),则有 $\omega_{1i2} = -m_i/f>0$,由此可知 $\omega_{1i2}>0$。考虑去抖振控制器存在的充分条件 $\omega_{1i1}<0$ 以及引理 4.2 的结论 $\omega_{0i1}>0, \omega_{0i2}>0$,所以有 $\omega_{0i1} > 0, \omega_{0i2} > 0, \omega_{1i1} < 0, \omega_{1i2} > 0$。据此可得

$$\omega_{0i1}^{-1} \cdot \omega_{0i2} - \omega_{1i1}^{-1} \cdot \omega_{1i2} > 0 \tag{A.6}$$

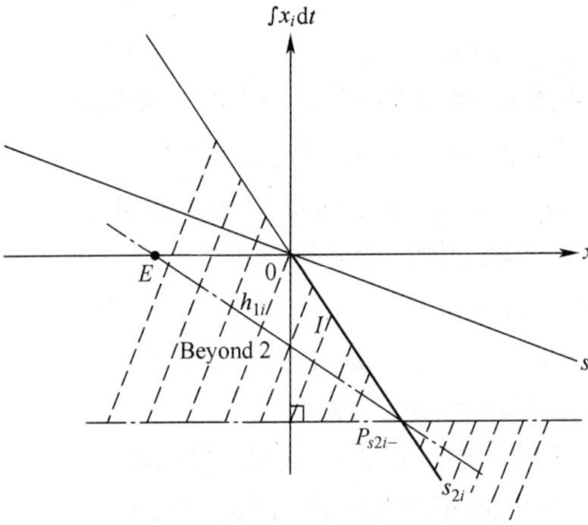

图 A-3　位于区域 Beyond 2 中单向辅助滑模面 h_{1i}

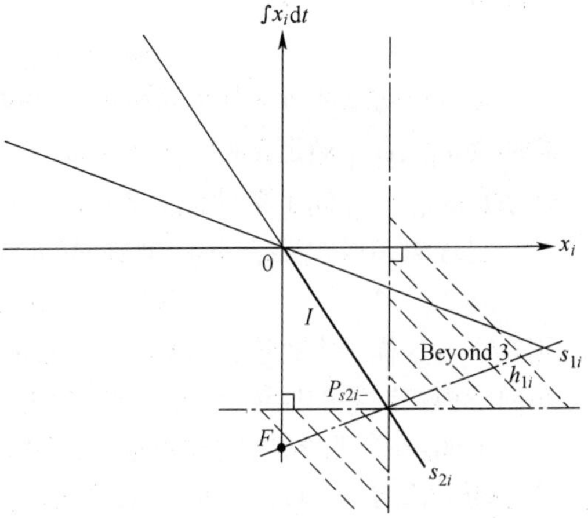

图 A-4　位于区域 Beyond 3 中单向辅助滑模面 h_{1i}

对于位于区域 Area 1 中的单向辅助滑模面 h_{1i}，由引理 4.2 可知 $\omega_{0i1} > 0, \omega_{0i2} > 0$。又由式(A.6)可知 $h_{0i}=0$ 和 $h_{1i}=0$ 可以转换为斜率表示形式：

$$\begin{cases} \int x_i = -(\omega_{0i1}/\omega_{0i2})x_i - m_i/\omega_{0i2} \\ \int x_i = -(\omega_{1i1}/\omega_{1i2})x_i - m_i/\omega_{1i2} \end{cases} \tag{A.7}$$

因此，$h_{0i}=0$ 的斜率表示为 $-\omega_{0i1}/\omega_{0i2}$，$h_{1i}=0$ 的斜率表示为 $-\omega_{1i1}/\omega_{1i2}$。由图 A-5 可知，单向辅助滑模面 $h_{0i}=0$ 位于区域 Area 1 的下方。这意味着区域 Area 1 中的单向辅助滑模面 $h_{1i}=0$ 的斜率要比单向辅助滑模面 $h_{0i}=0$ 的斜率更接近负无穷。因此有

$$-\omega_{1i1}/\omega_{1i2} < -\omega_{0i1}/\omega_{0i2} < 0 \tag{A.8}$$

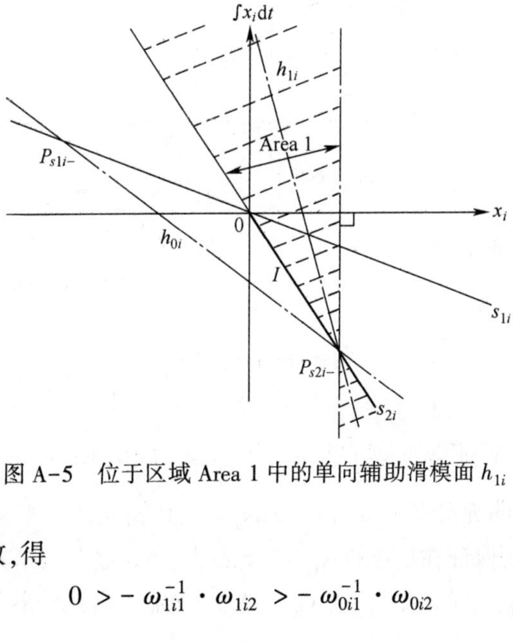

图 A-5　位于区域 Area 1 中的单向辅助滑模面 h_{1i}

对式(A.8)取倒数，得

$$0 > -\omega_{1i1}^{-1} \cdot \omega_{1i2} > -\omega_{0i1}^{-1} \cdot \omega_{0i2} \tag{A.9}$$

因此有

$$\omega_{0i1}^{-1} \cdot \omega_{0i2} - \omega_{1i1}^{-1} \cdot \omega_{1i2} > 0 \tag{A.10}$$

综合单向辅助滑模面 h_{1i} 分别位于区域 Area 1, Beyond 2 和 Beyond 3 时的讨论,因此若系数 $\omega_{1i1}, \omega_{2i1}$ 满足条件 $\omega_{1i1} < 0, \omega_{2i1} > 0$, 则有 $\omega_{0i1}^{-1} \cdot \omega_{0i2} - \omega_{1i1}^{-1} \cdot \omega_{1i2} > 0$。类似的,若系数 $\omega_{1i1}, \omega_{2i1}$ 满足条件 $\omega_{1i1} < 0, \omega_{2i1} > 0$, 则有 $\omega_{2i1}^{-1} \cdot \omega_{2i2} - \omega_{3i1}^{-1} \cdot \omega_{3i2} < 0$。引理证毕。

定理 4.5(去抖振条件):如果式(4.16)中的单向辅助滑模面满足以下条件:

$$\omega_{1i1} < 0, \omega_{2i1} > 0, i = 1, \cdots, n \tag{A.11}$$

则存在着这样一个趋近律 $\boldsymbol{N} = [N_1, \cdots, N_n]^{\mathrm{T}}, N_i \geq 0, i \in \{1, \cdots, n\}$ 能够保证式(4.19)中单向滑模控制器的连续性,并且 N_i 当且仅当系统状态位于原点时为 0。

证明:在证明之前,需要对这一证明作一个总体的阐述。定理 4.5 的目的是设计一个合适趋近律 $\boldsymbol{N} = [N_1, \cdots, N_n]^{\mathrm{T}}$ 以保证式(4.19)中去抖振单向滑模控制器的连续性。

如图 A-6 所示,将切换面 s_{1i}, s_{2i} 上划分为射线Ⅰ,Ⅱ,Ⅲ,Ⅳ,其中射线 $\overrightarrow{0P_{s2i-}}$ 为Ⅰ,射线 $\overrightarrow{0P_{s1i+}}$ 为Ⅱ,射线 $\overrightarrow{0P_{s2i+}}$ 为Ⅲ,射线 $\overrightarrow{0P_{s1i-}}$ 为Ⅳ。因此,将趋近律 $N_i (i = 1, \cdots, n)$ 定义为

$$N_i = \begin{cases} N_{0i}(x_i), \text{在 } No.\,0_i \text{ 子空间} \\ N_{1i}(x_i), \text{在 } No.\,1_i \text{ 子空间} \\ N_{2i}(x_i), \text{在 } No.\,2_i \text{ 子空间} \\ N_{3i}(x_i), \text{在 } No.\,3_i \text{ 子空间} \end{cases} \tag{A.12}$$

其中:趋近律 $N_i \geq 0$ 需要使得

$$\boldsymbol{\Omega}_1^{-1} \cdot \boldsymbol{N} - \boldsymbol{\Omega}_1^{-1} \boldsymbol{\Omega}_2 \cdot x = [\omega_{11}^{-1} N_1 - \omega_{11}^{-1} \omega_{12} \cdot x_1, \cdots, \omega_{n1}^{-1} N_n - \omega_{n1}^{-1} \omega_{n2} \cdot x_n]^{\mathrm{T}} \tag{A.13}$$

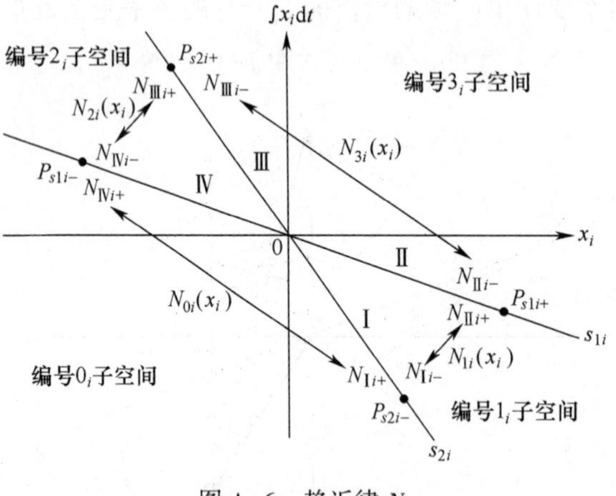

图 A-6 趋近律 N_i

为连续函数,同时 N_i 还需要满足当 $(x_i, \int x_i) \neq (0,0)$ 时, $N_i > 0$。其中:给出 N_i 的一种可行设计,并用其证明充分条件 $\omega_{1i1} < 0, \omega_{2i1} > 0$ 成立。

第一部分证明如何保证在切换面 s_{1i}, s_{2i} 上 $\omega_{i1}^{-1} \cdot N_i - \omega_{i1}^{-1} \cdot \omega_{i2} \cdot x_i$ 的连续性。图 A-6 所示的 $N_{\mathrm{I}i+}, N_{\mathrm{I}i-}, N_{\mathrm{II}i+}, N_{\mathrm{II}i-}, N_{\mathrm{III}i+}, N_{\mathrm{III}i-}, N_{\mathrm{IV}i+}, N_{\mathrm{IV}i-}$ 是系统状态在切换面上运动时,

趋近律 N_i 所对应的函数。这些函数用于保证 $\omega_{i1}^{-1} \cdot N_i - \omega_{i1}^{-1} \cdot \omega_{i2} \cdot x_i$ 在切换面上的连续性,且整个设计过程可分为 4 个部分。

当系统状态在射线 I 上运动时(图 A-7),将趋近律 $N_{\mathrm{I}i-}$ 和 $N_{\mathrm{I}i+}$ 设计如下:

$$\begin{cases} N_{\mathrm{I}\,i+} = 1/2 \cdot \omega_{0i1}(\omega_{0i1}^{-1} \cdot \omega_{0i2} - \omega_{1i1}^{-1} \cdot \omega_{1i2})x_i; \\ N_{\mathrm{I}\,i-} = 1/2(-\omega_{1i1})(\omega_{0i1}^{-1} \cdot \omega_{0i2} - \omega_{1i1}^{-1} \cdot \omega_{1i2})x_i \end{cases} \tag{A.14}$$

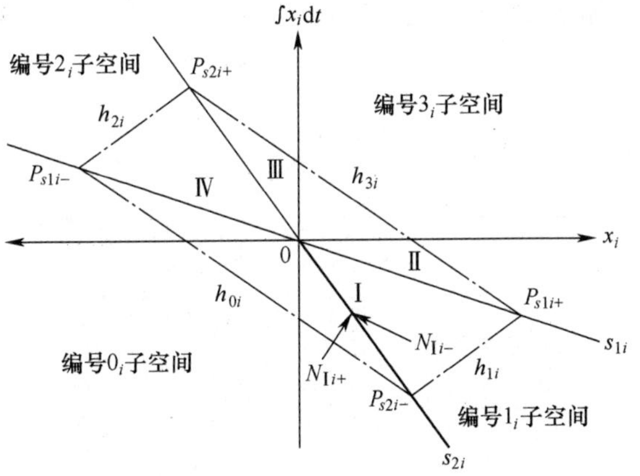

图 A-7 在射线 I 上的趋近律 $N_{\mathrm{I}i-}$ 和 $N_{\mathrm{I}i+}$

由引理 4.2 和引理 4.3 可知 $\omega_{0i1} > 0$, $\omega_{0i1}^{-1} \cdot \omega_{0i2} - \omega_{1i1}^{-1} \cdot \omega_{1i2} > 0$。因为射线 I 位于第四象限,则有 $x_i \geqslant 0$。由此可知 $N_{\mathrm{I}i+} \geqslant 0$,且当切换面上 $(x_i, \int x_i) \neq (0,0)$ 时 $N_{\mathrm{I}i+} > 0$。由条件 $\omega_{1i1} < 0, \omega_{2i1} > 0$ 和引理 4.3 可知 $\omega_{1i1} < 0$, $\omega_{0i1}^{-1} \cdot \omega_{0i2} - \omega_{1i1}^{-1} \cdot \omega_{1i2} > 0$。因为射线 I 位于第四象限,则有 $x_i \geqslant 0$。由此可知 $N_{\mathrm{I}i-} \geqslant 0$,且当切换面上 $(x_i, \int x_i) \neq (0,0)$ 时 $N_{\mathrm{I}i-} > 0$。趋近律 $N_{\mathrm{I}i+} \geqslant 0, N_{\mathrm{I}i-} \geqslant 0$ 用于保证系统符合定理 4.5 中的稳定条件 $N_i \geqslant 0$。同时 $\omega_{i1-1} \cdot N_i - \omega_{i1}^{-1} \cdot \omega_{i2} \cdot x_i$ 在射线 I 上连续性的证明如下:

由式(A.14)可得

$$\omega_{0i1}^{-1} \cdot N_{\mathrm{I}i+} - \omega_{0i1}^{-1} \cdot \omega_{0i2} \cdot x_i = \omega_{1i1}^{-1} \cdot N_{\mathrm{I}\,i-} - \omega_{1i1}^{-1} \cdot \omega_{1i2} \cdot x_i \tag{A.15}$$

因为 $N_{\mathrm{I}\,i-}$ 和 $N_{\mathrm{I}\,i+}$ 是趋近律 N_i 在射线 I 上运动时所对应的函数,所以 $\omega_{i1}^{-1} \cdot N_i - \omega_{i1}^{-1} \cdot \omega_{i2} \cdot x_i$ 在射线 I 上连续。

当系统状态在射线 Ⅱ 上运动时(图 A-8),将趋近律 $N_{\mathrm{II}\,i-}$ 和 $N_{\mathrm{II}\,i+}$ 设计如下:

$$\begin{cases} N_{\mathrm{II}\,i+} = (-\omega_{1i1})[-1/2 \cdot (\omega_{1i1}^{-1} \cdot \omega_{1i2} - \omega_{3i1}^{-1} \cdot \omega_{3i2})x_i + 3/2 \cdot |(\omega_{1i1}^{-1} \cdot \omega_{1i2} - \omega_{3i1}^{-1} \cdot \omega_{3i2})x_i|] \\ N_{\mathrm{II}\,i-} = (-\omega_{3i1})[1/2 \cdot (\omega_{1i1}^{-1} \cdot \omega_{1i2} - \omega_{3i1}^{-1} \cdot \omega_{3i2})x_i + 3/2 \cdot |(\omega_{1i1}^{-1} \cdot \omega_{1i2} - \omega_{3i1}^{-1} \cdot \omega_{3i2})x_i|] \end{cases} \tag{A.16}$$

其中:$|\cdot|$ 表示绝对值(下同)。将条件 $\omega_{1i1}<0$ 和引理 4.2 的 $\omega_{3i1}<0$ 代入式(A.6)可知 $N_{\mathrm{II}\,i+} \geqslant 0, N_{\mathrm{II}\,i-} \geqslant 0$,且当切换面上 $(x_i, \int x_i) \neq (0,0)$ 时,有 $N_{\mathrm{II}\,i+} > 0, N_{\mathrm{II}\,i-} > 0$。同样的,趋近律 $N_{\mathrm{II}\,i+} \geqslant 0, N_{\mathrm{II}\,i-} \geqslant 0$ 用于保证系统符合定理 4.5 中的稳定条件 $N_i \geqslant 0$。同时 $\omega_{i1}^{-1} \cdot N_i - \omega_{i1}^{-1} \cdot \omega_{i2} \cdot x_i$ 在射线 Ⅱ 上连续性的证明如下:

由式(A.16)可得

$$\omega_{1i1}^{-1} \cdot N_{\mathrm{II}i+} - \omega_{1i1}^{-1} \cdot \omega_{1i2} \cdot x_i = \omega_{3i1}^{-1} \cdot N_{\mathrm{II}i-} - \omega_{3i1}^{-1} \cdot \omega_{3i2} \cdot x_i \tag{A.17}$$

因为 $N_{\mathrm{II}i-}$ 和 $N_{\mathrm{II}i+}$ 是趋近律 N_i 在射线Ⅱ上运动时所对应的函数，所以 $\omega_{i1}^{-1} \cdot N_i - \omega_{i1}^{-1} \cdot \omega_{i2} \cdot x_i$ 在射线Ⅱ上连续。

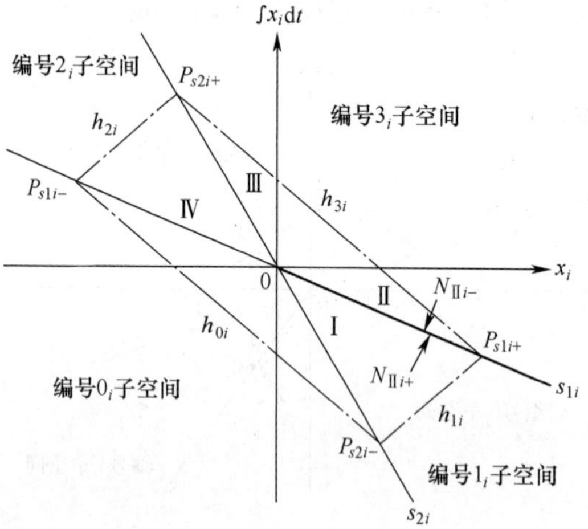

图 A-8 在射线Ⅱ上的趋近律 $N_{\mathrm{II}i-}$ 和 $N_{\mathrm{II}i+}$

当系统状态在射线Ⅲ上运动时(图 A-9)，将趋近律 $N_{\mathrm{III}i-}$ 和 $N_{\mathrm{III}i+}$ 设计如下：

$$\begin{cases} N_{\mathrm{III}i+} = 1/2 \cdot \omega_{2i1}(\omega_{2i1}^{-1} \cdot \omega_{2i2} - \omega_{3i1}^{-1} \cdot \omega_{3i2})x_i \\ N_{\mathrm{III}i-} = 1/2 \cdot (-\omega_{3i1})(\omega_{2i1}^{-1} \cdot \omega_{2i2} - \omega_{3i1}^{-1} \cdot \omega_{3i2})x_i \end{cases} \tag{A.18}$$

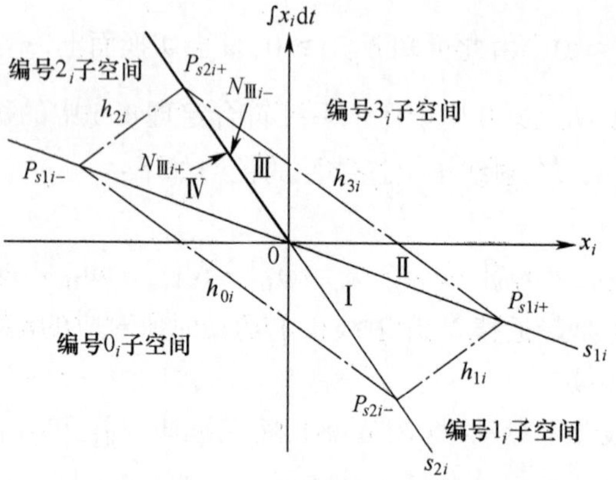

图 A-9 在射线Ⅲ上的趋近律 $N_{\mathrm{III}i-}$ 和 $N_{\mathrm{III}i+}$

由引理 4.2 和引理 4.3 可知 $\omega_{3i1} < 0$，$\omega_{2i1}^{-1} \cdot \omega_{2i2} - \omega_{3i1}^{-1} \cdot \omega_{3i2} < 0$。因为射线Ⅲ位于第 2 象限，则有 $x_i \leqslant 0$。由此可知 $N_{\mathrm{III}i-} \geqslant 0$，且当切换面上 $(x_i, \int x_i) \neq (0,0)$ 时 $N_{\mathrm{III}i-} > 0$。由条件 $\omega_{1i1} < 0, \omega_{2i1} > 0$ 和引理 4.3 可知 $\omega_{2i1} > 0$，$\omega_{2i1}^{-1} \cdot \omega_{2i2} - \omega_{3i1}^{-1} \cdot \omega_{3i2} < 0$。因为射线Ⅲ位于第 2 象限，则有 $x_i \leqslant 0$。由此可知 $N_{\mathrm{III}i+} \geqslant 0$，且当切换面上 $(x_i, \int x_i) \neq (0,0)$

时 $N_{\mathrm{III}i+} > 0$。趋近律 $N_{\mathrm{III}i-} \geqslant 0$ 和 $N_{\mathrm{III}i+} \geqslant 0$ 用于保证系统符合定理 4.5 中的稳定条件 $N_i \geqslant 0$。同时 $\omega_{i1}^{-1} \cdot N_i - \omega_{i1}^{-1} \cdot \omega_{i2} \cdot x_i$ 在射线Ⅲ上连续性的证明如下：

由式(A.18)可得

$$\omega_{3i1}^{-1} \cdot N_{\mathrm{III}i-} - \omega_{3i1}^{-1} \cdot \omega_{3i2} \cdot x_i = \omega_{2i1}^{-1} \cdot N_{\mathrm{III}i+} - \omega_{2i1}^{-1} \cdot \omega_{2i2} \cdot x_i \tag{A.19}$$

因为 $N_{\mathrm{III}i-}$ 和 $N_{\mathrm{III}i+}$ 是趋近律 N_i 在射线Ⅲ上运动时所对应的函数，所以 $\omega_{i1}^{-1} \cdot N_i - \omega_{i1}^{-1} \cdot \omega_{i2} \cdot x_i$ 在射线Ⅲ上连续。

当系统状态在射线Ⅳ上运动时(图 A-10)，将趋近律 $N_{\mathrm{IV}i-}$ 和 $N_{\mathrm{IV}i+}$ 设计如下：

$$\begin{cases} N_{\mathrm{IV}i-} = \omega_{2i1}[1/2 \cdot (\omega_{2i1}^{-1} \cdot \omega_{2i2} - \omega_{0i1}^{-1} \cdot \omega_{0i2})x_i + 3/2 \cdot |(\omega_{2i1}^{-1} \cdot \omega_{2i2} - \omega_{0i1}^{-1} \cdot \omega_{0i2})x_i|] \\ N_{\mathrm{IV}i+} = \omega_{0i1}[-1/2 \cdot (\omega_{2i1}^{-1} \cdot \omega_{2i2} - \omega_{0i1}^{-1} \cdot \omega_{0i2})x_i + 3/2 \cdot |(\omega_{2i1}^{-1} \cdot \omega_{2i2} - \omega_{0i1}^{-1} \cdot \omega_{0i2})x_i|] \end{cases} \tag{A.20}$$

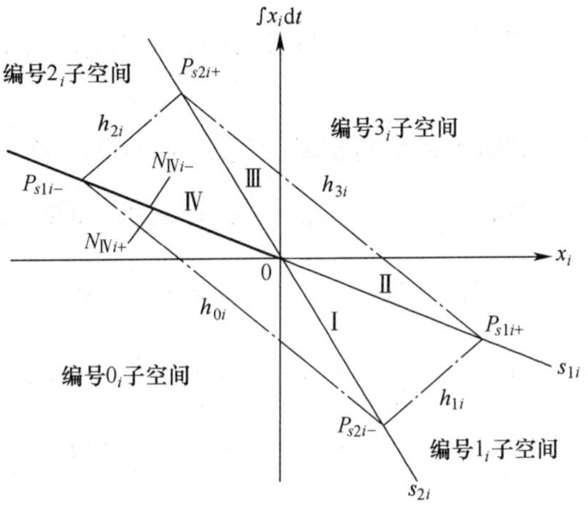

图 A-10 在射线Ⅳ上的趋近律 $N_{\mathrm{IV}i-}$ 和 $N_{\mathrm{IV}i+}$

由条件 $\omega_{1i1}<0, \omega_{2i1}>0$ 和引理 4.2 可知 $\omega_{2i1}>0, \omega_{0i1}>0$。将其代入式(A.9)可知 $N_{\mathrm{IV}i-} \geqslant 0, N_{\mathrm{IV}i+} \geqslant 0$，且切换面上 $(x_i, \int x_i) \neq (0,0)$ 时 $N_{\mathrm{IV}i-}>0$，$N_{\mathrm{IV}i+}>0$。同样趋近律 $N_{\mathrm{IV}i-} \geqslant 0, N_{\mathrm{IV}i+} \geqslant 0$ 用于保证系统符合定理 4.5 中的稳定条件 $N_i \geqslant 0$。同时 $\omega_{i1}^{-1} \cdot N_i - \omega_{i1}^{-1} \cdot \omega_{i2} \cdot x_i$ 在射线Ⅳ上连续性的证明如下。由式(A.20)可得

$$\omega_{2i1}^{-1} \cdot N_{\mathrm{IV}i-} - \omega_{2i1}^{-1} \cdot \omega_{2i2} \cdot x_i = \omega_{0i1}^{-1} \cdot N_{\mathrm{IV}i+} - \omega_{0i1}^{-1} \cdot \omega_{0i2} \cdot x_i \tag{A.21}$$

因为 $N_{\mathrm{IV}i-}$ 和 $N_{\mathrm{IV}i+}$ 是趋近律 N_i 在射线Ⅳ上运动时所对应的函数，所以 $\omega_{i1}^{-1} \cdot N_i - \omega_{i1}^{-1} \cdot \omega_{i2} \cdot x_i$ 在射线Ⅳ上连续。

由上述讨论可知，函数 $\omega_{i1}^{-1} \cdot N_i - \omega_{i1}^{-1} \cdot \omega_{i2} \cdot x_i$ 在切换面 s_{1i}, s_{2i} 上是连续的，注意到当切换面上 $(x_i, \int x_i) \neq (0,0)$ 时，$N_{\mathrm{I}i+}, N_{\mathrm{I}i-}, N_{\mathrm{II}i+}, N_{\mathrm{II}i-}, N_{\mathrm{III}i+}, N_{\mathrm{III}i-}, N_{\mathrm{IV}i+}, N_{\mathrm{IV}i-}$ 不等于零。所以在切换面 s_{1i}, s_{2i} 上的趋近速度能够得到保证。

第二部分证明如何保证 $\omega_{i1}^{-1} \cdot N_i - \omega_{i1}^{-1} \cdot \omega_{i2} \cdot x_i$ 在编号 $0_i \sim 3_i$ 子空间内部的连续性。由式(A.12)可知，系数 ω_{i1}, ω_{i2} 在各子空间内部时为常量。又由式(A.12)可知，趋近律在编号 $0_i \sim 3_i$ 子空间内部时分别为 $N_{0i}(x_i), N_{1i}(x_i), N_{2i}(x_i), N_{3i}(x_i)$。因此，如果能够把函

数 $N_{0i}(x_i)$,$N_{1i}(x_i)$,$N_{2i}(x_i)$,$N_{3i}(x_i)$ 分别设计为当 $(x_i, \int x_i) \neq (0,0)$ 时不等于零的非负连续函数,则能同时保证 $N_i \geq 0$(当 $(x_i, \int x_i) \neq (0,0)$ 时 $N_i > 0$) 和函数 $\omega_{i1}^{-1} \cdot N_i - \omega_{i1}^{-1} \cdot \omega_{i2} \cdot x_i$ 在各子空间内部的连续性。

对于函数 $N_{0i}(x_i)$ 的设计过程如下:

在编号 0_i 子空间内的趋近律 $N_{0i}(x_i)$ 能够满足如下条件(图 A-11):

(1) 当状态 $(x_i, \int x_i)$ 位于切换面 $s_{1i}=0$ 上时,满足条件:$N_{0i}(x_i) = N_{\mathrm{IV}i+}$。

(2) 当状态 $(x_i, \int x_i)$ 位于第 3 象限时,满足条件:$N_{0i}(x_i) = N_{0i3} = |x_i| + |\int x_i|$。

(3) 当状态 $(x_i, \int x_i)$ 位于切换面 $s_{2i} = 0$ 上时,满足条件:$N_{0i}(x_i) = N_{\mathrm{I}i+}$。

(4) 函数 $N_{0i}(x_i) \geq 0$ 在编号 0_i 子空间是连续的,且当 $(x_i, \int x_i) \neq (0,0)$ 时,满足条件:$N_{0i}(x_i) > 0$。

实际上 $N_{0i3} \geq 0$ 可以根据实际系统要求自行设计,本章趋近律 $N_{0i}(x_i)$ 设计为

$$N_{0i}(x_i) = \begin{cases} \lambda_{\mathrm{IV}i+} \cdot N_{\mathrm{IV}i+} + \lambda_{0i-} \cdot N_{0i3}, & x_i < 0, \int x_i \geq 0, s_{1i} < 0, s_{2i} < 0 \\ N_{0i3}, & x_i < 0, \int x_i < 0, s_{1i} < 0, s_{2i} < 0 \\ \lambda_{1i+} \cdot N_{1i+} + \lambda_{0i+} \cdot N_{0i3}, & x_i \geq 0, \int x_i < 0, s_{1i} < 0, s_{2i} < 0 \end{cases} \quad (\mathrm{A}.22)$$

式中:$\lambda_{\mathrm{IV}i+} = \left|(\xi_{1i} \cdot \int x_i)/x_i\right|$, $\lambda_{0i-} = 1 - \lambda_{\mathrm{IV}i+}$; $\lambda_{1i+} = \left|x_i/(\xi_{2i} \cdot \int x_i)\right|$;$\lambda_{0i+} = 1 - \lambda_{1i+}$。

当状态 x_i 位于切换面 $s_{1i}=0$ 上时,由式(4.14)可知 $\lambda_{\mathrm{IV}i+} = 1$,$\lambda_{0i-} = 0$。将 $\lambda_{\mathrm{IV}i+} = 1$,$\lambda_{0i-} = 0$ 代入式(A.15)可知,状态 x_i 位于切换面 $s_{1i} = 0$ 上时 $N_{0i}(x_i) = N_{\mathrm{IV}i+}$。因此,式(A.22)满足条件(1)。

当状态 x_i 位于切换面 $s_{2i}=0$ 上时,由式(4.14)可知 $\lambda_{1i+} = 1$,$\lambda_{0i+} = 0$。将 $\lambda_{1i+} = 1$,$\lambda_{0i+} = 0$ 代入式(A.15)可知,当状态 x_i 位于切换面 $s_{2i}=0$ 上时 $N_{0i}(x_i) = N_{1i+}$。因此,式(A.15)满足条件(3)。

当状态 $(x_i, \int x_i)$ 位于第 3 象限时,由式(A.22)可知,$N_{0i}(x_i) = N_{0i3} = |x_i| + \left|\int x_i\right|$。因此,式(A.22)满足条件(2)。

当 $s_{1i} = x_i + \xi_{1i}\int x_i < 0$, $x_i < 0$, $\int x_i \geq 0$ 时,可知 $0 \leq \lambda_{\mathrm{IV}i+} \leq 1$, $0 \leq \lambda_{0i-} \leq 1$。当 $s_{2i} = x_i + \xi_{2i}\int x_i < 0$, $x_i \geq 0$, $\int x_i < 0$ 时,可知 $0 \leq \lambda_{\mathrm{I}i+} \leq 1$, $0 \leq \lambda_{0i+} \leq 1$。由第一部分证明可知 $N_{\mathrm{IV}i+} \geq 0$; $N_{\mathrm{I}i+} \geq 0$ 且当切换面上 $(x_i, \int x_i) \neq (0,0)$ 时 $N_{\mathrm{IV}i+} > 0$; $N_{\mathrm{I}i+} > 0$。由 $N_{0i3} = |x_i| + |\int x_i| \geq 0$ 可知当 $(x_i, \int x_i) \neq (0,0)$ 时 $N_{0i3} > 0$。所以在编号 0_i 子空间中 $N_{0i}(x_i) \geq 0$,且当 $(x_i, \int x_i) \neq (0,0)$ 时 $N_{0i}(x_i) > 0$。

当状态 $(x_i, \int x_i)$ 位于 x 轴 $\int x_i = 0$ 时有 $\lambda_{\text{IV}i+} \cdot N_{\text{IV}i+} + \lambda_{0i-} \cdot N_{0i3} = N_{0i3}$。当状态 $(x_i, \int x_i)$ 位于 y 轴 $x_i = 0$ 时有 $\lambda_{1i+} \cdot N_{1i+} + \lambda_{0i+} \cdot N_{0i3} = N_{0i3}$。因此在编号 0_i 子空间中 $N_{0i}(x_i)$ 是连续的,则式(A.22)满足条件(4)。

对于函数 $N_{1i}(x_i)$,设计过程如下:

希望在编号 1_i 子空间内的趋近律 $N_{1i}(x_i)$ 满足以下条件(图 A-12):

(1) 当状态 $(x_i, \int x_i)$ 位于切换面 $s_{1i}=0$ 上时,有 $N_{1i}(x_i) = N_{\text{II}i+}$。

(2) 当状态 $(x_i, \int x_i)$ 位于切换面 $s_{2i} = 0$ 上时,有 $N_{1i}(x_i) = N_{\text{I}i-}$。

(3) 函数 $N_{1i}(x_i) \geqslant 0$ 在编号 1_i 子空间是连续的,且当 $(x_i, \int x_i) \neq (0,0)$ 时 $N_{1i}(x_i) > 0$。

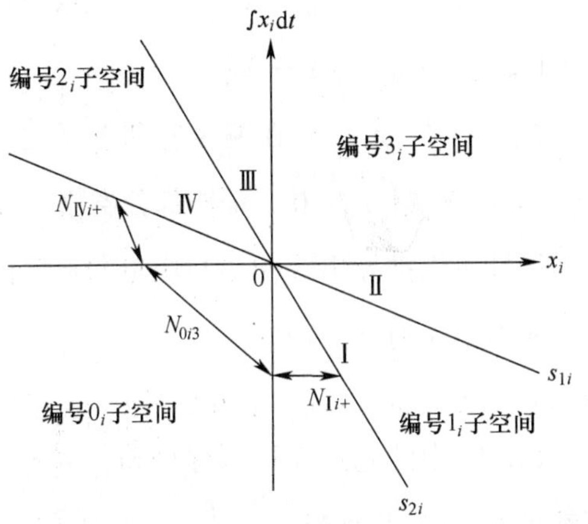

图 A-11 在编号 0_i 子空间内趋近律 $N_{0i}(x_i)$

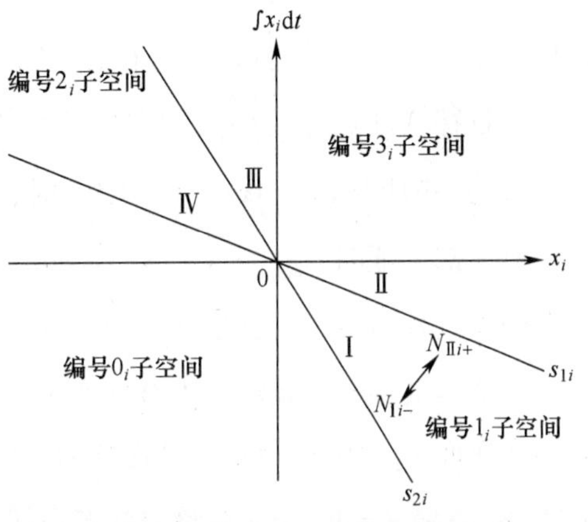

图 A-12 在编号 1_i 子空间内趋近律 $N_{1i}(x_i)$

趋近律 $N_{1i}(x_i)$ 设计以下形式:

$$N_{1i}(x_i) = \lambda_{\text{II}i+} \cdot N_{\text{II}i+} + \lambda_{\text{I}i-} \cdot N_{\text{I}i-}, s_{1i} < 0, s_{2i} \geqslant 0 \tag{A.23}$$

式中:$\lambda_{\text{II}i+} = 1 - \left| \left(\left| \int x_i / x_i \right| - 1/\xi_{1i} \right) / (1/\xi_{2i} - 1/\xi_{1i}) \right|$,$\lambda_{\text{I}i-} = 1 - \lambda_{\text{II}i+}$。

当状态 x_i 位于切换面 $s_{1i}=0$ 上时,由式(4.14)可知 $\lambda_{\text{II}i+} = 1$,$\lambda_{\text{I}i-} = 0$。将 $\lambda_{\text{II}i+} = 1$,$\lambda_{\text{I}i-} = 0$ 代入式(A.23)可知当状态 x_i 位于切换面 $s_{1i} = 0$ 上时 $N_{1i}(x_i) = N_{\text{II}i+}$。因此,式(A.16)满足条件(1)。

当状态 x_i 位于切换面 $s_{2i}=0$ 上时,由式(2.27)可知 $\lambda_{\text{II}i+} = 0$,$\lambda_{\text{I}i-} = 1$。将 $\lambda_{\text{II}i+} = 0$,$\lambda_{\text{I}i-} = 1$ 代入式(A.23)可知当状态 x_i 位于切换面 $s_{2i} = 0$ 上时 $N_{1i}(x_i) = N_{\text{I}i-}$。因此式(A.23)满足条件(2).

由 $s_{1i} = x_i + \xi_{1i}\int x_i < 0$,$s_{2i} = x_i + \xi_{2i}\int x_i \geqslant 0$,$x_i \geqslant 0$ 与题设中的条件 $\xi_{1i} > \xi_{2i} > 0$ 可知在编号 1_i 子空间中 $0 \leqslant \lambda_{\text{II}i+} \leqslant 1, 0 \leqslant \lambda_{\text{I}i-} \leqslant 1$。由第一部分证明中可知 $N_{\text{II}i+} \geqslant 0$,$N_{\text{I}i-} \geqslant 0$ 当切换面上 $(x_i, \int x_i) \neq (0,0)$ 时 $N_{\text{II}i+} > 0$,$N_{\text{I}i-} > 0$。因此在编号 1_i 子空间

中 $N_{1i}(x_i) \geqslant 0$, 并且当 $(x_i, \int x_i) \neq (0,0)$ 时 $N_{1i}(x_i) > 0$。从式(A.23)可知,函数 $N_{1i}(x_i) \geqslant 0$ 在编号 1_i 子空间是连续的。因此,式(A.23)满足条件(3)。

类似地,趋近律 $N_{3i}(x_i)$,$N_{2i}(x_i)$ 设计如下:

$$N_{3i}(x_i) = \begin{cases} \lambda_{\text{Ⅲ}i-} \cdot N_{\text{Ⅲ}i-} + \lambda_{3i-} \cdot N_{3i3}, x_i < 0; \int x_i \geqslant 0, s_{1i} \geqslant 0, s_{2i} \geqslant 0 \\ N_{3i3}, \quad x_i \geqslant 0; \quad \int x_i \geqslant 0, s_{1i} \geqslant 0, s_{2i} \geqslant 0 \\ \lambda_{\text{Ⅱ}i-} \cdot N_{\text{Ⅱ}i-} + \lambda_{3i+} \cdot N_{3i3}, x_i \geqslant 0; \int x_i < 0, s_{1i} \geqslant 0, s_{2i} \geqslant 0 \end{cases} \quad (\text{A}.24)$$

式中:$N_{3i3} = |x_i| + \left|\int x_i\right|$,$\lambda_{\text{Ⅲ}i-} = \left|x_i/(\xi_{2i} \cdot \int x_i)\right|$,$\lambda_{3i-} = 1 - \lambda_{\text{Ⅲ}i-}$,$\lambda_{\text{Ⅱ}i-} = \left|(\xi_{1i} \cdot \int x_i)/x_i\right|$,$\lambda_{3i+} = 1 - \lambda_{\text{Ⅱ}i-}$。

$$N_{2i}(x_i) = \lambda_{\text{Ⅳ}i-} \cdot N_{\text{Ⅳ}i-} + \lambda_{\text{Ⅲ}i+} \cdot N_{\text{Ⅲ}i+}, s_{1i} > 0, s_{2i} < 0 \quad (\text{A}.25)$$

式中:$\lambda_{\text{Ⅳ}i-} = 1 - \left|\left(\left|\int x_i/x_i\right| - 1/\xi_{1i}\right)/(1/\xi_{2i} - 1/\xi_{1i})\right|$,$\lambda_{\text{Ⅲ}i+} = 1 - \lambda_{\text{Ⅳ}i-}$。

趋近律 $N_{3i}(x_i)$,$N_{2i}(x_i)$ 可以保证函数 $\omega_{i1}^{-1} \cdot N_i - \omega_{i1}^{-1} \cdot \omega_{i2} \cdot x_i$ 在编号 3_i 和 2_i 子空间是连续的,并且当 $(x_i, \int x_i) \neq (0,0)$ 时,$N_{3i}(x_i) > 0$,$N_{2i}(x_i) > 0$。证明部分省略。

第三部分证明 $\omega_{i1-1} \cdot N_i - \omega_{i1}^{-1} \cdot \omega_{i2} \cdot x_i$ 的连续性可以推导出式(4.32)中单向滑模控制器的连续性,并且 N_i 满足 $N_i \geqslant 0$ 当$(x_i, \int x_i) \neq (0,0)$ 时 $N_i > 0$。

由第一部分证明和第二部分证明可知,函数 $\omega_{i1}^{-1} \cdot N_i - \omega_{i1}^{-1} \cdot \omega_{i2} \cdot x_i$ 在编号 0_i~3_i 子空间与切换面 $s_{1i} = 0$,$s_{2i} = 0$ 上是连续的。因此,式(A.1)中的趋近律可以保证 $\omega_{i1}^{-1} \cdot N_i - \omega_{i1}^{-1} \cdot \omega_{i2} \cdot x_i, i = 1,\cdots,n$ 在整个状态空间里面都是连续的,并且当 $(x_i, \int x_i) \neq (0,0)$ 时 $N_i > 0$。由式(4.31)可知

$$\boldsymbol{\Omega}_1^{-1} \cdot \boldsymbol{N} - \boldsymbol{\Omega}_1^{-1} \cdot \boldsymbol{\Omega}_2 \cdot \boldsymbol{x} = [\omega_{11}^{-1} \cdot N_1 - \omega_{11}^{-1} \cdot \omega_{12} \cdot x_1, \cdots, \omega_{n1}^{-1} \cdot N_n - \omega_{n1}^{-1} \cdot \omega_{n2} \cdot x_n] \quad (\text{A}.26)$$

因此,向量 $\boldsymbol{\Omega}_1^{-1} \cdot \boldsymbol{N} - \boldsymbol{\Omega}_1^{-1} \cdot \boldsymbol{\Omega}_2 \cdot \boldsymbol{x}$ 中的元素都是连续的。又因为式(4.19)中 $\boldsymbol{f}(\boldsymbol{x})$ 和 $\boldsymbol{g}(\boldsymbol{x})$ 都是连续的,所以式(A.12)中的趋近律可以保证式(4.19)中单向滑模控制器是连续的,且当 $(x_i, \int x_i) \neq (0,0)$ 时,$N_i > 0$。由此,定理 4.5 证毕。